第十四届硫黄回收技术协作组年会论文集

（2019）

俞仁明　主编

中国石化出版社

内 容 提 要

本书共收集与硫黄回收技术相关的论文60余篇，内容涉及硫黄回收新技术开发及进展、催化剂与脱硫剂的开发及应用、装置改造与运行经验总结、设备仪表与防腐、节能减排等。对硫黄回收装置的管理人员、技术人员、操作人员有很强的指导意义，也是硫黄回收催化剂制造、科研设计人员很有价值的参考资料。

图书在版编目(CIP)数据

第十四届硫黄回收技术协作组年会论文集. 2019 / 俞仁明主编. —北京：中国石化出版社，2019.9
ISBN 978-7-5114-1908-8

Ⅰ.①第… Ⅱ.①俞… Ⅲ.①硫黄回收-文集 Ⅳ.①TE644-53

中国版本图书馆 CIP 数据核字(2019)第198871号

中国石化出版社出版发行

地址：北京市东城区安定门外大街58号
邮编：100011 电话：(010)57512500
发行部电话：(010)57512575
http://www.sinopec-press.com
E-mail：press@sinopec.com
北京富泰印刷有限责任公司印刷
全国各地新华书店经销

*

787×1092毫米 16开本 27印张 4彩页 678千字
2019年9月第1版 2019年9月第1次印刷
定价：180.00元

《第十四届硫黄回收技术协作组年会论文集(2019)》

编委会

前　言

硫黄回收是将含硫酸性气中的硫化氢等硫化物转变为单质硫的工艺过程，是现代炼油化工、天然气加工等行业不可或缺的生产装置，可以实现清洁生产、环境保护和硫资源的回收利用。随着高硫原油加工、高硫天然气开采和环保法规的日趋严格，硫黄回收装置的重要性日益凸显，硫黄回收装置的套数和规模迅速增加。硫黄回收装置已不仅是一套生产装置，更是一套可以作为许多装置含硫废气“回收站”的环保装置。硫黄回收装置的运行质量直接关系到整个炼化企业、天然气处理企业的生存和高质量发展。

我国现阶段大力推进生态文明建设，坚持节约资源和保护生态环境的基本国策。2015 年，我国发布《石油炼制工业污染物排放标准》(GB 31570—2015)，其中规定硫黄回收装置尾气 SO_2 排放浓度小于 $400mg/Nm^3$，重点地区小于 $100mg/Nm^3$。党的十九大报告提出“持续实施大气污染防治行动，打赢蓝天保卫战”，这对硫黄回收行业来说是挑战更是机遇。我国硫黄回收排放标准是世界上最为严格的，这对硫黄回收行业的确是巨大的挑战；而为了满足排放要求，越来越多的硫黄回收工作者开始研发新工艺，探索新催化剂、脱硫剂等新产品，这又为硫黄回收技术发展带来了大机遇。

硫黄回收技术协作组成立于 1989 年，由中国石化齐鲁石化公司研究院发起创建，目的是推广先进技术成果和经验，促进技术进步，全面提高我国硫黄回收技术水平。经过 30 年的发展，协作组不断发展壮大，其作用也愈发明显。目前，协作组已经拥有 70 多家成员单位，发展成为国内外硫黄回收技术领域的“枢纽站”，起到“技术引领、经验交流、成果分享”的技术平台作用。协作组每两年举办一届年会，吸引了国内外众多硫黄回收领域的专家学者前来进行技术交流。

本书是协作组第十四届年会论文集，共收集论文60余篇，内容涉及硫黄回收新技术开发及进展、催化剂与脱硫剂的开发及应用、装置改造与运行经验总结、设备仪表与防腐、节能减排等。希望本书能够帮助读者了解硫黄回收技术新进展，丰富操作经验，促进硫黄回收技术的进步。

2019年9月

目　录

工艺技术

装置运行总结

催化剂开发与应用

设备仪表与防腐

其 他

工艺技术

降低硫黄装置SO_2排放浓度成套技术开发及应用

刘爱华　胡文景

（中国石化股份有限公司齐鲁分公司研究院　山东淄博　255400）

摘　要：介绍了影响硫黄回收装置SO_2达标排放的因素，为满足新环保法规的排放要求，通过新型催化剂的原始创新及工艺技术的集成创新，原创性地形成了“LS-DeGAS Plus 降低硫黄装置SO_2排放浓度成套技术”，整体技术达到国际领先水平。该技术已在国内推广应用58套，可实现硫黄装置烟气SO_2排放浓度稳定低于50mg/Nm^3。

关键词：LS-DeGAS　Plus　降低　硫黄装置　SO_2排放浓度　开发　应用

1　前言

国内硫黄回收装置SO_2排放浓度原执行GB 16297—1996《大气污染物综合排放标准》，规定SO_2排放浓度不大于960mg/Nm^{3}即可。新环保法规《石油炼制工业污染物排放标准(GB 31570—2015)》规定[1]：硫黄回收装置烟气SO_2排放浓度限值一般地区要求达到400mg/Nm^{3}以下，重点地区要求达到100mg/Nm^{3}以下，装置开停工期间也需达标排放。该标准目前为世界范围内最严格标准，相比原国标排放标准提升幅度近10倍。现有硫黄回收装置所采用的工艺技术及配套催化剂性能均按原国家排放标准设计，无法实现达标排放，同时国外也无此类技术的成熟经验可借鉴。

为满足GB 31570—2015排放要求，通过催化剂研发实现突破性的原始创新和工艺技术的集成创新，开发出具有自主知识产权、居国际领先水平的“LS-DeGAS Plus 降低硫黄装置SO_2排放浓度成套技术”。该技术具有无二次污染、投资少、能耗低、易实施的特点，可实现硫黄装置包括开停工阶段的全程达标排放，该技术推动了我国含硫废气治理技术的进步，可为我国环保法规进一步升级提供技术支撑。

2　开发思路

影响硫黄回收装置SO_2达标排放的因素如下：装置正常运行期间主要为Claus净化尾气及液硫脱气废气中的硫化物，装置开工阶段为尾气加氢催化剂预硫化期间排放废气中的硫化物、装置停工阶段为吹硫期间排放废气中的硫化物。从上述各方面进行系统研究，以此找到降低硫黄装置烟气SO_2排放浓度的措施，并开发配套的催化剂和工艺技术。

2.1 降低 Claus 净化尾气硫化物

Claus 净化尾气中硫化物主要由 H_2S 和 COS 两部分构成。通过使用高效脱硫剂并优化装置的运行参数，并在吸收塔后部增设超净化塔强化对微量硫化氢的吸收，可将净化尾气 H_2S 含量降至 $10mg/Nm^3$ 以下。通过开发系列氧化钛基有机硫深度水解催化剂及耐氧型低温尾气加氢催化剂，并合理级配催化剂装填方案，可确保尾气中有机硫含量低于 $20mg/Nm^3$。

2.2 合理处理液硫脱气废气

目前液硫脱气通常采用空气鼓泡，废气引入焚烧炉焚烧转化为 SO_2 直接排放，可增加硫黄回收装置 SO_2 排放浓度 $100 \sim 300mg/Nm^3$。开发新型液硫脱气工艺，通过配套使用耐氧型低温尾气加氢催化剂，将硫黄回收装置自产的部分净化尾气用于液硫池液硫鼓泡脱气的气提气，液硫脱气废气和 Claus 尾气混合后进加氢反应器处理，返回制硫单元回收元素硫，既避免了液硫脱气废气对烟气 SO_2 排放浓度的影响，也实现了含硫废气的资源化利用。

2.3 开发硫黄回收装置开停工期间达标排放工艺

硫黄装置在开工过程中存在超标的情况主要是因为尾气加氢催化剂为新剂，开工前需要对催化剂进行预硫化，预硫化时生成的尾气直接焚烧后排放造成的。硫黄回收装置传统的停工吹硫工艺为：用瓦斯与空气燃烧后的烟气对硫黄回收装置系统内的残硫进行吹扫，Claus 尾气通过跨线直接去焚烧炉焚烧后经烟囱排放，烟气中 SO_2 排放浓度高达 $30000mg/Nm^3$。开发尾气加氢催化剂提前预硫化工艺、停工过程新型热氮吹硫工艺，实现了硫黄回收装置的绿色开停工。

3 LS-DeGAS Plus 降低硫黄装置 SO_2 排放浓度成套技术的开发

3.1 创制钛铝复合大孔催化剂载体，开发耐氧型低温尾气加氢催化剂

为提高催化剂低温催化活性，并适应复杂工艺气氛，提出了催化剂孔道分级控制思路，创制钛铝复合大孔催化剂载体。氧化铝具有较大的孔容和比表面积，兼具适宜的酸性中心，常规加氢催化剂通常选择氧化铝作为载体。氧化钛具有 L 酸和 B 酸两种酸性位以及 Ti^{4+} 可还原等优点，但孔容和比表面积相对较小，酸量较低，机械强度较差[2]。虽然氧化钛表面酸性较氧化铝弱，但碱性中心相对较多，碱性中心有利于有机硫水解反应的进行。因此，为了弥补氧化钛的不足，以氧化铝为基体，植入适量氧化钛，并采用载体孔道分级控制制备技术，提高大孔体积占总体积的 30%以上，创制了钛铝复合载体。

优化活性组分的组合，选择 Mo、Co、助剂作为活性组分，提高了催化剂的低温反应活性。目前，工业上广泛使用的 Claus 尾气加氢催化剂为 CoMo-Al_2O_3 型，也有部分 NiMo-Al_2O_3 型。SO_2 加氢转化最佳的活性组分为 Mo-Co[3]。加氢活性中心位于金属硫化物的硫空位上，富硫相的活性组分比贫硫相容易产生硫的空位，因此富硫相具有更高的低温加氢活性[4,5]。所以，通过添加在较低温度下以富硫相存在的助剂，可以提高催化剂的低温反应活性。

通过上述技术创新，并采用新型活性组分络合方式及清洁无污染的催化剂制备工艺，国内外首创引入脱氧功能，开发了 LSH-03A 耐氧型尾气加氢催化剂。该催化剂为国内外独有

产品，实现了含氧废气引入加氢反应器处理，催化剂有机硫水解活性由80%提高至99.9%，尾气有机硫含量低于20mg/Nm^3。

3.2　创制超纯氧化钛载体材料，形成了氧化钛基硫回收催化剂制备技术

为解决制硫催化剂耐硫酸盐化能力低的问题，通过对催化剂表面性质与有机硫水解活性关系的研究，创制出超纯氧化钛载体，解决了催化剂表面酸碱度的平衡，开发出LS-981G氧化钛基有机硫深度水解催化剂。该催化剂具有较高的机械侧压强度和较低的磨耗，有机硫水解活性可由90%提高至99%以上，催化剂综合性能达到或超过国外同类催化剂。

3.3　集成创新形成"LS-DeGAS Plus降低硫黄装置SO_2排放浓度成套技术"

在系列制硫及尾气加氢催化剂开发成功基础上，对催化剂、设备及系列工艺进行了集成创新，形成"LS-DeGAS Plus降低硫黄装置SO_2排放浓度成套技术"，该技术可适应不同工艺类型、不同酸性气组成的硫黄回收装置，解决了硫黄回收装置包括开停工阶段的全程达标排放问题。成套技术主要内容如下：

(1) 开发新型液硫脱气工艺，通过配套使用耐氧低温尾气加氢催化剂，将硫黄回收装置自产的部分净化尾气用于液硫池液硫脱气的气提气，废气和Claus尾气混合进还原吸收单元处理后返回制硫单元回收元素硫，完成了含硫废气的资源化利用。液硫中H_2S满足小于15μL/L的指标要求，消除了液硫在储存、运输和加工过程的安全隐患以及现场的异味。

(2) 通过建立硫化氢气体吸收速率模型，设计开发可在较低碱性环境下提高对微量硫化物净化度的专利设备超净化吸收塔，确保净化尾气中硫化氢含量低于10mg/Nm^3。超净化塔增设在吸收塔后部，强化对微量硫化氢的吸收，防止装置波动时净化气中硫化氢超标而影响排放。

(3) 针对硫黄回收装置开停工期间达标排放开展了相关研究，开发出开工过程尾气加氢催化剂提前预硫化工艺及停工过程新型热氮吹硫工艺，实现了硫黄回收装置的绿色开停工。热氮吹硫停工工艺的开发成功，彻底改变了硫黄回收装置传统停工方式，利用惰性气体氮气不易发生化学反应的原理进行吹硫，与传统"瓦斯吹硫"工艺的区别主要有三点：无副反应，装置吹硫效果相比更好；吹硫过程温升可控，不会造成反应器超温等安全事故；烟气SO_2排放浓度低，可稳定低于100mg/Nm^3，满足环保法规要求。

(4) 针对不同行业、不同类型的硫黄回收装置进行了催化剂级配方案的研究设计，确保尾气中有机硫含量低于20mg/Nm^3。本技术制硫催化剂采用氧化钛基有机硫深度水解催化剂与大比表面氧化铝基制硫催化剂不同比例复配，尾气加氢催化剂采用耐氧性低温尾气加氢催化剂，有机硫水解率大幅提高，净化尾气有机硫含量为0~20mg/Nm^3。

(5) 基于硫回收反应过程分析和反应动力学实验，构筑了工业Claus反应器中脱硫反应的反应动力学模型，并将其嵌入硫黄回收装置的远程诊断系统；采用多层神经网络模型，建立了催化剂寿命的预测模型，能够准确预测催化剂使用寿命；开发了硫黄回收装置的技术分析与远程诊断系统，实现了硫黄回收装置的远程监控与实时诊断，大幅提高了装置运行的平稳率。

图1为LS-DeGAS Plus降低硫黄装置SO_2排放浓度成套技术工艺流程。"LS-DeGAS Plus降低硫黄装置SO_2排放浓度成套技术"在世界范围内可满足最苛刻的环保法规要求，烟气SO_2排放浓度降至50mg/Nm^{3}以下，技术达到世界领先水平。

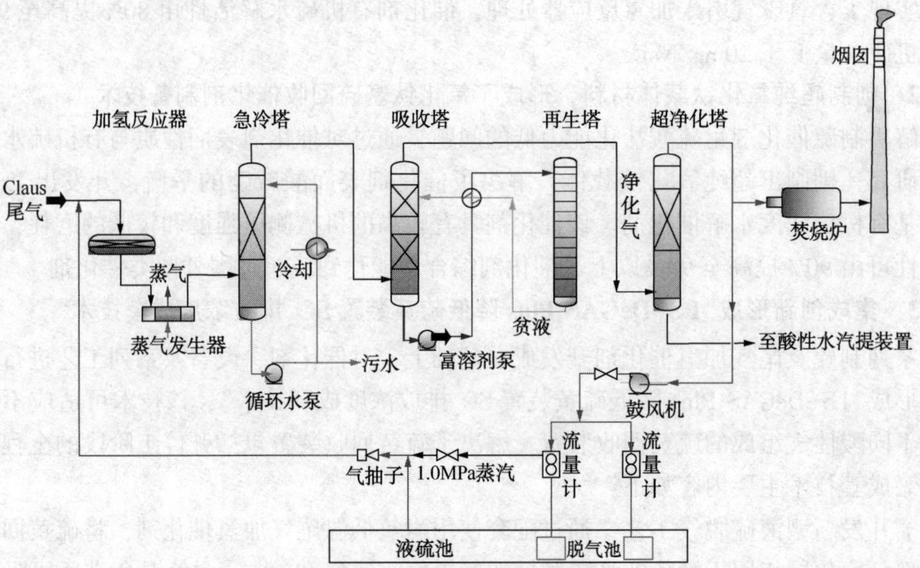

图1　LS-DeGAS Plus 降低硫黄装置 SO_2 排放浓度成套技术工艺流程

国内外可满足烟气 SO_2 排放浓度小于 50mg/Nm³ 的同类先进技术主要有：烟气钠法脱硫技术，氨法脱硫技术。三种技术的比较见表 1。从表 1 中数据可见，“LS-DeGAS Plus 降低硫黄装置 SO_2 排放浓度成套技术”相比同类技术具有无二次污染、投资少、能耗低、易实施的特点。

表 1　国内先进同类技术比较

项　　目	钠法脱硫技术	氨法脱硫技术	LS-DeGAS Plus 技术
硫黄回收率/%	>99.8	>95	>99.99
总硫回收率/%	>99.8	>99.99	>99.99
改造费用/万元	2500	5000	500
废液	高盐废水，难处理	无废液	无废液
烟囱外观	冒蒸汽	冒蒸汽	无冒蒸汽情况
产品销路	无增加产品	硫铵，不易销售	无增加产品
长周期运行	设备和管线腐蚀严重	设备和管线腐蚀严重	设备和管线腐蚀小
操作风险	操作风险低	存在氨逃逸、泄漏	操作风险低

4　LS-DeGAS Plus 降低硫黄装置 SO_2 排放浓度成套技术的工业应用

“LS-DeGAS Plus 降低硫黄装置 SO_2 排放浓度成套技术”可用于石油炼制、石油化工、煤化工、天然气化工及化肥行业的硫黄回收装置，既适用于新建装置，也适用于改造装置。该技术已在国内推广应用 58 套，包括中国石化、中国石油、中国海油、中国化工、地炼等不同企业的硫黄装置。

4.1 中国石化高桥分公司4#硫黄装置工业应用

中国石化高桥分公司4#硫黄装置规模为 6×10^4t/a，采用“LS-DeGAS Plus 降低硫黄装置 SO_2 排放浓度成套技术”进行建设。

4#硫黄装置于2016年2月23日正式进酸性气投产，酸性气为全厂混合清洁酸性气，4月13日起开始处理含氨酸性气。表2为装置开工后烟气在线仪表未投用期间排放尾气人工采样数据。

表2 开工初期人工检测数据

日期	SO_2/(mg/Nm³)	O_2/%	NO_2/(mg/Nm³)	CO/(μL/L)
2016-2-24	20.0	5.23	16.8	220
2016-2-25	42.9	2.65	82.0	13
2016-2-26	22.8	2.27	96.4	12
2016-3-1	34.3	2.18	91.6	18
2016-3-2	34.3	3.25	104.3	7
2016-3-3	34.5	2.91	67.7	16
2016-3-4	35.2	2.84	82.3	13

烟气在线检测仪于3月7日才基本调试好，从表2中数据可以看出，开工初期排放检测数据较为稳定，数值基本稳定在50mg/Nm³以下。从图4中数据可以看出，含氨酸性气引入后 SO_2 排放浓度有所升高，经调整基本稳定在50mg/Nm³以下。

2016年7月14~16日，高桥分公司4#硫黄运行负荷70%左右，图2为此时期烟气 SO_2 排放浓度趋势，可以看出烟气 SO_2 排放浓度稳定在50mg/Nm³以下。

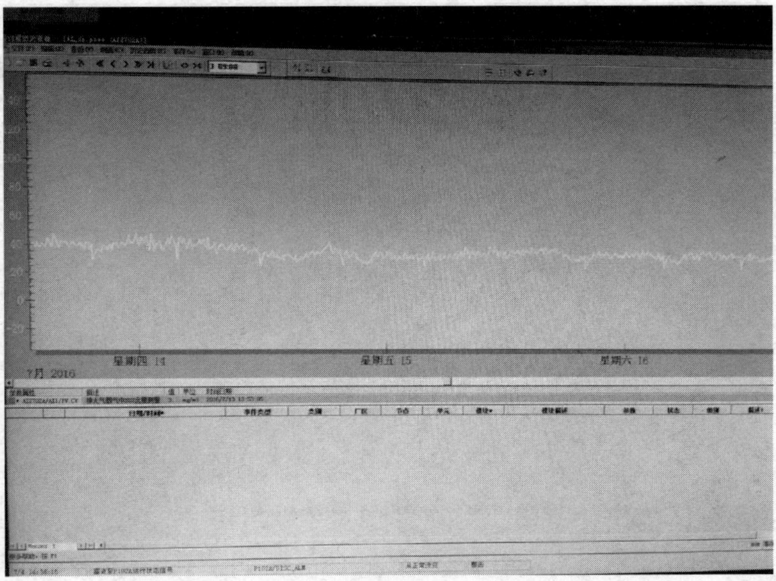

图2 高桥分公司4#硫黄装置70%负荷烟气 SO_2 排放趋势

2016年8月，高桥分公司4#硫黄运行负荷为100%，图3为此时期烟气 SO_2 排放浓度趋势，烟气 SO_2 排放浓度稳定在100mg/Nm³以下。装置在高温和满负荷的考验下，烟气 SO_2 的排放依然可以达到 100mg/Nm^{3}以下。此时尾气加氢反应器入口温度为 218℃，床层温度为 240~250℃，还有巨大的提温空间，如果将加氢反应器床层温度提高至 300℃以上，烟气 SO_2排放浓度还会大幅度降低。

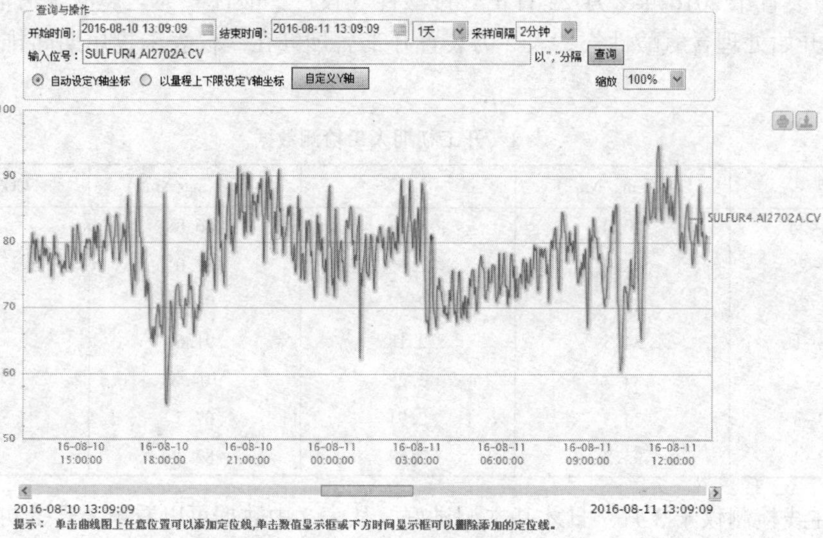

图 3　高桥分公司 4#硫黄装置满负荷烟气 SO_2排放趋势

2017 年 3 月，高桥分公司通过优化操作，在装置满负荷工况下，将烟气 SO_2排放浓度降至 30mg/Nm^{3}以下，优化操作后烟气 SO_2排放浓度数据见图 4。

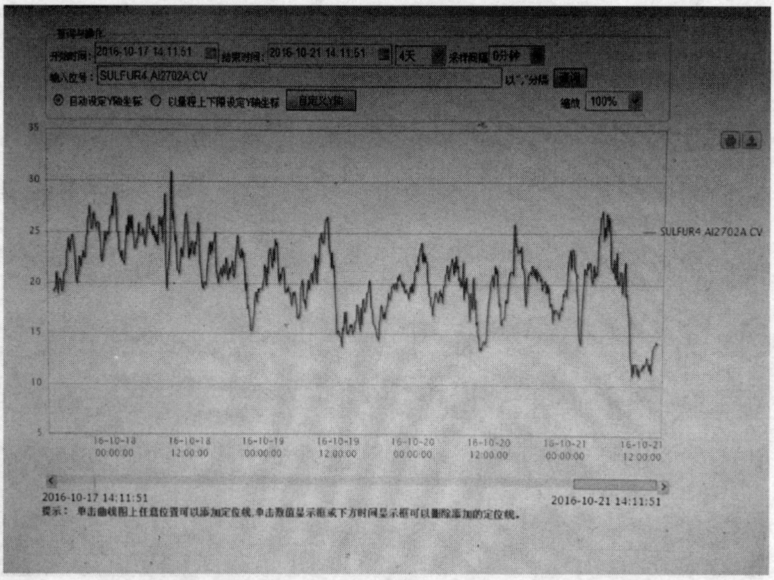

图 4　优化操作后满负荷烟气 SO_2排放浓度数据

高桥分公司 6×10^4t/a 硫黄装置开工 2 年以来装置 SO_2排放浓度稳定在 50mg/Nm^{3}以下，在此期间，装置经历了超负荷运行和高温气候的严峻考验，但其排放值均满足新环保法规的要求。

4.2 中石化九江分公司$2×7×10^4t/a$装置工业应用

2017年1月至3月，$2×7×10^4t/a$硫黄回收装置采用“LS-DeGAS Plus 降低硫黄装置SO_2排放浓度成套技术”进行了装置改造。改造内容如下：

（1）催化剂级配方案进行了优化。为确保净化气中COS体积浓度低于$20mg/Nm^3$，一级转化器催化剂级配方案进行了优化，脱除过程气中的漏氧及提高一级反应器床层温度，级配方案如下：一级转化器上部装填1/2 LS-971脱漏氧保护催化剂，下部装填1/2 LS-981G有机硫水解催化剂。

（2）尾气吸收系统采用高性能复合脱硫剂，净化尾气硫化氢含量降低至$20mg/Nm^3$以下。

（3）为保证净化尾气COS含量降低至$20mg/Nm^3$以下，一级反应器入口温度应控制在230~250℃，一级反应器前部增加过程气电加热器。

（4）采用新型液硫脱气处理工艺，将硫黄装置自产的部分净化尾气用于液硫池液硫鼓泡脱气的气提气，液硫脱气废气和Claus尾气混合后进加氢反应器处理，有利于提高加氢反应器床层温度，可在加氢反应器入口温度240℃、反应炉勿需过氧操作条件下实现加氢反应器床层温度至300℃以上。

（5）引冷媒水作冷源，管线利旧，对急冷水和贫液、半贫液进行降温，使其降至35℃以下。

2017年4月，九江分公司$2×7×10^4t/a$装置改造后开工运行，装置处理了全部炼油酸性气和煤制氢全部两股酸性气，即煤制氢脱酸性气和气提酸性气。烟气SO_2排放浓度实现瞬时值达标（小于$100mg/Nm^3$），合格率99.9%以上，小时平均值合格率100%，在没有设置任何碱洗的情况下，实际烟气SO_2排放浓度基本稳定在$15~35mg/Nm^3$。

图5为1#装置烟气在线仪排放数据DCS截图，图6为2#装置烟气在线仪排放数据DCS截图，时间为2019年3月13日，SO_2排放浓度分别为$21.1mg/Nm^3$和$14.7mg/Nm^3$。图7为1#装置烟气SO_2排放浓度曲线，图8为2#装置烟气SO_2排放浓度曲线，时间为2019年3月14日，烟气SO_2排放浓度均低于$35mg/Nm^3$。

SO_2含量	O_2含量	NO_x含量	CO含量
21.1mg/m³	3.9%	5.5mg/m³	418.7mg/m³
粉尘含量	流速	压力	温度
14.5mg/m³	7.4m/s	-0.5kPa(G)	260.0℃

图5　1#装置烟气在线仪排放数据DCS截图

SO_2含量	O_2含量	NO_x含量	CO含量
14.7mg/m³	4.4%	7.2mg/m³	369.3mg/m³
粉尘含量	流速	压力	温度
13.5mg/m³	6.0m/s	-0.6kPa(G)	211.2℃

图6　2#装置烟气在线仪排放数据DCS截图

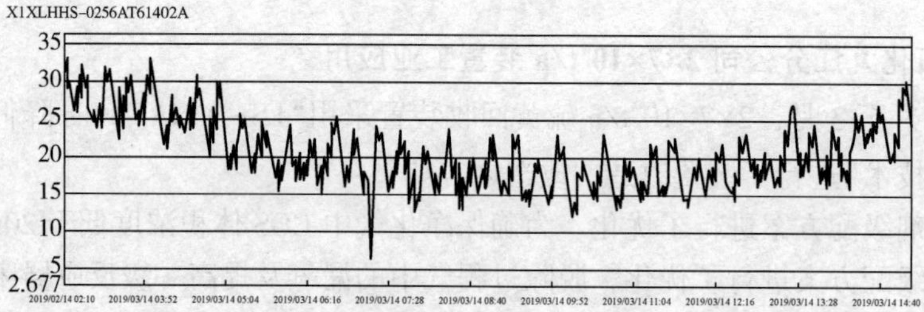

图 7　1#装置烟气 SO_2 排放浓度曲线

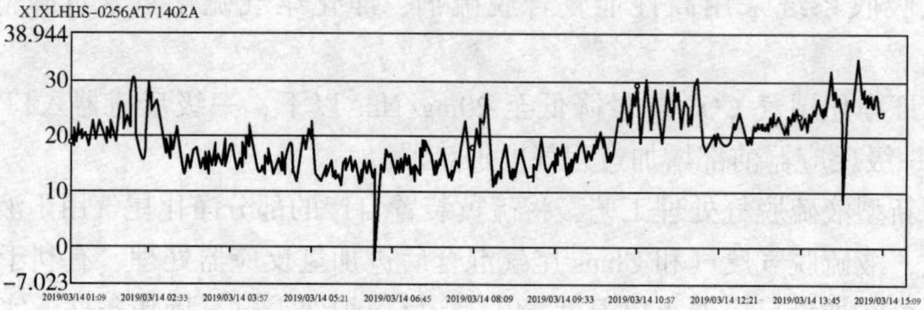

图 8　2#装置烟气 SO_2 排放浓度曲线

5　结论

（1）针对新环保法规排放标准提高、硫黄装置烟气 SO_2 排放浓度不达标的难题，突破了尾气加氢催化剂适应复杂工艺、耐低温活性、硫回收催化剂有机硫水解活性低、硫黄装置开停工全程需达标技术等关键难题，进行了新型催化剂研发，并对工艺集成创新，原创性地形成了“LS-DeGAS Plus 降低硫黄装置 SO_2 排放浓度成套技术”，整体技术达到国际领先水平。

（2）使用“LS-DeGAS Plus 降低硫黄装置 SO_2 排放浓度成套技术”可实现硫黄装置烟气 SO_2 排放浓度稳定低于 50mg/Nm^3，该技术已推广应用 58 套工业装置，具有显著的经济效益及社会效益。

参　考　文　献

[1] 环境保护部科技标准司 . GB 31570—2015 石油炼制工业污染物排放标准[S]. 北京：中国环境科学出版社，2015.

[2] 张孔远，刘爱华，等 . 湿混法 CoMo/Al_2O_3 催化剂用于 Claus 反应尾气加氢转化反应[J]. 石油化工，2005，34(11)：1095-1099.

[3] Sang Cheol Paik，Jong Shink Chung. Selective Hydrog Enation of SO_2 Toelemental Sulfur over transition Metal Sulfides Supported on Al_2O_3[J]. Appl Catal.

[4] Jae Bin Chung，Zhi Dong Ziang，Jong Shik Chung. Renoval of Sulfur Fumcs by Metal Sulfide Sorbents [J]. Environ Sci Technol，2002，36：3025-3029.

[5] Afanasiev P. On the Interpretation of Temperature Programened Reduction Patterns of Transition Metals Sulphides [J]. Appl catal A，2006，303：110-115. B，1996，8：267-279.

降低硫黄回收装置烟气 CO 浓度的措施

兰 敏

(中国石化广州分公司 广东广州 510725)

摘 要：中国石化广州分公司通过对主燃烧炉配风、比值控制及焚烧炉温度控制回路整定，将焚烧炉炉温波动幅度从±30℃降为±5℃；同时，提出焚烧炉“燃烧前移”理论，通过调整焚烧炉三路配风，将焚烧炉内燃烧前移至炉前半部分，解决了焚烧炉膛温度低于 CO 燃烧温度时的烟囱排放不达标问题，烟囱尾气 CO 从 2800mg/Nm^{3}降至 500mg/Nm^3，满足<1000mg/Nm^{3}的排放指标。

关键词：硫黄装置 烟气 CO 排放

1 前言

根据国家大气污染物综合排放标准(GB 16297—1996)，硫黄回收装置烟囱尾气排放标准为二氧化硫浓度<960mg/Nm^3。广东省地方大气污染物排放限制标准(DB 44/27—2001)，2002 年 1 月 1 日后建成装置执行第二时段排放标准，二氧化硫浓度<850mg/Nm^3，氮氧化物<120mg/Nm^3，CO 浓度<1000mg/Nm^3。

广州分公司 14×10^{4}t/a 硫黄回收联合装置于 2006 年 2 月建成投产，该项目设计尾气采用热焚烧后经 100m 高烟囱排放，烟气中 SO_2量为 25.6kg/h、浓度为 520mg/Nm^3，满足国家大气污染物综合排放标准(GB 16297—1996)及广东省地方大气污染物排放限制标准(DB 44/27—2001)的要求，未考虑烟气 CO 排放浓度。由于广州分公司 140kt/a 硫黄回收装置建设时未考虑地方标准要求，致使 140kt/a 制硫装置烟囱尾气 CO 长期超标，2015 年 1~8 月烟囱尾气 CO 浓度平均为 2800mg/Nm^3，远高于 1000mg/Nm^{3}的排放指标。

针对硫黄回收烟囱尾气 CO 排放不达标问题，对制硫装置全过程进行详细剖析，确定焚烧炉炉膛温度偏低是烟囱 CO 超标的关键因素，而焚烧炉炉温则是由酸性气与空气瞬时反应过程配比不准确、焚烧炉瓦斯与空气燃烧配比决定。将原料流量、组成不稳性融入到调节回路 PID 参数整定，将主燃烧炉配风、比值控制及焚烧炉温度控制回路逐一整定，提高自动控制平稳率；消除比值分析仪吹扫后干扰调节问题，解决了比值分析仪空气吹扫后数据不准确引起的风量幅跳动；采用“低氢控制”，减少过量氢气携带轻烃对焚烧炉温度及烟气 CO 排放影响；提出焚烧炉“燃烧前移”理论，通过调整焚烧炉三路配风，将焚烧炉内燃烧前移至炉前半部分，解决了焚烧炉膛温度低于 CO 燃烧温度时的烟囱排放不达标问题。

2 影响 CO 排放的原因

根据国外的研究结果，尾气炉温在 1150K(878℃)时尾气炉后烟气中的 CO 焚烧量大于

90%。尾气炉内 CO 最低焚烧温度为 975K(701℃)，低于此温度，即使 O_2 过量，尾气中的 CO 也不能被烧掉。焚烧炉炉膛温度与 CO 关系见图 1。

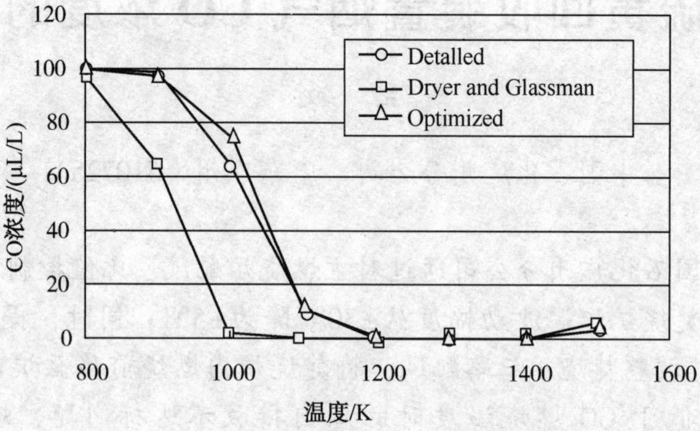

图 1　焚烧炉烟气 CO 浓度与炉膛温度关系[1]

2.1　焚烧炉运行情况

硫黄回收装置焚烧炉炉膛一般操作温度在 600~700℃，达不到 CO 焚烧温度。中国石化广州分公司 140kt/a 硫黄回收装置，焚烧炉炉膛温度 650℃时，过热蒸汽温度为 450℃(过热蒸汽联锁值为 470℃)。焚烧炉炉膛与过热器蒸汽温度趋势见表 1。

表 1　2015 年 8 月 21 日 74 制硫单元焚烧炉与过热蒸汽温度

时　间	F7402 炉膛温度/℃	E7424 过热蒸汽温度/℃
11：15：55	690.43	456.95
11：27：06	622.21	396.39
12：05：10	650.32	433.52
12：35：40	645.81	428.94
13：05：07	688.52	450.26
13：18：06	635.45	416.51

从表 1 可以看出：①焚烧炉 F7402 炉膛温度低于 700℃，达不到 CO 焚烧温度。②焚烧炉炉膛温度及过热蒸汽温度波动较大。在炉膛温度给定值 655℃时，发生波动时，波动幅度可超过±30℃。如将炉膛温度提高 20℃，出现同幅度波动时，会造成中压蒸汽超温焚烧炉联锁停车情况发生。过热中压蒸汽温度制约了焚烧炉炉膛温度，而过热蒸汽温度由焚烧炉炉温决定。

2.2　影响焚烧炉炉膛温度的因素

对制硫装置全过程进行分析，如图 2 所示。

影响焚烧炉膛温度因素有以下几点：

(1) 净化尾气中过量氢气、烃类含量

Claus 尾气进入加氢反应器，尾气中的二氧化硫、硫、COS 等与氢气反应，还原成硫化氢，反应后过量氢气随尾气进入焚烧炉。净化尾气氢气含量及波动幅度主要取决于 Claus 反应转化率。

酸性气携带的烃在酸性气燃烧炉内已完全燃烧或部分不完全燃烧，在 Claus 尾气中不会以烃类形式存在。加氢反应外加氢气携带的烃类部分进入胺系统影响胺液质量，部分随尾气进入焚烧炉中，影响焚烧炉燃烧效果及炉膛温度。

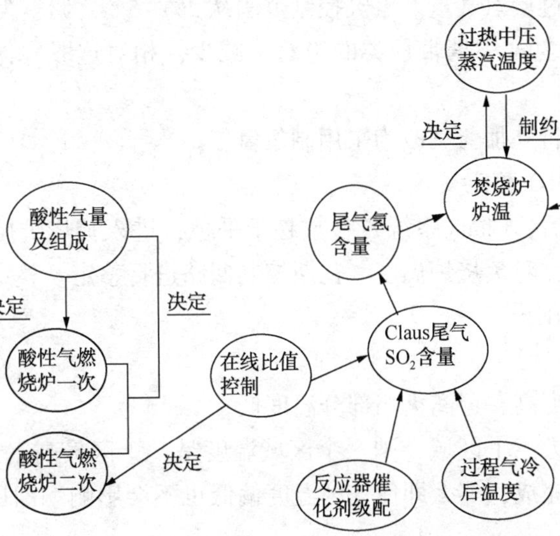

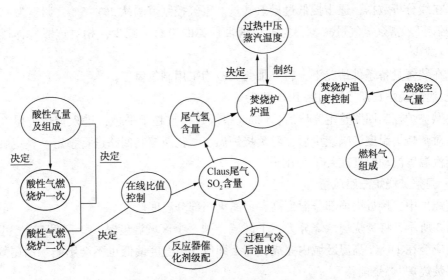

图2　影响焚烧炉温度各因素之间关系

（2）燃料气与空气

燃料气是否完全燃烧，燃料气与空气量配比是否合理，直接影响炉膛温度及烟气CO浓度。

2.3　焚烧炉炉膛温度偏低

硫黄回收装置焚烧炉炉膛一般操作温度在600~700℃，低于CO焚烧温度，尝试在炉膛温度680~720℃范围内实现大部分CO能被焚烧。

3　制定措施及施工过程

3.1　对主燃烧炉配风及比值PID参数进行整定

对74系列酸性气燃烧炉主风调节阀FIC7401B，微风调节阀FIC7401C，比值调节AIC7402；75系列酸性气燃烧炉主风调节阀FIC7501B，微风调节阀FIC7501C，比值调节AIC7502，逐回路进行PID参数整定。

3.2　更换75系列一次风流量表

在PID参数整定过程，发现经调整74系列比值趋势逐渐变稳，而75系列酸性气燃烧炉一次风偏差加大。通过对FIC7501B流量表进行更换后，75系列比值逐渐稳定。

3.3　消除在线分析吹扫影响

在线分析吹扫对比值与微风串级控制影响较大。在线分析每次吹扫3min(用空气吹扫)，吹扫后分析出的硫化氢、二氧化硫因与分析过程残余的空气混合后，浓度不足，导致比值仪计算出的H_2S-2SO_2结果与吹扫前及实际值差异大，而此结果值之间引起二次风阀大幅动作，配风出现偏差。因此将吹扫时H_2S-2SO_2值由维持3min不变的基础上再延长为1min，延长的1min为介质置换空气时间，等H_2S-2SO_2数据重新变化时与实际值偏差不大，二次风阀就会根据实际数据准备配风，从而消除了比值分析仪吹扫时引起的波动问题。

3.4　优化氢气

（1）采用重整氢气时，在比值控制优化趋于平稳后，Claus尾气中SO_2波动负荷缩小，根据氢气在线分析数据，逐步控低过量氢气量。氢气控制范围从2%~5%，调整为1%~3%，即"低氢控制"。富余氢气量减少，氢气中携带烃类的绝对量减少，相对这股气体燃烧生成CO的量将减少。

(2) 在装置具备条件情况下，将外加氢气改为采用制氢氢气。

3.5 对焚烧炉瓦斯控制回路PID整定

在主燃烧炉控制回路整定完毕后，Claus系统各参数趋于平稳，进入焚烧炉尾气组成变化稳定，对焚烧炉温度影响减少后，对焚烧炉温度、瓦斯控制回路进行整定。整定后焚烧炉温度及蒸汽温度波动幅度在±5℃范围内。

3.6 调整焚烧炉三路风量

在焚烧炉中，接近火焰部分温度高，远离火焰部分温度低。

如图3所示，将焚烧炉燃烧分为三个区域，则三个区域温度是：①区最高，③区最低。如燃烧反应能在①、②高温区域内完成，那么即使③区温度偏低也不会影响烟囱尾气CO浓度，即将焚烧炉"燃烧前移"。

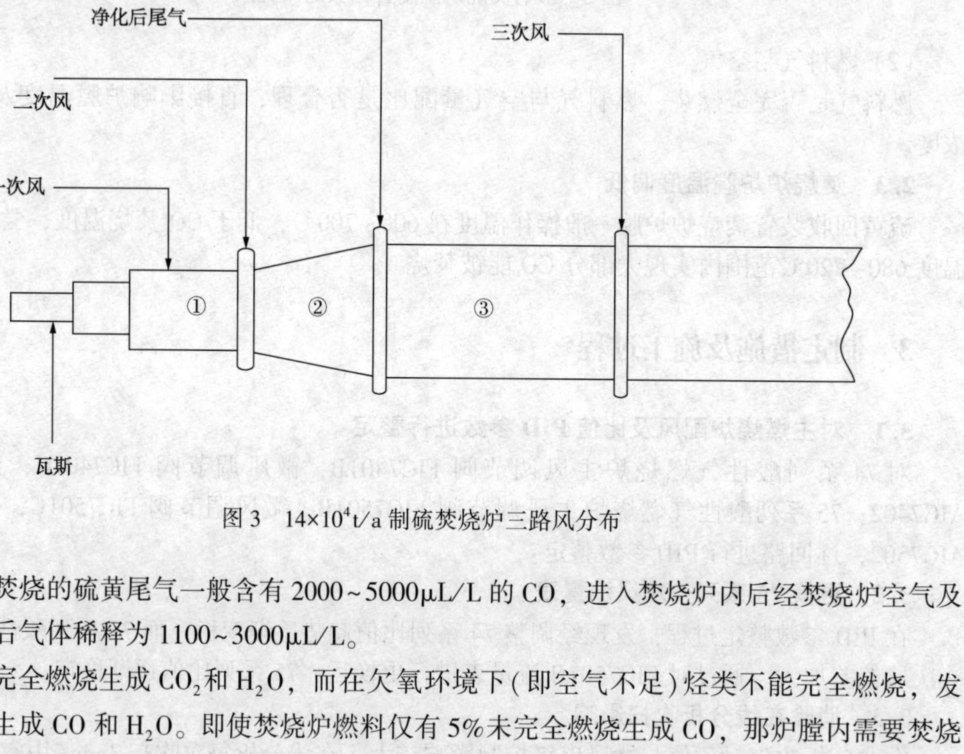

图3 14×10^{4}t/a制硫焚烧炉三路风分布

进入焚烧的硫黄尾气一般含有2000~5000μL/L的CO，进入焚烧炉内后经焚烧炉空气及完全燃烧后气体稀释为1100~3000μL/L。

烃类完全燃烧生成CO_2和H_2O，而在欠氧环境下(即空气不足)烃类不能完全燃烧，发生副反应生成CO和H_2O。即使焚烧炉燃料仅有5%未完全燃烧生成CO，那炉膛内需要焚烧的CO则达到2200~4200μL/L，如烃类不完全燃烧量增加，焚烧炉膛内CO量可成倍增长。CO的最低焚烧温度为975K(701℃)，尾气炉温在1150K(878℃)时尾气炉后烟气中的CO焚烧量大于90%。如炉内烟气CO含量过高，即使炉膛温度足够高，CO燃烧残余量仍较大，可能造成烟气排放CO超标。因此，燃料气完全燃烧是降低烟气CO排放的最关键点。因此，燃料气完全燃烧是降低烟气CO排放的最关键点。

(1) 为实现燃料气完全燃烧，取过量空气系数1.2：

$$一次风量=燃料气燃烧当量空气\times 1.2$$

(2) 为实现燃料气和吸收塔尾气内氢气、硫化氢等气体完全燃烧，取过量空气系数 1.3：

一次风量+二次风量=焚烧炉介质完全燃烧的当量空气×1.3

(3) 烟气氧含量控制在 3%左右，取过量空气系数 1.5，焚烧炉总风量为：

一次风量+二次风量+三次风量=焚烧炉介质完全燃烧的当量空气×1.5

4 实施效果

4.1 烟囱 CO 排放达标

(1) 经过对主燃烧炉风量及比值控制回路 PID 参数整定，焚烧炉温度及瓦斯回路整定，焚烧炉炉膛温度趋于平稳(见图 4)。

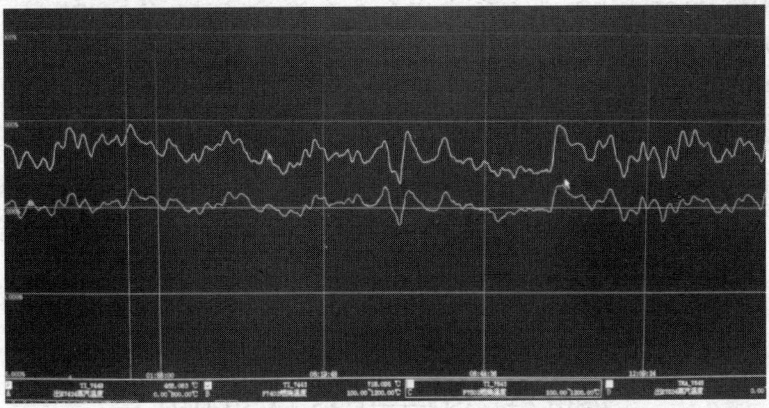

图 4 焚烧炉炉膛温度与过热蒸汽温度

(2) 采用"低氢控制"和焚烧炉"燃烧前移"，调整焚烧炉一、二、三次风量大小，140kt/a 制硫烟气 CO 浓度逐步下降(见图 5)。

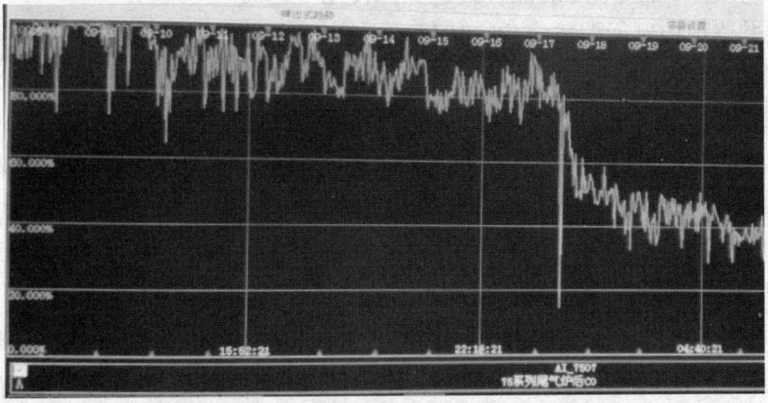

图 5 调整过程中烟气 CO 在线监测数据趋势

(3) 在经过对各参数优化及操作经验摸索后，目前广州分公司 140kt/a 硫黄回收装置 CO 排放浓度可维持在 100~300mg/Nm^{3}范围内，装置环保监测数据如表 2 所示。

表 2　140kt/a 硫黄回收装置环保监测数据

采样日期	采样点	干烟气含氧量/%(体)	二氧化硫/(mg/Nm³)	氮氧化物/(mg/Nm³)	一氧化碳/(mg/Nm³)	非甲烷总烃/(mg/Nm³)	含湿量/%(体)	烟气流速/(m/s)	标况下干排气流量/(m³/h)	颗粒物标况浓度/(mg/Nm³)	硫化氢/(mg/Nm³)
2018-12-12	硫黄Ⅱ尾气	2.01	11.44	62.44	208.75		5.3	17.74	24030		0.00
10:00	硫黄Ⅰ尾气	2.06	42.90	59.65	150.00		5.3	15.77	22343		0.00
2019-1-11	硫黄Ⅱ尾气	2.06	31.46	70.28	173.75	3.09	4.4	19.70	26808	0.50	<1
10:00	硫黄Ⅰ尾气	2.05	51.48	66.23	96.25	1.42	4.4	21.25	28899	0.62	0.00
2019-2-27	硫黄Ⅱ尾气	1.60	42.90	69.86	167.50		5.6	17.15	22533		0.00
10:00	硫黄Ⅰ尾气	2.16	71.50	71.91	83.75		5.6	12.06	16316		0.00
2019-3-12	硫黄Ⅱ尾气	1.61	48.62	65.34	266.25		5.2	18.60	25023		0.00
10:00	硫黄Ⅰ尾气	2.10	60.06	71.50	112.50		5.3	22.32	29052		0.00
2019-4-10	硫黄Ⅱ尾气	1.77	42.90	68.75	142.50	0.38	6.3	16.25	21245	0.30	<1
9:30	硫黄Ⅰ尾气	1.99	71.50	66.78	145.00	0.62	6.5	22.40	29057	0.20	<1
2019-5-17	硫黄Ⅰ尾气	2.29	68.64	63.69	140.00		5.0	20.98	27335		0.00
10:00	硫黄Ⅱ尾气	2.35	40.04	81.57	120.00		5.0	17.68	23096		0.00

4.2　Claus 单元硫转化率提高

硫黄回收是以 H_2S 与氧不充分燃烧，使 H_2S 最大限度地转化为硫黄，混合酸性气进料与适当的空气配比后进入反应炉。

在主燃烧炉中进行的热反应为：

$$1/3H_2S+1/2O_2 \longrightarrow 1/3SO_2+H_2O+Q$$

$$2/3H_2S+1/3SO_2 \longrightarrow 1/XS_x+2/3H_2O+Q$$

在反应器中进行的催化反应为：

$$2H_2S+SO_2 = 3/XS_x+2H_2O+Q$$

经过两级反应器后的 Claus 尾气进入尾气处理单元，也就是说硫化氢转化为单质硫是在 Claus 单元完成。进入尾气单元的硫含量越少，转化率越高。

通过对主燃烧炉控制回路整定后，比值控制趋势逐渐平稳，即捕集器后在线分析尾气中的 H_2S 和 SO_2 含量平稳。

74 系列参数整定前 Claus 尾气中 H_2S+SO_2 值在 0.95%~1.3%之间，整定后 H_2S+SO_2 值在 0.7%~0.86%之间。Claus 尾气硫含量下降，即进入加氢反应器 SO_2 下降，进入尾气吸收塔中的 H_2S 含量下降，净化后尾气的 H_2S 含量相应有所下降，经焚烧后排入烟囱 SO_2 浓度下降。

4.3　氢气用量下降

在 Claus 系统平稳后，进入加氢反应器的 SO_2 浓度从 0.1%~1.2%波动范围变为 0.3%~0.55%范围。尾气 SO_2 峰值降低，所需最大氢气量减少，因此，调整后装置氢气用量从 $1000Nm^3/h$ 下降至 $500Nm^3/h$。

4.4　焚烧炉“振动”、“嗡鸣”现象消除

硫黄回收装置焚烧炉与余热锅炉一体相连，无挡风板等设施。尾气进入焚烧炉，从炉膛经过蒸汽过热器、余热锅炉管束经烟道直接连接烟囱。烟囱负压抽力使得焚烧炉内气体快速

流动，气体流动过程有振动及气流声。如果在焚烧炉中后部有燃烧反应，瓦斯燃烧时体积及热量变化，而蒸汽过热器阻挡气体流通、余热锅炉部位缩颈明显，造成焚烧炉中后部及余热锅炉位置有明显“振动”。另外，尾气氢含量或燃料中氢含量较高时焚烧炉有“嗡鸣”现象，严重时低沉的“嗡鸣”声穿透性极强，形成噪声污染。这是由于氢气热质低、耗量大，且氢气燃烧前后气体体积缩了 1/3，气体体积改变形成真空抽力，进一步加快气体的流动速度，焚烧炉“嗡鸣”现象加剧。

采用焚烧炉“燃烧前移”措施后，将瓦斯燃烧移至焚烧炉炉头与炉头连接喇叭口位置，燃烧过程产生气体体积变化相对应扩径部位，不会造成气体流速突变，炉膛中后部无燃烧反应；装置氢气用量下降，尾气氢气含量波动较小。广州分公司 140kt/a 硫黄回收装置焚烧炉原有明显的“振动”及“嗡鸣”现象消失了。

5 结论

广州分公司 140kt/a 硫黄回收装置，通过将原料流量、组成不稳性融入到调节回路 PID 参数整定，优化比值分析控制参数，实现了制硫装置酸性气燃烧炉的精准配风；采用“低氢控制”，减少过量氢气携带轻烃对焚烧炉温度及烟气 CO 排放影响，氢气用量从 $1000Nm^3/h$ 下降至 $500Nm^3/h$，节约了氢气消耗；将焚烧炉“燃烧前移”，通过调整焚烧炉三路配风，实现了焚烧炉燃料气的完全燃烧，并将净化尾气焚烧前移至炉膛中前部，解决了焚烧炉膛温度低于 CO 燃烧温度问题。140kt/a 硫黄回收装置在焚烧炉炉膛温度 650～700℃ 范围内实现了烟气 CO 达标排放，烟气 CO 排放浓度从 $2800mg/Nm^3$ 降至 $100～200mg/Nm^3$，效果显著。

参 考 文 献

[1] Bradley R. Adams, Marc A. Cremer & Dave H. Wang. 建立燃烧中非平衡 CO 氧化模型. 国际机械工程大会暨博览会，2000，11：5-10.

硫黄回收装置试车全过程烟气达标排放探讨

陈上访　王　洋　郑俊松　王立川

（中国石化镇海炼化分公司炼油二部　浙江宁波　315207）

摘　要：2015 年 7 月 1 日发布的《石油炼制工业污染物排放标准》(GB 31570—2015)规定，石油炼制工业企业任何情况下均应遵守该标准规定，硫黄回收装置作为石油炼制企业关键环保装置，面临着全过程烟气达标排放压力。文章结合 15×10^4t/a 硫黄回收装置试车操作过程，对新装置试车烘炉烘器、加氢催化剂预硫化、装置投料开工等过程的烟气排放情况进行分析，提出消除试车阶段烟气超标排放对策，实现装置试车全过程烟气达标排放。

关键词：硫黄回收　二氧化硫　克劳斯　尾气加氢　烟气脱硫　硫酸铝

1　前言

硫黄回收装置是处理含 H_2S 酸性气并回收硫黄的环保装置，正常运行期间装置烟气 SO_2 排放浓度低于国家排放指标。目前大部分石油炼制企业、高含硫天然气净化企业及部分煤化工企业由于需要处理的酸性气流量大、H_2S 浓度高等特点，其配置的硫黄回收装置一般采用 Claus 制硫+尾气净化+尾气焚烧工艺技术路线，该工艺装置一般设有反应炉、尾气焚烧炉，部分装置还设有在线加热炉、尾气还原炉等中间再热炉子。2015 年 7 月 1 日《石油炼制工业污染物排放标准》(GB 31570—2015)发布后，规定石油炼制企业硫黄回收装置烟气 SO_2 排放限值小于 400mg/Nm^3，重点地区小于 100mg/Nm^3，部分硫黄回收装置在尾气焚烧单元后增设烟气脱硫单元，以满足严格的烟气排放标准。

新建硫黄回收装置试车阶段一般包括机泵单试、设备管线吹扫冲洗、联动试车、烘炉烘器、投料开工等阶段，其中烘炉烘器、投料开工是新建硫黄回收装置最为关键的两个试车操作阶段。烘炉烘器操作即装置引进燃料气在各炉子燃烧，对炉子及烧嘴按一定的升温曲线进行加热升温(350℃以下低温段也可采用电加热升温)，最终使炉子达到装置生产工况温度。一般反应炉炉膛达 1250℃，焚烧炉炉膛达 750℃，各炉子烧嘴可达 1350℃，对各炉子炉膛及烧嘴衬里进行烧结定型，同时使新建炉子经历生产工况考验。投料开工阶段即装置装填催化剂后，再次通过升温使装置系统达到生产工况条件，并进行加氢催化剂预硫化和引酸性气开工操作，最终使装置达到正常生产工况。加氢催化剂预硫化操作期间，实施预硫化尾气脱硫操作后，烟气 SO_2 排放浓度可以降低到 960mg/Nm^3 以内，但无法满足低于 100mg/Nm^3 的排放标准。装置引酸性气操作阶段，反应炉进行燃料气燃烧和酸性气燃烧切换操作时，Claus 制硫单元尾气短时间直排焚烧炉，也会引起烟气 SO_2 短时间超排。为减少新装置试车阶段烟气 SO_2 排放量，目前一般要求实施 Claus 制硫和尾气加氢净化单元同步开车，对于新建工厂的

第一套硫黄回收装置开工，烟气减排难度相对较大。

2 15×10^{4}t/a 硫黄回收装置概况

2.1 15×10^{4}t/a 硫黄回收装置简介

镇海炼化始建于 1975 年，公司规模从建厂初期的 250×10^{4}t/a 地方小炼厂发展到目前的 2300×10^{4}t/a，成为国内最大炼厂之一。由于公司地处杭州湾南岸的东海之滨，区域环保要求严格，镇海炼化硫黄回收装置也得到快速发展，从建厂开始公司先后建造了 8 套硫黄回收装置，本文所述 15×10^{4}t/a 硫黄回收装置即为镇海炼化第Ⅷ套硫黄回收装置。该硫黄回收装置主要处理渣油加氢、POX(煤焦制氢)、柴油加氢等上游装置酸性气，同时兼顾处理低压酸性水汽提装置含氨酸性气和 S Zorb 装置再生烟气等。装置采用二级 Claus 制硫+尾气加氢净化+尾气焚烧+烟气脱硫工艺技术路线，装置于 2017 年 6 月开工建设，2018 年 12 月中交，2019 年 1 月 12 日开始烘炉烘器操作，2 月 23 日各反应器装填催化剂，3 月 29 日开始加氢催化剂预硫化操作，3 月 31 日装置引酸性气投料开工，并于当天进入正常生产工况。装置投料开工过程烟气 SO_2 排放浓度最大 33mg/Nm^3，全程符合《石油炼制工业污染物排放标准》(GB 31570—2015)指标要求。

2.2 15×10^{4}t/a 硫黄回收装置工艺特点

(1) 装置采用 ZHSR 硫回收技术，为二级常规 Claus 制硫和尾气加氢净化工艺，Claus 制硫部分采用在线加热炉再热流程，尾气加氢净化单元设还原炉再热、制氢。

(2) 反应炉采用进口高强度专用烧氨烧嘴，保证酸性气中氨和烃类杂质全部氧化，酸性气进料设预热器，避免产生铵盐结晶堵塞管道与设备。

(3) 装置原料酸性气有三类，以胺液再生为主的清洁酸性气，以酸性水汽提为主的含氨酸性气和 POX 装置的低硫酸性气，为确保反应炉达到烧氨温度，装置反应炉采用两区设置，同时安排两段酸性气进料，当反应炉一区温度下降无法满足烧氨温度要求，可把部分 POX 酸性气调整至二区进料，以提高一区燃烧温度。

(4) 采用地下液硫储槽，储槽主体为水泥结构，内置蒸汽加热盘管，采用保温性能和抗腐蚀性能良好的保温层。槽内还设有专用的空气鼓泡脱气设施，可将溶解在液硫中的微量 H_2S 脱至 10μg/g(质)以下，脱后废气通过专用增压机增压后入反应炉回收，异常工况可以改至焚烧炉焚烧。

(5) 尾气加氢净化部分采用性能良好的、浓度为 35%(质)的进口复配 *N*-甲基二乙醇胺(MDEA)水溶液作为吸收剂，采用一级吸收，一级再生技术，可使净化后尾气的 $H_2S \leq$ 30μL/L(体)，同时具有较低的能耗。

(6) 烟气脱硫部分采用钠法脱硫工艺，脱硫塔采用矩鞍环型散装填料，SO_2脱除率高，确保烟气中 SO_2 排放浓度小于 50mg/Nm^3，优于《石油炼制工业污染物排放标准》(GB 31570—2015)的要求。同时充分利用烟气余热，将鼓风机来的空气与脱硫前烟气换热后，再与脱硫后烟气混合经 100m 烟囱高空排放，避免烟囱顶部排放烟气冒白烟，并有利于烟囱防腐。

(7) 装置二级 Claus 反应器后设 H_2S/SO_2比值分析仪；急冷塔后设置过程气 H_2含量分析仪；急冷塔循环水中设置 pH 分析仪；焚烧炉后烟气设置 O_2分析仪；烟气脱硫工段碱液循环泵出口设置两套 pH 计和密度计；烟囱上设置烟气连续监测系统(CEMS)，实时监控装置排放烟气中 SO_2、O_2、NO_x、烟尘等参数。

(8) 装置仪表控制采用 DCS 控制系统和高可靠性的安全仪表系统(SIS)；反应炉、在线炉和焚烧炉均配备可伸缩点火器、火焰检测仪；采用光学温度计测量反应炉温度。

2.3　15×10^4t/a 硫黄回收装置工艺简图

15×10^4t/a 硫黄回收装置流程简图见图 1。

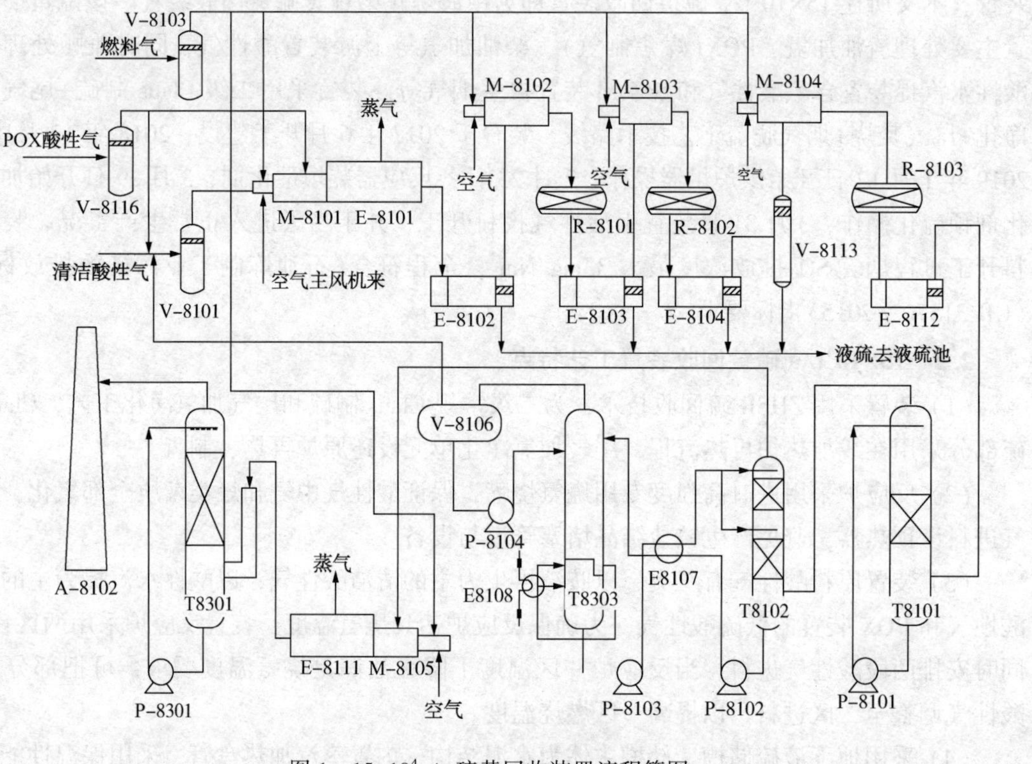

图 1　15×10^4t/a 硫黄回收装置流程简图

其中 Claus 制硫单元包括：V-8101/8116：酸性气分液罐；V-8103：燃料气分液罐；M-8101：酸性气反应炉；E-8101：反应炉余热锅炉；E-8102/8103/8104：硫冷器；M-8102/8103：在线加热炉；R-8101/8102：制硫反应器；V-8113：液硫捕集器。

尾气加氢净化单元包括：M-8104：尾气净化炉；R-8103：加氢反应器；E-8112：加氢尾气蒸汽发生器；T-8101：急冷塔；T-8102：吸收塔；T-8103：再生塔；P-8101：急冷水泵；P-8102：富液泵；P-8103：贫液泵；P-8104：酸性水回流泵；E-8107：贫富液换热器；E-8108：再生塔重沸器；V-8106：酸性水回流罐；

尾气焚烧单元包括：M-8105：焚烧炉；E-8111：焚烧炉余热锅炉；

烟气脱硫单元包括：T-8301：烟气脱硫塔；P-8301：碱液循环泵；A-8102：烟囱。

3 硫黄回收装置试车操作烟气排放分析

3.1 硫黄回收装置烘炉烘器烟气排放分析

硫黄回收装置 Claus 制硫单元根据酸性气 H_2S 浓度不同，分为部分燃烧法、分流法和直接氧化法等工艺，其中部分燃烧法和分流法工艺生产中，要求反应炉直接燃烧酸性气，并维持 930℃以上的稳定火焰温度，处理含氨酸性气的硫黄回收装置，反应炉炉膛温度甚至要维持在 1250℃。同时硫黄回收装置焚烧炉、在线炉(在线炉再热工艺)等炉子烧嘴温度一般高达 1350℃，焚烧炉炉膛温度在 600～800℃。硫黄回收装置的反应炉、焚烧炉等炉子有别于普通加热炉，除为介质燃烧提供场所外，还是工艺介质反应场所，一般各炉子为卧式正压圆筒炉，为实现炉子及烧嘴耐高温、耐腐蚀特性，大型硫黄回收装置炉子及烧嘴大都采用耐火浇筑料、耐火砖组合或者单独耐火浇筑料整体浇筑等结构衬里。反应炉是硫黄回收装置的核心设备，本装置反应炉生产工况温度在 1250℃以上，工况介质含 H_2S、SO_2、S 蒸气、H_2O、CO_2等，炉子直径达 4.6m。15×10^4t/a 硫黄回收装置反应炉结构简图如图 2 所示。

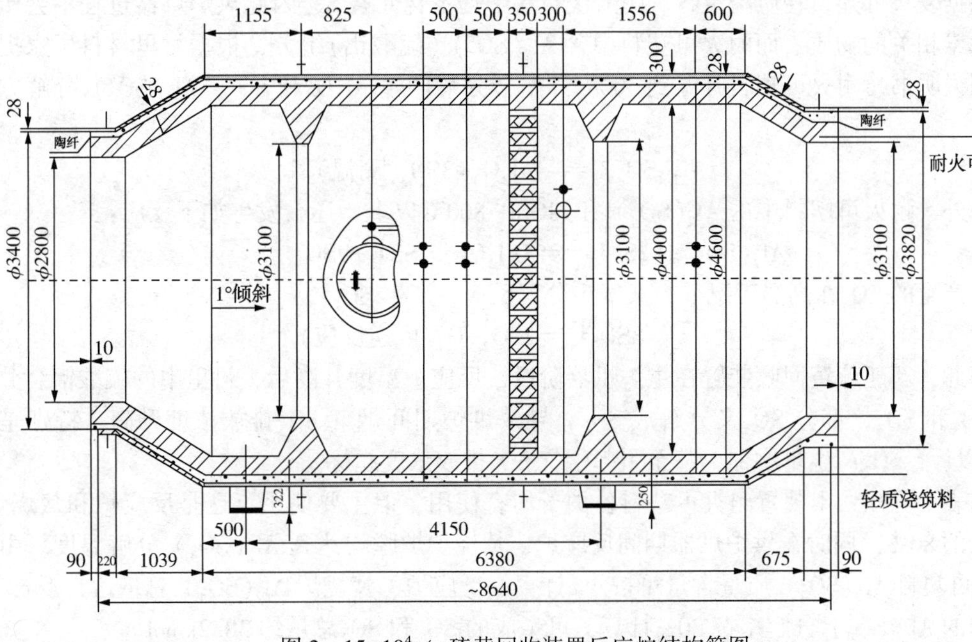

图 2 15×10^4t/a 硫黄回收装置反应炉结构简图

硫黄回收装置炉子衬里一般分为迎火层、耐火层、保温层，作用是保持燃烧产生的热量，同时保护金属炉体。本装置反应炉筒内衬里为轻质浇注料和耐火可塑料(见表 1)，两层厚度分别为 120mm 和 230mm，同时通过锚固件(06Cr25Ni20)、锚固砖等与炉子钢筒体固定。

表 1 15×10^4t/a 硫黄回收装置炉子衬里料表

项 目	耐火可塑料/t	轻质浇筑料/t	刚玉浇注料/t	耐酸浇注料/t
反应炉燃烧室	80	22.5	0.5	—
在线炉燃烧室(2 台)	23.52	8.6	—	16.06

续表

项　目	耐火可塑料/t	轻质浇筑料/t	刚玉浇注料/t	耐酸浇注料/t
还原炉燃烧室	12.6	4.7	—	5
焚烧炉燃烧室	56	15	—	18.3
合计	172.12	50.8	0.5	39.36

表2　炉子衬里主要材料化学成分表

组　分	耐火可塑料/%(质)	轻质浇筑料/%(质)	耐酸浇筑料/%(质)
三氧化二铝(Al_2O_3)	75~85	36~46	70~80
二氧化硅(SiO_2)	5~15	38~48	10~20
三氧化二铁(Fe_2O_3)	<5	<3	<3
氧化钙(CaO)	—	<15	<5
氧化钛(TiO_2)	<5	<3	<5
硫酸铝[$Al_2(SO_4)_3$]	<5	—	—

根据表2可知，轻质浇筑料、耐酸浇筑料中均不含元素S，因此烘炉烘器过程不会产生与S元素相关的物质，而耐火可塑料中含$Al_2(SO_4)_3$(硫酸铝)组分，根据衬里材料厂家提供的使用说明书，耐火可塑料升温到500℃开始会分解产生Al_2O_3和SO_2，$Al_2(SO_4)_3$分解方程式为：

$$Al_2(SO_4)_3 \xlongequal{} Al_2O_3+3SO_3(\text{高温}) \tag{1}$$

另外，耐火可塑料中的$Al_2(SO_4)_3$和SiO_2在800℃以上，还会发生如下反应：

$$3Al_2(SO_4)_3+2SiO_2 \xlongequal{} 3Al_2O_3\cdot 2SiO_2+9SO_3 \tag{2}$$

而产生的SO_3在高温工况下，又发生分解反应，产生SO_2：

$$3SO_3 \xlongequal{} 2SO_2+O_2(\text{可逆反应}) \tag{3}$$

因此，新建硫黄回收装置在烘炉烘器阶段，反应炉温度升高后，衬里中的硫酸铝会分解成Al_2O_3和SO_3，部分SO_3又分解成SO_2，导致烘炉期间烟气SO_2排放浓度升高，特别是在770℃以后，SO_2产生量增加，甚至引起烟气SO_2排放浓度超标。

由表1可知，本装置耐火可塑料各炉子均有使用，但主要使用点还是反应炉和焚烧炉，占总量的80%，同时在烘炉烘器期间反应炉、焚烧炉炉膛均达到$Al_2(SO_4)_3$分解温度。由表2耐火可塑料$Al_2(SO_4)_3$质量含量可按4%计算，反应炉、焚烧炉$Al_2(SO_4)_3$总量达5.44t，如果其中的$Al_2(SO_4)_3$分解率按80%计算，可生成的SO_3和SO_2总量约38.2kmol。

3.2　硫黄回收装置加氢催化剂预硫化烟气排放分析

大型硫黄回收装置尾气净化单元一般采用加氢工艺，将制硫单元未反应的二氧化硫和未回收的单质硫加氢为硫化氢，再用MDEA溶剂吸收净化。加氢反应采用固定床催化反应，催化剂为氧化铝基钴钼催化剂，催化剂活性中心为硫化钴和硫化钼。为方便催化剂运输和装填，供应商提供的加氢催化剂为氧化铝基氧化钴、氧化钼混合粒状物，因此装置投料开工前必须对加氢催化剂进行硫化反应，把其中的氧化钴、氧化钼硫化为硫化钴、硫化钼，建立催化剂活性中心。加氢催化剂预硫化的反应机理为：

$$MoO_3+2H_2S+H_2 \longrightarrow MoS_2+3H_2O+Q \tag{4}$$

$$9CoO+9H_2S \longrightarrow Co_9S_8+9H_2O+S+Q \tag{5}$$

硫黄回收装置加氢催化剂预硫化原料一般采用 Claus 制硫单元尾气或原料酸性气，根据预硫化操作方案，预硫化前期要求反应器入口过程气硫化氢体积浓度在 1%~2%，后期到 3%进行深度硫化。近年来，通过技术改进和操作优化，在硫黄回收装置开工升温阶段，同步进行加氢催化剂预硫化操作，实现装置 Claus 制硫单元和尾气加氢净化单元同步开车，大幅缩短装置尾气加氢净化单元开工时间，降低装置投料开工过程烟气 SO_2 排放量。表 3 为某装置加氢催化剂预硫化期间烟气 SO_2 排放情况。

表 3　加氢催化剂预硫化操作参数

时间	反应器入口 H_2S 含量/%(体)	反应器出口 H_2S 含量/%(体)	烟气二氧化硫排放浓度/(mg/Nm^3)
16 日 12：00	0.06	0.04	108
16 日 18：00	3.87	3.20	858
17 日 00：00	3.99	3.14	803
17 日 06：00	3.14	2.94	815
17 日 12：00	1.73	1.68	766
17 日 18：00	2.13	2.15	640

注：上述硫化氢浓度为化验分析数据，烟气 SO_2 排放浓度为烟气在线分析仪检测数据。

由表 3 可知，硫黄回收装置投料开工加氢催化剂预硫化操作期间，烟气 SO_2 排放浓度可以降低到 960mg/Nm^3以内，但无法满足低于 100mg/Nm^3排放标准。

3.3　硫黄回收装置引酸性气投料开工烟气排放分析

近年来，通过优化硫黄回收装置投料开工方案，特别是设置多系列硫黄回收装置的企业，通过优化原料酸性气流程，改进加氢催化剂预硫化操作方案，实现 Claus 制硫单元和尾气加氢净化单元同步开工，缩短硫黄回收装置尾气净化单元开工时间，大幅降低投料开工过程烟气 SO_2 排放量。但硫黄回收装置投料开工初期，在装置反应炉引酸性气进行燃料气燃烧和酸性气燃烧切换操作时，Claus 制硫单元尾气因富含 O_2 及 SO_2，需要短时间直排焚烧炉，避免冲击尾气加氢单元。装置反应炉投料引酸性气，Claus 制硫单元尾气直排焚烧炉期间，焚烧炉后部烟气 SO_2 排放浓度检测值在 20000mg/m^3以上，如果没有烟气脱硫单元，将引起烟气排放严重超标。同时该工况维持时间由装置投料开工操作调整情况确定，在装置 Claus 制硫单元调整平稳、制硫尾气引进尾气加氢单元，且尾气加氢单元操作平稳后，装置烟气排放才会逐步进入正常工况。根据以往的操作经验，硫黄回收装置投料开工烟气超标排放时间一般维持在 0.5~4h。原有硫黄回收装置投料开工初期流程简图如图 3 所示。

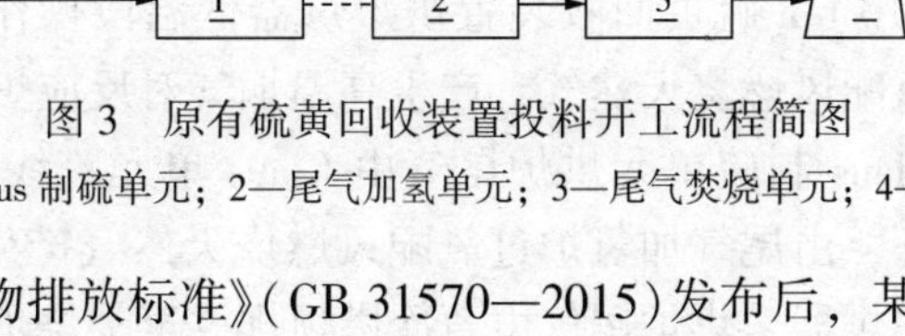

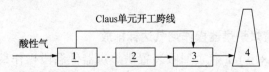

图 3　原有硫黄回收装置投料开工流程简图

1—Claus 制硫单元；2—尾气加氢单元；3—尾气焚烧单元；4—烟囱

《石油炼制工业污染物排放标准》(GB 31570—2015)发布后，某硫黄回收装置进行改造，装置焚烧炉后部增加了烟气脱硫单元。装置改造后反应炉引酸性气投料开工，投料开工流程如图 4 所示。

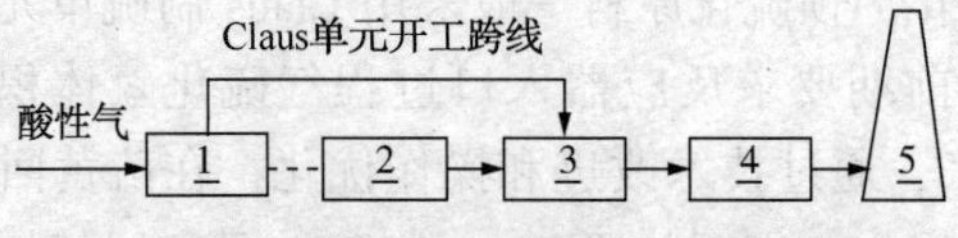

图4　硫黄回收装置投料开工流程简图

1—Claus 制硫单元；2—尾气加氢单元；3—尾气焚烧单元；4—烟气脱硫单元；5—烟囱

装置投料开工，12：15 装置反应炉开始引酸性气，12：21 Claus 制硫单元尾气开始引入尾气加氢净化单元，12：26 Claus 制硫单元尾气全部引进尾气加氢单元处理，期间装置烟气 SO_2 排放浓度最高达 105mg/Nm^3。本次装置引酸性气投料开工，15min 内完成 Claus 制硫尾气引进尾气加氢单元，没有引起烟气 SO_2 排放浓度小时平均值超标。具体操作参数见表 4。

表 4　某硫黄回收装置开工烟气 SO_2 排放情况

操作阶段	时间	反应炉酸性气流量/(kg/h)	脱硫塔循环液 pH 值	烟气 SO_2 排放浓度/(mg/Nm^3)
Claus 制硫单元尾气进加氢单元前	12：00	0	13.5	3.0
	12：15	4200	13.4	6.1
	12：20	3600	13.4	8.6
	12：21	3200	13.4	105.0
Claus 制硫单元尾气进加氢单元后	12：22	3100	13.3	22.7
	12：25	3100	13.4	2.1
	12：30	4200	13.4	3.1

由表 4 可知，即使设置了烟气脱硫单元，硫黄回收装置投料开工期间，也可能引起烟气 SO_2 排放浓度短时间超标。

4　硫黄回收装置试车全过程烟气达标排放

《石油炼制工业污染物排放标准》(GB 31570—2015)规定："在任何情况下，石油炼制工业企业均应遵守本标准规定的污染物排放控制要求"，硫黄回收装置开停工面临的环保压力越来越大，对应的技术要求也越来越高。镇海炼化作为环境友好企业，在努力提高硫黄回收装置环保运行水平的同时，积极探索装置环保开停工技术方案。15×10^{4}t/a 硫黄回收装置设计中，充分考虑了装置烘炉烘器、催化剂预硫化、装置引酸性气投料开工等阶段烟气减排措施。

4.1　硫黄回收装置烘炉烘器操作烟气达标排放

根据试车方案，15×10^{4}t/a 硫黄回收装置烘炉烘器低温段操作期间，装置 Claus 制硫单元反应炉、在线炉以过氧配风燃烧天然气，产生高温烟气对反应炉、在线炉、两台制硫反应器进行升温烘炉烘器，Claus 制硫单元烘炉尾气由 Claus 单元跨线直接进焚烧炉。尾气加氢净化单元建立开工自循环，由尾气加氢炉过氧配风燃烧天然气产生高温烟气对尾气加氢炉、加氢反应器进行升温烘炉烘器，烘炉尾气由急冷塔顶排放至焚烧炉。尾气焚烧单元焚烧炉引天然气以过氧配风燃烧进行升温，对焚烧炉进行烘炉，焚烧炉后部高温烟气和 Claus 单元烘炉尾气、尾气加氢单元烘炉尾气混合后，由烟囱排放。具体流程如图 5 所示。

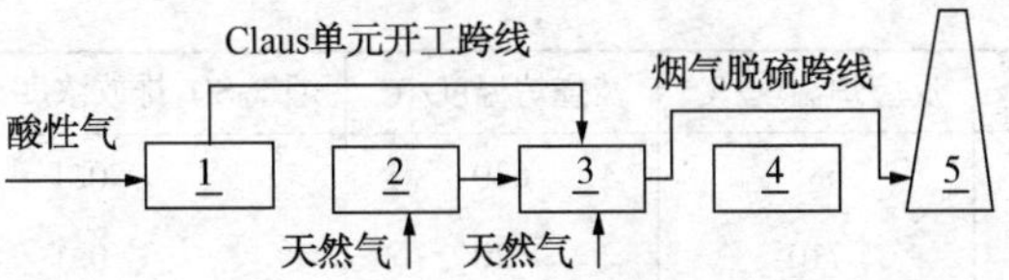

图5　15×10^4t/a 硫黄回收装置低温段烘炉烘器流程

1—Claus 制硫单元；2—尾气加氢单元；3—尾气焚烧单元；4—烟气脱硫单元；5—烟囱

2019 年 1 月 10 日，15×10^4t/a 硫黄回收装置具备烘炉烘器操作条件，12 日 15 时反应炉、焚烧炉引天然气点炉升温。13 日装置两台在线炉和尾气加氢炉点炉并开始升温，期间装置烟囱 CEMS 检测烟气 SO_2排放浓度为 0.1～1mg/m^3。至 14 日 22 时开始，装置焚烧炉前部温度达到 500℃恒温，同时反应炉开始由 300℃升温过程中，CEMS 检测烟气 SO_2排放浓度逐步上升，至 15 日 16 时反应炉达到 550℃并开始恒温时，烟气 SO_2排放浓度最高达到 93mg/m^3。随后烟气 SO_2排放浓度缓慢下降，至 17 日 0 时反应炉 550℃恒温结束，期间焚烧炉均为 500℃恒温，烟气 SO_2排放浓度下降至 41mg/m^3。17 日 0 时，反应炉、焚烧炉分别由 550℃、500℃开始升温，烟气 SO_2排放浓度随之上升，并于 17 日 10 时反应炉温度达到 660℃时，烟气 SO_2排放浓度达到 98mg/m^3。随后安排投运装置烟气脱硫单元，烘炉烘器流程变更为如图 6 所示。

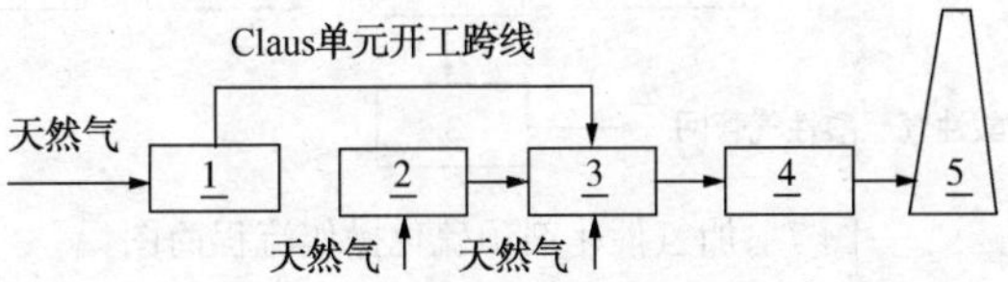

图6　15×10^4t/a 硫黄回收装置高温段烘炉烘器流程

1—Claus 制硫单元；2—尾气加氢单元；3—尾气焚烧单元；4—烟气脱硫单元；5—烟囱

烟气脱硫单元投运后，烟气 SO_2排放浓度随即下降至 0.1mg/m^3，随后烟气脱硫单元循环液 pH 值由 6.4 下降至 4.1，脱硫单元开始安排注碱，循环碱液 pH 值升高至 7，期间烟气脱硫塔注碱流量维持在 20kg/h 左右。烘炉期间，操作参数见表 5。

表5　15×10^4t/a 硫黄回收装置烘炉烘器操作参数

操作阶段	时间	反应炉温度/℃	焚烧炉温度/℃	烟气 SO_2排放浓度/(mg/m^3)	烟脱循环液 pH 值
烟气脱硫投运前	14 日 22 时	300	500	1	—
	15 日 2 时	335	510	28	—
	15 日 6 时	380	515	64	—
	15 日 10 时	420	510	75	—
	15 日 16 时	552	508	93	—
	16 日 0 时	541	499	72	—
	17 日 0 时	545	502	41	—
	17 日 4 时	580	570	80	—
	17 日 10 时	660	590	98	—

续表

操作阶段	时间	反应炉温度/℃	焚烧炉温度/℃	烟气 SO_2 排放浓度/(mg/m^3)	烟脱循环液 pH 值
烟气脱硫投运后	17 日 10：14	685	620	0.1	6.37
	17 日 11：15	710	620	0.1	4.11
	17 日 12：00	731	620	0.1	7.20

4.2 硫黄回收装置加氢催化剂预硫化操作烟气达标排放

15×10^{4}t/a 硫黄回收装置设计时，已就加氢催化剂预硫化操作烟气超排问题进行流程优化，并把 Claus 制硫单元尾气至尾气加氢单元切断阀(口径 *DN*1400)密封等级提高到 6 级，可有效隔离 Claus 制硫单元和尾气加氢单元，为加氢催化剂提前预硫化创造条件。2019 年 3 月 24 日装置再次点炉并正式进入投料试车阶段，3 月 29 日 16 时开始引酸性气进加氢反应器进行加氢催化剂预硫化操作，预硫化操作期间，预硫化尾气引入吸收塔由溶剂吸收净化，再进入焚烧炉，焚烧后烟气进入烟气脱硫单元脱硫后排放，实现达标排放目标。图 7 为加氢催化剂预硫化操作简要流程。

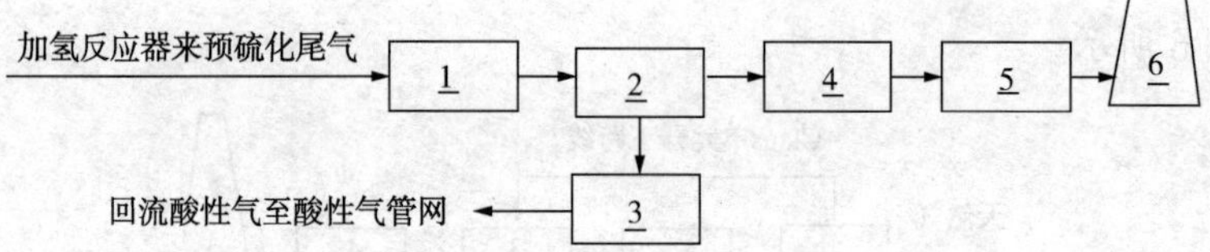

图 7 加氢催化剂预硫化操作流程简图

1—急冷塔；2—吸收塔；3—再生塔；4—焚烧炉；5—烟气脱硫塔；6—烟囱

加氢催化剂预硫化操作期间，装置主要操作数据见表 6。

表 6 加氢催化剂预硫化操作参数

时间	反应器入口 H_2S 含量/%(体)	反应器出口 H_2S 含量/%(体)	反应器入口温度/℃	反应器热点温度/℃	烟气 SO_2 排放浓度/(mg/m^3)
3 月 29 日 20：00	1.15	<0.02	198	207	0.20
3 月 29 日 22：00	0.98	<0.02	214	227	1.85
3 月 30 日 02：00	1.54	0.78	220	228	3.41
3 月 30 日 06：00	1.67	1.38	240	237	3.10
3 月 30 日 14：00	1.96	1.76	252	253	2.69
3 月 30 日 18：00	2.26	2.25	262	260	1.48
3 月 30 日 22：00	1.93	1.81	280	275	1.08
3 月 31 日 02：00	2.49	1.90	280	288	1.62
3 月 31 日 06：00	4.69	2.48	279	290	1.64

注：上述硫化氢浓度为化验分析数据，烟气 SO_2 排放浓度为烟气 CEMS 分析仪检测数据。

本次 15×10^{4}t/a 硫黄回收装置是在多系列硫黄回收装置工厂投料试车，预硫化有现成的酸性气原料，如果对于单系列硫黄回收装置，无法引进酸性气提前进行加氢催化剂预硫化，可以采用加氢催化剂的硫化剂预硫化，实现装置同步开车。另外，目前部分催化剂供应商也能提供已硫化好的催化剂，装置试车阶段可取消加氢催化剂预硫化操作，也可避免加氢催化剂预硫化操作引起的烟气 SO_2 超排情况。

4.3 硫黄回收装置引酸性气投料开工操作烟气达标排放

15×10^4t/a 硫黄回收装置反应炉酸性气进料线管径达 *DN*700，进料控制阀为 *DN*700 蝶阀，流量控制性能较差。为实现装置引酸性气投料开工期间烟气达标排放，在设计上进行优化，增设反应炉投料开工线和相应的控制系统，开工线管径为 *DN*200。装置投料开工时可引小流量酸性气进反应炉，实现反应炉酸性气和天然气燃烧的平稳切换，减少 Claus 制硫单元尾气直排焚烧炉期间总硫介质流量。同时在烟气脱硫塔上设置开工应急注碱流程，装置引酸性气投料开工期间，实施大流量注碱，维持烟气脱硫塔循环液 pH 值在 7 以上，以达到良好的脱硫效果。装置反应炉流程简图见图 8。

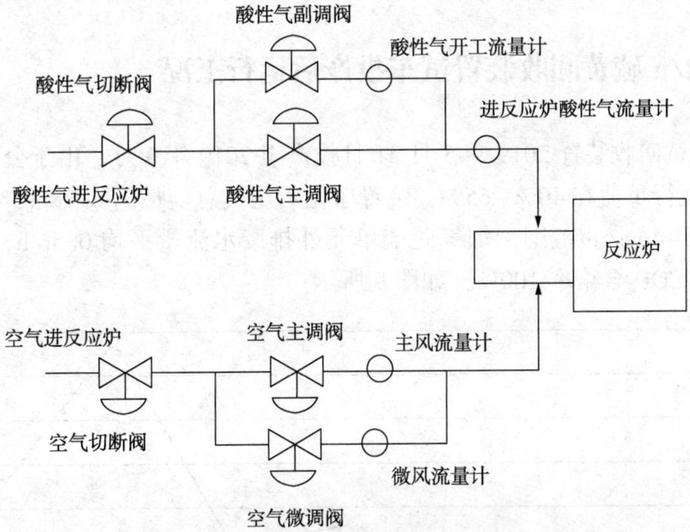

图 8 15×10^4t/a 硫黄回收装置反应炉流程简图

2019 年 3 月 31 日 15×10^4t/a 硫黄回收装置达到投料开工条件，上午 8 时增加烟气脱硫单元注碱量，把脱硫塔循环液 pH 值提高至 11，循环液流量调整至 600t/h。10：16 装置反应炉通过开工线引酸性气投料开工，10：45 尾气净化单元引尾气开工，11：30 一级硫冷器出口出液硫，装置调整稳定后，反应炉酸性气进料线逐步切换至正常操作流程，随后切断反应炉开工线。投料开工过程烟气 SO_2 排放浓度最高 33mg/Nm^3，实现投料开工全过程装置烟气达标排放。装置投料开工期间主要操作参数见表 7。

表 7 15 万吨/年硫黄回收装置投料开工主要操作参数

时间	酸性气流量/(kg/h)	反应炉空气流量/(kg/h)	急冷水循环量/(t/h)	溶剂循环量/(t/h)	回流酸性气量/(kg/h)	3.5MPa 蒸汽流量/(t/h)
10：30	5000	9200	300	119	580	9.3
12：00	4800	8600	300	115	220	13.4
14：00	5000	9500	300	110	250	13.0

续表

时间	1#制硫反应器入口温度/℃	1#制硫反应器热点温度/℃	2#制硫反应器入口温度/℃	2#制硫反应器热点温度/℃	加氢反应器入口温度/℃	加氢反应器热点温度/℃
10：30	256	257	233	238	276	287
12：00	249	277	215	235	273	288
14：00	231	312	215	236	270	301
时间	焚烧炉后部温度/℃	烟脱循环液流量/(t/h)	烟脱循环液pH值	过程气 H_2 含量/%(体)	净化后尾气总硫/(mg/m³)	烟气 SO_2 排放浓度/(mg/m³)
10：30	578	610	11.5	3.8	—	1.01
12：00	600	610	10.0	5.4	27.27(化验值)	0.38
14：00	613	610	9.7	3.4	—	0.35

5　15×10⁴t/a 硫黄回收装置试车投产后运行工况

15×10^4t/a 硫黄回收装置 2019 年 3 月 31 日投产至 2019 年 6 月，由于公司酸性气总负荷偏低，装置实际运行负荷在 40%~65%，装置净化后尾气总硫最高 6.78mg/m³，烟气二氧化硫排放浓度在 0.1~4mg/m³范围，烟气脱硫单元外排废水流量平均 0.5t/h，废水 COD 平均值 22mg/L，废水 COD 合格率 100%，如图 9 所示。

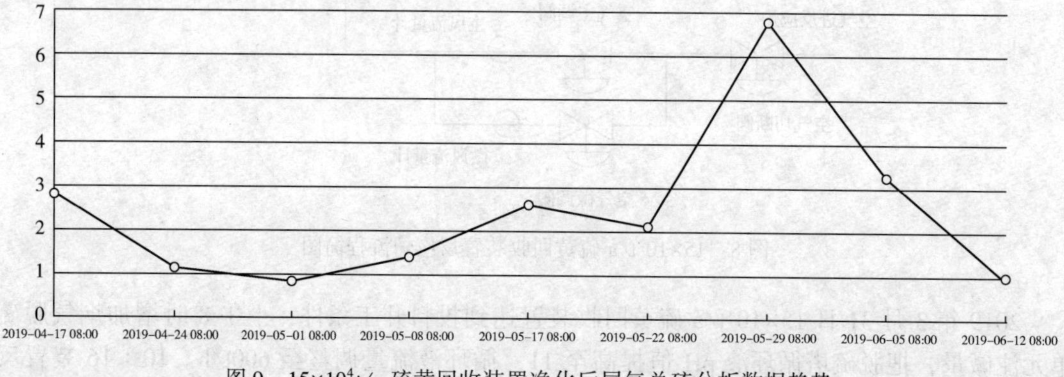

图 9　15×10^4t/a 硫黄回收装置净化后尾气总硫分析数据趋势

4 月 21 日装置负荷逐步提升至 65%，为近期生产最高负荷工况，装置主要操作参数见表 8。

表 8　15×10^4t/a 硫黄回收装置生产工况主要操作参数

酸性气流量/(kg/h)	反应炉空气流量/(kg/h)	反应炉温度/℃	反应炉压力/kPa	1#制硫反应器入口温度/℃	1#制硫反应器热点温度/℃
9736	23110	1288	22	230	312
2#制硫反应器入口温度/℃	2#制硫反应器热点温度/℃	加氢反应器入口温度/℃	加氢反应器热点温度/℃	急冷水循环量/(t/h)	急冷塔顶气相温度/℃
215	234	272	303	300	30

续表

溶剂循环量/(t/h)	重沸器蒸汽流量/(t/h)	回流酸性气量/(kg/h)	焚烧炉温度/℃	外送3.5MPa蒸汽流量/(t/h)	烟脱循环液流量/(t/h)
109	7.7	440	648	25	600

烟脱循环液pH值	急冷水pH值	过程气 H_2 含量/%(体)	烟脱废水流量/(t/h)	烟脱废水COD mg/L	烟气 SO_2 排放浓度/(mg/m^3)
7.3	8.1	4.4	0.5	24	0.1

6 结论

(1) 新建硫黄回收装置试车阶段，其中烘炉烘器、加氢催化剂预硫化、引酸性气投料开工等三个阶段容易引起烟气 SO_2 排放浓度增加，并超《石油炼制工业污染物排放标准》(GB 31570—2015)指标要求。

(2) 硫黄回收装置试车烘炉烘器阶段烟气 SO_2 排放主要是由于硫酸铝高温分解引起，可采取注碱中和等措施避免烟气超标排放。

(3) 硫黄回收装置试车加氢催化剂预硫化阶段烟气 SO_2 排放主要是过程气携带未反应的 H_2S 引起，可实施预硫化尾气再脱硫和烟气脱硫结合技术，避免烟气超标排放，也可直接采用硫化态加氢催化剂，避免进行加氢催化剂预硫化操作。

(4) 硫黄回收装置引酸性气投料开工阶段，可通过设计和操作优化，并配合烟气脱硫技术，避免烟气超标排放。

(5) 未配置烟气脱硫单元硫黄回收装置，目前工艺条件下很难实现试车阶段全过程烟气达标排放，为此需要进行技术攻关改造和操作优化。

参 考 文 献

[1] 陈赓良，肖学兰，杨仲熙，等. 克劳斯法硫黄回收工艺技术[M]. 北京：石油工业出版社，2007.
[2] 肖锋，陈继明，徐宏，等. 硫黄回收装置设备运行与维护[M]. 北京：中国石化出版社，2009.
[3] 吴艳，李来时，翟玉春，硫酸铝晶体热分解行为及分解反应动力学研究[J]. 分子科学学报，2007，23(6)：380-384.
[4] 李雪冬，朱伯铨. 硫酸铝和氧化硅在硫酸钠熔盐中合成莫来石的动力学参数计算[J]. 硅酸盐学报，2008，(4)：498-502.

硫黄回收装置含氨酸性气的处理

殷 树 青 译

(中国石化齐鲁分公司研究院 山东淄博 255400)

摘 要：含氨酸性气处理技术已在硫黄回收装置成功应用30余年，但多数仅限于氨含量不大于20%的处理经验。本文研究了当氨含量继续增加时发生的情况，包括完全消除氨而增加反应炉温度、反应炉配置、克劳斯硫回收的损失以及烧嘴配风灵敏度控制。并讨论了用两级酸性水气体(SWS)与小规模硫回收装置(SRU)处理含氨量大于或等于25%的酸性气的经济性。

关键词：硫黄回收 酸性气 酸性水气体 处理

1 前言

现今炼油厂正在加工高硫、高氮油页岩原料。某些原料含氮量较高，导致硫回收装置原料气中SWS酸性气所占比例较典型的烧氨装置高。工业硫回收装置烧氨经验中，SWS与胺净化酸性气一同在硫回收装置中处理从H_2S中回收元素硫。混合后的酸性气氨含量较低，势必增加硫回收装置处理氨的设备尺寸，承受克劳斯硫回收率的损失。对于这些氨含量较低的酸性气来说，要设计燃烧温度较高的热反应炉才能够完全脱除氨气。

伴随着硫回收装置原料中较高的氨含量，炼油厂必须采取最为优化的烧氨硫回收工艺。脱除氨气需要较高的燃烧温度，也会成比例地增加硫回收装置原料气的质量流量。更严重的是烧氨所产生的N_2和H_2O会导致硫回收率的损失，操作人员对处理原料气含氨量较高的硫回收装置缺乏经验。尽管存在这些不利因素，通过评估这些技术风险及其经济性，认为选择烧氨硫回收工艺仍是经济的。本文讨论了硫回收装置高含量氨的燃烧问题，并展望了炼油厂选择单级SWS烧氨工艺与两级SWS不烧氨工艺的技术经济性。

2 炼油厂硫回收装置原料

炼油原料中含有硫和氮的化合物。这些原料在炼制过程中经脱硫(转化为H_2S)、脱氮(转化为NH_3)后进入最终产品，如燃料气/液化气、汽油、柴油和焦炭。如图1所示，胺液和酸性水分别脱除H_2S和NH_3才能满足最终产品的技术要求。ARU(胺液再生装置)产生含有H_2S和微量NH_3的酸性气。SWS可以采用单级或两级汽提工艺。在单级SWS中，H_2S和NH_3从单个塔中进行酸性水汽提，而两级或双汽提工艺则是H_2S和NH_3从2个塔中进行酸性水汽提。胺净化酸性气与SWS酸性气(单级SWS含有H_2S和NH_3，两级SWS只含有H_2S)一同进入硫回收装置进行处理。由于SWS酸性气成比例的增加，伴随着酸性气原料中的NH_3

含量也在不断增加，加工高 N/S 比原油导致了此结果。含氨的 SWS 酸性气旁路进入硫回收装置，可能是基于技术上或经济性原因。

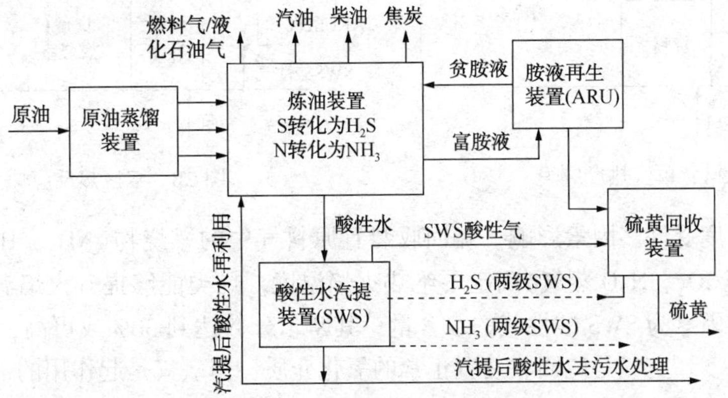

图 1　炼油厂硫黄回收装置原料来源

由于技术上的原因不能完全脱除氨，且增加了 NO_x 形成，不适合烧嘴/炉子设计。由于经济上的原因增加了硫回收装置的设备尺寸，需要增上附加设备才能弥补硫回收率的损失。

2.1　脱除硫回收装置原料中的氨

在克劳斯硫回收装置中，大约 1/3 的 H_2S 与空气燃烧后变为 SO_2，生成的 SO_2 与未燃烧的 H_2S 反应形成元素 S。反应见式(1)、式(2)，总反应见式(3)。

$$H_2S+3/2O_2 \longrightarrow SO_2+H_2O \tag{1}$$

$$2H_2S+SO_2 \longrightarrow 3/2S_2+2H_2O \tag{2}$$

$$3H_2S+3/2O_2 \longrightarrow 3/2S_2+3H_2O \tag{3}$$

式(1)为 H_2S 部分氧化反应，NH_3 不完全燃烧为 N_2 和 H_2O，见反应式(4)。

$$2NH_3+3/2O_2 \longrightarrow N_2+3H_2O \tag{4}$$

对于至关重要的烧氨工艺，离开热反应炉过程气中残余的氨含量为 30×10^{-6} 或更低。假如不能脱除足够的氨，则会在克劳斯装置的低温区域(如末端硫冷凝器)形成铵盐而阻塞装置。因为烧氨受动力学控制而不是反应平衡，所以克劳斯反应炉中发生的反应是复杂而无法全部预知的。

硫回收装置可以采用不同的烧氨工艺。为了实现原料气的湍流，推荐使用高强度烧嘴。假设烧嘴是高强度的(如 Duiker 或 HEC 烧嘴)，那么所有的胺净化酸性气和 SWS 酸性气可以混合后一同引入烧嘴和单区燃烧室(见图 2A)。对于氨含量低的原料来说，混合良好的高强度烧嘴附加最小的燃烧室温度(1230℃)更适合于工业硫回收装置烧氨。如果酸性气在燃烧中不能够充分地混合，则不能够达到 1230℃ 的燃烧温度，那么需要采用空气和(或)酸性气预热的方法才能实现最低烧氨温度。即使混合酸性气能够充分地燃烧，空气和(或)酸性气预热仍是一种良好的方法，因为这更能确保烧氨效果。

双区燃烧室提供了获得烧氨温度的另一种途径，即胺净化酸性气原料分两路进入 2 个燃烧区域(见图 2B)。所有的 SWS 酸性气和部分来自 ARU 的酸性气一同送入烧嘴，剩余的含氨酸性气进入燃烧室的后部区域，结果是前部区域(1 区烧氨)比后部区域(2 区)有更高的燃烧温度。1 区燃烧室较高的温度保证了良好的烧氨效果。

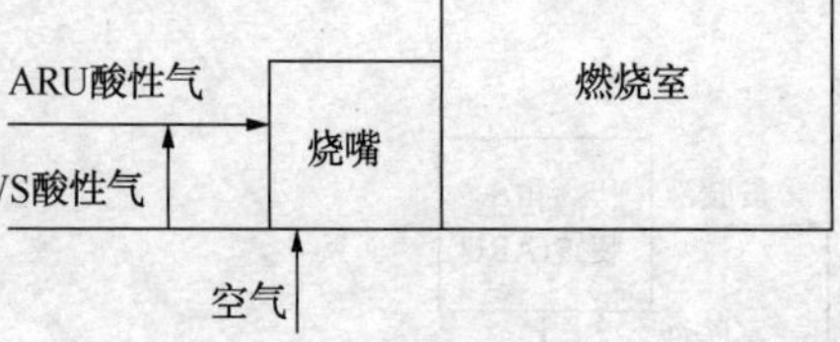

图 2A　单区热反应炉

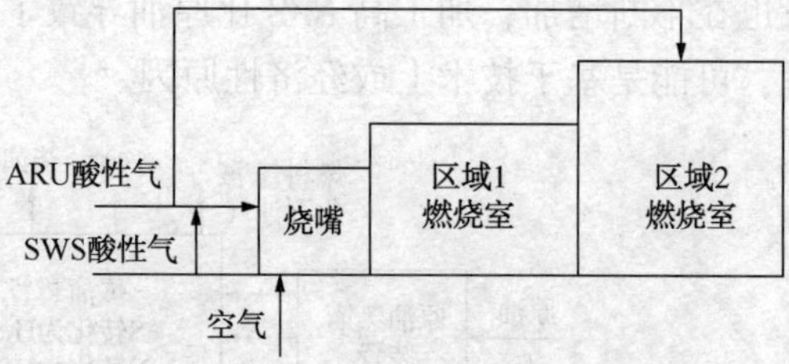

图 2B　双区热反应炉

反应炉的温度受许多因素影响。硫回收装置原料气中的燃烧物(NH_3、H_2S 及痕量的烃类)和惰性气体(CO_2、H_2O 蒸气)确定了绝热火焰温度。烃类能够提升火焰温度而 CO_2 则相反，最大的影响因素为 SWS 酸性气的水含量，其摩尔分数达到 30%或更高，这取决于 SWS 酸性气原料的温度。空气是硫回收装置正常的氧化介质，但氧气是起作用的，使用富氧空气会提升反应炉的温度。反应动力学和反应路径是决定克劳斯反应炉温度的另一种重要因素。如上所述，热反应炉内发生多种反应，包括 NH_3 和 H_2S 的热分解反应和形成 CO、H_2、COS 及 CS_2 的反应，所有的反应及其路径还没有完全搞清楚。现今进一步证明，脱除氨的主要氧化介质是 SO_2 而不是 O_2，见反应式(5)。

$$2NH_3+SO_2 \longrightarrow N_2+H_2S+2H_2O \quad (5)$$

炼油厂或硫回收装置设计人员有时还不能完全确定克劳斯热反应炉的精确温度。众所周知，随着硫回收装置原料气中氨含量的增加，需要更高的温度才能脱除这些氨，但对于给定的氨含量所需的温度有时尚不能确定，这只能基于烧嘴生产商测试或通过硫回收装置实际运行性能标定得到。通常需要探寻反应炉的设计温度来确保氨气的完全脱除，如果不能够获得此温度，则氨气就不能在硫回收装置中完全处理掉。

除烧嘴掺合良好和合适的燃烧温度外，为了保证氨气完全脱除必须有足够的停留时间。克劳斯反应[见方程式(2)]需要停留时间，脱除氨也需要停留时间[见方程式(4)和(5)]。当 SO_2 为烧氨的主要氧化介质时，必须提供足够的停留时间来保证 H_2S 转化为 SO_2。进一步说，随着硫黄回收装置酸性气中氨含量的增加，氨气与未燃烧的 H_2S 在反应中加剧了竞争性。因此，当硫回收装置原料气中氨含量增加时，通常需要更多的停留时间。

对于一套 200t/d 的硫回收装置，当酸性气中的氨含量从 5%增至 45%时，其需氧量(在空气中)和模拟火焰温度如表 1 所示。胺净化酸性气组成基础数据：98%H_2S，1%CO_2，1%饱和烃，水温 49℃；SWS 酸性气组成：50%H_2S，50%NH_2，水温 85℃。假定没有空气或酸性气预热，热反应炉为 1 个燃烧区。

表 1　燃烧炉需氧量对比趋势及炉温预测

$n(NH_3):n(NH_3+H_2S)$/%	H_2S/(kmol/h)	NH_3/(kmol/h)	H_2S 需氧量/(kmol/h)	烧 NH_3 需氧量/(kmol/h)	实际需氧量/(kmol/h)	炉温/℃
5	260	14	130	5	135	1257
10	260	29	130	22	144	1271
15	260	46	130	34	156	1284
20	260	65	130	49	168	1298

续表

$n(NH_3):n(NH_3+H_2S)$/%	H_2S/(kmol/h)	NH_3/(kmol/h)	H_2S需氧量/(kmol/h)	烧NH_3需氧量/(kmol/h)	实际需氧量/(kmol/h)	炉温/℃
30	260	112	130	83	194	1326
40	260	173	130	130	231	1353
45	260	213	130	160	264	1363

表1表明，随着硫回收装置原料气中氨含量的增加，反应炉温度也在增加。H_2S燃烧需氧量建立在$1/3H_2S$燃烧生成SO_2的基础上，烧氨需氧量以燃烧所有的氨为依据。实际需氧量要小于H_2S和氨需氧量之和，因为反应过程中H_2S和氨发生了部分热分解。表中数据还表明，在次化学当量硫回收装置燃烧炉中，氨气不得不与H_2S和O_2(或SO_2)的反应加剧了竞争性，因为氨气需要增加反应炉中O_2的供应量。可以假定，提高温度增加了动力学烧氨，导致了更多的氨热分解，这只能靠较低的O_2/NH_3比来补偿。

2.2 高含氨量的硫回收原料气

最近几年来，KBR公司涉及到的炼油厂希望加工高硫原油，包括硫回收原料气中氨含量不小于25%的情况。为了评估技术风险，KBR公司调研了一些硫回收装置技术许可方、烧嘴厂商和生产装置，判定硫回收装置加工高含氨量原料的可能性。KBR公司也考虑了采用两级SWS工艺氨的来源选择问题。在评估了高含氨量酸性气烧氨的技术和操作风险后，对比了两级SWS工艺的安全性、经济性。

2.3 硫回收技术许可答复

技术许可A方指出，硫回收装置加工高含氨量酸性气通常是可能的，并取决于热反应炉的温度。他们用内部公式计算了烧氨所需的温度，此温度与氨含量呈现线性增加。公式如下：

$$T=A+b(y-c)$$

式中 T——烧氨温度，℃；

A——硫回收装置氨含量为c时的最低烧氨温度，一般为1232℃；

b——氨含量每提升1%所增加的反应炉温度，b值为5~6℃；

y——硫回收装置原料气氨含量，%；

c——比A温度高时的氨含量，c值为2%~5%。

技术许可A方用该温度与模拟温度进行了对比。模拟炉温以动力学模型和反应路径为基础，技术许可A方认为此技术方案最具代表硫回收装置热反应炉的化学特性。SWS的水含量通常是至关重要的，同时判定模拟炉温足够高以确保烧氨气完全。模拟温度高于计算的烧氨温度，技术许可A方才会保证硫回收装置的烧氨效果。

技术许可B方指出，硫回收装置处理氨含量大于25%的酸性气未免太高了。即使采用空气和酸性气预热以及双燃烧区反应炉，认为实现高炉温彻底烧氨不太可能。其推荐两级SWS，否则使用富氧工艺技术可以提升炉温。

技术许可C方也认为，当氨含量超过25%时需要两级SWS。技术许可B方和技术许可C方不能详细说明的是给定氨含量所需要的烧氨温度，呈现了比技术许可A方更高的炉温。KBR公司要求烧嘴厂商确认的是氨温度。

2.4 烧嘴厂商答复

联系了 Duiker 或 HEC 两家烧嘴厂商。通过个人间交流和网站信息，Duiker 的技术许可表述为，混合酸性气的氨含量许可值为2%~25%，而且氨含量达到30%的处理经验。Duiker 建议，在高氨含量时所需的烧氨温度高、停留时间长，这些情况加速了氨的热分解。由表 1 可知，热反应炉配风量的变化从 95.8%(按照氨含量 5%化学计量)至 91%(按照氨含量 45%化学计量)。Duiker 相信，氨含量达到 45%时实现合理的烧氨是有可能的，但对给定量的氨所需的烧氨温度并不确定。

Duiker 提供了一份 50 个烧氨火嘴使用情况参考清单，其中 22 个烧嘴在氨含量小于 10%情况下运行，27 个烧嘴在氨含量介于 10%~20%之间运行，1 个烧嘴含氨量为 22.1%，另一个烧嘴在 30%的含氨量(高于 25%)下运行，实际应用中从下游余热锅炉出来的过程气含氨量小于 30×10^{-6}。

Duiker 也提到了 2 台其他工业烧嘴设备。现场操作人员有时用一台 Duiker300 型烧嘴处理含氨量 28%的酸性气，并且建议只要 SWS 酸性气中有足够的 H_2S 转化为烧氨所需的 SO_2 并参与克劳斯反应，处理 SWS 酸性气都是有可能的。NNPC Kaduna 对使用 Duiker45 型烧嘴处理含氨量 40%的酸性气的情况进行了报道。

在个人交流中，HEC 公司再次表述了硫回收装置原料气中氨含量大于 25%时寻求较高的烧氨温度(>1343℃)和停留时间的观点。然而 HEC 公司没有对氨含量大于 25%原料气的处理经验，但相信只要反应炉设计合适就不会引起任何问题。

3 工业运行的硫回收装置反馈情况

欧洲某炼油厂间歇性地处理含氨量 28%的硫回收酸性气。炼油厂频繁地变换油页岩原料，其一是含氮量较高，结果造成硫回收装置含氨量较高，该装置为两级克劳斯的超级克劳斯工艺。

在处理含氨量高的酸性气原料时，尽管硫回收装置技术许可商建议克劳斯反应炉的最低温度为 1316℃，炼油厂必须确保反应炉温度在 1260℃及以上。如果炉温达不到的话，有时采用氧气或燃料气助燃。厂方报告了硫回收装置没有发生阻塞问题，并建议维持炉温全部脱除氨气，然而并没有报告切换原料后达到 99%的硫回收率所需要的时间。

油页岩原料切换后，超级克劳斯反应器的 H_2S 含量显然改变了。炼油厂没有公开污水罐的尺寸和不同油页岩原料下 SWS 酸性气中 NH_3/H_2S 含量的变化。假设 SWS 酸性气组成不变，只能用氨分解的变化来解释超级克劳斯反应器 H_2S 含量的变化。在氨含量较高时，通过热分解脱除氨变得更为重要。随着氨分解的增加，需要少量的空气或 SO_2 来脱除氨。因氨气在不同的炉温下分解的差别，这就意味着应对硫回收原料的配风作出微调。

对于高含氨量的原料，硫回收装置热反应炉炉温可能在 1315~1371℃范围内。类似于富氧工艺，此温度下人们预期 H_2S 和氨会分解。富氧硫回收证实了这些热分解反应形成了 H_2，炉出口的 H_2 含量高于余热锅炉出口，一些 H_2 在余热锅炉内与 S_2 蒸气重新结合生成 H_2S。对于高含氨量的硫回收装置，设计人员在计算余热锅炉负荷和翼面时需要考虑空气控制系统的相应度。尽管烧嘴厂商确信用空气作为氧化介质可以处理含氨量大于 25%的硫回收酸性气，但工业应用情况并不多，仅有一家硫回收技术许可方做好了保证装置性能的承诺。两级酸水汽提比不上硫回收装置所增加投资费用高，上述风险是不值得做的。在选择优化配置前，需要弄清楚单级与两级酸性水汽提以及燃料气助燃与氨焚烧之间的差别。

3.1 单级酸水汽提

图 3 为单级 SWS 的流程示意。来自污水罐的酸性水被预热后进入汽提装置。该装置由一个塔、一个再沸器和塔顶冷凝器(用泵打循环冷凝)组成。汽提塔一般有 36~56 个塔盘，其数量取决于产品质量等级和蒸汽耗量。汽提后的酸性水 H_2S 含量低($<10\times10^{-6}$)、氨含量小($<50\times10^{-6}$)。

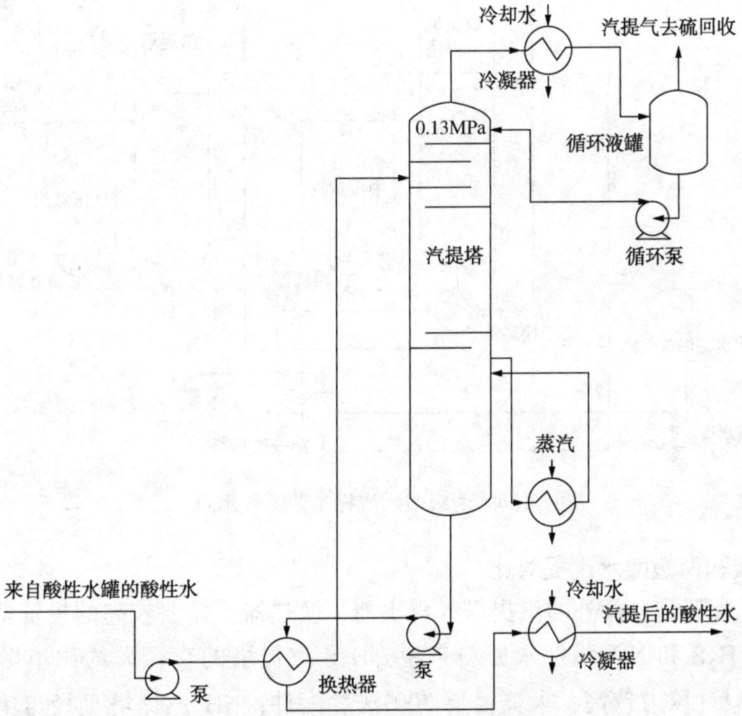

图 3 单级酸水汽提流程示意

3.2 两级酸水汽提

图 4 为两级 SWS 工艺流程示意。两级酸水汽提工艺的概念是借助一定量的蒸汽并利用沸点的差别来脱除 H_2S 和氨气，H_2S 汽提塔的操作压力约为 0.861MPa。汽提塔装备有再沸器，但没有塔顶冷凝器。塔盘实际数量为 32~48 个。在塔顶用酸性水(或洗涤水)从塔顶气流中洗涤氨，塔顶蒸汽主要含有 H_2S 和痕量的氨(20×10^{-6} ~ 100×10^{-6})，然后返回克劳斯硫回收装置。氨汽提在低压下操作。汽提塔装备有 1 个再沸器和 1 个塔顶回流冷凝器。实际塔盘数量为 40~44 个或者采用填料床。主要含有氨(假如这部分氨无用途的情况下)和残余 H_2S (1500×10^{-6} ~ 3000×10^{-6})的塔顶蒸汽排入焚烧炉而烧掉。含氨气流可以直接进行焚烧或者洗涤 H_2S 后焚烧，是否洗涤 H_2S 受总硫回收率所支配，无论地方政府或环保部门是否允许将含氨气流用作燃料气，都应限制其中 H_2S 含量。一少部分汽提酸性水送入 H_2S 汽提塔顶部作为洗涤水使用，其余的外排供炼油其他装置或污水处理再利用。已汽提的酸性水中 H_2S 含量小于 10×10^{-6}、氨含量为 25×10^{-6} ~ 50×10^{-6}。

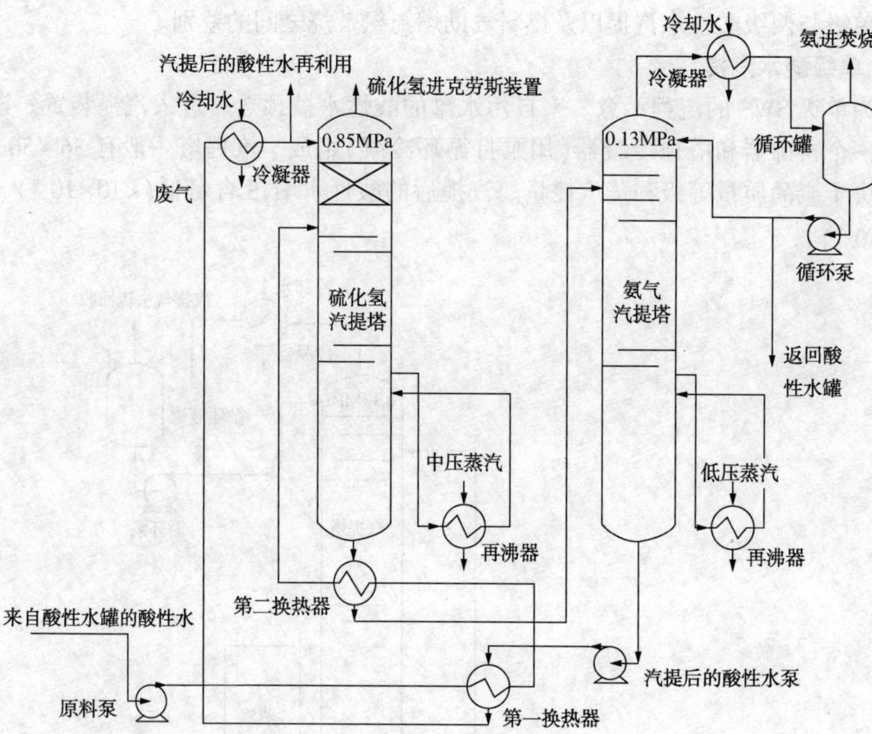

图4　两级酸水汽提工艺流程示意

3.3　单级和两级酸水汽提对比

两级 SWS 配置需要额外的汽提塔、再沸器、换热器，需要较高的投资费用和较大的占地空间。对于 H_2S 和 NH_3 酸性水原料来说，H_2S 汽提塔的直径大约比单塔酸水汽提的小 15%，该塔的设计压力较高，大概需要 300#法兰配件；NH_3 汽提塔直径与单塔酸水汽提接近。两级酸水汽提消耗更多的公用资源，例如，H_2S 与 NH_3 汽提塔再沸器的负荷比单塔汽提高 100%左右。双塔汽提的 NH_3 汽提塔塔顶冷凝器负荷也比单塔汽提的高。

4　NH_3的脱除方案

两级酸水汽提所得到的 NH_3 用于不同的途径，通常包括：生产液氨、氨分解以及氨焚烧。

如果产氨量在 30t/d 以上并且有销售市场，可以考虑生产液氨。在多数情况下，这些条件并不具备，因为汽提塔顶的 NH_3 必须脱除杂质(微量 H_2S 等)经过处理后才能作为商品。美国雪弗隆公司的 WWT 工艺具有可选的辅助装置，采用两级净化系统从含氨气体中脱除 H_2S，然后经液化生产无水液氨。

在氨气分解工艺中，氨气先脱水并经蒸汽预热，然后在氨分解器中裂解。氨分解需要在催化剂存在且高温下进行。裂解气经冷凝产生蒸汽或用于预热原料气。裂解后的气体含有少量的尚未分解的氨，这些氨可通过分子筛单元来脱除。氨裂解气中含有 75%的氢气和 25%

的氮气。氢气或裂解气可用于金属的光亮硬化。由于这种富氢气体压力低且含有大量的氮气，因此不适合用于炼油装置。

尽管一些老装置采用烧氨工艺，由于会形成 NO_x，因此已不被当前的环保要求所接受，况且含氨热气体不能被回收。现今，氨气多送于焚烧炉焚烧来发生蒸汽并控制较低的 NO_x。

焚烧炉位于硫黄回收装置的末端，用于烧掉尾气中残余的硫化氢。对于采用燃料气烧氨的硫回收装置来说，焚烧炉包括了废热回收部分，如图 5 所示。燃料气与过剩空气在烧嘴中燃烧，产生的烟气与克劳斯尾气一同引入焚烧炉。余热锅炉(蒸汽过热器)为可选项。冷却后的焚烧气通过烟囱排入大气。

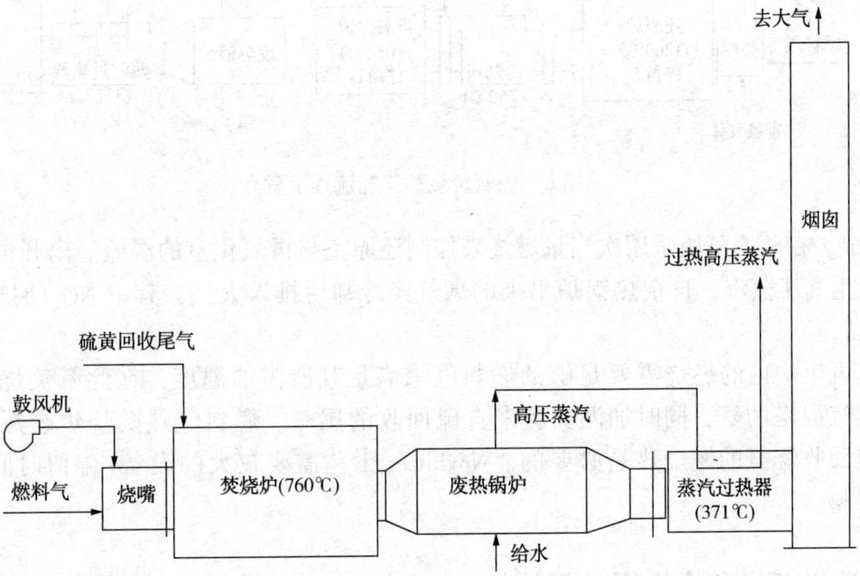

图 5　典型的硫黄回收焚烧炉工艺流程示意

采用两级酸水汽提工艺时，氨汽提后的过热蒸汽用作焚烧炉燃料。这些蒸汽中含有约 96%的氨气(摩尔分数)和 1500~3000μL/L 的硫化氢。可根据炼油厂的需要考虑是否将氨气作为燃料气，氨气经预热脱除硫化氢。要想减少焚烧炉烟囱中的二氧化硫的排放，况且在不脱除氨气中的硫化氢的情况下，必须提高超级克劳斯单元硫回收率。烧氨焚烧炉需要低排放 NO_x 特殊设计，低排放 NO_x 焚烧炉设计单位包括 John Zink Noxidizer、Duiker 公司等。Noxidizer 采用阶段燃烧工艺，即包括还原、急冷、再氧化三段(见图 6)。采用该工艺的已有 10 余家。

氨气和所需的燃料气按照 70%~90%当量燃烧。一部分硫回收尾气分别进入烧嘴和还原室以减少温度对耐火材料的热应力。还原室的温度控制在 1260℃，过程气停留时间 2s 左右。高温可以使氨分解并产生氮气。氮气及其燃烧物配比一定量的空气确保将氮气氧化为 NO_x。还原段的燃烧产物含有未燃烧的氨和硫黄回收尾气中未燃烧的 CO、H_2 和 H_2S，这些产物在冷却段用剩余的硫回收尾气冷至 760℃。在一定的情况下，下游的余热回收气体再循环至冷却段。

未燃烧的 NH_3、CO、H_2 在再氧化炉与过剩空气进行燃烧。二次配风必须保证最终烟道气中的氧气过量 2%~3%(干基)。再氧化炉的温度维持在约 1038℃、停留时间 1s，限制

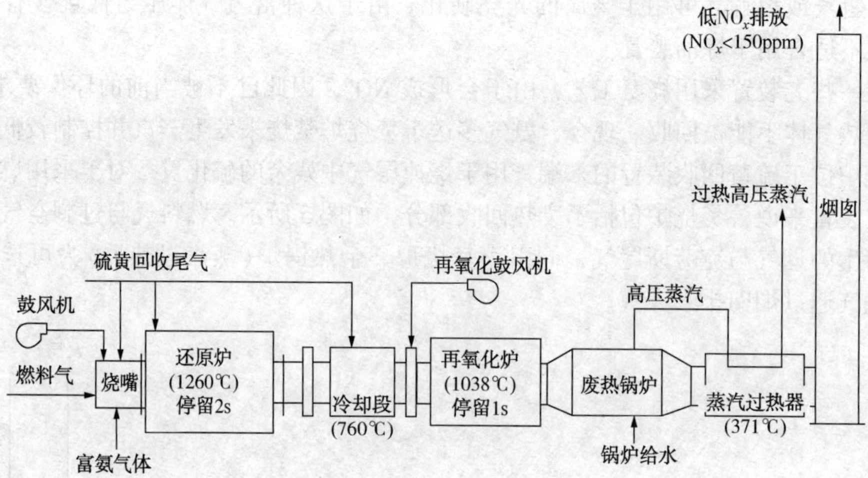

图6　烧氨焚烧炉工艺流程示意

NO_x的生成。在还原阶段采用次当量燃烧来控制还原室与再氧化室的温差。离开再生室的气体用来发生高压蒸汽，自余热锅炉出来的烟气经冷却后排入大气，其中 NO_x 的排放浓度小于 150ppm。

烟气再生炉内的燃烧需要足够的燃料气来满足其所需的温度，在此氨焚烧炉烧掉所有来自氨汽提塔的氨，同时加温焚烧来自硫回收的尾气。燃料气热焚烧炉废热回收为可选项，但回收烧氨的燃烧热是必要的。Noxidizer 工艺需要较大的设备(停留时间更长)和耐高温材料。

5　选择两级酸水汽提的经济性

在前面讨论了单级和双级酸水汽提以及燃料气和烧氨炉之间的设备、公用设施的区别。而且两级酸水汽提的经济性也必须考虑对克劳斯、克劳斯尾气处理及氨处理工艺的区别选择。

炼油厂的酸水汽提整合了处理有酚酸性水和无酚酸性水，成本费用主要是增加了额外的汽提塔和再沸器，操作成本主要在较高的蒸汽消耗上。如果炼油厂用不同的汽提塔来汽提无酚和有酚的酸性水，通常使处理有酚的汽提塔独立使用，因为酸性水中较大比例的氨含在无酚酸性水中。从经济角度来说，酸性水汽提最好集中，即使不集中设置，为了水的再利用和管理，对无酚酸性水采用两级汽提。

带有两级酸水汽提的装置，氨气不再进入克劳斯装置，这就减少了克劳斯过程气的总量，也相应减少了超级克劳斯或 SCOT 单元的过程气量，这两种工艺可获得超过 99%(超级克劳斯)和 99. 9%(SCOT)的硫回收率。表 2 描述了一套 200t/d 硫回收装置运行结果，其基础数据与表 1 相同。表 2 表明，含氨量 45%的装置原料气量几乎是含氨量 5%的原料气量的 2 倍。实际上，按照硫黄回收过程气量折算，装置原料气中每吨氨气相当于 2. 5t/d 硫黄。

表 2　硫黄回收原料气量、克劳斯硫回收率与氨含量的对应关系

NH_3/(NH_3+H_2S)/%	胺再生酸性气/(kg/h)	酸水汽提酸性气/(kg/h)	空气/(kg/h)	装置总气量/(kg/h)	克劳斯硫回收率/%	
					二级克劳斯	三级克劳斯
5	8842	889	18696	28427	94.4	98.1
10	8297	1876	20060	40406	94.1	97.9
15	7687	2980	21589	32254	93.7	97.8
20	7001	4221	23314	34536	93.2	97.6
30	5334	7236	27511	40081	92.0	97.1
40	3111	11172	32144	46427	90.7	96.6
45	1664	13814	36619	52097	89.8	96.1

图 7 为两级克劳斯装置工艺流程示意。

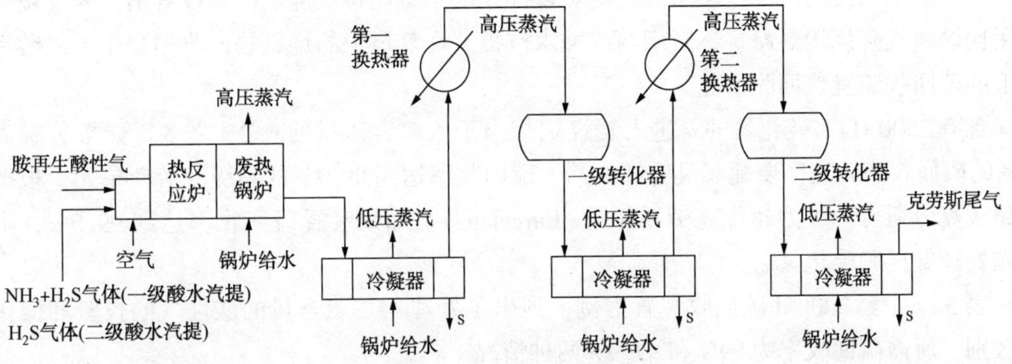

图 7　两级克劳斯装置工艺流程示意

两级克劳斯硫回收率取决于是否采用单级或两级酸水汽提。表 2 表明，随着氨含量的增加，克劳斯硫回收率相应减少，是由于酸水汽提酸性气中的水蒸气以及烧氨过程气中产生的一定浓度的氮气和水所影响的缘故。一套 200t/d 两级克劳斯装置(原料气氨含量 5%)投资成本为 4000 万美元，而氨含量增加到 45%时，其投资成本会增加至 5800 万美元。

图 8 为硫回收率 99%或 99.9%的两种工艺流程(附加两级克劳斯)。

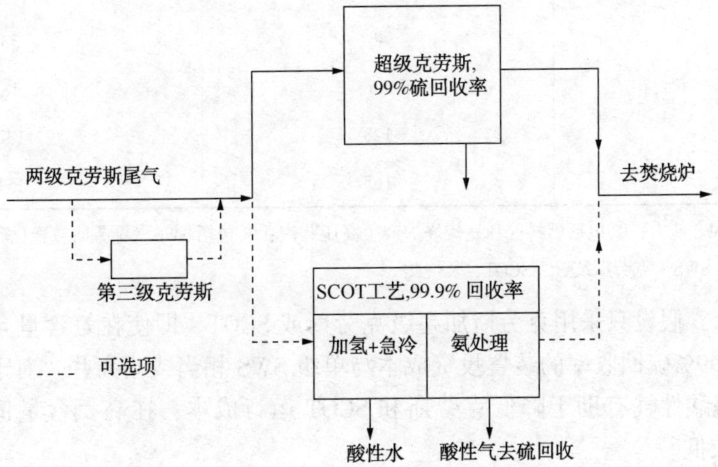

图 8　99.0%/99.9%两种硫回收率的工艺流程

对于两级酸水汽提来说，仅需两级克劳斯配套超级克劳斯工艺即可；而单塔汽提则需要三级克劳斯工艺。通常每增加一级克劳斯，则装置投资成本增加 15%~20%。即使装置设计时含酚类酸水汽提酸性气中的氨含量较小，两级克劳斯配套超级克劳斯工艺可满足其要求。对于获得 99.9%的硫回收率则需采用 SCOT 工艺，不管是否配置含酚酸水汽提，通常只需两级克劳斯工艺即可，但 SCOT 工艺所需过剩的氢和胺会循环至克劳斯装置的入口，从而增加了原料气中的氨含量。此外，SCOT 工艺急冷段所需的水随着氨含量的上升而增加。这些会增加 SCOT 工艺和酸水汽提的费用。

两级汽提酸性气在克劳斯工艺中产生的蒸汽量少，而单级汽提酸性气在克劳斯工艺中烧氨会产生大量的回收热。对于操作成本来说，产生的蒸汽通常比其他动力更具有价值。鼓风机传送的额外空气完成烧氨。

单级酸水汽提的硫回收燃料气焚烧炉最终变成了氨燃料焚烧炉。可以看出，氨焚烧炉的费用比燃料气焚烧炉更昂贵。对于两级酸水汽提，在焚烧炉的烧氨热回收相当于单级酸水汽提下的硫回收装置热回收情况。

含有 2500μL/L 硫化氢的氨进入焚烧炉相当于入口含硫量的 0.2%之多。如果装置需要 99%的硫回收率，这需要配套具有超能的、硫回收率达到 99.2%的超级克劳斯单元，根据需要超级克劳斯可升级为超优克劳斯工艺(Euroclaus)。如果装置硫回收率达到 99.9%，则需要先处理氨再脱硫化氢。

表 3 以一套 200t/d 硫回收装置为例，列出了处理 45%氨含量的酸性气的投资和操作成本区别，所需硫回收率为 99%和 99.9%两种情况。

表 3　装置投资成本对比(相对比例)

项　目	单级 SWS+硫回收	两级 SWS+硫回收
酸水汽提①	35	60
两级克劳斯	58	40
增加第 3 级克劳斯	9	6
超级克劳斯	11	8
SCOT	48	33
焚烧炉②	15	18
99%的硫回收率③	128	132
99.9%的硫回收率④	165	151

①投资依赖于 SWS 能力；②包括燃料气和氨焚烧炉产生高压蒸汽；③包括 SWS、克劳斯装置(含第 3 级)、超级克劳斯、焚烧炉；④包括 SWS、克劳斯装置、SCOT、焚烧炉。

如表 3 所示，假设只采用克劳斯加超级克劳斯或 SCOT。即使在氨含量 45%条件下，两级 SWS 并取得 99%硫回收率的装置投资成本与单级 SWS 相当或略高些。对于 99.9%硫回收率，不处理含氨酸性气有助于降低克劳斯和 SCOT 运行成本；在高氨含量情况，采用两级 SWS 成本相对较低。

表 4 表明，两级酸水汽提蒸汽能耗完全抵消了所节省的燃料气和克劳斯鼓风机功率。

表 4　不同工艺能耗对比[①]

项　　目	单级 SWS+硫回收	两级 SWS+硫回收
SWS 再沸器蒸汽[②]/(kJ/h)	87.6	168.8
两级克劳斯蒸汽/(kJ/h)	-102.3	-485.3
SCOT 蒸汽/(kJ/h)	147.7	738.5
焚烧炉燃料气/(kJ/h)	611.9	211.0
焚烧炉蒸汽/(kJ/h)	-506.4	-559.2
99%硫回收率装置能耗[③]/(kJ/h)	-422	654.1
99.9%硫回收率装置能耗[④]/(kJ/h)	105.5	728.0
克劳斯装置风机功率/kW	855	413
焚烧炉风机功率/kW	120	113

①所有正值为消耗；负值为产出；②取决于酸水汽提处理量；③酸水汽提、克劳斯装置及焚烧炉能耗总和；④酸水汽提、克劳斯装置、SCOT 及焚烧炉能耗总和。

总而言之，表 3、表 4 表明，两级酸水汽提比单级更经济。有几种因素影响着运行成本，但两级酸水汽提通常更具有吸引力，其处理量高，氨含量也接近最大值，可获得 99%的硫回收率。基于 KBR 的经验，两级酸水汽提的成本最低大于 5%，有时达到 25%(氨含量不大于 25%)，硫回收率达 99%。

6　结论

(1) 对于烧氨硫回收装置，按照国家工业标准最小需要 1232℃才能保证氨分解，并且随氨含量变化随时调整温度。氨含量达到 25%以上时，温度需要 1315℃以上。

(2) 高强度烧嘴生产商(如 Duiker、HEC)，在水蒸气含量不高时烧嘴可达到更高的温度，可处理的原料气氨含量大于 25%。

(3) 氨含量超过 25%时需要烧氨操作。

(4) 用过量的空气保证烧氨温度。这种处理比起两级酸水汽提费用便宜些。

(5) 两级酸水汽提比单级费用贵，且需要更多的蒸汽。然而，这些增加的投资和操作成本已抵消了硫回收的费用。

(6) 单级酸水汽提配套较大硫黄装置与两级酸水汽提配套小硫黄装置的经济性取决于多种因素，如 SWS 流量、氨质量、硫回收、烧氨等。在最有利的情况下，两种投资费用相同，投资成本介于 5%~25%。

(7) 投资成本增加不超过 15%时，最好采用两级酸水汽提，避免硫回收装置烧氨时出现不确定的操作难题。

[原作者：Michael P Quinlan Ashok S Hati，P. E.；工作单位：美国凯洛格·布朗·路特(KBR)集团公司，2017 年]

大型硫黄回收装置热氮吹硫新技术应用分析

彭传波

（中国石化中原油田普光分公司　四川达州　635000）

摘　要：为了保证硫黄回收装置停工过程排放烟气中 SO_2 达标，对现有烟气减排技术进行了调研，对比分析了各项技术的优缺点，最终选择热氮吹硫新技术开展先导性试验。通过对硫黄回收及尾气处理装置进行简单的工艺技术改造，创新应用热氮吹硫新技术，吹硫、钝化交叉进行。三级硫冷凝器无液硫流出后，直接将克劳斯尾气切入尾气焚烧炉，钝化过程不消耗碱液、不产生废水，烟气中 SO_2 质量浓度（0℃，101.325kPa 下）低于 600mg/Nm^3，满足环保控制指标要求。

关键词：硫黄回收装置　热氮吹硫　二氧化硫　减排

1　前言

硫黄回收装置停工时一般要进行吹硫操作，其目的是吹扫清除系统内残存的硫黄，确保管线、催化剂床层不积硫和硫化亚铁；停工后管道、催化剂床层保持畅通，确保装置检修安全。普光硫黄回收装置采用甲烷当量、过氧燃烧进行吹硫、钝化作业，过程气直接进入尾气焚烧炉，排放烟气中 SO_2 质量浓度超过环保控制指标 960mg/Nm^3（0℃、101.325kPa，下同）。为了降低硫黄装置停工期间排放烟气中 SO_2 质量浓度，有必要开发试验新的吹硫工艺。

普光天然气净化厂原料中 H_2S 体积分数为 14%~18%，CO_2 体积分数为 8%~10%，采用质量分数为 50%的 MDEA 溶液脱硫脱碳，TEG 脱水，外输净化气满足 GB 17820—2012《天然气》中商品天然气一类气指标[1]。MDEA 溶液再生酸性气中 H_2S 摩尔分数为 58%~65%，CO_2 含量为 30%~35%，烃摩尔分数小于 2%。采用两级常规 Claus 硫黄回收和 SCOT 低温加氢还原吸收工艺进行酸性气中硫元素回收[2]。在正常生产过程中，两级常规 Claus 硫黄回收装置硫回收率可达 95%，增设低温 SCOT 尾气处理装置后，硫回收率可达到 99.8%，排放烟气中 SO_2 质量浓度满足 GB 16397—1996《大气污染物综合排放标准》的要求[3]。

2　改造思路

2.1　技术调研

自 2016 年开始，普光天然气净化厂对目前已有的烟气 SO_2 减排技术进行调研，包括碱法烟气脱硫工艺[4]、氨法烟气脱硫工艺[5]、LS-DeGAS 硫黄装置减排技术和热氮吹硫工艺技术等。碱法烟气脱硫工艺在烟气进入烟囱之前设立脱硫塔，采用 $NaHCO_3$ 溶液在脱硫塔吸收烟气中 SO_2，生成 Na_2SO_3 和 CO_2。生成的 Na_2SO_3 经集液器流入脱硫塔氧化段，与鼓入的空

气接触氧化为 Na_2SO_4。氨法烟气脱硫工艺的烟气除尘后进入氨塔中部浓缩段与工艺水接触降温，同时与上部吸收塔下来的 NH_4HSO_3 和氨水混合物接触反应，生成 NH_4HSO_3、$(NH_4)_2SO_3$，同时放热带走大部分水，浓缩混合液；未反应完的气体进入上部，与塔底部引入的氨水和未反应完的 NH_4HSO_4、NH_4HSO_3 再次反应，反应后的气体再经回流吸收、高效除雾，和水蒸气一起排放至大气。塔中未浓缩的 $(NH_4)_2SO_3$ 与塔底进入的氧气氧化为 $(NH_4)_2SO_4$，经泵引入浓缩段浓缩后进入料槽、分离器，干燥后进入成型装置，产出肥料。LS-DeGAS 硫黄装置减排技术在一级转化器装填 LS-981 多功能催化剂[6]，以增加有机硫水解转化率，降低净化气中 COS 含量。加氢反应器装填 LSH-03A 催化剂，将硫黄装置自产的部分净化尾气用于液硫池液硫鼓泡脱气的汽提气，液硫池废气和克劳斯尾气混合后进入加氢反应器。热氮吹硫工艺技术利用惰性气体氮气不与硫黄系统硫、硫化物发生化学反应的原理，对硫黄系统进行吹硫操作，补入少量氧气，对硫黄系统进行钝化操作。吹硫过程气进入加氢系统还原、吸收，可有效降低硫黄装置停工过程烟气 SO_2 排放浓度。通过对各项技术投资成本、减排效果、废水产生量、技改风险等方面进行综合比较，结合普光天然气净化厂硫黄回收装置的实际情况，最终选定热氮吹硫技术进行先导性改造。

2.2 热氮吹硫技术

利用惰性气体氮气不与克劳斯系统内硫黄、硫化亚铁、硫蒸气及其他物质发生化学反应的原理，在硫黄回收装置停工期间，采用热氮气对制硫系统进行吹硫，保证制硫系统洁净。吹硫期间，尾气系统正常运行，吹硫过程气进入尾气处理系统，经过加氢还原吸收后，送入其他正常运行的制硫系统进行处理，减少 SO_2 排放。氮气吹扫稳定后，补入一定量的工厂风对制硫系统设备、催化剂床层进行钝化。工厂风量严格控制，防止设备、催化剂床层超温，加氢催化剂床层过氧。钝化后期，可选择将制硫系统过程气引入急冷塔碱液吸收后排入尾气焚烧炉，或直接将过程气切入尾气焚烧炉。

2.3 装置工艺改造

为达到热氮吹硫工艺要求，对 20×10^4 t/a 硫黄回收装置、尾气处理系统进行技术改造。一级反应器进料加热器入口分别增加 1 条氮气线、1 条工厂风线，氮气、工厂风流程上分别增加 1 台流量计，便于吹扫气量准确控制。三级硫冷凝器出口管线增加 1 条直接去急冷塔管线，跨过加氢单元，以免钝化后期含氧过程气进入加氢反应器床层，对加氢催化剂造成不可逆的影响。急冷塔出口增加 1 条去尾气焚烧炉管线，用于控制克劳斯系统吹硫钝化压力。具体改造流程如图 1 所示。

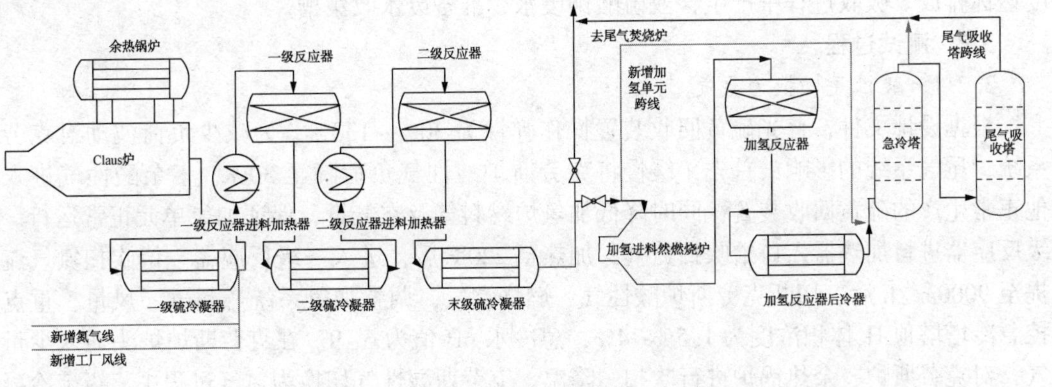

图 1　热氮吹硫装置工艺改造流程图

3 吹硫钝化效果测试

3.1 测试准备

普光天然气净化厂硫黄回收装置规模大，吹硫氮气消耗量约 10000m³/h（0℃、101.325kPa，下同），大流量工厂风选择克劳斯风机供风。因此，需要提前准备足量氮气，以满足热氮吹硫工艺的需要。

为了快速检测热氮吹硫过程气中 H_2S、SO_2、O_2、H_2 的含量，便于做出正确的操作判断，提前采购部分气体检测管。具体情况如表 1 所示。

表 1 热氮吹硫装置气体检测管清单

序号	名称	测定范围	数量/盒	使用位置及阶段
1	硫化氢检测管	0.1%~4%	1	吹硫过程一反入口
2	硫化氢检测管	0~20000μL/L	4	①吹硫过程、一反、二反出口 ②钝化过程加氢反应器出口
3	硫化氢检测管	0.001%~0.1%	2	尾气吸收塔出口
4	二氧化硫检测管	0~5%	1	吹硫过程一反入口、一反出口
5	二氧化硫检测管	0~300mg/Nm³	4	①吹硫过程二反出口 ②钝化过程一、二反进出口
6	二氧化硫检测管	200~6000mg/Nm³	4	①吹硫过程二反出口 ②钝化过程一、二反进出口，
7	一氧化碳检测	100~5000μL/L	2	吹硫过程加氢反应器进出口
8	氢气检测管	0.2%~3%	2	①吹硫过程加氢反应器进出口 ②二反出口
9	氧气检测管	0.5%~21%	2	钝化过程一、二级反应器进出口（钝化氧含量 5%~10%）
10	氧气检测管	0.5%~5%	2	钝化过程一、二级反应器进出口（钝化氧含量 0.5%~4%）

准备足量碱液，根据需要注入急冷塔，吸收过程气中 SO_2，保证排放烟气中 SO_2 质量浓度达标排放。吸收过程中产生含亚硫酸钠废水，准备废水收集槽。

3.2 测试过程

3.2.1 酸性气切换为氮气

根据设计文件，普光硫黄回收装置操作弹性为 30%~130%。为减少负荷波动对克劳斯系统、尾气系统的影响，首先，缓慢将克劳斯炉酸性气负荷降至 30%，多余酸性气进入其他正常生产的硫黄回收装置，同时降低加氢炉燃料气及空气量，保证加氢单元正常运行。一级反应器进料加热器入口给吹扫氮气，加热至 220℃后，进入一级反应器。待吹扫氮气流量提至 9000m³/h 后，切断克劳斯炉酸性气、燃烧空气，调整加氢系统燃料气、风量，重点监控急冷塔塔顶 H_2 体积浓度为 1.5%~4%，急冷水 pH 值为 6~9。在克劳斯炉炉头通入少量氮气，对克劳斯炉、余热锅炉进行吹扫、降温。克劳斯酸性气切换为氮气过程中三级硫冷凝器出口过程气中 SO_2、H_2S，烟气中 SO_2 质量浓度变化趋势如图 2 所示。

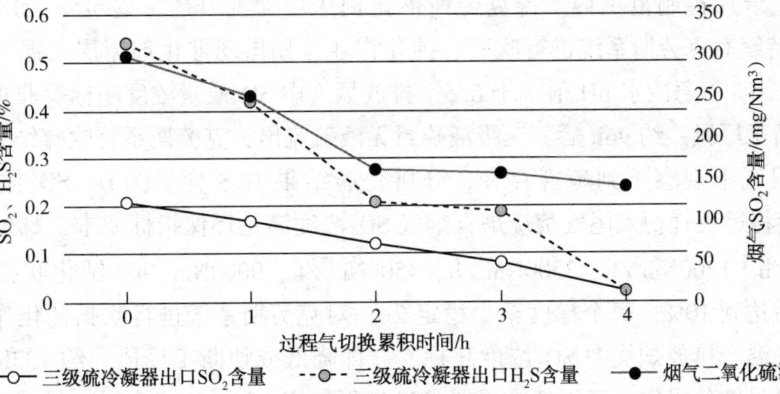

图 2 酸性气切换为氮气过程中三级硫冷器出口过程气中 SO_2、H_2S 含量及烟气 SO_2 质量浓度变化趋势

3.2.2 热氮吹硫、微风钝化

使用氮气持续对克劳斯系统进行吹硫操作，吹扫过程气进入加氢单元，其中硫蒸气、SO_2被还原为 H_2S 和水，经急冷塔冷却后，进入尾气吸收塔脱除部分 H_2S 气体，最后进入尾气焚烧炉。脱硫单元胺液正常循环再生，保证尾气吸收塔胺液品质合格，再生酸性气进入其他正常生产制硫系统。装置调整平稳后，通过克劳斯炉头通入 $150m^3/h$ 工厂风，吹硫过程气中氧浓度约 0.3%(体)，对系统进行微氧钝化。重点监控克劳斯系统压力和温度，防止液硫凝固堵塞系统、设备，损坏催化剂。采用气体检测管每小时取样分析过程气中 H_2S、SO_2浓度，约 66h 后，SO_2浓度降至 0，60h 后 H_2S 浓度降至 0。每 1h 检查 1 次一、二、三级液硫封内的液硫流动情况，6h 后，一级硫封无液硫流出，12h 后二级硫封无液硫流出。三级硫冷凝器出口过程气中 SO_2、H_2S 及排放烟气中 SO_2质量浓度变化趋势如图 3 所示。

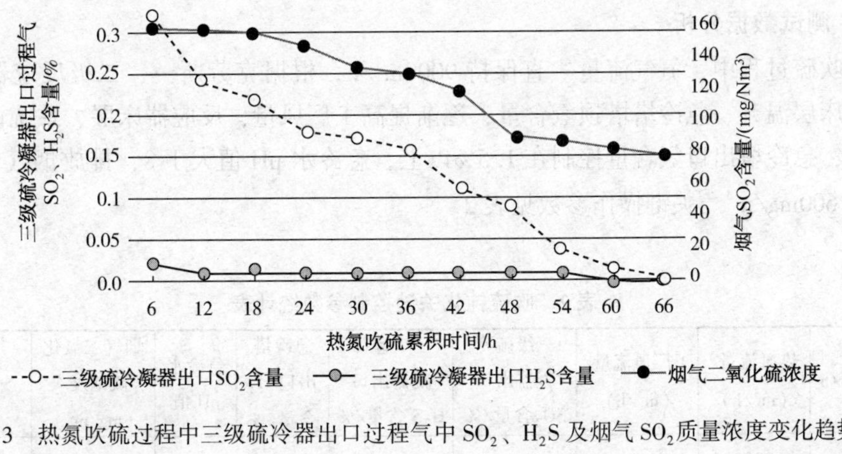

图 3 热氮吹硫过程中三级硫冷器出口过程气中 SO_2、H_2S 及烟气 SO_2质量浓度变化趋势

3.2.3 大风量钝化操作

克劳斯炉炉头工厂风量增加到 $300m^3/h$，对克劳斯系统进行吹硫、钝化操作。重点监控克劳斯系统一、二级反应器、加氢反应器温度、急冷塔顶 H_2 含量、急冷水 pH 值、烟气 SO_2

浓度处于工艺卡片控制范围内。待克劳斯催化剂床层无温升后，逐步将工厂风量提升至 $300Nm^3/h$，持续对克劳斯系统进行吹硫、钝化作业。如出现催化剂床层飞温、急冷塔塔顶 H_2 含量低于 1.5%、急冷水 pH 值小于 6.5、排放烟气中 SO_2 质量浓度超标等非正常工况，立即减少或切断工厂风。约 96h 后，三级液硫封无液硫流出，克劳斯系统吹硫结束。三级硫冷凝器出口过程气中观察不到硫雾存在，分析化验结果 H_2S 含量为 0，SO_2 体积浓度低于 0.02%，直接将过程气切入尾气焚烧炉，烟气 SO_2 浓度满足环保指标要求。梯度提升工厂风量至 $600Nm^3/h$、$1200Nm^3/h$、$2500Nm^3/h$、$4500Nm^3/h$、$9000Nm^3/h$，钝化吹扫气氧含量对应增加，最后达到 10%。每个梯度至少稳定 2h，对克劳斯系统进行吹扫钝化作业。如出现催化剂床层飞温、排放烟气中 SO_2 浓度超标，立即降低或切断工厂风。约 132h 后，除硫钝化结束。大风量钝化操作，三级硫冷凝器出口过程气中 SO_2、H_2S 含量、排放烟气中 SO_2 质量浓度变化趋势如图 4 所示。

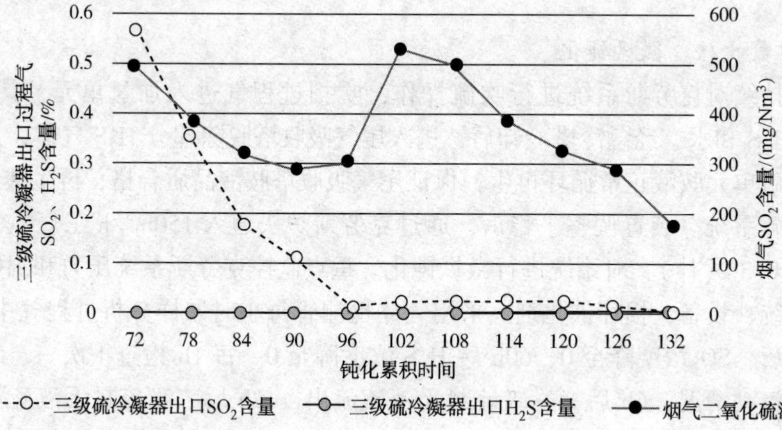

图 4 钝化过程中三级硫冷器出口过程气中 SO_2、H_2S 含量及烟气中 SO_2 质量浓度变化趋势

3.3 测试数据分析

热氮吹硫过程中，氮气流量一直保持 $9000m^3/h$，根据克劳斯一、二级反应器床层、加氢反应器床层温升、急冷塔塔顶氢含量，逐渐提高工厂风量，反应器床层、系统设备未出现超温现象，急冷塔出口氢含量控制在 1.5%以上，急冷水 pH 值大于 8，排放烟气中 SO_2 质量浓度低于 $600mg/m^3$。关键操作参数见表 2。

表 2 吹硫钝化关键控制参数统计表

序号	时间/h	热氮流量/(m^3/h)	工厂风流量/(m^3/h)	三级硫冷凝器出口 SO_2 含量/%	三级硫冷凝器出口 H_2S 含量/%	急冷塔出口 H_2 含量/%	急冷水 pH 值	烟气二氧化硫浓度/(mg/m^3)	备注
1	0	9000	0	0.21	0.54	2.5	8.1	300	氮气吹硫，过程气经尾气处理后进入尾气焚烧炉
2	2	9000	0	0.12	0.21	2.1	8.2	160	
3	4	9000	0	0.02	0.02	1.77	8.1	140	

续表

序号	时间/h	热氮流量/(m^3/h)	工厂风流量/(m^3/h)	三级硫冷凝器出口SO_2含量/%	三级硫冷凝器出口H_2S含量/%	急冷塔出口H_2含量/%	急冷水pH值	烟气二氧化硫浓度/(mg/m^3)	备注
4	6	9000	150	0.32	0.02	1.71	8.1	158	氮气、工厂风吹硫钝化，过程气经尾气处理后进入尾气焚烧炉
5	12	9000	150	0.24	0.01	1.51	8.3	157	
6	18	9000	150	0.22	0.01	1.61	8.1	154	
7	24	9000	150	0.18	0.01	1.83	8.1	146	
8	30	9000	150	0.17	0.01	1.84	8.2	134	
9	36	9000	150	0.16	0.01	1.84	8.1	130	
10	42	9000	150	0.11	0.01	1.96	8.1	118	
11	48	9000	150	0.09	0.01	2.11	8.1	89	
12	54	9000	150	0.04	0.01	2.2	8.1	87	
13	60	9000	150	0.01	0	2.3	8.1	81	
14	66	9000	150	0	0	2.4	8.1	77	
15	72	9000	300	0.57	0	1.52	8.1	498	
16	78	9000	300	0.36	0	1.61	8.1	383	
17	84	9000	300	0.18	0	1.78	8.1	320	
18	90	9000	300	0.11	0	1.94	8.1	286	
19	96	9000	300	0.01	0	2.1	8.1	306	
20	102	9000	600	0.02	0	—	—	532	过程气直接切入尾气焚烧炉，尾气处理单元停运
21	108	9000	600	0.02	0	—	—	498	
22	114	9000	1200	0.02	0	—	—	383	
23	120	9000	2500	0.02	0	—	—	320	
24	126	9000	5000	0.01	0	—	—	286	
25	132	9000	9000	0.01	0	—	—	180	

4 关键工艺控制

4.1 急冷塔氢含量控制

尾气处理单元加氢炉采用在线制氢工艺，低负荷工况下，风气比为7∶1，加氢炉燃烧稳定，所产生的还原性气体能够将克劳斯系统带来的硫蒸气、SO_2气体转化为H_2S，急冷塔塔顶H_2体积浓度、急冷塔pH值满足工艺控制指标要求。热氮吹硫过程急冷塔出口氢含量变化趋势见图5。

4.2 排放烟气中SO_2质量浓度控制

热氮吹硫过程中，初期吹硫过程气经加氢单元还原、急冷、尾气吸收塔吸收后，进入尾气焚烧炉，排放烟气中SO_2质量浓度低于20mg/m^3。工厂风量增加至300m^3/h后，过程气中SO_2体积浓度增加到0.57%，经加氢单元处理后，排放烟气中SO_2质量浓度上涨到498mg/m^3，

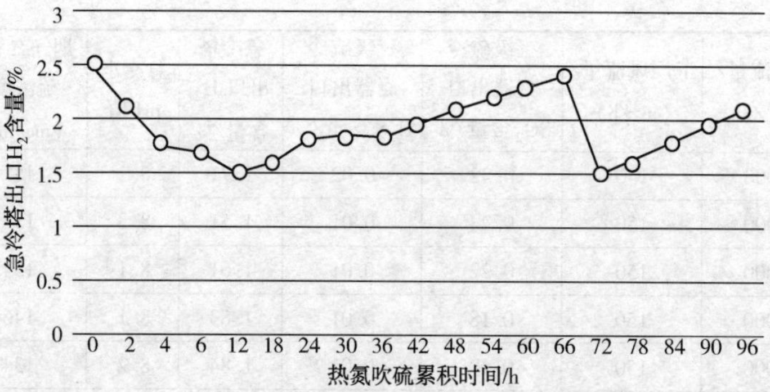

图5　热氮吹硫过程急冷塔出口氢含量变化趋势

随后开始呈明显下降趋势。待三级硫冷凝器无液硫流出，现场判断过程气中无硫雾后，将过程气直接切换入尾气焚烧炉，不经过急冷塔碱液吸收，排放烟气中 SO_2 质量浓度低于 600mg/m^3，满足环保控制指标 960mg/m^3。随后，开始采用大风量对克劳斯系统进行彻底钝化。热氮吹硫过程烟气 SO_2浓度变化趋势见图6。

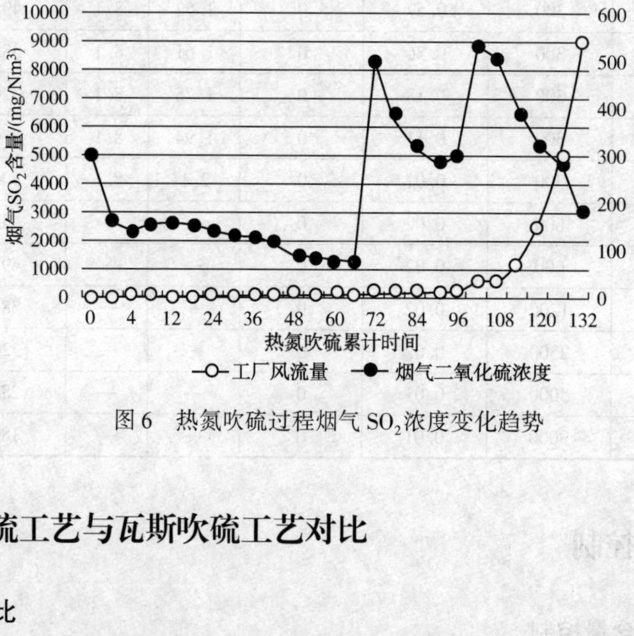

图6　热氮吹硫过程烟气 SO_2浓度变化趋势

5　热氮吹硫工艺与瓦斯吹硫工艺对比

5.1　时间对比

克劳斯系统瓦斯吹硫共耗时约 112h，其中，吹硫耗时 36h，钝化耗时 36h，降温耗时 40h。热氮吹硫停工总计耗时 132h，其中，未引入钝化风吹硫运行 6h，吹硫+钝化交叉运行 126h。热氮吹硫时间比瓦斯吹硫时间延长了 20h。

5.2　能耗对比

收集、整理瓦斯吹硫、热氮吹硫停工过程耗能公质消耗，如表 3 所列。热氮吹硫采用氮气、工厂风加热后对克劳斯系统进行吹硫、钝化作业，加氢单元、脱硫单元、酸性水汽提单元正常运行，增加氮气消耗 131×10^{4}m^3、电力消耗 8.72×10^{4}kW·h、低压蒸汽 2183t，燃料气节约 12.56×10^{4}m^3，除去低压氮气综合能耗增加 2563750MJ；单次热氮吹硫能耗成本 340 万元，较常规吹硫增加 149 万元。

表 3　瓦斯吹硫与热氮吹硫能耗对比

项目	第三联合用电量/10^4kW·h	燃料气消耗量/Nm^3	进尾炉闪蒸气流量/Nm^3	中压蒸汽外供量(+)/t	中压蒸汽消耗量(-)/t	低压蒸汽消耗量(+)/t	中压锅炉水消耗量/t	低压锅炉水消耗量/t	除盐水消耗量/t	凝结水外输量(-)/t	低压氮气消耗量/Nm^3	综合能耗/t标煤	能耗成本/万元	氮气成本/万元	总成本/万元
热氮吹硫	33.36	139812	0	1426	151	5008	3143	3063	5	10096	1500000	949.1	189.8	150	340
瓦斯吹硫	24.64	265483	0	990	142	2825	3122	1092	221.4	4333	187328	861.6	172.3	18.73	191
热氮吹硫增加	8.72	-125671	0	436	9	2183	21	1971	-216.4	5763	1312672	87.5	17.5	131.27	149
(+)增(-)减	+35.39%	-47.34%	/	+44.04%	+6.34%	+77.27%	+0.67%	+180.49%	-97.74%	+133.00%	+700.73%	+10.16%	+10.16%	+700.85%	+78.01%

注：表中数据来源于装置界区耗能公质流量表，综合能耗算法参照 GB/T 2589—2008《综合能耗计算通则》。1kg 标准煤的热值为 29.3MJ。

6　结论

通过应用热氮吹硫新工艺，吹硫、钝化交叉进行，在钝化后期使克劳斯尾气直接进入尾气焚烧炉，区别于常规热氮吹硫工艺，钝化后期三级硫冷凝器出口过程气切入急冷塔，经碱液吸收后，再切入尾气焚烧炉，钝化过程将持续消耗碱液、产生废水。本次热氮吹硫作业未消耗碱液、未产生废水，排放烟气中 SO_2 质量浓度满足环保控制指标要求，完成了克劳斯系统停工吹硫作业。停工后，重点设备开盖检查，容器内无固体硫黄、未发生自燃现象。装置开工后，克劳斯系统和加氢系统均运行平稳，各反应器床层温度分布均匀，排放烟气中 SO_2 质量浓度约 250mg/Nm^3。

参 考 文 献

[1] 全国天然气标准化技术委员会(SAC/TC 244). 天然气：GB 17820—2012[S]. 北京：中国标准出版社，2012.

[2] 陈赓良，肖学兰，杨仲熙，等. 克劳斯法硫黄回收工艺技术[M]. 北京：石油工业出版社，2007.

[3] 于艳秋，裴爱霞，张立胜，等. 20 万 t/a 硫黄回收装置液硫脱气工艺研究与应用[J]. 天然气化工(C1化学与化工)，2012，37(4)：40-44.

[4] 谭长军. 钠碱法湿法脱硫工艺研究及工程应用[D]. 南京：东南大学，2015.

[5] 张兵. 氨法烟气脱硫工艺分析[J]. 燃料与化工，2017，48(1)：37-40.

[6] 达建文，殷树青. 硫黄回收催化剂及工艺技术[J]. 石油炼制与化工，2015，46(10)：107-112.

S Zorb 再生烟气波动对硫黄装置的影响及对策

刘志凯

（中国石化石油化工管理干部学院　北京　100012）

摘　要：国内炼厂 S Zorb 装置再生烟气大都引入硫黄装置处理，在日益严格的排放标准下，S Zorb 装置再生烟气波动对硫黄装置排放的影响不容忽视。在 S Zorb 装置正常工况下，其再生烟气流量波动为±13%，氧含量波动为 0~0.18%，异常工况时再生烟气流量、组成和温度波动很大，硫黄装置应该通过技术手段降低波动影响，提高操作水平，形成联动机制并制定相关预案，确保尾气达标排放。

关键词：S Zorb　再生烟气　波动　影响　对策

1　前言

S Zorb 技术是康菲公司开发的生产低硫汽油的吸附脱硫技术，通过吸附剂在反应器中吸附汽油中的硫原子实现深度脱硫的目标，脱硫反应后的吸附剂在再生器中进行再生恢复活性，在 510℃左右与再生空气中的氧发生反应，再生烟气中主要成分为 N_2、SO_2、CO_2以及少量的水蒸气、CO 等。因 SO_2含量较高，无法直接排放大气，国外同类装置采用碱液吸收装置处理再生烟气[1]，国内炼油厂配有硫黄回收装置，目前除个别装置采用碱液吸收、引入催化裂化烟气脱硫单元、有机催化法处理[2,3]外，绝大多数 S Zorb 装置再生烟气引入硫黄回收装置处理[4-6]，将 SO_2转化为硫黄，在实现环保排放的前提下实现资源利用。

S Zorb 装置再生烟气波动时有发生，主要表现在气量、气质和温度波动，以 90×10^4t/a 规模的装置为例，气体流量波动范围是 300~1000m^3/h；组分中 O_2和 SO_2瞬时波动范围是：O_2：0.1%~2.0%；SO_2：0.5%~5.0%；再生烟气温度较低，硫黄回收装置界区温度一般为 130~200℃左右[7]。随着环保标准的提高，尾气的排放监管日益严格，要实现达标排放，硫黄装置必须精细化操作，加大对 S Zorb 装置再生烟气波动的重视并及时进行联动处理。

2　S Zorb 再生烟气波动原因分析

在 S Zorb 装置正常操作中，吸附剂在反应器和再生器之间间歇性转移，闭锁料斗作为转移往返的“中间站”，通过程序自动控制，与闭锁料斗相连的有反应器接收器、再生进料罐、再生器接收器和还原器四个设备，主要起缓冲作用，实现吸附剂进入再生器或反应器的连续性，流程示意如图 1 所示。

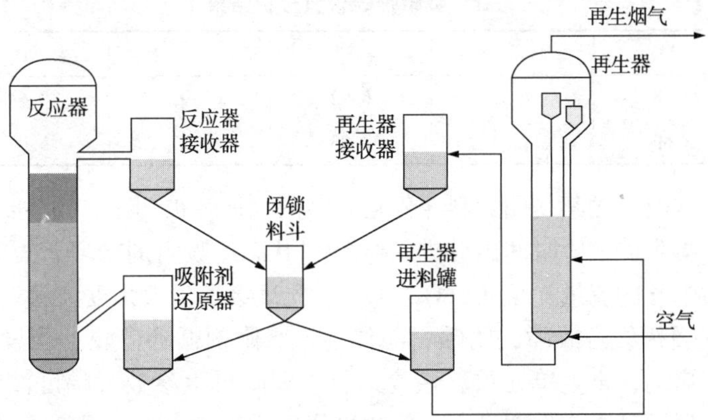

图1　S Zorb 装置闭锁料斗流程示意图

在设备正常平稳运行时，控制好吸附剂料位，再生器操作相对稳定，此时对再生烟气波动的主要原因有装置加工负荷变化和吸附剂持硫量变化。一般装置都维持吸附剂的持硫量不变，当原料汽油加工量变化或者汽油中硫含量变化时，及时调整再生器的空气量，保证产品硫含量合格。但是硫黄装置接收的烟气量会发生波动，如果 S Zorb 装置没有及时地调整再生空气量，那么反映到硫黄装置就是 SO_2浓度的波动。

以某厂 S Zorb 装置为例，正常生产时，在 70t/h 的加工负荷(原料硫含量 738mg/kg)下，再生空气量 612m^3/h，再生烟气中 SO_2浓度约为 4.8%。实际生产中，装置脱硫负荷变化如图 2 所示，为应对原料波动，再生器需要调节空气量，以再生反应的理论计算，每增加 100m^3/h 的空气，约可以多燃烧 11kg 的硫。若要维持再生烟气 SO_2浓度稳定，需要调节空气量，计算后的曲线见图 2，再生空气需要在 531～701m^3/h 之间调节，到硫黄装置的再生烟气量波动范围约为 419～554m^3/h，是其正常操作值的±13%。

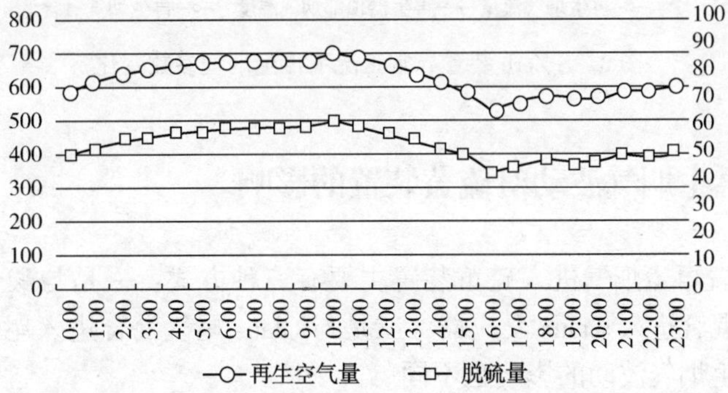

图2　S Zorb 装置脱硫负荷与再生空气量计算图

假设 S Zorb 装置加工负荷和原料硫含量都不变，如果吸附剂上的硫含量发生变化，也会对再生烟气中 SO_2含量造成影响，某厂 S Zorb 装置吸附剂上硫含量分析结果见表 1。由表中数据可知，待生吸附剂硫含量变化范围为 0.11%～1.81%，再生吸附剂硫含量变化范围为 0～1.45%，硫差的波动范围为 0.01%～0.42%，如果再生器的空气量不变，即保持再生烟气流量不变，则再生烟气中 SO_2含量的波动范围为 0～0.18%。

表1　吸附剂硫含量分析结果　%(质)

吸附剂	1	2	3	4	5	6
待生吸附剂	7.28	7.03	6.92	7.97	8.64	8.73
再生吸附剂	3.69	3.69	3.73	4.77	5.03	5.14

在设备运行异常时，尤其是闭锁料斗停运，吸附剂循环被切断，再生器进料罐中的吸附剂料位无法维持，再生器在短时间内会进入“熄火”状态。吸附剂循环若短时间内无法恢复，再生器停运，再生烟气的流量、组成(SO_2、O_2)、温度会发生大幅度波动。

某厂S Zorb装置因设备故障，闭锁料斗停运，吸附剂循环停止，当设备故障处理完毕时，闭锁料斗重新启动，再生单元重新恢复运行，期间再生参数大幅度波动，变化见图3。从图中可见，再生器因没有待生剂进入，氧化燃烧反应趋于停止，温度难以维持，导致再生器顶部烟气温度由320℃降低至160℃左右，再生烟气流量由正常操作的500m^3/h降低至100m^3/h，再生烟气氧含量在30min时间内由0上升到5%，此时进入的空气基本不再发生反应，外送的再生烟气相当于是空气；当闭锁料斗重启，再生恢复待生剂进料时，硫和碳的燃烧恢复，再生烟气中氧含量迅速下降，如果吸附剂循环恢复正常，氧含量在30min内就可降至2%以下，再生单元恢复操作的过程中，烟气流量和温度逐渐上升至正常值。

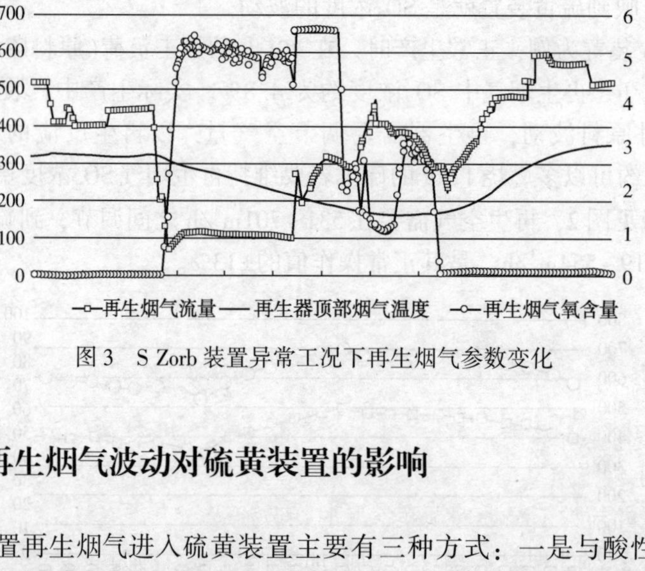

图3　S Zorb装置异常工况下再生烟气参数变化

3　S Zorb再生烟气波动对硫黄装置的影响

目前S Zorb装置再生烟气进入硫黄装置主要有三种方式：一是与酸性气混合进入反应炉；二是与过程气混合进入Claus反应器；三是与Claus尾气混合进入尾气加氢反应器。采用不同的流程，再生烟气波动的影响也不同。

3.1　进入反应炉的影响

硫黄装置反应炉设计具有一定弹性，且S Zorb再生烟气量仅占酸性气的3%左右，对处理能力影响较小，但是其中的SO_2和O_2给H_2S/SO_2比例的调控带来一定困难。另外，再生烟气惰性组分含量高、温度较低，影响反应炉温。在S Zorb再生异常或停车时，对炉子配风和炉温会有较大影响。同时S Zorb再生烟气和酸性气混合，必须提高酸性气进炉温度在硫的熔点温度以上，否则混合点后部容易出现硫黄凝结。

3.2 进入 Claus 反应器的影响

在硫黄装置 Claus 反应器中，要求 H_2S 与 SO_2严格按照 2∶1 的比例进行操作，S Zorb 再生烟气引入后，其中的 SO_2约占硫黄装置反应过程气中 SO_2含量的 1/3，会破坏 Claus 反应器的反应平衡，故该流程基本不选择。

3.3 进入尾气加氢反应器的影响

因 S Zorb 再生烟气中含有氧气、SO_2，易导致加氢反应器温升增加，甚至反应器床层飞温；高浓度的 SO_2也会引起催化剂穿透失活或者催化剂载体硫酸盐化；且再生烟气惰性组分含量高、温度较低，可能导致加氢反应器入口温度偏低。另外，加氢反应器引入 S Zorb 再生烟气后，因增加反应器过程的氧气、SO_2量，会增加反应器 H_2消耗，装置必须引进外补氢。

4 S Zorb 再生烟气波动应对策略

4.1 S Zorb 装置稳定操作

在 S Zorb 装置日常操作中，应具备对波动的正确认识，建立精细操作促环保达标排放的理念，在控制时尽可能维持闭锁料斗的正常运行，保持各器吸附剂料位的平稳，实现再生连续稳定，在装置负荷调整时，充分利用缓冲罐，提前预判，缓慢调节再生空气量，控制再生烟气氧含量<2%(体)，使波动值变小、变缓，以利于硫黄装置平稳操作和达标排放。

4.2 硫黄装置合理应对

作为下游装置，硫黄装置应该时刻关注 S Zorb 再生烟气波动，对于进入反应炉处理的，应在反应炉配风控制上采用前馈和反馈的双重策略，尽可能将烟气流量引入逻辑控制中，实现配风实时调节，稳定 H_2S/SO_2比例；为维持炉温稳定，S Zorb 再生烟气管线设置电加热和预热，酸性气负荷降低时，通入燃料气助燃保持炉温。S Zorb 再生烟气异常时，应及时关注配风，必要时进行手动控制，适时启动提前制定的异常工况处理预案，及时切改流程。

对于进入尾气加氢反应器处理的，需更换低温耐氧加氢催化剂(比如某公司 LSH-3 加氢催化剂)，通过预热适当提高 S Zorb 再生烟气温度，控制加氢反应器入口温度为 230~240℃。S Zorb 再生烟气波动时，应及时关注加氢反应器温度，适当降低反应器入口温度，适时启动提前制定的异常工况处理预案，及时切改流程。

在 S Zorb 再生烟气处理上，建议适当增加备用流程，例如：设置尾气可以进入尾气加氢反应器处理，也可以进入反应炉处理或者引入催化裂化装置脱硫系统处理，对于有碱洗单元的硫黄装置，建议增加 S Zorb 再生烟气进入碱洗塔的流程，可在 S Zorb 再生烟气异常时切入碱洗塔进行处理，防止对硫黄装置产生较大冲击。

4.3 装置之间协同联动

对于硫的处理，S Zorb 装置和硫黄装置属于炼油流程中的上下游，两套装置之间应发挥协同作用和联动机制，对于两套装置不在同一车间或作业部的，可通过生产调度及时通报装置调整和异常，便于双方同时进行处置，将影响降到最低。两套装置在一个 DCS 控制室或者属于一个车间和作业部的，统筹考虑建立应急预案，将两套装置应对波动操作有序结合，实现装置平稳运行和达标排放。

5 结语

S Zorb 装置在正常工况下，再生烟气波动主要是由调节加工负荷和吸附剂持硫量引起，再生烟气量波动范围约为 419~554m^3/h，达到正常值的±13%，再生烟气中 SO_2 含量的波动范围为 0~0.18%。在精细操作和上下游协调的情况下，对硫黄装置的负荷和排放不会产生大的影响，但是在闭锁料斗故障、再生单元停运时，再生烟气的流量、组成、温度会出现短时间大幅波动，硫黄装置未及时处理或者处理不当，易引起尾气排放超标，故硫黄装置必须重视 S Zorb 装置再生烟气波动，采用合理的技术手段，提高人工操作水平，将影响降至最低。建议设置 S Zorb 装置再生烟气处理的备选流程，科学制定异常工况应急预案，确保硫黄装置尾气的达标排放。

参 考 文 献

[1] 李鹏，田建辉．汽油吸附脱硫 S Zorb 技术进展综述[J]．炼油技术与工程，2014，44(1)：1-6.

[2] 龚望欣，李金华．汽油吸附脱硫装置再生烟气处理技术的应用[J]．石化技术，2012，19(3)：30-39.

[3] 冯小艳，魏涛，王智杰．有机催化法治理 S Zorb 再生烟气[J]．石油与天然气化工，2016，47(9)：102-105.

[4] 王建华，刘爱华，陶卫东．S Zorb 再生烟气处理技术开发[J]．石油化工，2012，41(8)：944-947.

[5] 陈上访，金州．硫黄回收装置处理汽油吸附脱硫再生烟气试运总结[J]．齐鲁石油化工，2011，39(1)：11-17.

[6] 王明文．S Zorb 再生烟气进入硫黄回收装置的流程比较[J]．石油化工技术与经济，2012，28(2)：35-38.

[7] 温崇荣，赵榆，吴晓琴．S Zorb 工艺再生烟气进入硫黄回收装置的分析探讨[J]．石油与天然气化工，2011，40(3)：243-253.

140kt/a 硫黄装置降低尾气 SO_2 排放措施

罗尧鹏

（中国石化扬子石油化工有限公司　江苏南京　210048）

摘　要：针对硫黄回收装置目前的排放现状，对照新排放标准的要求，分析硫黄回收装置排放烟气中 SO_2 的主要来源以及影响其浓度的各种因素，对 140kt/a 硫黄回收装置实施技术改造。提高硫黄回收装置操作水平，降低烟气中 SO_2 浓度，满足最新排放标准的要求。

关键词：硫黄回收　二氧化硫　烟气碱洗

1　前言

目前国内硫黄回收装置大多采用克劳斯工艺回收硫黄，克劳斯尾气再经尾气净化单元处理，尾气经焚烧炉焚烧后排放。排放的烟气中 SO_2 浓度执行 GB 16297—1996《大气污染物综合排放标准》，标准规定 SO_2 排放浓度小于 960mg/Nm^3。随着国家环保法对硫黄回收装置 SO_2 排放浓度要求越来越高，2015 年 4 月 16 日国家环保部发布《石油炼制工业污染物排放标准》，要求企业自 2017 年 7 月 1 日起执行新标准，即 SO_2 排放浓度小于 400mg/Nm^3，重点区域要求小于 100mg/Nm^3。扬子石化 140kt/a 硫黄回收装置自 2014 年底开工以来，在多年的操作中摸索了一些降低烟气中 SO_2 的方法，将烟气中 SO_2 含量从 240mg/Nm^3 左右降低到 180mg/Nm^3 左右，但仍然不能满足新的环保标准。

2　硫黄回收装置工艺原理

2.1　装置简介

140kt/a 硫黄回收联合装置是扬子石油化工股份有限公司油品质量升级及原油劣质化改造项目工程中的环保装置，中国石化南京工程公司总承包（EPC）。联合装置由 140kt/a 硫黄回收装置、500t/h 溶剂再生装置、200t/h 酸水汽提装置组成。

硫黄回收装置采用“两头一尾”工艺，即相同的双系列 Claus 制硫及液硫脱气单元、单系列尾气处理单元 RAR 及尾气焚烧单元四部分；其中单系列 Claus 制硫单元的设计规模为生产硫黄 70kt/a，操作弹性为 60%～120%；尾气处理、尾气焚烧单元设计规模为 140kt/a，操作弹性为 30%～120%；原设计尾气排放执行《石油炼制污染物排放标准》（征求意见稿），排空烟气中 SO_2 浓度≤200mg/Nm^3、NO_x≤50mg/Nm^3。

硫黄回收装置原料来自 500t/h 溶剂再生装置、200t/h 酸水汽提装置、本装置 RAR 尾气处理部分自产酸性气、芳烃厂一氧化碳装置、1#高压加氢装置与煤气化装置产生的混合酸性气，酸性气互供线开通后，部分酸性气送公司1#硫回收装置处理。

2.2 工艺原理

硫黄回收装置由克劳斯、RAR及尾气焚烧三大部分组成，其中每一个部分都可以独立运行。硫黄回收装置有酸性气运行方案(正常操作)和燃料气运行方案(升温操作)两种操作情况，下面分别说明其反应原理。酸性气运行方案为装置正常运行操作，以H_2S与氧不充分燃烧(H_2S/SO_2比率为2)为基础。目的是为了使进入RAR部分的尾气中H_2S/SO_2之比达到2∶1，使H_2S最大限度地转化为硫黄。炼厂酸性气和循环酸性气进料与适当的空气配比后进入克劳斯炉，不需要燃料气助燃。[1]该阶段由四个不同转化步骤和一个硫物理状态转变阶段及一个溶剂吸收阶段组成，即：克劳斯热转化；克劳斯催化转化；产品硫液化；产品硫脱气；尾气加氢还原；胺溶液中的H_2S吸收与再生。

2.3 工艺流程简介

硫黄回收装置由克劳斯、RAR及尾气焚烧三大部分组成，其中每一个部分都可以独立运行，一般说来该装置是一个化工型装置而不是炼油类装置，因此在运转过程中需要仔细了解有关的化学知识。

硫黄回收装置有酸性气运行方案(正常操作)和燃料气运行方案(升温操作)两种操作情况，140kt/a硫黄回收装置流程简图见图1、图2。

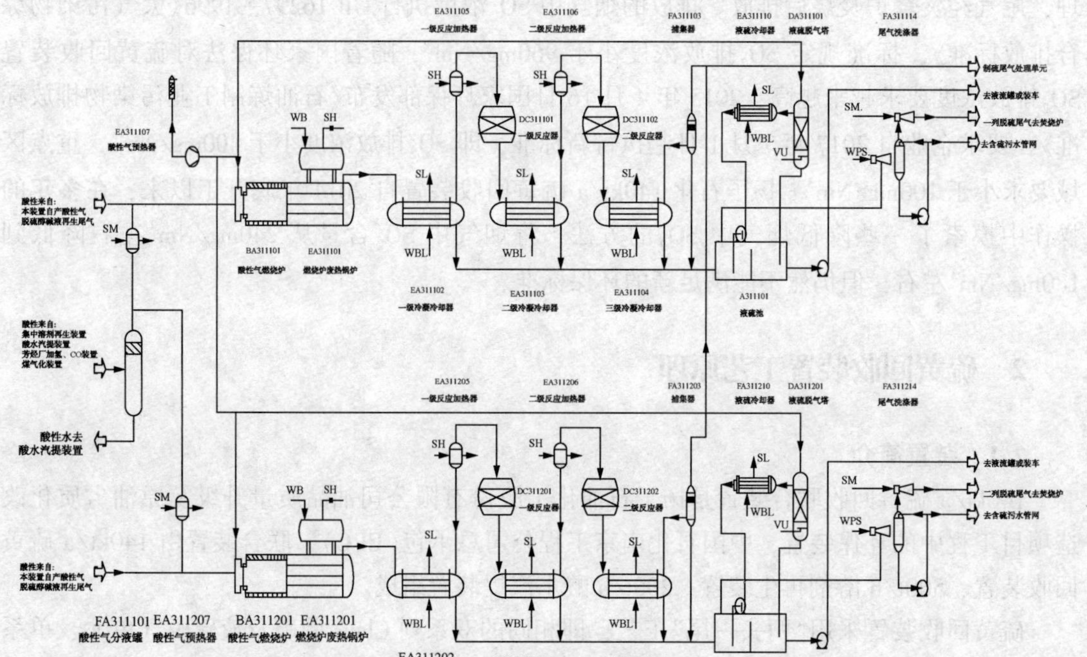

图1 140kt/a 硫黄回收装置流程简图(一)

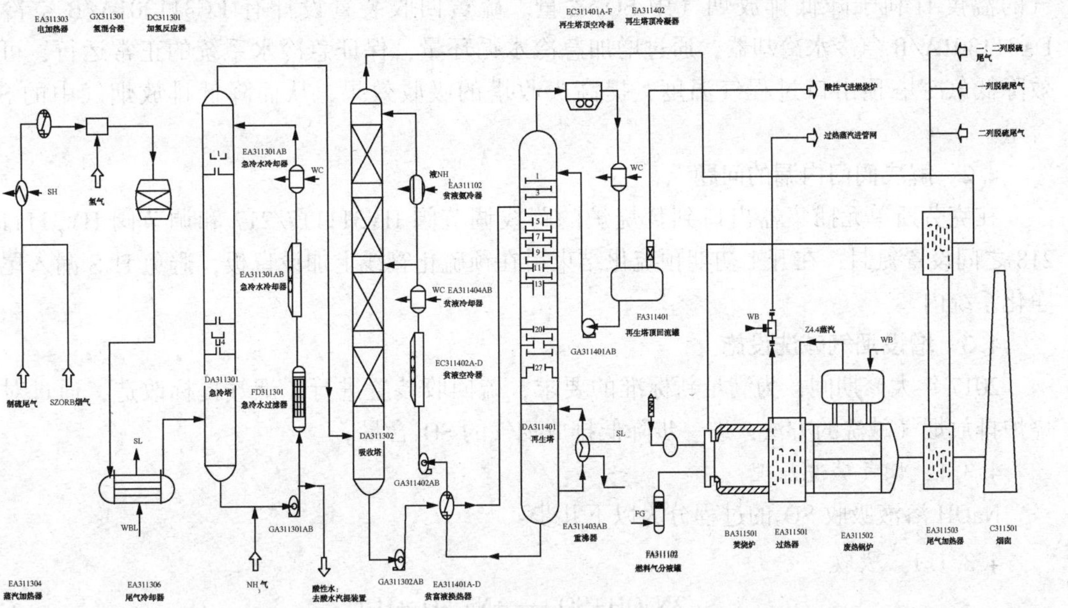

图 2　140kt/a 硫黄回收装置流程简图(二)

3　硫黄回收装置排放烟气中 SO_2 的主要来源

3.1　净化尾气

酸性气经过制硫炉燃烧，再经过两级克劳斯反应、加氢还原、MDEA 溶剂吸收，净化尾气中残余的含硫气体进入焚烧炉高温焚烧后最终生成 SO_2，这是硫黄回收装置烟气中 SO_2 最主要的来源。

3.2　液硫脱气的废气

液硫中溶解夹带有大量的 H_2S，为了保障作业人员安全，液硫在出厂前需要进行脱气处理。在液硫脱气时，如果废气不进行处理直接进入焚烧炉，废气中所带的硫化物燃烧生成 SO_2，造成装置 SO_2 排放浓度增加 100~200mg/m^3[2]。

3.3　阀门内漏的过程气

硫黄回收装置克劳斯单元从捕集器出口到焚烧炉的跨线、尾气净化单元从急冷塔出口到焚烧炉的开工线以及预硫化管线可能因阀门关不严泄漏部分未经处理的过程气到焚烧炉，造成烟气中 SO_2 浓度升高。

4　对排放烟气 SO_2 含量的改进措施

4.1　解决急冷塔出口温度高的问题

急冷塔顶温度和排放烟气中的 SO_2 浓度基本上成正比关系，过程气经急冷塔急冷降温后进入尾气吸收塔，采用贫胺液吸收脱除其中的 H_2S。当过程气温度较高时，不利于 H_2S 的吸收，而未被吸收的 H_2S 混在净化尾气中进入焚烧炉，转化为 SO_2。所以，降低急冷塔顶过程气的温度有利于降低排放烟气中 SO_2 含量。硫黄回收装置设计有 EC311301A/B 空冷和 EA311301A/B 急冷水冷却器，通过增加急冷水循环量，保证急冷水系统的正常运行，可有效降低急冷塔顶出口过程气温度，提高吸收塔的吸收效果，从而降低排放烟气中的 SO_2 含量。

4.2 解决阀门内漏的问题

在克劳斯单元捕集器出口到焚烧炉的跨线调节阀 HV311117/217 和调节阀 HV311118/218 之间设置氮封；在开工初期预硫化结束后在预硫化管线上加设盲板，避免 H_2S 漏入尾气净化系统内。

4.3 增设烟气碱洗设施

2017 年大修期间，为满足新标准的要求，硫回收装置进行了烟气提标改造，通过对焚烧炉排放烟气碱洗的方法，进一步降低排放烟气的 SO_2 含量。

4.3.1 烟气碱洗原理

NaOH 溶液吸收 SO_2 的过程分为以下几步：

4.3.1.1 吸收

$$2NaOH+SO_2 \longrightarrow Na_2SO_3+H_2O \quad (1)$$

$$Na_2SO_3+SO_2+H_2O \longrightarrow 2NaHSO_3 \quad (2)$$

以上两式总反应为：

$$NaOH+SO_2 \longrightarrow NaHSO_3 \quad (3)$$

反应式(2)表明，反应式(1)生成的 Na_2SO_3 仍具有脱除 SO_2 的能力，但反应式(2)生成的 $NaHSO_3$ 则不再具有脱除 SO_2 的能力。

反应式(1)表明，当溶液中主要含 Na_2SO_3 时，即脱硫反应按式(1)进行时，是 2.0mol 的 NaOH 脱除 1.0mol 的 SO_2，NaOH 的消耗量将多一倍；反应式(2)表明，当排放液中主要含 $NaHSO_3$ 时，脱硫反应按式(2)进行时，是 1.0mol 的 NaOH 脱除 1.0mol 的 SO_2，NaOH 的消耗量仅为前者的 1/2。

为了保证 SO_2 的吸收效果且尽量减少碱耗量，控制喷淋液的 pH 值在 6.5~8.5 之间。

4.3.1.2 中和

中和处理的目的是防止 $NaHSO_3$ 发生分解，将吸收液中的 $NaHSO_3$ 中和为 Na_2SO_3，即：

$$NaHSO_3+NaOH \longrightarrow Na_2SO_3+H_2O \quad (4)$$

4.3.1.3 氧化

Na_2SO_3 溶液 COD 较高，不能直接排放，需要用空气氧化后再排入污水处理厂，即：

$$Na_2SO_3+1/2O_2 \longrightarrow Na_2SO_4 \quad (5)$$

4.3.2 烟气碱洗工艺过程说明

来自尾气焚烧炉的高浓度高温含 SO_2 尾气首先经过烟气换热器从 300℃ 降至 220℃，置换过的热量使得一股空气温度从 40℃ 升温至 250℃。220℃ 的尾气从顶部进入急冷管段，循环液经过急冷循环泵加压后进入急冷管进行喷淋，在急冷管内，气液两相顺流接触，尾气经过绝热饱和和吸收，温度由 220℃ 降至 70℃，同时尾气中的部分二氧化硫被吸收；降温后的尾气从塔釜进入吸收塔，经过饱循环和吸收循环，尾气中大部分的 SO_2 被吸收，生成 Na_2SO_3 和 $NaHSO_3$；尾气继续上行至一级水洗、二级水洗和三级水洗段，分别与来自一级水洗泵、二级水洗泵和三级水洗泵的水逆流接触，尾气中夹带的盐溶液被置换；最后经过丝网除沫器，经烟囱排放至大气。

吸收塔底部的吸收液一部分经过急冷循环泵输送至急冷管段，将高温尾气进行绝热饱和降温，另一部分经过饱和循环泵输送至饱和填料段，与上升的尾气逆流接触吸收尾气中的二氧化硫；吸收段集液盘中的钠盐溶液溢流至吸收液循环槽，然后经过吸收循环泵加压送至吸收填料段，继续吸收尾气中的二氧化硫；一级水洗段、二级水洗段和三级水洗段集液盘中的溶液分别溢流至一级水循环槽、二级水循环槽和三级水循环槽，然后分别经过一级水洗泵、二级水洗泵和三级水洗泵加压送至各级对应的水洗填料段，经过三级水洗，减少尾气中夹带的盐溶液，净化外排尾气。

在烟气换热器内，利用尾气的余热加热低温空气，升温后的热空气与吸收塔塔顶排出的烟气混合升温，将烟气温度提高 30℃ 左右，达到消除白烟的目的，最后排入烟囱。塔釜的含盐液经氧化后满足 COD 和 pH 排放要求后送厂内含盐污水管网。

在装置开工预硫化、停工吹硫、by-pass 工况等情况下，大量含硫尾气未经还原吸收装置处理直接进焚烧炉焚烧，经焚烧后的烟气进碱洗塔洗涤后再经余热加热后排入烟囱，以保证烟气出口 SO_2 浓度满足国家标准限值。同时，在工程设计中也考虑了 SO_2 浓度的剧烈变化需要的快速适应吸收能力。

4.3.3 烟气碱洗工艺流程简图

烟气碱洗塔工艺流程见图 3，碱液及钠盐缓冲罐工艺流程见图 4。

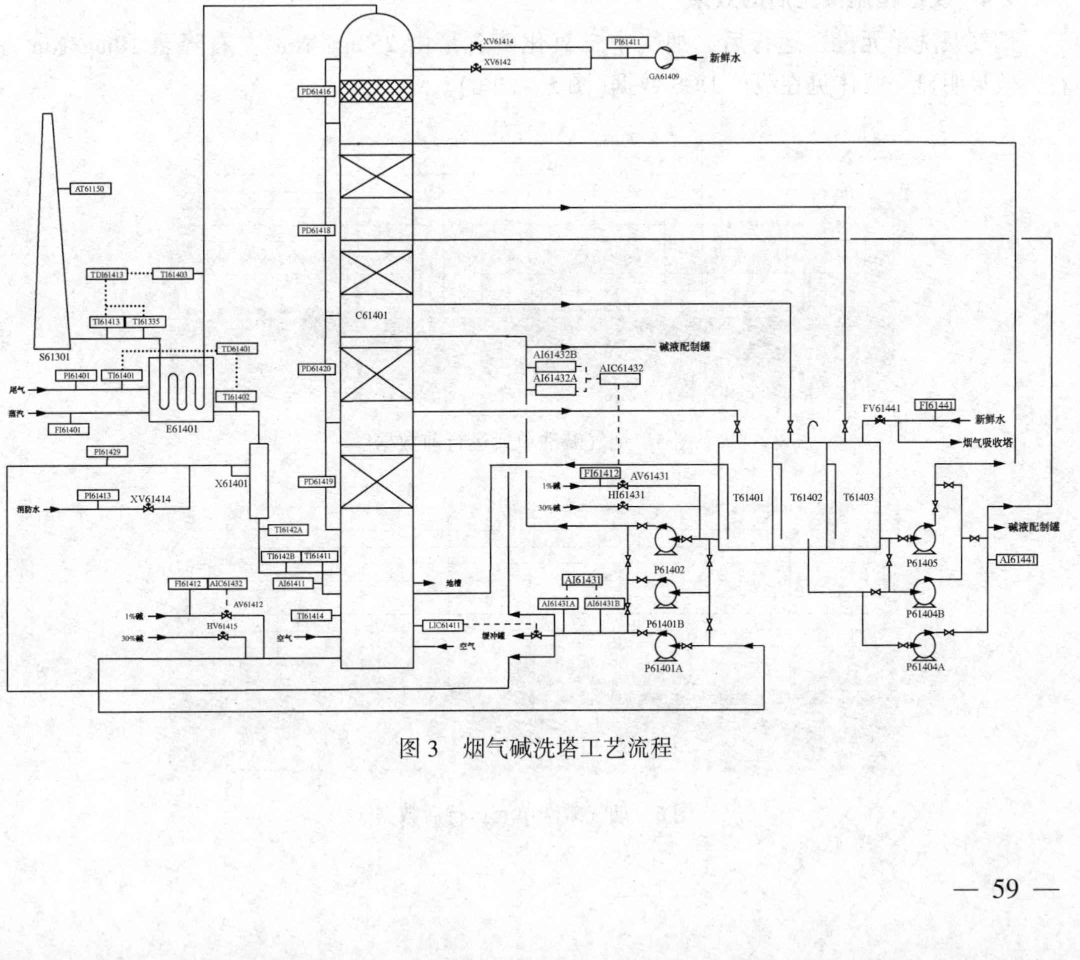

图 3　烟气碱洗塔工艺流程

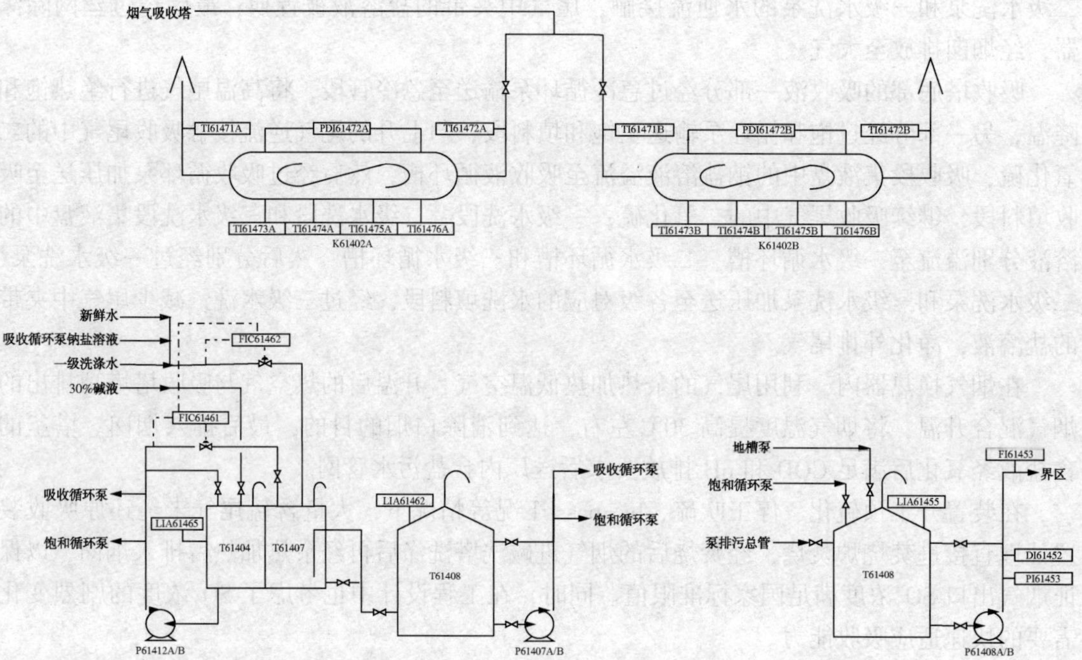

图 4　碱液及钠盐缓冲罐工艺流程

4.4　改进措施实施后的效果

烟气碱洗单元投入运行后，烟气中二氧化硫含量由 250mg/Nm^3 左右降至 10mg/Nm^3 左右，效果明显。具体见在线仪 DCS 数据(图 5、图 6)。

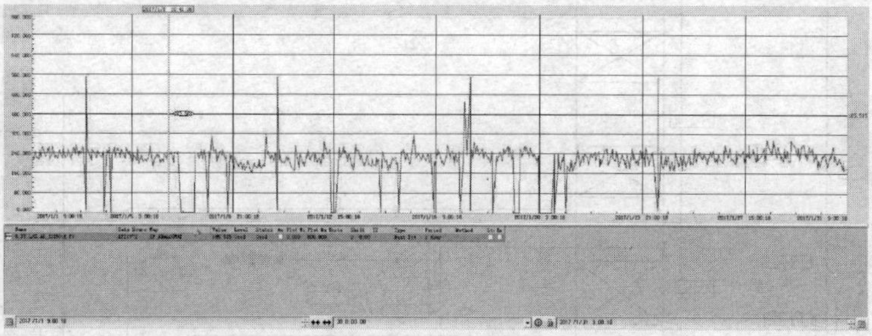

图 5　烟气碱洗单元运行前数据

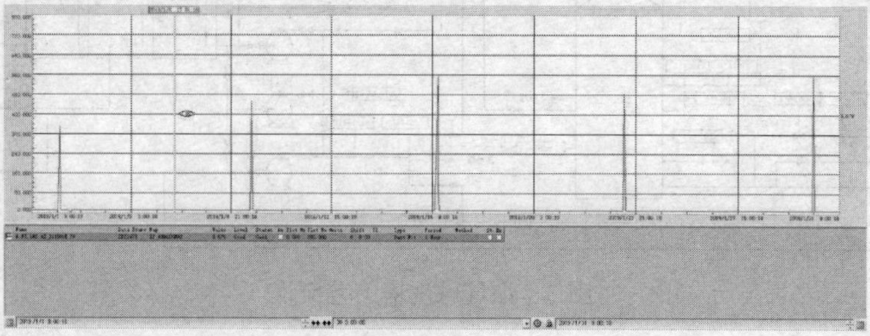

图 6　烟气碱洗单元运行后数据

5 脱盐水改造

2017 年 3 月开始，140kt/a 硫黄回收装置碱洗塔压力不断增加，装置系统压力升高，处理酸性气能力不断下降，严重影响公司相关装置高负荷生产和本装置长周期运行。经过设计、同类装置专家、车间共同分析原因，一致认为是用工业水冲洗塔填料蒸发积垢所致。车间实施技术改造，将工业水改脱盐水后，塔填料不再积垢，减洗塔压力稳定并不再上升；具体改造流程如图 7 所示：从进氨泵（GA312301）脱盐水管线上引一根 2″管线与进塔工业水管线碰头，并断开原有工业水管线。新增脱盐水压力、流量、温度满足生产需要且不影响其他装置。

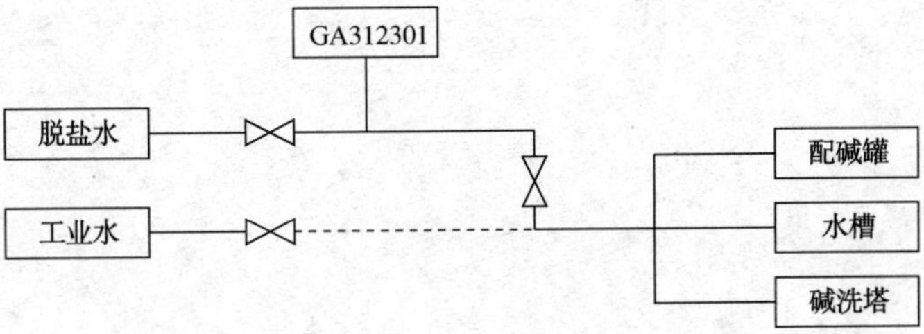

图 7　脱盐水改造简图

具体操作措施：

(1) 将饱和循环和吸收循环在弱酸性环境下运行，消除积垢，逐步降低减洗塔压力。

(2) 将饱和循环 pH 值降到 7.5，循环后与塔底层填料接触盐液 pH 值降到 6.5，洗去填料上的水垢。

(3) 将吸收循环 pH 值降到 6.0，酸洗塔第二层填料上的水垢。

(4) 将水冲洗循环 pH 值降到 6.8，酸洗塔第三、四层填料上的水垢。

将工业水改脱盐水后，塔填料不再积垢，碱洗塔压力稳定开始下降，具体趋势见图 8。

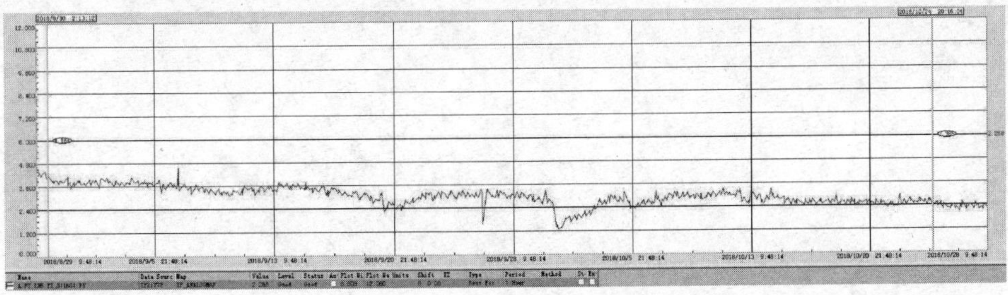

图 8　碱洗塔压力趋势图

目前，装置在满负荷情况下，塔压 P311601 从 4kPa 降到现在 2.0kPa，运行平稳。

6 结论

经过运行参数优化、查漏消漏以及增设烟气碱洗设施，140kt/a 硫黄回收装置排放烟气中的SO_2含量稳定在10mg/Nm^{3}左右，远低于《石油炼制工业污染物排放标准》(GB 31570—2015)中特殊地区$SO_2 \leqslant 100$mg/Nm^{3}的国家环保标准，经过氧化的含盐污水COD在30~50mg/L，满足扬子石化公司污水排放要求。

参 考 文 献

[1] 陈赓良．克劳斯法硫黄回收工艺技术[M]．北京：石油工业出版社，2007.
[2] 刘芳．硫黄回收装置液硫脱气工艺极其改进措施[J]．硫磷设计与粉体工程，2013，5：5-7.

酸性气硫化氢浓度对硫回收装置制硫炉硫转化率的影响

潘天予

（中国石化安庆分公司　安徽安庆　246000）

摘　要：采用平衡常数法对硫回收装置克劳斯单元进行工艺计算，利用装置标定数据验证其计算准确性，并采用平衡常数法计算不同酸性气硫化氢浓度下制硫炉硫转化率，以分析酸性气硫化氢对装置制硫炉硫转化率的影响。

关键词：硫黄回收　平衡常数法　硫转化率

1　前言

平衡常数法主要根据反应前后的物料平衡、反应平衡、热量平衡等列出方程组，再根据已知条件对方程组求解计算。计算原理清晰，过程简单明了，将反应热包含到焓值中，进一步简化了计算，便于工厂生产管理人员日常应用，以分析生产中的问题。本文采用平衡常数法对硫回收装置克劳斯单元进行工艺计算，计算结果与装置标定数据相对比，以验证其准确性。同时，利用平衡常数法计算不同酸性气硫化氢浓度下的制硫炉硫转化率。

2　装置简介

2.1　工艺流程

中国石化安庆分公司硫黄回收（Ⅰ）装置设计规模为 4×10^4t/a，实际生产规模为 4.28×10^4t/a 硫黄产品，操作弹性为 50%~120%，处理来自溶剂再生（Ⅳ）装置、酸性水汽提（Ⅲ）装置的酸性气以及煤制氢来的酸性气，年运行时间为 8400h。装置制硫单元采用二级转化 Claus 制硫工艺。

2.2　标定数据

装置于 2018 年 6 月 5 日 9：00~7 日 9：00 进行标定，取 6 月 6 日 9：00 物耗能耗数据及取样分析数据作为计算数据。

2.2.1　原料性质

进料酸性气参数见表 1。

表 1　酸性气参数

项　目	湿基	干基换算/（kmol/h）
流量/（Nm^3/h）	3836	171.2
压力/MPa（G）	0.039	

续表

项　　目	湿基	干基换算/(kmol/h)
温度/℃	45	
组成/%(体)		
H_2S	71.96	114.4
CO_2	17.46	27.8
烃	0.05	0.1
COS	0	0.0
H_2O		12.2
NH_3		0.0
N_2	10.53	16.7

2.2.2　过程气组成分析

根据化验分析，一冷、二冷、三冷出口过程气组成见表2。

表2　一冷、二冷、三冷出口过程气组成　　%(体)

取样地点	分析项目				
	H_2S	SO_2	COS	N_2	CO_2
一冷出口	7.02	4.15	1.26	78.86	8.71
二冷出口	2.59	1.15	0.16	85.80	10.30
三冷出口	0.88	0.51	0.13	88.08	10.40

2.2.3　操作参数

主要运行参数表见表3。

表3　主要运行参数表

项　　目	数　　据	项　　目	数　　据
制硫炉炉膛温度/℃	1049	一级转化器床层温度/℃	300
	1088		302
制硫炉酸性气/(Nm^3/h)	3836		303
制硫炉 F1101 空气/(Nm^3/h)	4511		293
	2080	二级转化器入口过程气温度/℃	211
制硫炉废锅出口过程气温度/℃	319	二级转化器床层温度/℃	222
制硫炉废锅汽包出口蒸汽温度/℃	260		221
制硫炉废锅汽包出口蒸汽压力/MPa	4.3		223
一级转化器入口过程气温度/℃	228		221
		一级硫冷器温度/℃	159
		二级硫冷器温度/℃	156
		三级硫冷器温度/℃	130

3 工艺计算

3.1 计算方法

工艺计算采用平衡常数法，根据物料平衡、能量平衡和反应平衡列方程组求解。Claus反应遵循以下原则：①反应前后原子数平衡；②反应达到平衡状态；③反应前后能量平衡；④根据已知条件列方程组；⑤对难以求解的方程组采用试算法求解；⑥忽略了COS、CS_2的生成与水解反应。

3.2 各物质焓值拟合方程

根据各物质在不同温度下的焓值(通过 ProⅡ软件所得)，对各物质焓值进行拟合方程，具体见表4。

表4 各物质温度-焓值拟合方程

组分	计算公式①	组分	计算公式①
H_2S	$-2E-12T^4+4E-09T^3+4E-06T^2+0.0357T-21.586$	S_2	$-4E-07T^2+0.038T+122.5$
CO_2	$4E-06T^2+0.0483T-397.48$	CH_4	$0.0794T-94.591$
H_2O	$5E-06T^2+0.0339T-243.07$	COS	$2E-06T^2+0.0536T-145.84$
SO_2	$-8E-06T^2+0.0728T-311.08$	S_6	$2E-05T^2+0.0545T+128.47$
N_2	$0.0338T-3.1613$	S_8	$1E-05T^2+0.1117T+110.58$
O_2	$0.0357T-3.3097$		

① 其中 T 单位为℃，计算结果单位为 MJ/kmol。

3.3 工艺计算

3.3.1 制硫炉出口组分计算

制硫炉进料量及焓值见表5。

表5 入炉气表

组分	酸性气 45℃		空气 82℃		入炉气 30kPa(G)	
	流量/(kmol/h)	ΔH/(MJ/h)	流量/(kmol/h)	ΔH/(MJ/h)	流量/(kmol/h)	Q(炉入)/(GJ/h)
H_2S	114.43	-19.97		-18.63	114.43	-2.29
CO_2	27.76	-395.30		-393.49	27.76	-10.97
H_2O	12.23	-241.53	7.40	-240.26	19.63	-4.73
SO_2		-307.82		-305.16	0.00	0.00
N_2	16.74	-1.64	215.90	-0.39	232.64	-0.11
O_2		-1.70	57.40	-0.38	57.40	-0.02
S_2		124.21		125.61	0.00	0.00
CH_4	0.1	-91.02		-88.08	0.08	-0.01
COS		-143.43		-141.46	0.00	0.00
S_6		130.96		133.07	0.00	0.00
S_8		115.63		119.81	0.00	0.00
Σ	171.24		280.70		451.94	-18.13

炉内 CH_4 氧化反应：

$$CH_4+2O_2 \longrightarrow CO_2+2H_2O$$

则按照化学反应摩尔比，CH_4 消耗 0.1kmol/h，O_2 消耗 0.1×2＝0.2kmol/h；CO_2 生成 0.1×1＝0.1kmol/h，H_2O 生成 0.1×2＝0.2kmol/h。

酸性气中 1/3 的 H_2S 与 O_2 发生氧化反应：

$$H_2S+3/2O_2 \longrightarrow SO_2+H_2O$$

则根据化学反应摩尔比，H_2S 消耗 114.43/3＝38.1kmol/h，O_2 消耗 38.1×1.5＝57.2kmol/h；SO_2 生成 38.1×1＝38.1kmol/h，H_2O 生成 38.1×1＝38.1kmol/h。

剩余 H_2S 的量为 114.43−38.1＝76.3kmol/h，O_2 全部消耗。

H_2S 与 SO_2 发生 Claus 热转化反应：

$$H_2S+0.5SO_2 \longrightarrow 0.75S_2+H_2O$$

设参与 Claus 热转化反应的 H_2S 的量为 x kmol/h，则 SO_2 消耗 $0.5x$ kmol/h；S_2 生成 $0.75x$ kmol/h，H_2O 生成 x kmol/h。

炉内热反应后各组分变化见表 6。

表 6 炉内热反应后各组分变化 kmol/h

组分	酸性气 45℃	空气 82℃	入炉原料气	燃烧炉内热反应	
				燃烧产物	反应产物
H_2S	114.4		114.4	76.3	76.3−x
CO_2	27.8		27.8	27.9	27.9
H_2O	12.2	7.4	19.6	57.9	57.9+x
SO_2			0.0	38.1	38.1−0.5x
N_2	16.7	215.9	232.6	232.6	232.6
O_2		57.4	57.4	0.0	0
S_2			0.0		0.75x
CH_4	0.1		0.1	0.0	
COS			0.0		
S_6			0.0		
S_8			0.0		
Σ	171.24	280.70	451.90	432.8	432.8+0.25x

根据 Claus 热转化化学反应式，化学平衡常数[1]：

$$K_p=\frac{[H_2O]\times[S_2]^{0.75}}{[H_2S]\times[SO_2]^{0.5}}\times\left(\frac{\pi}{\Sigma n_i}\right)^{0.25}=\frac{(57.9+x)\times(0.75x)^{0.75}}{(76.3-x)\times(38.1-0.5x)^{0.5}}\times\left[\frac{130}{(432.8+0.25x)}\right]^{0.25}$$

同时，平衡常数与温度之间存在以下关系[1]：

≥700K 时，$\ln K_p=-4438/T+1.3260\ln T-1.58\times10^{-3}T+0.2611\times10^{-6}T^2-2.1235$

取不同的 x 值，可得到不同的 K_p、T，根据不同温度下各组分焓值可得到反应后总热量，具体见表 7。

表 7　x-Q(炉出)对应表

项目	x/(kmol/h)				
	50	51	52	53	54
组分					
H_2S	26.3	25.3	24.3	23.3	22.3
CO_2	27.9	27.9	27.9	27.9	27.9
H_2O	107.9	108.9	109.9	110.9	111.9
SO_2	13.1	12.6	12.1	11.6	11.1
N_2	232.6	232.6	232.6	232.6	232.6
O_2	0.0	0.0	0.0	0.0	0.0
S_2	37.5	38.3	39.0	39.8	40.5
CH_4					
COS					
S_6					
S_8					
Σ	445.3	445.6	445.8	446.1	446.3
K_p	12.6	13.7	14.9	16.3	17.8
$\ln K_p$	2.54	2.62	2.70	2.79	2.9
T/℃	1092	1128	1162	1200	1258
Q(炉出)/(GJ/h)	−19.54	−18.93	−18.31	−17.55	−16.58

取 x 与 Q(炉出)各组对应值，拟合方程如图 1 所示。

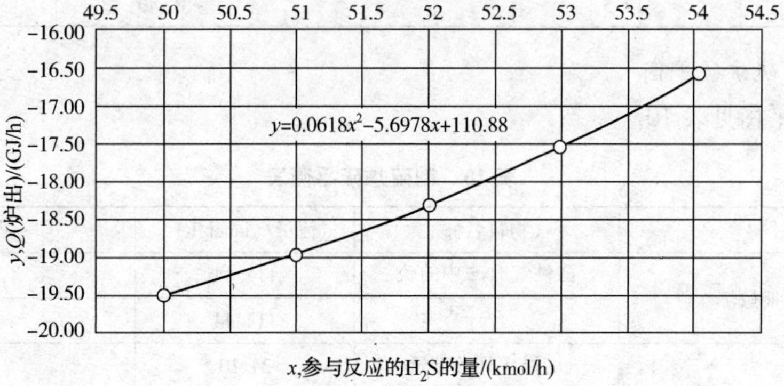

图 1　x-Q(炉出)

经迭代计算，$x=52.2$ 时，Q(炉出)$=-18.15$GJ/h$\approx Q$(炉入)$=-18.13$GJ/h，即反应达到平衡。

此时 $T=1172$℃，实际运行时炉温为 1088℃。分析原因为测温元件使用吹扫风保护，则可知日常测量温度比实际温度低约 90℃。

炉内气体组分见表 8。

表 8　制硫炉出口过程气组分

组分	制硫炉出口过程气(1172℃)/(kmol/h)	组分	制硫炉出口过程气(1172℃)/(kmol/h)
H_2S	24.1	N_2	232.6
CO_2	27.9	O_2	0.0
H_2O	110.1	S_2	39.2
SO_2	12.0	Σ	445.9

根据标定数据，制硫炉废锅出口过程气温度为319℃，硫形式转化为S_6和S_8，设S_6摩尔流量为x，S_8摩尔流量为y，根据不同温度下气相中S_2、S_6、S_8的摩尔分率[1]查出319℃(即606℉)S_6和S_8的摩尔比为0.38∶0.62。则根据硫元素平衡，制硫炉废锅出口过程气组分见表9。

表 9　制硫炉废锅出口过程气组分

组分	流量/(kmol/h)	流量/(MJ/kmol)	GJ/h	mol%(干基)
H_2S	24.1	-9.68	-0.23	7.84
CO_2	27.9	-381.67	-10.65	9.08
H_2O	110.1	-231.75	-25.52	
SO_2	12.0	-288.67	-3.46	3.90
N_2	232.6	7.62	1.77	75.66
O_2	0.0	8.08	0.00	0.00
S_2	0.0	134.58	0.00	0.00
CH_4		-69.26	0.00	0.00
COS		-128.95	0.00	0.00
S_6	4.11	147.89	0.61	1.34
S_8	6.71	147.23	0.99	2.18
Σ	417.5		-36.49	100.00

3.3.2　制硫炉硫平衡

制硫炉硫平衡见表10。

表 10　制硫炉硫平衡表

项目		物料名称	流量/(kmol/h)	占比/%
入方	制硫炉入口	酸性气 H_2S 中的硫	114.44	100.0
		合计	114.44	100.0
出方	制硫炉出口	过程气 H_2S 的硫	24.10	17.9
		过程气 SO_2 中的硫	12.00	10.5
		S_6中的硫	24.66	21.6
		S_8中的硫	53.68	46.9
		合计	114.44	100.0

制硫炉硫转化率：

η=[1-制硫炉废锅气体($H_2S+SO_2+COS+2CS_2$)摩尔总数/入制硫炉炉(H_2S+SO_2+COS+

$2CS_2$)摩尔总数]×100%=[1-(24.1+12)/114.43]×100%=68.45%。

4 技术分析

按照上述方法，其他各设备出口组分计算见表11。

表11 各设备出口组分

组分	一冷出口/(kmol/h)	一转出口/(kmol/h)	二冷出口/(kmol/h)	二转出口/(kmol/h)	三冷出口/(kmol/h)
H_2S	20.49	6.54	6.54	2.54	2.54
CO_2	24.29	27.54	27.54	27.54	27.54
H_2O	113.71	127.66	127.66	131.66	131.66
SO_2	12.00	3.40	3.40	1.40	1.40
N_2	232.60	232.60	232.60	232.60	232.60
COS	3.61	0.36	0.36	0.36	0.36
S_6	0.01	0.02	0.01	0.01	0.002
S_8	0.09	3.305	0.11	0.86	0.028
Σ	406.8	401.4	398.221	396.98	396.13

标定期间化验分析结果与平衡常数法工艺计算结果对比见表12。

表12 化验分析结果与工艺计算结果对比表

取样地点	分析结果/%(体)					计算结果/%(体)				
	H_2S	SO_2	COS	N_2	CO_2	H_2S	SO_2	COS	N_2	CO_2
一冷出口	7.02	4.15	1.26	78.86	8.71	6.99	4.09	1.23	79.36	8.29
二冷出口	2.59	1.15	0.16	85.8	10.3	2.42	1.26	0.13	85.97	10.18
三冷出口	0.88	0.51	0.13	88.08	10.4	0.8	0.45	0.14	88.17	10.44

由表12可知，平衡常数法工艺计算结果与化验分析结果十分贴近，采用平衡常数法进行工艺计算对于日常工业生产分析具有指导意义。

拟定酸性气中H_2S浓度逐步上升，CO_2浓度下降，采用平衡常数法进行工艺计算，得出制硫炉运行情况见表13。

表13 不同硫化氢浓度下的制硫炉运行情况

数据组	1	2	3	4
组成/%(体)				
H_2S	77	75	73	71.96
CO_2	12.42	14.42	16.42	17.46
烃	0.05	0.05	0.05	0.05
COS	0	0	0	0
N_2	10.53	10.53	10.53	10.53
炉膛温度/℃	1208	1190	1172	1088
空酸比	1.75	1.71	1.66	1.64
制硫炉硫转化率/%	69.59	68.89	68.79	68.45

由表 13 可知，制硫炉硫转化率受酸性气硫化氢浓度影响较大，硫化氢浓度越高，炉膛温度越高，空气/酸性气比值越大，硫炉硫转化率越高。

5 结论

(1) 可采用平衡常数法进行制硫炉工艺计算，以便于日常生产管理中分析问题。

(2) 炉膛温度直观反映原料酸性气浓度和制硫炉运行情况。

(3) 炼厂的酸性气主要来自为干气、液化气脱硫而使用的脱硫溶剂再生出的酸性气和酸性水汽提装置来的酸性气，控制好上游装置酸性气中硫化氢的浓度平稳是硫黄装置运行的首要目标。

(4) 上游装置应严格控制脱硫溶剂和酸性水油含量，避免因酸性气带烃增加系统出碳元素含量，由此会造成空酸比上升，制硫炉及废锅负荷增加。

(5) 由对比计算可知，CO_2会造成酸性气浓度下降，制硫炉硫转化率下降。建议上游脱硫装置可采用高选择性脱硫溶剂，这有利于提高酸性气中硫化氢的浓度，对提高硫回收率有很大改善。

参 考 文 献

[1] 李菁菁，闫振乾．硫黄回收技术与工程[M]．北京：石油工业出版社，2010.

浅谈小硫黄回收装置实现尾气稳定达标排放的有效措施

缪　衡　何志英

（中国石油天然气股份有限公司庆阳石化分公司　甘肃庆阳　745000）

摘　要：主要针对庆阳石化公司3kt/a硫黄回收装置的特点，从原料、催化剂、脱硫剂、工艺操作等方面进行分析，找到了影响装置尾气SO_2超标的主要因素；通过优化操作和技术改造，实现了该装置的平稳运行和尾气稳定达标排放，达到了预期效果。

关键词：硫黄回收　二氧化硫　优化操作　技术改造　尾气达标

1　前言

庆阳石化公司3kt/a硫黄回收联合装置是由3kt/a硫黄回收、60t/h酸性水汽提、40t/h溶剂再生等三套装置组成，由于装置规模小，总平面采用联合布置，占地面积小、岗位定员少的特点。其中硫黄装置采用无在线炉硫黄回收和尾气处理工艺，酸性水汽提装置采用单塔低压全抽出工艺，溶剂再生装置采用热再生技术，属于典型的小硫黄回收装置。为实现硫黄回收联合装置尾气SO_2的排放浓度"由小于960mg/Nm^{3}升级为小于400mg/Nm^3"装置达标要求，该公司从原料、催化剂、脱硫剂、工艺操作等方面进行技术分析，开展了优化精细操作和技术改造相结合的措施，达到了预期效果。

2　装置工艺技术

该公司硫黄回收装置由克劳斯制硫、尾气加氢-吸收处理、尾气焚烧和液硫脱气四部分组成。制硫单元采用部分燃烧法，使酸性气在燃烧炉内燃烧，其中的NH_3和烃类组分被完全氧化分解，而H_2S不完全燃烧，约60%~65%直接转化成元素硫，其余的H_2S又有1/3转化为SO_2、H_2S和SO_2，在一级转化器和二级转换器的催化剂条件下发生低温克劳斯(Claus)反应，制硫转化率达97%以上，捕集器捕集下来的单质硫进入液硫池。其余尾气包括残余H_2S、SO_2和未捕集下的S经加氢反应器加氢还原为H_2S，经过急冷塔降温、洗涤后进入吸收塔，在吸收塔内被胺液吸收净化，净化后的尾气中含有微量的H_2S进入焚烧炉进行焚烧后产生SO_2排入放空烟囱。吸收H_2S的胺液进入解析塔内加热，将H_2S解析出来形成再生酸气，再生酸气混合原料酸气再进行克劳斯部分燃烧进行循环，使装置硫收率达到99.9%以上。

溶剂再生装置来的清洁酸性气和酸性水汽提装置送来的含氨酸性气经分液后一起进入制硫燃烧炉，在炉内根据制硫反应需氧量，通过比值调节严格控制进炉空气量，燃烧时所需空气由鼓风机供给。自制硫炉排出的高温过程气和小部分通过高温掺合阀来的高温过程气混合升温后依次进入一级转化器和二级转化器，转化器出口过程气经冷凝器换热冷凝下来的液体硫黄与过程气分离，自底部流出进入硫封罐。三级冷凝冷却器出口过程气经尾气分液罐分液后进入尾气系统。尾气分液罐出口的制硫尾气先进入尾气加热器，与蒸汽过热器出口的高温烟气换热升温到290℃，混氢后进入加氢反应器，在尾气加氢催化剂的作用下进行加氢、水解反应，使尾气中的SO_2、COS、CS_2还原、水解为H_2S。反应后的高温气体约327℃进入尾气急冷塔下部，与急冷水逆流接触，水洗冷却至40℃。尾气自尾气急冷塔顶部出来进入尾气吸收塔。在吸收塔内冷却后的尾气与溶剂再生装置来的MDEA贫胺液(25%溶液)逆流接触，尾气中的H_2S被吸收。尾气吸收塔塔顶出来的净化尾气进入尾气焚烧炉，在600℃高温下，将净化尾气中残留的硫化物焚烧生成SO_2，剩余的H_2和烃类燃烧成H_2O和CO_2，焚烧后的高温烟气经过蒸汽过热器和尾气加热器回收热量后，烟气温度降至296℃左右由烟囱(210-FK-201)排入大气。制硫系统流程如图1所示；制硫尾气系统流程如图2所示。

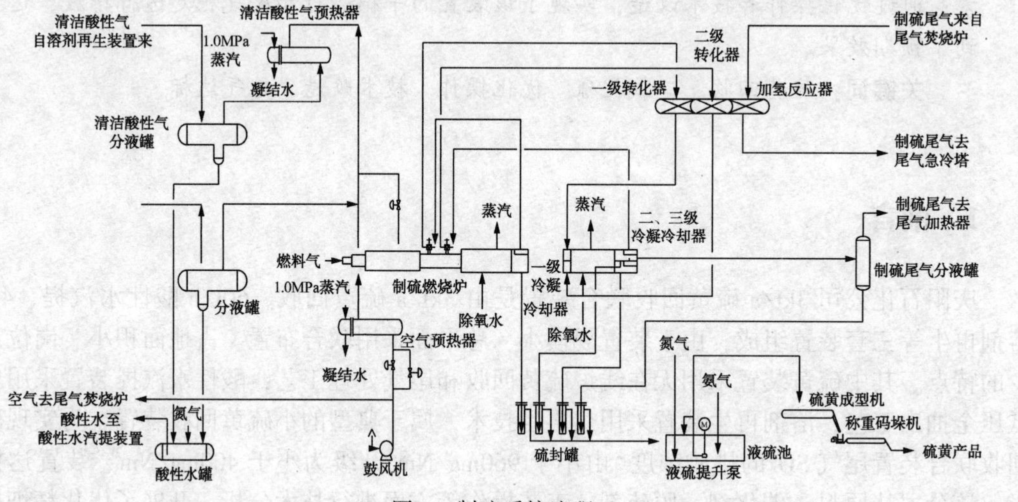

图1　制硫系统流程

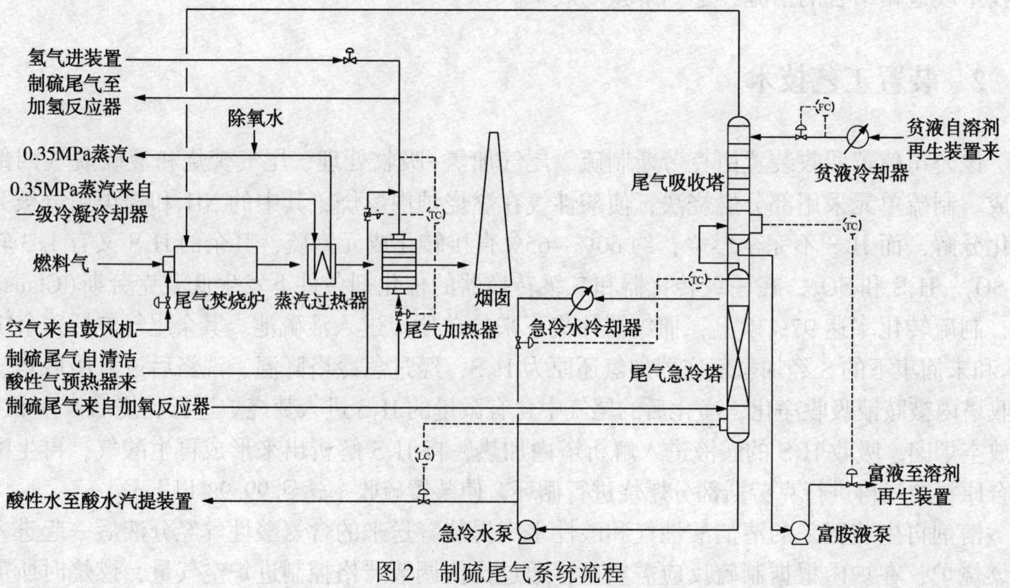

图2　制硫尾气系统流程

3 影响装置尾气SO_2的主要因素

3.1 原料性质不稳定

硫黄回收装置原料来源为酸性水汽提塔塔顶出口的含氨酸性气和再生塔塔顶出口的清洁酸性气。酸性水带油进入汽提塔和富液带油、带烃进入再生塔，导致酸性气中烃含量超标，在制硫炉内部，烃类燃烧优先消耗大量的空气，致使酸性气中H_2S不能在制硫炉内按照正常反应完成，从而导致过程气中H_2S含量过高，H_2S/SO_2比值过大，进入尾气吸收塔的H_2S量也会随之增大，超出吸收塔吸收能力后大量硫化氢进入尾气焚烧炉，最终导致烟囱排放尾气SO_2过高甚至超标。更加严重的带烃，将导致制硫反应器床层积炭、催化剂活性降低、系统压降升高，影响尾气SO_2波动上升甚至超标，装置被迫停工。

酸性水汽提装置进料酸性水间歇出现带油严重现象，尽管酸性水储罐中设置了罐中罐除油设施，但是在酸性水带油严重或者罐中罐除油设施效率下降时，除油不完全，致使酸性水带油进入汽提塔，从而导致含氨酸性气量增大且带烃严重，影响制硫尾气正常达标排放。

溶剂再生装置富液经常出现带烃现象，富液闪蒸罐压力超高，不能及时将富液中的烃类闪蒸出去，致使富液带烃进入再生塔，塔顶清洁酸性气带烃，影响硫黄回收装置的操作。

3.2 制硫催化剂活性降低

克劳斯反应的主要场所为反应器，反应器内催化剂的活性是保证正常反应和尾气达标排放的关键。在催化剂活性降低的情况下，H_2S和SO_2不能在反应器内完全反应，导致制硫尾气中的总硫上升，从而影响尾气SO_2波动上升甚至超标。催化剂活性降低主要原因有积硫、积炭、硫酸盐化和热老化等。导致催化剂失活的原因有多种，而与日常操作相关的有以下几种：

1）装置系统操作温度过低造成催化剂床层温度过低，低于或接近硫的露点温度会因液硫的生成而造成催化剂的临时性失活；同时催化剂遇液态水被浸泡而变成粉末，造成永久性失活。反应器入口温度过低、流速慢，将导致催化剂积硫，降低催化剂活性。

2）酸性气带烃严重，制硫炉内烃类燃烧不完全，将导致催化剂积炭，或在装置开停工时，在燃料气预热的过程中，对燃烧所需的配风比控制不当，都会使催化剂因积炭而临时性失活，降低催化剂活性。

3）装置工艺系统中过量氧的存在会造成催化剂硫酸盐化，而致临时性失活。尽管临时性失活可以通过热浸泡的方式进行再生，但催化剂活性会因为高温的热冲击而衰退。

3.3 H_2S/SO_2比值波动大

H_2S/SO_2比值调节是硫黄装置操作关键点和难点。由于酸性气流量、组成、压力等不断的变化，导致制硫炉配风操作难度大，H_2S/SO_2比值难以稳定在2∶1这个最佳状态。当H_2S/SO_2比值过大，进入尾气吸收塔的H_2S量也会随之增大，超出吸收塔吸收能力后大量硫化氢进入尾气焚烧炉，最终导致烟囱排放尾气SO_2过高甚至超标。当H_2S/SO_2比值过低，且时间过长，尾气加氢反应器SO_2加氢不完全，尾气中过量SO_2进入焚烧炉，导致尾气SO_2过高甚至超标。该公司应用了硫黄回收装置先进控制系统，在比值分析仪在线仪表正常工况下，大大提高了制硫炉配风的准确性。

3.4 尾气系统故障

制硫尾气系统主要包括加氢反应器、急冷塔、吸收塔以及尾气系统管线和阀门。其中各个设备的正常运行是保证尾气 SO_2达标排放的关键，尾气系统故障将影响尾气 SO_2的正常排放。常见的尾气系统故障有：加氢反应器氢气中断、急冷塔堵塔、吸收塔贫液中断或贫液硫含量过高及尾气系统快速切断阀门内漏等。

1）加氢反应器氢气中断主要原因有：上游供氢装置异常，氢气减压阀堵塞，氢气调节阀或联锁阀门故障关闭等。中断氢气供应，加氢反应器将停止加氢反应，致使尾气中总硫升高，从而影响尾气 SO_2过高甚至超标。

2）急冷塔堵塔主要是因为制硫系统配风控制不准确，H_2S/SO_2比值长期过低，尾气加氢不完全，导致“SO_2穿透”，尾气进入急冷塔过程中反应生成硫黄，硫黄在塔内填料中集聚。处理急冷塔堵塔，需要将尾气切出，对急冷塔进行蒸塔操作后才能恢复正常。蒸塔期间，尾气切出急冷塔和吸收塔，直接进入焚烧炉燃烧排放，必然导致尾气 SO_2过高甚至超标。

3）吸收塔出现贫液中断或者贫液含硫量过高，尾气中 H_2S 不能在吸收塔内充分吸收，带入焚烧炉燃烧排放，将导致尾气 SO_2过高甚至超标。吸收塔贫液来自于溶剂再生装置贫液泵出口，贫液泵异常停机或者硫黄回收贫液过滤器堵塞将导致吸收塔贫液中断。再生塔再生效果不好，贫液含硫量超标，降低吸收效果，同样使尾气中 H_2S 未能在吸收塔内充分吸收，造成尾气 SO_2过高甚至超标。

4）尾气系统设置了 HV1004、HV1005、HV1006、HV1007A/B、HV1008、HV1009 等快速切断阀。因硫黄尾气中不同程度地带有硫蒸气，在夹套伴热温度不够的情况下，这些快速切断阀处集聚或者卡塞了一些硫黄粉末，或者由于长期的高温硫腐蚀，导致这些快速切断阀出现关闭不严或者腐蚀泄漏的故障，从而影响尾气 SO_2过高甚至超标。

3.5 液硫脱气系统故障

硫黄回收液硫池液硫脱气系统设置了去制硫炉和焚烧炉两路，由于液硫脱气引入制硫炉导致制硫炉温度降低，不能满足烧氨工艺温度，所以目前液硫池液硫脱气引入焚烧炉。液硫脱气中硫对尾气排放 SO_2影响值大概在 50~80mg/Nm^{3}之间，目前平稳运行期间尾气 SO_2值大概在 150~230mg/Nm^{3}之间，液硫脱气中硫对尾气的排放影响值较大。所以液硫脱气系统的正常运行对保证尾气 SO_2达标排放同样关键。在液硫脱气系统出现故障，脱气中断后再次引入焚烧炉期间，将可能因液硫池内集聚了大量的硫而导致尾气 SO_2过高甚至超标。

4 优化操作的主要措施

4.1 对装置进行全面的技术标定

经工艺核算，优化后的主要操作条件见表 1。

表 1 装置优化后主要操作条件

序号	名　称	项　目	指　标
1	制硫燃烧炉(210-F-101)	过程气出炉温度/℃	1310
		酸性气入炉压力/MPa	0.05
		气(酸性气)/风(空气)比值/(mol/mol)	0.56
2	一级冷凝器(210-E-101)	过程气出口温度/℃	160
		蒸汽温度/压力/(℃/MPa)	151/0.4
3	一级转化器(210-R-101)	过程气进口/出口温度/℃	245/305
4	二级冷凝器(210-E-102)	过程气出口温度/℃	160
		蒸汽温度/压力/(℃/MPa)	151/0.4
5	二级转化器(210-R-102)	过程气进口/出口温度/℃	225/241.5
6	三级冷凝器(210-E-103)(与210-E102共用一个壳程)	过程气出口温度/℃	160
		蒸汽温度/压力/(℃/MPa)	151/0.4
7	尾气加热器(210-E-201)	管程烟气入口/出口温度/℃	440℃/298.9
		壳程尾气入口/出口温度/℃	160/300
8	加氢反应器(210-R-201)	混氢量/(Nm^3/h)	71.3
		尾气进口/出口温度/℃	300/327
9	尾气急冷塔(210-C-201)	尾气出塔温度/℃	40
		尾气进塔/出塔压力/MPa	0.019/0.015
		进塔急冷水流量/(t/h)	30.6
		急冷水出口温度/℃	55
		酸性水排出量/(kg/h)	774
10	尾气吸收塔(210-C-202)	贫液入口流量/(t/h)	11.2
		净化气出口温度/℃	37
11	尾气焚烧炉(210-F-201)	尾气入炉温度/℃	40
		烟气出炉温度/℃	600
		燃料气流量/(Nm^3/h)	56
12	蒸汽过热器(210-E-202)	蒸汽进出/口温度/℃	147/272
		烟气出口温度/℃	440
13	烟囱(210-FK-201)	排烟温度/℃	298.9

4.2 调校 H_2S/SO_2 比值分析仪等在线仪表，确保其长周期稳定运行

H_2S/SO_2 比值分析仪作为硫黄回收装置最关键的仪表，是制硫炉配风的依据。手动调节风量比值难以稳定，且操作人员劳动强度大，尾气 SO_2 波动大。硫黄回收装置比值控制采用了先进控制系统，在投用了先进控制系统以后，比值分析仪的安全长周期准确运行就是整个硫黄回收装置稳定运行的关键。需要仪表和工艺人员共同加强比值分析仪维护，仪表人员定期对比值的运行效果进行检查维护，工艺操作人员需要根据装置运行情况综合分析判断比值分析仪数据的准确性，加强对比值分析仪的伴热检查和维护，保持其高效长周期稳定运行。

4.3 强化生产调度管理，控制上游装置酸性水带油及富液带烃

从源头控制酸性水带油，岗位人员发现酸性水带油，需要及时收油，并联系调度，协调上游装置检查酸性水系统，减少酸性水带油。同时岗位人员需要注意罐中罐除油设施的运行状况，发现罐中罐除油设施效率下降的情况下，要采用罐内液面撇油收油，避免酸性水带油进入汽提塔。胺液系统带烃的控制只能从各用户装置进行控制：①各脱硫装置特别是液态烃脱硫装置，要控制好液位(界面)，防止因操作不当造成烃类带入胺液系统；②使用好富液闪蒸罐，在保证生产的前提下，尽量将闪蒸压力向低限控制，增加闪蒸效果，减少富液中的烃携带量。当上游装置因生产波动造成大量烃类带入胺液系统时，及时控制带烃富液的来量减少对硫黄回收装置的冲击。

4.4 强化班组管理，精细化操作，发现异常波动和故障及时处置

该公司硫黄回收联合装置属于小规模硫黄回收装置，抗干扰能力弱，在发生异常和故障的情况下，尾气 SO_2波动大。为此，加强硫黄回收装置伴热系统检查维护，提升岗位人员异常处置水平就显得至关重要，需要岗位人员在日常巡检中认真检查夹套伴热，确保其伴热正常，保证系统管线的流畅，工艺指标执行到位，发现异常波动和故障，及时处置，生产过程全面受控。

5 技术改造

5.1 工艺管道

本装置改造设备尽量在原有位置进行设备更换，平面位置不动，不需要新增占地，所有更换设备均在原位置更新。

经过核算，制硫部分以下管线管径不能满足改造后需要，需要更新：

过程气管线：原设计 *DN*250，需要更换为 *DN*300，管线长约 160m；

尾气管线：急冷塔前原设计管径为 *DN*250，需要更换为 *DN*300，管线长约 90m；急冷塔后原设计 *DN*200，需要更换为 *DN*250，管线长约 120m；

急冷水管线：原设计管径为 *DN*80，管线材质为 20 号钢，需要更换为 *DN*100，材质升级为 316L，管线长约 150m；

增加液硫池废气至制硫燃烧炉管线，管线长约 50m。其余工艺管线利旧。

5.2 设备

本次改造制硫部分需拆除：一级冷凝冷却器，二、三级冷凝冷却器，一、二级转换器，并进行更换；制硫燃烧炉增加液硫池废气入口；更换制硫燃烧炉燃烧器；更换高温掺合阀；其余设备利旧。

尾气处理部分需要拆除尾气加热器、蒸汽过热器、急冷水冷却器、贫液冷却器、急冷水泵、富胺液泵、加氢反应器，并进行更新；尾气急冷塔塔体利旧，填料需要更换；尾气吸收塔塔体利旧，塔盘更换为高效浮阀塔盘；更换尾气焚烧炉燃烧器燃料气枪；更换急冷水过滤器；其余设备利旧。

液硫脱气部分需要拆除抽空器，并进行更新。其余设备利旧。

6 结语

1）通过利用大检修期间对部分工艺管道和个别设备的完善改造，以最小投资、最小的设备技术风险，实现了装置烟气排放 SO_2浓度降至 400mg/Nm^{3}以下。

2）通过工艺优化精细操作，解决好 Claus 过程气 H_2S/SO_2比值分析仪等在线仪表的波动问题，控制好酸性气带烃问题，调整好制硫催化剂活性和尾气系统故障等对硫黄回收装置尾气达标排放的影响，就可以实现小硫黄回收装置的长周期高效平稳运行。

参 考 文 献

[1] 李鹏，刘爱华．影响硫黄回收装置烟气中 SO_2排放浓度的分析及应对措施[J]．石油炼制与化工，2013，4(4)：75-78.

[2] 王学谦，宁平．硫化氢废气治理研究进展[J]．环境污染治理技术与设备，2001，2(4)：77-85.

[3] 俞英，王崇智，赵永丰，等．氧化-电解法从硫化氢获取廉价氢气方法的研究[J]．太阳能学报，1997，18(4)：400-408.

关于降低硫黄回收装置尾气 SO_2 排放浓度的探讨

张　乾

（中石化洛阳（广州）工程有限公司　广东广州　510000）

摘　要：首先介绍了硫黄回收装置尾气 SO_2 的来源；之后综合介绍了降低硫黄回收装置尾气 SO_2 排放浓度的多种技术措施；最后，对于降低硫黄回收装置尾气 SO_2 排放浓度提出了相关建议。

关键词：降低　硫黄回收装置　SO_2　排放浓度

1　前言

面对日益严峻的环境污染问题，国家环保部门对于化工生产过程中尾气排放的要求也日趋严格。以硫黄回收装置为例，国家环保法要求新建硫黄装置尾气排放中 SO_2 含量从小于 960mg/Nm^3 提高到小于 400mg/Nm^3，有些地方甚至提高到小于 100mg/Nm^3，面对这样的严峻形式，硫黄回收装置尾气 SO_2 排放浓度将成为炼化板块创先争优的重要指标。因此，研究影响尾气 SO_2 排放浓度的因素及相关技术措施，成为了硫黄回收装置发展的迫切需要。

硫黄回收装置简图见图 1。

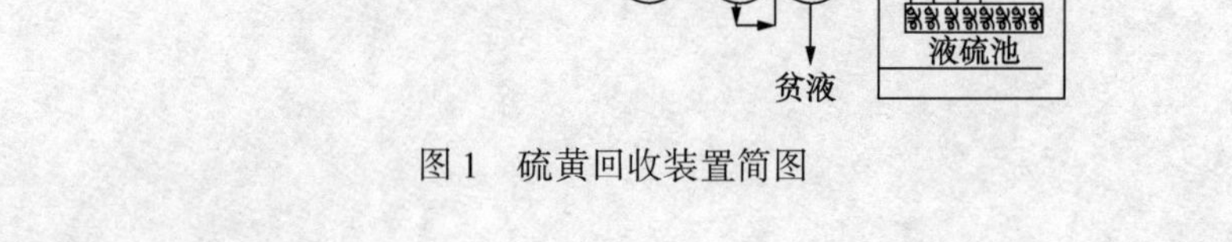

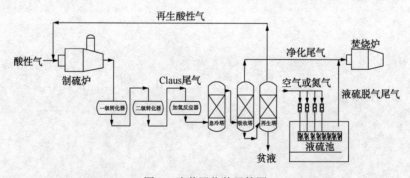

图 1　硫黄回收装置简图

2　尾气中 SO_2 的来源

降低硫黄回收装置尾气中 SO_2 的排放浓度，需要抓住本质，从根本上实施解决措施。具体来说，尾气中 SO_2 的来源主要有以下几种[1]：

（1）在硫黄回收过程中，系统里经常会存在一部分未完全反应的硫，这些硫必须要进行排放。这些硫与适当比例的空气混合，经过反应炉高温燃烧和常规二级反应器催化之后，最终会生成硫化氢等硫化物。一般来说，尾气之中的 H_2S 会被吸收塔里的贫胺液吸收净化，随后进行燃烧处理。然而，由于贫胺液相对较低的浓度，致使其无法吸收全部 H_2S 气体，因此，未被吸收的 H_2S 就会在后续的焚烧过程中生成 SO_2，致使尾气中 SO_2 的浓度增加 100~170mg/Nm^3。

（2）在液硫池脱气过程中，会产生硫化氢废气和其他的含硫废气。这些废气最终会进入焚烧炉进行焚烧，废气中的硫类物质经过燃烧之后，会全部转化成 SO_2，基于这种情况，硫黄回收装置尾气中的 SO_2 浓度就会随之提高，大概会增加 100~180mg/Nm^3。

（3）脱硫醇装置中会产生氧化尾气，尾气中所含的硫化氢气体会在燃烧之后转化为 SO_2 这部分气体会使尾气中的 SO_2 浓度增加 50~100mg/Nm^3。

（4）硫黄回收装置中各部分之间的跨线没有设置双阀，也没有进行氮封，所以整体装置的严密性无法得到精确保障。由于装置长期处于高温工作状态，再加上含硫气体的腐蚀，非常有可能出现含硫气体泄漏的情况，导致这些气体在焚烧之后形成 SO_2。

3 硫黄回收装置减少尾气中 SO_2 含量的措施

王斐[2]等从革新尾气净化单元、改造液硫脱气装置、降低装置阀门的内漏及降低硫黄回收装置特殊气体的处理标准和方式等方面论述了如何减少硫黄回收装置排放烟气 SO_2 含量：

（1）革新尾气净化单元。采用镇海石化工程股份有限公司开发出的尾气净化二级吸收和二级再生技术，其由吸收塔、富/贫液泵、换热器、液后冷器、过滤器、再生塔、回流罐、回流泵、重沸器、焚烧室、烟囱等设备器件构成，相关技术的使用可实现硫黄回收装置外排烟气 SO_2 含量的降低。

（2）改造液硫脱气装置。根据现有的液硫脱气装置，研究人员在对传统设备运行数据进行信息收集、分析、总结的过程中，也将其技术进行了创新，开发出两种技术：一种为循环脱气技术，是在对传统原液顶部蒸汽喷射进行更换或改造，利用原有的流程进行还原反应；另一种则是废气脱硫技术，对脱气后的废气开展液流脱除器的除硫技术，之后通入尾气脱硫罐进行深入脱硫。

（3）降低装置阀门的内漏。装置运行跨线控制开关的阀门须选择密封性高、泄漏等级好的阀门，且采取双阀，在中心设置氮气吹扫线，否则会导致因为阀门内漏而使含硫气体进入尾气焚烧炉。

（4）降低硫黄回收装置特殊气体的处理标准和方式。实际装置运行的过程中减少脱硫醇尾气、酸性水罐顶气体等特殊气体进入硫黄回收装置的比例控制或改用其他方式进行类似气体的处理。如脱硫醇尾气、酸性水罐顶气体等，在对应位置进行针对工艺的设置和安排中，也是对相应问题做到就地处理，达标排放，也是降低回收装置中烟气 SO_2 排放浓度的措施之一。除此之外，采用新的开停工尾气处理方式，对预硫化产生的含硫气体进行及时处理时，同步降低 SO_2 排放含量。目前，国内在相关处理方式中，主要还是以预硫化尾气在脱硫技术进行相关工艺的实现和处理，预硫化在主反应炉中的酸性气体操作在开工前 48h 进行，也是为后期的预硫化尾气传输至脱硫塔进行处理的关键环节，此间，将装置的排放数值设定并维持在 700mg/Nm^3 时，其运行情况是传统预硫化方式开展的硫含量的四十分之一或三十分之一，对企业的生产效益和社会效益有着积极作用和影响。

宁夏石化公司[3]将先进控制系统和超重力技术应用到硫黄尾气治理项目中，通过对相关参数的优化调试，寻求最佳工况，使硫黄回收装置尾气 SO_2 排放明显降低：

（1）增设先进控制系统。根据克劳斯制硫反应原理，当参与反应的 H_2S 与 SO_2 摩尔比为 2∶1 时，生产单质硫的转化率最大。由于上游装置酸性气体气量的波动和比值分析仪调节系统配风控制的滞后性，制硫炉内 H_2S 与 SO_2 摩尔比难以达到 2∶1 的最佳配比，且波动频繁，波动范围大。比值分析仪控制不佳导致装置操作波动大，进而造成尾气 SO_2 波动大，且对硫黄产量有一定影响。通过优化制硫炉配风调节，提高比值分析仪控制稳定性，可减少尾气 SO_2 波动。

（2）超重力脱硫技术。超重力技术是一种利用离心力强化传质与微观混合的新型化工技术。超重力试验装置简图见图 2。超重力机内填料在电机的驱动下高速旋转，进入转子的液体受到转子内填料的作用，周向速度增加，所产生的离心力将其推向转子外缘，气体由超重力机外壳沿径向穿过高速旋转的填料向机体中心运动，气液两相在比地球重力场大数百倍至数千倍的超重力场内相互作用，可进一步降低尾气 SO_2 排放。应用结果表明：通过优化调试，超重力机转速控制在 70%~80%，贫溶剂温度，控制在 35℃左右时 H_2S 脱除效果最佳，继续提高超重力机转速或降低贫溶剂温度吸收效果并未提高，反而增加能耗，无实质意义。通过优化调试和寻求最佳工况，宁夏石化公司硫黄回收装置尾气 SO_2 排放浓度由 500~700mg/Nm³ 降低到 300~500mg/Nm³，尾气 SO_2 排放浓度超标次数明显减少，效果明显。

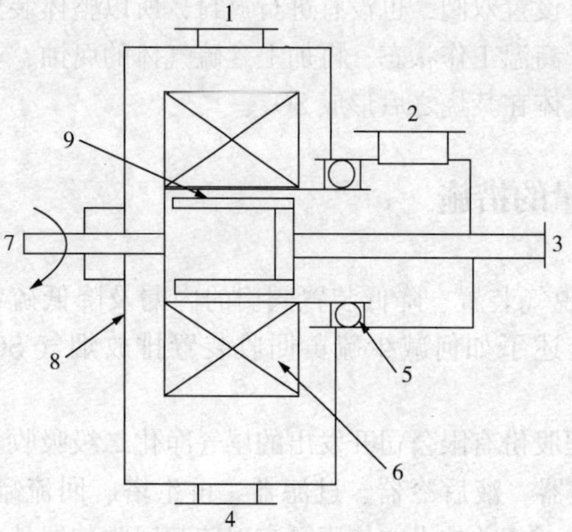

图 2　超重力试验装置简图

1—气体进口；2—气体出口；3—液体进口；
4—液体出口；5—测压点；6—填料；
7—旋转轴；8—外壳；9—液体分布器

宋文鹏[4]等从优化硫回收制硫系统、开发新型加氢反应催化剂、使用高效脱硫剂及在 SO_2 的尾气处理中加入脱硫洗涤的工艺技术等几个方面降低硫黄回收装置尾气 SO_2 排放，效果较好：

（1）硫回收制硫系统对 SO_2 排放的影响。从理论角度分析，制硫炉的反应温度越高反应效果越好，但受设备的承受温度的制约，反应温度一般不能超过 1400℃。山东三维公司设计纯氧燃烧制硫炉，反应温度可维持在 1250℃左右，极大地提高了制硫炉的反应效率。一级反应器催化剂也是提高硫转化的一个关键，为了更好地降低吸收塔中所含有的 COS 的量，一级转化器催化剂要加入钛基成分，让有机硫在一级反应器中充分水解。同时，一级反应器催化剂要加入抗漏氧成分，防止氧气漏入下游系统，通过上述措施可较好地控制净化塔内的 pH 值，并使氨的用量有效降低。除此之外，配风控制要保证 $H_2S/SO_2=2:1$，过大或过小均影响反应转化率。

（2）加氢反应催化剂。加氢催化剂的主要活性成分是钴、钼。目前的加氢催化剂一般都是低温催化剂，反应温度都在270℃左右。若加氢催化剂效果不好，过多的硫化氢会带入胺液吸收系统，造成胺液吸收的负荷加重，导致吸收塔出口净化气 H_2S 超标。

（3）高效脱硫剂的使用。在尾气处理中使用高效脱硫剂可达到提高尾气净化效果的作用。一般高效脱硫剂的使用可使尾气 SO_2 的浓度降低到100mg/Nm^3，从而有效地降低了硫黄回收装置中烟气 SO_2 的排放量。

（4）在 SO_2 的尾气处理中加入脱硫洗涤工艺技术。在 SO_2 尾气处理中加入脱硫洗涤工艺技术，当焚烧后的含 SO_2 烟气经过一定的碱洗或者氨洗之后，可减少尾气中 SO_2 的排放量。

氨洗主要包括 SO_2 吸收和亚硫酸铵氧化两个步骤：

SO_2 吸收：

$$2NH_3+H_2O+SO_2 \longrightarrow (NH_4)_2SO_3$$

$$(NH_4)_2SO_3+SO_2+H_2O \longrightarrow 2NH_4HSO_3$$

$$NH_4HSO_3+NH_3 \longrightarrow (NH_4)_2SO_3$$

亚硫酸铵氧化：

$$2(NH_4)_2SO_3+O_2 \longrightarrow 2(NH_4)_2SO_4$$

碱洗法脱硫机理是NaOH溶液与烟气中的 SO_2 接触后反应生成 Na_2SO_3，Na_2SO_3 继续与 SO_2 反应生成 $NaHSO_3$，在整个脱硫过程中，NaOH只作起始吸收剂，起主要吸收作用的是 Na_2SO_3。反应方程式如下。

吸收剂分解：

$$NaOH \longrightarrow Na^+ + OH^-$$

气态 SO_2 转化为液态的 SO_3^{2-}：

$$SO_2+2OH^-+2Na^+ \longrightarrow Na_2SO_3+H_2O$$

亚硫酸 SO_{32-} 氧化为硫酸 SO_4^{2-}：

$$Na_2SO_3+1/2O_2 \longrightarrow Na_2SO_4$$

$$NaHSO_3+1/2O_2+NaOH \longrightarrow Na_2SO_4+H_2O$$

晋莉莎[5]等从应用加压空气汽提工艺技术、引入加氢反应器设备、应用酸性气体燃烧炉及对尾气回收工艺进行改造等措施来低尾气中 SO_2 的浓度，提高硫黄回收装置运行效率：

（1）应用加压空气汽提工艺技术。采用非净化风作为汽提的介质，将从各级硫封来的液硫引入到硫池的未脱气的隔间，经过液硫冷却器冷却处理后，进入到液硫的脱气塔，使液硫与空气接触，脱除液硫中的硫化氢，将液硫产品输送至成型机，得到硫黄产品，达到烟气脱硫的技术要求。

（2）引入加氢反应器：吸收塔顶的气体通过引风机送入硫池，在液硫池的底部设计有盘管，盘管上开有小孔，气体通过小孔流出，使液硫池起泡，在硫池的顶部设计抽空器，将含硫的尾气送入加氢反应器的入口，通过加氢催化剂的作用，降低其中硫化氢的含量。

（3）应用酸性气体燃烧炉。在尾气回收过程中，引入酸性气体的燃烧炉，将尾气中的酸性气体送入燃烧炉，降低排烟中的 SO_2 的含量，只需要降低含硫蒸气对炉温的影响，能够满足硫黄回收的技术要求，具有投资低的优点。

（4）对尾气回收工艺进行改造。对尾气净化单元的改造，尾气中的 SO_2 主要是由于尾气中的硫化氢转化得到的，实施尾气处理的二级吸收和二级再生处理工艺技术措施，可降低净化后的硫化氢的含量，从而降低了尾气中的 SO_2 浓度；对液硫脱气工艺进行改造，若将液硫中脱出的气体进入到焚烧炉进行焚烧，会增加尾气中的SO_2浓度，因而需对其进行革新改造以降低尾气中的SO_2浓度，可采用循环脱气的方式，将液硫池顶部的蒸汽喷射器进行更换，使顶部气体进入到燃烧炉进行燃烧，也可将其引入反应器，对其进行还原处理，之后将吸收塔后的净化尾气作为鼓泡气体，达到更好的处理效果。

尹雪飞等[6]采用在酸性水罐逸出气增上除臭设施及改造液硫脱气系统来降低硫黄回收装置的SO_2排放。

罗广朝[7]采用加强原料气的过滤及上游装置的操作、加强工艺技术管理及利用液相铁催化剂的技术等措施降低硫黄回收装置烟气中SO_2的排放：

(1) 加强原料气的过滤。在原料进入反应装置前进行原料过滤处理，把原料中所携带的含硫物质和表面活性剂物质过滤掉，而且在过滤原料时要对原料中可能混有的物质进行分析，尤其是对其所混入的杂质进行物理性质和化学性质的分析，通过分析杂质的直径选择合适的滤芯，要根据过滤杂质的量定时更换滤芯，避免滤芯被物质塞满影响杂质的过滤效果，对于不能通过物理手段过滤掉的杂质，可以根据其特有的化学性质进行净化处理。总之，在原料正式投入燃烧生产设备时，尽量减少原料中所携带的含硫物质以及其他污染性的杂质。

(2) 加强工艺技术管理。加强硫黄回收装置中各个反应装置之间的连接紧密性处理和工艺技术管理。定期检查反应装置的紧密性，注意对开关阀门的检查，重视工艺技术的管理，提高装置的自控率，对于反应装置中测量SO_2含量的仪表定期进行校对管理，时刻保障测量仪表的准确性，降低SO_2的排放量。

(3) 利用液相铁催化剂的技术。液相铁催化技术主要是利用铁离子在液相中将硫化氢直接氧化成单质硫、同时回收硫黄的脱硫工艺技术。在将硫化氢氧化成单质硫的过程中，催化剂中的三价铁离子被还原成二价铁离子，通过向催化剂溶液中鼓入空气，利用空气中的氧气将二价铁离子氧化成三价铁离子，从而使得失活后的催化剂得以再生后循环使用。

4 关于降低硫黄回收装置尾气中SO_2含量的建议

为了满足新的环保法规要求，今后应致力于硫黄回收工艺技术及设备的改进和开发。目前，降低硫黄回收装置尾气中SO_2含量的主要措施有：革新尾气净化单元、改造液硫脱气装置、降低装置阀门的内漏、采用先进控制系统、应用超重力技术、开发新型加氢反应催化剂、使用高效脱硫剂、SO_2的尾气处理中加入脱硫洗涤的工艺技术、酸性水罐逸出气增上除臭设施及改造液硫脱气系统等。为有效降低硫黄回收装置尾气中SO_2含量，可采用对应的降低措施或将多种措施进行结合的方式对实际装置进行技术革新和创新，在保障硫黄回收装置正常运行的同时，能以最小的能耗和投入获得最大效益，并最大限度降低对环境的污染。对于影响装置长周期运行和硫黄回收率的关键设备或分析仪器考虑国外引进，以提高硫黄回收工艺水平，开好、开稳硫黄回收装置，不但具有较好的社会效益，还有较好的经济效益。

5 结语

综上所述，本文对降低硫黄回收装置烟气SO_2的排放进行了分析。首先，分析了硫黄回收装置中SO_2的来源；之后，系统介绍了降低硫黄回收装置烟气SO_2浓度的措施及技术路线；

最后，为了降低 SO_2 浓度，可根据实际工艺条件，采取相应的单个措施或多种措施相结合的方式来降低硫黄回收装置烟气 SO_2 的排放，以达到降低环境污染的目的。除此之外，也可根据实际情况引进国外的先进技术，以快速提高硫黄回收关键设备或分析仪器的水平。

参 考 文 献

[1] 杨鹏程．降低硫黄回收装置尾气 SO_2 排放浓度的分析[J]．中国化工贸易，2018，10(16)：185-187.

[2] 王斐．乌议硫黄回收装置减少外排烟气中 SO_2 含量的措施[J]．中国化工贸易，2018.

[3] 陈程．降低硫黄回收装置尾气 SO_2 排放的措施[J]．石油化工应用，2017，36(8)：138-141.

[4] 宋文鹏．降低硫黄回收装置烟气 SO_2 排放的探讨[J]．化工设计通讯，2017，43(8)：211.

[5] 晋莉莎．降低硫黄回收装置烟气中 SO_2 浓度措施的探讨[J]．数字化用户，2018，(27).

[6] 尹飞雪，王永卫．降低硫黄回收装置烟气中 SO_2 排放探讨与措施[J]．节能环保，2019.

[7] 罗广朝．探讨降低硫黄回收装置烟气中 SO_2 排放问题[J]．化工设计通讯，2018，44(1)，234.

高含硫天然气净化装置硫黄回收单元低耗热备工艺应用研究

王启维

(中国石化中原油田普光分公司　四川达州　635000)

摘　要： 针对高含硫天然气净化领域内硫黄回收单元在1~7天的短期紧急停工过程中操作强度大、能耗高的问题，研究形成低耗热备工艺，包括Claus炉采用超低流量燃烧气运行模式和过程气采用小通量惰性气体吹硫运行模式，提高了装置操作弹性，降低能耗并避免频繁的开停工操作。

关键词： 硫黄回收　超低负荷　小通量吹硫　短期紧急停工

1　前言

普光天然气净化厂有6套共12个系列的联合装置，处理H_2S含量16%(体)，CO_2含量9%(体)的高含硫天然气。联合装置采用MDEA法脱硫、TEG法脱水、常规Claus二级转化法硫黄回收和SCOT尾气处理。单列装置处理能力$300\times10^4Nm^3/d$，其中硫黄回收装置为$20\times10^4t/a$。

高含硫天然气净化领域内硫黄回收单元处理的酸性气组成较稳定，Claus炉高温热反应工艺能够维持较好的稳定，无需氢气或燃料气伴烧。但装置操作弹性不高，因为天然气采气、集输及净化工艺路线长，不确定性因素多，当上游装置出现故障而关断，下游硫黄回收装置酸性气负荷会剧烈突降而停车。为应对这种紧急情况，通常将Claus炉直接焖炉维持绝热状态，对4~24h紧急停车，可直接引气复产，但对于1~7天紧急停车，最安全的操作是将Claus炉切换至燃料气模式，进行热浸泡、吹硫、钝化的常规停工处理，然后升温热备引气复产，一般耗时约7天，但对装置能耗、操作强度和设备腐蚀不利。

本文针对1~7天短期紧急停车情况，研究通过低流量燃料气燃烧的方式维持硫黄回收单元处于相对较长的热备状态，称为低耗热备工艺，能实现快速复产。

2　硫黄回收装置热备现状

2.1　Claus炉停工模式介绍

硫黄回收装置中Claus炉的酸性气切除后，称为硫黄单元的停工状态，目前有两种停工模式：第一种是紧急焖炉模式，适用于短期紧急停工，即将Claus炉直接焖炉维持绝热状态，称为焖炉热备，直接通过热启动复产；第二种是常规吹硫钝化模式，适用于中长期停工，即将Claus炉切换至燃料气模式，通过大通量燃料气当量燃烧对转化催化剂床层进行高温热浸泡、惰性气体吹扫除硫、低浓度空气钝化、系统吹扫降温和Claus炉停炉一系列操作，需要恢复生产时，逐步引入燃料气对 Claus 炉和转化催化剂进行升温，炉温达到约 1000℃后达到热备条件，切换至酸性气燃烧恢复生产。对比这两种模式，紧急焖炉模式能够快速恢复生产，能耗低、操作强度小，但维持时间短，适用性不强；而常规吹硫钝化模式，操作复杂、能耗较高，但能够维持较长时间的停工状态，设备保护性好。结合这两种模式的特点，开发一种低耗热备模式，提高装置操作弹性并降低开停工能耗。

2.2 低耗热备技术的开发思路

硫黄回收装置停工热备的关键在于防止 Claus 炉及硫黄转化反应器床层温度下降快，过程气中气态硫黄在催化剂孔隙发生积硫凝固，可能造成结构破坏。焖炉绝热状态下，短时间内温度降低不大，积硫程度不高。但停工时间过长后，必须对过程气进行除硫，同时借助燃料气燃烧提供热量维持过程气温度。硫黄装置停工状态工况如表 1 所示，Claus 炉燃料气流量最低为 $400Nm^3/h$，常规停工使用大通量吹硫，燃料气约 $1000Nm^3/h$。而低耗热备模式探索使用小通量吹硫，以维持炉温和床层温度为目的，同时维持小通量吹硫，保证液硫系统、蒸汽系统处于流通状态，便于快速引入酸性气完成复产。

表 1 Claus 炉运行状态及工况

工况模式	焖炉模式	停工状态（燃料气模式）/（Nm^3/h）		联锁跳车		
		有减温蒸汽	无减温蒸汽	燃料气流量/（Nm^3/h）	酸性气流量/（Nm^3/h）	燃烧空气流量/（Nm^3/h）
最小工况	0	702	887	400	6182	3584
最大工况	0	1479	1479			

低耗热备模式与常规模式不同，无需大通量惰性气体吹硫处理，属于一种小通量惰性气体吹硫状态，小通量燃料气燃烧提供热能维持装置恒温，从而能够在相对较长时间内维持装置处于热备状态，燃烧产生的小通量惰性气体降低了过程气硫分压，避免气态硫黄凝聚。低耗模式的设计思路如图 1 所示，低耗热备工况就是一种小通量吹硫状态，以维持装置恒温为目的，兼顾对 Claus 炉及催化剂的保护。

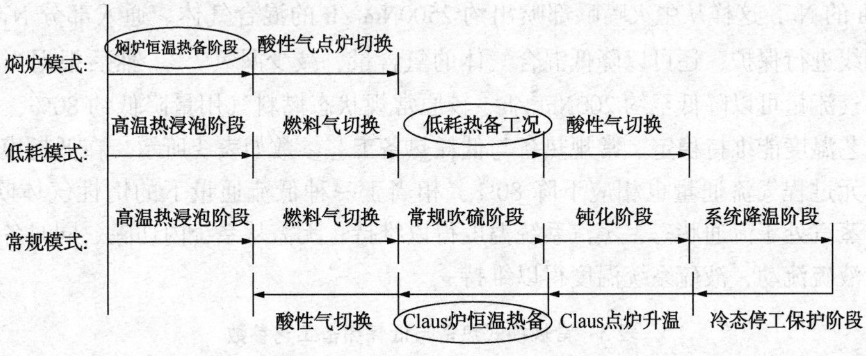

图 1 低耗热备模式的设计简图

3 低耗热备技术内容

硫黄单元停工的低耗热备工艺，主要采用小通量燃烧气进行吹硫。技术内容在于研究降低 Claus 炉的燃料气流量，确定最低的燃料气流量以维持炉温稳定，并且 Claus 炉及催化剂得到有效保护，即避免出现 Claus 炉回火烧蚀、催化剂积硫凝固的情况。

3.1 降低燃料气耗量的研究

降低燃料气主要是降低能耗，维持 Claus 炉温稳定，同时防止 Claus 炉受损。燃料气联锁流量为 400Nm^3/h，要维持炉温稳定，燃料气流量可以进一步降低。依据常规热备模式计算确定维持炉温稳定的最低燃料气用量，如表 2 所示。常规热备状态下热量的消耗主要有四部分：换热产生中低压蒸汽带走的热量、过程气带走的热量、液硫带走的热量及装置散热消耗。计算发现，中低压蒸汽带走的热量占总热量约 90%，如果降低中低压蒸汽带走的热量，最大限度可以减少约 90%的燃料气消耗。但在实际过程中，蒸汽管线必须要有一定的流动性，确保中低压蒸汽相关设备管道温度不会出现下降。

表 2　常规模式热备工况下的热量衡算

热量数据		使用的物理参数	
燃料气燃烧生热	3800×10^{4}kJ	CH_4热值	3.8×10^{4}kJ/Nm^3
过程气带走热量	61×10^{4}kJ	过程气比热(平均值)	1.1×10^{4}kJ/(kg·K)
中低压蒸汽带走的热量	3462×10^{4}kJ	中低压蒸汽潜热(均值)	2770kJ/kg
液硫带走热量	34×10^{4}kJ	硫黄潜热	44.4kJ/kg
装置散热量	220×10^{4}kJ	过程气进出装置温差	45℃

另外燃料气用量不能太低，一方面要求 Claus 炉内燃料气与燃烧空气能够混合均匀，确保能够充分燃烧，防止出现漏氧的情况，从而实现惰性气体吹硫的目的；另一方面 Claus 炉超低负荷燃料气燃烧火焰会出现不稳定导致熄火，还存在炉头压力过低会回火的风险。对于 Claus 炉的充分燃烧性能，根据燃烧器设计技术规格书中关于 Claus 炉烘炉工况的要求，Claus 炉燃烧器在烘炉运行时，必须通过主火嘴通入 2500Nm^3/h 的空气用于保证炉内燃烧稳定并均匀分散烘炉热量，因此判断向 Claus 炉内通入约 2500Nm^3/h 空气可以确保燃烧的稳定和充分。从措施上讲，从燃烧空气管线通入约 2000Nm^3/h 空气，然后从酸性气管线通入约 500Nm^3/h 的 N_2，这样从主火嘴喉部喷出约 2500Nm^3/h 的混合气体。通入部分 N_2，可以对酸性气管线进行保护，还可以降低混合气体的氧含量，减少漏氧[1,2]。然后根据当量燃烧计算，燃料气流量可以降低至约 200Nm^3/h。较原常规状态燃料气用量降低约 80%，硫黄回收装置各工艺温度能维持稳定。常规热备与低耗热备工艺参数如表 3 所示。在低耗模式下，硫黄回收单元过程气流通量也相应下降 80%，相当于一种低流通量下的惰性气体吹硫状态，有少部分蒸汽处于流通状态，蒸汽系统温度得以维持，无需从系统内切除。同时各级硫封也维持少量液硫流动，液硫系统温度得以维持。

表 3　常规模式热备与低耗热备工艺参数

项目参数	常规热备模式	低耗热备模式
燃料气用量/(Nm^3/h)	1000	200
燃烧空气用量/(Nm^3/h)	10000	2000
保护 N_2用量/(Nm^3/h)	200	700
中、低压蒸汽产量/(t/h)	10~15	1~1.5

续表

项目参数	常规热备模式	低耗热备模式
Claus 炉温/℃	1000	900~1000
液硫产量/(t/h)	2~6	1~2
转化反应器床层温度/℃	213	200

3.2 设备的保护研究

在低耗热备下，设备保护主要在于 Claus 炉的保护和转化催化剂的保护。对 Claus 的保护在于防止回火导致燃烧器气鼻、导流叶片烧蚀，还需促进充分燃烧，防止漏氧。催化剂保护主要防止催化剂表面发生积硫。

普光气田净化厂 20×10^4t/aClaus 炉采用直流燃烧工艺和预混合旋流燃烧模式。Claus 炉内径 4m，长径比为 2.78，衬里厚度 350mm。炉内设置节流环和花墙，确保 35%的高温烟气返流促进二次燃烧。火焰稳定燃烧时，火焰前锋面上的气流速度等于火焰向燃烧器传播的速度[3]。所以燃烧器上的气体流出速度必须大于等于火焰速度。即关键要控制燃烧器气体从耐火锥与气鼻环隙流出时的速度要足够[2,4]。最初设计要求控制燃烧器炉头压差不低于 0.1kPa，可防止出现回火。对于 Claus 炉的充分燃烧性能，一方面降低 Claus 风机出口压力直 35~40kPa，便于进行配风精细化调控；另一方面延长 Claus 炉内停留时间，关小后路切断阀，Claus 炉头压力在 5~10kPa。Claus 炉燃烧器结构图如图 2 所示。

对于催化剂的保护，首先结合安托因方程计算 200℃下饱和蒸汽压为 271.6Pa（$\ln P=89.273-13463/T-8.9643\ln T$，$P$ 单位 Pa，T 单位 K）。低耗热备模式相当于小通量惰性气体吹硫状态，燃烧气当量燃烧产生的 H_2O、CO_2以及通入的 N_2组成了惰性气体，过程气压力在 2~4kPa，催化剂表面发生积硫的可能性不大。另外在装置确认停工前，可通过反应器入口加热器将过程气温度提高约 20~30℃，进行催化剂床层热浸泡，将高温浸泡除硫作用发挥更充分。

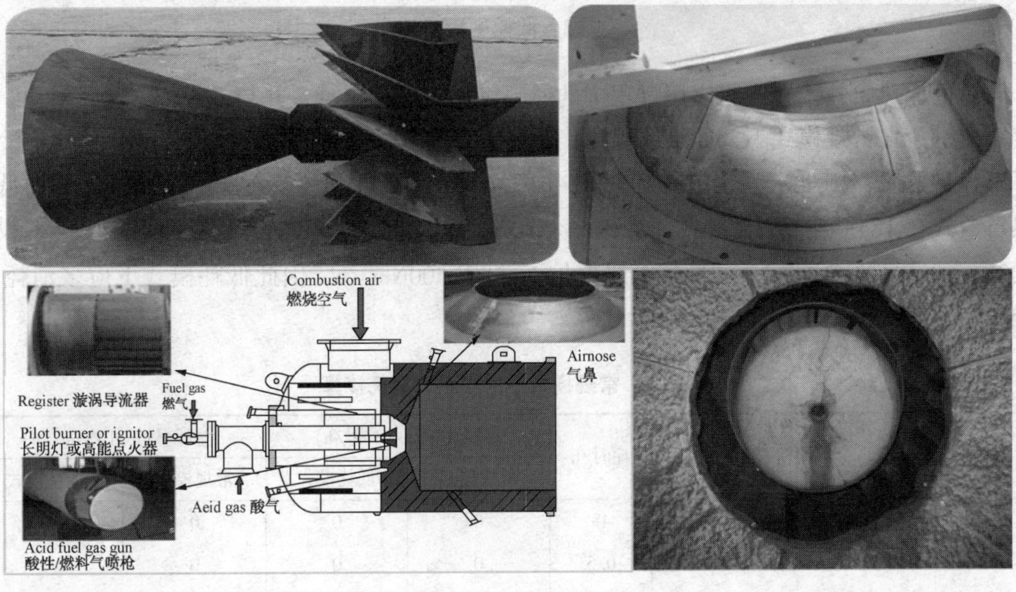

图 2 Claus 炉燃烧器结构图

4 低耗热备技术应用分析

硫黄单元低耗热备工艺于2018年6月24~30日期间在普光气田净化厂西区四、五、六联合装置，为配合水洗脱氯项目连头施工的短期停工作业上得到试验性应用，前后耗时约6天。典型操作工艺如图3所示。2018年9月8日借助四联合装置检修契机，对Claus炉进行效果检查确认。低耗热备技术在系统性节能上效果明显，在设备保护上满足要求。

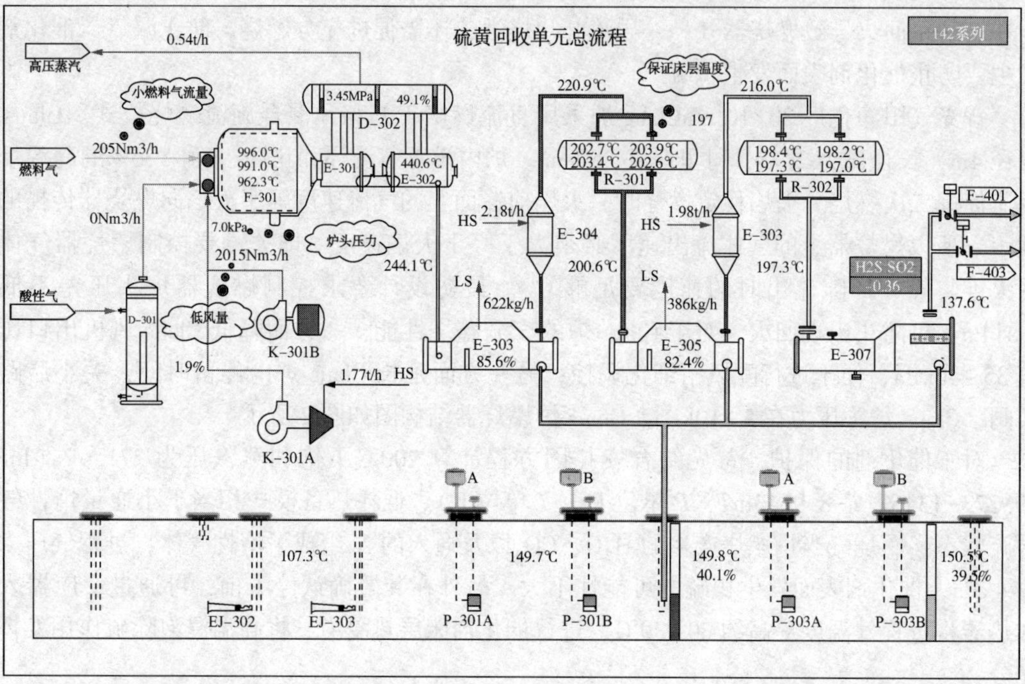

图3 低耗热备工况

对低耗热备技术在实际应用过程中的燃料气用量进行核算，并与常规模式进行对比，如表4所示。在常规模式下，如果按程序正常停工后，随即立即进行正常开工，中间没有冷态停工保护阶段，则一次完整过程耗时184h(7.6天)，消耗燃料气约15.7×10^{4}Nm^3。而低耗热备模式在184h内，消耗燃料气约3.68×10^{4}Nm^3。此外常规模式下酸性气管线保护N_2投用200Nm^3/h，而低耗模式下酸性气管线保护N_2投用500Nm^3/h，因此低耗模式下应多消耗N_2约5.52×10^{4}Nm^3。

表4 常规模式下的燃料气消耗核算

序号	不同阶段	耗时/h	燃料气耗量/(Nm^3/h)		总耗量/(×10^{4}Nm^3/h)	
			常规模式	低耗模式	常规模式	低耗模式
1	高温热浸泡	48	0	0	0	0
2	酸性气切换至燃料气	0.5	0	0	0	0
3	惰性气体吹扫除硫	48	1000	200	4.8	0.96

续表

序号	不同阶段	耗时/h	燃料气耗量/(Nm^3/h)		总耗量/($\times10^4Nm^3$/h)	
			常规模式	低耗模式	常规模式	低耗模式
4	低浓度空气钝化	48	1000	200	4.8	0.96
5	系统吹扫降温过程	20	680~1000	200	1.68	0.4
6	冷态停工保护阶段	待定	0	200	0	待定
7	Claus 点炉升温	68	400~1100	200	4.438	1.36
8	燃料气切换至酸性气	0.5	0	0	0	0

按照停工时间长短，主要是冷态停工保护时间长短，对一个系列装置进行能效核算，主要针对燃料气及氮气耗量进行计算。单列装置的能耗及效益指标如表5所示。停工总时长超过13天，常规模式停工对节能创效有利。对于1~7天的短期紧急停工，低耗热备模式节能优势明显，特别对于7.6天内的硫黄单元短期停工，较常规模式节能约126.8t标煤。

表5 单列装置随停工时间长短的能效核算

序号	冷态停工保护天数/天	常规模式		低耗热备模式			总计节能量/tec	节能效益/万元
		燃料气/($\times10^4Nm^3$)	吨标煤	燃料气/($\times10^4Nm^3$)	N_2/($\times10^4Nm^3$)	t标煤		
1	0	15.7	190.6	3.68	5.52	63.8	+126.8	23.84
2	5	15.7	190.6	6.08	11.52	133.3	+57.3	10.77
3	10	15.7	190.6	8.48	17.52	202.8	-12.2	-10.22

注：燃料气折标煤系数1.214tec/Nm^3，氮气0.671tec/Nm^3。

5 结论

对于天然气净化领域硫黄回收装置，针对1~7天的短期紧急停工，形成低耗热备工艺，即Claus炉采用超低流量燃烧气模式，过程气采用小通量惰性气体吹硫模式。低耗热备工艺对于短期紧急停工节能效益明显，对于一次完整的停工及开工过程，耗时7.6天内的短期停工，采用低耗模式，较常规模式节能约126.8t标煤。低耗热备模式能够实现快速复产单元，提高装置操作弹性，降低劳动强度，避免了频繁的开停工对设备及催化剂的不利影响。

参考文献

[1] 胡贤忠，于庆波，秦勤．$CH_4/O_2/CO_2$层流预混火焰传播速度实验研究[J]．东北大学学报(自然科学版)，2013，34(11)：1593-1596.
[2] 饶映明．高热旋流燃烧器的实验研究及数值模拟[D]．重庆：重庆大学，2013.
[3] 孟凡双，金国一．热风炉富氧燃烧特性与操作策略研究[C]．2011年全国炼铁低碳技术研讨论文集，2011.
[4] 张有军，周彬，岑永虎．硫黄回收装置主燃烧炉运行问题探讨及燃烧器改造技术总结[J]．石油与天然气化工，2009，38(1)：43-45.

酸性气制硫黄与制硫酸工艺对比分析

牛春林

（中石化广州工程有限公司　广东广州　510620）

摘　要：介绍了炼厂含硫酸性气分别采用 Claus +SCOT 法制硫黄和 WSA 湿法制硫酸的工艺流程和特点，以 3×10^4t/a 潜硫含量的含 H_2S 酸性气为原料，对制硫黄和制硫酸生产装置的公用工程消耗、“三废”排放、建设投资、占地面积及经济效益进行了详细对比。结果表明，处理同等量的含硫酸性气，采用 WSA 湿法制酸硫工艺技术路线和采用 Claus+SCOT 法制硫黄工艺技术路线，能耗分别为-161.1kg 标油/t 硫酸、-78.2kg 标油/t 硫黄；排放烟气中 SO_2 含量分别为 79.7mg/Nm^3、84.3mg/Nm^3；总硫回收率分别为 99.97%、99.98%；占地面积分别为 3588m^2、5940m^2；年产值分别为 4724.8 万元、2578.4 万元。WSA 湿法制酸硫工艺技术路线在各方面均有一定的优势，但企业应综合考虑工厂产品结构、周边硫酸市场容量、技术水平等因素，做好周边市场需求分析，选择适合自身的工艺技术。

关键词：酸性气　硫黄　硫酸　Claus+SCOT　WSA

1　前言

硫回收技术是指通过适当的工艺方法处理炼油或者化工过程中产生的含硫化氢酸性气，生产硫黄或硫酸，实现清洁生产，达到化害为利，降低污染，保护环境，并同时满足产品质量要求，降低腐蚀，实现装置长周期安全生产等诸多方面要求[1]。

其中，以硫黄为产品的工艺技术种类繁多，按照生产方式可分为湿法和干法两种。湿法工艺一般以碱性溶液作为吸收剂吸收硫化氢或其他酸性成分，在催化剂作用下进一步氧化生成硫黄，比较有代表性的有栲胶法、LO-Cat 法和 Sulferox 法等，湿法工艺可以将 H_2S 脱除到很低的残余量，但产品硫黄为暗硫，纯度低，颜色暗，销售价格低，而且运行费用高，劳动强度大，工作环境差，排放达不到环保要求，已经很少采用[2]。干法工艺基本是在改良的克劳斯技术基础上发展起来的，主要有加拿大 Delta 公司的 MCRC 法、德国鲁奇公司的 Sulfreen 法、德国林德公司的 Clinsulf 法、荷兰 Comprimo 公司的 SuperClaus 法等[3]。

以硫酸为产品的工艺技术主要有干接触法与湿接触法两种。干接触法是将酸性气中 H_2S 气体完全燃烧成 SO_2后，经洗涤除尘、干燥、催化转化、两级吸收等步骤生成浓硫酸。湿接触法是将酸性气中 H_2S 完全燃烧生成 SO_2，经催化转化生成 SO_3，SO_3和携带的水蒸气进入冷凝器直接水合冷凝成浓硫酸。目前最有代表性的技术为丹麦托普索公司的 WSA 湿法硫酸工艺、德国鲁奇公司的低温冷凝工艺和高温冷凝工艺（又称康开特工艺）、孟莫克 MECS-SULFOXTM 工艺等。

本文将两种代表性硫回收工艺各自的特点进行对比探究，以供企业根据自己的产品结构、原料组成、技术水平、投资能力等情况而采用相应的工艺流程。

2 Claus+SCOT 制硫黄工艺

1883 年，英国科学家克劳斯(C. F. Claus)首先提出从酸性气体中回收硫的工艺方法，至今已有 100 多年历史。1938 年，德国法本公司(I. G. Farbenindustrie AG)对克劳斯工艺进行了重大改良。其后，虽然经过多次变革和改进，但其工艺主要原理未变，现在使用的硫黄回收技术都是在改良的克劳斯法基础上，在基础理念、工艺流程、催化剂研制、设备结构及材质、自控方法及连锁设置等多方面加以发展和改进，形成现在简单可靠、经济有效并得到普遍应用的硫回收方法。

为提高总硫回收率，同时满足日益严格的环保排放标准，各种尾气处理方法层出不穷，其中主要有低温克劳斯法、选择性催化氧化法、还原-吸收法等，其中以壳牌(Shell)国际石油集团的 SOCT 工艺应用尤为广泛。

该工艺技术路线包括 Claus 制硫工序、SOCT 尾气处理工序、溶剂再生工序等三部分。下面对 Claus+SOCT 制硫黄技术做进一步详细介绍。

2.1 Claus 制硫工序

含硫酸性气中 H_2S 在制硫炉内与空气发生部分燃烧的热反应，后经两级 Claus 催化反应，产生单质硫，该工序硫回收率可达 93%~95%，所涉及的化学反应如下：

热反应：
$$H_2S+3/2O_2 \longrightarrow SO_2+H_2O+Q$$
$$2H_2S+SO_2 \longrightarrow 3/xS_X+2H_2O+Q$$

催化反应：
$$2H_2S+SO_2 \longrightarrow 3/xS_X+2H_2O+Q$$

2.2 SOCT 尾气处理工序

Claus 制硫工序尾气与氢气混合，在加氢催化剂作用下，尾气中的 SO_2、元素 S 被全部加氢还原成 H_2S，有机硫被水解转化成 H_2S，所涉及的化学反应如下。

还原反应：
$$SO_2+3H_2 \longrightarrow H_2S+2H_2O+Q$$
$$S+H_2 \longrightarrow H_2S+Q$$

水解反应：
$$COS+H_2O \longrightarrow H_2S+CO_2+Q$$
$$CS_2+2H_2O \longrightarrow 2H_2S+CO_2+Q$$

经加氢还原后尾气中的 H_2S 及部分 CO_2 被具有选择性的胺液吸收净化，净化后的尾气再经热焚烧，将剩余的硫化物全部转化为 SO_2，烟气通过烟囱排放至大气。经加氢还原吸收处理工序后，总硫回收率可达 99.95%以上。

2.3 溶剂再生工序

近年来，国家环保部和地方环保局严抓大气污染防治工作，出台标准越来越严，为保障硫黄回收装置 SO_2 达标排放，需配置独立胺液溶剂再生工序，以提供净化度更高的贫溶剂。

自 SOCT 尾气处理工序来的吸收了 H_2S 的富胺液，采用蒸汽汽提再生后，贫胺液返回 SOCT 尾气处理工序循环使用。同时，再生过程脱出的含 H_2S 酸性气返回到 Claus 制硫工序进一步回收硫元素。

典型的 Claus+SCOT 制硫黄工艺流程示意图见图 1。

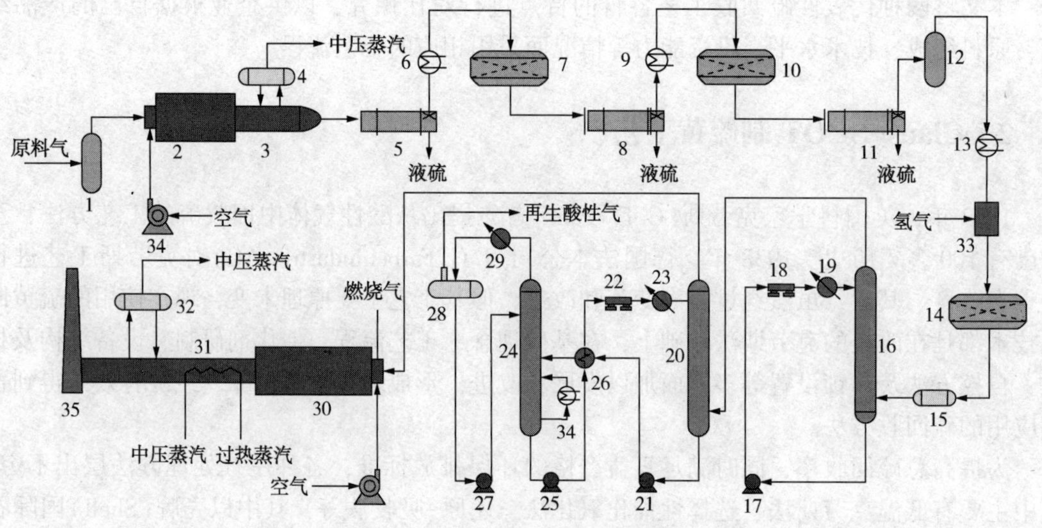

图1　典型Claus+SCOT制硫黄工艺流程示意图

1—酸性气分液罐；2—酸性气焚烧炉；3—废热锅炉；4—废热锅炉汽包；5—一级液硫冷却器；6—一级加热器；7—一级CLAUS反应器；8—二级液硫冷却器；9—二级加热器；10—二级CLAUS反应器；11—三级液硫冷却器；12—尾气捕集器；13—尾气加热器；14—加氢反应器；15—尾气废热锅炉；16—急冷塔；17—急冷水循环泵；18—急冷水空冷器；19—急冷水水冷器；20—胺液吸收塔；21—富液泵；22—贫液空冷器；23—贫液水冷器；24—再生塔；25—贫液增压泵；26—贫富液换热器；27—塔顶回流泵；28—塔顶回流罐；29—再生气冷却器；30—尾气焚烧炉；31—尾气废热锅炉；32—汽包；33—过程气—氢气混合器；34—重沸器；35—烟囱

该工艺技术路线的主要特点有：

(1) 应用广泛，现在炼厂硫黄回收大部分采用该工艺路线，或者是在此基础上的局部优化。

(2) 总硫回收率高，可达99.9%以上。

(3) 操作弹性上限可达120%，低于30%不能正常运行。

(4) 适用范围有限，对原料酸性气中H_2S浓度有一定要求，原料组成对操作影响大。

(5) 装置开停工期间排放不能满足环保要求，需要配套额外的措施。

(6) 装置投资、操作费用和能耗高。

3　WSA湿法制酸工艺

WSA(Wet gas Sulphufic Acid，简称WSA)是由丹麦托普索公司20世纪80年代早期开发的湿法制硫酸工艺，第一套装置1986年建成于瑞典的Ferrolegeringar公司(后更名为Metals & Powers Trolhättan AB公司)，主要用于处理钼矿生产过程中产生的含SO_2气体，该工艺能将酸性气体中的各种硫化物转化为浓硫酸，采用的冷凝装置为降膜式冷凝器。

该工艺技术路线包括酸性气焚烧工序、SCR脱硝工序、SO_2催化转化工序、水合冷凝工序及尾气处理工序等五部分。下面对WSA湿法制硫酸技术做进一步详细介绍。

3.1　酸性气焚烧工序

含有H_2S、SO_2或其他有机硫化合物的酸性气体在焚烧炉内焚烧，温度控制在900~

1100℃，燃烧所需的工艺空气通过鼓风机提供，控制烟气中 O_2 过剩在 10%左右，确保燃烧完全，将硫元素转化成 SO_2。焚烧炉下游设置废热锅炉以中压蒸汽的形式回收焚烧热量，同时将烟气温度降低到 410~420℃。

该部分涉及的化学反应如下：

$$\text{热反应：}H_2S+3/2O_2 \longrightarrow SO_2+H_2O+140kcal/mol$$

$$\text{副反应：}SO_2+1/2O_2 \longrightarrow SO_3+24kcal/mol$$

3.2 SCR 脱硝工序

在焚烧过程中不可避免的生成燃料型 NO_x，为满足环保要求，必须脱除，该工艺可采用 SCR 法脱硝，烟气中的 NO_x 与外补 NH_3 在催化器床层上反应，被还原成游离氮，实现脱硝。

该部分涉及的化学反应如下：

$$NO+NO_2+2NH_3 \longrightarrow 2N_2+3H_2O+90kcal/mol$$

$$4NO+4NH_3+O_2 \longrightarrow 4N_2+6H_2O+97kcal/mol$$

3.3 SO_2 催化转化工序

经焚烧、换热冷却和脱除氮氧化物后的含有二氧化硫和少量三氧化硫的工艺气进入转化器，转化器内装有托普索 VK 系列专有催化剂，SO_2 在转化器内氧化生成 SO_3，转化率可达到 99.7%[4]。

该部分涉及的化学反应如下：

$$SO_2+1/2O_2 \longrightarrow SO_3+24kcal/mol$$

上述反应为放热反应，转化速率随温度上升而下降。因此，需采取必要的手段将反应热取出。托普索采取了层间冷却工艺，即在转化器中设置一段或者多段冷却器，使工艺气与蒸汽换热带出反应产生的热量，同时控制进入下一层催化剂床层的温度。

3.4 水合冷凝工序

自 SO_2 催化转化工序来的过程气在 WSA 冷凝器内，被大量空气冷却，空气由冷却空气风机提供。在冷却过程中，所有的 SO_3 被水合为 98%(质)硫酸，硫酸在 WSA 冷凝器的垂直玻璃管内被冷凝，汇集到冷凝器底部的收集槽内。

在此过程中，为减少经过冷凝后过程气中酸雾的含量，设置酸雾控制器，通过燃烧硅油产生含少量氧化硅的微小粒子，这些粒子做为凝结核进入过程气中，捕集其中的酸雾，减少过程气中的酸雾含量。

该部分涉及的化学反应如下：

$$SO_2(g)+H_2O(g) \longrightarrow H_2SO_4(g)+25kcal/mol$$

3.5 尾气处理工序

自水合冷凝后的工艺气约 95℃，经冷却降温、除去酸雾后经烟囱直接排放。

同时，为进一步降低过程气中的 SO_2 含量，可设置双氧水洗涤工艺，工艺气中 SO_2 被双氧水氧化成稀硫酸，涉及的化学反应如下：

$$SO_2+H_2O_2 \longrightarrow H_2SO_4+73.1kcal/mol$$

典型的 WSA 湿法制硫酸工艺流程示意图见图 2。

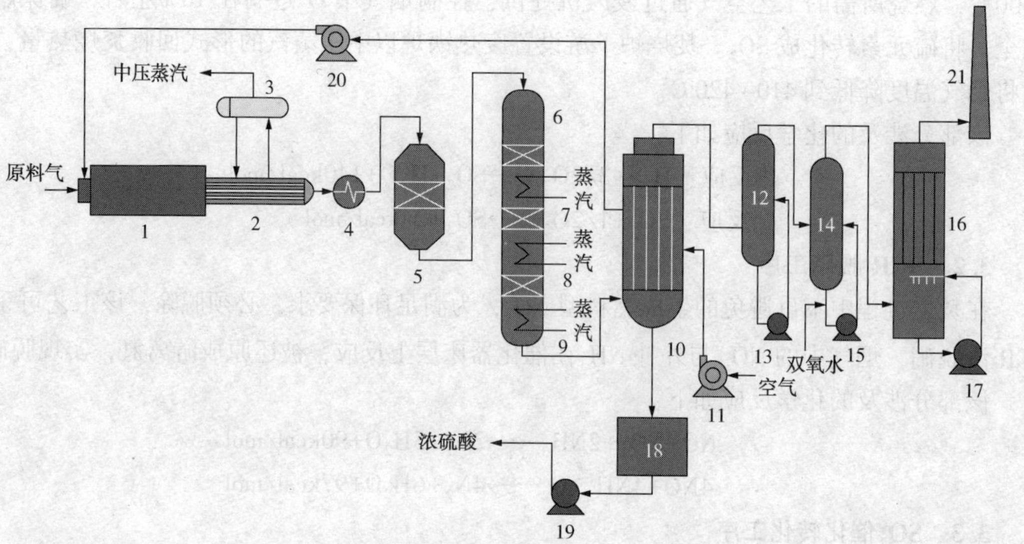

图2　典型 WSA 湿法制硫酸工艺流程示意图

1—焚烧炉；2—废热锅炉；3—汽包；4—过程气换热器；5—SCR 脱硝反应器；6—SO_2转化器；7——级层间冷却器；8—二级层间冷却器；9—工艺气冷却器；10—WSA 冷凝器；11—冷却空气风机；12—冷却塔；13—循环泵；14—洗涤塔；15—洗涤泵；16—WESP 除雾器；17—急冷循环泵；18—酸槽；19—产品酸泵；20 空气风机；21—烟囱

该工艺技术路线的主要特点有：

(1) 适用范围广。可以处理冶金、炼油、化工等多行业生产过程中产生的含硫酸性气。

(2) 操作弹性大。能处理 H_2S 体积分数在 3%～60%的酸性气体，除 H_2S 外，还能回收含硫酸性气中 SO_2、CS_2、COS 等其他硫化物的硫，装置可在 30%～100%负荷下连续运行[5]，甚至可在10%负荷下正常运行。

(3) 总硫回收率高，可达 99.9%以上。

(4) 设备数量少，装置布置紧凑，占地面积小。

(5) 工艺流程简单，操作简单可靠。

(6) 无环境污染，不产生废液。

(7) 装置能效高，副产大量高品位蒸汽，运行成本低。

4　WSA 湿法制硫酸和 Claus+SCOT 法制硫黄的比较

下文以某厂处理 3×10^4t/a 潜硫含量的含硫酸性气为基准，分别从工艺路线、运行消耗和能耗、“三废”排放、工程投资、占地面积和经济效益等方面做详细比较。

4.1　工艺对比

WSA 法制硫酸工艺技术与 Claus+SCOT 法制硫黄工艺技术相比，其工艺路线简单、设备较少、操作简便，而制硫黄工艺路线工艺复杂、设备较多、操作相对复杂。具体比较见表 1。

表1 WSA 工艺与 Claus+SCOT 工艺对比

项目	WSA 制硫酸工艺	Claus+SCOT 制硫黄工艺
硫回收率	≥99.9%，满足国家现行特别排放限值要求，开停工期间排放达标	≥99.9%，满足国家现行特别排放限值要求，开停工期间排放不达标
操作弹性	操作弹性大，负荷在10%以下可正常运行，抗波动能力强	操作负荷低于30%不能正常运行，烟气排放受进料条件影响大
适应性	原料酸性气组成不受限，对 H_2S 浓度适应范围宽，对烃类有机物、CO_2浓度没有限制	对酸性气原料中的烃类有机物、CO_2、水、及氨等含量有限制，H_2S 浓度要高于18%，低浓度 H_2S 不易处理
操作控制	过氧完全燃烧，配风不苛刻、操作简单	化学当量燃烧，操作相对复杂、配风条件苛刻
产品质量	H_2SO_4纯度达到98%以上，满足商用一等品要求	硫黄产品纯度99.5%以上，满足商用一等品要求
副产品	产生大量中压蒸汽	产生少量的中压蒸汽及低压蒸汽
燃料消耗	仅在原料中 H_2S 浓度低时，消耗燃料维持炉温	尾气焚烧部分需要连续消耗燃料
废液排放	无废液排放	有酸性水排放
占地面积	布局简单，装置结构紧凑	工艺过程复杂，占地面积大

4.2 运行消耗及能耗对比

原料酸性气进料条件见表2。

表2 原料酸性气进料条件

组分	H_2S	CO_2	H_2	烃类	惰性组分	H_2O	温度	压力	流量
%(体)	88.7	3.5	0.6	4.5	1.7	1.0	40℃	0.08MPaG	145kmol/h

分别采用两种工艺技术路线生产硫酸和硫黄，装置产品产出、公用工程消耗和投资对比见表3，能耗折算对比见表4。

表3 两种硫回收工艺技术产出、消耗和投资对比

项目		单位	WSA 法制硫酸工艺	Claus+SCOT 法制硫黄工艺
产品		t/d	98%硫酸：302	液体硫黄：99
公用工程消耗	循环冷水	t/h	221.2	276
	除氧水	t/h	30.8	18.0
	凝结水(外输)	t/h	—	−10.1
	电	kW·h	1779.8	786.2
	3.5MPa 蒸汽(外输)	t/h	−30	−11.8
	0.45MPa 蒸汽	t/h	—	2.2
	燃料气①	Nm^3/h	—	225
	液氨	kg/h	51	—
	氢气	Nm^3/h	—	317
	净化压缩空气	Nm^3/h	100	300
	非净化压缩空气	Nm^3/h	170	180
总投资		亿元	~1.2	~1.4②

注：①燃气用量按照热值11500kcal/kg折算。

②包含单独配套的溶剂再生部分。

表 4　两种硫回收工艺技术能耗折算对比

项目	能源折算值		WSA 湿法制硫酸工艺			Claus+SCOT 法制硫黄工艺		
			消耗量		单位能耗/(kg 标油/t)	消耗量		单位能耗/(kg 标油/t)
	单位	数量	单位	数量		单位	数量	
电	kg 标油/(kW·h)	0.22	kW	1779.8	31.1	kW	786.2	41.9
净化压缩空气	kg 标油/Nm^3	0.038	Nm^3/h	100	0.3	Nm^3/h	300	2.8
非净化压缩空气	kg 标油/Nm^3	0.028	Nm^3/h	170	0.4	Nm^3/h	180	1.2
循环冷水	kg 标油/t	0.06	t/h	221.2	1.1	t/h	276	4.0
3.5MPa 蒸汽	kg 标油/t	88	t/h	-30	-209.9	t/h	-11.8	-251.7
除氧水	kg 标油/t	6.5	t/h	30.8	15.9	t/h	18	28.4
凝结水	kg 标油/t	1.0	—	—	—	t/h	-10.1	-2.4
0.45MPa 蒸汽	kg 标油/t	66	—	—	—	t/h	2.2	35.2
燃料气	kg 标油/t	1150	—	—	—	t/h	0.224	62.4
合计					-161.1			-78.2

注：能耗折算值按照《石油化工设计能耗计算标准》(GB/T 50441—2016)执行。

WSA 湿法制硫酸工艺路线能耗为-161.1kg 标油/t 硫酸，Claus+SCOT 法制硫黄工艺路线能耗为-78.2kg 标油/t 硫黄，可以看出处理同量的含硫酸性气体 WSA 湿法制硫酸工艺更加节能，经济效益更可观。

4.3 “三废”排放情况

两种硫回收工艺技术路线“三废”排放情况见表 5。

表 5　两种硫回收工艺技术“三废”排放情况

污染物类型	WSA 湿法制硫酸工艺		Claus+SCOT 法制硫黄工艺	
废气	67168Nm^3/h [氧含量 12.6%(体)]	其中：SO_2 2.5kg/h NO_x 2.5kg/h 酸雾 0.2kg/h	13628Nm^3/h [氧含量 2.2%(体)]	其中：SO_2 1.2kg/h
废液	无		含硫酸性水	2000kg/h
固体废物①	废 SO_2 转化催化剂	4.25m^3/a	废 Claus 催化剂	11.8m^3/a
	废 SCR 脱硝催化剂	2.81m^3/a	废加氢催化剂	4.4m^3/a
	废瓷球	1.2m^3/a	废瓷球	1.3m^3/a

①催化剂更换或筛分时间、排放量根据现场实际运行情况确定。

采用两种工艺技术路线生产硫酸和硫黄时，排放烟气中的 SO_2 含量分别为 79.7mg/Nm^3、84.3mg/Nm^3，均满足《石油炼制工业污染物排放标准》(GB 31570—2015)中特别排放限值要求，总硫回收率分别为 99.97%、99.98%。

4.4 占地面积对比

装置均按照“流程顺畅、紧凑布置”的原则，机泵采用露天式的布置方式。根据同类设备相对集中布置的原则，除满足防火、防爆规范的要求外，还分别将高温部分尽量集中布置，以便操作和管理。

采用 WSA 湿法制硫酸工艺路线装置总占地为 59.8×60=3588m^2，而采用 Claus+SCOT 法制硫黄工艺路线装置占地 84×50＝4200m²，此外配套的溶剂再生部分占地为 29×60＝1740m²，总占地约为 5940m²。

因此，处理相同量的含硫酸性气体，采用 Claus+SOCT 法制硫黄的生产装置占地面积比 WSA 湿法制硫酸的生产装置占地面积要大很多。

4.5 经济效益分析

两种硫回收工艺技术路线的操作费用见表 6。

表 6 两种硫回收工艺技术操作费用对比

项 目	单价	WSA 湿法制硫酸工艺		Claus+SCOT 法制硫黄工艺	
		耗量(产量)	运行成本/(万元/a)	耗量(产量)	运行成本/(万元/a)
98%硫酸(一等品)	100 元/t	-302	-1057.0		
固体硫黄(一等品)	800 元/t			-99	-2772.0
循环冷水	0.2 元/t	221.2	37.2	276	46.4
除氧水	20 元/t	30.8	517.4	18.0	302.4
电	0.60 元/(kW·h)	1779.8	897.0	786.2	396.2
3.5MPa 蒸汽	210 元/t	-30	-5292.0	-11.8	-2081.5
0.45MPa 蒸汽	160 元/t	—	—	2.2	295.7
燃料气	3.5 元/Nm³	—	—	225	661.5
液氨	3500 元/t	0.051	149.9	—	—
氢气	2.0 元/Nm³	—	—	317	532.6
净化压缩空气	0.1 元/Nm³	100	8.4	300	25.2
非净化压缩空气	0.1 元/Nm³	170	14.3	180	15.1
年产出值			-4724.8		-2578.4

注：(1)"-"表示产出值。

(2)单位价格为山东某地出厂价，根据市场有一定的波动。

采用 WSA 湿法制硫酸工艺路线处理含硫酸性气年产值可达 4724.8 万元，采用 Claus+SCOT 法制硫黄工艺路线处理同样规模酸性气年产值可达 2578.4 万元，低于制硫酸工艺路线，但是企业在选择硫回收工艺时，应综合考虑全厂产品结构、周边市场以及技术性和环保指标等因素。

5 结语

WSA 湿法制硫酸工艺技术和 Claus+SCOT 制硫黄工艺技术都是当下处理炼厂含硫酸性气体应用最普遍且有效的方法。

处理相同量的炼厂酸性气体，采用 WSA 湿法制硫酸工艺路线，较采用 Claus+SCOT 生产硫黄工艺路线，在投资和运行成本上均大大降低。

WSA 湿法制硫酸工艺对原料中 H_2S 浓度及组成要求不苛刻，中压蒸汽产量约为硫黄回收工艺的 3 倍，经济效益高。

相较于 Claus+SCOT 生产硫黄工艺路线，WSA 湿法制硫酸工艺路线流程简单、操作简便、占地面积小、绿色节能，面对日益严格的环保要求，炼厂酸性气直接制硫酸工艺路线是一种较好的选择。

但是，浓硫酸属于极度危害介质，储存和运输要求严格，因此，企业在选择硫回收工艺路线时应综合考虑全厂产品结构、技术性和环保指标，以及工厂周边硫酸市场容量、价格等因素，同时做好周边市场需求分析。

参 考 文 献

[1] 李菁菁. 硫黄回收技术与工程[M]北京：石油工业出版社，2010.

[2] 赵叶访. 国内硫回收技术现状及展望[J]. 安徽化工，2010，增刊(1)：65-67.

[3] 汪家铭. 酸性气硫回收 WSA 湿法制酸工艺及应用前景[J]. 泸天化科技，2009(1)：15-19.

[4] 张峰. WSA 湿法制酸工艺及其在我国的应用[J]. 硫磷设计与粉体工程，2011(4)：1-5.

[5] 汪家铭. WSA 工艺在酸性气硫回收中的应用[J]. 石油化工技术与经济，2009(1)25，15-19.

高含硫天然气净化装置胺液系统消泡剂加注技术优化研究

王启维

（中国石化中原油田普光分公司　四川达州　635000）

摘　要：对高含硫天然气净化装置胺液系统发泡控制进行优化研究，提出采用吸收塔出口气相中CO_2浓度作为胺液系统发泡微观特征指标，对消泡剂加注方式、加注量和加注时机进行精细化优化，形成塔本体脉冲式自动定量加注技术。技术优化着眼于促进消泡剂快速分散并稳定吸附于气液接触区域的发泡层中，避免混入液相主体而被过滤清除，消泡剂快速消泡性能提高约35%，长期抑泡性能提高约75%，有效提高消泡剂使用效率，控制胺液系统发泡程度。

关键词：天然气净化　消泡作用　抑泡作用　胺液发泡

1　前言

天然气净化处理通常采用醇胺吸收法，特别对CO_2和H_2S选择性吸收要求严格的高含硫天然气，基本选用高浓度MDEA（*N*-甲基二乙醇胺）作为吸收剂。醇胺吸收剂具有较优的吸收效果和较长的使用寿命。但醇胺吸收剂也存在一些缺陷，醇胺溶液混入杂质后，包括降解产物、腐蚀产物、有机杂质等，容易引起气液接触装置出现较严重发泡，带来液泛冲塔的风险[1,2]。

1.1　消泡剂加注特点

胺液发泡后，会引起工艺参数波动失稳。对于再生系统，再生塔底液位、塔顶出口酸性气流量波动增大、塔压差升高；对于吸收及闪蒸系统，吸收塔差压升高、塔底液位波动增大、出口闪蒸气带液量增大。若发泡程度继续加剧，引起较严重雾沫夹带、液泛等，会造成吸收塔、再生塔气液接触效率明显下降，净化天然气不达标、吸收剂跑损增多、后续硫黄回收单元工艺失稳等。在生产上主要采用“消泡剂间断加注+活性炭连续过滤”方式控制胺液发泡。胺液系统间断加注消泡剂，在运行过程中消泡剂会被活性炭过滤，浓度出现下降，当降低至一定程度后，再次间断补充消泡剂，维持消泡剂稳定在一定浓度区间[3,4]。

消泡剂作为表面活性剂，具有消泡、助泡两面性，若使用不当，一方面引起剧烈消泡，出现塔底泵抽空、净化气超标等；另一方面转变为助泡剂，促进胺液发泡加剧。而消泡剂的使用性能涉及毫克级层面，对于大型生产装置，整个液相系统循环量为百吨级，间断加注少量消泡剂，在胺液系统内微观环境内的实际作用过程存在不确定性。在工业装置上，基本依赖生产操作经验应对这种不确定性，总体存在较大盲目性，实际运用效果普遍不高[5-7]。

本课题对工业装置上消泡剂的加注进行精细化控制研究，结合微观效果分析，对消泡剂加注量、加注时机、加注方式进行优化研究，确保在大型净化装置上消泡剂的快速消泡和长期抑泡性能得到充分发挥，提高对胺液系统发泡的控制水平。

1.2　普光净化厂消泡剂加注现状

普光天然气净化厂用于处理 H_2S 约 16%、CO_2 约 8%的高含硫天然气，普光净化厂单套生产装置包括 $300\times10^4Nm^3/d$ 的脱硫单元和 $20\times10^4t/a$ 的硫黄回收及尾气处理单元。其中脱硫单元内气相系统采用两级吸收模式。液相系统进行部分过滤，采用“机械+活性炭+机械”三级过滤方式，降低杂质含量，抑制发泡倾向[3,8]。

普光净化厂联合装置使用的消泡剂为与 MDEA 相配套的聚丙二醇单丁基醚，属聚醚类消泡剂，具有不易被胺液增溶、消泡速度较快、长期抑泡性能优良的特点。消泡剂采用间断加注方式，加注点在贫胺液水冷器出口的贫胺液管线上，加注点如图 1 所示。当确认胺液出现发泡特征后，将 0.5kg 消泡剂从漏斗处注入，然后进入中间储槽，最后依靠胺液主管线前后压差被带入胺液系统，并随胺液主体进入各气液接触区域发挥消泡作用。

图 1　消泡剂原始加注点

对普光净化厂胺液系统的整体发泡水平进行评估，以净化厂第四联合两列装置(141 系列和 142 系列)为例，统计 2013~2017 年期间连续运行超过三个月时消泡剂加注次数，如图 2 所示。胺液系统平均发泡次数约 15.5 次/月，胺液系统发泡水平整体较高。进一步分析可知，胺液发泡存在较大不均匀性，最高达 40.6 次/月，最低达 6.7 次/月。这个不均匀性一方面表明消泡剂加注量越多、加注次数越频繁，反而可能会起到加剧发泡的作用；另一方面通过优化改善消泡剂微观作用过程，可能会大幅降低胺液发泡倾向。

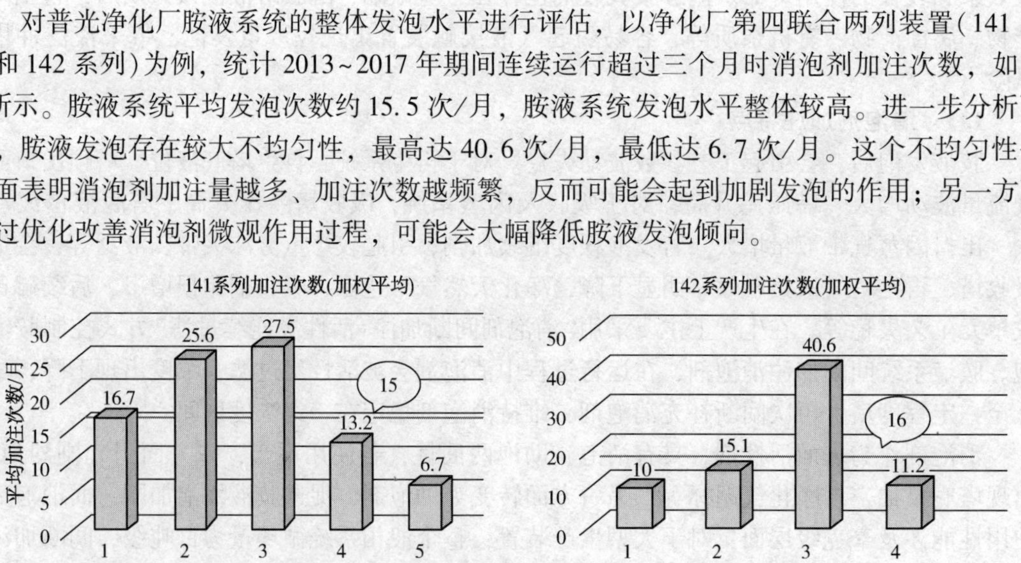

图 2　普光净化厂第四联合两列装置消泡剂加注次数统计

2 技术优化研究

在生产装置上进行消泡剂加注的技术优化，着眼于消泡剂微观作用过程，进行加注方式、加注时机和加注量的优化研究，确保消泡剂快速消泡和长期抑泡性能得到充分发挥。

2.1 胺液发泡的微观特征

对于气液交换过程，设计上要求气液两相区域处于“泡沫型接触”状态，这样状态传质效率高，有利于提高吸收及再生过程。因此生产运行中，都会控制塔板液相层处于一定的泡沫状态，如图3所示，塔板溢流堰内液相层维持稳定可控的泡沫层，促进气液传质过程，提高板效率[9]。但随着胺液系统内的热稳定盐、固体悬浮微粒、有机物等表面活性物质含量增多，表面活性物质作用于气液接触面，造成胺液发泡程度增大，塔板上泡沫层厚度增大，引起上下塔板之间出现雾沫夹带、液泛等严重返混情况，塔板效率会下降。此时，向系统注入一定量的消泡剂，消泡剂分子表面张力低，且不溶于胺液，易快速浸入塔板泡沫层，并在泡沫液膜表面发生铺展及浸入作用，改变液膜分子排列方式。泡沫液膜局部厚度下降，强度和弹性变差，气泡破裂速度加快，泡沫含量降低，塔板上泡沫层厚度下降，胺液发泡得到控制。

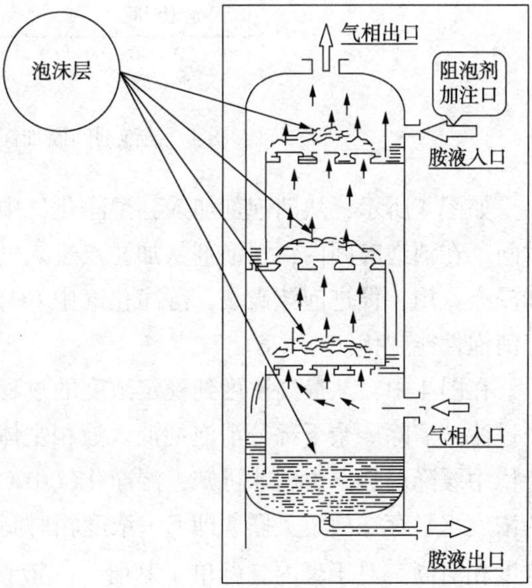

图3 吸收塔板区域的泡沫状态

消泡剂的快速消泡，要求消泡剂能够快速进入气液接触区域，并在区域内泡沫层中快速分散铺展，促进气泡破裂缩短泡沫寿命。而消泡剂的长期抑泡，要求消泡剂在气液接触区域长期停留，不易被胺液及其他杂质增溶，维持浓度稳定进而发挥长期消泡作用。对于聚丙二醇单丁基醚，在泡沫层中浓度维持在2~20mg/L之间，能够发挥较好消泡性能。在大型工业装置上，聚丙二醇单丁基醚分子如果能通过表面分子间作用力吸附于气液接触区域的泡沫层中，而不是混入胺液主体中被循环过滤清除，是能够维持浓度相对稳定，进而发挥出较好的快速消泡和长期抑泡性能[11-13]。

2.2 胺液发泡程度的微观评判

在生产实践中发现，每次向胺液系统加注消泡剂后，二级吸收塔C-102顶部出口的湿净化气中CO_2浓度会急剧升高，然后缓慢下降至趋于平稳，如图4所示。消泡剂加入后，气液接触区域泡沫破碎，圈闭的CO_2大量逸出造成气相CO_2浓度急剧升高，即从起始浓度升至最高浓度。然后气液接触区域泡沫含量下降，气液传质效率降低，受动力学控制的CO_2吸收速率下降，气相CO_2浓度会较加注前升高，即从最高浓度又缓慢趋于稳定浓度[10]。

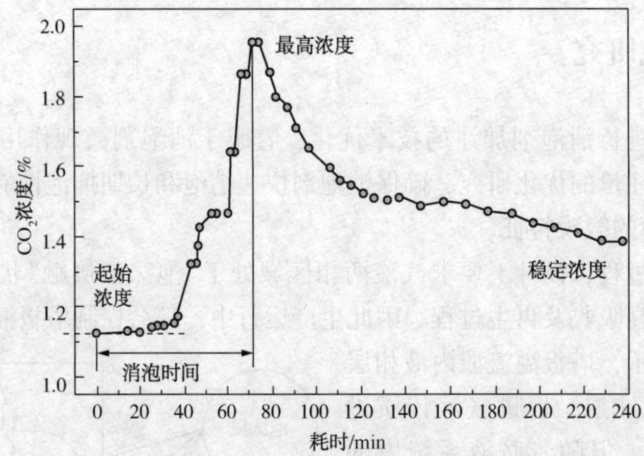

图 4　消泡剂间断加注后气相中 CO_2浓度变化

如图 4 所示，从消泡剂加入到湿净化气中 CO_2浓度升至最高浓度所需的时间，称为消泡时间。在消泡时间内，消泡剂从加注点进入气液接触区域，在泡沫层中开始分散，发挥铺展和浸入作用，促进泡沫破裂，湿净化气中 CO_2浓度逐渐升至最高。消泡时间越短，消泡剂快速消泡性能越优。

在图 4 中，从最高浓度到稳定浓度的过程中，消泡剂因增溶及液相扰动而混入液相主体经过滤被清除。余下部分消泡剂混入液相主体速率下降，在气液接触区域的泡沫层中浓度维持稳中缓降趋势。由图 4 可知，湿净化气中 CO_2浓度水平与胺液系统内气液接触区域消泡剂的浓度水平存在一定关联，即 CO_2浓度相对高，则气液接触区域发泡程度相对低，而消泡剂浓度相对高。对于聚丙二醇单丁基醚，气液接触区域内浓度在 2~20mg/m^{3}性能较优，因此湿净化气中 CO_2浓度也对应存在一个相对较优的浓度范围[11-13]。

2.3　优化措施研究

2.3.1　加注方式优化

普光净化厂脱硫单元液相循环如图 5 所示，胺液再生塔 C-104 底部出来的贫液经换热冷却后，分别送入闪蒸气吸收塔 C-103、尾气吸收塔 C-402 和二级吸收塔 C-102。然后 C-402 底部和 C-102 底部出来的半富液经级间冷却后，送入一级吸收塔 C-101。C-101 底部出来的富液进入闪蒸罐 D-102 后被压入 C-104 进行蒸汽加热再生[3,8]。

在生产过程中在塔器的气液接触区域才会出现发泡问题，因此将消泡剂改为塔本体加注，定向清除泡沫。将原来的在胺液冷却器 E-106A/B 出口管上加注改为 C-102、C-103、C-104 和 C-402 四处塔本体加注，加注点如图 5 中箭头所示。同时增设高压计量泵，对消泡剂进行定量加注。对比优化前后消泡剂使用效果，将在 C-103 本体用计量泵自动加注消泡剂，与在原加注口手动加注消泡剂，比较 CO_2浓度变化过程如图 6 所示。优化后消泡时间从 112min 缩短至 72min，优化后快速消泡性能提高约 35%。

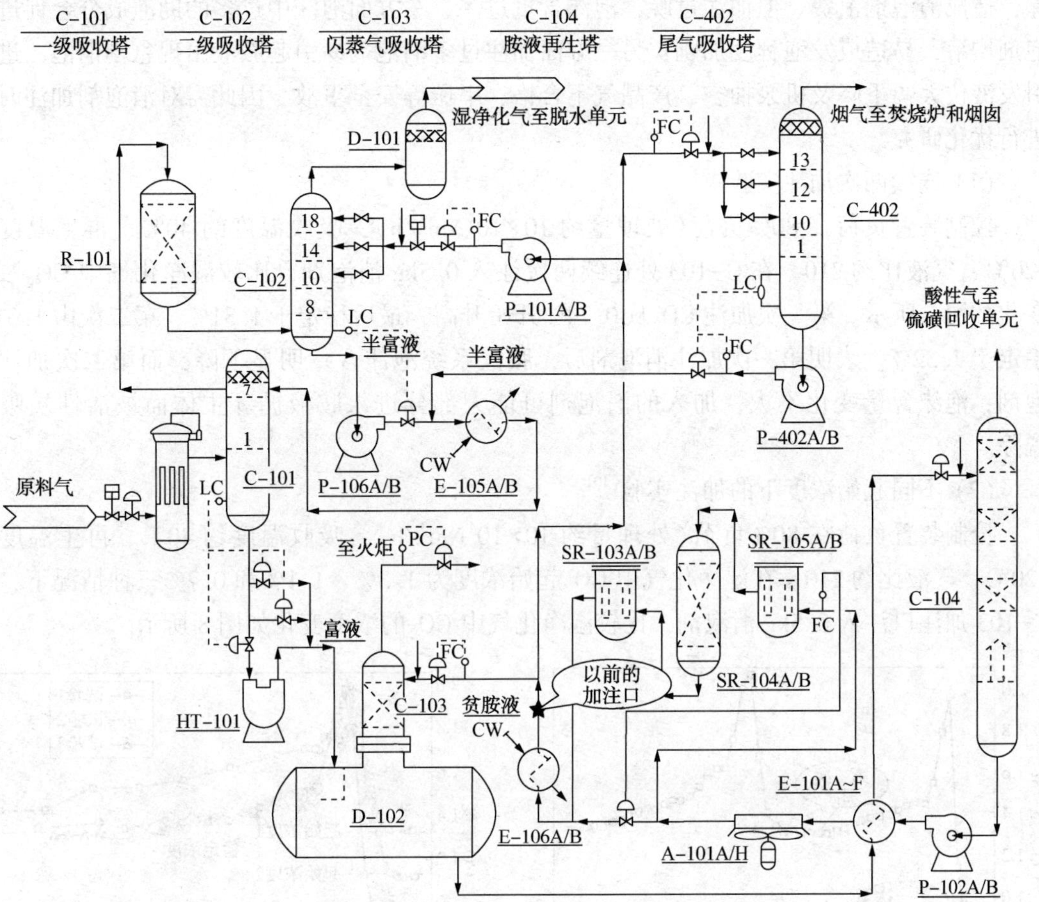

图5　胺液循环再生过程与消泡剂加注点分布

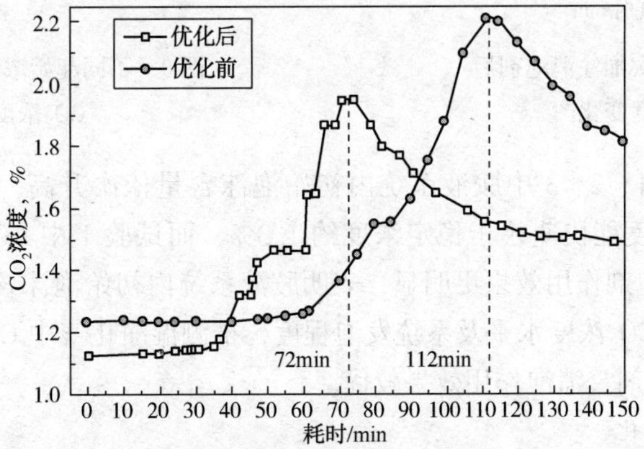

图6　优化前后消泡时间对比

2.3.2　加注时机优化

消泡剂加注时机是消泡剂使用的关键问题，但工业上完全依赖经验进行。消泡剂加注过早，泡沫含量不多，加入的消泡剂大部分进入胺液主体，经过循环过滤会被活性炭吸附脱除，造成消泡剂浪费。但加注过晚，泡沫含量过多，一方面泡沫中过多的助泡成分会促进消泡剂增溶，易造成发泡程度加剧；另一方面加注过多消泡剂易引起胺液出现急剧消泡，进而引发液位大幅下降及机泵抽空、产品气不合格、串压等安全事故。因此需对消泡剂加注时机进行优化研究。

(1) 连续两次加注实验[10]

控制装置负荷在80%负荷(处理量约$10\times10^4Nm^3/h$)，吸收温度约40℃、再生温度约120℃、气液比约210。在C-103处连续两次注入0.5kg消泡剂，比较湿净化气中CO_2浓度变化如图7所示。第一次加注CO_2从0.74%开始升高，最后稳定于1.31%，第二次由1.31%稳定于1.32%。表明第一次加注消泡剂后，胺液系统泡沫含量明显下降，而第二次加注消泡剂，泡沫含量变化不大，加入的消泡剂可能大部分进入胺液循环主体而被活性炭吸附脱除。

(2) 不同起始浓度下的加注实验[10]

控制装置负荷在80%负荷(处理量约$10\times10^4Nm^3/h$)，吸收温度约40℃、再生温度约120℃、气液比约210。在湿净化气中CO_2起始浓度为1.3%、1.1%和0.7%三种情况下，在C-103加注口注入0.5kg消泡剂，比较湿净化气中CO_2的浓度变化如图8所示。

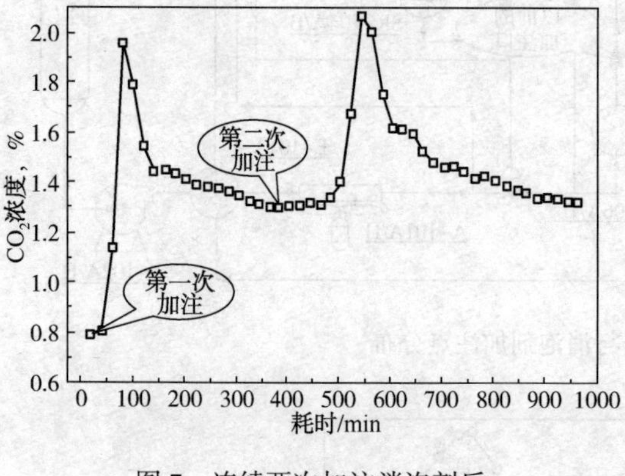

图7 连续两次加注消泡剂后CO_2浓度变化图

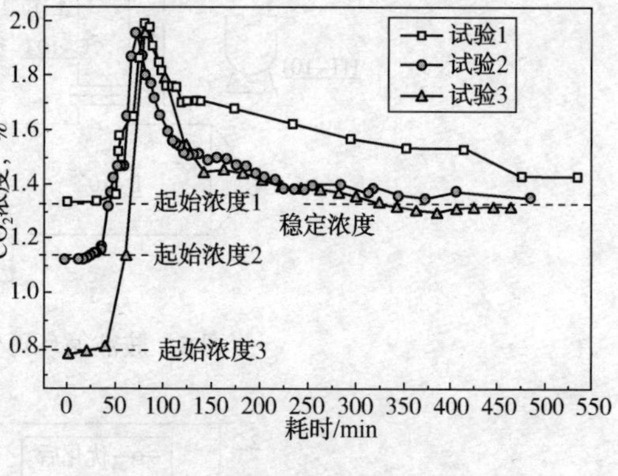

图8 不同起始浓度下加注消泡剂后CO_2浓度变化图

在图8中，试验1、2、3中胺液系统内初始泡沫含量依次升高，加注消泡剂后，试验2、试验3中，CO_2浓度能快速趋于稳定浓度约1.3%，而试验1中CO_2浓度始终处于高位。试验2、试验3中消泡剂作用效果更明显，表明胺液系统内初始泡沫含量不宜过低。结合试验2、试验3对应的CO_2浓度水平及系统发泡程度，推测湿净化气中CO_2浓度水平在0.7%~1.1%范围内加注消泡剂，消泡作用效果较优。

2.3.3 加注量优化

聚丙二醇单丁基醚使用浓度在2~20mg/L为宜，而整个系统的胺液循环量约450t/h，因此计量泵消泡剂加注流量定为10L/h，可维持胺液循环量中消泡剂平均约20mg/L。按照各塔器气液接触区域内持液量更新周期计算加注时间，其中板式塔按塔底存液量的10%，填料塔按填料体积的5%。对于闪蒸气吸收塔C-103，塔底为卧式闪蒸罐D-102，罐内存液量更新耗时的20%取为消泡剂加注时间。具体加注量如表1所示[9]。

表1 消泡剂加注量

位置	C-102	C-103①	C-104	C-402
塔类型	浮阀板式塔	规整填料塔	规整填料塔	浮阀板式塔
液相循环量/(t/h)	190	25	450	245
塔底存液/t	38	75	68	76
持液量/t	3.8	-	10.5	7.6
加注时间/s	72	120	84	110

① 闪蒸气吸收塔 C-103 底部为卧式闪蒸罐 D-102，罐内为富胺液，出口流量为 450t/h。

3 生产应用过程

将优化研究成果运用于生产应用中，装置在 80%~100% 负荷内，当湿净化气中 CO_2 浓度在 0.7%~1.1%范围时，判定系统存在较严重发泡。结合各吸收塔、再生塔工艺参数，进一步确认发泡状态特征，进行消泡剂加注以及系统发泡程度判定。各塔器发泡工艺条件如表 2 所示。

表2 塔器发泡工艺判定条件

发泡位置	正常参数		发泡工艺条件	
	差压/kPa	液位/%	差压/kPa	液位波动①/%
C-102	6~10	50	12~15	4~6
C-103②	0~2	40~60	4~6	4~6
C-104	0~5	80~90	10~12	6~10
C-402	6~10	50	12~15	4~6

①塔底液位波动指在塔液位手动调节下，液位呈锯齿状上下剧烈波动状态；②闪蒸气吸收塔 C-103，发泡严重时塔顶闪蒸气量大幅升高，塔顶压控放空阀持续全开。

在生产过程中发生最多的情况是，再生塔 C-104 和闪蒸气吸收塔 C-103 同时出现发泡特征，此时通常都在 C-103 处加注消泡剂。采用优化后加注技术在普光净化厂第四联合两个系列装置上进行监控试验，统计 2018 年连续运行期间胺液系统发泡数据。第四联合两个系列装置约 6 个月生产运行过程中，总计加注消泡剂分别为 20 次和 26 次，平均为 3.8 次/月，胺液发泡频率降低约 75%，消泡剂的长期抑泡性能得到提高。

4 结语

对高含硫天然气净化装置胺液系统发泡控制进行优化研究，提出采用吸收塔出口气相中 CO_2浓度作为胺液系统发泡特征的微观判断指标，对消泡剂加注方式、加注量和加注时机进行精细化优化，形成塔本体脉冲式自动定量加注技术。技术优化着眼于促进消泡剂快速分散并稳定吸附于气液接触区域的发泡层中，避免混入液相主体而被过滤清除，消泡剂的消泡及抑泡作用得到充分发挥。通过应用分析，消泡剂快速消泡性能提高约 35%，长期抑泡性能提高约 75%，有效提高消泡剂使用效率，控制胺液系统发泡程度。

参 考 文 献

[1] 朱雯钊，彭修军，叶辉. MDEA 脱硫溶液发泡研究[J]. 石油与天然气化工，2015，44(2)：22-27.
[2] 金祥哲. MDEA 脱硫溶液发泡原因及消泡方法研究[D]. 西安：西安石油大学，2005.
[3] 朱海峰. 净化装置胺液系统发泡原因分析及调控措施[J]. 硫酸工业，2018，(2)：27-29.
[4] 吴金桥，张宁生，吴新民，等. 长庆气田第二净化厂 MDEA 脱硫溶液发泡原因[J]. 天然气工业，2005，25(4)：168-170.
[5] 张利国. 消泡剂消泡机理、应用及评价方法介绍[J]. 日用化学品科学，2018，41(2)：40-44.
[6] R. J. Pugh. Foaming，Foam Films，Antifoaming and Defoaming [J]. Advances in Colloid and Interface Science，1996. 02，64(8)：67-142.
[7] Yogita AGondule，Sumit D Dhenge，et al. Control of Foam Foamation in the Amie Gas Treating System [J]. Jawaharlal Darda Institute of Engineering and Technology，2017，4(3)：183-188.
[8] 裴爱霞，张立胜，于艳秋，等. 高含硫天然气脱硫脱碳工艺技术在普光气田的应用研究[J]. 石油与天然气化工，2012，41(1)：17-23.
[9] 夏清，陈常贵. 化工原理(下)[M]. 天津：天津大学出版社，2005.
[10] 李永生. MDEA 脱硫溶液吸收选择性提升研究[J]. 石油与天然气化工，2015，(3)：36-39.
[11] 孙兵，陈文义，孙姣，等. 泡沫分离用于解决胺液发泡的实验研究[J]. 天然气化工(C1 化学与化工)，2014，39(5)：39-44.
[12] 王宸宸，易玉峰，孙超，等. 消泡剂气/液界面膜的性质对其消泡性能的影响[J]. 日用化学工业，2017，47(1)：13-17.
[13] Nikolai D. Denkov，Krastanka G. Marinova，Slavka S. Tcholakova. Mechanistic Understanding of the Modes of Action of Foam Control Agents [J]. Advances in Colloid and Interface Science，2014，206(5)：57-67.

普光天然气净化装置硫黄尾气单元开停工燃料气优化探究

李雪峰 陆 涛

(中国石化中原油田普光分公司 四川达州 635000)

摘 要：通过对普光天然气净化厂联合装置硫黄尾气单元运行过程中燃料气消耗状态进行优化探究，包括：缩短开工阶段尾炉克劳斯炉点炉时间间隔；降低停工阶段尾炉负荷；降低硫黄单元停工过程中克劳斯炉燃烧空气量，实现了燃料气消耗量降低的目的，为普光天然气净化厂安稳长满优运行添砖加瓦。

关键词：燃料气 克劳斯炉 节能

1 前言

普光天然气净化厂联合装置投产十年来，已经摸索出一套较为成熟的运行技术与方法[1]。为进一步改善能源利用效率，减少装置开停工阶段燃料气消耗，特开展燃料气节能技术研究与优化。开停工期间与燃料气消耗相关的工序主要有：①开工阶段尾炉与克劳斯炉点火升温时间间隔在24h左右，尾炉热备期间燃料气耗量为1300Nm^3/h；②停工阶段尾炉持续高负荷运行，主要为处理来自液硫池和地下罐的有害气体，此工况下尾炉风量仍维持高负荷25000Nm^3/h左右，对应的燃料气量平均为1120Nm^3/h；③硫黄单元停工阶段克劳斯炉降温过程通过逐渐降低燃料气量实现。此过程燃烧空气量控制在26000Nm^3/h左右，降温初始阶段燃料气用量约1200Nm^3/h。

2 存在问题与优化方案

普光天然气净化装置硫黄尾气单元运行中有以下特点：①尾炉与克劳斯炉点炉升温时间间隔长。开工升温阶段，尾炉与克劳斯炉均是耗燃料气大户，燃料气消耗量与尾炉运行时间直接相关。②停工阶段尾炉持续高负荷运行，停工阶段只有较少的过程气进入尾炉，在保证氧含量(2.5%~4%)和炉温正常(650℃)的前提下适当降低风量和燃料气量，有利于节能降耗。③停工阶段克劳斯炉降温过程优化，克劳斯炉钝化降温是通过逐步降低燃料气量来实现的，一般是维持风量26000Nm^3/h左右，直接降燃料气，根据停工经验，降低风量可以消耗更少的燃料气以实现节能目的[2]。

普光天然气联合装置规模大、产能优，节能降耗探索在装置平稳运行中意义重大[3]，通过对装置基础数据进行归纳总结可得到很多启发。本次探究旨在保证工艺效果的前提下，从以下三个方面开展燃料气降耗优化探究，实现节能目的：①在联合装置硫黄尾气单元开工过程中，尾气焚烧炉的点炉时间由原先比克劳斯炉点炉时间提前24h缩短至提前4h，以减少后期克劳斯炉升温过程中尾炉热备状态的时间，从而达到降低燃料气消耗的目的；②对比停工阶段不同风量下尾炉燃料气量统计，随着风量的下降，观察各个参数的数值分析，找到节能下限值，并根据实际操作工况选取优化的风量，从而降低燃料气消耗；③克劳斯炉钝化结束后降温过程中，将风量适当降低，再进行降燃料气操作，降温可在低风量下进行，但过低的风量会使反应器床层温度出现偏差，对催化剂不利。本优化目的在于不影响降温过程时消耗更低的燃料气。采集不同燃烧空气量下的反应器床层温度数据，观察后路反应器床层温度温差变化，温差过大时表明风量太低，不利于硫黄单元降温，选取合适的燃烧空气低负荷值，实现节能降耗[4]。

3 燃料气节能优化分析

3.1 缩短尾炉与克劳斯炉点火时间间隔

根据升温过程，按照尾炉升温24h之后克劳斯过炉升温进行核算，实际开工过程克劳斯炉从200℃升温，预计尾炉升温/热备共需要33h，而克劳斯炉达到热备条件需要60h，则意味着尾炉在达到热备条件后还需要在热备状态下运行52h(如图1所示)，尾炉热备状态下(600℃，燃料气耗量约为1300Nm^3/h)，克劳斯炉才能热备完成，共消耗燃料气量为52×1300=67600Nm^3。

采用新的升温方式缩短时间间隔后，即在尾炉升温至300℃时开始克劳斯炉升温，(仅间隔4h)，此时尾炉到热备状态需要32h，克劳斯炉达到热备条件需要60h，就意味着尾炉在达到热备条件后还需要在热备状态下运行32h后克劳斯炉到达热备状态(如图2所示)。此时消耗燃料气量为32×1300=41600Nm^3，共节约燃料气量67600-41600=26000Nm^3。

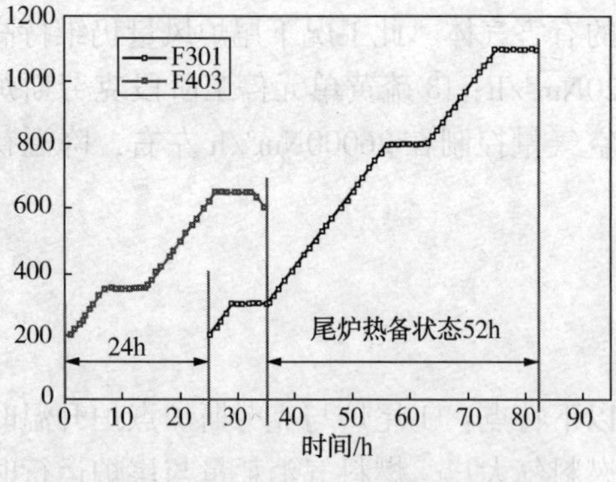

图1 原始点炉F301/F403升温时间间隔

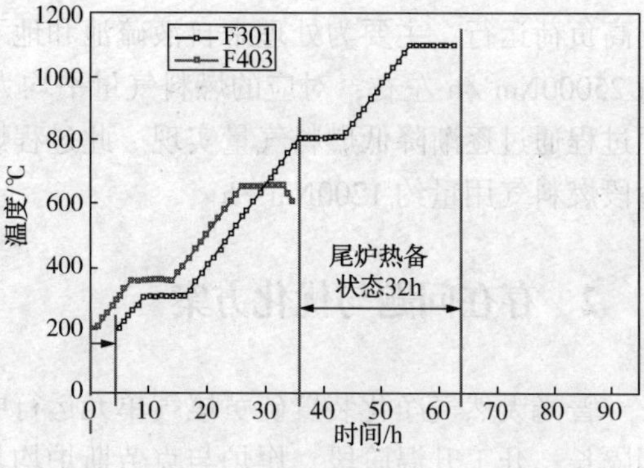

图2 优化点炉F301/F403升温时间间隔

3.2 停工阶段尾炉低负荷运行

停工阶段尾炉维持25000Nm^3/h风量，对应燃料气耗量约为1120Nm^3/h，降低风量后对应的燃料气耗量下降，根据实际测定数据对比分析得知，风量降至19000Nm^3/h时，燃料气降至829Nm^3/h，两种状况下对应的燃料气差值291Nm^3/h，按照平时停工方案，硫黄单元除硫结束后尾炉运行时间不确定，但运行时间越长，节能效果越显著。

3.3 硫黄单元停工阶段克劳斯炉降温优化

克劳斯炉钝化结束后降温过程中，将风量适当降低，再进行降燃料气操作，降温可在低风量下进行，但过低的风量会使反应器床层温度出现偏差，对催化剂不利。本优化目的在于不影响降温过程时消耗更低的燃料气。通过记录数据对比分析，找到燃烧空气降低值，有利于节能降耗。采集不同燃烧空气量下的反应器床层温度数据，如表1所示(同层 $\Delta t<5℃$ 为合格)。由表1可知，降至 $19000Nm^3/h$ 时床层开始出现温差变大的趋势，为安全起见，本次优化选取燃烧空气量为 $20000Nm^3/h$。相比 $26000Nm^3/h$ 的高负荷，更有利于节能降耗。

表1　不同燃烧空气量下的反应器床层温度数据

风量/(Nm^3/h)	是否合格	风量/(Nm^3/h)	是否合格	风量/(Nm^3/h)	是否合格	风量/(Nm^3/h)	是否合格
26000	合格	21000	合格	23500	合格	18500	1不合格
25500	合格	20500	合格	23000	合格	18000	3不合格
25000	合格	20000	合格	22500	合格	17500	4不合格
24500	合格	19500	合格	22000	合格	17000	4不合格
24000	合格	19000	1不合格	21500	合格	16500	5不合格

图3为燃烧空气负荷优化前后对应的燃料气温降曲线图，可知风量较低时，相同炉温下消耗更少的燃料气，低负荷下有利于节能降耗。

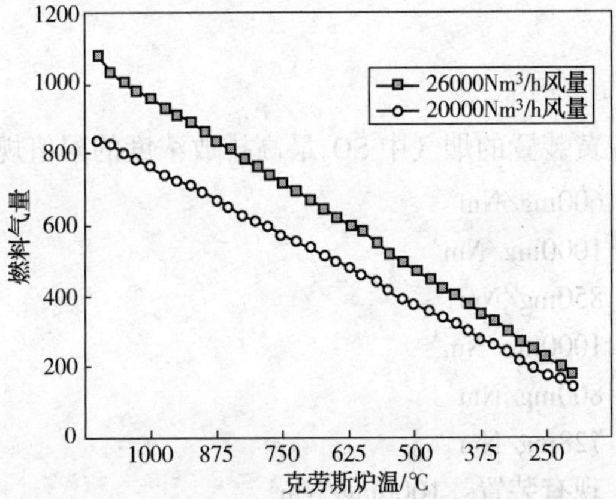

图3　燃烧空气负荷优化前后燃料气温降曲线图

4　结论

本文通过对开停工过程硫黄尾气单元燃料气消耗点，包括开工阶段尾炉和克劳斯炉同步升温、停工阶段尾炉维持低负荷运行和克劳斯炉降温过程优化等处理方法，实现了降低燃料气消耗的目的，值得在高含硫净化装置推广，为同类化工装置节能降耗提供借鉴。

参　考　文　献

[1] 于艳秋，毛红艳，裴爱霞．普光高含硫气田特大型天然气净化厂关键技术解析[J]．天然气工业，2011，31(03)：22-25.

[2] 田野．普光高含硫气田环境保护管理体系研究[Z]．青岛：中国石油大学(华东)，2015.

[3] 章铮，程阳，陈鸣启，等．普光气田净化厂[J]．中国石化，2018(07)：101.

[4] 常月，丑艳妮，蒲晓艳，等．交叉组合的硫回收及尾气处理新工艺[J]．化工管理，2018(29)：78-79.

SO_2高标准排放"GD10"硫回收尾气处理技术

张建超

（中石化南京工程有限公司　江苏南京　211100）

摘　要：《石油炼制工业污染物排放标准》颁布后，硫回收装置烟气中SO_2排放浓度限值在特殊地区要求低至100mg/Nm^3，催生出适应性新技术，目前有些地区根据新技术运行的情况拟发布更严苛的排放要求。本文介绍了某公司研发并成功运行的SO_2高标准排放硫回收尾气处理技术（简称"GD10"硫回收尾气处理技术），其排放尾气中SO_2<10mg/Nm^3。

关键词：硫回收　SO_2排放　高标准排放　尾气净化

1　前言

国外主要工业国家硫黄装置的烟气中SO_2最高排放浓度的限值规定如下：

比利时	600mg/Nm^3
丹麦	1000mg/Nm^3
法国	850mg/Nm^3
意大利	1000mg/Nm^3
瑞典	800mg/Nm^3
美国	728mg/Nm^3
荷兰	现有装置：1000mg/Nm^3
	新建装置：500mg/Nm^3

我国2015年4月颁布了目前全球最严的排放标准：GB 31570—2015《石油炼制工业污染物排放标准》，2017年7月1日起实施。标准要求一般地区SO_2排放浓度的限值为400mg/Nm^3（标准状况计，下同），重点地区为100mg/Nm^3。有些地区根据现有装置实际运行状况，拟提出更严苛的地区SO_2排放要求，要求排放限值为10mg/Nm^3。

为适应新的市场需求，中石化南京工程有限公司利用自身科研力量和工程经验，成功开发出一系列适应不同地区不同要求的硫回收尾气处理新技术，即尾气排放中SO_2<200mg/Nm^{3}的"GD200"技术和SO_2<50mg/Nm^{3}的"GD50"[1]及SO_2<10mg/Nm^{3}的"GD10"硫回收尾气处理技术。以上技术均已成功应用于工业化装置上，实际运行指标均优于设计指标。本文结合工业装置重点介绍"GD10"硫回收技术及开工运行情况。

2　"GD10"高标准排放硫回收尾气处理技术

某20×10^{4}t/a硫黄回收装置，采用两头一尾常规克劳斯+还原吸收RAR+尾气焚烧+

"GD10"尾气处理技术。其工艺流程如图1所示。

来自上游各装置的酸性气经过分液后进入热焚烧的火嘴和炉体，与计算后所需的空气量进行高温燃烧，热气体经过热量回收后进入两级克劳斯反应，尾气经加热获得所需热量后进入加氢还原及吸收系统，经溶剂吸收后的尾气进入尾气焚烧炉与燃料气和计算后所需空气进行焚烧，经热量回收后进入"GD10"尾气处理系统。

260~350℃的热烟气进入"GD10"尾气处理系统后，首先回收热量使烟气温度降低90~120℃，烟气与循环吸收液高效混合急冷吸收，进入多功能吸收塔气液分离，气体经过精吸收后进入上部水循环置换段，净化后的烟气经除沫和消烟后从烟囱排放。碱液根据吸收循环液的pH值自动跟踪调整补入，非正常工况和生产过程较大波动时可人工或自动补入额外的高浓度碱液来吸收上游带来的高浓度SO_2，"GD10"尾气处理系统流程如图2所示。

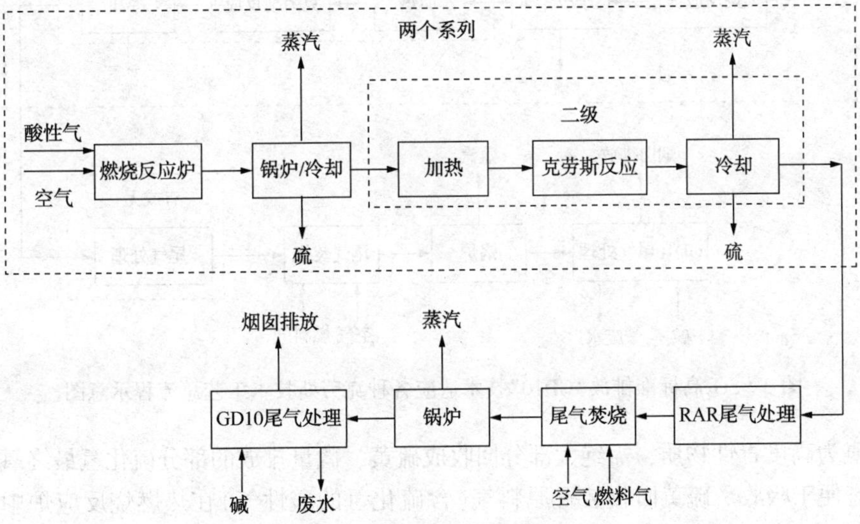

图1 某20×10^4t/a硫黄回收装置工艺流程示意图

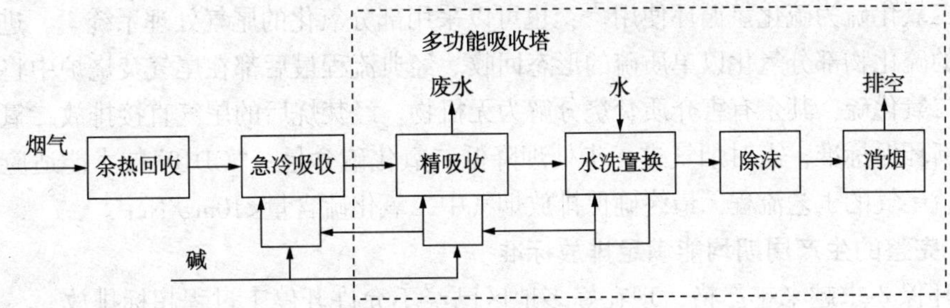

图2 "GD10"尾气处理工艺流程示意图

3 "GD10"高标准排放技术特点

3.1 技术适应行业范围广

本技术适用于石化、天然气、煤化工及其他行业硫黄回收装置的废气处理。该技术解决了一些传统硫黄回收尾气不能满足环保新标准的问题，特别是装置开停工过程及生产出现大幅波动时的超标排放问题，可快速将尾气中的二氧化硫降至小于 10mg/Nm^3，并能实现开停工、事故联锁等全工艺生产流程的高标准达标排放，且烟囱无可见白烟，是一套节能、环保、资源综合利用的生产装置。

3.2 技术适应上游工艺变化能力强

SO_2高标准排放“GD10”硫回收尾气处理技术可适应于各种克劳斯技术的硫黄回收尾气处理工况，各种克劳斯技术工艺总流程示意见图 3。

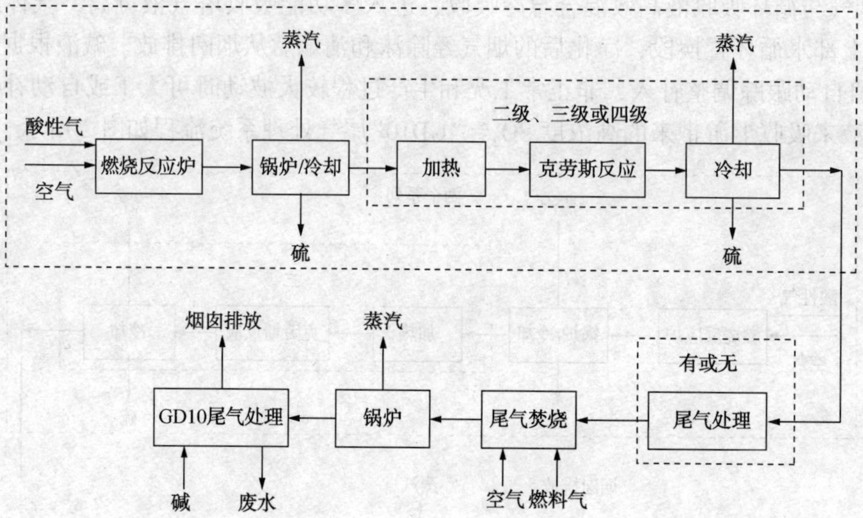

图 3 SO_2高标准排放“GD10”技术适应各种克劳斯技术工艺总流程示意图

硫化氢为高度毒性物质，需绝大部分回收成硫黄，微量排放的部分硫化氢最终氧化为二氧化硫的形态便于吸收。硫黄回收装置原料气(含硫化氢的酸性气)在热燃烧反应炉中，硫化氢部分燃烧为二氧化硫，同时硫化氢和二氧化硫反应生成单质硫；在克劳斯反应器中硫化氢与二氧化硫反应生成单质硫，流程上可以是二级、三级或四级克劳斯。尾气处理可采用 RAR 流程加氢还原二氧化硫为硫化氢循环使用[2]；也可以采用部分氧化的尾气处理系统[3]，进一步将尾气中少量的硫化物部分氧化以单质硫的形态回收。经典流程最后都在尾气焚烧炉中将剩余硫化物焚烧为二氧化硫，其余有害介质焚烧分解为无机物。经焚烧后的尾气直接排放二氧化硫一般会高于最新环保标准，需对烟气进一步处理降低二氧化硫含量。“GD10”技术能适应多种浓度的二氧化硫尾气的工艺流程，最终确保排放烟气中二氧化硫含量<10mg/Nm^3。

3.3 完整的生产周期均能满足排放标准

随着环保要求越来越严格，现在好多地区已经不允许开停工过程超标排放。

硫黄回收装置在开工过程中需要对催化剂进行预硫化，预硫化前期要控制尾气中 H_2S 浓度为 0.5%~1%，预硫化末期要求控制尾气中 H_2S 浓度为 2%，这时尾气经过焚烧 S_2O 浓度为$(1\sim4)\times10^4$mg/Nm^3，远高于标准规范 400mg/Nm^{3}和 100mg/Nm^{3}的要求，传统工艺不可能满足规范要求。

停工阶段，需要对积留在催化剂床层内的硫黄进行热吹脱，避免停车发生火灾及催化剂污染，该阶段实际运行尾气中未经处理的 SO_2浓度为$(1\sim3)\times10^4$mg/Nm^3，传统工艺单套硫黄装置运行时不可能满足规范要求。

安全联锁工况：安全联锁典型工况1：尾气处理装置联锁停车，尾气经过克劳斯反应后直接进入尾气焚烧炉，此时排放尾气中S_2O浓度为$(1\sim3)\times10^4 mg/Nm^3$，传统工艺也不可能达到要求。安全联锁典型工况2：尾气焚烧炉联锁停车，存在部分硫化氢燃烧不完全，不能满足$H_2S<10\mu g/g$的要求，该工艺在吸收SO_2的同时吸收H_2S，满足H_2S排放要求，防止有毒气体排入大气。

3.4 先进的控制系统保证装置平稳运行

正常生产时吸收碱液的补入与PH值实现自动串接控制，确保吸收液的pH值维持在7左右(范围6.5~7.5)，保证SO_2有效吸收的同时尽量避免CO_2被吸收，减少碱耗量。当上游系统联锁时，SO_2的浓度将迅速提高10~20倍，这时会通过联锁打开非正常工况补碱阀及时补入大量的碱液确保SO_2被吸收，尾气达标排放。

正常生产时，一方面，硫黄回收装置一般都尽量追求高的硫回收率，进入尾气净化系统的SO_2也会相对较低，需要的氢氧化钠量绝对量相应较小；另一方面，硫黄回收装置要求操作弹性比较大，一般为30%~130%，若采用浓碱补入，则补入调节阀口径太小在低负荷时很难实现调节功能，引起循环液pH值波动较大。采用稀碱补入，可以使选用的调节阀在合适的运行曲线内运行且补入的碱对循环液的冲击也较小，实现生产系统的平稳运行。

3.5 对二氧化硫和二氧化碳选择性吸收好，减少碱耗及污水排放

典型的尾气中二氧化碳含量约$17\times10^4 mg/Nm^3$，远高于二氧化硫含量约$0.066\times10^4 mg/Nm^3$的含量，二氧化碳含量约为二氧化硫的250倍。"GD10"尾气处理技术采用碱吸收，利用二氧化硫和二氧化碳酸性的差别，通过控制pH值的范围防止二氧化碳的吸收，来实现降低碱耗量，减少污水的排放量。

3.6 双浓度分级吸收，高效吸收并保证二氧化硫低浓度排放

"GD10"尾气处理技术采用双浓度(吸收碱液浓度为高浓度和低浓度两个不同浓度)分级吸收(第一级进行高效吸收，第二级进行精吸收)。尾气先经过高碱浓度的吸收液进行第一级高效吸收，高浓度吸收的优点是吸收循环液量少且吸收效率高，可降低能耗的同时对进料尾气二氧化硫浓度的波动快速适应能力强。二级低碱浓度的吸收液进行精吸收，确保二氧化硫的排放指标。

3.7 其他技术特点

余热利用技术既降低热烟气入口温度，减少蒸发水量，又利用余热提升排放烟气温度避免拖尾现象；采用多级喷头高浓度高效吸收加填料低浓度精吸收控制；采用工艺水多级循环洗涤，既置换净化尾气中的含盐液滴和含盐水雾，又不增加盐水排量；具备快速形成高浓度碱液吸收的紧急补碱措施，可以快速适应By-pass工况等强波动影响，实现操作平稳达标排放；正常操作采用低浓度稀碱控制，操作稳定，可实现长周期运行定。

4 某大型装置运用情况

某$20\times10^4 t/a$硫黄回收装置，2018年12月装置完成大修，同步尾气高标准排放技术建成投用。12月21日17：02开始引酸性气进加氢催化剂进行预硫化，循环气量为$17000 Nm^3/h$，H_2S浓度控制0.5%~1%，H_2浓度控制>2%。12月22日12：55预硫化结束。12月25日10：08引酸性气至热焚烧炉经克劳斯反应后直接进尾气焚烧炉，10：38将克劳斯尾气引入

尾气处理部分，装置开工结束。

在整个开工过程中，尾气检测口 CEMS 数据 SO_2 排放值均 <10mg/Nm^3，实现了高标准排放的设计目标。

5 工程化应用情况

规模为 $7×10^4$t/a 硫黄回收装置，2017 年 7 月投入运行，2019 年 2 月 2 日回访排放数据为 9.2mg/Nm^3；$14×10^4$t/a 硫黄回收装置，2017 年 7 月投入运行，2019 年 2 月 1 日回访排放数据为 3.26mg/Nm^3；规模为 $20×10^4$t/a 硫黄回收装置，2018 年 12 月投入运行，开车过程 SO_2 排放均小于 10mg/Nm^3，各项指标均优于设计参数。还运用于在建规模 $12×10^4$t/a(最大 $18×10^4$t/a)硫黄回收装置、规模 $7×10^4$t/a 硫黄回收装置、规模 $8×10^4$t/a 硫黄回收装置。

6 结语

2018 年 6 月国家发布了《关于全面加强生态环境保护坚决打好污染防治攻坚战的意见》，对全国地级及以上城市颗粒物(PM2.5)和空气质量优良率及二氧化硫、氮氧化物排放量有了更严格的量化要求。各地区根据大气污染物的容量将对尾气排放提出更高的要求。该技术适应时代要求，能很好适应更严苛的环保要求，具有很好的社会效益和环境效益，技术先进可靠，可广泛适用于各行业含二氧化硫的废气处理。

参 考 文 献

[1] 邢亚琴，刘芳. 高收率、低排放“GD50”硫回收技术[J]. 硫磷设计与粉体工程，2017(4)：19-21.

[2] 刘爱华，刘剑利，徐翠翠，等. 硫黄装置满足最新排放标准的成套技术开发及应用[J]. 硫酸工业，2018(10)：22-26.

[3] 汪家铭. 超级克劳斯硫黄回收技术浅析及展望[J]. 化肥工业，2009，36(4)：16-22.

硫黄回收装置停工过程尾气 SO_2 达标排放控制及措施

叶全旺　薛金贤　焦忠红　毕锋江　于文斌

（中国石油独山子石化公司炼油厂　新疆独山子　833699）

摘　要：独山子石化公司炼油厂 4kt/a 硫黄回收装置 2019 年 4 月计划进行装置停工，通过操作条件优化和控制，硫黄回收装置首次实现了停工过程尾气 SO_2 全程达标排放。

关键词：硫黄回收　达标排放

1　前言

独山子石化公司 4kt/a 硫黄回收装置(以下简称硫黄回收装置)，2003 年 4 月建成投产。2017 年为满足尾气 SO_2 特别排放限值，新增了碱洗脱硫设施。尾气碱洗脱硫设施采用文丘里脱硫技术(SVDS)。SVDS 技术采用钠碱为主要吸收剂，利用文丘里的抽吸作用对尾气进行抽吸、洗涤，在脱硫弯头处脱除固体颗粒和二氧化硫，然后干净的尾气经过高效气液分离器分离水分后排放大气，可有效去除亚微米级的尘埃和气溶胶成分，脱硫率和除尘率均可达 99%以上。脱硫机理是碱性物质与二氧化硫溶于水生成的亚硫酸溶液进行酸碱中和反应，并通过调节氢氧化钠溶液的加入量来调节循环液的 pH 值。吸收二氧化硫所需的液气比依据尾气流量、二氧化硫浓度、排放的需求决定。通过碱洗脱硫后 SO_2 排放浓度值低于 20mg/Nm³。硫黄回收装置流程示意图见图 1。

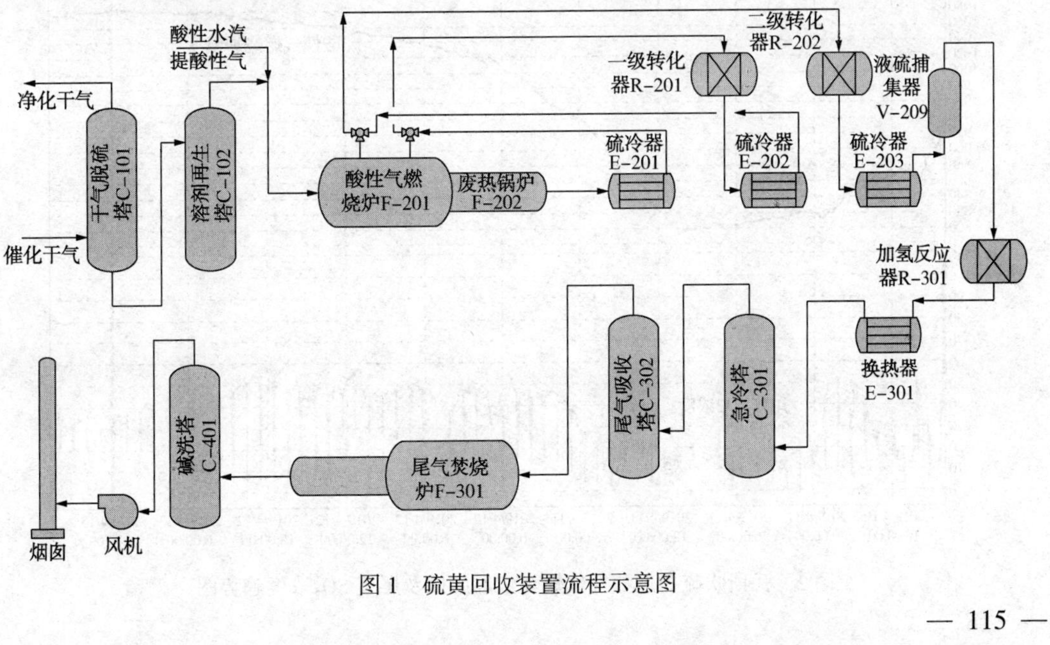

图 1　硫黄回收装置流程示意图

2018 年装置计划停工，根据尾气后碱洗脱硫设施设计工况，停工期间尾气应达标排放，实际停工期间尾气二氧化硫没有达到达标排放。随着环保问题的日益凸显，国家对环境污染物排放监管力度不断加大，新疆独山子石化处于奎-独-乌特别排放限值区域，硫黄尾气 SO_2 排放限值为 100mg/Nm^3。根据国家生态环保部的相关要求，硫黄装置停工过程硫黄尾气 SO_2 必须全程合格，不允许出现超标。2019 年装置再次面临停工，停工期间二氧化硫全程达标排放成为制约装置停工的难题。

2　硫黄回收装置停工过程中，保证尾气达标排放的控制及措施

2.1　瓦斯吹硫前，降低制硫系统中的硫存量

制硫炉停工前，需要降低酸性气量，酸性气量达到一定值时，制硫系统就必须将剩余部分酸性气改至酸性气火炬燃烧，为避免酸性气去火炬燃烧，造成二氧化硫超标排放，车间通过低负荷配氢，控制 H_2S/SO_2 在线比值分析仪比值在 1~100 之间，将制硫炉中的酸性气量降至最低，期间尾气二氧化硫排放均实现达标排放，通过该措施降低了系统中的硫化氢量，然后直接进行瓦斯吹硫。

2.2　瓦斯吹硫配风控制不当，造成二氧化硫浓度超碱洗脱硫设计值

为确保瓦斯吹硫期间的精准配风，车间在制硫炉出口制作简易取样设施，对制硫炉出口氧含量进行持续监控，吹硫过程气中氧含量控制分 5 个阶段控制，分别是 0.5%~1.5%(体)、2%~5%(体)、5%~8%(体)、8%~10%(体)、10%(体)以上，同时根据碱洗塔负荷，实行小配风量长时间吹硫。

实际操作中，将瓦斯吹硫过程由以往的 72h 提高到 144h，通过配风量的调节，前 48h 控制过程气中 O_2 含量 0.5%~1.5%(体)之间，硫黄尾气排放在线 SO_2 实时数据均实现达标排放(见图 2)。

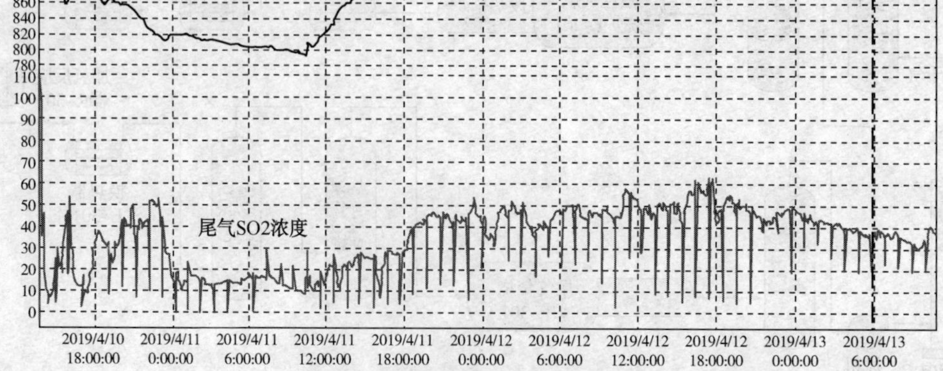

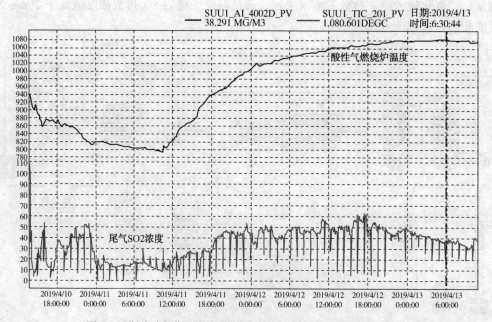

图 2　瓦斯吹硫初期酸性气燃烧炉温度以及尾气 SO_2 浓度趋势图

瓦斯吹硫初期，由于氧含量控制低，系统热量不够，会导致转化器积硫。针对此问题，控制制硫炉温度不低于800℃，同时向制硫炉中配氮气，提高制硫系统的热量，维持两级转化器入口温度不低于200℃，防止转化器床层催化剂积炭。随着瓦斯吹硫的持续，结合制硫系统温度变化以及尾气二氧化硫变化情况，制硫炉温度缓慢提高至1000℃以上，以提高瓦斯吹硫效果。

2.3 加氢反应器催化剂钝化

加强反应器钝化期间，会产生大量二氧化硫，若控制不当，易造成二氧化硫超标排放，因此在本装置停工期间，对加氢反应器钝化时间进行优化，当瓦斯吹硫至后期，系统中残存的硫量下降时，再对加氢反应器进行钝化处理，避免瓦斯吹硫和钝化同时进行对后碱洗脱硫单元的冲击。

2.4 根据碱洗单元处理能力，合理控制瓦斯吹硫期间的氧含量和尾气量

根据设计二氧化硫最大2%浓度以及以往实际停工尾气量进行模拟核算，核算出瓦斯吹硫初级阶段氧含量控制量在1%~2%，通过制硫炉出口氧含量分析仪控制氧气浓度，始终保持二氧化硫浓度不大于2%，同时根据配风和配氮气控制碱洗单元尾气量在设计范围内。

2.5 控制碱洗脱硫循环液中的碱含量

瓦斯吹硫期间，尾气中的二氧化硫含量在1%以上，控制碱洗pH值已经没有意义，通过核算控制脱硫循环液中碱浓度在1%~5%之间，保持脱硫液中的碱浓度始终处于一定过量，可有效吸收高浓度二氧化硫尾气。

3 结语

(1) 硫黄回收装置停工过程实现了尾气 SO_2 全程达标排放。主要的操作优化和控制措施：延长瓦斯吹硫时间；通过实时监测吹硫过程气中 O_2 含量进行可控燃烧，控制碱洗脱硫设施入口尾气 SO_2 含量；控制碱洗脱硫塔碱液注入量和循环液中的碱浓度；瓦斯吹硫过程中，尾气 SO_2 排放浓度上升较快时，对酸性气燃烧炉进行焖炉应急处理操作。

(2) 硫黄回收装置停工要实现尾气达标排放，必须要进行相关改造，增加碱洗设施，同时，停工期间需要控制吹硫期间二氧化硫浓度和流量满足后碱洗等设施的处理能力。

(3) 硫黄回收装置停工初期，二氧化硫排放是最难控制的阶段，此阶段控制不好，就需要紧急闷炉来保证尾气的达标排放，但也带来一系列问题，比如系统热量损失大，催化剂床层积炭以及吹硫效果不佳情况，以及装置停工时间的无限延长。

胺液在线净化复活技术在硫黄回收装置的应用

罗尧鹏

（中国石化扬子石油化工有限公司芳烃厂　江苏南京　211100）

摘　要：气体脱硫装置一般采用醇胺法工艺吸收尾气中的H_2S，但MDEA溶剂胺除了吸收H_2S和CO_2外，也能和系统中其他非挥发性酸（如甲酸、乙酸等）反应生成热稳态盐。当胺液中的热稳态盐含量较高时，会导致再生塔贫液中H_2S含量超标、设备腐蚀严重等问题。文中分析了胺液系统热稳态盐的成因，介绍了胺液在线净化复活技术的原理及在某炼厂14×10^4t/a硫黄回收装置上的应用情况。

关键词：胺液　热稳态盐　电渗析　离子交换

1　前言

国内石油炼厂液化气和干气的脱硫是炼油生产过程中的重要环节，醇胺法是目前最常用的湿法脱硫工艺，利用胺溶液作为吸附剂脱除原料气中的H_2S，可有效提高产品质量，减少生产过程中酸性气对设备的腐蚀，并回收原料气中的硫化氢作为制造硫黄和硫酸原料，实现资源化利用。甲基二乙醇胺（MDEA）对H_2S选择性高，再生能耗低，化学稳定性和腐蚀性优于单乙醇胺（MEA），是应用最广的醇胺溶剂[1]。醇胺法脱硫是典型的吸收-再生反应过程，当一定浓度的MDEA溶液（贫胺液）与原料气逆向接触时，贫胺液吸收并富集大量H_2S（即为富胺液），富液进入再生塔经加热汽提从塔顶释放出H_2S酸性气，冷却分离后送至硫黄回收装置，再生后的贫液冷却后循环使用。碱性的胺液除了吸附H_2S，对其他酸性气体如SO_2和CO_2也进行吸收。当原料气中的SO_2含量较高时，进入胺液系统后会转化为硫代硫酸盐、硫酸盐等无机盐，这些盐与胺液结合稳定存在，不能通过加热方式解析出来，被称为热稳态盐。胺液中热稳态盐含量升高，将造成脱硫剂的有效浓度降低，处理能力下降，能耗增高，胺液的腐蚀性增强。目前针对胺液中热稳态盐的脱除，有效的净化手段主要有离子交换和电渗析。

2　胺液污染问题产生原因

2.1　胺液热稳态盐含量高原因分析

某炼厂14×10^4t/a硫黄回收装置小溶剂系统胺液存量500t，循环量为280t/h，装置一直平稳运行。自2017年大修运行以来，贫溶剂中MDEA浓度下降，热稳态盐高。主要原因：首先，在开工阶段加氢催化剂预硫化时，循环过程气经吸收塔溶剂吸收后再进焚烧炉焚烧放空，溶剂不仅吸收了H_2S也吸收了部分SO_2，产生热稳态盐。其次，加氢反应器开停工循环线调节阀少量内漏，克劳斯过程气中 SO_2 被溶剂吸收并转化为硫酸根、硫代硫酸根等多种无机盐离子，造成胺液系统硫化物超标。随着胺液中游离态的二氧化硫逐步转化，累积的无机盐总量在一定时期内爆发性增长，引起胺液脱硫效率下降、对设备的腐蚀加剧，系统能耗增加。

表 1 是 2018 年 1 月 16 日胺液中主要离子组分检测分析结果。其中硫酸根 SO_4^{2-} 含量为 1.42×10^3mg/L，硫代硫酸根 $S_2O_3^{2-}$ 含量高达 11.46×10^3mg/L，硫酸根和硫代硫酸根均为 SO_2 转化而来，甲酸根、乙酸根、乙二酸根离子源于 MDEA 中乙醇基团的氧化[2]，氯离子可能来源于原料气和补充水中带入。

表 1　胺液主要离子含量

离子组分	检测结果①/(mg/L)	限量要求②/(mg/L)
硫酸根 SO_4^{2-}	1.42×10^3	500
硫代硫酸根 $S_2O_3^{2-}$	11.46×10^3	10000
乙酸根 CH_3COO^-	2.65×10^3	1000
甲酸根 COO^-	2.47×10^3	500
氯离子 Cl^-	1.63×10^3	500
乙二酸根 $COO-COO^{2-}$	0.81×10^3	250

① 以上数据均由离子色谱法测得；②限量要求数据由陶氏化学提供。

2.2　胺液腐蚀

热稳态盐中的阴离子与胺液腐蚀性有直接关联，特别是甲酸根、乙酸根、氯离子、乙二酸根离子易与铁发生络合，它们与碳钢表面的 FeS 钝化层反应时，形成相应的铁络合物，加速钝化层的破坏剥离，使碳钢 FeS 保护层下的金属表面重新暴露，在 H_2S 作用下腐蚀生成新的 FeS 钝化层。碳钢表面的钝化层不断受到离子侵蚀而剥离、脱落或溶解，又不断生成新的保护层，周而复始，碳钢材质逐渐减薄甚至穿孔泄漏。此外，氯离子浓度$>25\times10^{-6}$时，不锈钢材质会发生应力腐蚀、孔蚀、晶间腐蚀等，设备中粗糙表面、加工后残留的焊点处易发生点蚀；富液侧换热器部位因高温影响也容易发生腐蚀[3]，见图 1。腐蚀产物中的金属离子，对胺液降解有催化作用，加速胺液降解产生更多的热稳态盐，间接加剧胺液的腐蚀，最终造成"热稳态盐增加→腐蚀加剧→金属离子升高→胺液降解，热稳态盐增加"的恶性循环。

图 1　贫富液换热器贫液侧腐蚀情况

对此，陶氏化学给出了胺液中各离子的含量上限[4]（见表1)，其中对乙二酸根(草酸根)、甲酸根、氯离子、硫酸根离子的控制限度要求较高。参照此标准，2018年1月16日胺液中除硫代硫酸根离子外，其余各离子含量均达标准的3倍以上。这是胺液腐蚀增强的根本原因，造成贫液管线、换热器及阀门腐蚀变薄甚至开裂变形，给装置的长周期安全平稳运行带来极大隐患。

2.3 胺液污染原因分析

2.3.1 胺液中SO_4^{2-}的生成

叔醇胺MDEA分子中不含活泼H原子，不能直接与SO_2反应。这与H_2S的吸收机理不同，胺液对SO_2吸收分为两步：一是SO_2溶于溶液中生成H_2SO_3，并发生水解；二是HSO_3^-/SO_3^{2-}与质子化的MDEA结合形成$MDEAH^+HSO_3^-$和$(MDEAH^+)_2SO_3^{2-}$。

SO_2溶解于溶液，发生一级、二级解离：

$$SO_2+2H_2O \rightleftharpoons H_3O^++HSO_3^- \tag{1}$$

$$HSO_3^-+H_2O \rightleftharpoons H_3O^++SO_3^{2-} \tag{2}$$

MDEA发生质子化反应：

$$H_3O^++MDEA \rightleftharpoons MDEAH^++H_2O \tag{3}$$

总反应：

$$MDEA+H_2O+SO_2 \rightleftharpoons MDEAH^++HSO_3^- \tag{4}$$

当胺液系统中含氧量较高时，会使溶液中的SO_{32-}降低，氧化产生大量的SO_4^{2-}。表1中检测SO_4^{2-}含量较高即说明胺液中溶解氧较多，同时易造成胺液的氧化降解。SO_4^{2-}不可再生，促使可逆反应(1)~反应(4)向解离方向进行，SO_2不断溶解并成盐，不利于SO_2的热解吸。

$$HSO_3^{2-}+1/2O_2 \rightleftharpoons SO_4^{2-}+H^+ \tag{5}$$

2.3.2 胺液中$S_2O_3^{2-}$的生成

胺液中SO_3^{2-}与HS^-反应生成$S_2O_3^{2-}$和OH^-，OH^-与质子化的$MDEAH^+$反应，重新得到MDEA，促使反应(6)向生成$S_2O_3^{2-}$的方向移动，溶液中$S_2O_3^{2-}$不断升高。

$$4SO_3^{2-}+2HS^-+H_2O \rightleftharpoons 3S_2O_3^{2-}+4OH^- \tag{6}$$

$$MDEAH^++OH^- \longrightarrow MDEA+H_2O \tag{7}$$

胺液中HSO_3^{2-}累积到较高浓度时，存在HSO_3^{2-}的歧化反应[5]：

$$4HSO_3^{2-} \rightleftharpoons HSO_4^-+SO_4^{2-}+S_2O_3^{2-}+H^++H_2O \tag{8}$$

有资料显示，胺液中$S_2O_3^{2-}$浓度正常范围$<2500\times10^{-6}$，3500×10^{-6}为警戒值，一旦超标严重，将造成胺液中硫单质析出，堵塞胺液系统的管路及设备。

$$S_2O_3^{2-}+H^+ \rightleftharpoons HSO_3^{2-}+S\downarrow \tag{9}$$

胺液中硫化物无机盐的相互转化是个复杂且可逆的动态反应过程，随着SO_4^{2-}和$S_2O_3^{2-}$的不断生成和积累，胺液中热稳态盐含量处于动态增长中。游离态SO_2在胺液中存在“溶解-成盐-氧化”的动态过程，最终形成硫酸盐和硫代硫酸盐。

3 胺液净化原理和流程简图

综合考虑胺液污染的原因和无机盐高的特点，采用电渗析/离子交换技术对胺液进行净化复活。该技术包含预处理、电渗析/离子交换深度脱盐两部分：预处理目的是过滤去除胺液内的悬浮物、烃类；电渗析/离子交换用于深度脱除胺液中的热稳态盐离子，恢复胺液的脱硫性能。工艺流程框图见图 2。

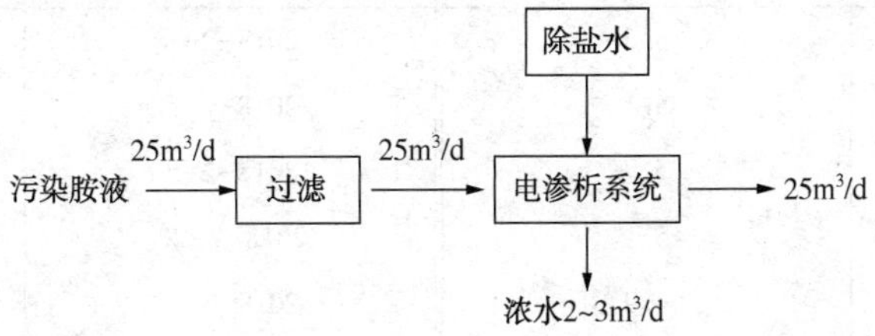

图 2　工艺流程框图

预处理环节中第一和第三级为精密褶皱式滤芯过滤器，过滤精度分别为 10μm 和 1μm；第二级为活性炭滤芯式过滤器，高效去除胺液中的固体悬浮物、烃类有机物及色度。

经过三级过滤后的清液进入电渗析脱盐系统，经电渗析膜脱盐装置循环处理，通过大约 20h 的运行，胺液中绝大部分无机盐和热稳态盐分被分离出来。

4　胺液净化过程

2017 年 12 月 16 日胺液过滤设备安装完毕，设备开始运行，截至 2018 年 3 月 18 日结束，共计 92 天，实际工作时间经估计约为 2208h，贫胺液平均流量 3. 5t/h，累计处理贫液约 7728t，按照 500t 储量计，不考虑胺液流动性问题，理论处理次数 15 遍，去除了胺液中存在的颗粒物及热稳态盐，保持溶液洁净。

4.1　胺液过滤

采用三级过滤/超滤设备对胺液预过滤处理，除去胺液中固体悬浮物和烃类污染物。其中三级过滤器第一和第三级为褶皱式滤芯过滤器，过滤精度分别为 10μm 和 1μm，纳污能力高，单支滤芯纳污能力可达到 10kg，过滤面积大，单只滤芯过滤面积为 $11m^2$，确保过滤器/滤芯在不同过滤条件下均能正常使用。第二级为活性炭滤芯式过滤器，活性炭过滤器中过滤介质选用优质木炭/果壳活性炭，对胺液中的固体悬浮物、烃类有机物及色度吸附能力强，通过接触絮凝、吸附和截留作用实现过滤截留和脱色的效果。管式超滤设备具有更高的过滤精度，可脱除>0. 1μm 以上的颗粒物，恢复胺液的澄清度，同时保障电渗析设备的离子交换膜不受污染。

4.2　热稳态盐脱除

电渗析设备承担了胺液脱盐任务。胺液进入电渗析脱盐系统，经电渗析膜脱盐装置循环处理，胺液中绝大部分无机盐和热稳定盐分被分离出来进入废水。表 2 和图 3 为装置取样监测的热稳盐检测数据和变化趋势。图 3 中可知自净化开始后一个月内胺液系统的热稳态盐含量下降速度较慢，系统热稳态盐含量始终维持在 5%左右。此时净化设备脱除的盐主要是过饱和二氧化硫生成的热稳态盐，热稳态盐数据下降不明显，当过饱和二氧化硫全部反应完成后，系统热稳态盐数据开始正常下降。2018 年 1 月 5 日起在现场增加一套离子交换胺液净化设备，离子交换胺液净化设备对因二氧化硫反应生成的热稳态盐(阴离子)方面有比较强的脱除能力。自1月中旬起热稳态盐脱除速度增快，截至3月7日，系统热稳态盐低于1%。

表2　胺液热稳态盐监测情况

测试时间	热稳态盐/%	测试时间	热稳态盐/%
2017-12-26	5.8	2018-2-1	1.9
2017-12-28	5.1	2018-2-5	1.9
2018-1-2	5.7	2018-2-8	1.7
2018-1-11	5.1	2018-2-22	1.4
2018-1-18	4.9	2018-3-2	1.3
2018-1-22	4.6	2018-3-7	0.7
2018-1-23	4	2018-3-9	0.7
2018-1-25	3.6	2018-3-10	0.7
2018-1-29	2.6	2018-3-14	0.6
2018-1-30	2.1	2018-3-15	0.7

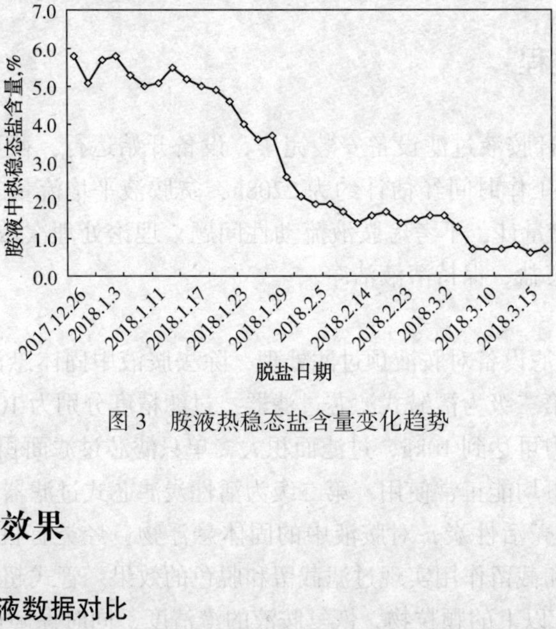

图3　胺液热稳态盐含量变化趋势

5　胺液净化后效果

5.1　净化前后胺液数据对比

净化前后胺液各指标数据对比见表3。

表3　净化前后胺液各指标数据对比

序号	检测项目	检测结果		指标要求	验收结果
		净化前	净化后		
1	热稳态盐/%	5.8	0.7	<1.0	达标
2	悬浮物含量(>1μm)×10⁻⁶	116	21	≤50	达标
3	pH值	9.73	10.02	10±0.5	达标
4	胺浓度/%	18.5	19.59	不低于净化前胺液浓度	达标
5	外观	较清澈	清澈透明	清澈透明	达标

根据净化前后胺液各指标数据对比可以看出，热稳态盐、悬浮物含量下降明显。

5.2 胺液净化前后外观对比

胺液净化前后外观对比见图 4、图 5。

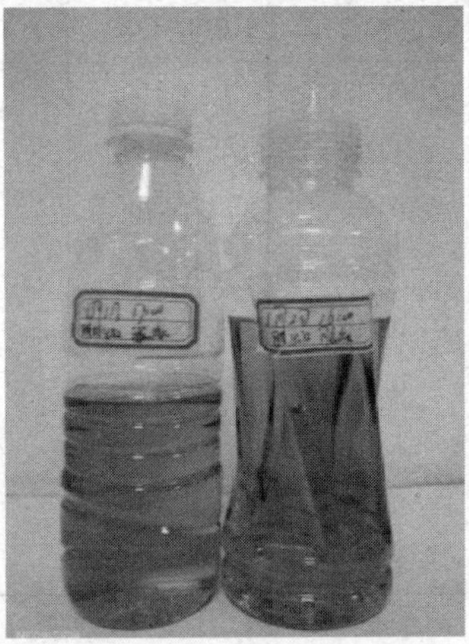

图 4 2018 年 1 月 2 日样品

图 5 2018 年 3 月 7 日样品

图 4、图 5 分别为 2018 年 1 月初和 3 月初的样品。从澄清度和色度上对比，3 月份胺液颜色变浅，脱色效果明显。

5.3 净化前后贫液中 H_2S 含量对比

贫液中 H_2S 含量监测情况见表 4。

表 4 贫液中 H_2S 含量监测情况

测试时间	H_2S 含量/(mg/L)	测试时间	H_2S 含量/(mg/L)
2018-1-4	4069.8	2018-3-6	378.81
2018-1-9	5203.63	2018-3-7	292.08
2018-1-11	3579.59	2018-3-8	513.26
2018-1-12	8965.13	2018-3-9	210.53
2018-1-17	6709.01	2018-3-10	285.08
2018-1-18	4096.20	2018-3-11	305.43
2018-1-21	3495.28	2018-3-13	513.62
2018-1-22	4395.37	2018-3-15	318.37
2018-1-25	3414.95	2018-3-16	283.03
2018-1-27	3034.28	2018-3-18	314.65

从 2018 年 3 月 6 日以来，贫液中硫化氢含量下降明显，达到控制指标 1g/L。

6 胺液净化遗留问题

由于硫代硫酸根离子的存在影响贫溶剂中硫化氢含量。从表 5 中可以看出硫代硫酸根离子已大幅下降，但仍然存在，是否会对贫液中硫化氢含量有影响，还有待于后期装置的运行考察。

表5 小再生 MDEA 贫胺液阴离子 g/L

日期	乙酸根 CH_3COO^-	羧酸根 COO^-	氯离子 Cl^-	硫酸根 SO_4^{2-}	乙二酸根 COO-COO	硫代硫酸根 $S_2O_3^{2-}$
2018-1-16	2.65	2.47	1.63	1.42	0.81	11.46
2018-1-18	2.482	2.350	1.618	1.255	0.769	10.537
2018-1-23	1.416	0.339	未检出	0.682	未检出	20.315
2018-1-31	1.058	2.902	1.333	0.593	未检出	12.228
2018-2-7	1.098	2.324	未检出	0.697	未检出	11.274
2018-2-12	2.050	0.704	未检出	0.579	未检出	6.676
2018-2-27	0.653	0.977	0.566	未检出	未检出	6.952
2018-3-6	未检出	0.774	未检出	0.513	未检出	4.71
2018-3-9	1.699	0.638	1.095	未检出	未检出	3.05

7 结论

某炼厂硫黄回收装置溶剂因 SO_2 污染导致无机盐含量聚增，溶剂的腐蚀性增强，采用电渗析联合离子交换技术进行净化脱盐，再生效果明显。

(1) 胺液系统热稳态盐由初始 5.8%降至 0.7%，胺液中无机盐离子含量得到合理控制，实现了胺液脱硫性能的恢复。

(2) 通过净化提升了胺液浓度，减少对系统溶剂的补充，降低运行成本，产生了一定的经济效益。

(3) 有效控制胺液对设备的腐蚀，保证脱硫装置稳定运行。

参 考 文 献

[1] 陈赓良. 醇胺法脱硫脱碳工艺的回顾与展望[J]. 石油与天然气化工，2003，32(3)：134-138.

[2] 叶国庆，李宁，杨维孝，等. 脱硫工艺中氧对 N-甲基二乙醇胺的降解影响及对策研究[J]. 化学反应工程与工艺，1999，15(2)：199-223.

[3] 段永锋，苗普，于凤昌. 天然气净化厂贫富液换热器腐蚀失效分析[J]. 石油化工腐蚀与防护，2014，31(2)：61-64.

[4] 陈赓良. 炼厂气脱硫的清洁操作问题[J]. 石油炼制与化工，2000，31(8)：20-23.

[5] 张启玖，秦国伟，刘更顺，等. 有机胺脱硫胺液硫代硫酸根超标原因分析及处理方案[J]. 能源与技术，2014(6)：80-81.

新国标下硫黄回收装置降低烟气 SO_2 因素分析及对策

李继豪

(中国石油独山子石化公司炼油厂　新疆独山子　833699)

摘　要：GB 31570—2015《石油炼制工业污染物排放标准》于2017年7月1日起实施，独山子石化被确定为特别限制地区，烟气中 SO_2 排放值要达到 $100mg/Nm^3$ 以下，独山子石化公司通过技改技措和操作优化，将烟气 SO_2 排放值降至 $50mg/Nm^3$ 以下。

关键词：硫黄回收　烟气　SO_2　达标　特别限值

1　前言

独山子石化公司 $5\times10^4t/a$ 硫黄回收装置于2009年投用，制硫部分采用的是部分燃烧法加两级低温催化转化的常规 Claus 制硫工艺，尾气部分采用的 SCOT 还原吸收法工艺技术路线，装置按照《大气污染物综合排放标准》(GB 16297—1996)中烟气 SO_2 排放浓度 $\leqslant 960mg/Nm^3$ 设计，实际运行 $240\sim500mg/Nm^3$，独山子石化被定为特别限制地区，要达到 $100mg/Nm^3$ 以下的要求，因此 $5\times10^4t/a$ 硫黄回收装置需要进行相应的优化方案以满足新标准的要求。

2　影响装置烟气 SO_2 排放因素分析

2.1　原料气波动的影响

上游来的原料气(酸性气)主要来自酸性水汽提和溶剂再生装置。由于酸性水带油和富胺液带烃，导致进入硫黄制硫炉的原料气组成发生变化，烃含量增加后消耗大量的空气，配风调节困难，比值会发生较大偏移，未反应的 H_2S 进入尾气，无法完全被贫液吸收，在制硫炉中燃烧，造成烟气 SO_2 升高甚至超标，在装置大负荷运行时此问题更加突出。同时原料气中的烃类过多，会在制硫炉中产生较多的有机硫，有机硫会增加转化器的水解负荷，若水解不完全会导致有机硫穿透床层进入焚烧炉，造成烟气 SO_2 升高甚至超标。

2.2　催化剂的影响

硫黄系列催化剂按作用又分为克劳斯催化剂和尾气加氢催化剂。前者的主要作用是催化克劳斯反应，另一方面将 COS、CS_2 等有机硫水解成 H_2S；后者主要是将克劳斯反应后的硫元素、SO_2 通过加氢反应还原为 H_2S，同时 COS、CS_2 等有机硫发生水解反应生成 H_2S，经溶剂吸收。优秀的硫黄回收催化剂能提高制硫转化率和有机硫的水解能力，减少烟气 SO_2 的排放。

2.3　液硫池废气进入焚烧炉的影响

本装置液硫池是通过液硫循环泵和蒸汽喷射器对液硫进行循环脱气，由于装置是按照烟气 SO_2 排放值不大于 $960mg/Nm^3$ 设计，所以液硫脱气所带出的含硫化合物是进入尾气焚烧炉处理，由于液硫中含有$(300\sim500)\times10^{-6}$的硫化氢及多硫化氢，因此该部分废气进入焚烧炉焚烧后对烟气SO_2含量的贡献在100~200mg/Nm³，通过停用液硫池顶部液流脱气蒸汽喷射器观察烟气中SO_2的变化情况，该部分废气对烟气中SO_2的贡献在130mg/Nm³左右，因此如果能够对液流脱气进行改造，将这部分含硫化氢和多硫化氢的气体回收，对烟气SO_2的减少会有明显的效果。

2.4 溶剂系统的影响

2.4.1 溶剂系统选择的影响

尾气处理部分没有设置独立的溶剂再生，没有使用高效的脱硫溶剂，而是使用普通的MDEA溶剂，与全厂的富胺液一起在溶剂再生装置集中再生。当酸性气带烃类等异常情况发生时，抗波动能力不强，大量的硫化氢不能被贫液吸收，进入焚烧炉燃烧导致烟气SO_2超标。

2.4.2 溶剂质量的影响

溶剂质量也是影响对硫化氢吸收的重要因素，保证贫液质量主要措施有：①降低胺液降解；②对胺液进行过滤；③降低溶液中Fe^{2+}的含量；④消除有害阴离子对系统的影响；⑤对补充水的控制。

2.4.3 溶剂温度对烟气中SO_2含量的影响

由于贫胺液吸收硫化氢的反应过程是放热反应，因此降低贫胺液进尾气吸收塔的温度对尾气H_2S的吸收是有利的。净化尾气中的H_2S含量随贫液温度的降低而下降。目前溶剂吸收温度一般控制在40℃左右，尾气吸收塔贫胺液进塔前一般要设置冷却器，对贫胺液进一步降温，由于我厂进塔胺液使用循环水板式换热器冷却，因此循环水的水质、温度、换热器的换热效果等对硫化氢的吸收均有较大的影响，贫液温度升高会导致尾气SO_2升高。由于急冷水线为碳钢材质，操作异常时会造成急冷水pH值下降，甚至呈酸性，造成碳钢管线腐蚀，腐蚀产物以及循环水系统的杂物会堵塞急冷水板式换热器，造成急冷水换热器的换热能力下降。另外，进入尾气吸收塔的尾气温度升高，也影响吸收效果。从表1可以看出，在负荷不变的情况下，烟气中SO_2的浓度随着急冷塔中尾气温度和吸收塔尾气温度的降低而减少，因此通过降低急冷水温度和贫胺液温度均能起到提高贫胺液对硫化氢的吸收效果，减少烟气中SO_2的浓度。

表1 吸收温度与硫化氢吸收效果的数据对比

序号	急冷塔顶温度/℃	尾气吸收塔顶温度/℃	尾气焚烧炉入口总硫/(mg/m³)	SO_2在线仪数值/(mg/m³)
1	39.1	33.7	136	202
2	43.6	34.3	149.8	252
3	47.9	35.1	210	278
4	48.6	36.1	276	394

2.5 尾气焚烧炉燃料气硫含量高的影响

硫黄回收装置的尾气焚烧炉燃烧所使用的燃料气为系统瓦斯管网的瓦斯，其中一部分为焦化装置脱硫后的干气，由于系统流程的原因，该部分瓦斯首先进入硫黄回收装置作为焚烧炉的燃料气，所以焦化干气脱硫效果的好坏直接影响到尾气焚烧炉热焚烧后排放烟气中的SO_2含量。一旦焦化装置的干气脱硫塔出现异常操作，不能脱硫或者脱硫效果差时，会导致未脱硫或者硫含量较高的干气进入系统管网后，由于该部分燃料气首先进入焚烧炉燃烧，燃料气中硫组分经热灼烧后会以SO_2形式进入烟囱排放，直接导致烟气SO_2含量急剧上升甚至超标。

2.6 仪表和设备阀门的影响

仪表类故障主要包括烟气SO_2分析仪故障直接导致数据失准、防喘振阀及其他自控类阀门异常动作。设备阀门故障主要包括机泵的故障停机和阀门内漏等。硫黄回收装置制硫单元跨线和尾气处理单元预硫化线上阀门由于存在内漏的情况，会有少量未经处理的过程气燃烧生成SO_2，虽然该部分气量较小，但由于硫化物的浓度较高，因此对烟气SO_2的排放浓度影响较大。

2.7 尾气加热器内漏

SSR硫黄回收工艺加氢反应器入口尾气的加热方式是通过焚烧炉经蒸汽过热器取热后的尾气加热，由于进入加氢反应器前的过程气未经过加氢处理，因此其中的SO_2浓度较高，如果尾气加热器发生泄漏，压力较高侧的未经还原的SO_2就会直接进入烟囱，对SO_2的排放浓度影响较大。

3 装置的工艺优化措施及效果

3.1 配风调节的优化

优化前根据酸性气流量及硫化氢浓度，计算出主配风FC-1005的给定值，硫化氢的浓度手动给出数值，主风投自动控制，主风通过手动给出的酸性气中硫化氢的浓度进行调节，根据比值手动调节副风阀门，比值大于2，开大副风阀门，反之，关小副风阀门。由于是手动调节，经常出现滞后的情况，比值波动较大，配风不稳定。经过优化，将原有的主风量调节变为副风量调节，原手动调节改为微风量自动控制，通过比值反馈自动调节副风阀门，优化后H_2S/SO_2比值非常稳定，配风波动减小，降低了制硫炉配风对烟气SO_2排放的影响。

3.2 催化剂配级的优化

2015年6月利用全厂停工检修的机会，将一级反应器催化剂CT6-2B更换为CT6-8钛基硫黄回收催化剂，将二级转化器催化剂由单一的CT6-2B更改为CT6-2B和CT-4B各一半的组合装填，提升一级转化器对有机硫的水解能力，提升二级转化器的克劳斯反应能力，从而提高制硫部分的总硫回收率。将尾气加氢反应器催化剂更换为CT6-11A低温加氢催化剂，提高低温加氢活性及有机硫的水解性能。2016年4月对装置进行了高负荷生产情况下的标定，标定期间采样数据见表2，表明一级转化器的有机硫水解能力和加氢反应器的加氢活性较好。

表2 采样分析数据如下 %(体)

样品名称	清洁酸性气	废锅出口	一转入口	二转入口	加氢反应器入口	加氢反应器出口
氮气	2.89	92.49	92.39	95.83	92.09	92.13
甲烷	0.06	0	0	0	0	0
CO_2	1.99	1.65	2.09	2.19	2.30	2.73
乙烯	0.05	0	0	0	0	0
乙烷	0.05	0	0	0	0	0
H_2S	94.86	1.53	0.95	0.58	0.66	1.77
丙烷	0.10	0	0	0	0	0
羰基硫	0	0.19	0.23	0	0	0
SO_2	0	1.39	0.67	0.36	0.33	0
H_2	0	2.75	3.67	1.04	4.62	3.37

3.3 液硫池废气流程优化

对液硫池废气的去向问题，考虑到液硫废气主要为含 H_2S 气体及单质硫，因此送至制硫炉再次参与 Claus 反应，或者送至尾气加氢反应器将单质硫还原，生成的 H_2S 和废气中的 H_2S 一起经过胺液吸收进行回收。送至制硫炉的工艺分为炉前进入和炉膛进入，炉头进入的方式适合现有装置改造，该方案不需要对制硫炉本体进行改造，炉膛进入的方式适合新建装置，可在设计阶段考虑。送至加氢反应器由于液硫废气中含有大量的水蒸气，对催化剂有一定影响，对催化剂要求较高，另外通过胺液吸收后再进行解吸，增加了能耗。因此两个方案对比，选择进入制硫炉是比较经济的可行方案。

通过 2015 年全厂停工检修将液硫池顶部抽出的含硫化氢、硫蒸气等的气体并入空气线进入制硫炉。烟气中 SO_2 的排放值有了明显的降低，见表 3。

表 3　液硫池废气投用前后烟气中 SO_2 排放浓度对比表　　mg/Nm³

	时间	SO_2 含量		时间	SO_2 含量
优化前	2014-01-01	264	优化后	2015-07-27	81
	2014-01-22	246		2015-07-31	190
	2014-02-05	236		2015-10-25	105
	2014-03-05	245		2015-11-24	128
	2014-12-21	245		2015-11-29	104

从表 3 可以看出，烟气中 SO_2 含量下降至 200mg/Nm³ 以下，但液硫脱气改入制硫炉后，制硫炉炉头温度降低了 40℃，对烧氨有一定影响。另外，硫黄粉末缓慢积聚在炉头燃烧器空气分布器处，造成制硫系统压降上升。2015 年 12 月 9 日将液硫脱气改出制硫炉后，系统压降恢复正常。经评估，在制硫炉入炉空气线增加空气预热器，采用 0.4MPa 蒸汽加热，入炉空气温度控制范围在 85℃以上，低于该温度制硫系统压降开始升高，目前运行情况良好。

3.4 溶剂系统优化

首先对循环水系统进行优化，对一台水塔风机增加了变频器，循环水温度在夏季时也可以稳定在 20~25℃之间。其次在贫液循环水冷却器循环水侧增加两组过滤器，定期切换清理，保证贫液进塔温度。另外急冷水的温度对过程气的温度影响较大，急冷水温度低，过程气的温度就低，急冷水使用的是循环水板式换热器，由于急冷水线中硫化物较多，腐蚀性强，碳钢材质比较容易出现腐蚀，产生的腐蚀产物容易堵塞板换，使尾气进入吸收塔前温度不能控制在 40℃以下的，因此将急冷水管线和阀门全部更换为不锈钢材质，并增加了一组循环水板式换热器，在换热器入口设置了过滤器，定期进行过滤器清理，保证急冷水换热器的冷却效果。通过以上措施，吸收塔内的溶剂温度控制平稳。采用离子交换树脂不断净化 MDEA 溶液中产生的热稳定性盐，使得 MDEA 溶液一直维持较好的运行状态。

3.5 尾气焚烧炉燃料气优化

利用 2015 年停工检修的机会将装置燃料气新增了一条系统天然气线，天然气组分、流量稳定，硫含量低，解决了燃料气对烟气 SO_2 影响的问题。

3.6 针对仪表和设备阀门故障问题的优化

针对部分阀门内漏的问题，对阀门进行了更换，并在尾气吸收部分跨线和预硫化线上增设了一道切断阀，在双阀间增加氮气线，正常生产阀门关闭，氮气微开保持微正压。

针对仪表故障和维护问题，已将在线表的维护交由专业维护单位，由维护单位落实日常检查维护、检维修，保证第一时间处理。

3.7 对尾气加热器进行更换

由于2011年停工检修开工过程中烟气 SO_2 超标，经排查尾气加热器泄漏，通过堵管的方式进行了暂时处理，考虑到装置长周期运行的问题，2015年利用全厂停工检修的机会对尾气加热器进行进行了更换。

4 烟气提标措施

通过2015年停工检修采取一系列的尾气提标改造措施、操作上的优化以及平稳控制等方法，硫黄回收装置烟气 SO_2 排放值已由大修前的240~500mg/Nm^{3}降低至正常生产的100~200mg/Nm^3，满足《石油炼制工业污染物排放标准》(GB 31570—2015)硫黄烟气 SO_2<400mg/Nm^{3}的要求，但不满足特别限制地区 SO_2<100mg/Nm^{3}的要求。后投资1800万元，建设了一套炉后烟气碱洗设施，采用氢氧化钠作为主要吸收剂，采用文丘里脱硫技术(SVDS)对硫黄装置烟气进行处理。该装置于2017年4月开始建设，6月建成投用。投用后烟气 SO_2 排放值降低至20mg/Nm^{3}左右，减排效果显著。具体流程见图1。

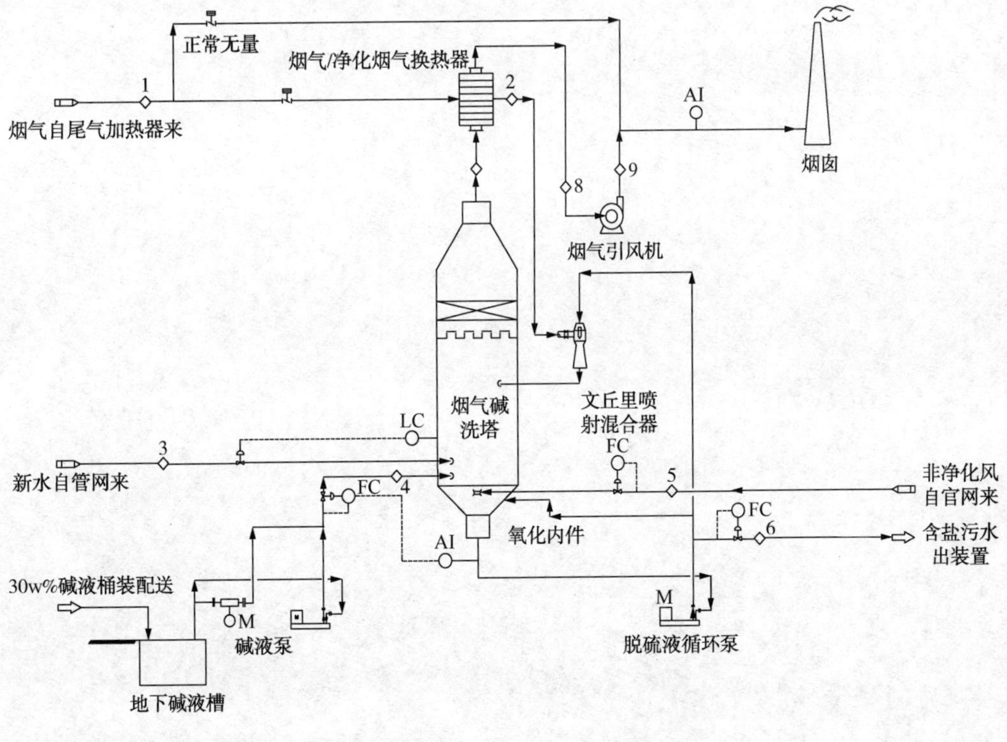

图1 硫黄回收装置烟气碱洗脱硫设施工艺流程示意图

5 结论

独山子石化公司硫黄回收装置通过采取一系列措施，在新国标实施前将烟气 SO_2 排放值由240~500mg/Nm^{3}降低至50mg/Nm^{3}以内，满足了对特别地区限制排放的要求，减排效果显著，对于现有装置及新建装置要达到 SO_2<100mg/Nm^{3}的排放限值改造和设计具有借鉴价值。

参 考 文 献

[1] 李菁菁，闫振乾．硫黄回收技术与工程[M]．北京：石油工业出版社，2010.

[2] 陈赓良．克劳斯法硫黄回收工艺技术[M]．北京：石油工业出版社，2007.

[3] 刘爱华，刘剑利．降低硫黄回收装置 SO_2 尾气排放浓度的研究[J]．硫酸工业，2014(1)：18-22.

[4] 程军委．降低硫黄回收装置烟气中 SO_2 浓度措施的探讨[J]．石油化工设计，2014，31(2)：57-59.

[5] 谭鹏．新国标下硫黄回收装置 SO_2 排放影响因素及控制措施[J]．化工技术与开发，2018(7)：42-44.

特大型硫黄储运系统关键技术研究

庞自啸

（中国石化中原油田普光分公司　四川达州　635000）

摘　要：普光气田天然气净化厂采用湿法成型技术生产固体硫黄，硫黄储运能力 240×10^{4}t，属于特大型硫黄储运系统。硫黄储运具有易燃、易爆、易腐蚀的特性，湿法成型技术增大成型过程湿度，加剧了设备的腐蚀速度。本文对特大型硫黄储运系统运行中出现的典型问题进行总结，阐述了问题出现的原因，并有针对性的提出技术措施，包括系统阻燃技术、皮带抑尘技术，解决现场实际问题，对硫黄储运系统设备安全技术的发展、持续改进、减少和预防事故发生具有重要的意义。

关键词：硫黄　储运　设备安全

1　硫黄储运系统简介及存在问题

储运系统包括液硫罐区、液硫成型、料仓、火车装车系统、散料汽车装车系统等单元及辅助配套设施。其中液硫储罐 10 座，单罐存储能力 5000m^3；液流成型机 4 台，单台处理能力 90t/h；料仓两座，单座存储能力 5. 7×10^{4}t；液硫装车系统 1 套，装车能力 50×10^{4}t/a；散料汽车装车系统 1 套，装车能力 12 辆/h；快速火车装车楼 2 座，装料能力 1200t/h。

储运系统工艺流程见图 1。联合装置生产的液硫输入液硫罐区储存，其中约 10%的液硫直接进行汽车销售，其余采用美国 Devco 公司湿法成型工艺，由硫黄成型单元转固为 2～6mm 的颗粒硫黄，成型后的硫黄颗粒经皮带输送系统转运至料仓储存，由料仓内的取料机和皮带输送系统转运至汽车装车平台和火车装车单元，通过火车、汽车进行外运。

储运系统运行九年来，陆续出现过各种问题：设备超温及硫化亚铁自燃导致硫黄燃烧；生产环节众多及设备材质多为碳钢材质且环境湿度较大导致设备腐蚀速率增快；设备转运过程中引起硫黄料流扰动导致硫黄粉尘超标，存在爆炸隐患。

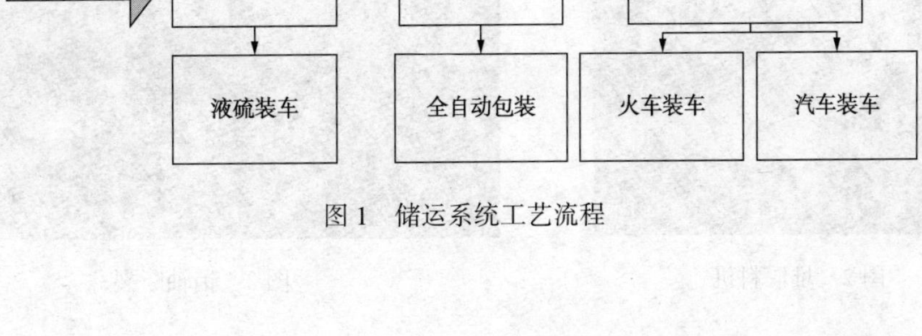

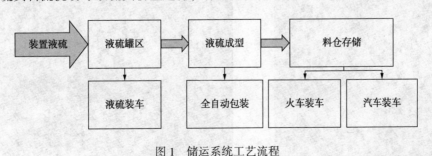

图 1　储运系统工艺流程

2 储运系统出现的问题分析

2.1 散料硫黄易燃

2.1.1 皮带转运设备摩擦引燃硫黄

硫黄的转运主要通过运转的皮带进行，皮带与各类型托辊、滚筒摩擦产生动力，皮带线共计各转运设备7000余处，一旦某处失效，即发生设备间的干摩擦，导致皮带系统超温，引燃硫黄。原皮带线带式输送系统沿线设置火灾监控系统，但在实际使用中存在以下几个问题：一是该型感温探测器虽适用于长距离输送设备火灾监控，但其火灾监控进度较低(200m)，硫黄着火属于缓慢阴燃，火势扩散较慢，着火面积小，要求对着火点定位精度精确到1m范围内；二是该监控系统缺少不同位置温度报警设置，感温电缆在局部日照环境下，出现频繁误报现象；三是表面包覆的热敏金属层在硫化氢环境下腐蚀，包覆层脱落后受热不能感知现场温度。

2.1.2 料仓内链条摩擦引燃料仓内硫黄

料仓内安装堆取料机，堆料能力为500t/h，取料能力为1000t/h(如图2所示)。刮板取料机采用链轮驱动滚子链，刮板固定于双链条机构上，通过尾部的电机驱动链轮作循环运动，再由滚子链牵引带动刮板来取料，由刮板将堆料机下部的物料刮入到中心立柱下部的圆锥形料斗内。

固体颗粒硫黄可燃、易爆，遇水有腐蚀性，对链条具有腐蚀性，造成链条链轮转动不畅，链轮与槽盒发生机械摩擦，引起槽盒内的硫黄着火。现有链条其主要缺陷体现在：一是链轮销轴润滑加注不方便，主要原因为加油孔设置在靠近链条槽盒侧，加油时必须将链轮运行至从动轮侧，加注润滑油时间长且操作繁杂。二是销轴卡滞转动不畅，销轴润滑不良引起销轴于套筒卡滞，造成滚子转动不畅，滚子与槽盒内硫黄颗粒摩擦引起硫黄着火。三是销轴断裂不易发现、不易更换，销轴长期受冲击力后疲劳断裂，断裂后销轴端面与槽盒内侧摩擦生热，引起槽盒内硫黄颗粒着火，且销轴断裂后不易发现，更换时需将销轴旋转至从动轮侧，更换销轴难度大，耗时长(如图3所示)。

图2 堆取料机

图3 销轴断裂

2.2 硫黄粉尘浓度大

硫黄粉尘的产生主要源于硫黄皮带上下级皮带转运处，产生粉尘主要由以下三个方面：

(1) 普通导料槽无控制措施，使得硫黄料流下落速度快，产生大量诱导风，引起硫黄粉尘(见图4)；

(2) 原皮带线采用整体式刮刀，无法有效去除皮带线上粘附的细粉硫黄(见图5)；

(3) 原皮带线抑尘设施喷出水珠粒径较大，材质多为碳钢，无法有效抑尘硫黄粉尘(见图6)。

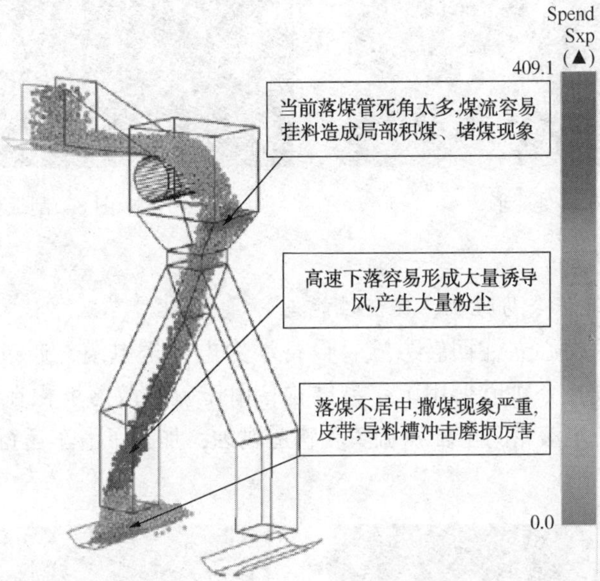

图4　普通导料槽

图5　整体式刮刀

图6　现场粉尘浓度大

2.3 堆取料设备失效速度快

2.3.1 普通刮板失效快

普通刮板在特殊的硫黄环境下工作，由于其强度不够，导致刮变型失效。由现场分析，刮板失效主要为：

(1) 取料机刮板最大应力集中，集中部位处于在吊耳连接处(见图7)；

(2) 取料机刮板大变形，最大变型处于大板片的端部(见图8)。

图7　吊耳处变形

图8　刮板变形

2.3.2　普通电缆拖令易脱轨、安全性能差

料仓堆取料采用中心立柱回转方式，设备动力电传送电缆，通过电缆拖令上机(见图9)。原堆取料机电缆拖令轨道采用工字型结构，由于硫黄散落堆积在轨道上，造成拖令滑车移动受阻，加之滑车滚轮间也堆积硫黄和轨道腐蚀，加大了滑车运行阻力，多次发生电缆拉脱轨等事件(见图10)。

图9　中心立柱电缆拖令

图10　原电缆拖令

3　解决措施

3.1　超温保护及阻燃技术

3.1.1　皮带线超温保护技术

带式输送机的火灾探测要快速、精确定位，依据现有技术，优选拉曼散射感温技术。探测方式是采用皮带传送机专用探测光缆，原理为通过温变点的拉曼散射回传至控制器确定火灾位置，该技术在港口等行业长距离皮带传送机的应用案例较多。分布式光纤测温系统由主

机、传感光缆、监控软件三部分组成。主机和传感光缆之间通过 E2000 跳线连接，监控软件安装在主机上，传感光缆直接铺设在被测物体上(见图 11)。

分布式光纤测温系统由主机、传感光缆、监控软件三部分组成。主机和传感光缆之间通过 E2000 跳线连接，监控软件安装在主机上，传感光缆直接铺设在被测物体上。

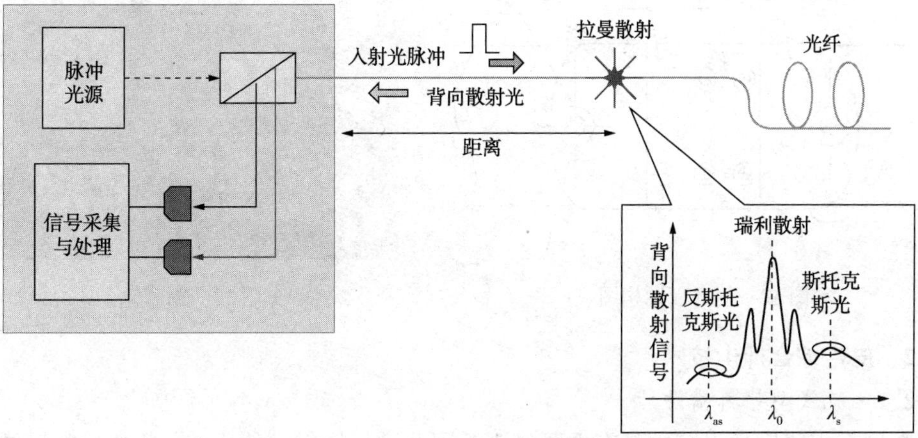

图 11　分布式光纤测温原理

分布式光纤测温系统最根本的优点就是在监测的整个过程中，它可以获得沿传感光纤所有采样点的温度数据，准确测量被测点的温度，准确定位每个温度点位置，可以提前预警和报警。净化厂带式输送系统火灾监控系统升级，主要是对系统内各转动点安装感温监控，主要包括托辊、滚筒、减速箱、电机等转动、易发热部位，及时监控各点温度变化，提前预警，准确报警。能将温度精确到 1℃范围内，准确定位到温度变化 1m 内，大大提高了火灾监控系统的精度、准确性和时效性，性能指标见表 1。

表 1　系统性能指标

参　　数	BY-DTS-4020	BY-DTS-4040	BY-DTS-4100
测温范围/℃	-20~120	-20~120	-20~120
测温距离/km	2	4	10
单通道测量时间/s	任意可选	任意可选	任意可选
定位精度/m	0.8 或 0.4	0.8 或 0.4	0.8 或 0.4
温度精度/℃	±1	±1	±1
采样间隔/m	0.8 或 0.4	0.8 或 0.4	0.8 或 0.4

3.1.2　链条耐磨板优化技术

针对取料机链条运行过程中与金属导槽直接摩擦问题，创新新增耐磨板并进行如下优化：

(1) 将链条侧向耐磨板由 65Mn 弹簧钢材质更换为含油尼龙板；

(2) 将含油尼龙板的厚度提高 10mm，减少尼龙板与轨道导向板之间的间隙，减少局部摩擦；

(3) 在尼龙板与链条侧板之间采用沉头螺栓的方式连接，便于磨损尼龙板的更换。耐磨板结构图见图12，耐磨链条见图13。

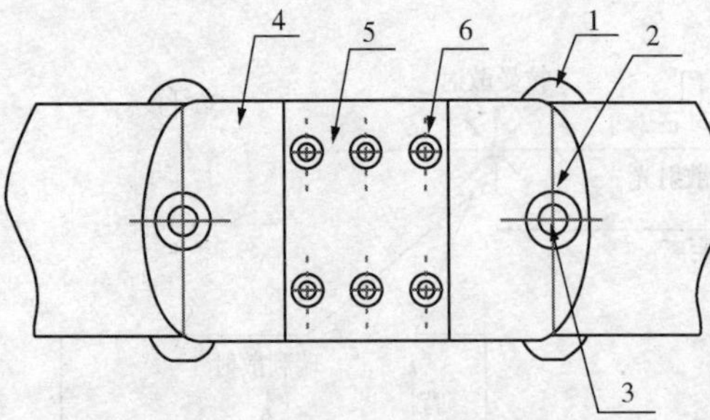

图12 耐磨板结构图

图13 耐磨链条

3.2 皮带综合抑尘技术

3.2.1 流线型导料槽设计

导料槽在带式输送系统中具有重要作用，因此进行导料槽的研究，优化导料槽结构对于抑制粉尘具有重要作用。流线型导料槽见图14。优化如下：

(1) 采用弧形滑道完成对料流全程导流，避免料流出现大的加速而形成高压气流，尾部的J型导流嘴最终实现料流的无粉尘输送。

(2) 优化的滑道内部空间设计，保证携带风量最小并避免出现空气压差，大大减少诱导风，从而彻底控制粉尘的产生。

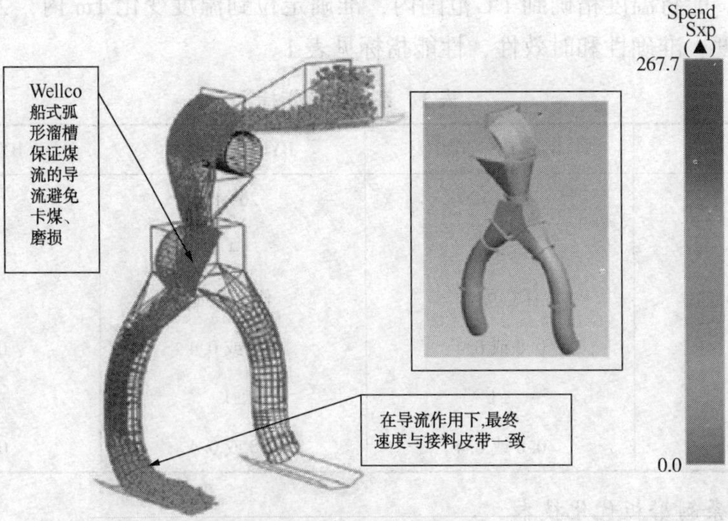

图14 流线型导料槽

3.2.2 高压风刀粉尘吹扫技术

为解决整体式清扫器刮刀局部磨损、磨损后无法自动调整贴合的问题，对清扫器进行整体改进，采用多片式扭力清扫器。清扫器主体结构采用304不锈钢材质，将原整体式单片刮刀优化为多片刮刀组，刮刀组采用扭力聚氨酯刮刀(见图15)，扭力聚氨酯刮刀片每片本身具有调节作用，可有效地贴紧皮带表面。原理为压缩空气由风刀吹嘴喷出，清除皮带粉尘。

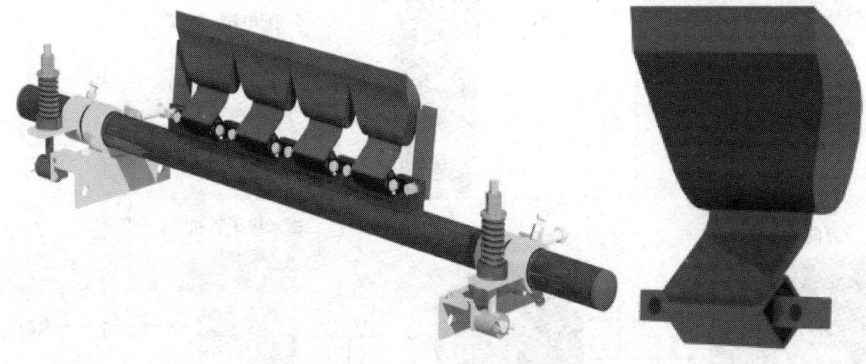

图15　高压风刀清扫器与扭力器刮刀

实际应用时，根据皮带上粘附的细粉物料及水分量控制通入气源管道内的压缩空气的量，在气源管道设置气源控制阀门。当皮带上粘附的细粉物料及水分量增加时，通过气源控制阀门增大气源管道的空气量，保证足够的风刀孔出口压力。为了满足清扫效果，将所述风刀吹嘴组设置为多片风刀组合，风刀孔约为1mm。根据实际的输送皮带宽度，设置风刀吹嘴组第一个吹风孔一端到风刀吹嘴组最后一个吹风孔的长度大于输送皮带宽度。

3.2.3　干雾抑尘技术

皮带线粉尘粒径多处于1~10μm左右，粒径较小，而只有当水雾粒径近于粉尘粒径才能达到更佳的除尘效果，要求雾滴与粉尘粒径相近。对比分析当今主流除尘技术，优选微米级干雾抑尘技术。

微米级干雾抑尘是由压缩空气驱动声波震荡器，通过高频声波的音爆作用在喷头共振室处将水高度雾化，产生10μm以下的微细水雾颗粒，喷向起尘点，使水雾颗粒与粉尘颗粒相互碰撞、粘结、聚结增大，对悬浮在空气中的粉尘——特别是直径在5μm以下的可吸入粉尘进行有效吸附，并在自身重力作用下沉降，达到抑尘的作用。微米级干雾抑尘系统组成如图16所示。

3.3　取料设备优化

3.3.1　取料机刮板优化

刮板改进的方式主要有两种：一是要提高材质的屈服、抗拉、硬度性能指标；二是改善其受力集中；同时需要提高其结构间紧固件的可靠性。

3.3.1.1　刮板材质升级

查阅刮板材质相关性能参数，不同牌号铝合金的性能对比，优选7075硬铝合金，这类合金强度和耐热性能均好。制造工艺进行淬火，以提高抗拉、抗弯和抗冲击整体强度。将大板片、筋板、框架改成7075硬铝合金板，整体铆钉材质采用硬铝合金棒，使铆钉、结合力大幅度提高，从而使框架的钢体性能提高。铝合金机械性能见表2。

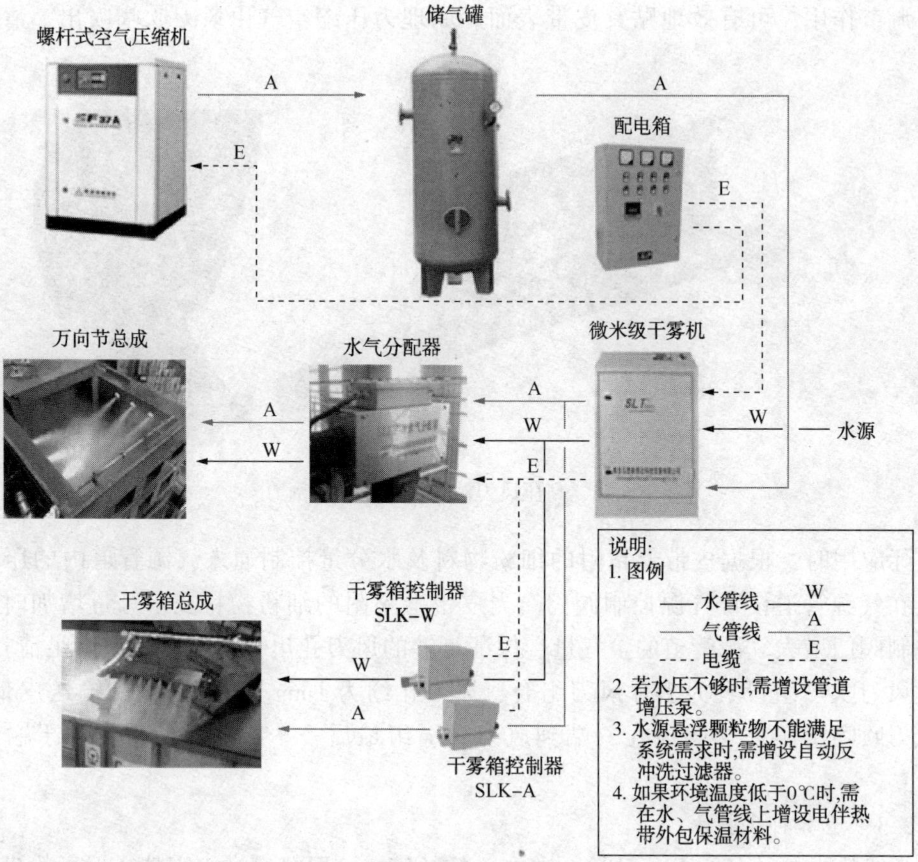

图 16 干雾抑尘系统组成示意图

表 2 铝合金机械性能表

铝合金牌号	拉伸强度(25℃)/MPa	屈服强度(25℃)/MPa	硬度(500kg 力,10mm 球)	延伸率 厚度[1.6mm(1/16in)]
052-H112	75	95	0	2
083-H112	80	11	5	4
061-T651	10	76	5	2
050-T7451	10	55	35	0
075-T651	72	03	50	1
024-T351	70	25	20	0

3.3.1.2 优化刮板结构,改善应力集中

根据实际情况,刮板最大应力集中主要来源于大板片端部阻力产生的力矩,因此将吊耳折板朝外,即转向 180°,使两边的取料力矩增加,提高了抗弯强度,如图 17、图 18 所示。

图 17　吊耳朝里，端部变形

图 18　吊耳朝外，力矩分散

3.3.2　电缆拖令结构优化

针对现实运行存在的问题，经过现场踏勘及讨论，从以下三方面进行改进设计：

(1) 密封问题。设计成内嵌密闭轨道，拖令滑车在轨道内运行，见图 19。

(2) 润滑问题。行走轮和导向轮均采用特殊密封球轴承。

(3) 防腐及维护问题。轨道、拖令支架、轴等采用不锈钢，轮子采用具有防腐的高强度高耐磨性超高分子材料，见图 20。

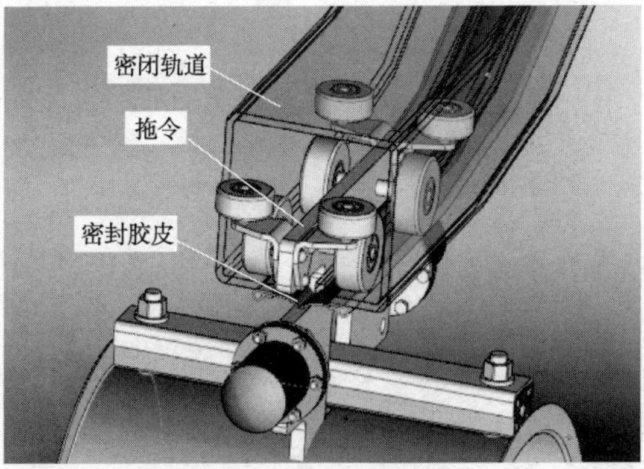

图 19　密封轨道式小车

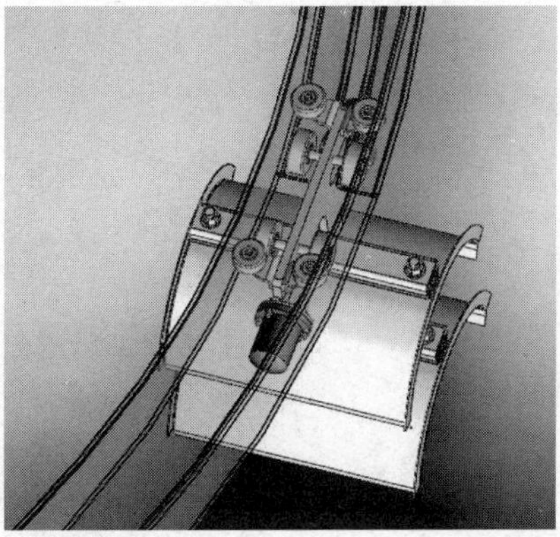

图 20　新材料导轨拖令

4　结论

(1) 高压风刀吹扫技术及干雾抑尘技术的综合应用，减少了皮带线周围的粉尘，抑制了转运点扬尘的产生，将储运系统粉尘浓度控制在安全指标范围内，对国内类似装置具有重大的参考意义。

(2) 首创的新型大型取料机械链条结构，有效避免了料仓着火事故的发生，大大提升了储运系统的安全性能。

(3) 取料设备成功改进，解决了特殊硫黄环境下的问题，延长了设备更换周期，对于具有强腐蚀、高风险行业的取料设备改进具有重要的借鉴意义。

装置运行总结

热氮吹硫技术在硫黄回收装置停工过程中的应用

林金安

（中国石化海南炼油化工有限公司　海南儋州　578101）

摘　要：应用热氮吹硫+微氧钝化的方案，控制克劳斯系统的压力和温度，尾气加氢反应器催化剂床层温度，加强停工期间精细操作，实现硫黄回收装置停工过程尾气烟气 SO_2 排放浓度控制在 100mg/Nm^3 以内，实现绿色、环保停工。

关键词：硫黄回收　停工　热氮吹硫　应用

1　前言

硫黄回收装置停工进行吹硫操作，清除系统内残存的硫黄，使装置停工后管道、催化剂床层不积硫和硫化亚铁，确保装置检修安全[1]。停工期间，因管网瓦斯存在组分波动大、含烃、带液等原因，使装置进行烟气吹硫时，导致配风难以控制，容易出现催化剂床层飞温或析碳现象，严重时会导致烟气 SO_2 超标排放。海南炼化硫黄装置 2019 年 4 月公司应用中国石化齐鲁分公司开发的热氮吹硫技术，在装置停工期间实现了尾气烟气排放 SO_2 浓度低于 100mg/Nm^3 的要求，其操作要点供同类装置停工参考借鉴。

1.1　装置简介

海南炼化硫黄装置采用 SSR 无在线炉硫回收工艺，设计“二头一尾”的烧氨工艺，即二列制硫、一列尾气装置。2013 年装置进行消瓶颈改造后装置生产能力为 9.5×10^4t/h。2017 年根据中国石化硫黄尾气标准化治理专项工作的要求，装置烟气 SO_2 排放浓度限值按 $\ngtr$ 100mg/Nm^3 进行治理，同时增上了停工热氮吹硫工艺。装置目前尾气烟气 SO_2 排放浓度维持在 50~70mg/Nm^3 之间。

1.2　热氮吹硫技术

热氮吹硫技术利用氮气不与克劳斯系统内硫黄、硫化亚铁、硫蒸气及其他物质发生化学反应的原理，在硫黄回收装置停工吹硫期间，尾气系统正常运行，吹硫过程气进入尾气处理系统，经过加氢还原吸收后，送入尾气焚烧炉，减少 SO_2 排放。待氮气吹扫稳定后，补入一定量的工厂风对制硫系统设备和催化剂床层进行钝化，同时严格控制工厂风量，防止制硫催化剂床层超温、加氢催化剂床层过氧。钝化后期，可选择将制硫系统过程气切出尾气焚烧炉[1]。

1.3　热氮吹硫流程

加热氮气吹硫工艺流程简图见图 1。氮气经加热器加热升温至 220℃，注入制硫炉炉头，经余热锅炉后，进入一级硫冷凝器降温，过程气中硫雾被冷凝、捕集，进入一级硫封罐。从一级硫冷凝器出来的吹硫氮气，经高温掺合阀升温后，对一级制硫转化器进行吹硫，将一级制硫转化器催化剂床层存硫清除，吹硫氮气携带的硫雾，经气-气换热、二级硫冷凝器降温后，硫雾被冷凝、捕集，进入气-气换热器、二级硫封罐。从二级硫冷凝器出来的吹硫氮气进入气-气换热器升温后，对二级制硫转化器进行吹硫，将二级制硫转化器催化剂床层存硫清除，吹硫氮气携带的硫雾经三级硫冷凝器降温后，硫雾被冷凝、捕集下来，进入三级硫封罐。从三级硫冷凝器出来的吹硫氮气经尾气捕集器进一步捕集后，与正常运行的B系列制硫尾气混合，进入尾气处理系统，经加氢还原吸收后，送入尾气焚烧炉，实现烟气 SO_2 浓度达标排放。

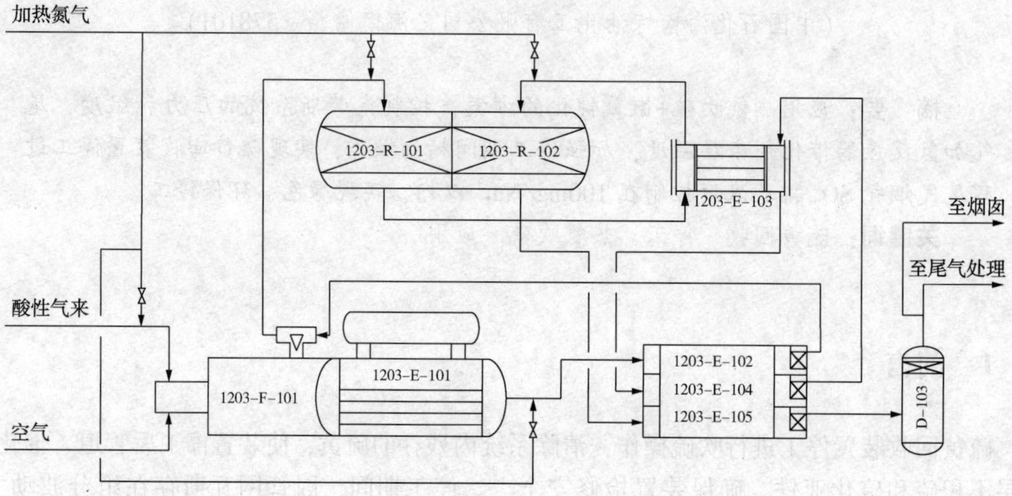

图1　加热氮气吹硫工艺流程简图

2　装置停工过程控制

2.1　停工准备

1）催化剂热浸泡。提高一、二级转化器入口温度20℃，对一、二级转化器制硫催化剂进行热浸泡，脱除吸附在催化剂床层上冷凝沉积的硫。用时24h。

2）投用氮气加热器，通过3.5MPa过热蒸汽对氮气进行加热升温，引加热氮气至制硫炉前高点排空，备用。

2.2　氮气吹硫/制硫催化剂钝化

1）切除酸性气进制硫炉。调整制硫炉酸性气流量，使之降至最低，启动停工按钮，使制硫炉联锁熄火，关闭酸性气、燃料气进制硫炉流程上相关阀门。

2）根据炉膛温度下降情况，按25~35℃/h下降速度控制，缓慢给热氮气由炉头改进制硫炉，顺着流程进行赶硫吹扫，过程气进尾气系统。

3）稳定余热锅炉液位及3.5MPa蒸汽压力，通过压控阀副线倒引3.5MPa蒸汽，控制余热锅炉出口温度在200℃以上；稳定三级硫冷凝器液位，通过压控阀副线，控制0.35MPa蒸汽在0.32~0.35MPa之间，维持三级硫冷凝器出口温度在140℃以上。

4）当加热氮气流量提至1000m^2/h后，缓慢向制硫炉内给风，估算炉膛内过程气中氧含量，按照0.5%、1.0%、1.5%提高风量。

5）加强三级硫冷凝器、气-气换热器、尾气捕集器硫封罐排硫口检查，当排硫口无液硫产生后，关闭液硫至硫池手阀。

6）48h 后，加热氮气流量提至 2000m³/h，制硫炉内给风提至 300~400m³/h，估算炉膛内过程气中氧含量约 1.0%~1.5%，一、二级转化器催化剂床层温度无上升趋势，加氢反应器催化剂床层温度升高至 370℃，通过调整制硫炉给风，加氢反应器床层温度下降，则可判断一、二级转换器催化剂微氧钝化完成。

2.3 过程气切除尾气处理系统/制硫催化剂通风钝化

1）当一、二级转换器催化剂微氧钝化完成后，停制硫炉给风，加大进制硫炉加热氮气流量，提至 2000~2500m³/h，对系统进行赶硫吹扫 24h。

2）通过检测仪分析各排硫口气体组分，当三级硫冷凝器排硫口过程气中未能检测出 SO_2、H_2S 体积浓度后，降低制硫炉加热氮气流量，将过程气改出尾气处理系统，由二、三级流冷凝器排硫口控制炉头压力≯50kPa。

3）制硫炉内缓慢通入配风，注意跟踪一、二级转换器催化剂床层温度变化，无上升趋势则继续提风吹扫，同时缓慢切除加热氮气，直至完全切除。

4）当余热锅炉出口温度降至 130℃后，将 3.5MPa 蒸汽脱网，放尽存水，改上除盐水进行置换降温；当一、二级转换器出口温度降至 130℃后，三级硫冷凝器自产 0.35MPa 蒸汽脱网，维持液位稳定，缓慢降温。

5）控制制硫炉给风量在 2500m³/h 左右，吹扫 24h。

2.4 制硫炉加装盲板/一、二级转换器降温

1）当余热锅炉出口温度降至 90℃后，切除配风，制硫炉加装盲板隔离，拆除余热锅炉出口短节，关闭过程气进一级制硫转换器蝶阀，打开制硫炉人孔，由人孔处接通风机，余热锅炉出口接引风机，进行强制通风 24h。

2）一、二级制硫转换器入口给室温氮气进行吹扫降温，控制氮气流量约 1000~1500m³/h，吹扫降温 24h。

2.5 一、二级制硫转换器进、出口加装盲板隔离，尾气捕集器入口加装盲板隔离，验收合格，交付检修

3 停工过程关键操作参数控制

3.1 克劳斯系统的温度控制

一、二级制硫转化器催化剂钝化时，向制硫炉头通入工业风，控制吹硫氮气中氧体积分数约 1.0%，对催化剂进行微氧钝化。须重点监控克劳斯系统的温度，防止液硫凝固，造成催化剂床层积硫，堵塞系统。利用余锅 3.5MPa 蒸汽及三级硫冷凝器 0.35MPa 蒸汽不脱网的方案，可以稳定克劳斯系统温度在 140℃以上。

3.2 加氢反应器床层温度的控制

克劳斯系统钝化时，须重点监控克劳斯系统转化器、加氢反应器催化剂床层温度、吸收塔顶气中 H_2 体积分数和急冷水 pH 值的变化，严格控制排放烟气中 SO_2 质量浓度处于控制范围内。每次提氧钝化前，须观察克劳斯及加氢反应器催化剂床层无温升后，再逐步将工业风量上调。如出现制硫催化剂床层飞温、吸收塔顶气 H_2 体积分数低于 0.5%、急冷水 pH 值小于 6.5、排放烟气中 SO_2 质量浓度上升等非正常工况，应立即减少或切断工业风，停止钝化操作。停工过程中，当第三级硫冷凝器出口吹硫氮气中观察不到硫雾存在，采样分析无

H_2S 存在，SO_2 体积分数低于 200×10^{-6}时，将吹硫氮气切出尾气处理系统，避免后续操作对尾气处理系统造成影响。

4 停工过程能耗物耗

A 系列制硫系统停工过程中的公用工程消耗见表 1。

表 1 A 系列制硫系统停工过程公用工程消耗表

项目	单位	消耗量
电力	kW	14400
除盐水	t	90
除氧水	t	96
3.5MPa 蒸汽	t	96
0.35MPa 蒸汽	t	96
工业风	Nm^3	5040
氮气	Nm^3	195000

5 停工过程中的经验和不足

1）此次 A 列制硫炉切断酸性气初期，B 列制硫炉酸性气量变化较大，配风跟踪不及时，导致尾气烟气排放 SO_2 排放值 17：00 时均值达到 $147mg/Nm^2$，最高值到达 $197mg/Nm^2$，超 $100mg/Nm^2$ 限值排放约 40min，其余停工过程均在合格控制范围内。

2）热氮气赶硫和制硫催化剂钝化同时进行，因工业风流量偏小，过程气中氧含量不够，停热氮气后，单独给工业风时一、二级转化器催化剂床层温度仍有小幅度上升。经验：氮气赶硫和钝化同时进行时，在尾气加氢反应器催化剂床层温度允许情况下适当增加过程气中的氧含量，而当停热氮气后单独给工业风吹扫时可控制一、二级转化器催化剂床层温度≯400℃继续给工业风吹扫钝化，确保催化剂钝化完全。

6 结论

此次停工应用了热氮吹硫技术，实行热氮赶硫与钝化交叉进行的方案，通过控制克劳斯系统的压力和温度，利用余热锅炉 3.5MPa 蒸汽、三级硫冷凝器 0.35MPa 蒸汽不脱网，控制克劳斯系统温度在 140℃以上，确保液硫的流动性；同时控制尾气加氢反应器催化剂床层温度，加强停工期间精细操作，根据加氢反应器床层温度和氢气含量等参数控制一、二级制硫转化器催化剂钝化过程中的空气流量，实现停工过程尾气烟气 SO_2 排放浓度控制在 $100mg/Nm^3$ 以内，实现绿色、环保停工。

参 考 文 献

[1] 彭传波. 大型硫黄回收装置热氮吹硫新技术应用分析[J]. 石油与天然气化工，2018，47(06)：27-32.

50kt/a 硫黄回收装置首次开工运行总结

梁晓乐　刘鹤鹏　刘学田　李国民

(中国石油华北石化公司　河北任丘　062550)

摘　要：本文主要介绍了华北石化公司 50kt/a 硫黄回收装置首次低负荷开工的情况，其尾气处理采用了 Cansolv 吸收工艺，证明该工艺应用于硫黄回收可以满足尾气达标排放的要求，对开工半年来装置运行情况作了简要总结。

关键词：克劳斯　康索夫　烟气　腐蚀

1　前言

华北石化公司 250kt/a 硫黄回收联合装置是公司千万吨炼油质量升级项目的重要环保装置，联合装置由 2 套 100kt/a，1 套 50kt/a 硫黄回收、2 套 140t/h 酸性水汽提和 3 套 300t/h 溶剂再生装置组成。硫黄回收采用“三头三尾”设置，其中 Claus 部分采用三维的 SRU 硫回收工艺，尾气处理采用壳牌 Cansolv 吸收工艺，由山东三维石化工程股份有限公司设计，中国石油第七建设公司承建，于 2018 年 6 月 30 日建成中交。经过近 3 个月的三查四定、蒸汽吹扫、水冲洗、水联运、烘炉烘器和催化剂装填等开工准备，50kt/a 硫黄于 2018 年 9 月 21 日点炉升温，28 日上午炉膛温度升至 1000℃左右，引入清洁酸性气投料开车，29 日通过中部分流部分酸性气，调节炉温大于 1250℃，引入含氨酸性气。现场检查各冷凝器排硫口，液硫产品为亮黄色，装置投料一次开车成功。

2　工艺流程概述

2.1　制硫部分

来自于溶剂再生的清洁酸性气和酸性水汽提的含氨酸性气分别经过酸性气分液罐(V-101A、V-101B)脱除携带的凝液后进入制硫部分，全部含氨酸性气与部分清洁酸性气混合后进入制硫炉(F-301)前部燃烧器，剩余的清洁酸性气进入制硫炉中部。其目的为提高制硫炉前部火焰温度，使其达到 1250℃以上，如此高的火焰温度可以更彻底地分解氨。进入制硫炉的配风分为两路，主配风根据酸性气流量前馈比例调节主风量，副配风根据设置在捕集器(V-103)出口过程气管线上的 H_2S/SO_2 比值分析仪反馈调节副风量。确保捕集器出口过程气 H_2S/SO_2 比值为 2 ∶1，从而提高制硫部分的硫回收率。

制硫炉燃烧的高温过程气余热通过制硫余热锅炉(E-301)发生中压蒸汽来回收。降温后的过程气进入一级冷凝冷却器(E-302)冷至 160℃，冷凝下来的液硫与过程气分离，自底部进入硫封罐(V-304A)。过程气加热器(E-303)经自产的中压蒸汽加热至 220~240℃进入一级转化器(R-301)，在催化剂的作用下，过程气中的 H_2S 和 SO_2转化为元素硫。反应后的气体进入过程气换热器(E-304)管程与二级冷凝器(E-305)出口的低温过程气换热，过程气换热器(E-304)管程冷凝下来的液硫，自底部进入硫封罐(V-304B)，过程气进入二级冷凝器(E-305)，冷却至160℃，冷凝下来的液硫自底部进入硫封罐(V-304C)。分离后的过程气再经过气气换热器(E-304)壳程，被加热至200~220℃进入二级转化器(R-302)，过程气中剩余的 H_2S 和 SO_2 进一步转化为元素硫。反应后的过程气进入三级冷凝器(E-306)冷却至160℃。冷凝的液硫自底部进入硫封罐(V-304D)。顶部出来的制硫尾气经尾气分液罐(V-303)分液后进入尾气焚烧炉(F-302)，分离下来的液硫自底部进入硫封罐(V-304E)。

2.2 尾气处理部分

制硫尾气进入尾气焚烧炉(F-302)，在650℃高温下，将尾气中的硫化氢、有机硫和单质硫全部焚烧为 SO_2，高温烟气经过蒸汽过热器(E-307)和废热锅炉(E-308)回收热量，温度降至300℃左右送至预洗涤塔(C-321)。烟气首先进入预洗涤塔的文丘里段，在喉管处与文丘里循环泵喷入的循环洗涤液接触，烟气初步降温至68.5℃左右，然后进入气体冷却塔，与冷却塔循环泵送来的冷却循环液在填料中充分接触，烟气被进一步冷却到38℃。然后烟气进入两级电除雾将烟气中的酸雾降低至≤5mg/Nm^3。最后烟气自底部进入 SO_2吸收塔(C-331)，与塔内贫吸收剂逆向接触，在填料表面完成对 SO_2 吸收，合格烟气经烟道排至烟囱。塔底富吸收剂经泵(P-331)升压后，送至解吸塔(C-132)，在塔内解吸出 SO_2，返回前面制硫炉回收，塔底的贫吸收剂经(P-133)升压循环使用。贫吸收剂还设有过滤单元 AFU(PA-131)和净化单元 APU(PA-132)，用于除去其中固体杂质和吸收过程中形成的热稳态盐。

3 装置特点

硫黄回收由 Claus 制硫、Cansolv 尾气处理、液硫储存和成型等部分构成，其中制硫部分采用成熟的部分燃烧法，两级转化 Claus 硫回收工艺，制硫余热锅炉产生中压蒸汽回收余热。尾气部分采用壳牌 Cansolv 吸收工艺，制硫尾气经过热焚烧、洗涤冷却和电除雾，再通过专用的吸收剂吸收 SO_2，使净化烟气中的 SO_2<100mg/Nm^3，满足国家 GB31570—2015 的排放要求。该装置具有以下特点：

(1) 克劳斯部分燃烧炉采用双区燃烧控制方案，以在炉前部获得高温分解酸性气中的 NH_3。

(2) 克劳斯一级反应器入口中压蒸汽加热器再热过程气，通过调节加热蒸汽的流量控制再热温度，控制精准灵活。

(3) 克劳斯二级反应器入口采用气气换热控制入口温度，通过控制气气换热的旁路开度，调节进入气气换热器的过程气量，从而控制二级入口温度。

(4) 一三级硫冷凝器共用一个壳体，发生低低压蒸汽循环利用方案提高硫回收率，减少冷侧的控制和调节回路。二级硫冷凝器和气气换热器采用直连方式，减少管路配置。

(5) 制硫催化剂均采用四川能特公司的催化剂，一级转化器采用 CT6-4B 和 CT6-8B 的级配方案，CT6-4B 为抗漏氧催化剂，可以消除过程气中的微量漏氧，避免催化剂硫酸盐化。CT6-8B 为钛基催化剂，可以有效提高有机硫水解率，增加硫回收率。二级转化器全部装填 CT6-2B 铝基催化剂。

(6) 进制硫燃烧炉的酸性气和空气采用比值仪进行配比调节，在尾气分液罐出口过程气线上设置 H_2S/SO_2 在线分析仪，根据在线比值仪的信号反馈微调进制硫炉的空气量。

(7) 装置设计引入 BMS 系统，将制硫炉和尾气炉的自动点火、进料、停车、吹扫、停工保护等安全联锁引入 SIS，并通过 BMS 系统控制，提高了装置运行的安全性和自动化水平。

(8) 尾气处理采用壳牌 Cansolv 吸收工艺，该工艺属于氧化吸收工艺，相对于还原吸收工艺来说工艺流程缩短，控制起来较为简单。

4 装置试车情况

4.1 试车进度

4.1.1 烘炉、烘器

按照施工规范，制硫炉、焚烧炉和反应器衬里施工完毕后先要进行自然养护干燥，然后再进行烘炉。考虑到首次用瓦斯烘炉，低温区域温度不易控制，因此先采用气电混合加热法进行预烘炉。此种加热方式为低于 200℃，使用电加热法升温，200℃以后引入燃料气进行气电混合升温，这样可以在低温段更准确控制升温速率，在高温段更有效的控制温度波动偏差，让温度缓慢、稳定地传递到各层衬里材料，使衬里材料平稳缓慢的升温，这样不但更充分地排除水分，而且更好地保护了衬里材料免受温度冲击，从而保证了烘炉质量，为设备稳定、长周期的安全运行打好基础。预烘炉完成后检查烘烤效果，然后再采用瓦斯进行烘炉，主要是高温段烘烤，以使炉子衬里达到运行时的温度。烘炉烘器时间安排见表 1。制硫炉烘炉曲线图见图 1。

表 1 烘炉烘器时间安排

序号	设备名称	设备位号	预烘炉时间	瓦斯烘炉时间
1	3#硫黄焚烧炉	F-302	2018. 7. 14～7. 23	2018. 8. 7～8. 19
2	3#硫黄制硫炉	F-301	2018. 7. 18～7. 27	2018. 8. 8～8. 19
3	3#硫黄一二级转化器	R-301/302	2018. 7. 16～7. 20	

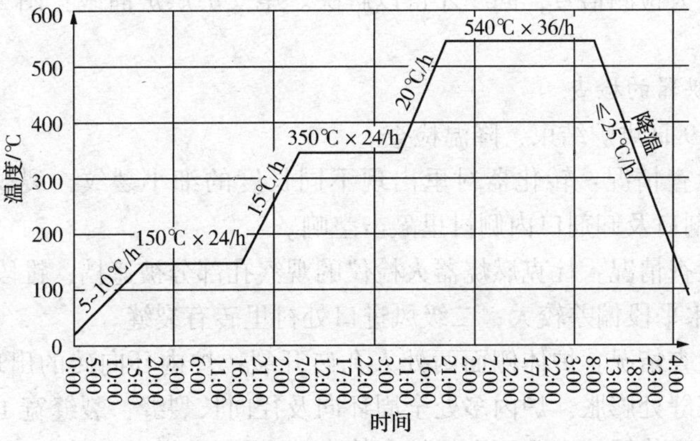

图 1 制硫炉烘炉曲线图

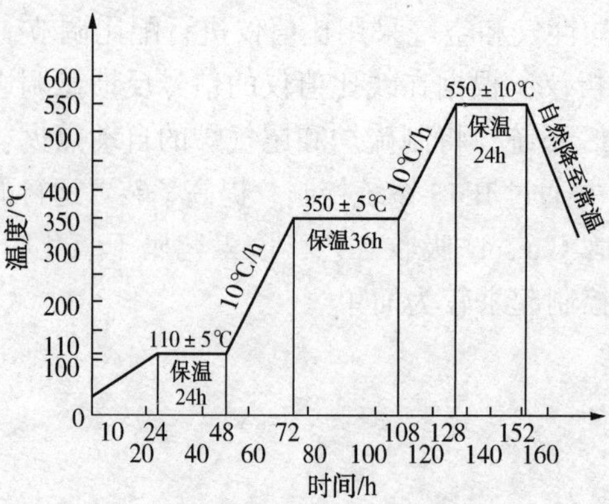

图 2　尾气炉烘炉曲线

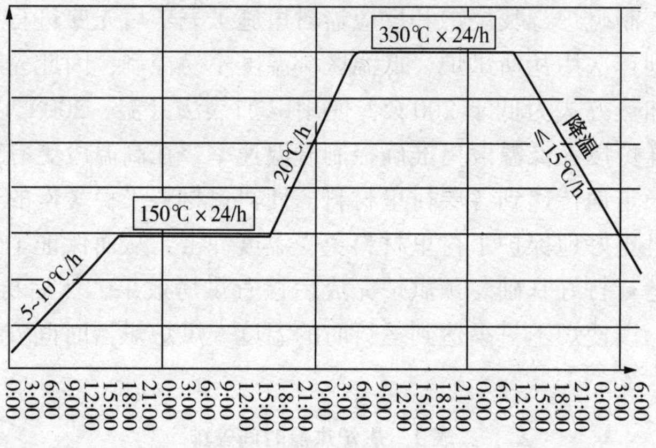

图 3　反应器烘烤曲线

4.1.2　瓦斯烘炉烘器

2018 年 8 月 7 日装置引入瓦斯(天然气)烘炉，先对尾气炉点燃点火枪，8 月 8 日制硫炉点燃点火枪和主火嘴，按照升温曲线升温。9 日在点尾气炉主火嘴时，多次点火均告失败，后来发现火检仪的看火窗部分被火盆遮挡，导致火检仪检测不到火焰信号，虽然每次实际点火都能成功，然而火检仪检测不到火焰信号，BMS 系统就会联锁熄火。后来经厂家多次调整火检仪角度，放大检测信号，问题才得以解决。尾气炉烘炉曲线见图 2，反应器烘烤曲线见图 3。

4.1.3　烘炉烘器的检查

2018 年 8 月 19 日烘炉结束，降温检查。

(1) 转化器检查情况：转化器衬里出现不同长度的细小裂纹，裂纹最宽处为 2.5mm，最长约 1.2m；装剂口及卸剂口内侧衬里敲击空响。

(2) 尾气炉检查情况：杜克燃烧器火检仪的观察孔部分被遮挡；锥段外圆衬里椭圆度检查 φ2000×1985，水平段偏差较大；二级风进口处衬里砖有裂缝。

(3) 制硫炉检查情况：炉体侧面两处人孔砖开裂；炉内环向砖的出现裂缝，宽约 2cm，有的未在施工膨胀缝处膨胀，炉内多处全周环向及径向长裂缝，裂缝宽 1.0cm，深度可看到里面一层的砖体；废热锅炉迎火面瓷保护套管有 19 根存在纵向和轴向开裂情况。

最后施工单位将问题一一处理，更换破裂的瓷保护套管，衬里裂缝过大的地方采用耐火胶泥混合陶纤封堵。

4.1.4　催化剂装填

2018 年 8 月 26~27 日转化器装填催化剂，按照级配方案一级转化器上部 1/3 装填抗漏氧催化剂 CT6-4B，下部 2/3 装填钛剂 CT6-8B，二级转化器全部装填铝剂 CT6-2B。考虑到反应器入口设置有分布器，床层顶部没有装填瓷球。催化剂装填图见图 4。

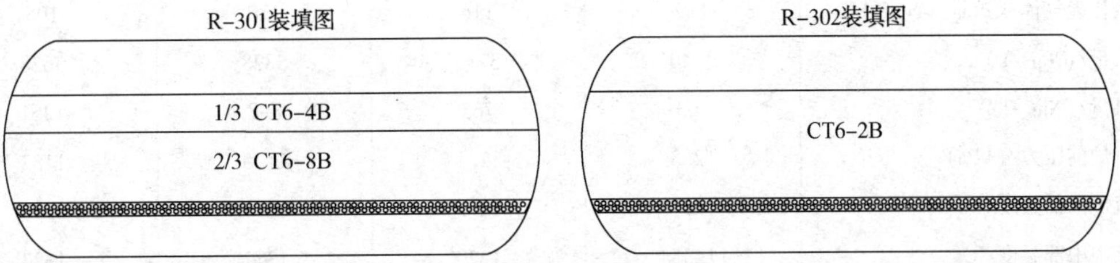

图 4　催化剂装填图

4.2　装置开工过程

2018 年 9 月 21 日尾气炉引瓦斯烘炉升温，23 日制硫炉 F-301 升温至 700℃，尾气炉 F-302 升温至 500℃恒温，上午 9：30 将烟气由放空改进转化器，用烟气给转化器升温。26 日制硫炉 900℃恒温，转化器床层各点温度大于 200℃。尾气部分的预洗涤塔循环建立，电除雾送电投用，吸收剂循环再生运行正常。28 日进酸性气开工，首先将制硫炉温度提高至大于 1000℃，满足引清洁酸性气条件，控制瓦斯 100Nm^3/h，风量 3000Nm^3/h，启动 BMS 引清洁酸性气开工程序。由于开始硫比值仪未调校好，配风没有参考，且酸性气组分波动较大，造成制硫炉配风不足，多余的硫化氢在尾炉中燃烧，致使尾炉超温较多。及时调整配风尽量使制硫尾气中的二氧化硫过剩，逐渐降低尾炉温度，中午比值仪厂家调校好仪表，使得制硫炉配风有了参考，操作渐渐稳定下来。由于开始制硫炉配风不合适，吸收塔入口烟气二氧化硫浓度很高，最高甚至超过 30000×10^{-6}，虽然吸收剂可以吸收下来，但是返回制硫炉的二氧化硫气体很多，导致解吸塔顶憋压，当逐渐调整配风比例后，操作慢慢好转，排放浓度也能控制得较好。

5　主要工艺操作参数

酸性气组成分析数据见表 2，50kt/a 硫黄回收操作数据见表 3，硫黄产品质量分析见表 4。

表 2　酸性气组成分析数据

项目	清洁酸性气	含氨酸性气	备注
H_2S	60.5	48.12	由于含氨酸性气温度高，含水较多，采样后温度降低，氨全部溶于水，因此分析数据有偏差
CO_2	27.25	0.29	
NH_3	—	—	
烃类	0.11	4.7	
空气	0.81	44.92	
H_2O	6.73	1.96	

表 3 50kt/a 硫黄回收操作数据

项目	2018-10-6	2018-10-8	2018-12-8	2018-12-10
清洁酸性气量/(Nm^3/h)	1006	995	992	1022
含氨酸性气量/(Nm^3/h)	729	721	765	654
伴烧氢气量/(Nm^3/h)	202	196	188	179
二氧化硫气体入炉量/(Nm^3/h)	119	116	120	105
主风量/(Nm^3/h)	3720	3713	3828	3628
副风量/(Nm^3/h)	763	765	898	1261
制硫炉前压力/(kPa)	12.3	12.1	11.5	11.2
制硫炉前部温度/℃	1271	1275	1317	1313
制硫炉中部温度/℃	1235	1220	1371	1323
一反入口温度/℃	225	226	231	231
一反床层温度/℃	238	314	326	328
二反入口温度/℃	220	220	221	222
二反床层温度/℃	216	236	241	240
尾气炉温度/℃	623	631	603	605
尾气炉烟气氧含量/%	2.3	2.4	2.3	2.4
预洗涤塔文丘里循环量/(t/h)	38.6	38.5	36.5	36.2
预洗涤塔冷却循环量/(t/h)	128.5	128.2	127.4	134.2
文丘里塔循环液 pH 值	2.56	3.12	3.23	3.15
塔顶出口温度/℃	37.5	38.2	37.0	38.0
一级电除雾电压/kV	35	41	32	33
一级电除雾电流/A	69	72	65	69
二级电除雾电压/kV	40	42	25	40
二级电除雾电流/A	45	55	36	51
吸收塔贫吸收剂量/(t/h)	15.6	15.9	13.2	13.4
贫吸收剂 pH 值	5.45	5.42	5.41	5.46
富吸收剂 pH 值	4.68	4.75	4.81	4.83

表 4 硫黄产品质量分析 %(质)

项目	优等品	一级品	合格品	硫黄产品
纯度	≥99.95	≥99.5	≥99.0	99.98
铁	≤0.003	≤0.005	不规定	0.00007
灰分	≤0.03	≤0.1	≤0.2	0.009
水	≤0.1	≤0.5	≤1	0.05
砷	≤0.0001	≤0.01	≤0.05	0.000007
有机物	≤0.03	≤0.3	≤0.8	0.007
酸度	≤0.003	≤0.005	≤0.02	0.0001
机械杂质	无	无	无	无

6 存在问题及解决办法

6.1 装置低负荷运行情况

开工一段时间内装置负荷很低，低于设计值30%，清洁酸性气量在1000Nm³/h，含氨酸性气量为700Nm³/h，计算负荷在20%左右，为了提高炉膛温度，采用了氢气伴烧方案，伴烧量控制在200Nm³/h，保证炉膛温度在1250℃以上，使含氨酸性气分解完全。由于进料中的含氨酸性气比例较大，同时伴烧氢气产生大量的水，对克劳斯反应有抑制作用，因此根据硫比值仪的分析结果看 H_2S+SO_2 的浓度超过1.3%，克劳斯部分硫回收率偏低。

6.2 转化器床层温度显示问题

装置引入酸性气后，炉膛温度正常，但是一二级转化器床层没有温升，只有出口温度升高。无论是增加还是减少配风，床层温度均无变化。直到2018年10月7日下午，三维公司的开工专家来指导工作，看到一二级转化器床层上、中、下各点温度都相同，立即指出是温度计套筒进水造成的，由于施工期间温度计套筒为敞口状态，因下雨积水，安装温度计时又没有处理，开工后温度计套筒内的水受热汽化，温度计所测量的就是该温度下饱和蒸汽的温度，因此床层上、中、下三支温度均相同。只要打开套筒法兰，将内部水分吹干，即可正常显示温度。当现场拆开温度计套筒法兰时，果然有蒸汽冒出，随后逐个吹扫干净，恢复安装，床层温度显示正常，床层温升达到100℃左右。

6.3 装置腐蚀泄漏问题

由于尾气处理采用了Cansolv吸收工艺，该工艺处理的是 SO_2 气体，介质的腐蚀性大大增加，虽然设计中已经有针对性的升级了设备、管道材质，但是运行中仍然出现了泄漏。分析原因基本都是产品质量、施工质量把控不严。2018年10月14日上午，发现贫吸收剂储罐液位从夜班开始持续上涨，立即进行原因排查，最后将解析塔顶后冷器(E-133)循环水切除放空，发现有 SO_2 介质排出，判断E-133发生内漏，立即停止再生，将E-133从系统切出，对该设备进行吹扫、置换、隔离、检修。15日上午，施工单位对换热器进行拆解，打开壳程封头，发现管束小浮头下部有7根螺柱已被腐蚀断或腐蚀完了，只有螺帽散落，据此确定内漏的部位是小浮头法兰。经核查图纸，螺帽及螺柱均应采用S30408材质，现场核实，螺柱材质与螺帽不符。15日下午，按照图纸要求将螺柱全部更换为S30408材质，螺帽利旧，设备回装试压合格，问题得以解决。解吸塔顶后冷器小浮头螺栓腐蚀情况见图5。

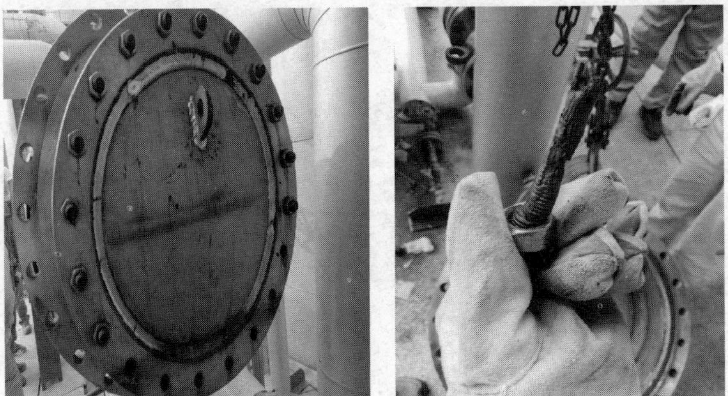

图5 解吸塔顶后冷器小浮头螺栓腐蚀情况

5月9日早上，3#预洗涤塔的文丘里下方弯头处发现泄漏，拆开保温后发现漏点位于弯头焊道边缘，由于该设备的介质为烟气洗涤循环液，pH值为2~3，属于稀酸环境，设计时选用了耐稀硫酸材质254SMo(S31254)，由于此处压力仅为10kPa，考虑成本采用了复合板(S31254+Q345)材质，根据泄漏位置咨询厂家，判断为焊接质量问题。只能待停工后处理。预洗涤塔的文丘里下弯头腐蚀泄漏情况见图6。

图6　预洗涤塔的文丘里下弯头腐蚀泄漏情况

7　结论

华北石化公司250kt/a硫黄回收装置尾气处理部分采用Cansolv氧化吸收工艺，使得流程简化，开停工操作简单。首次开工在20%极低负荷下一次开车成功，且运行较为理想，硫黄产品达到优级品标准，同时保证了尾气排放达到<100mg/Nm^{3}的标准。目前虽然遇到了一些问题，但均在摸索解决之中，这也是Cansolv工艺首次应用于大型硫黄装置的成功案例，为硫黄回收尾气处理工艺多元化做出了积极探索的贡献。

后碱洗工艺在70kt/a硫黄回收装置的应用

赵海涛

（中国石化镇海炼化分公司　浙江宁波　315200）

摘　要： 硫黄回收装置尾气SO_2排放是炼厂污染物排放治理的主要对象。为满足《石油炼制工业污染物排放标准》（GB31570—2015）相关要求，镇海炼化对现有硫黄回收装置进行尾气提标改造。Ⅳ硫黄回收装置选用国内比较成熟的硫黄装置尾气后碱洗治理工艺。该工艺在尾气焚烧单元后部增加脱硫系统，利用30%浓度的氢氧化钠溶液在脱硫塔内与焚烧炉后部尾气充分接触，吸收其中的SO_2，实现尾气的达标排放。Ⅳ硫黄回收装置尾气提标改造投用以来，装置正常生产及停工期间SO_2排放浓度达到设计要求。同时，本文总结了尾气提标改造单元运行的问题，提出了改进措施。

关键词： 硫黄回收　提标改造　后碱洗 SO_2排放　装置停工

1　前言

硫黄回收装置负责处理炼厂酸性气，是公司重要环保装置。Ⅳ硫黄回收装置采用Claus+SCOT硫黄回收技术，设计总硫回收率为99.8%，依据尾气净化度与尾气SO_2排放浓度关系，为实现尾气SO_2排放浓度低于100mg/Nm^3，装置总硫回收率需达到99.99%以上[1]，同时将液硫池废气改出焚烧炉。2017年6月，为满足于2017年7月1日开始实施的《石油炼制工业污染物排放标准》（GB31570—2015）标准要求，装置停工进行尾气提标改造，并于6月28日正常投用，达到新排放标准要求。

2　装置工艺介绍及原则流程

2.1　装置工艺说明

Ⅳ硫黄回收装置年处理能力为生产硫黄70kt/a，从Storke公司引进技术，采用先进的Claus+SCOT硫黄回收技术。装置外来酸性气和斯科特单元回收酸性气在反应炉与空气混合，发生高温克劳斯反应。燃烧后的过程气经取热，冷凝、分离液硫后在反应器内催化剂的作用下，发生两级低温克劳斯反应，回收硫黄，尾气进入斯科特单元进一步处理。尾气在斯科特炉被加热到一定温度后进入斯科特反应器，与还原气充分混合，在催化剂作用下SO_2和S_8还原成H_2S，COS和CS_2发生水解反应生成H_2S，富含H_2S的气体经冷却、胺液吸收后放焚烧炉焚烧。吸收了H_2S的胺液进入再生塔再生，实现胺液循环利用。

尾气提标改造项目将焚烧炉焚烧后的高温尾气，利用相变换热器进行取热，进入脱硫塔。在脱硫塔与吸收液逆向接触，脱除尾气中的 SO_2。脱硫后的尾气经相变换热器加热后高空排放。液硫脱气单元增加罗茨风机，将液硫池废气增压后送反应炉处理，降低脱硫前尾气 SO_2 含量，减少尾气脱硫单元碱液消耗。

2.2 装置原则流程

Ⅳ硫黄装置工艺流程简图见图 1。

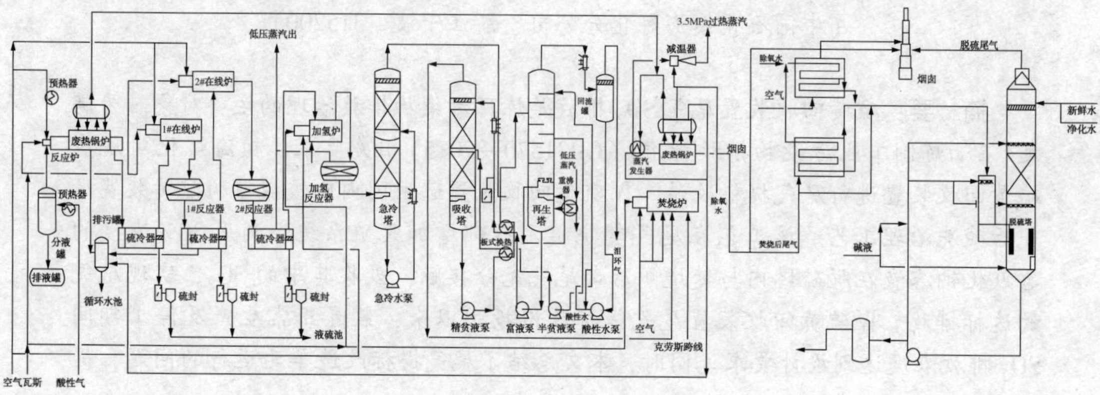

图 1 Ⅳ硫黄装置工艺流程简图

2.3 后碱洗工艺原理

后碱洗工艺的脱硫机理是碱性物质与 SO_2 反应生成亚硫酸盐，属于酸碱中和反应，通过调节氢氧化钠溶液的加入量来调节循环吸收液的 pH 值，反应方程式如下：

$$SO_2 + H_2O \longrightarrow H_2SO_3 \tag{1}$$

$$SO_3 + H_2O \longrightarrow H_2SO_4 \tag{2}$$

$$H_2SO_3 + 2NaOH \longrightarrow Na_2SO_3 + 2H_2O \tag{3}$$

$$H_2SO_3 + Na_2SO_3 \longrightarrow 2NaHSO_3 \tag{4}$$

$$H_2SO_4 + 2NaOH \longrightarrow Na_2SO_4 + 2H_2O \tag{5}$$

$$3CO_2 + H_2O + 4NaOH \longrightarrow 2NaHCO_3 + Na_2CO_3 + 2H_2O \tag{6}$$

$$2NaHCO_3 + H_2SO_3 \longrightarrow Na_2SO_3 + 2H_2O + 2CO_2 \tag{7}$$

$$Na_2CO_3 + H_2SO_3 \longrightarrow Na_2SO_3 + H_2O + 2CO_2 \tag{8}$$

$$2Na_2SO_3 + O_2 \longrightarrow 2Na_2SO_4 \tag{9}$$

因尾气中含有大量的 CO_2 气体，造成循环碱液中含有大量的碳酸钠和碳酸氢钠。当循环液 pH 值为 8 左右时，碱性组分主要为碳酸氢钠，脱硫反应主要为反应式(7)；当循环液 pH 值低于 4 时，溶液中基本不存在碳酸钠和碳酸氢钠，脱硫效果明显变差，容易造成尾气 SO_2 排放超标。反应式(9)为氧化反应。

3 后碱洗工艺的工业应用

3.1 后碱洗工艺在正常生产期间的应用

3.1.1 碱洗单元正常生产期间主要工艺参数

装置在 2017 年 5 月停工，进行改造并网，6 月 28 日引酸性气开工，一次开车成功。自开工后，装置运行平稳，主要参数见表1。表中数据为2018年11月22日至2018年11月25日每日8：00数据。在此期间，装置运行平稳，数据代表性较好。

表1　碱洗单元主要工艺参数

日期	酸性气流量/(kg/h)	脱前 SO_2 浓度/(mg/Nm^3)	急冷段碱液循环量/(t/h)	填料段碱液循环量/(t/h)	注碱量/(kg/h)	C104新鲜水补充量/(t/h)	循环碱液pH值
2018-11-22	6818	270	353	113	90.4	0.68	7.35
2018-11-23	7249	341	352	112	106.9	0.85	7.40
2018-11-24	7136	303	355	112	100.2	1.76	7.38
2018-11-25	7733	439	352	111	116.9	4.57	7.64
日期	V113非净化风流量/(Nm^3/h)	外排废水流量/(kg/h)	外排废水pH值	脱后 SO_2 浓度/(mg/m^3)	C104烟气 O_2 含量,%	排烟温度/℃	
2018-11-22	1192	1361	8.17	5.05	10.28	82.0	
2018-11-23	1189	1642	8.06	5.54	9.95	83.4	
2018-11-24	1195	1689	8.07	4.88	9.99	83.3	
2018-11-25	1191	2069	8.02	5.11	9.91	83.8	

3.1.2　脱后尾气 SO_2 排放情况

装置尾气提标改造后，增上CEMS表，其量程为0~200mg/m^3，数据测量代表性好。因此，对2018年11月22日8：00至11月25日8：00小时平均值进行取数分析，脱后尾气 SO_2 排放浓度见图2。

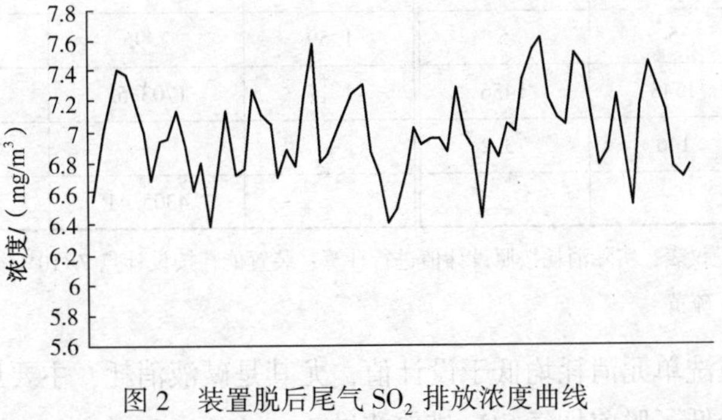

图2　装置脱后尾气 SO_2 排放浓度曲线

由图2可知，在该时间段脱后尾气 SO_2 排放小时平均值远低于排放浓度限值，最大值仅7.6mg/m^3，尾气 SO_2 排放浓度较为平稳。

3.1.3　含盐废水排放情况

为避免尾气脱硫塔循环碱液盐分结晶析出，循环液密度控制在合理指标范围内。当碱液密度高时，将部分碱液排放至氧化罐，在氧化罐内与非净化风充分接触，亚硫酸盐转化为硫酸盐，降低废水COD，含盐废水排放情况见表2。

表2　2018年11月份含盐废水污染物排放情况

日期	废水排放源	污染物排放浓度			
		NH_3-N/(mg/L)	COD/(mg/L)	悬浮物/(mg/L)	pH值
2018-11-1 8：00	Ⅳ硫黄含盐废水	0	29	18	7.84
2018-11-6 8：00	Ⅳ硫黄含盐废水	0	24	30	7.62
2018-11-8 8：00	Ⅳ硫黄含盐废水	0	15	11	7.86
2018-11-13 8：00	Ⅳ硫黄含盐废水	0	32	25	7.68
2018-11-15 8：00	Ⅳ硫黄含盐废水	0	71	31	7.74
2018-11-20 8：00	Ⅳ硫黄含盐废水	0	38	14	7.78
2018-11-22 8：00	Ⅳ硫黄含盐废水	0	18	14	7.59
2018-11-27 8：00	Ⅳ硫黄含盐废水	0	24	14	7.86
2018-11-29 8：00	Ⅳ硫黄含盐废水	0	26	11	7.85

由表2可知，含盐废水中氨氮未检出；COD排放浓度多数满足排海标准(COD≯50mg/L)，2018年11月15日含盐废水COD高于排海标准，改为排放至含油污水系统；悬浮物及pH值满足指标要求。

3.1.4　碱洗单元消耗情况

碱洗单元的主要消耗是电、新鲜水、净化风、非净化风和30%浓度氢氧化钠溶液，实际消耗值取2018年11月22日至11月25日的平均值，主要消耗见表3。

表3　碱洗单元消耗统计数据

项目	设计值	实际值	能量折算值	实际能耗/(MJ/h)	单位实际能耗/(MJ/t硫黄)
电/kW	260.8	236.6	10.89	2576.57	309.2
新鲜水/(t/h)	3.58	2.44	7.12	17.37	2.08
净化风/(Nm^3/h)	5	5	1.59	7.95	0.95
非净化风/(Nm^3/h)	1548	1456	1.17	1703.52	204.42
碱液/(kg/h)	146	73.2	—	—	—
合计				4305.41	516.65

注：净化风无流量测量仪表，实际消耗按照设计值进行计算；装置能耗按设计点7×10^4t/a硫黄计算；装置单耗折合标准燃料为12.34kg标油/t硫黄。

由表3可知，碱洗单元消耗均低于设计值，尤其是碱液消耗，主要原因是优化克劳斯和斯科特单元操作，降低了脱前烟气SO_2排放浓度。

3.2　后碱洗工艺在装置停工期间的应用

3.2.1　碱洗单元装置停工期间主要工艺参数

Ⅳ硫黄装置在2019年4月15日转入停工(见表4)，影响尾气SO_2排放的停工步骤主要是热浸泡、SO_2吹扫和惰性气体吹扫。表中数据为2019年4月15日至2019年4月22日每日8：00数据。在此期间，完成停工吹扫工作，数据代表性较好。

表4　碱洗单元停工期间主要工艺参数

日期	酸性气流量/(kg/h)	脱前 SO_2 浓度/(mg/Nm^3)	急冷段碱液循环量/(t/h)	填料段碱液循环量/(t/h)	注碱量/(kg/h)	C104 新鲜水补充量/(t/h)	循环碱液 pH 值
2019-4-15	3975	305	382	70	59.77	1.02	8.24
2019-4-16	3618	414	382	69	135.45	1.84	8.24
2019-4-17	1832	570	371	87	125.62	0.06	8.76
2019-4-18	269	488	371	87	113.02	0.72	8.74
2019-4-19	371	342	371	87	54.21	1.33	9.03
2019-4-20	—	1137	370	87	314.74	0.93	9.27
2019-4-21	—	1154	367	88	325.69	0.42	9.15
2019-4-22	—	338	375	88	79.71	0.21	9.00

日期	V113 非净化风流量/(Nm^3/h)	外排废水流量/(kg/h)	外排废水 pH 值	脱后 SO_2 浓度/(mg/Nm^3)	C104 烟气 O_2 含量/%	排烟温度/℃
2019-4-15	1736	1205	8.43	3.95	12.3	79.3
2019-4-16	1737	1178	8.85	10.35	11.7	78.2
2019-4-17	1733	1222	9.60	9.68	13.5	77.3
2019-4-18	1738	1246	9.70	8.93	12.1	79.9
2019-4-19	1742	1231	9.81	5.16	13.0	83.3
2019-4-20	1741	1148	9.77	6.78	14.6	85.2
2019-4-21	1740	1115	10.01	3.15	19.0	58.7
2019-4-22	1742	1064	10.04	3.18	19.5	57.6

装置停工过程中逐步切断入炉酸性气流量；脱前尾气 SO_2 排放浓度上升至满量程状态，为确保脱后尾气 SO_2 排放达标，注碱量大幅提高，控制循环碱液 pH 值在9左右。

3.2.2　脱后尾气 SO_2 排放情况

对2019年4月15日8：00至4月22日8 ：00小时平均值进行取数分析，脱后尾气 SO_2 排放浓度见图3。

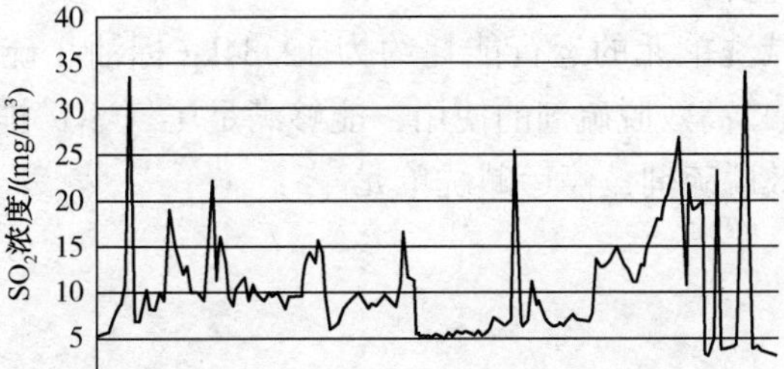

图3　装置停工期间脱后尾气 SO_2 排放浓度曲线

由图3可知，装置停工期间脱后尾气 SO_2 排放小时平均值远低于排放浓度限值，最大值为 33.6mg/Nm^3，尾气 SO_2 排放浓度控制较好，实现停工全过程尾气 SO_2 达标排放。

3.2.3　含盐废水排放情况

装置停工期间脱前尾气 SO_2 浓度，含盐废水中亚硫酸钠含量增加，增加氧化空气量，以提高氧化效果，含盐废水排放情况见表 5。

表 5　装置停工期间含盐废水污染物排放情况

日期	废水排放源	污染物排放浓度			
		NH_3-N/(mg/L)	COD/(mg/L)	悬浮物/(mg/L)	pH 值
2019-4-16 8：00	Ⅳ硫黄含盐废水	0	42	<10	8.85
2019-4-18 8：00	Ⅳ硫黄含盐废水	0	80	45	9.00

由表 5 可知，含盐废水中氨氮未检出；COD 排放浓度较正常生产期间明显上升，主要原因是亚硫酸钠浓度高，外排废水量大造成氧化时间短；悬浮物及 pH 值均有明显上升。

3.3　后碱洗工艺应用存在问题

3.3.1　含盐废水 COD 高

影响含盐废水 COD 的主要因素是亚硫酸钠浓度和尾气夹带的胺液。在正常生产期间，亚硫酸钠的氧化反应同时在氧化罐和脱硫塔内进行，氧化空气量大、接触时间长，基本能保证亚硫酸钠的充分氧化。尾气中夹带的胺液进入焚烧炉焚烧，若焚烧炉后部温度低于 650℃，很难保证胺液的充分燃烧。

实践证明，板式塔内气液相接触比较剧烈，容易造成气相雾沫夹带；胺液发泡严重，容易造成气相雾沫夹带；胺液质量浓度高于 35%时，胺液跑损相对比较明显。因此，在焚烧炉后部温度低于 650℃时，更换部分溶剂或进行胺液在线净化、控制胺液质量浓度低于 35%，同时将贫液入塔位置降低，可减少尾气携带的胺液量，有助于控制含盐废水 COD 排放。

3.3.2　脱硫塔烟囱冒“白烟”

后碱洗工艺选用相变换热器加热脱硫塔出口尾气，相变换热器安全阀存在内漏，导致相变换热器中除盐水消耗较快，换热效果下降，脱硫塔烟气排烟温度出现低于 90℃的工况。冬季低温情况下，脱硫塔烟囱存在冒“白烟”现象。另外为提高换热效果，相变换热器加水频繁，增加操作人员的劳动强度和操作安全风险。更换安全阀生产厂家后，问题得以解决。

3.3.3　后碱洗工艺能耗较高

由表 3 数据可知，碱洗单元的运行能耗约为 12.34kg 标油/t 硫黄，运行能耗较高。目前，催化剂合理级配+进口高效脱硫剂的使用，能够满足尾气 SO_2 排放要求[2]。为降低装置能耗可逐步更换进口高效脱硫剂，停运碱洗单元。

4　结论

(1) 碱洗单元的投用对于降低装置尾气 SO_2 排放浓度有明显效果，实际排放浓度远低于《石油炼制工业污染物排放标准》(GB 31570—2015) 对硫黄装置的排放要求。

(2) 后碱洗工艺的应用能够确保装置停工全过程尾气 SO_2 达标排放。

（3）通过优化克劳斯和斯科特单元操作可大幅减少碱液消耗；催化剂合理级配+进口高效脱硫剂的使用为停运碱洗单元提供了可能。

参 考 文 献

[1] 刘爱华．降低硫黄回收装置尾气 SO_2 排放浓度的研究[J]．硫黄回收，2014(1)：18-22.
[2] 陈昌介．硫黄回收尾气 SO_2 达标排放技术研究及工业应用[J]．硫黄回收，2018(6)：33-34.

硫黄回收装置再生塔异常波动分析及总结

袁 强 王 冠 邹 恺 周敬良

（中国石油化工股份有限公司九江分公司 江西九江 332004）

摘 要：介绍了中石化九江分公司硫黄回收装置再生塔异常波动情况，对再生塔出现异常波动的现象进行了分析，并针对分析的原因采取了相应的对策，解决了再生塔异常波动的问题。实践证明，再生塔异常波动的主要原因是胺液发泡，活性炭粉末以及塔顶氨含量是胺液发泡的诱因。MS-300胺液性质变化是发泡的主要原因，通过控制氨来源，保持塔顶回流氨浓度；降低塔顶提浓量，减少胺液消泡组分损耗；定期补充新鲜胺液，维持胺液性质稳定。以上措施可以解决再生塔长周期运行过程中胺液性质变化引起的波动，实现装置的稳定、优化运行。

关键词：再生塔 胺液发泡 消泡组分 氨含量 优化运行

1 前言

中国石化九江分公司两套7×10^4t/a硫黄回收装置于2015年9月底开工，主要处理炼油及煤化工混合酸性气，装置两头两尾共用溶剂再生及烟囱设置，采取的是常规两级克劳斯+加氢还原焚烧工艺，吸收再生系统采取的是ZHSR两级吸收两段再生工艺。开工以来，再生塔出现两次持续时间较长的异常波动，首次是在2016年因半贫液抽出段降液面积不足，导致频繁液泛冲塔，并在2017年大检修期间由设计人员核算增大降液管开口面积后得以解，自此再生塔运行工况稳定。2019年3月，再生塔频繁出现异常波动，表征为再生塔冲塔，本文将就此次再生塔异常波动过程的具体问题进行探讨。

2 装置流程概述

硫黄回收装置由洛阳院进行基础设计，镇海石化工程公司进行详细设计。设计硫黄总生产能力为14×10^4t/a，设计溶剂再生能力为220t/h。工艺流程简图如图1所示。

硫黄回收装置由克劳斯部分、尾气处理部分、尾气焚烧部分、液硫脱气部分和共用胺液再生部分组成。胺液再生半贫液自再生塔20层塔盘下抽出，经泵升压、贫富液换热、空冷、水冷分别进入两套硫黄吸收塔中段；贫液自再生塔塔底抽出，经泵升压、贫富液换热、空冷、水冷分别进入两套硫黄吸收塔上段。目前，胺液再生循环量为165t/h，消耗0.45MPa蒸汽18.5t/h，塔顶压力控制0.08MPa，塔底温度控制122℃，贫液中硫化氢含量为0.2~0.3g/L，半贫液中硫化氢含量为0.5~0.8g/L。

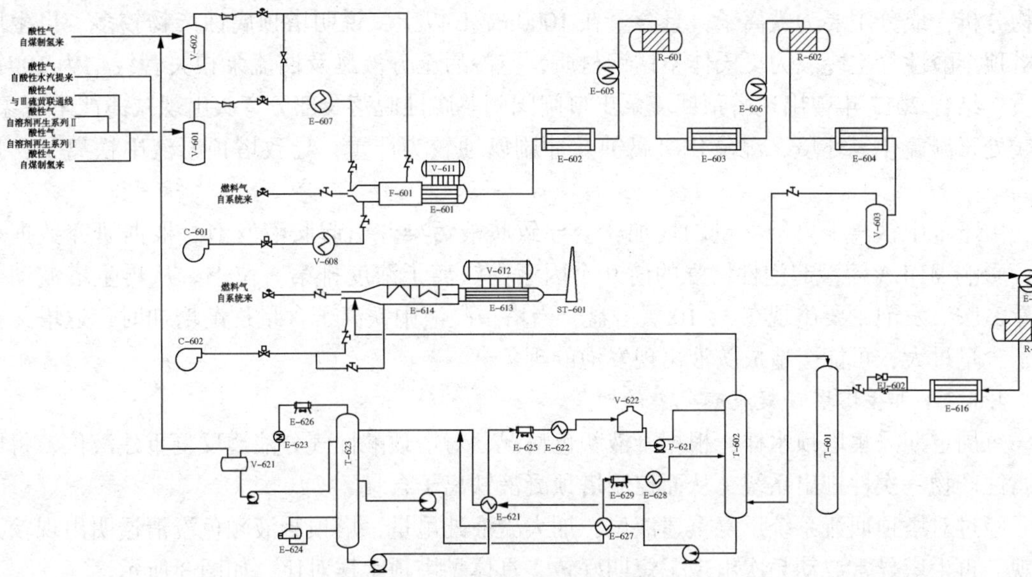

图 1　硫黄回收装置工艺简图

3　再生塔异常波动现象描述

在再生塔出现异常波动前，各项工艺参数均在指标范围内，首先表征的是再生塔上下塔差压出现缓慢上升，当差压上升至 25kPa 及以上时，出现上部液位及下部液位快速下降，富液积聚在再生塔 3~10 层塔盘，当下塔压力达到一定时发生冲塔。参数变化趋势如图 2 所示。

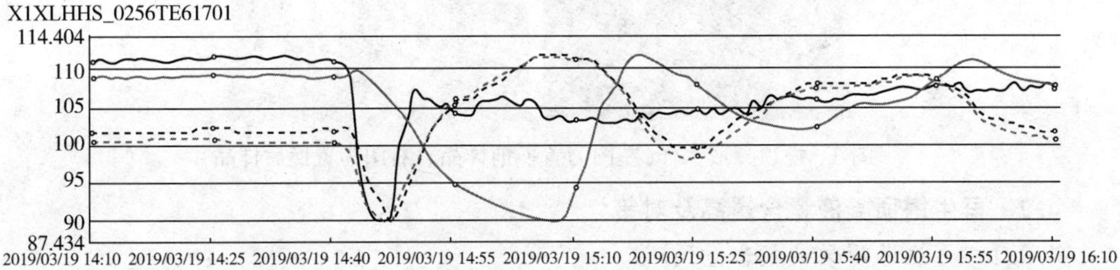

位号	最大值	最小值	平均值	偏差	明细数据
X1XLHHS_0256TE61701	111.71	90.13	105.00	6.01	查看
X1XLHHS_0256PT61701A	0.10	0.05	0.08	0.01	查看
X1XLHHS_0256PT61701B	0.11	0.07	0.10	0.01	查看
X1XLHHS_0256FT61702	23.92	15.41	21.87	1.65	查看

图 2　再生塔波动参数变化趋势图

0256TE61701—塔顶温度；0256PT61701A—塔顶压力；

0256PT61701B—塔底压力；0256FT61702—塔底重沸器蒸汽流量

4　原因分析及对策

4.1　再生塔塔顶凝液颜色问题及对策

4.1.1　再生塔塔顶凝液颜色问题

出现再生塔波动时，采集塔顶回流泵出口水样，发现凝液颜色发黑、透光性差，做腐蚀产物分析，成分主要为铁离子，且含量在1000mg/L以上，说明塔顶腐蚀产物较多。再生塔仅塔顶至酸性气空冷段为奥氏体不锈钢材质，空冷后至分液罐及回流泵相关管线均为10#钢材质，结合2017年曾出现塔顶回流泵出口闸阀阀芯腐蚀脱落及部分弯头出现减薄严重现象，管线处于湿硫化氢环境，湿硫化氢腐蚀及冲刷腐蚀较为严重，导致塔顶凝液中铁离子含量较高。

由于水中铁离子离子含量的增加，会导致胺液污染并引起胺液发泡。根据研究数据表明，影响MDEA溶液起泡性增强的前9个因素中铁离子浓度排第一位[1]。从再生塔波动数据看，胺液发泡主要出现在3~10层塔盘，当塔顶凝液中铁离子含量逐渐增加时，返塔无机离子含量过大，可能会造成胺液出现发泡的现象。

4.1.2　再生塔塔顶凝液颜色差的对策

每周定期采集塔顶水样，根据凝液颜色情况，对塔顶酸性气分液罐反复重建液位，将塔顶腐蚀产物一次性排出系统，从而控制塔顶凝液铁离子含量。

经过对塔顶回流系统反复重建液位，加大凝液外甩量，塔顶凝液颜色澄清透明出现较大改观，再生塔异常波动频次出现了短期好转，具体见塔顶水样对比，如图3所示。

图3　塔顶凝液水样(左图为置换前样品、右图为置换后样品)

4.2 再生塔顶凝液氨含量高及对策

4.2.1　再生塔顶凝液氨含量高

经采样分析，塔顶凝液中氨含量最高达到5000mg/L，采取塔顶连续提浓的方式，塔顶氨含量降至2000mg/L左右，以下对塔顶氨含量来源进行分析如下：

(1) 设计硫黄回收装置采用烧氨火嘴，并酸性气燃烧炉炉膛温度稳定在1220℃左右，且上游两套污水汽提装置均采用单塔加压侧线抽氨工艺，污水汽提装置运行稳定，酸性气中氨含量较低，且急冷水pH值未出现上涨现象，说明无氨穿透进入胺液系统；

(2) 硫黄回收装置急冷水pH值稳定，查装置运行记事及DCS趋势显示急冷塔超过半年未进行注氨操作，排除急冷塔注氨操作导致氨携带入系统；

(3) 溶剂再生系统为确保系统长周期运行，每月定期对胺液进行提浓，再补水置换，置换时需加入低压除氧水，因动力运行部低压除氧水采用氨水调节pH值，从而将氨带入胺液系统；

(4) 装置在长周期运行期间，曾出现过酸性气大幅波动，造成急冷水pH值异常注氨，当氨进入到再生塔塔顶系统时在低温段结盐，随着酸性气冲刷不断进入塔顶凝液。

根据 MS-300 脱硫剂厂家提供数据，当塔顶游离氨含量浓度高于 1000mg/L 时，将对此脱硫剂造成一定影响，严重时导致发泡。

4.2.2 再生塔顶凝液氨含量高对策

根据对氨来源分析，塔顶凝液的氨主要来源于低压除氧水及系统铵盐结晶。针对此情况采取以下措施：

(1) 暂停胺液定期置换工作。由于加氢尾气中始终携带饱和水进入胺液中，但经过尾气提标改造增加急冷水-冷媒水板式换热器后，加氢尾气温度降低饱和水下降，正常工况下，胺液系统液位可以维持一个稳态。当出现贫液缓冲罐或各塔液位偏高，再采取塔顶适当提浓维持系统液位，停止向系统内不断补入低压除氧水。

(2) 对塔顶酸性气空冷及水冷吹扫冲洗将塔顶酸性气空冷逐一切出蒸汽吹扫，吹扫气至火炬；并对酸性气空冷至塔顶回流罐管段进行高温气流吹扫及凝结水冲洗，将冲洗水全部外甩至污水汽提，冲洗吹扫期间，塔顶回流泵出口水样氨含量高达 10000mg/L。

采取以上措施塔顶回流重新建立后，4h 内出现再生塔波动更加频繁，4h 后波动频次较最初有所下降。分析导致回流建立后波动频繁的主要原因是由于冲洗吹扫能力有限，未能使系统彻底干净，反而使得铵盐疏松，随着系统运行再次带入系统内引起波动。

4.3 贫富液中含有黑色微粉及对策

4.3.1 贫富液中含有黑色微粉[1]问题

贫液中热稳态盐含量在 1.4%~1.7%之间，当静置足够长时间(10 天以上)发现有黑色沉淀物析出，经分析为活性炭成分。分析活性炭来源为 2018 年底因活性炭过滤器差压上升，更换活性炭。但由于活性炭为 2017 年 2 月购置，仓库存储接近 2 年时间，可能强度不足，在投用前低压除氧水冲洗将表面的粉尘洗净，并入系统后由于压力上升导致活性炭出现粉化，从而进入系统。

4.3.2 贫富液中含有黑色微粉对策

直接将二级活性炭过滤器切出运行，加大一级与三级机械过滤流量，提高过滤效果。但因一级过滤孔径为 50μm，三级过滤孔径为 30μm，过滤效果有限。计划后期重新购置活性炭并计划在三级过滤器后增加一级临时褶皱式过滤器，从而将活性炭脱除。

4.4 胺液中消泡组分减少及对策

4.4.1 胺液中消泡组分减少问题[2]

自 2017 年更换 MS-300 脱硫剂后，胺液系统浓度及热稳态盐均较为稳定，但由于急冷水系统不断向胺液系统带入水，使得胺液藏量不断增加，需不定期进行提浓置换，胺液中消泡活性组分可能随着长期提浓带出系统，使得胺液中消泡活性组分下降；其次，2018 年 9 月底急冷水-冷媒水板式换热器投用前，夏季工况急冷水较胺液温度高，气相携带量较大。且在运行的 2 年期间，仅向系统中补入新鲜胺液 10t(系统藏量 300t，MDEA 浓度 30%)，使得胺液消泡活性组分损失，降低了胺液抗干扰能力。

4.4.2 胺液中消泡组分减少对策

在 MDEA 浓度允许的情况下，建议每年向系统内补充适量的新鲜胺液，提高胺液的抗干扰能力。尽可能保证急冷后尾气温度略低于贫液(或半贫液)温度，及时投用急冷水深冷换热流程，减少吸收塔雾沫夹带，降低胺液消泡活性组分损失。

5 结论

由于胺液出现发泡，导致再生塔出现频繁冲塔现象，可采取以下措施优化再生系统运行：

(1) 定期对塔顶系统进行分析并置换黑水。通过定期对塔顶凝液采样观察并分析，及时将腐蚀产物排出系统，维持系统胺液的洁净度；并创造条件对管线材质进行升级改造。

(2) 减少氨注入，强化源头控制。排查清楚装置氨来源，通过装置优化调整减少氨注入量及频次，从根源上保证系统氨含量在可控范围内。

(3) 选择高强度活性炭，避免出现粉化。综合对比选择高强度活性炭，降低风险系数，对活性炭应在并入系统前先进行除氧水试压检查粉化情况，尤其针对长期存放的活性炭。

(4) 定期补充适量新鲜胺液，维持系统活性。根据系统藏量每年定期向系统内补充适量的新鲜胺液，维持消泡活性组分的含量，避免因跑损造成免疫力下降。

参 考 文 献

[1] 金祥哲 . MDEA 脱硫溶液发泡原因及消泡方法研究[D]. 西安：西安石油大学 . 2015.
[2] 汪小龙 . 胺法脱硫和胺损失研究[J]. 安徽化工，2001，109(1)：5-7.
[3] 陈赓良 . 炼厂气脱硫的清洁操作问题[J]. 石油炼制与化工，2000，31(8)：20-23.
[4] 付敬强，王鸿宇，周虹见 . 脱硫溶液污染原因分析[J]. 石油与天然气化工，2001，30(6)：293-295.
[5] 杨敬一，顾荣，徐心茹，等 . 固体颗粒对脱硫剂溶液泡沫性能的影响[J]. 华东理工大学学报(自然科学版)，2002，28(2)：351-356.
[6] 吴新民，康宵瑜 . 甲基二乙醇胺(MDEA)脱硫溶液发泡影响因素和机理研究[J]. 天然气化工，2008，33(6)：32-36.

硫黄回收装置超负荷运行分析

于　宏　赵　群

（中国石油锦西石化公司　辽宁葫芦岛　125000）

摘　要：本文通过对硫黄回收装置运行情况的量化分析，阐述了装置的运行状态，分析了装置超负荷运行的各方面原因，指出装置超负荷运行对装置长周期运行的危害，并针对不同原因给出解决装置超负荷运行的措施。

关键词：硫黄回收　超负荷　危害 措施

1　前言

随着环保形势的日趋严峻，硫黄回收装置的作用和地位也越来越高。硫黄回收装置的安全、平稳长周期运行，关系着整个工厂的平稳运行。

锦西石化公司7000t/a硫黄回收装置与上游的酸性水汽提装置、干气液化气脱硫装置、催化裂化装置共同组成重油催化裂化装置。硫黄回收装置最初由中石化洛阳工程有限公司设计、处理能力5236t/a，采用三级转化克劳斯制硫工艺。2005年由三维工程公司进行改造，改为两级克劳斯制硫加加氢还原尾气吸收工艺，尾气排放指标达到960mg/Nm^3。2013年对硫黄回收装置进行扩能改造，由上海河图工程公司设计，设计处理能力7000t/a，装置的运行时间为每年8400h，装置运转周期为3年1修。

2　装置的运行情况分析

2.1　装置运行的基本情况

由于掺炼俄油，原油中硫含量增加，硫黄回收装置的处理负荷一直居高不下，且波动频繁，导致装置运行过程中操作指标超标、设备运行异常等现象频出。具体问题可归纳为以下几点：

（1）酸性气燃烧炉炉头压力超上限；

（2）余热锅炉出口温度超上限；

（3）二级冷凝冷却器出口温度、捕集器出口温度及急冷塔出口温度超上限；

（4）吸收塔底废胺液含大量杂质。

2.2　装置运行负荷分析

7月6日酸性气分析数据与设计数据对比见表1。设计入炉原料与实际入炉原料气对比见表2。

表1　7月6日酸性气分析数据与设计数据对比　　%(体)

组成	酸性水汽提		胺液再生		尾气再生		混合	
	设计	实际	设计	实际	设计	实际	设计	实际
H_2S	79.0	88.93	39.5	47.97	31.7	20.78	43.8	59.28
CO_2	21	8.55	60	29.95	68.2	74.88	55.9	29.01
H_2O	0	2.06	0	18.34	0	4.34	0	9.84
烃	0	0.46	0.5	3.74	0.1	0.00	0.3	1.88
合计	100	100	100	100	100	100	100	100

表2　设计入炉原料与实际入炉原料气对比　　kmol/h

组分	设计		实际	
	酸性气	空气	酸性气	空气
H_2S	27.27		35.55	
CO_2	34.8		17.40	
H_2O		1.01	5.90	0.82
CH_4	0.19		1.13	
O_2		12.73		19.97
N_2		47.44		75.12
标准体积流量/(Nm^3/h)	1394.4	1370.4	1339.27	2148.19

装置运行负荷在通常意义上表现在以下三个方面：

(1) 硫黄产品负荷(酸性气中的硫化氢负荷)；

(2) 入炉总物料负荷；

(3) 酸性气燃烧炉供风负荷。

根据上述计算数据可以看出目前硫黄回收装置处于超负荷运行状态。入炉硫化氢负荷为设计负荷的130%，入炉总物料负荷为设计负荷的126%，主风机供风负荷为设计负荷的157%。

设计硫黄产量为20t/d，按上月数据计算实际为23.6t/d，为设计负荷的118%。

注：①空气的量为根据酸性气组成计算出的当量燃烧所需空气量的理论值，与DCS显示值在允许误差范围内；空气中的水按照室温20℃，空气绝对湿度6.91计算所得。②硫黄产量为计量的日均产量。③计算结果选用DCS上的操作数据。

3　装置超负荷的原因分析

3.1　直接原因

入厂原油硫含量发生变化，7000t/a硫黄回收装置最初按原油硫含量为0.2%~0.3%设计，根据全厂硫平衡，设置两套硫黄回收装置，总产能1.2t/a，操作负荷在70%左右，可以满足全厂硫平衡和装置稳定运行的要求。但从2017年以来，由于上游掺炼含硫较高的海外油和俄油，原油硫含量提高到0.5%左右，根据硫平衡计算并考虑加工量的因素，硫黄回收装置的负荷将达到设计负荷的118%~142%，必然超过设计最大负荷。

3.2 设计原因

从设计院给出的设计数据上可以看出，酸性气中没有水的组分，这是明显错误的；且烃类的含量是0.19kmol/h，即0.3%，此数据远远小于正常酸性气中烃类的含量，这些都会降低装置的有效操作负荷。

3.2.1 酸性气中烃含量对装置的影响

酸性气中所含的烃并不是简单的不参与克劳斯反应，其发生的副反应不仅增加了过程气的量，还会生出有机硫等有害物质，影响硫回收率。酸性气中的烃类物质在酸性气燃烧炉中必须完全燃烧，否则产生的积碳，影响废锅换热效果和硫黄质量，造成催化剂中毒[1]。烃类物质的当量燃烧需要消耗大量空气，降低装置的有效负荷[2]。以本装置为例，酸性气中烃含量每增加1%，配风量要增加5%，装置有效负荷将降低3%(操作负荷以过程气量计)。

3.2.2 酸性气中水含量对装置的影响

硫黄回收装置的原料酸性气主要来源于酸性水汽提装置和胺液再生装置，由于工艺特点，原料酸性气为饱和水体系，含水的量取决于酸性气离开装置的温度和压力。针对本装置设计计算中没有考虑水的影响因素，在此前提下设计的装置必定无法达到最大生产负荷。另一方面胺液再生塔塔顶冷却器设计负荷不足，造成再生酸性气冷后温度长期在70℃左右，酸性气严重带液。酸性气水含量每增加1%，装置有效负荷将降低0.38%(操作负荷以过程气量计)。

3.3 操作原因

酸性气中的另一个有害组分就是二氧化碳，其含量高同样影响装置的操作负荷。更重要的是二氧化碳在酸性气燃烧炉中还会参与一系列副反应，造成过程气中有机硫含量增加，降低硫回收率，最终导致尾气排放超标。装置尾气胺液再生酸性气中硫化氢含量只有20.78%，而二氧化碳含量却高达74.88%。混合酸性气中二氧化碳含量每增加10%，装置有效负荷将降低3.8%(操作负荷以过程气量计)。

4 装置超负荷运行的危害分析

4.1 酸性气燃烧炉入口压力超指标

酸性气燃烧炉入口压力高主要是由于系统压降和入口进料量决定的。废锅炉管结垢、催化剂床层积炭、捕集器堵塞及急冷塔填料堵塞都会造成酸性气燃烧炉入口压力升高。但由于目前入口压力及装置各个节点的压差与入口气量的变化有着很好的对应关系；且从上面的数据得到入口总物料负荷为设计负荷的126%，故入口压力超高的主要原因为装置超负荷运行。

4.2 余热锅炉的负荷分析

余热锅炉作用是使过程气冷却，并生产低压蒸汽回收能量。设计产1.0MPa蒸汽2.5t/h，余热锅炉设计出口温度350℃，设计热负荷6.5GJ/h；目前余热锅炉只能产1.0MPa蒸汽2.2t/h，余热锅炉出口温度达到360℃(最高时376℃)，实际热负荷5.36GJ/h；换热负荷下降17.8%。

余热锅炉换热负荷下降主要是因为余热锅炉炉管内侧积炭造成的。由于再生酸性气时常携带大分子烃类，在酸性气燃烧炉的厌氧的环境下，势必会产生积炭附着在换热管表面；随着时间积累，积炭现象逐渐加重，这也是余锅出口温度逐渐上升的原因。

余热锅炉出口管板和出口管线均为碳钢材质，最高耐受温度为425℃，长期处于高温下运行对设备安全极为不利。更重要的是在温度高于371℃时碳钢的高温硫腐蚀急剧加重，长期处于高温运行，设备腐蚀严重，影响长周期运行。

4.3　二级冷凝冷却器出口温度、捕集器出口温度及急冷塔出口温度超上限

由于余热锅炉出口温度超设计温度(设计为温度350℃)，且总气量为设计气量的126%，过程气所携带的热量必然超过二级冷凝冷却器、三级冷凝冷却器和急冷塔的冷却负荷，其出口温度超标也是无法避免的。

4.4　吸收塔底废胺液含大量杂质

采样发现富胺液中携带大量黑色颗粒状物质(图1)，经检测发现其带有磁性，初步判断共为硫化铁。氧化铁多为金属腐蚀产物，胺液中带有硫化铁说明系统中出现腐蚀。经反复排查，发现氧化铁的产生部位为尾气吸收塔。

图1　富胺液样品

从后续样品分析中发现，胺液中所含杂质的量逐渐减少，但胺液的颜色有加深的趋势，且颜色偏绿色。可以得出以下结论：

(1) 富胺液中的杂质的产生不是持续的，由于现在富胺液中的杂质含量已趋于正常，可以判断杂质为碳钢塔壁上的硫化铁保护层，由于装置负荷的大范围和长时间波动而脱落，经过滤器过滤而除去，故经过一段时间后，胺液中质含量减少到正常水平。

(2) 由于硫化铁保护层脱落，塔壁腐蚀加剧，大量铁离子进入胺液中，故胺液呈现出绿色。

(3) 装置的超负荷运行，加重了设备的腐蚀。

5　应对装置超负荷运行的措施

5.1　提高酸性气质量

解决硫黄回收装置超负荷运行的问题最直接的办法就是降低酸性气的量，但由于目前全厂硫平衡的限制，酸性气的负荷是无法改变的，想改变装置的运行负荷，就只能从提高酸性气的质量入手。

研究发现，装置的运行负荷直接体现在酸性气炉炉头压力上，压力达到50kPa时，将引发装置的连锁自保，而炉头压力与入炉物料总量成线性关系。入炉物料总量与炉头压力数据见表3，图2。

表3 入炉物料总量与炉头压力数据

总量/(m^3/h)	3159	3195	3247	3280	3295	3334	3412	3461	3552
PI102/kPa	39. 89	40. 19	41. 7	42	42. 78	43. 38	44. 41	45. 43	46. 39

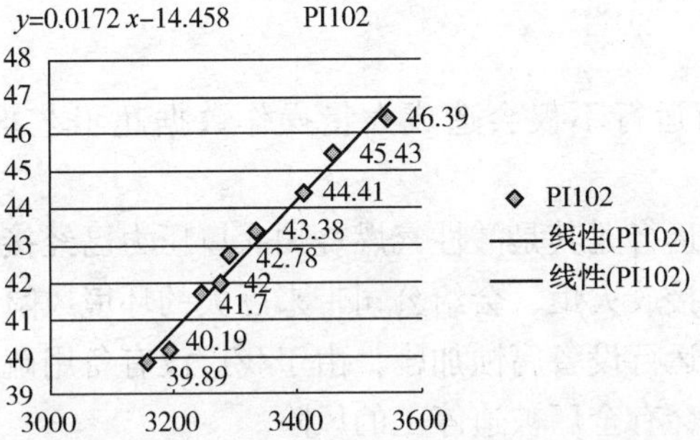

图2 入炉物料总量与炉头压力数据关系

按照上面的拟合公式，每100m^3/h的过程气的变化，将引起炉头压力1. 72kPa的变化。

5.2 降低酸性气中的烃含量

根据表1的数据，酸性气设计烃含量仅为0. 3%，而实际烃含量高达1. 88%，而酸性气中的烃含量每增加1%，过程气量将增加130m^3/h，炉头压力增加2. 2kPa，少处理酸性气50m^3。酸性气中烃主要来至胺液集中再生装置，稳定上游装置操作，减少胺液带油，对降低装置的操作负荷至关重要。

5.3 降低酸性气中的水含量

根据表1的数据，酸性气设计水含量仅为0%，而实际水含量高达9. 84%，水分为惰性组分，不参加化学反应，但其不仅会降低装置的操作负荷，还会影响化学反应平衡，降低硫回收率。酸性气中水含量高的原因是再生酸性气的温度过高，根本原因是集中胺液再生再生塔顶冷却器负荷不够，冷后温度高。降低酸性气中水的含量关键是降低酸性气的温度。解决这个问题可以从以下几个方面入手：

(1) 对再生塔顶冷却器进行改造，提高冷却负荷；

(2) 酸性气冷却器外壳使用冷水喷淋，降低酸性气温度；

(3) 停用酸性气线伴热，并拆除管线保温，使水在管线内冷凝；

(4) 适当提高再生压力，降低水分压以减少酸性气中的水含量。

根据上面数据计算可以得出这样的结果，酸性气中水含量降低到4%，可以提高酸性气处理量200m^3以上。

5.4 降低酸性气中的CO_2含量

表1数据表明，尾气再生酸性气中CO_2的含量高于设计值13. 32%，主要是尾气胺液再生系统胺液循环量大，胺液CO_2的共吸率过高造成的。在操作中可以适当降低胺液循环量，并选用共吸率较低的进口胺液，以改善酸性气质量。

5.5 富氧改造

对硫黄回收装置进行富氧改造，是应对硫黄回收装置操作负荷不足的一项成熟有效的做法，在国内外已有大量应用。按照当量燃烧计算数据可知，入炉空气中的氧含量每增加1%，装置操作负荷可以提升3%，而根据 ASPEN 软件模拟数据炉膛温度可以提高 40℃。酸性气燃烧炉炉膛设计温度 1400℃，目前操作温度 1070℃。进行富氧改造预计空气氧含量可以提高到 28%，装置负荷可以提高 21%，炉膛温度达到 1300%。

6 结论

装置的长时间超负荷运行不仅会造成大量操作数据超工艺报警指标，还会造成排放超标。

装置的长时间超负荷运行尤其是酸性气燃烧炉入口压力已经接近装置自保数值，一旦装置自保动作，酸性气会直接放火炬，会给公司带来巨大的环境风险。

装置的长时间超负荷运行设备腐蚀加剧，由于我厂没有备用硫黄回收装置，一旦设备腐蚀损坏，无法正常生产，会有全厂被迫停工的风险。

参 考 文 献

[1] 陈赓良，肖学兰．克劳斯硫黄回收工艺技术[M]．北京：石油工业出版社，2007.
[2] 李菁菁，闫振乾．硫收技术与工程[M]．北京：石油工业出版社，2010.

青岛石化硫黄烟气脱硫系统运行问题及分析

范　宽

（中国石化青岛石油化工有限责任公司　山东青岛　266043）

摘　要： 对青岛石化硫黄烟气脱硫系统投用后的装置运行进行了总结，从烟气 SO_2 排放、装置能耗、颗粒物排放等方面进行了对比分析。并针对运行中存在的问题，提出解决措施，为装置改造提供了参考依据。

关键词： 硫黄回收　烟气脱硫　颗粒物 SO_2

1　前言

中国石化青岛石油化工有限责任公司（简称青岛石化）2#硫黄装置是青岛石化 3.5Mt/a 加工高酸原油改造项目的配套装置，设计能力为 20kt/a。装置主要处理催化、焦化、RSDS 汽油脱硫、硫黄回收、污水汽提、气柜等装置产生的酸性气和氨气，产品满足国家标准 GB/T 2449.2—2015 中优等品工业硫黄的要求。

2　工艺流程

2.1　工艺流程图

烟气脱硫流程简图见图 1。2#硫黄回收装置焚烧取热后的烟气温度为 320℃，进入烟气-净化气换热器，加热烟气脱硫塔顶的净化气，净化气温度由 56℃升高到 216℃至原有烟囱排放。烟气温度降至 150℃后进入烟气脱硫塔入口。烟气脱硫塔入口处有一段较长的烟道，新鲜水通过喷嘴雾化后，与进口的烟气接触，使烟气中的水分达到饱和，同时温度急冷至约 57℃（饱和温度）。

浓度为 30%的氢氧化钠溶液作为吸收剂进入烟气脱硫塔吸收 SO_2。为保持烟气脱硫塔中吸收液的 pH 值，满足吸收二氧化硫的要求，需连续不断的将氢氧化钠补充到脱硫塔底吸收液中。塔底循环泵管路上装有 pH 计，通过调节进入脱硫塔的碱液量，使 pH 值控制在 7 左右。烟气通过碱洗后，二氧化硫含量降低到 $100mg/Nm^3$ 以下，经烟气-净化气换热器换热后温度升至 216℃后排入硫黄回收装置原有烟囱。塔釜排出浓度为 7%左右含盐废水，排入催化烟气脱硫脱硝装置 MVR 设施统一处理。

2.2　运行情况

碱洗塔运行情况表见表 1，烟气脱硫前后二氧化硫排放变化情况见表 2，装置能耗表见表 3。

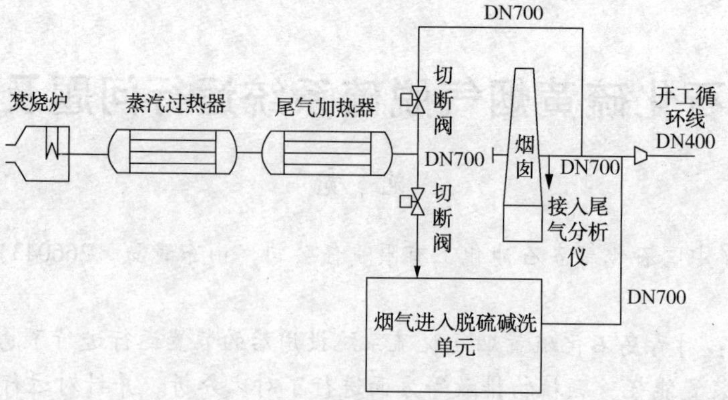

图 1　烟气脱硫流程简图

表 1　碱洗塔运行情况表

操作参数	设计值	实际值
入口温度/℃	≯58	57
pH 值	6~9	≯9
新鲜水量/(t/h)	0.78	0.15
液碱消耗/(kg/h)	36	2.8
压力/kPa	微正压	0.5
烟气 SO_2 排放/(mg/m^3)	≯30	≯2

表 2　烟气脱硫前后二氧化硫排放变化情况

名称	脱硫前/(t/h)	脱硫后/(t/h)	减排量/(t/a)
SO_2	0.00011	0.00001	0.985

注：按照脱硫前 25mg/m^3、4500m^3/h 烟气量计算。

表 3　装置能耗表

能源种类	单耗	能耗/(kgEO/t)
新鲜水	0.15t/t	0.025
电	13.92(kW·h/t)	3.2
总计		3.225

3　问题及分析

3.1　排烟温度下降，可能会对烟囱造成影响

烟气脱硫设施投用前，烟气排烟温度 320℃左右。烟气脱硫投用后，烟气排烟温度约为 190~215℃. 较投用前有大幅下降。

2#硫黄烟囱筒壁内表面防腐隔离层要求：涂 OM 耐酸防腐隔离层(一步两涂)。其中标高 79.95~89.95m 内衬材料采用耐酸砖、耐酸砂浆或耐酸胶泥砌筑。

现场观察来看，冬季烟囱出口有较明显的水汽。根据《烟囱设计规范》(GB 50051—

2013)中“湿法脱硫烟气经过再加热后应为强腐蚀性潮湿烟气，不易选用钢筋混凝土烟囱”。因此烟气对于烟囱本身的影响，需要在生产过程中进行持续的关注。

3.2 塔底 pH 值与注碱量无法实现串级控制

原设计正常工况下，尾气中 SO_2 排放浓度为 262μL/L，注碱量为 36kg/h。但实际尾气中 SO_2 排放浓度为 9~10μL/L，这样就导致瞬时消耗的碱液量很低，现有 *DN*25 的碱液控制阀根本无法实现串级控制。

目前脱硫塔补碱只能手动开关阀门进行补碱，pH 值小于 7.5 时，手动打开控制阀补碱 5min。

3.3 碱洗后 SO_2 过低

经过烟气脱硫后，烟气 SO_2 下降明显由 20~30mg/Nm^3 下降至 1mg/Nm^3 以下，脱硫效果明显。但排放数值过低，特别是 CEMS 外送数据经常出现 0mg/m^3 的情况。容易对数据的真实性产生疑问，因此相关部门希望能够对 SO_2 排放进行适当的控制。焚烧炉烟气 SO_2 排放浓度变化情况见图 2 。

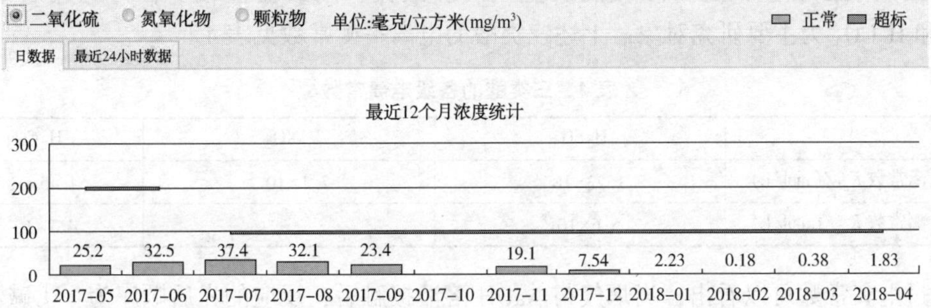

图 2 焚烧炉烟气 SO_2 排放浓度变化情况

查资料可知，常压、50℃下 SO_2 在水中的溶解度为 5g/100mL，碱洗前烟气流量为 4500Nm^3/h SO_2 浓度为 25mg/Nm^3，可以得到碱洗前烟气中 SO_2 含量为 112.5g/h，因此需要 112.5÷5×100=2.25kg 水就可以将烟气中 SO_2 全部吸收。不考虑 SO_2 的穿透目前的排放数值是与理论计算一致的，而且在装置正常运行时此数据基本上是控制的。

3.4 颗粒物含量升高

烟气脱硫开工后排放烟气中颗粒物浓度大幅升高，由投用前的 2~3mg/m^3 上升至 8.5mg/m^3 左右，颗粒物排放增加 6mg/m^3 左右。具体变化情况见图 3。

图 3 焚烧炉烟气中颗粒物浓度变化情况

颗粒物又称尘，气溶胶体系中均匀分散的各种固体或液体微粒。颗粒物的组成十分复杂，其中与人类活动密切相关的成分主要包括离子成分(以硫酸及硫酸盐颗粒物和硝酸及硝酸盐颗粒物为代表)、痕量元素(包括重金属和稀有金属等)和有机成分。为研究排放颗粒物浓度的变化进行以下分析。根据《山东省区域性大气污染物综合排放标准》(DB 2376—2013)中的要求，2020 年 1 月 1 日核心控制区、重点控制区颗粒物的排放标准需要降至 $5mg/m^3$ 和 $10mg/m^3$ 以下。因此对于烟气排放中颗粒物含量的上升需要有足够的重视，提前应对。

3.4.1 脱硫塔底盐溶液分析

目前 2#硫黄回收装置工艺卡片中要求烟气脱硫塔塔底液 pH 值控制在 7~8 范围内，为研究 pH 值对碱洗效果及盐溶液的影响，正常工况下碱洗塔处理烟气量为 $4500Nm^3/h$，烟气中 SO_2 浓度为 $25mg/Nm^3$，并以此展开分析计算。

3.4.1.1 碱洗吸收顺序

烟气脱硫塔入口烟气中的酸性气体主要有 SO_2、NO_2、与 CO_2。酸性气体溶于水后涉及的酸液种类分别为 H_2SO_4、H_2SO_3、HNO_3、HNO_2 和 H_2CO_3。其中硫酸、硝酸与碱反应后生成稳定的强酸强碱盐，且实际碱洗后生成的硫酸盐、硝酸盐量很少，为此选定 H_2SO_3、HNO_2 和 H_2CO_3 为主要研究对象。上述三类酸的电离平衡常数见表 4。

表 4 三类酸的各级电离常数

	H_2SO_3	HNO_2	H_2CO_3
一级电离常数 K_{a1}/(mol/L)	1.23×10^{-2}	7.1×10^{-4}	4.45×10^{-7}
二级电离常数 K_{a2}/(mol/L)	5.6×10^{-8}	—	4.7×10^{-11}

通过电离常数可以看出，当烟气与 NaOH 溶液接触后，反应的先后顺序为：①碱液吸收 SO_2 生成 $NaHSO_3$；②碱液吸收 NO_X 生成 $NaNO_2$；③碱液吸收 CO_2 生成 $NaHCO_3$；④碱液吸收 SO_2 生成 Na_2SO_3；⑤碱液吸收 CO_2 生成 Na_2CO_3。

3.4.1.2 各溶液 pH 值的计算

(1) $NaHSO_3$ 溶液

根据设定条件，每小时待碱洗烟气中 SO_2 的质量为 112.5g，物质的量为 1.76 mol。设定烟气脱硫塔底液位为 50%，根据图纸烟气脱硫塔内径 1200mm，上玻璃液位计上引出至塔底高 3400mm，则塔底碱液的体积为 3843 L。

① 若碱液中 NaOH 刚好与 SO_2 完全反应生成 $NaHSO_3$，则 $NaHSO_3$ 的浓度为 4.58×10^{-4} mol/L。根据 H_2SO_3 的二级电离常数：

$$K_{a2} = \frac{C(H^+) \times C(SO_3{}^{2-})}{C(HSO_3{}^-)} = 5.6 \times 10^{-8}\ mol/L$$

可得 $C(H^+)=5.06\times10^{-6}$ mol/L，对应 pH 值为 5.3。

② $NaHSO_3$ 的溶解度是 420 g/L，饱和浓度为 4.04 mol/L，根据 H_2SO_3 的二级电离常数可计算出饱和 $NaHSO_3$ 溶液的 pH 值为 3.3。

(2) $NaNO_2$ 溶液

① 若碱液中 NaOH 刚好完全吸收 NO_x 生成 $NaNO_2$，设定烟气中 NO_x 含量为 $20mg/m^3$，则烟气中 NO_x 的质量为 90g，物质的量为 3mol(以 NO 计)，吸收后溶液中 $NaNO_2$ 的浓度为 7.8

$\times10^{-4}$mol/L。NO_2^{2-}的水解常数为：

$$K_h(NO_2^-)=\frac{K_W}{K_a(NO_2^-)}=\frac{C(OH^-)\times C(HNO_2)}{C(NO_2^-)}=1.4\times10^{-11}\ mol/L$$

由此计算出 $C(OH^-)=1.04\times10^{-7}$ mol/L，$C(H^+)=9.6\times10^{-8}$ mol/L，对应的 pH 值为 7.02。

② $NaNO_2$ 的溶解度是 820 g/L，饱和浓度为 11.88 mol/L，根据 NO_2^{2-}的水解常数可计算出饱和 $NaNO_2$ 溶液的 pH 值为 9.11。

(3) $NaHCO_3$ 溶液

正常工况下：①设定 2#硫黄反应炉脱硫酸性气 1300Nm^3/h，二氧化碳体积浓度 20%；含氨酸性气 300 Nm^3/h，二氧化碳体积浓度 10%，则每小时进入反应炉酸性气中 CO_2 体积为 290 Nm^3。②设定反应炉配风 2000Nm^3/h，焚烧炉配风 1700Nm^3/h，空气中 CO_2 含量 0.039%，则每小时由配风进入系统的 CO_2 体积为 1.4Nm^3。③焚烧炉每小时燃烧 60Nm^3 瓦斯气，经查化验数据有机燃气体积浓度约 45%，根据燃气组成折算成 CH_4 体积为 81Nm^3。

综合计算，碱洗前烟气中共含有 $CO_2$372Nm^3，若完全吸收转化成 $NaHCO_3$ 其浓度为 4.3mol/L。而 $NaHCO_3$ 溶解度为 96g/L，饱和浓度为 1.14mol/L，为此若碱液刚好吸收烟气中 CO_2 生成 $NaHCO_3$，则该溶液为 $NaHCO_3$ 饱和溶液，且有固体 $NaHCO_3$ 析出。

根据 $NaHCO_3$ 饱和溶液浓度及 H_2CO_3 一级电离常数，可计算出 HCO_3^-的水解常数为 2.25×10^{-8}mol/L，饱和 $NaHCO_3$ 溶液的 pH 值为 8.2。

结合碱液对酸性气的吸收顺序，碱液含量再高将会与 HSO_3^-反应生成 SO_3^-，但此时溶液 pH 值将会继续升高，超出生产中实际控制 pH 值范围。

3.4.2 基于盐溶液浓度的颗粒物浓度估算

根据盐溶液分析中的算法，pH 值为 7.5 的塔底液中 $NaHSO_3$、$NaNO_2$ 的浓度分别为 4.58×10^{-4}mol/L、7.8×10^{-4}mol/L，此外仍包含部分 $NaHCO_3$，$NaHCO_3$ 的浓度计算如下：

$$K_h(HCO_3^-)=\frac{K_W}{K_{a1}(H_2CO_3)}=\frac{C(OH^-)\times C(H_2CO_3)}{C(HCO_3^-)}=2.25\times10^{-8}\ mol/L$$

pH 值为 7.5 时 $C(OH^-)=3.16\times10^{-7}$ mol/L，$C(H_2CO_3)=C(OH^-)$

由此算出 $C(NaHCO_3)=4.44\times10^{--6}$mol/L

烟气脱硫塔补水主要有降温水与液位补水两类，在保持塔底液位稳定的情况下补水量为 220k/h，为此烟气夹带出的溶液量为 220kg/h。

烟气碱洗塔顶吸收后气体温度在 50℃左右，经过换热器加热至 180℃左右在烟气分析仪在线测量后排入烟囱，为此推测投用碱洗工艺后外排烟气中增加的颗粒物来源主要是烟气夹带的盐溶液在大幅升温水分气化后析出的盐颗粒。则 220kg 盐溶液中析出的盐质量为：

$$220\times(4.58\times104+7.8\times69+4.44\times0.84)\times10^{-4}=22.4g$$

计算过程中设定的烟气处理量为 4500Nm^3/h，则本算法中因析出盐颗粒增加的颗粒物浓度为：

$$\frac{22.4\times1000}{4500}=4.98mg/m^3$$

由图 3 可见，投用烟气脱硫后排放烟气中颗粒物浓度增加 6 mg/m^3 左右，而烟气夹带出盐溶液因温升析出钠盐引起颗粒物浓度的增加为 4.98mg/m^3，实际情况中夹带出盐溶液仍含有少量钙盐、镁盐等其他盐类，为此投用碱洗工艺后相同工况下排放烟气中颗粒物浓度增加的原因极有可能是气相夹带出的溶液在换热器加热后析出了盐类颗粒。

3.4.3　烟气水洗所需水量计算

为控制外排烟气中颗粒物浓度及消除烟囱排口的白色烟羽，可利用低温水对烟气进行降温洗涤。假定将 180℃烟气经过水洗降温至 120℃，降温水温度为 25℃。

根据上述析出盐颗粒物质量的计算，析出的三种主要盐类质量分别为：$NaHSO_3$ 10.48 g，$NaNO_2$ 11.84 g，$NaHCO_3$ 0.082 g。经查阅三种盐类的溶解度为：$NaHSO_3$ 21.7g(99℃)，$NaNO_2$ 163g(100℃)，$NaHCO_3$ 16.4 g(60℃)。由于温度升高盐类的溶解度会有所升高，120℃下盐类的溶解度应高于查阅值。为估算 120℃下溶解上述盐类所需水量下限值，可利用查阅值进行计算。故溶解上述 22.4 g 盐所需新鲜水量为：

$$MAX\left(\frac{10.48\times100}{21.7},\ \frac{11.84\times100}{163},\ \frac{0.082\times100}{16.4}\right)=48.3\text{g}$$

3.4.4　下一步改造思路

通过计算理论需要的新鲜水量很少，因此只需要在碱洗塔出口管线上新增喷淋接口即可，新鲜水可以使用装置原系统流程。

4　结论

烟气脱硫装置开工后，各项运行指标都优于设计指标。特别是 SO_2 排放有了大幅下降，满足了《石油炼制工业污染物排放标准》(GB 31570—2015)中相关要求。

(1) 投用后 SO_2 排放降至 1mg/m^3 左右，SO_2 脱除率 90.9%。

(2) 装置能耗增加 3.225kgEO/t 硫黄。

(3) 烟气排放中颗粒物增加主要是由于烟气中携带的盐类颗粒，下一步通过增加喷淋设施有望得到解决。

西太硫黄回收装置烧氨工艺总结

李　泓

（大连西太平洋石油化工有限公司　辽宁大连　116600）

摘　要： 简要概述烧氨工艺技术特性及影响因素，总结大连西太平洋石化公司硫黄装置2005年开始使用烧氨工艺装置运行情况，以及生产中遇到的问题及处理，不断探索烧氨条件，提升硫黄装置的操作水平。

关键词： 硫黄回收　烧氨工艺　影响因素　实例

1　前言

大连西太平洋石化公司硫黄装置所加工的含氨酸性气分两部分，一部分是本装置污水汽提全抽提含氨酸气，另一部分为催化侧线抽氨工艺含氨酸性气（氨并入酸气），经脱水罐脱水后进入燃烧炉酸气火嘴混合燃烧。

大连西太平洋石化公司（以下简称西太）硫黄装置烧氨工艺安全运行15年，装置采用进口的杜克烧氨火嘴，具有混合燃烧能力强的特点，能合理控制燃烧炉温度、停留时间，保证氨的完全分解，从而确保装置的平稳运行。

1.1　烧氨工艺原理

一般认为，酸性气中氨的分解反应机理主要有三个：燃烧分解、热分解、可能的二氧化硫对氨的氧化作用。

（1）氨的分解

$$2NH_3+3/2O_2 \longrightarrow N_2+3H_2O$$

（2）氨的热解

$$2NH_3 \longrightarrow N_2+3H_2$$

（3）SO_2 对氨的氧化作用

$$H_2S+3/2O_2 \longrightarrow SO_2+H_2O$$

$$2NH_3+ SO_2 \longrightarrow N_2+2\ H_2O+ H_2S$$

含氨酸气中含有 NH_3、H_2S、C_nH_m 和水蒸气等。根据有关研究，在燃烧炉内，这些化合物稳定性的顺序为 $H_2O>H_2S>CH_4>NH_3$，其中氨是最先分解的。

1.2　烧氨工艺存在的副作用

（1）氨不完全燃烧，能和某些硫化物反应，生成 NH_4SH 等类固体，堵塞液硫管线，导致硫封排硫不畅；堵塞废锅及冷却器炉管，增加系统阻力，严重时导致停车。

（2）NH_3 氧化反应生成NO，而NO会促使 SO_2 氧化生成 SO_3，三氧化硫可能导致催化剂硫酸盐化，$3SO_3+Al_2O_3 \rightarrow Al_2(SO_4)_3$，降低催化剂催化作用，降低转化率；三氧化硫与系统中的游离水形成硫酸，对设备、管线造成严重的腐蚀。

(3) 少量氨在燃烧炉内未完全混合燃烧，会逃逸至尾气系统中，导致急冷水 pH 值升高；逃逸至尾气胺液吸收系统，形成少量铵盐在机泵的泵腔，堵塞密封，增加机泵密封泄漏，导致机泵入口过滤器堵塞。

(4) 为了使氨在燃烧炉内完全分解，装置往往通过提高燃烧炉温度来实现目标，这也增加了燃烧炉热负荷，严重时废锅出口温度也随之升高，增加了设备、管线腐蚀泄漏的几率。

(5) 由于含氨酸气与清洁酸气共用一个预混火嘴，两者在产气源头上均是压力控制，当污水汽提的负荷及组分变化较大时，会导致含氨酸气波动，同时导致清洁酸气波动，配风比例产生较大偏差，无法保证过程气中 $H_2S/SO_2=2$，配风波动较大，使制硫炉的配风调节复杂化。

2 烧氨工艺影响因素

影响烧氨效果的因素有 3 个，即 3T：停留时间、温度、混合效果，3T 缺一不可。

2.1 烧氨火嘴

火嘴是硫黄装置的关键设备，也是能否将酸气中的氨分解的基础。本装置采用杜克火嘴，具有很好的混合能力，火嘴火焰稳定、强度高，可以在燃烧炉高温阶段达到较高硫化氢的转化率，同时将酸气中的氨和少量的烃彻底分解。

2.2 烧氨温度

温度是烧氨的三因素之一，也是三因素的基础，没有合适的烧氨温度，再长的停留时间和再强的混合效果也无法将氨彻底分解。

2.2.1 旁路调节炉温

大多数研究表明，炉温大于 1300℃，氨分解率可达到 99 %，过程气中的残氨含量可控制在 20×10^{-6}左右，若温度降低，则残氨含量提高，最终导致系统结盐或产生腐蚀，影响装置生产[1]。

西太硫黄装置烧氨工艺采用旁路调节流程(中部分流法)，见图 1。所谓旁路流程就是将部分清洁酸气(10%~30%)引至反应炉炉膛中部，剩余的清洁酸气和含氨酸气混合进入预混火嘴中与空气进行充分燃烧，反应炉前部由于是局部过氧 Claus 反应，炉温得以达到期望的温度 1350℃，使氨彻底分解。

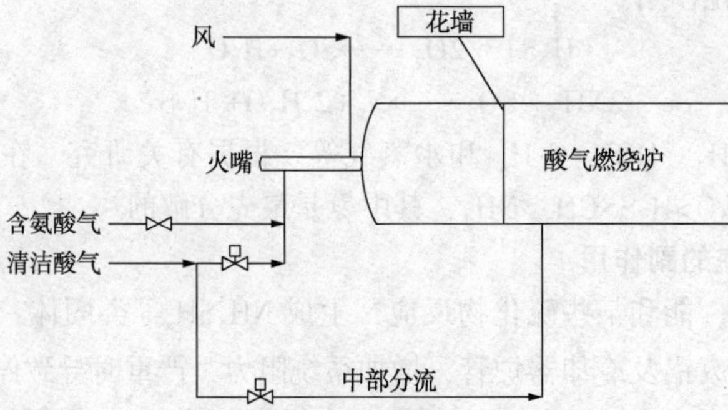

图 1　旁路调节流程示意图

2.2.2 水存在对氨分解的影响

在没有硫化氢和水的理想状态下，氨气在1200℃下的分解率接近100%，但硫化氢和水的存在会抑制氨气的热分解反应。在反应炉中，水的含量与氨含量为1：1时，氨气的热分解率在1200℃时低于20%。所以正常生产时要控制水含量，同时控制更高的合理炉温。经过多年摸索，西太硫黄燃烧炉炉温控制在1300~1350℃之间。

2.2.3 含氨酸气输送温度控制

污水汽提塔出口温度控制90℃，设计要求在输送过程中保证温度不低于90℃，否则可能出现铵盐堵塞，西太采用4根1.0MPa蒸汽伴热管进行伴热保温，保证进炉含氨酸气温度在103℃左右，同时对提高炉温、促进氨分解起到一定的作用。

3 烧氨工艺中遇到的问题及探讨

西太80kt/a硫黄装置设计满负荷时的含氨酸气量为4880kg/h，烧氨体积分数为15.54%，实际运行期间，含氨酸气大约在3000kg/h左右(同时收本装置污水汽提和催化污水汽提酸气)，烧氨体积分数约占10%~20%。表1为本装置主要运行参数。

表1 80kt/a硫黄装置运行参数

参数	单位	2018-6-6	2018-12-21	2019-1-9
清洁酸气流量	t/h	10.3	10.17	10.4
含氨酸气流量	kg/h	3368	3961	34869
主风风量	t/h	16.5	15.46	15.71
副风流量	kg/h	5713	4772	4007
硫化氢与二氧化硫比例分析仪	%	-0.048	0.128	-0.145
炉膛温度	℃	1355	1358	1389
中部分流酸气流量	Nm^3/h	2272	2172	2184
中压蒸汽压力	MPa	3.68	3.58	3.66
废锅出口温度	℃	386	405	408
一反入口温度	℃	235	235	235
一反床层温度	℃	326	322	323.5
二反入口温度	℃	215	215	215
二反床层温度	℃	245	243	243
加氢反应器入口	℃	298	299	299
加氢反应器出口	℃	316	309	312
急冷水PH值		7.36	8.33	8.45
氢气色谱	%	2.9	3.425	2.29
氢气流量	Nm^3/h	706	640	574
尾气吸收胺液流量	t/h	50	50	50
急冷塔出口过程气温度	℃	30	34.6	32.1
吸收塔出口过程气温度	℃	28	32.8	29.3
烟气二氧化硫	mg/m^3	112	134	111

由于催化装置污水汽提(侧线抽氨)含氨酸气在组分和流量上都经常突然波动，且比例分析仪具有一定的滞后性，配风因无组分分析而不具备预调功能，导致本装置相应波动，且

多次造成外排烟气二氧化硫指标短时超标。对此，车间通过不断的摸索，制定了针对性的控制方案，通过跟踪炉温、风气比、氢气色谱、急冷水 pH 值以及焚烧炉炉温等相应参数，准确快速寻找风气比，使操作恢复到正常的运行轨迹，减少分析仪异常时间，降低外排烟气二氧化硫指标，缩短有可能的外排烟气二氧化硫超标时间。

以下通过 80kt/a 硫黄装置两个实例说明波动过程和应对措施。

3.1 含氨酸气波动实例：2018 年 7 月 13 日零点班烟气二氧化硫波动

经过：2018 年 7 月 13 日 4 点 41 分，含氨酸气压力由 43kPa 迅速上升至 47kPa，流量 FI7907 由 3747Nm^3/h 上升至 3873Nm^3/h，班组迅速增大配风。4 点 47 分，烟气二氧化硫大于 400mg/m^3，联系调度查找原因，回复是上游装置含氨酸气波动所致。本次波动导致烟气二氧化硫超标，5 点 06 分，烟气二氧化硫恢复指标，小时平均值未超标。

分析：上游装置含氨酸气的组分、流量突然变化，配风跟踪困难，尾气吸收塔无法完全吸收过量的硫化氢，其在焚烧炉中燃烧导致烟气二氧化硫大于 400mg/m^3。详细分析如下：

(1) 含氨酸气组分无在线分析仪，无法准确计算配风。

(2) 含氨酸气波动短暂，操作员发现时，系统内的反应已经不平衡。

(3) 硫化氢与二氧化硫比值分析仪在达到满量程时，会有较长时间的自检过程，即使此阶段配风正常，分析仪恢复正常也要有一段时间。

(4)清洁酸气、含氨酸气、风三种物料同时进入预混火嘴，在正常情况下，三者形成稳态，操作稳定。当其中一种介质发生变化时，另两种介质也会快速变化形成新的预混平衡，此时燃烧炉的配风彻底发生了改变，硫化氢与二氧化硫比例分析仪就会偏离正常摩尔比 2，进而导致烟气二氧化硫超标。

图 2 中当含氨酸气压力 PI7904 升高、流量增加时，清洁酸气流量、风的流量均下降，清洁酸气压力由于背压升高而升高。此阶段时间较短，硫化氢与二氧化硫分析仪快速升高达到+2.026 满量程，这种情况是由于前部欠氧，过量硫化氢进入尾气焚烧系统导致烟气二氧化硫超标。

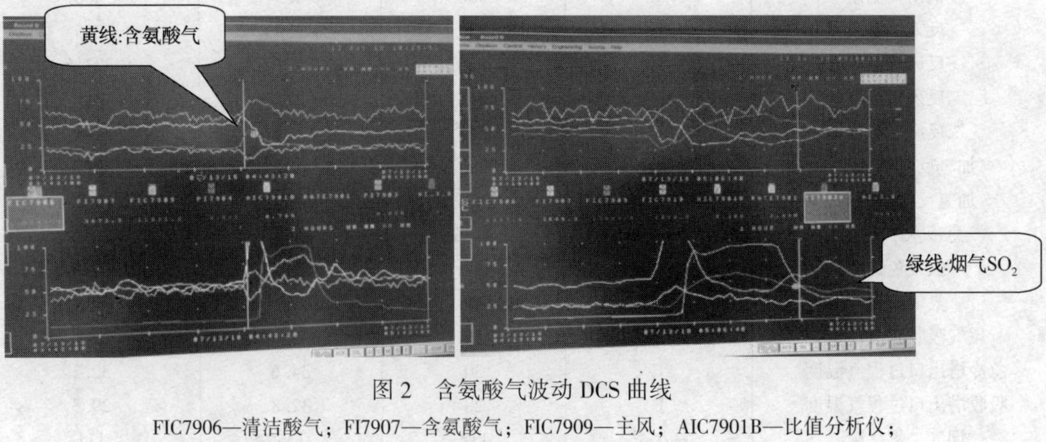

图 2　含氨酸气波动 DCS 曲线

FIC7906—清洁酸气；FI7907—含氨酸气；FIC7909—主风；AIC7901B—比值分析仪；
PI7904—含氨酸气压力；AI_ 3_ 8—外排烟气二氧化硫值；FIC7910—副风；
RATE7901—风气比；TIC7902A—燃烧炉炉温；PI7903—清洁酸气压力；

(5) 氨气不稳定性。本文前部已讲到，在燃烧炉内这些化合物稳定性的顺序为 H_2O>

$H_2S>CH_4>NH_3$，其中氨是最先分解的。本装置虽然历经数十次由于含氨酸气波动而导致的波动，但从未发生局部结盐，而且每次波动前期所致的烟气二氧化硫指标波动，都是过量硫化氢进入尾气焚烧系统导致的，这就佐证了氨气不稳定性最差、最先分解，硫化氢的稳定性居于顺序前的论述。

3.2 极端情况下实例：上游装置紧急调整，导致含氨酸气、清洁酸气均大幅波动

2018 年 12 月 24 日 9 时 48 分上游装置紧急调整，导致清洁酸气、含氨酸气大幅波动（见图 3）。

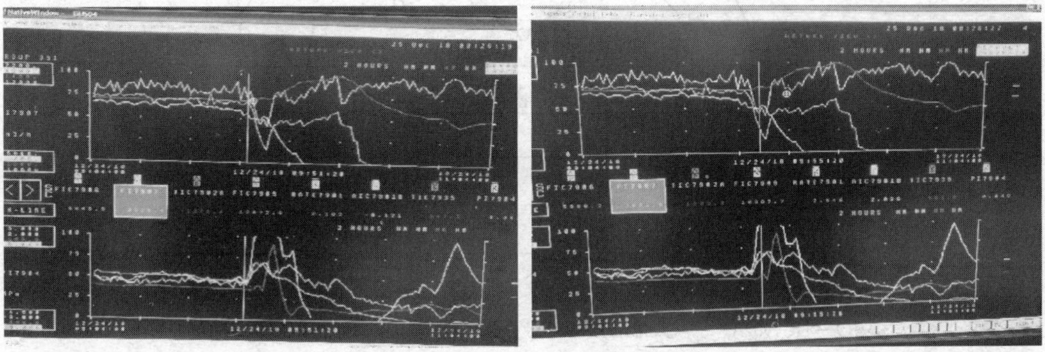

图 3 含氨酸气波动 DCS 曲线

FIC7906—清洁酸气；FI7907—含氨酸气；FIC7909—主风；AIC7901B—比值分析仪；PI7904—含氨酸气压力；AI_ 3_ 8—外排烟气二氧化硫值；FIC7910—副风；RATE7901—风气比；TIC7902A—燃烧炉炉温；PI7903—清洁酸气压力；TIC7935—焚烧炉炉温

经过：2018 年 12 月 24 日 9 时 48 分，上游装置紧急调整，含氨酸气流量 FI7907 由 $3300Nm^3/h$ 下降至 $3000Nm^3/h$ 进而降至 $0Nm^3/h$，清洁酸气流量 FIC7906 由 $6800Nm^3/h$ 下降至 $6000Nm^3/h$，主风流量 FIC7909 由 $12000Nm^3/h$ 下降至 $10450Nm^3/h$，风气比由 2.14 上升至 2.54。9 时 51 分，比例分析仪 AIC7901B（$2H_2S$：SO_2）迅速上涨至正向超程，监控焚烧炉炉温及急冷水 pH 值、氢气色谱。9 时 56 分清洁酸气迅速上涨，手动提高主、副风流量，寻找准确的风气比，此时焚烧炉温度快速上升，说明风量仍不足，迅速提高风气比至 2.5，观察各参数。至 10 时 05 分，分析仪恢复正常。

分析：上游装置紧急调整导致清洁酸气、含氨酸气大幅波动，配风跟踪困难。

(1) 上游装置紧急调整，突然性强，清洁酸气、含氨酸气（催化装置）波动幅度大，同时因蒸汽不足需要本装置污水汽提停工，含氨酸气降至最低，影响因素增多，调整难度、复杂度极高。

(2) 内操只有一名，需要监控一套污水汽提、3 套再生、两套硫黄。紧急情况下，班长、副班得到通知从现场返回控制室大约需要 2～3min。在此期间，波动的初期调整，只能靠内操一人处理，凸显人员不足。

(3) 硫化氢与二氧化硫比值分析仪在达到满量程时，分析仪恢复正常需要有一段时间，此阶段需要依靠反应炉炉温、焚烧炉温度、氢气浓度等参数正确调整配风。

(4) 氨气不稳定性。本文前部已讲到，氨在温度达到要求的情况下，在原料组分中是最先分解的，从这个例子可以看到，酸气、含氨酸气急剧波动情况下，装置调整过后，系统状态稳定，各参数正常，未出现压力升高的情况，也未出现结盐情况。

3.3 酸气波动情况下的操作调整

硫化氢与二氧化硫比例分析仪无法参考，燃烧炉温度是主要的调整配风参考。

酸气燃烧炉温度不但是烧氨的重要条件，也是燃烧炉准确配风的重要参考，特别是在分析仪故障，或由于负荷波动导致分析仪短时间无法提供指示的情况下。

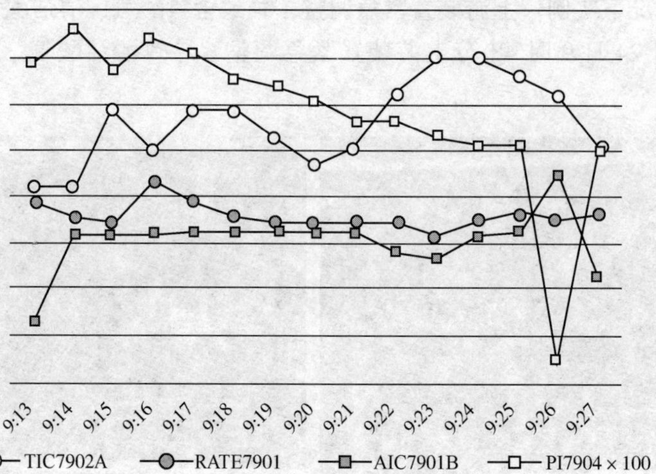

图4 上游装置含氨酸气波动调整曲线

TIC7902A—燃烧炉炉温；RATE7901—风气比；

AIC7901B—分析仪；PI7904—含氨酸气压力

硫化氢与二氧化硫比例分析仪是酸气燃烧炉配风的关键设备，是硫化氢与二氧化硫摩尔比为2的重要参数。在分析仪故障时，我们可以根据炉温变化，结合风气比，焚烧炉炉温变化，氢气色谱等辅助参数，将硫化氢与二氧化硫摩尔比控制接近2，待分析仪故障解除恢复后，及时调整至正常位置。

由图4可知含氨酸气波动上涨后下降，分析仪自9：14开始正的满量程，操作员没有根据分析仪指示配风，因为这个结果已经滞后，而是结合炉温下调配风，紧跟炉温变化调整，结合焚烧炉温变化等其他参数，保证在分析仪故障的8min里，含氨酸气分解正常，配风正常，急冷水pH值正常，氢气色谱正常，烟气二氧化硫指标正常。具体的操作如下：

(1) 手动酸气调节阀FIC7906、手动主风FIC7909、手动副风FIC7910；

(2) 监控发现燃烧炉温较波动前降低，则每次上提风气比0.2~0.4，至燃烧炉炉温恢复至调整前。若观察燃烧炉温较波动前升高，首先调整含氨酸气流量、压力降回至调整前或更低，然后降低风气比，监控炉温恢复正常；

(3) 上提尾气吸收塔进塔精贫液流量大约20t/h；

(4) 监控焚烧炉温，如果炉温升高较快，立即手动关小瓦斯，控制上涨速度。此情况说明前部配风小，前部燃烧炉仍要以炉温为参考，提高风气比，直至焚烧炉炉温恢复。如果炉温下降，说明前部配风过大，前部燃烧炉仍以炉温为参考，降低风气比，直至焚烧炉炉温恢复；

(5) 监控氢气色谱，及时改手动调整，控制氢气色谱在2%~4%；

(6) 监控加氢反应器床层温度，通过温升情况及时判断调整前部配风；

(7) 监控急冷水pH值，防止二氧化硫穿透，及时补水置换，pH值过低时及时切除尾气，调整正常后立即切回。

4 加工含氨酸气对制硫催化剂的影响

两套装置反应器参数对比见表2。

表2 100kt/a 硫黄(一硫黄)与80kt/a 硫黄(二硫黄)装置反应器参数对比

项目	2018-6-6	2018-12-22	2019-1-8
一硫黄清洁酸气流量/(t/h)	10.8	11.6	11.4
一硫黄一反入口温度/℃	240	240	240
一硫黄一反床层温度/℃	332	330	330
一硫黄二反入口温度/℃	215	215	215
一硫黄二反床层温度/℃	242	239	239
二硫黄清洁酸气流量/(t/h)	10.3	10.17	10.4
二硫黄含氨酸气流量/(t/h)	3368	3961	3469
二硫黄一反入口温度/℃	235	235	235
二硫黄一反床层温度/℃	326	322	323
二硫黄二反入口温度/℃	215	215	215
二硫黄二反床层温度/℃	245	243	243

两套硫黄工艺相同，一硫黄只加工清洁酸气，二硫黄清洁酸气配烧含氨酸气，两者所加工的清洁酸气流量接近，一硫黄一反入口控制240℃，二硫黄一反入口控制235℃，两者二反入口温度均控制在215℃。一硫黄一反温升90~92℃，二反温升24~27℃；二硫黄一反温升87~91℃，二反温升30~33℃。从数据上看，二硫黄一反温升较一硫黄稍低，温升略有损失，可能是由于加工含氨酸气催化剂部分硫酸盐化[2]，需要进一步观察。同时，二反温升二硫黄又较一硫黄略高，说明二硫黄二反床层催化剂未受影响，转化效果良好。

5 建议

根据以上分析，针对含氨酸气加工提出以下建议，以提升操作稳定性。

(1) 设置具有一定缓冲能力的含氨酸气脱水罐，缓冲上游装置波动。

(2) 应设置在线含氨酸气分析仪，便于早发现、早调整。

(3) 应采用具有良好混合性、燃烧效率高的酸气配烧火嘴。

(4) 应采用调节能力好的调节阀，保证风量、酸气量调整精确。

(5) 烧氨温度控制在1300~1350℃。

(6) 确保在线分析仪好用，其在硫黄回收装置运行过程中起着至关重要的作用，特别是硫化氢与二氧化硫比例分析仪、氢气分析仪、pH分析仪、氧分析仪。

(7) 应选择抗硫酸盐化效果较好的催化剂。

(8) 急冷水管线材质应更换为抗腐蚀能力更好的不锈钢材质，避免由于急冷水pH值降低，导致碳钢管线腐蚀，腐蚀物堵塞急冷塔。

(9) 从含氨酸气来源上稳定控制，从根本上避免烟气外排二氧化硫波动，从而确保装置长周期稳定运行。

参 考 文 献

[1] 王吉云，温崇荣．硫黄回收装置烧氨技术特点及存在的问题[J]．石油与天然气化工，2008(03)：218-222+173.

[2] 马恒亮，唐战胜，耿庆光．硫黄回收装置烧氨过程分析及条件优化[J]．石油炼制与化工，2012，43(05)：32-35.

康索夫尾气脱硫技术在硫黄装置的首次应用及优化

尚佳欢　罗　强　张永林　邢　宇

（中国石油克拉玛依石化有限责任公司　新疆克拉玛依　843003）

摘　要： 中国石油克拉玛依石化有限责任公司新建10kt/a硫黄回收装置采用先进的康索夫溶剂脱硫工艺，正常情况下尾气中的二氧化硫为40mg/Nm^{3}以下，达到超低排放。但是该工艺在装置开停工时仍然很难实现尾气达标排放，为适应最新排放标准，本文分析了硫黄装置开停工达标的难点，通过优化操作及简单流程改造，首次创新向急冷塔注碱，弥补了康索夫溶剂脱硫在开停工过程中酸性气中断时无法吸收SO_2的缺陷，实现了在开停工期间尾气达标的目的。

关键词： 硫黄回收　康索夫溶剂脱硫工艺　酸性气中断　尾气达标

1　前言

中国石油克拉玛依石化有限责任公司原4000t/a硫黄回收装置已严重超负荷无法满足生产及2017年7月1日的新环保要求，2014年公司开始筹建10kt/a硫黄回收装置，自2017年6月13日首次试车成功后，目前运行平稳。满足国家颁布GB 31570—2015《石油炼制工业污染物排放标准》的实施，硫黄回收装置SO_2浓度排放限值400mg/Nm^3，特别地区排放限值100mg/Nm^3（克拉玛依按特别地区执行）。

2　装置概述

10kt/a回收装置位于二套硫黄回收装置北侧，由华东设计院总承包。装置制硫部分采用常规Claus反应，尾气处理部分采用康索夫的溶剂脱硫工艺，设计尾气$SO_2 \leqslant 100mg/Nm^3$，是国内首套应用康索夫溶剂脱硫的硫黄装置。装置处理来自酸性水汽提装置以及二套干气液化气装置产生的酸性气，产品为颗粒状硫黄。装置建成后，与原4000t/a硫黄回收装置互为备用。10kt/a硫黄回收装置工艺流程见图1。

2.1　制硫部分

制硫部分为常规克劳斯（Claus）脱硫工艺，在酸性气燃烧炉内将剧毒的H_2S部分氧化，生成SO_2，未被氧化的H_2S和SO_2又发生氧化还原反应生成S_2，由于在$H_2S:SO_2=2:1$时，转化成S_2的转化率最为理想，因此在生产中严格控制配风量。

2.2　康索夫（Cansolv）尾气处理单元

康索夫（Cansolv）尾气处理单元包括预洗涤、吸收、再生、溶剂过滤单元（AFU）、溶剂净化单元（APU）。预洗涤单元采用“急冷塔稀酸洗涤-过冷塔间接冷却-电除雾器除酸雾”的

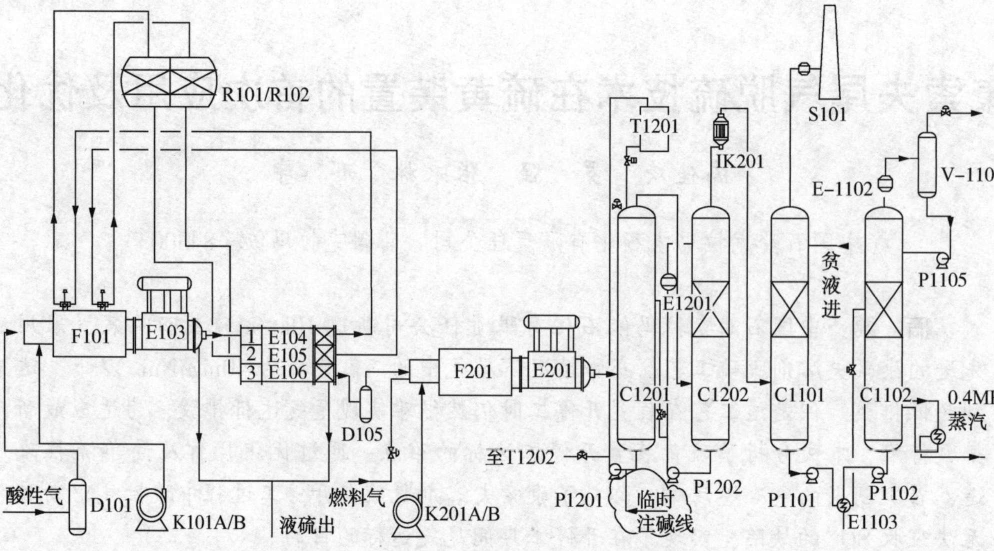

图 1　10kt/a 硫黄回收装置工艺流程

工艺技术，对硫黄回收装置含 SO_2、SO_3 尾气进行预洗涤，预洗涤后的尾气送 Cansolv 脱硫单元，预洗涤单元产生的酸性废水经碱液中和后通过废水泵送至厂区废水管网。

经过预洗涤单元后的尾气进入 SO_2 吸收塔 C-1101，与贫液进料泵 P-1103A/B 来的贫溶剂逆向接触，脱除其中的 SO_2，净化尾气达标排至尾气加热器升温至 160℃后排烟囱。吸收 SO_2 后的富溶剂经富溶剂泵 P-1101A/B 升压，经换热器换热至 95℃后至 SO_2 再生塔 C-1102。在 SO_2 再生塔中富溶剂经汽提，SO_2 从塔顶部经换热器 E-1102、分液罐 V-1101 后，气相返回至制硫部分，液相回流。贫液自塔底经贫液泵 P-1102A/B 后经贫/富液换热器 E-1103、贫溶剂冷却器 E-1104 后至贫溶剂储罐 T-1101。贫溶剂经泵升压后至 SO_2 吸收塔 C-1101 循环使用。贫溶剂通过贫溶剂泵(P-1103A/B)从贫溶剂储罐泵送至 SO_2 吸收塔。溶剂过滤器进料泵(P-1104A/B)将溶剂泵送至溶剂过滤单元(PK-0200)，以去除积累的固体。

3　装置运行过程的难点及技术优化

2017 年 9 月 5 日 13 时，由于克拉玛依石化全厂突然停电，来电后上游装置蒸汽未能及时恢复，酸性气的主要来源污水汽提和二套脱硫的酸性气临时中断，此时暴露出康索夫溶剂脱硫工艺应用于硫黄装置的缺陷，尾气部分再生出的 SO_2 无法与 H_2S 结合发生克劳斯反应而被吸收，尾气中的 SO_2 含量很快超标。16：30 车间经过研究决定，在 10kt/a 硫黄回收装置急冷水泵入口接临时注碱管线，将二套脱硫产生的废碱液注入急冷水中，发生酸碱中和反应，中和部分由制硫部分热烟气溶入水中而产生的酸性水。反应原理如下：

$$NaOH+SO_2 \longrightarrow Na_2SO_3+H_2O$$

$$Na_2SO_3+SO_2+H_2O \longrightarrow NaHSO_3$$

$$NaHSO_3+NaOH \longrightarrow Na_2SO_3+H_2O$$

通过注碱控制急冷塔的 pH 值在 7~9，使得由制硫部分产生的热烟气溶入水中而产生的酸性水被中和。从而减轻后续 SO_2 吸收塔的负荷，解决了康索夫工艺酸性气中断时硫黄装置达标排放的难题。酸性气中断后尾气中的 SO_2 数据见图 2。

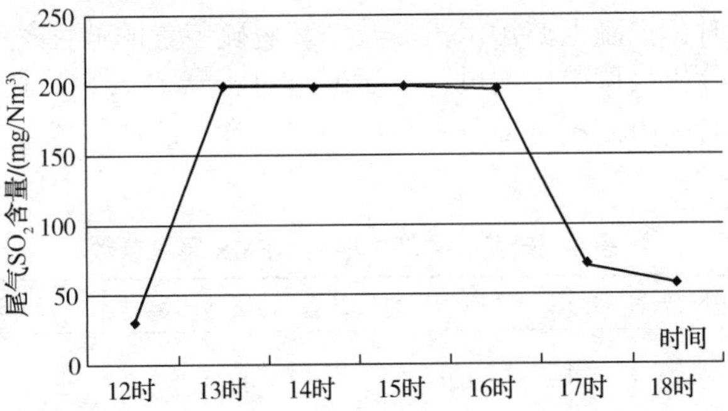

图 2　酸性气中断后尾气中的 SO_2 数据

4　装置开停工过程中达标排放中的难点分析及技术优化

4.1　装置达标排放的难点分析

(1) 在点炉升温期间，由于尾气处理单元不具备投用条件，国内硫黄回收装置通用的做法是将流程改为烘炉流程，直接将烟气改进烟囱。但是由于在停工阶段无法将炉衬里、管道、开工线内的硫黄完全处理干净，在升温后期残存的硫黄自燃生产 SO_2，烟气中二氧化硫含量在 1000mg/Nm^3 左右，远大于尾气排放限值，属于严重超标排放。

(2) 在引酸性气过程中，初期由于进装置酸性气组分、流量以及压力等参数不稳定，制硫炉配风不易调整到位，所以制硫部分很难在短时间内达到正常转化率，在这段调整时间内尾气处理部分的硫化氢(对常规加氢吸收工艺而言)、二氧化硫(康索夫溶剂脱硫工艺而言)浓度在 20000~30000μL/L 左右，超出尾气处理的负荷，所以排放尾气二氧化硫超标是在所难免的。

(3) 停工期间，硫黄回收装置停工有一重要的步序是瓦斯吹硫，是将酸性气切断，改瓦斯和空气燃烧，其目的是通过瓦斯燃烧的热烟气将反应器、管道内残存的硫黄吹扫出来。在瓦斯吹硫阶段一旦制硫炉配风过量，会导致反应器、管道残存的硫黄自燃，床层超温，生成大量的二氧化硫，此时二氧化硫浓度至少在 20000μL/L 以上，而且这一过程很难在短时间内恢复正常。这超出了尾气处理的负荷而且此时由于酸性气中断，尾气处理部分吸收再生的酸性气在装置内循环，无法通过克劳斯反应除去，在这段时间内排放尾气二氧化硫超标也在所难免。而且由于瓦斯吹硫步序至少需要 2~3 天，所以在停工阶段发生尾气超标的概率很高。

4.2　开工过程中的技术优化

4.2.1　急冷塔 C-1201 提前注碱

通过 2017 年 9 月酸性气临时中断事故分析，车间决定在硫黄装置开工引酸性气前，通过急冷水泵 P-1201 入口临时管线给急冷塔注碱液，使急冷塔 pH 值在 7~9 之间。如果在引酸性气过程中，制硫炉配风无法在短时间内调整到位，进入尾气处理部分的二氧化硫会偏高，超出尾气尾气处理的负荷。通过急冷塔注碱，碱性水吸收部分尾气中的二氧化硫，降低进入吸收塔的二氧化硫浓度，保证尾气达标排放。

4.2.2 精确配风

在开工引酸性气时，控制上游污水汽提及二套脱硫装置的酸性气稳定排放，通过酸性气流量计、酸性气浓度分析仪调节主配风，然后通过过程器 H_2S/SO_2 比值分析仪调整副配风，精确配风，尽量在短时间内使制硫部分转化率达到正常。硫黄装置开工期间 CEMS 尾气参数见表 1。

表 1 硫黄装置开工期间 CEMS 尾气参数

时间	2018-9-14	2018-9-15	2018-9-16	2018-9-17	2018-9-18
尾气中 SO_2 含量/(mg/Nm^3)	25.93	2.06	15.33	5.08	2.46

通过 2018 年大检修后开工数据可以看出，尾气中的 SO_2 达到了预期中的超低排放。

4.3 停工过程中的尾气控制措施

4.3.1 准确控制反应器热浸泡的时间节点

停工热浸泡是将一二级转化器温度提至 340~350℃，使反应器内的积硫除去。正常硫黄停工期间热浸泡为 24h。2018 年检修期间，公司提前计算好污水汽提装置的停工时间，确保硫黄装置在热浸泡时能够持续通入酸性气。同时首次将热浸泡时间延长至 48h，一方面通过高温过程气把催化剂上吸附的硫黄尽可能全部赶出来，避免在后续瓦斯吹硫过程因配风过量造成硫黄自燃；另一方面充分利用康索夫工艺的特性和溶剂的吸收能力，减少后续瓦斯吹硫时间，降低一二级转化器超温尾气超标的可能性，保证烟气排放达标。

4.3.2 在瓦斯吹硫前给急冷塔注碱

在瓦斯吹硫前通过临时管线给急冷塔注碱液，保证急冷塔 pH 值在 7~9 之间，在瓦斯吹硫过程中，一旦配风过多，将会导致硫黄自燃生产二氧化硫，进入尾气处理部分的二氧化硫偏高，超出尾气尾气处理的负荷。通过急冷塔注碱，碱性水吸收部分尾气中的二氧化硫，降低进入吸收塔的二氧化硫浓度，保证尾气达标排放。同时在瓦斯吹硫阶段，酸性气中断，再生出的二氧化硫无法通过克劳斯反应除去，可通过碱液吸收中和。

4.3.3 精确配风

在瓦斯吹硫过程中，根据瓦斯量合理配风，并通过分析烟气中的氧含量微量调整配风，控制烟气中氧含量在 1%~3%，避免瓦斯当量燃烧同时防止氧大量过剩导致硫黄自燃尾气超标。硫黄装置停工期间 CEMS 尾气参数见表 2。

表 2 硫黄装置停工期间 CEMS 尾气参数

时间	2018-8-1	2018-8-2	2018-8-3	2018-8-4	2018-8-5	2018-8-6	2018-8-7	2018-8-8	2018-8-9
尾气中 SO_2 含量/(mg/Nm^3)	30.78	28.37	20.75	20.8	37.28	28.64	19.37	25.52	1.13

5 效果及评价

(1) 10kt/a 硫黄回收采用康索夫尾气脱硫工艺与原 4000t/a 硫黄回收采用的加氢工艺相

比，外排尾气中的 SO_2 含量大大降低，满足新环保法的特殊地区尾气排放中 SO_2 含量不大于 100 mg/Nm^3 的指标，实现了超低排放。

表 3　4000t/a 硫黄回收装置尾气排放数据

项目	2017-6-1	2017-6-2	2017-6-3	2017-6-4	2017-6-5	2017-6-6	2017-6-7	2017-6-8	2017-6-9
SO_2/(mg/Nm^3)	204	193	203	188	202	145	157	198	164
废气排放量/Nm^3	2739	2516	1920	2093	1885	1614	2500	2544	2483

表 4　10kt/a 硫黄回收装置尾气排放数据

项目	2017-7-1	2017-7-2	2017-7-3	2017-7-4	2017-7-5	2017-7-6	2017-7-7	2017-7-8	2017-7-9
SO_2/(mg/Nm^3)	33. 4	31. 1	25. 7	30. 7	39. 2	30. 9	34. 5	27. 6	33. 3
废气排放量/Nm^3	3691	3720	3663	3679	3634	3612	3529	3640	3620

由表 3 及 表 4 可见，原采用加氢工艺 4000t/a 硫黄回收装置尾气 SO_2 平均值为 183. 8mg/Nm^3，采用克劳斯尾气脱硫工艺后尾气中 SO_2 平均值为 31. 8 mg/Nm^3，降幅达到 82. 8%，平均每月可减排 SO_2 约 216kg，每年可累计减排 2. 6t。

(2) 作为国内首套应用康索夫溶剂脱硫工艺的硫黄装置，首次提出向急冷塔注碱的方法，解决了康索夫工艺在酸性气中断及开停工过程中尾气难以达标的缺陷。

(3) 开停工期间提前注碱，将二套脱硫装置的废碱液通过临时管线注入急冷塔，减少了尾气吸收部分的负荷，保证了尾气的达标排放，同时简化了停工期间二套脱硫产生的废碱液的处置，实现了节能减排，又实现了危化品的无害化处置，降低了危险废料综合处理的成本。

(4) 在 2018 年克拉玛依石化有限责任公司大检修期间，10kt/a 硫黄回收装置在停工和开工期间通过上述改进措施，首次实现了公司硫黄回收装置开停工期间尾气达标排放，具有重要的环保意义。

参 考 文 献

[1] 王英魁，郝东来，刘文君 . 50kt/a 硫黄回收装置降低尾气中 SO_2 排放实践[J]. 硫酸工业，2018：(11)：37-38.

[2] 温崇荣，段勇，朱荣海，等 . 我国硫黄回收装置排放烟气中 SO_2 达标方案探讨 [J]. 石油与天然气化工，2017，46(1)：1-7.

燕山石化硫黄回收装置反应炉风机运行浅析

杜金禹　魏在兴

（中国石化北京燕山分公司　北京　102503）

摘　要：硫黄回收装置反应炉风机是装置最重要的动设备之一，由于配风控制系统以及各种联锁的存在，使风机的日常操作也比较复杂，在风机运行的过程中由于操作不当或设备故障会导致各类问题的出现。如今，硫黄回收装置的平稳运行已经成为炼化企业环保达标的关键，如何解决及避免反应炉风机的日常问题也成为硫黄装置工作的重点。

关键词：反应炉风机　控制　改造

1　前言

反应炉风机(鼓风机)是硫黄装置的核心动设备，近几年来由于硫黄回收装置环保责任越来越重，反应炉风机在炼油厂分级管理中被归为B类设备。风机按其工作原理可分为离心式风机、轴流式风机以及回转式风机等，燕山石化两套硫黄回收装置反应炉采用的是离心式风机。

2　风机在硫黄装置的应用

在硫黄回收装置中，反应炉主风机的作用是将空气增压后进入反应炉作为原料，使空气中的氧气与酸性气中的硫化氢反应生成硫黄。

2.1　风机的选用

硫黄回收装置风机的选型是根据所在硫黄装置酸性气加工条件而定的，包括出口空气流量确定、风压确定等内容。其基础就是风机出口空气中的氧能保证酸性气中硫化氢按比例反应、烃与氨等物质完全反应，并且要有调节余地。

燕山石化2#硫黄回收装置进炉酸性气组成设计值与反应炉风机型号见表1。2#硫黄装置反应炉风机设计条件见图1。

表1　2#硫黄装置反应炉风机设计条件

名称	介质	操作条件				选用泵		原动机	
		流量/(Nm^3/min)	温度/℃	压力/MPa(G)		型号	需轴功率/kW	型号	功率/kW
				进口	出口				
反应炉鼓风机	空气	168	常温	0	0.076	D200-51-78	300	YB450S3-2W	400

序号	1	2	3	4	5	6	7	8
介质名称	酸性气	酸性气	酸性气	酸性气	空气	过程气	过程气	过程气
组成,kmol/h								
H2S	186.180	9.540	38.199	116.460		17.085	23.313	23.313
CO2		1.041		0.521		2.021	2.021	2.021
SO2						11.839	11.839	11.839
H2O	9.850	0.566	30.281	20.349	13.955	150 589	150 589	150 589
CO						1.455	1.007	1.007
O2					72.208			
N2					271.658	281.288	281.288	281.288
H2						15.920	9.692	9.692
C3	1.970			0.985				
COS							0.448	0.448
NH3			38.520	19.260				
Sx						43.683	11.409	0.144
S_1								2.394
Total	197.000	11.147	107.000	157.574	357.821	523.877	491.603	482.732
T,℃	40	42	85	95	80	1331.4	318	160
P,MPa(g)	0.06	0.06	0.09	0.057	0.067	0.052	0.049	0.047
G,kg/h	6576	381	2503	4730	10173	14904	14904	12421
V,m3/h	3162	180	1657	3032	6203	45164	16022	11718
M	33.38	34.19	23.39	30.02	28.43	28.45	30.32	25.73
ρ,kg/m3	2.08	2.12	1.61	1.56	1.64	0.33	0.93	1.06

图1　2#硫黄装置进炉酸性气设计条件

在硫黄回收装置反应过程中，除去在反应炉内因副反应使反应物的计量关系产生一定偏差外，整个反应炉内理论上都是严格按照化学反应当量进行的，尤其是 H_2S 与氧气生成硫黄的反应，风气比(空气与酸性气量之比)的微小偏差都会导致过程其中 H_2S/SO_2 比值的显著不当。

由于硫回收装置要求反应炉配风量非常精确，而且随酸性气量与组成的变化随时改变，因此，对风量调节要求较高，不能因为风机工作点的变化而影响空气配比调节。通常要求风机供风量有一定的余量，即在正常情况下风机出口部分空气放空，当装置所需空气量发生变化时，可通过调节放空量使风机出口风压稳定，从而确保风机在某一工作点下稳定运行。风机出口放空的空气在某些装置中可以进行利用，比如在燕山3#硫黄回收装置，反应炉风机的放空空气换热后作为纳法脱硫消白烟空气。

2.2　反应炉风机配风控制系统

风机在应用到硫黄回收装置时需要一系列的配套设施，除去自带的防喘振系统，还需要根据所在硫黄装置的设计条件对风机进行选型，并配以出口风量控制、空气放空以及相关的联锁系统。燕山石化两套硫黄回收装置均采用离心式风机，并配以相关控制以及联锁系统。本节对制硫炉风机配风控制系统进行简单介绍。

制硫反应炉风机出口风量控制一般分为两种：一是根据气风比，即进炉空气量与进炉酸性气量的比值来控制进炉主风量；二是根据比值分析仪中 H_2S/SO_2 的比值来控制进炉副风量。

气风比与比值仪简单控制逻辑如图2所示。

正常情况下，两种控制方法是同时使用的。气风比的调节可以第一时间保证配进炉空气量，使氧气与硫化氢能够按指定配比进行反应的同时将酸性气中其他杂质完全反应，通过给定气风比的值可以实现主风量随酸性气量自动调整。为进一步提高气风比调节的准确率，许多硫黄回收装置增加进炉酸性气在线分析仪，在线监测进炉酸性气中硫化氢含量。

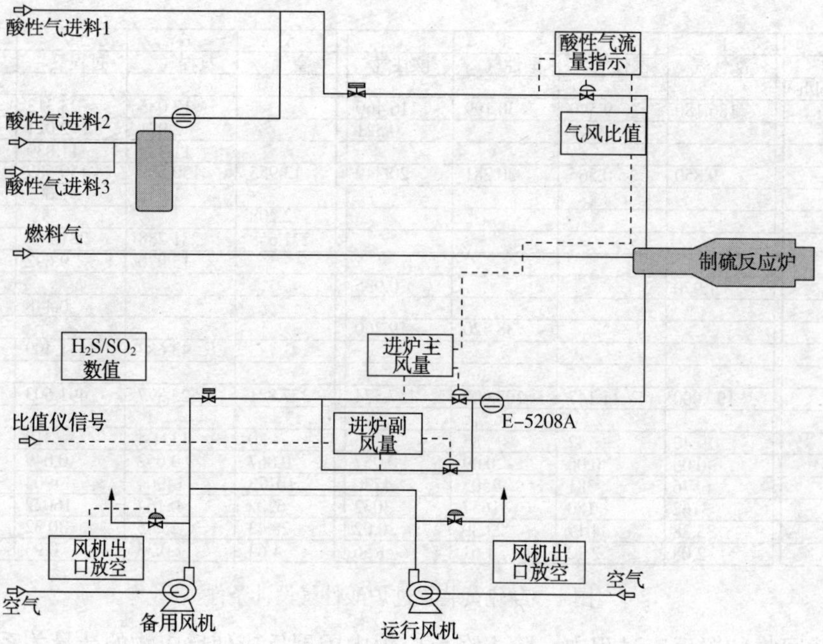

图 2　硫黄装置气风比与比值仪控制逻辑

比值分析一般设置在硫黄回收单元过气捕集器出口管线，用来检测整个硫黄回收装置出口过程气中的 H_2S 与 SO_2 含量，并根据 H_2S/SO_2 的比值对反应炉风机出口副风量进行调节，属于反馈控制的一种，正常情况下将 H_2S/SO_2 的值设置为 2，根据克劳斯制硫反应化学式，此时整个反应系统 H_2S 的转化率最高。

2.3　离心式风机相关计算

在风机日常运行过程中，经常需要对风机的一些参数进行计算，来确定风机的运行状态是否良好或为优化改造提供数据。

2.3.1　常用离心式风机计算公式

(1) 轴功率

$$N = \frac{UI \times 1.732 \times \mu \times \eta}{1000} \tag{1}$$

式中　U——电压，V；

I——电流，A；

μ——功率因数；

η——电机效率。

(2) 风机全压

$$P = P_1 \times \frac{B}{760} \times \frac{273.15 + T_1}{273.15 + T_2} \tag{2}$$

式中　P_1——设计标准压力，Pa；

760——mmHg，在海拔 0m，空气在 20℃情况下的大气压；

B——当地大气压 mmHg，换算公式为 $B = 760$mmHg(海拔高度/12.75)，海拔高度在

300m 以下的可不修正；

T_1——工况介质温度，℃；

T_2——风机出口设计温度，℃。

(3) 电机所需功率

$$N = \frac{Q \times P}{100 \times 3600 \times \eta} \tag{3}$$

式中 P——风机全压，Pa；

Q——风机鼓风量，m^3/h；(一般计量表为 Nm^3/h，需要进行换算)；

K——电机电容系数，本次计算取 $K=1$；

η——为机械效率也是一个变数，按表 2 取值方法。

表 2 风机传动方式与机械效率的关系

传动方式	机械效率 η
电动机直联传动（A 型）	1.00
联轴器联接转动(D、F 型)	0.98
皮带传动(B、C、E 型)	0.95

2.3.2 *硫黄回收装置风机计算举例*

以燕山石化 3#硫黄装置反应炉风机进行举例计算，相关参数选取 2018 年 6 月标定的数据，计算结果如下：

(1) 风机全压

计算采用式(2)，本装置设计风机出口压力 $P_1=70000$Pa；当地大气压由于本装置所处位置可不进行修正，所以 $B=760$mmHg；反应炉风机介质为空气，风机出口温度标定值为 $T_1=77.42$℃；本装置风机出口设计温度 $T_2=80$℃；计算得到：

$$P = P_1 \times \frac{B}{760} \times \frac{273.15 + T_1}{273.15 + T_2} = 70000 \times \frac{760}{760} \times \frac{273.15 + 77.42}{273.15 + 80} = 69488\text{Pa} = 0.6949\text{MPa(G)}$$

(2) 电机所需功率

计算采用式(3)，风机全压计算结果为 $P=69488$Pa；已知风机入口风量标定 $Q_N=21431Nm^3/h$，在 $T=77.42$℃、$P=0.06949$MPa 时，根据相关公式将鼓风机入口流量换算为 m^3/h，结果为 $Q=16737m^3/h$。电机电容系数计算时取 $K=1$；装置风机为联轴器形式，根据表 2，η 取 0.98。

计算得到电机所需功率：

$$N = \frac{Q \times P}{1000 \times 3600 \times \eta} = \frac{16737 \times 69488}{1000 \times 3600 \times 0.98} = 329.65\text{kW} \cdot \text{h}$$

(3) 风机轴功率计算

已知电机电压为 6000V，标定期间风机电流现场指示为 60A，功率因数取 0.85，电机效率取 0.93。根据式(1)计算得到风机轴功率为：

$$N_1 = \frac{U \times I \times 1.732 \times 0.85 \times 0.93}{1000} = \frac{6000 \times 60 \times 1.732 \times 0.85 \times 0.93}{1000} = 492.89\text{kW} \cdot \text{h}$$

综上，计算风机效率为：$\eta=\frac{N}{N_1}\times100\%=\frac{329.65}{492.89}\times100\%=66.88\%$

3 硫黄回收反应炉风机相关改造

3.1 反应炉风机动力改造

3.1.1 项目背景

燕山石化2#溶剂再生装置所用0.35MPa蒸汽是由高压加氢装置1.0MPa蒸汽减温减压而来，减温减压过程实际上是大量热能损失的过程。经过研究，采用螺杆膨胀动力机组驱动鼓风机取代减温减压器，做功后蒸汽再进入溶剂再生和污水汽提装置使用，可充分利用能量。燕山石化2#硫黄装置于2010年将反应炉风机K5201B由电机改造为以蒸汽做为动力的螺杆膨胀机。

3.1.2 螺杆机膨胀动力机工作原理

螺杆膨胀动力机的基本构造是由一对螺旋转子和壳体组成，其工作原理：热流体经过进汽口A进入阴阳螺杆前端面齿槽，开始推动阴阳螺杆转子向相反的方向旋转，随着转子的转动，热流体沿前端面齿槽开始向后端面扩容(B，C，D)，热流体的容积增加、压力降低，实现膨胀作功，最后从后部齿槽排气口E排出，功率从主轴阳转子输出。工作原理如图3所示。

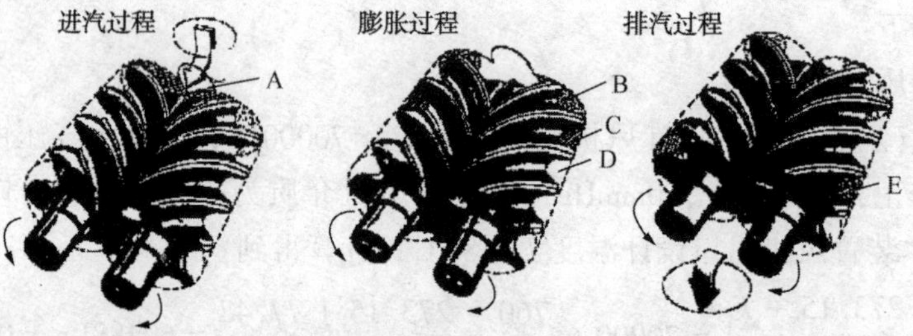

图3 螺杆机工作原理

3.1.3 螺杆机工艺流程

加氢装置1.0MPa饱和蒸汽通过蒸汽管网经主蒸汽调节阀直接进入螺杆膨胀动力机K5201B，膨胀做功后的0.35MPa背压湿蒸汽出螺杆膨胀动力机分为两路，一路并入0.35MPa管网，一路直接去污水汽提单元用作汽提蒸汽。为确保工艺流程可靠，原减温减压器保留作为旁通减压装置，用作备用蒸汽的通道，详细流程见图4。

3.1.4 改造后应用情况及效益核算

(1) 燕山2#硫黄回收装置膨胀螺杆机机组设计参数

进汽压力 $P_1=0.80$MPa(A)　　排汽压力 $P_2=0.35$MPa(A)

蒸汽流量 $Q=15000$kg/h　　进蒸汽焓 $h_0=2950.4$kJ/kg

理想排蒸汽焓 $h''_2==2824.1$kJ/kg(等熵过程)

机组内效率 $\eta_i=0.65$　　机组机械效率 $\eta_m=0.93$

电机效率 $\eta_g=0.9$

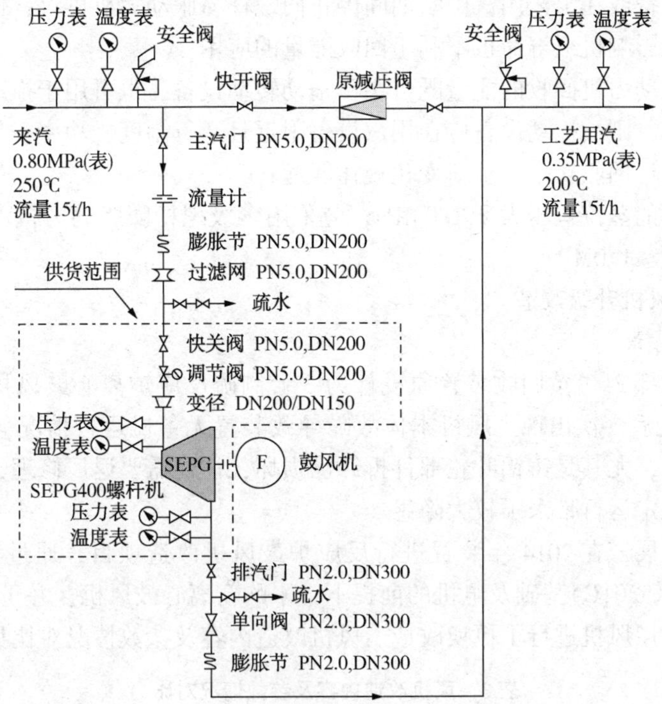

图 4 螺杆膨胀动力机工艺流程

实际焓降：$\Delta h_i = \eta_i \times (h_0 - h''_2) = 0.65 \times (2950.4 - 2824.1) = 82.1\text{kJ/kg}$

轴功率：$Ne = Q_m \eta_m \Delta h_i / 3600 = 15000 \times 0.93 \times 82.1/3600 = 318\text{kW}$

假设电机功率 η_g 为 0.9，则可取代的电机功率为：

$$N = Ne/\eta_g = 318/0.9 = 350\text{kW}$$

年节电量：$M = N \times 8760\text{h} = 350\text{kW} \times 8760\text{h} = 3066000\text{kW} \cdot \text{h}$

(2)改造后经济效益(能耗单价为 2010 年价格)

① 节约电能：采用螺杆膨胀动力机取代常规流程中的减压阀代替电机，每年能回收电能 3066000kW·h，按每度电 0.587 元计，每年可减少装置电费支出 179.97 万元。

② 节约蒸汽差压能：按每吨 1.0MPa 蒸汽比 0.35MPa 蒸汽在价钱上高出 10 元计算，每年节约蒸汽差压能创造的效益可达：15t/h×24h×365×10 元/t=131.4 万元

本项目每年创造效益共计 311.37 万元，一年即可回收成本。

3.1.5 螺杆膨胀动力机应用范围及限制因素

螺杆膨胀动力机可利用蒸汽、高温热水、汽液两相流体等介质为动力，能替代汽轮机、电动机等动力机械，又能取代减温减压器等设备。各装置的差压蒸汽能量如何回收利用，应根据工艺用汽制度、用汽量波动程度、该装置动力设备负荷及动力设备负荷与工艺用汽的匹配性，并经技术经济分析比较后才能确定。但必须考虑下列因素：

(1) 由于螺杆加工精度要求高，当回收能量小于 100kW·h，回收设备的单位功率投资较高，故不宜采用螺杆膨胀动力机；

(2) 对间断用汽的装置，若间断不频繁且工艺用汽中断期间锅炉或蒸汽管网仍可向螺杆膨胀动力机供汽，则可回收蒸汽差压能量；若间断频繁，在工艺用汽中断期间大量放空背压

蒸汽造成能源的浪费或在工艺用汽中断期间停止向螺杆膨胀动力机供汽，使机组处在频繁的冷热交替状态，既影响机组寿命也不利于回收能量的应用；

(3) 螺杆膨胀动力机回收的能量既可用于拖动转动设备，也可用于拖动发电机发电。若用于拖动转动设备，则被拖动设备应在用汽设备附近且运行制度、功率、负荷变化规律与用汽设备运行制度、可回收功率、负荷变化规律匹配；

(4) 当可利用的蒸汽差压大于1.0MPa，应采用多级螺杆膨胀动力机串联工作，使每级动力机的蒸汽差压≤1.0MPa。

3.2 反应炉风机升级改造

3.2.1 项目背景

燕山石化炼油部2#硫黄回收装置原设计为3台制硫反应炉离心鼓风机，两开一备。自2007年投用后，先后多次出现主风机本体故障导致装置无备机运行情况，且离心鼓风机对安装技术要求较高，尤其是铸铝叶轮部件拆卸已损坏，往往需要返厂修理，造成现场长时间无备机，为装置稳定运行带来了较大隐患。

随着技术的发展，在2014年装置进行反应炉鼓风机改造项目，通过设计院配套设计，采用利旧原风机(K5201C)基础及电机的前提下，采购新离心鼓风机，并于2016年装置停工大检修期间对原备用风机进行了更换改造。风机改造内容及参数情况对比见表3。

表3 风机改造内容及参数情况对比

项目	额定风量/(m^3/min)	升压/kPa(G)	额定功率/kW	电机功率/kW	叶轮材质	润滑方式	叶轮级数	冷却方式
改造前	168	75	336	400	ZL104	润滑脂	5	水冷
改造后	230	75	350	400	ZL105A	油润滑	6	风冷

改造后，K5201C最大风量由原168Nm^3/min(10080 Nm^3/h)提高至230 Nm^3/min(13800 Nm^3/h)，实现单台风机为两套反应炉供风。至今已连续运行3年未停机，其余两台鼓风机备用(一台为电机，另一台为膨胀螺杆机)，节约电耗以及蒸汽消耗。

3.2.2 本次风机改造的技术特点及优势

(1) 安装方便。主机及电机放置于同一底座，放置于原风机平台即可，无需使用地脚螺栓固定，放置于8块橡胶板上即可实现稳定运行。

(2) 易维护。膜片联轴器拆卸方便，无需移动电机及风机，两端轴承外置，无需拆解整机维护，只需定期更换润滑油，需要时直接取下轴承座更换轴承，省时简单。

(3) 重负荷。重载荷设计，扩展了多级离心鼓风机的能力范围，提高风机使用寿命。

(4) 长寿命。轴承采用油润滑，风冷冷却，润滑效果较之前润滑脂效果好，更换润滑油方便快捷，不需拆盖。无冷却水，避免了冷却水堵塞轴承超温问题。

(5) 高效率。高效整流器引导气流平滑进入叶轮，显著降低进入摩擦损失，并对气流实现预旋，极大提高风机效率。叶轮采用三元流设计，显著提高风机效率。

(6) 解决轴向力平衡问题。多级离心鼓风机气体被逐级压缩后会产生轴向力，原鼓风机采用推力轴承承受轴向力，改造后多级离心鼓风机采用自主设计平衡活塞来平衡轴向力，使轴承所承受轴向力大大降低，极大的延长了轴承寿命。风机改造后，自2016年7月开启至今未更换过轴承。

3.2.3 风机改造后运行隐患及解决办法

本次改造后，由于是单台风机 K5201C 运行，当其中一套反应炉发生联锁时，K5201C 停机，极易造成未联锁的反应炉酸性气倒窜。同时由于 K5201A/B 只能分别对单套反应炉提供配风，K5201C 停机后，特别是 K5201B 螺杆机从开机到正常运行需要逐级提速，开机时间较长，会出现供风不及时的情况。

为解决此问题，装置计划于 2020 年检修期间，对 K5201A 进行改造，将其改造为高效风机，并且增加出口流程，使 K5201A 也能实现单台风机为两套反应炉供风，与 K5201C 形成互备。

4 结语

反应炉风机作为硫黄回收装置核心设备越来越受到关注，燕山石化两套硫黄回收装置的风机均采用离心式风机运行而且运行良好，3#硫黄回收装置建成于 2016 年，其反应炉风机设备设施完全，控制及连锁系统完善，改造项目较少。2#硫黄回收装置风机随着装置运行变化经历了一系列的改造，目前完全可以满足生产需求。

参 考 文 献

[1] 陈运强. 克劳斯硫黄回收装置主风机选用[J]. 天然气与石油，1996，14(1)：29-33.
[2] 肖锋，陈继明，徐宏. 硫黄装置设备运行与维护[M]. 北京：中国石化出版社，2009.

硫黄装置竞赛排名靠后原因及对策探讨

隋国锋

（中国石化塔河炼化有限责任公司　新疆库车　842000）

摘　要：中国石化塔河炼化有限责任公司自 2018 年 6 月开展“提指标，争一流，奋斗 200 天”小指标竞赛以来，1#硫黄回收装置紧盯先进指标，深挖装置潜力，通过建立基本指标、提升指标、奋斗指标，将影响装置竞赛排名的因素层层分解，根据各项指标得分情况、进步潜力和难易程度，采取轻重缓急、重点跟进的工作方法，在节能降耗，降低烟气二氧化硫排放量等方面取得了一些成绩。但目前仍存在 1#硫黄在中国石化 50 余套硫黄回收装置竞赛排名靠后的被动局面。本文从影响 1#硫黄装置竞赛排名靠后的具体原因及与先进单位的差距进行详细分析，并就目前采取的管理措施以及今后需改进的技术措施进行探讨，以期在今后装置检修、技改方面有所启示，使 1#硫黄回收装置在竞赛中能奋勇直追，赶超先进。

关键词：硫黄回收　竞赛　能耗　差距 烟气 SO_2

1　前言

1#硫黄回收装置由洛阳石化工程公司总承包，于 2004 年 9 月 30 日建成，同年 11 月 29 日开车一次成功。装置设计规模为 20kt/a，实际为 16210.4t/a，采用部分燃烧法 + 二级转化克劳斯制硫工艺，过程气采用来自酸性气燃烧炉的高温气进行掺合的加热方式，制硫反应器 R5501 和 R5502 装填催化剂为 CT6-4，尾气处理采用“SSR”还原-吸收工艺。2006 年 5 月进行了首次大检修，对硫黄两台炉子重新做衬里，改善了炉外壁温度。2007 年 10 月对尾气吸收部分进行了改造，实现了 SO_2 达标排放。2012 年 5 月大检修时，对硫黄硫冷凝冷却器 E5502A/B/C 进行了改造，E5502A/B/C 由三组同壳改为 E5502A/B 同壳，E5502C 独立冷却。对加氢反应器 R5503 高温催化剂更换为低温催化剂 CT6-11，此种催化剂可将尾气中 S_x、SO_2、COS、CS_2 在有还原气 H_2 存在的前提下还原和水解为 H_2S，保证总硫回收率达到 99.8%以上，并在捕集器出口尾气的管线上设置尾气在线分析仪，分析过程气中 H_2S 及 SO_2 的比值，反馈调节进酸性气燃烧炉的空气量，以保证过程气中 H_2S/SO_2 比值为 2∶1，使 Claus 反应转化率达到最高，同时也提高硫回收率，减少硫损失，装置运行烟气中 SO_2 排放浓度下降至 300mg/m^3 左右。

2016 年集团公司能环部下发通知要求，烟气排放自 2017 年 7 月 1 日执行国家新标准，中国石化炼厂一般地区硫黄烟气 SO_2 排放浓度按 200mg/m^3 以下控制。因此，为满足烟气中 SO_2 的排放指标，在 1#硫黄装置第四周期大检修时对克劳斯一转催化剂和溶剂再生脱硫溶剂进行了更换，将一转的氧化铝基催化剂 CT6-4B 更换为 CT6-8 钛基有机硫水解催化剂，再生脱硫溶剂更换为成都能特科技发展公司的CT8-26加氢尾气深度脱硫溶剂，于2016年11月25日引酸性气入炉开工。经过运行优化后，装置产品质量合格，烟气达标排放。

2 工艺原理及原则流程

1#硫黄回收部分采用克劳斯部分燃烧法制硫工艺，制硫燃烧炉采用加拿大AECOMETRIC公司生产的专用烧氨火嘴，在1300℃左右的温度下，将污水酸性气中的NH_3全部转化为N_2和H_2O。尾气处理部分采用还原吸收法的“SSR”工艺。设计硫黄回收部分总硫回收率为99.8%。

2.1 工艺原理

2.1.1 克劳斯系统

该系统采用Claus部分燃烧法，同时在制硫燃烧炉内采用AECOMETRIC公司生产的专用烧氨火嘴，在1300℃左右将酸性气中的NH_3全部转化为N_2和水。

在燃烧炉内的反应如下

$$2H_2S + O_2 \longrightarrow 2S + 2H_2O + Q$$

$$2H_2S + 3O_2 \longrightarrow 2SO_2 + 2H_2O + Q$$

$$4NH_3 + 3O_2 \longrightarrow 6H_2O + 2N_2$$

$$2C_mH_n + (4m+n)/2O_2 \longrightarrow 2mCO_2 + nH_2O$$

在转化器内的反应如下：

$$2H_2S + SO_2 \longrightarrow 3/xS_x + 2H_2O + Q$$

2.1.2 尾气处理系统

尾气处理系统采用还原吸收法，克劳斯尾气与富氢气混合经加氢反应器，在钴钼催化剂的作用下，使尾气中所有的含硫化合物被还原或被水解为H_2S。

还原反应 $$SO_2 + 3H_2 \longrightarrow H_2S + 2H_2O + Q$$

$$S + H_2 \rightarrow H_2S + Q$$

水解反应 $$COS + H_2O \rightarrow H_2S + CO_2 + Q$$

$$CS_2 + 2H_2O \longrightarrow 2H_2S + CO_2 + Q$$

经加氢反应后的尾气，经过MDEA吸收后送到气体脱硫装置的胺液再生部分脱除H_2S，然后经尾气焚烧炉将剩余的硫化物转化为SO_2，由烟囱排放至大气。

2.2 工艺原则流程图

工艺流程图见图1。

3 装置运行现状及竞赛排名落后原因分析

为了全面掌握本装置同中国石化先进水平的差距，我们将2018年全年竞赛排名情况、能耗完成情况、烟气SO_2排放情况数据用表格、图例等形式呈现出来，并根据图表对装置运行状况进行分析。

3.1 1#硫黄回收装置竞赛排名落后原因分析

由图2可清晰看出，1#硫黄回收装置2018年全年名次集中在40~47名之间，在集团公

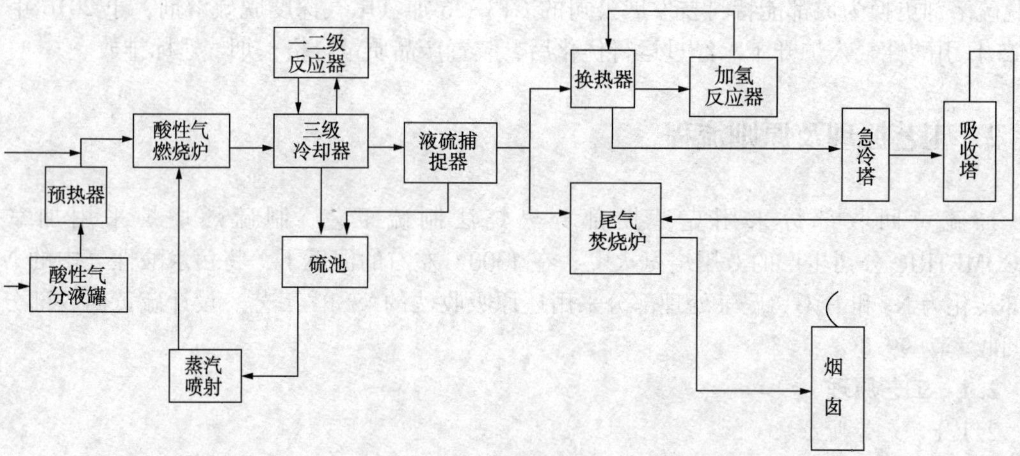

图 1　工艺流程图

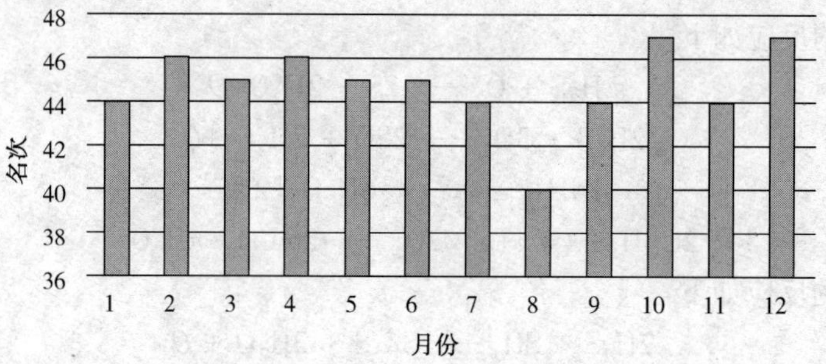

图 2　1[#]硫黄回收装置 2018 年 1～12 月竞赛排名情况

司 50 余套硫黄回收装置排名倒数显而易见，究竟是什么原因导致竞赛排名靠后呢？请看表 1 数据。

表 1　2018 年 6 月 1#硫黄各项指标得分情况与集团公司先进水平对比表

指标项目		累计运行天数/天	T5502/T602 出口尾气 H_2S 含量/$\times10^{-6}$	烟气 SO_2 含量/(mg/m^3)	能耗/(kgEO/t)	非计划停工天数/天	非计划停工次数/次
公司先进水平	指标	1782	0.1	0.01	−255.78	0	0
	得分	5	20	30	25	10	10
1#硫黄	指标	334	13	127.85	−140.97	0	0
	得分	0	4	1.8	15.5	10	10
	得分差值	5	16	28.2	9.5	0	0

影响竞赛排名得分项目主要有六项：①累计运行天数。②吸收塔净化后尾气硫化氢含量。③尾气排放二氧化硫含量。④能耗。⑤非计划停工天数。⑥非计划停工次数。通过对比集团公司先进水平装置可以看出，1#硫黄回收装置与先进指标对比，得分差值最大的项为烟气 SO_2 含量，相差分值为 28.2 分；其次为吸收塔净化后尾气硫化氢含量，相差分值为 16 分；差值排在第三名的为装置能耗；运行天数得分各单位因检修时间、周期不同，所以累计运行天数长短不一样，这里没有对比意义；非计划停工天数、非计划停工次数 1#硫黄装置

都拿到了满分，与先进水平得分没有差距。可见，真正影响1#硫黄回收装置在集团公司硫黄装置排名的主要因素为烟气 SO_2 含量、吸收塔净化后尾气硫化氢含量、能耗。

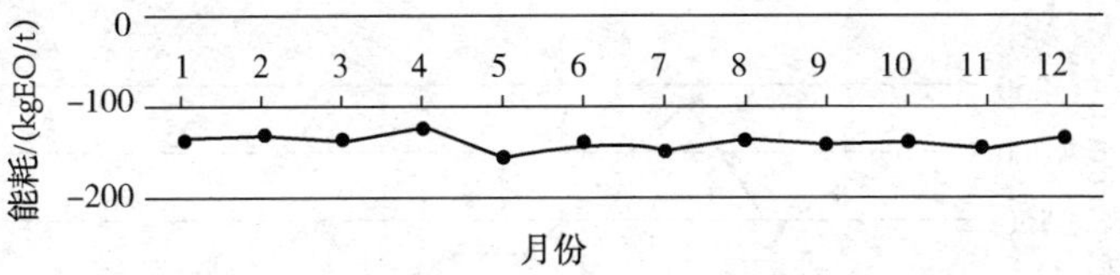

图3　1#硫黄 1-12 月能耗指标完成情况趋势图

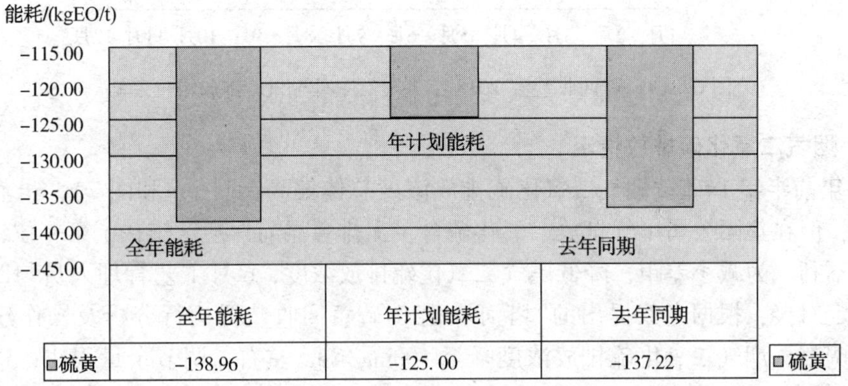

图4　1#硫黄 2018 年能耗完成情况纵向对比

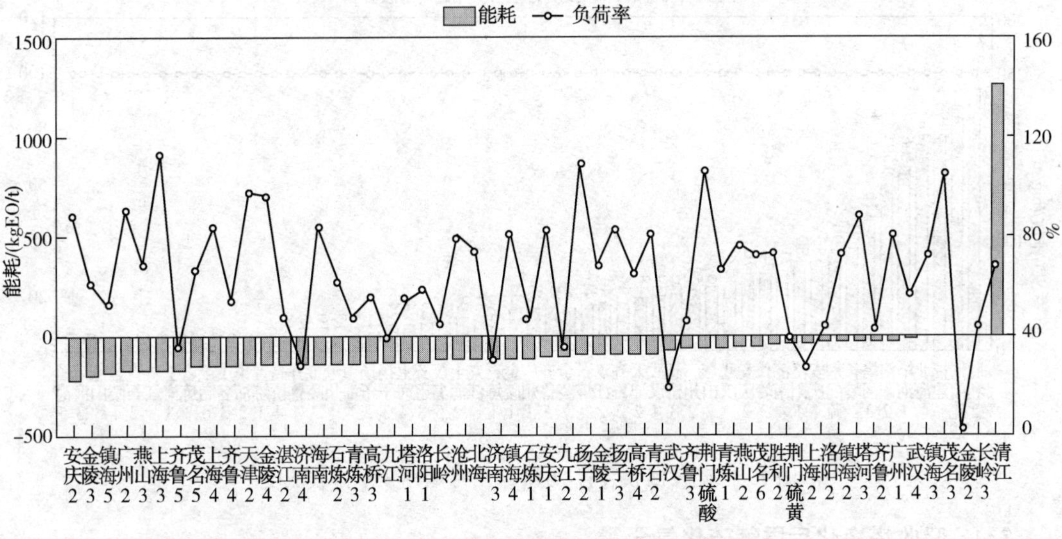

图5　1#硫黄 2018 年 12 月在集团公司能耗排名情况

3.2　1#硫黄能耗分析

从图3、图4可以看出，1#硫黄装置能耗数据基本稳定，2018年下半年小指标竞赛开展以来，装置在挖潜增效，节能减排等方面已经考虑得非常细致了，1#硫黄装置2018年能耗完成情况比去年同期有所进步，完成年度能耗指标，可以说1#硫黄装置目前运行已基本达到最优状态。从图5可以看出，1#硫黄在系统内相同规模的装置中能耗已处于较优水平，但与加工规模较大的装置在能耗方面没有特别大的优势，装置设计加工规模不一样，这也是与先进水平差距较大的原因。但总体从能耗方面分析，1#硫黄在能耗方面处于中上游水平。

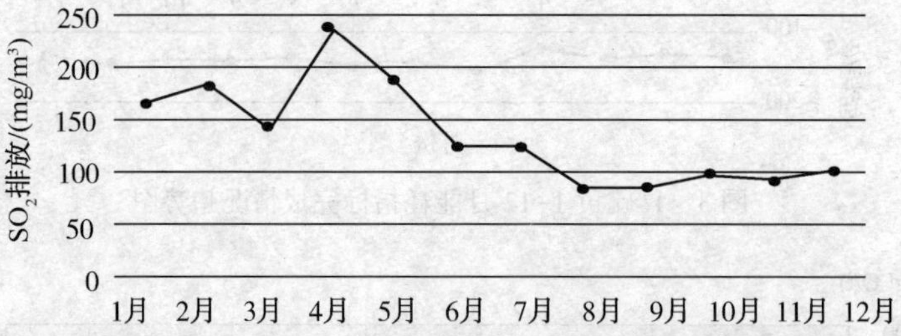

图6　1#硫黄回收装置2018年1~12月烟气 SO_2 排放浓度趋势

3.3　烟气二氧化硫排放情况

2018年前半年1#硫黄烟气二氧化硫排放浓度总体偏高(见图6和图7)，虽然排放全部合格达标，但在集团公司尾气排放二氧化硫含量上排名靠前，甚至排在了第一位，这对竞赛得分非常不利。为减小差距，降低尾气二氧化硫排放浓度，6月工艺管理人员与四川能特专家现场标定对接，根据专家提出的“塔河炼化1#硫黄回收装置运行分析及操作建议”指导，装置通过调整，烟气二氧化硫排放浓度降至 $100mg/Nm^3$ 左右，调节余量很小，这也是导致竞赛排名靠后的最主要因素。

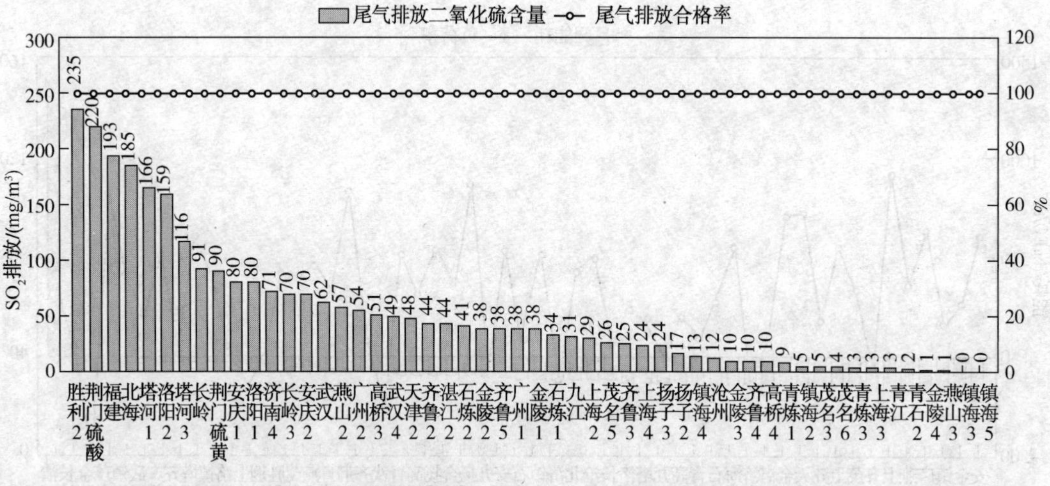

图7　1#硫黄回收装置2018年1月烟气 SO_2 排放浓度

3.4　吸收塔净化后尾气硫化氢含量

之前提到过，吸收塔净化后尾气硫化氢含量也是影响装置竞赛排名的重要因素，尾气硫化氢含量高一是会降低竞赛得分，二是会直接导致硫化氢进尾气焚烧炉焚烧转化为二氧化硫，进一步影响竞赛的得分，可以说是导致竞赛排名靠后的直接元凶。2018年6月，四川能特专家对吸收塔净化后尾气进行取样分析，分析结果见表2。

表2　2018年6月1#硫黄回收装置吸收塔进出口取样分析统计表

时间	入吸收塔过程气		出吸收塔尾气		贫液 H_2S/(g/L)	富液 H_2S/(g/L)	对烟气 SO_2 贡献值/(mg/m^3)	烟气实测值/(mg/m^3)
	H_2S/%	CO_2/%	H_2S/(mg/m^3)	CS_2+COS/×10^{-6}				
2018-6-1下午	/	/	/	10	/	/	19	178
2018-6-2上午	2.80	1.17	66.53	15	0.179	/	110.9	144
2018-6-2下午	/	/	53.56	15	/	34.36	95.9	192
2018-6-3上午	2.69	1.16	52.06	30	0.173	/	122.6	188
2018-6-3下午	/	/	52.93	20	/	/	104.6	190
2018-6-5上午	2.94	1.21	54.92	20	/	/	107.1	178
2018-6-5下午	3.02	1.25	52.76	20	/	/	104.4	116
2018-6-6上午	3.06	1.29	17.48	20	0.06	/	60.1	91

根据吸收塔出口硫化氢和有机硫分析结果，折算至焚烧后烟气二氧化硫排放浓度为60~123mg/Nm^3，这还不包括硫黄回收单元未转化完的有机硫，还有低温加氢在运行温度较低时在反应器内发生甲烷化反应生成的硫醇，这些都会增加尾气二氧化硫的排放浓度，所以，要想提升装置竞赛排名，单靠管理手段已经很难提上去了；从目前国家对环保的重视程度来看，装置技改迫在眉睫[1]。

4　计划改进措施及建议改进措施

4.1　计划改进措施

目前1#硫黄装置采用集中再生，贫液质量较差，受干气、液化气中杂质干扰，对尾气吸收效果不佳，烟气排放浓度较高，计划将连通1#、3#贫富液，实现尾气单元单独溶剂再生，提高尾气吸收效果，进一步降低烟气 SO_2 排放，该项目已经立项。工艺流程如图8所示。

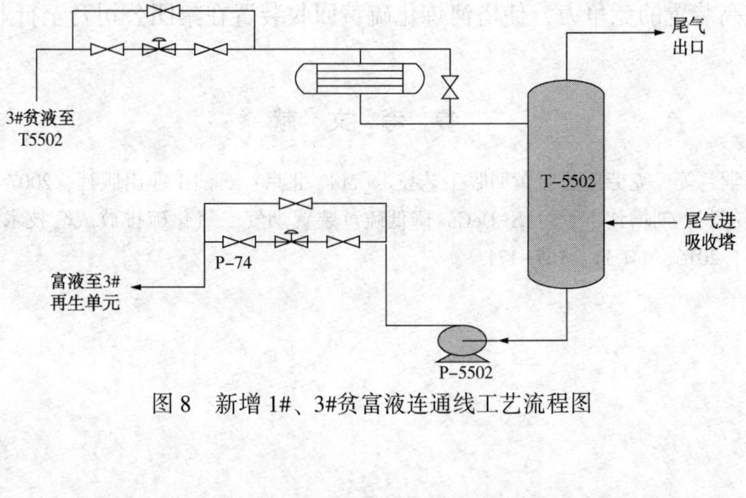

图8　新增1#、3#贫富液连通线工艺流程图

4.2 建议改进措施

随着烟气排放自2017年7月1日执行国家新标准后，许多企业纷纷开始引进尾气改造项目，不断降低烟气排放浓度。目前治理尾气二氧化硫技术也比较多，不下数十种，比如氨法烟气脱硫技术、钠法脱硫技术、络合铁液相脱硫工艺、炉前碱洗工艺[2]、炉后碱洗工艺、尾气深度脱硫技术等。通过对比了解以及1#硫黄回收装置目前预留空地情况，我认为炉后碱洗工艺比较适合塔河炼化1#硫黄回收装置。

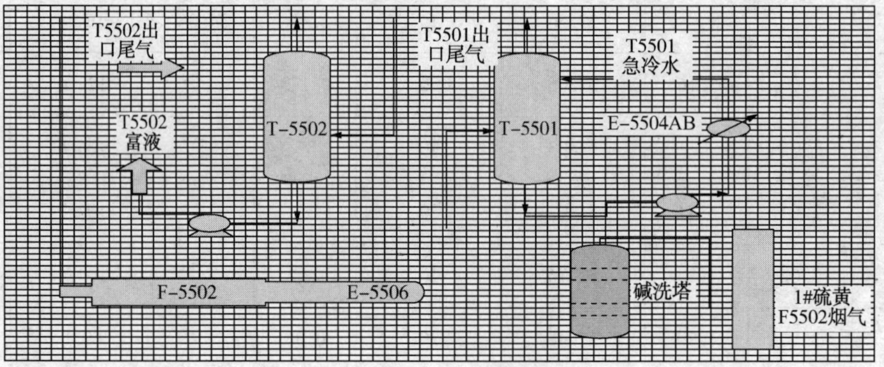

图9　炉后碱洗工艺流程图

图9为炉后碱洗工艺简图，该工艺的原理是利用烟气与碱性水溶液的快速中和反应，脱除烟气中的二氧化硫，进而实现对烟气净化。后碱洗工艺的优点是：无有机硫问题；烟气碱洗彻底，烟气净化度高，烟气二氧化硫可控制在35mg/Nm^{3}以下；抗上游操作波动的冲击力强，确保烟气达标排放；占地面积较小，预留空间充足。缺点是会产生少量的含盐污水，但可引进原料水罐加以回用。

5 结论

随着国家环保执法日趋严格，烟气排放标准不断提高，1#硫黄回收装置也应紧跟国家政策导向，提前谋划，制定高标准烟气排放要求，提前适应新形势下环保管理理念。前面简要分析了1#硫黄回收装置在集团公司50余套硫黄装置的排名情况，深刻体会到塔河炼化1#硫黄回收装置与集团公司先进水平的差距，我们要在不断探索优化管理的同时把先进技术引进来，进一步提高装置的竞争力，使塔河炼化硫黄回收装置在集团公司乃至行业竞争中更上一个台阶。

参 考 文 献

[1] 陈赓良，肖学兰等．克劳斯法硫黄回收工艺技术[M]．北京：石油工业出版社，2007.

[2] 刘爱华，刘剑利，刘增让，等。LS-DeGas降低硫黄装置烟气二氧化硫排放成套技术工业应用[J]．齐鲁石油化工，2016，44(3)：167-171.

80kt/a 硫黄回收装置环保停工总结

王　敏

（中国石化齐鲁分公司胜利炼油厂　山东淄博　255434）

摘　要： 介绍了中国石化齐鲁分公司胜利炼油厂 80kt/a 硫黄回收装置 2019 年停工过程，装置停工继续采用热氮吹硫技术，并在以往基础上进行了更新，可以实现烟气净化和达标排放，达到硫黄装置环保停工。其他硫黄装置同样也可以借鉴此方法，以达到推广应用的目的。

关键词： 热氮吹硫　环保停工　尾气 SO_2 排放含量

1　前言

GB31570—2015《石油炼制工业污染物排放标准》要求一般地区二氧化硫排放质量浓度小于 400mg/m^3，特殊地区小于 100 mg/m^3。正常生产期间采用中国石化齐鲁分公司研究院开发的 LS-DeGAS 降低硫黄回收装置 SO_2 排放成套技术，可以达到二氧化硫排放质量浓度小于 100g/m^3。但硫黄装置停工吹硫期间的环保排放较为困难，在 2016 年检修期间，齐鲁石化二硫黄装置已经采用热氮吹硫技术。二硫黄停工采用的热氮吹硫工艺见图 1，制硫炉酸性气和风量切除，改热氮（230℃），分别进入余热锅炉 ER101 后部，一级反应器 R101 入口，二级反应器 R102 入口，对系统中的残硫吹扫至加氢反应器加氢，然后进入急冷塔冷却，然

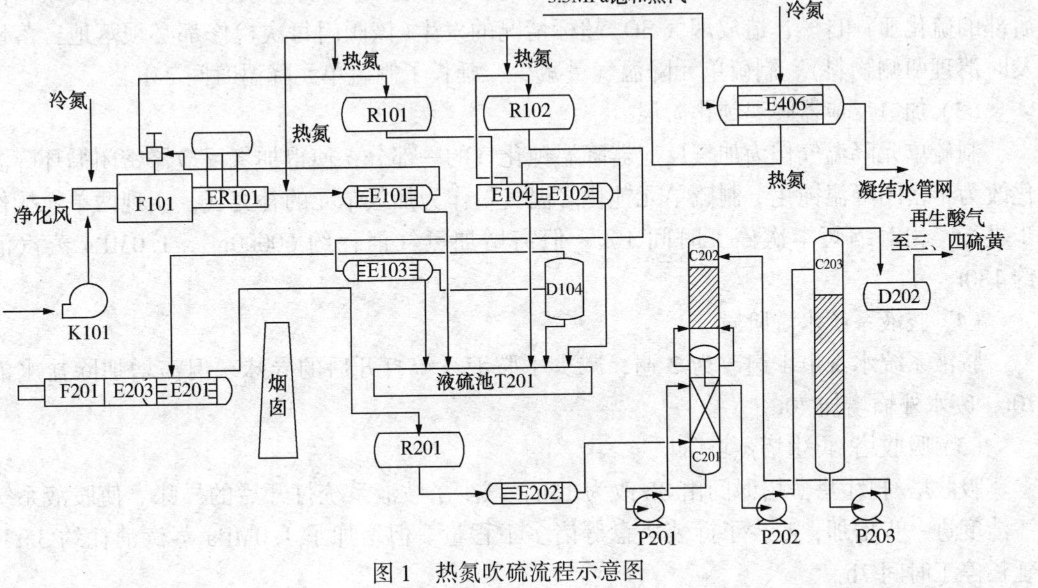

图 1　热氮吹硫流程示意图

后进入吸收塔进行H_2S的吸收反应，C202出来的富液进入再生塔C203再生，再生后的气体进入其他正常生产的硫黄装置处理。

2 具体热氮吹硫停工过程

第一日14：00开始热氮吹硫，四硫黄装置氮气加热器E406投用3.5MPa饱和蒸汽，将冷氮加热至230℃，然后送至二硫黄余热锅炉ER101后部，一级反应器R101入口，二级反应器R102入口，二硫黄吸收塔出口蝶阀关闭，维持系统压力在0.02MPa左右，其余尾气处理单元正常运行。

第一日14：00热氮吹硫的同时，二硫黄制硫炉F101炉前给冷氮，利用炉膛温度加温，看火孔仍用净化风保护，量约为200m^3/h。

第二日09：00，看火孔保护风加大，约500m^3/h。

第三日16：00，热氮吹硫结束。

3 优化停工程序

2019年为继续实现环保停工，对热氮吹硫各环节进行完善。

（1）催化剂热浸泡阶段

催化剂热浸泡阶段，取消打通一二转连通线提温手段，二级反应器浸泡温度由350℃改为280℃。避免二级反应器提温阶段时，制硫炉内有机硫含量高的过程气直接进入二级反应器，造成烟气SO_2超标。

由于催化剂全部更换，取消硫酸盐还原程序。在硫酸盐还原期间，配风变小，入吸收塔尾气中硫化氢含量由2%升至4%左右，造成吸收塔超负荷操作。避免了期间烟气SO_2超标。

（2）制硫单元降温阶段

制硫系统降温不走克劳斯跨线，而是经过急冷塔进入焚烧炉。避免了克劳斯跨线阀门前后部的硫化亚铁自燃，造成烟气SO_2超标情况的发生(该阀门每次检修都必须落地，落地后及时清理两侧物料)。制硫单元降温气量减少，延长了制硫单元降温时间24h。

（3）加氢反应器降温钝化阶段

制硫单元降温气作为加氢反应器降温钝化气的一部分，使得加氢反应器密闭循环降温钝化改为半密闭降温钝化。制硫单元钝化降温气量作为加氢单元的补充气，实现两单元操作同步进行，相对缩短本次停工时间10h。但需增加氮气消耗约60000m^3，1.0MPa蒸汽消耗约180t。

（4）胺液系统水洗阶段

胺液系统水洗由1遍改为2遍，减少了胺液系统打开后的异味。但需增加除盐水消耗70t，废水外输增加70t。

（5）吸收塔/再生塔蒸塔阶段

吸收塔/再生塔蒸塔时间由8h改为15h，减少了胺液系统打开后的异味。使胺液系统的清洁度进一步增加，减少了拆装塔盘等诸多工程量。但增加了1.0MPa蒸汽消耗约35t，需延长停工时间7h。

4 过程检测及停工效果检查

(1) 及时检测对比烟气排放值。保证停工期间烟气 SO_2 达标排放。本次停工全过程烟气 SO_2 实测值维持在 90mg/m^3 以下。

图 2 热氮吹硫期间烟气硫含量检测分析

(2) 本次停工胺液系统处理采用一遍水洗后蒸塔，再水洗、钝化操作步骤，设备打开后干净，基本无异味。

图 3 E206ABCD (贫富液换热器) 管束情况

(3) 再生酸气罐无放火炬流程，设备管线吹扫时考虑对四硫黄装置影响，仅用氮气吹扫，打开后存在一定异味。下一次停工前需完善再生酸气至火炬线流程，可采用氮气-蒸汽混合吹扫方式。

5 结论

(1) 在排烟总量降低的前提下，实现了烟气 SO_2 实测值的全过程达标。

(2) 停工热氮气吹硫过程运行稳定，未发生催化剂床层飞温等不易控制的现象。

(3) 热氮吹硫技术可以实现硫黄装置环保停工，但是同时也增加了停工耗能。

(4) 蒸塔后立即进行第二遍水洗，胺液系统杂质去除率高，人孔打开后异味明显减小。

(5) 各硫冷凝器采用壳程注除盐水方式降低吹扫降温气(压缩空气)温度，首次实现空气置换后各反应器温度全部低于50℃。

(6) 加氢反应器密闭循环降温改为半密闭循环降温，实现与制硫单元降温同步，相对节约了停工时间。

更换钛基制硫催化剂和加氢深度脱硫剂有效降低烟气 SO_2 排放

靳建斌

（中国石化塔河炼化有限责任公司　新疆库车　842000）

摘　要：为了满足 GB 31570—2015《石油炼制工业污染物排放标准》要求，塔河炼化 1 系列 20kt/a 硫黄回收装置在 2016 年装置停工检修期间，将硫黄克劳斯单元一转内的氧化铝基催化剂 CT6-4B 更换为 CT6-8 钛基有机硫水解催化剂，集中再生单元脱硫溶剂统一更换为成都能特科技发展公司研发的 CT8-26 加氢尾气深度脱硫溶剂，于 11 月 25 日引酸性气入炉开工，开工运行以来，装置运行平稳，产品质量合格，烟气 SO_2 排放浓度降至 150mg/Nm^3 以下，满足最新排放标准要求。

关键词：硫黄装置　钛基　催化剂　CT8-26　烟气

1　前言

中国石化塔河炼化 1#硫黄回收装置是塔河劣质稠油改扩建工程与各生产装置配套的环保装置，由洛阳石化工程公司总承包，装置设计规模为 20kt/a，采用部分燃烧法 + 二级转化克劳斯制硫工艺，尾气处理采用“SSR”还原-吸收工艺。2016 年 10 月装置结束第四个周期运行，并进行停工大检修，制硫一级反应器 R5501 装填催化剂更换为 CT6-8 钛基催化剂，以提高有机硫水解反应。12 月对硫黄系统进行了标定，目前运行工况良好，烟气 SO_2 排放浓度达标。

2　装置工艺技术特点

（1）装置采用部分燃烧法+二级克劳斯制硫工艺，过程气采用来自酸性气燃烧炉的高温气进行掺合的加热方式，酸性气燃烧炉废锅产 1.0MPa 蒸汽。

（2）装置采用直接注入式烧氨工艺，反应炉采用进口高强度专用烧氨烧嘴，保证酸性气中氨和烃类杂质全部燃烧。反应炉和尾气焚烧炉均配备可伸缩点火器点炉、引气开工实现全自动。

（3）装置采用钛基制硫催化剂和低温加氢催化剂配合应用，以加强过程气有机硫水解。同时尾气吸收塔采用性能良好的加氢深度脱硫剂，可使净化后尾气的 $H_2S \leqslant 200$mL/m^3，保证装置烟气 SO_2 排放浓度达标。

（4）装置设过程气 H_2S/SO_2 比值分析仪、尾气 H_2 分析仪、急冷水 pH 值分析仪、烟气 SO_2 分析仪，实现装置优化闭环控制，降低烟气 SO_2 排放浓度，并减少 NO_x 有害物生产。

(5) 装置制硫反应器采用卧式二合一结构，一、二级冷凝器采用二合一结构，三级冷却器采用单独结构。三级冷却器自产 0.3MPa 蒸汽供硫黄夹套伴热用之外，将剩余的 0.3MPa 蒸汽改至污水汽提塔回收利用。工艺流程见图 1。

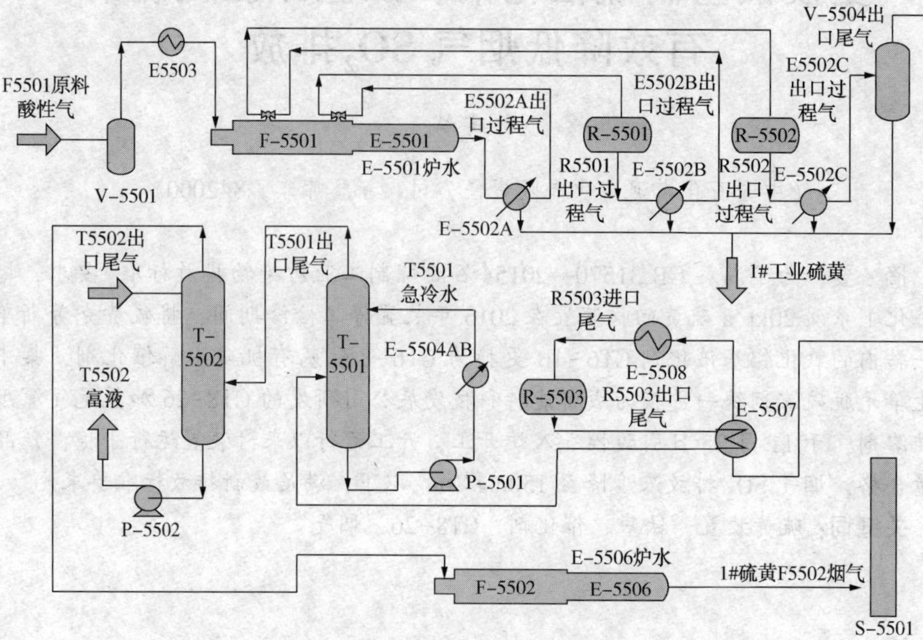

图 1　20kt/a 硫黄回收装置原则流程图

3　三剂的特性及用量

塔河炼化 20kt/a 硫黄回收装置制硫单元一级反应器床层装填 CT6-8 钛基制硫催化剂 9.2t，集中再生系统补入加氢深度脱硫剂用量约 65t(包含干气、液化气的用量)。

3.1　催化剂物化特性及考核指标

(1) Claus 制硫催化剂(CT6-8、CT6-4B)技术指标

Claus 催化剂物化指标见表 1 和表 2。

表 1　Claus 催化剂(CT6-8)的物化指标

外观	灰白色条形	外观	灰白色条形
外形尺寸/mm	ϕ2~ϕ4×(5~15)	比表面积/(m^2/g)	≥110
堆积密度/(kg/L)	0.70~1.00	克劳斯转化率,%	≥70
压碎强度/(N/粒)	≥150	CS_2 水解转化率,%	≥85
磨耗率,%(质)	≤2.0	化学组成	钛基金属化合物

表 2　Claus 催化剂(CT6-4B)的物化指标

外观	ϕ4~6mm	比表面积/(m^2/g)	≥200
堆积密度/(kg/L)	0.75~0.85	孔容积/(mL/g)	≥0.25
压碎强度/(N/粒)	≥150	化学组成	γ、η-Al_2O_3 负载金属化合物
磨耗率,%(质)	≤0.6		

3.2 加氢尾气深度脱硫溶剂(CT8-26)技术指标

此次 1#硫黄将溶剂再生单元脱硫剂甲基二乙醇胺 MDEA(江苏创兴)全部更换为 CT8-26 加氢尾气深度脱硫溶剂，系统中一次装填总量为 65t。技术指标如表 3 所示。

表 3 加氢尾气深度脱硫溶剂(CT8-26)的物化指标

项目	指标	项目	指标
总胺质量分数/%	≥92.00	凝点/℃	<-30
水质量分数/%	≤2.00	水溶性	与水互溶
运动黏度(20℃)/(mm^2/s)	≤200	脱硫性能(净化尾气中 H_2S 含量)/(mg/m^3)	≤50
密度(20℃)/(g/cm^3)	1.02~1.06	外观	淡黄色或黄色液体

3.3 催化剂装填情况

(1) 制硫单元反应器催化剂装填方案如下：一级克劳斯反应器由下往上依次装填 ϕ10 微孔活性瓷球 100mm，CT6-8 钛基制硫催化剂 860mm，催化剂填装 9.2t；二级克劳斯反应器由下往上依次装填 ϕ10 微孔活性瓷球 100mm，CT6-4B 催化剂填装 850mm，催化剂填装 8.0t。

(2) 催化剂装填要点：反应器内事先画好高度标识线，催化剂由装料口通过帆布袋引流入反应器，要求催化剂自由下落高度不大于 500mm，定期对器内催化剂进行摊平处理以确保均匀装填，器内施工人员站在较宽的跳板上，以防止催化剂破损。装填过程密切关注反应器底部，避免瓷球或催化剂发生泄漏。

(3) 催化剂吹灰：各反应器催化剂装填结束后，封反应器顶部人孔，卡开反应器出口法兰并用铁皮挡住出口管线，启动装置主风机，引大流量空气对器内催化剂进行吹扫，风量一次缓慢递增，吹扫气从反应器下部卡开法兰排出，以测试反应器床层是否有催化剂泄漏，并对催化剂进行吹灰，改善后期操作。

4 运行情况分析

4.1 运行参数及催化剂的性能

塔河炼化 20kt/a 硫黄回收装置于 2016 年 11 月 18 日点炉升温，11 月 23 日进行硫黄克劳斯系统升温，至 11 月 25 日装置引酸性气开工，受酸性气低负荷限制，25 日 17:00 将 3#硫黄部分酸性气改至 1#装置，25 日 18:00 尾气单元开工，并于当天全部调整正常。于 2016 年 12 月 15 日 10:00 至 2016 年 12 月 17 日 10:00 对硫黄回收单元进行了一次高负荷标定考察催化剂性能，标定运行参数及化验分析数据见表 4。

表 4 F-5501 及 E5501 的运行参数

项目	2016-12-15	2016-12-16	2016-12-17	平均值
入炉酸性气流量/(m^3/h)	1588	1474.9	1350.7	1471.2
入炉空气流量/(m^3/h)	3690	3480	3289	3486.3
炉膛前部温度/℃	1165.7	1143.3	1130.3	1146.4
炉膛后部温度/℃	993.8	968.9	955.5	972.7

续表

项目	2016-12-15	2016-12-16	2016-12-17	平均值
炉膛压力/kPa	29.6	34.8	31.3	31.9
E5501 出口温度/℃	285.7	281.7	279.6	282.3
E5501 自产蒸汽流量/(t/h)	4.1	3.64	3.52	3.75

注：表中数据均为标定期间当日的平均值。炉膛前后部热偶未完全伸入炉膛内，根据仪表现场人工检测，前部热偶测量温度较实际温度偏小约 100℃，后部热偶测量温度较实际温度偏小约 200℃左右。

表 5　标定期间一、二级制硫反应器入口温度及床层温度分布

时间	一级制硫反应器温度/℃				二级制硫反应器温度/℃			
	R5501 入口	R5501 床层	R5501 出口	温升	R5502 入口	R5502 床层	R5502 出口	温升
2016-12-15	229.3	292.9	293.8	64.5	212	221.5	223.2	11.2
2016-12-16	273.2	317.6	318.7	45.5	212.6	239.4	239.9	27.3
2016-12-17	259.7	312.5	314.4	54.7	208.3	234.1	234.9	26.6

从表 5 可以看出，更换一级制硫反应器催化剂后，反应器入口温度在 225~270℃，一般 R5501 床层温度控制在 317℃左右，在此温度下，床层温升在 45~64℃，同一水平面温度接近，同一垂直面由上到下，温升过程明显。以上充分说明催化装填较为平整，操作参数运行正常，未出现偏硫现象。

表 6　标定期间一、二、三级反应器进出口化验分析数据

时间	取样部位	CO_2/%	H_2S/%	COS/%	CS_2/%	SO_2/%
2016-12-15	R5501 入口	1.5	7.03	0.15	3.51	2.58
	R5501 出口	1.8	2.64	0.0045	1.41	2.75
	R5502 出口	1.87	1.03	0.0143	0.266	2.12、
	R5503 出口	2.03	1.64	—	—	9.94
2016-12-16	R5501 入口	1.55	7.23	0.143	4.12	2.45
	R5501 出口	1.41	2.63	0.007	1.56	2.85
	R5502 出口	20.4	0.99	0.164	0.33	2.22
	R5503 出口	2.09	1.65	—	—	11.4
2016-12-17	R5501 入口	1.63	7.28	0.14	4.11	2.92
	R5501 出口	2.03	2.98	0.0073	1.65	3.38
	R5502 出口	1.98	1.16	0.0188	0.296	1.86
	R5503 出口	2.23	1.83	—	—	—

从表 6 分析数据看出，一级制硫反应器床层温度控制在 310~320℃之间，过程气中 COS、CS_2 有机水解反应较好，COS 含量约在 0.004%~0.0073%；加氢反应器床层温度控制在 239~251℃之间，尾气加氢反应器内水解后 COS、CS_2 无，说明水解效果较好，提高了反应器的转化率。一级反应器后过程气 COS 平均体积浓度 0.0062%，反应炉后过程气 COS 平均体积浓度 0.143%，则钛基制硫催化剂有机硫水解率(1-一级反应器后过程气 COS mol/反

应炉后过程气 COS mol)×100% = 95.62%。

硫黄单元在高负荷标定期间，对硫黄质量进行了分析(见表 7)，硫黄质量达到国家优等品的标准(GB/T2449.1—2014)。

表 7　硫黄产品质量分析

分析项目	2016-12-17	分析项目	2016-12-17
外观	片状淡黄色	水,%	0.68
纯度,%	>99.98	铁,%	0.0004
有机物,%	0.01	砷,%	<0.0001
灰分,%	0.007		

4.2　加氢深度脱硫剂的运行参数

标定期间，加氢深度脱硫剂运行参数见表 8。

表 8　加氢深度脱硫剂运行参数

脱硫剂	时间	再生蒸汽量/(t/h)	浓度/%	硫化氢含量/(g/L)	吸收塔循环量/(t/h)	烟气 SO_2/(mg/m^3)
CT8-26	2016-12-15	7.5	33.6	0.32	30	94.4
CT8-26	2016-12-16	7.8	33.8	0.23	30	37.2
CT8-26	2016-12-17	8.2	32.8	0.19	30	34.2

从表 8 看出，在 12 月 15~17 日标定期间，在溶剂浓度不变的前提下，调整集中再生单元塔底 1.0MPa 蒸汽量，由 7.5t/h 提至 8.2t/h，贫液中 H_2S 含量小于 0.3g/L 时，尾气吸收能力较好，烟气 SO_2 排放浓度下降至 100mg/m³ 以下。

4.3　烟气排放情况

在装置标定期间委托公司环境监测站对 1#硫黄装置烟气 SO_2 排放进行为期三天数据跟踪分析，分析所得数据见表 9。

表 9　硫黄烟气 SO_2 排放浓度

项目	2016-12-15 12：00	2016-12-15 16：00	2016-12-16 12：00	2016-12-16 16：00	2016-12-17 12：00	2016-12-17 16：00
SO_2/(mg/Nm^3)	205.9	94.4	57.2	54.3	37.2	45.8
O_2/%	2.89	2.38	2.58	3.20	2.96	2.6
CO/(mg/m^3)	340	198	290	388	284	180
NO/(mg/m^3)	9	21.3	18.9	22.8	16	21.3

从表 9 可见，烟气 SO_2 排放由 205 mg/Nm³ 下降至 37.2 mg/Nm³，通过提高溶剂再生蒸汽由 6.8t/h 提高至 7.8t/h 时，烟气 SO_2 排放浓度下降至 100 mg/Nm³ 以下，烟气 SO_2 平均排放量为 58mg/m³，说明 CT6-8 及 CT8-26 综合应用后，完全满足 GB 31570—2015《石油炼制工业污染物排放标准》的环保要求。

5 结语

(1) 钛基制硫催化剂在本装置的应用效果较好，催化剂的活性，尤其是有机硫水解活性较高，总 S 转化率、COS 总水解率、CS_2 总水解率达到考核指标。

(2) 钛基制硫催化剂和加氢深度脱硫剂配合应用，能够将硫黄装置烟气 SO_2 排放浓度降至 150mg/m^3 以下。

(3) 由于 1 系列硫黄为集中再生系统，如需将烟气 SO_2 排放浓度降至 100mg/Nm^3 以下，需要控制贫液中硫化氢含量在 0.3g/L 以下，因此，增加了溶剂再生单元能耗指标，对溶剂再生单元能耗不利。

参 考 文 献

[1] 中国石化职业技能鉴定指导中心．硫黄回收装置操作工[M]．北京：中国石化出版社，2006.
[2] 肖学兰，杨仲熙·克劳斯法硫黄回收工艺技术[M]．北京：石油工业出版社，2007：3-7.
[3] 冯凤全．硫黄回收装置生产总结[J]．石油化工环境保护，1994，17(1)：39-40.

硫黄回收装置运行管理常见问题分析

刘文君　张正林　余　姣

（中国石油独山子石化公司炼油厂　新疆独山子　833699）

摘　要： 本文主要介绍了硫黄回收装置运行过程中存在的难点问题，结合系统内部各家企业调研情况对硫黄回收装置目前存在的共性问题以及重点、难点问题进行收集整理，对影响装置长周期运行的主要因素进行分析提出应对措施。

关键词： 硫黄回收　酸性气　超温　酸性水

1　前言

近年来国家针对炼化行业的环保管控越发严格，硫黄装置作为炼油行业中重要的环保装置，其长周期运行管理也逐渐被各家石化企业列为重点关注对象，装置运行的正常与否直接影响到上游装置的开停。硫黄回收装置的长周期运行，尤其是还没有实现装置 $N+1$ 配置无备用装置的企业意义更为重要。

2　装置运行中存在的主要共性问题及对策

2.1　酸性气带烃

酸性气带烃问题长期困扰着硫黄装置的正常运行，是目前制约硫黄装置长周期运行的重要影响因素。根据日常的操作经验和硫黄装置入炉酸性气的来源，将酸性气带烃的情况大致分为两种：一种是因上游装置开、停工过程或者发生大的生产波动时造成富液或酸性水短时间大量带烃从而造成酸性气大量带烃；另一种是因富液或者酸性水的来水中含油造成酸性气长时间带烃。

从理论上分析，因为烃类燃烧的热值远大于酸性气燃烧的热值，以乙烷为例，相同工况下 1mol 乙烷的燃烧热是 1.54×10^6J，而 1mol 硫化氢的燃烧热是 5.4×10^5J，所以酸性气短时间大量带烃最直接的反应是硫黄制硫炉炉温超高。在实际生产过程中，制硫炉炉膛温度大约在 1360℃左右，当大量烃类进入制硫炉后在很短时间内炉温迅速上升，如果不加以控制，很可能触发制硫炉炉温高高联锁，造成制硫单元停工。

2.1.1　酸性气带烃原因分析

1）上游装置操作波动，上游脱硫塔液位控制波动，富胺液在脱硫塔内停留时间不足或烃类直接穿透，造成胺液系统带烃。

2）原料气带液，与胺液接触后夹带到胺液中，进入再生系统。原料气温度高，与较冷的胺液接触大分子烃类冷凝，随胺液进入再生系统。

3）富胺液闪蒸效果差，胺液携带的烃类不能及时闪蒸出去，最终进入酸性气系统。

4）酸性水除油不彻底，汽提塔进料油含量高，酸性水汽提过程烃类随酸性气一同汽提出来。

2.1.2　控制措施

1）溶剂再生装置做好胺液质量监控，界区富液各分支定期取样，建议胺液中油含量按≤50mg/L控制，带油严重时及时联系上游装置调整操作。

2）做好胺液质量控制，通过过滤、净化等保证胺液品质。

3）富液闪蒸罐定期收油，减少重烃或浮油进入再生塔。

4）酸性水汽提预处理单元做好酸性水闪蒸脱气及酸性水储罐的定期除油操作，建议进塔酸性水油含量按≤50mg/L控制。

2.2　制硫炉废热锅炉出口管线超温

硫黄装置制硫余热锅炉是硫黄回收装置的重要设备，是保证硫黄质量的关键，余热锅炉出口管线超温严重影响装置运行负荷，严重时只能被迫停工处理。日常加强对此温度的监控及时调整操作，才能有效保证硫黄制硫炉的正常运行。

2.2.1　原因分析

1）酸性气带烃、带油，造成炉管内壁积炭、结垢换热效率下降。

2）锅炉上水水质不好，排污不及时造成炉管外壁结垢换热效率下降。

3）制硫炉余热锅炉设计换热面积余量偏小。

4）装置超负荷运行，余热锅炉取热不足。

5）制硫炉衬里施工质量不过关，衬里材料脱落在炉管内聚集，堵塞炉管。

2.2.2　控制措施

1）做好溶剂再生富液闪蒸，根据富液中油含量分析定期进行富液闪蒸罐撇油操作；酸性水汽提装置做好酸性水除油，减少酸性气中烃类夹带，控制进制硫炉酸性气烃含量小于2%。

2）严格锅炉水质指标控制，炉水pH值8~12，磷酸根浓度5~15mg/L。锅炉连续排污量控制在锅炉给水流量的5%~10%，锅炉定期排污不少于1次/周。余热锅炉给水，除氧水SiO_2浓度控制小于20μg/100mL，Na/Fe/Cu等离子符合锅炉水质控制指标。用凝结水作为锅炉补水的装置，凝结水进行除盐、除氧后作为锅炉补水。

3）新建装置根据各企业内部运行条件，适当增加余热锅炉换热面积设计余量，应对换热效率下降和装置负荷变大的因素。

4）制硫炉运行严格执行设计指标，炉膛超温会增加余热锅炉负荷，导致出口超温。生产过程中，避免制硫炉配风长时间不足。

5）制硫炉衬里施工质量严格把控，防止运行过程中衬里材料脱落，堵塞炉管。有条件的装置，制硫炉主风机空气入口过滤器根据实际工况选用目数高的过滤网，减少带入制硫炉杂质。

2.3　酸性水汽提塔塔盘堵塞

酸性水汽提装置在处理延迟焦化装置酸性水的情况下，塔盘堵塞的现象普遍存在，造成装置频繁停开工，严重制约装置长周期运行。

2.3.1 原因分析

1）焦化装置酸性水中含有大量焦粉，在受液盘沉积，降液管底隙变小，压降增加。

2）酸性水中的焦粉与油在塔内高温条件下形成胶状物，堵塞塔盘。

2.3.2 控制措施

1）从源头控制，在焦化装置增加酸性水过滤器，减少酸性水中杂质，汽提塔原料水泵入口过滤器确定合理的清理频次，减轻大颗粒杂质在受液盘中的沉积情况。

2）对上游装置使用的助剂进行筛选，注意原油表面活性剂的影响。环烷酸铵盐、酚铵盐溶于酸性水中，当加热后分解为环烷酸、酚酸和氨，环烷酸、酚酸不溶于水，会沉积在塔盘上。

3 开停工过程尾气达标排放的措施和建议

硫黄装置开停工期间尾气达标排放一直困扰着各家企业，尤其是停工吹硫期间产生的大量二氧化硫，在没有后续处理设施的情况下，尾气超标基本无法避免。如何从技术角度减少或者杜绝停工期间的尾气二氧化硫超标排放，还需要进行摸索实践。通过对系统内各石化公司硫黄回收装置开停工期间尾气达标排放的控制调研，提出以下建议措施。

1）装置开停工期间合理安排停开工顺序，精确控制各装置开停工节点时间，开停工过程装置低负荷运行时采用氢气或天然气伴烧，保证装置热负荷，做到最大量回收酸性气，减少或者杜绝火炬排放。

2）在停工时间允许的情况下延长吹硫时间，合理控制配风量，降低二氧化硫排放。按照以往经验，停工吹硫时间在72h左右，吹硫过程会产生大量二氧化硫气体，尾气处理部分无法全部处理只能通过烟囱排放大气。采取延长吹硫时间的方法，由72h延长至144h，降低吹硫过程瞬时二氧化硫浓度，减少尾气吸收部分处理压力，从而降低或者实现尾气达标排放。吹硫期间的配风控制可采取在制硫炉出口增加氧气在线表或者定期取样分析的方法，实现风量精准控制。

3）进行热氮吹硫等新技术改造，减少停工过程中的二氧化硫排放，目前齐鲁石化等多个公司已经具备热氮吹硫的成熟工艺，减排效果非常明显。

4）停开工期间装卸剂过程，具备条件的建议加氢催化剂使用无氧卸剂，取消钝化过程；开工期间加氢催化剂建议使用硫化态催化剂，减少催化剂硫化过程的尾气超标风险和酸性气放火炬时间，多套装置的可在最后一套停工装置和第一套开工装置上使用。

5）合理设置后碱洗、双塔双吸收等工艺技术应对装置开停工过程尾气超标和酸性气放火炬的问题，项目实施前结合装置的实际情况充分评估工艺的可靠性和适应性。

6）新建装置根据全厂硫平衡合理配装置装置处理能力，实现装置的N+1配置，对单套装置的处理能力进行梯度配置，通过合理配置可在装置开停期间最大量的减少尾气排放超标问题。

7）新建装置设计中考虑开停工低负荷运行工况，燃烧器选择上考虑氢气或天然气伴烧工况。在超低排放工艺的选择上要满足实现装置开停工过程达标排放的要求。

4 装置运行期间尾气二氧化硫减排控制措施和建议

4.1 合理设置工艺控制指标

硫黄回收装置工艺控制指标应结合装置特点合理设置，尤其是关键指标的制定。急冷塔塔顶气相温度指标对吸收塔 MDEA 吸收 H_2S 效果和烟气二氧化硫排放浓度影响较大，日常控制在≯50℃为宜。

一级反应器床层温度低于 300℃时，对 COS 水解率影响较大，根据所使用催化剂的种类及性质，一级反应器床层温度控制在 300~330℃为宜。尾气吸收塔贫液中 H_2S 含量按≯0.5g/L 控制，保证对 H_2S 的吸收效果。

采用烧氨工艺的反应炉炉温控制指标下限按≮1250℃、上限按≯1450℃控制，既达到烧氨效果，又保证反应炉不超温。采用富氧工艺的，可按设计指标控制。

4.2 独立的溶剂再生系统

硫黄装置吸收塔操作压力低，尾气脱硫化氢难度相对较大，因此，对溶剂品质要求较高，要求贫液中的硫化氢含量≯0.5g/L。因此，有条件的企业溶剂再生系统应该独立设置，溶剂浓度控制在 25%~35%，定期分析溶剂中的热稳态盐，控制热稳态盐含量≯1%。

4.3 催化剂的选择

目前国产硫黄催化剂物化性质、活性和稳定性已全面达到进口催化剂水平，部分性能优于进口催化剂，所有种类的制硫催化剂和尾气加氢催化剂全部可以实现国产化。建议制硫催化剂采用多功能硫黄回收催化剂或钛基催化剂和氧化铝基催化剂合理级配，使净化尾气中 COS 含量小于 10×10^{-6}。

4.4 加强上游装置操作管理

硫黄回收装置是整个炼油流程的最末端，其要接受上有所有装置的操作波动，而在目前的环保压力下，硫黄回收装置是无法承受这些波动的。根据统计分析，中油内部 2018 年硫黄回收装置尾气超标事件中，由于操作波动引起的占比 37.9%。操作波动主要来源于上游原料硫含量的变化、溶剂用户富胺液带烃、富胺液流量的变化等，各企业应该在管理层面减少此类事件的发生，降低硫黄装置运行压力。

4.5 合理利用碱洗工艺

碱洗工艺是目前实现超低排放的最有效的方法，但碱洗工艺产生的含盐污水的后续也是一个难以解决的课题。由于目前溶剂质量的提高，尾气中的二氧化硫主要来源于有机硫，因此前碱洗工艺对降低排放作用并不突出。后碱洗工艺可以有效降低尾气二氧化硫排放，但在使用后碱洗技术时同时要加强上游操作，尽量降低进入碱洗塔尾气硫含量，已达到真正的减排目的。

4.6 加强酸性气质量管理

上游酸性气、富溶剂的流量、组分等波动是引起硫回收装置烟气中二氧化硫含量超标的主要原因。如果装置在较高负荷下运行，烟气 SO_2 含量更易超标，即原料波动是造成烟气超标排放的直接原因。而装置的高负荷运行虽不一定直接造成烟气超标排放，但无形中加大了原料波动的危害程度，成为烟气超标的一种间接原因。

应设置上游装置酸性气出装置边界条件考核指标，防止酸性气流量大幅度波动以及酸性气带烃、带胺液、带水对硫黄装置的冲击。结合装置的实际情况，制定入装置富胺液、酸性水油含量和富胺液二氧化碳含量指标。重视富胺液和酸性水除油设施的设置和操作，有条件的尽量提高胺液和酸性水的沉降时间，酸性水沉降时间应不低于48h，富胺液闪蒸罐的停留时间不低于0.5h，从而降低酸性气中烃类携带。

4.7 合理控制装置负荷

硫黄回收装置作为环保装置，装置负荷应留有适当的富余，以确保装置在紧急情况酸性气少放火炬或不放火炬，装置运行负荷以70%~80%为宜，采取*N*+1配置，单套硫黄装置设计时负荷上限可按130%考虑。

5 装置互备的建议

按照《石油炼制工业污染物排放标准》5.4.5酸性气回收装置酸性气回收装置的加工能力应保证在加工最大硫含量原油及加工装置最大负荷情况下，能完全处理产生的酸性气。脱硫溶剂再生系统、酸性水处理系统和硫黄回收装置的能力配置应保证在一套硫黄回收装置出现故障时不向酸性气火炬排放酸性气。合理有效的进行装置互备是保证装置达标排放的重要手段，以下为装置互备建议：

1）按照全厂硫平衡，合理设置装置处理能力，满足硫黄回收装置*N*+1的配置要求，在单套装置规模上根据实际情况梯级配置。

2）酸性气、胺液系统管网化管理，实现真正的装置互备；酸性气管网设计上充分考虑不同浓度酸性气的有效混合。

3）多套装置同时运行的情况下，设置装置入口酸性气流量控制，保证装置负荷稳定，选择一套抗波动能力大的装置吸收系统波动，实现装置的稳定备用。

4）根据装置负荷情况，合理制定互备方案，尽量采取同时运行的备用方式。

5）如必须采用热备的方案，伴烧燃料应选择天然气，避免使用瓦斯。

6）燃烧器选择上充分考虑天然气伴烧工况，老装置采用伴烧操作必须经过燃烧器厂家核算，确定合适的操作参数。

6 结语

根据装置运行情况查找出制约装置运行的瓶颈问题，针对难点问题合理论证，制定切实有效的应对方法，是保证硫黄回收装置长周期运行的重要环节。通过技术的不断升级，操作水平不断提高，装置运行过程中的难题也将一一解决。

参 考 文 献

[1] 陈赓良. 克劳斯法硫黄回收工艺技术[M]. 北京：石油工业出版社，2007.

[2] 王吉云. 100kt/a硫黄回收装置操作中的主要问题及对策[C]. 硫黄回收二十年论文集，北京：中国石化出版社，2015.

[3] 程军委. 降低硫黄回收装置烟气中SO_2浓度措施的探讨[J]. 石油化工设计，2014，31(2)：57-59.

硫黄回收装置余热锅炉出口超温问题分析及对策

李继豪

（中国石油独山子石化公司炼油厂　新疆独山子　833699）

摘　要：独山子石化公司50kt/a硫黄回收装置在两个运行周期均出现了余热锅炉出口超温的问题，成为装置安全生产的瓶颈问题，由于是单套硫黄回收装置运行，面临装置长周期运行的压力更大，针对余热锅炉超温的问题进行了充分的技术分析和攻关，采取了有效的应急处理措施解决了该问题，积累了经验，确保了单套装置的长周期安全运行。

关键词：硫黄回收　余热锅炉　超温　降压

1　前言

独山子石化公司50kt/a硫黄回收装置于2009年投用，制硫部分采用的是部分燃烧法加两级低温催化转化工艺，尾气部分采用SCOT还原吸收工艺，目前单套装置运行，在建第二套50kt/a硫黄回收装置将于今年下半年投用。因单套装置运行，装置的长周期运行问题一直是装置管理的重点和难点。硫黄回收装置余热锅炉是硫黄回收装置的关键设备之一，自2009年以来一直存在运行至后期余热锅炉出口超温的问题，给装置长周期运行带来不利影响，通过采取措施解决了超温的问题，保证了装置的长周期运行。

1.1　第一次超温情况及采取的措施

硫黄回收装置2009年9月一次性开车正常，2011年进行全公司全系统检修，运行时间不长，未对余热锅炉管束进行除灰和除积碳处理，仅进行了外观检查。2013年10月开始余热锅炉出口管线温度超过设计温度，最高到474℃。制硫余热锅炉出口至一级硫冷器管线原设计规格为*DN*700（Φ711×10），材质为L245（使用温度-30～475℃），原管线设计温度为380℃。如不采取措施，将存在设备长期超温的安全运行问题。采取的措施如下：

（1）将余热锅炉出口至一级硫冷器管线保温全部拆除，利用环境温差对管线降温，过程气温度在390～425℃，实测余热锅炉出口管线外表面温度在340～360℃（<380℃），进一级硫冷器管线温度260～290℃。说明拆除保温后，管线外壁降温显著。余热锅炉出口至一级硫冷器管线上部搭设防雨棚，避免雨水对已经除去保温的管线造成温度激烈变化。

（2）2014年9月在装置不停工的情况下，通过技措增加了一条4.0MPa蒸汽改1.0MPa蒸汽副线，主要考虑降压操作后发汽量增大原管径不够的问题，10月采取了降压操作，投用后余热锅炉出口温度由415℃下降至345℃，下降约70℃。流程见图1。

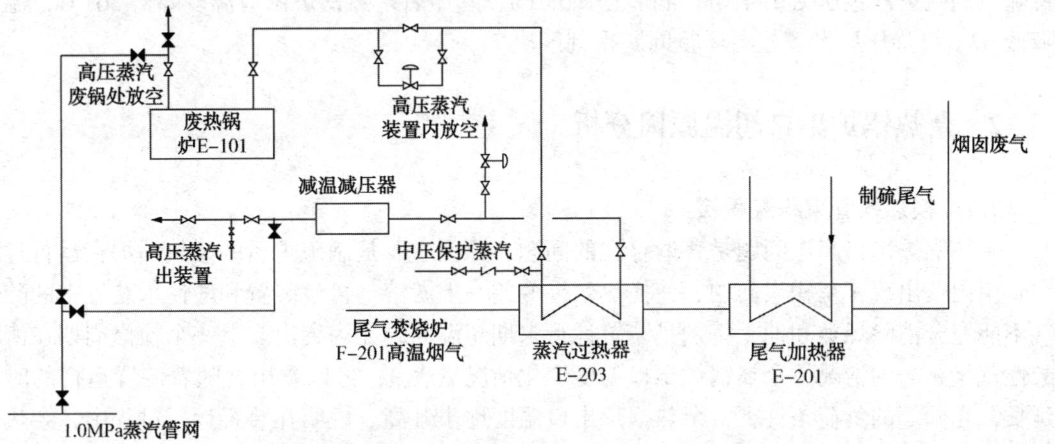

图 1　制硫余热锅炉 4.0MPa 蒸汽改 1.0MPa 蒸汽流程

(3) 2015 年装置停工检修对制硫余热锅炉至一级硫冷器管线进行了材质升级，并对余热锅炉进行了更换，出口管线材质由 L245 升级为 15CrMoR，管线耐受温度上限由 475℃提升至 560℃，更换后的余热锅炉管束换热面积由原来的 435m^2增大到 713m^2。投用初期余热锅炉出口温度降到 315℃左右，比较理想。余热锅炉改造前后数据对比表见表 1。

表 1　余热锅炉改造前后数据对比表

项目	换热面积/m^3	设计压力/MPa	操作压力/MPa	设计温度/℃	操作温度/℃	材质
改造前	435	0.25	0.048	370	350	L245
改造后	713	0.25	0.048	350	320	15CrMoR

1.2　第二次超温情况及采取的措施

2018 年 11 月开始，硫黄回收装置清洁酸性气流量上升较大，装置处于高负荷甚至一度达到满负荷运行，废锅温度上升至 420℃。经评估将装置余热锅炉出口温度设防值设定为 425℃，主要依据如下：资料显示，20#碳钢长时期处在 425℃以上高温时，碳钢的碳化相可能变成石墨相。由于操作压力较低，在 60kPa 以内降低了超温后管线破裂的风险。从 2015 年拆除的 E-101~E-102 的旧管线看，管线内部已经分层，管线石墨化明显。根据 2015 年以前的运行经验，以及对过程气流经部位材质及耐受温度的对比，确定 425℃为不能逾越的温度限值，见表 2。

表 2　高温过程气流经部位材质及耐受温度情况

序号	位置	材质	操作压力/MPa	最高耐受温度/℃
1	余热锅炉筒体	Q345R	小于 0.06	450
2	余热锅炉出口接管	16Mn		450
3	余热锅炉至一级硫冷器管线	15CrMoR		560
4	一级硫冷器筒体	20R		425
5	一级硫冷器入口接管	20#		425

2018 年 11 月余热锅炉出口温度最高达到 423℃，此次执行了余热锅炉降压操作方案，

将硫黄制硫炉汽包压力由4.0MPa降至1.0MPa，降压后余热锅炉出口温度降至361℃，温度降低62℃，降压后设备超温运行问题得到解决。

2 余热锅炉出口超温原因分析

2.1 换热器管束积灰积炭

余热锅炉出口超温问题是普遍存在的问题，原因主要是制硫炉后的余热锅炉在运行过程中管束内壁出现积灰积炭问题，使换热效果变差，上游溶剂再生装置和酸性水装置来的酸性气不能完全消除烃类和油，特别是装置运行末期超温问题尤为突出。上一个检修周期在清洁酸性气量相当的情况下余热锅炉出口温度变化情况见表3，可以看出，随着装置运行的时间延长，在同等的负荷条件下，余热锅炉出口温度逐步升高。说明在装置运行过程中，余热锅炉管束中的积灰、积炭问题逐步加剧。

表3 2011~2014年清洁酸性气量相当情况下余热锅炉出口温度变化情况

序号	日期	清洁酸性气流量/(Nm^3/h)	余热锅炉出口温/℃
1	2011-5	3615	350
2	2012-10	3885	374
3	2013-11	3638	411
4	2014-1	3600	420

2.2 装置负荷的影响

通过查看历史数据，余热锅炉出口温度与酸性气负荷大小成正相关。主要原因是负荷越高，产生的热量越多，特别是装置接近满负荷运行时热量不易被蒸汽带出，导致余热锅炉出口超温。从2017年3月起，随硫黄酸性气负荷的增大，余热锅炉出口温度逐渐升高，半年时间从350℃上升至最高388℃。具体见表4。

表4 制硫处于高负荷情况下余热锅炉出口温度变化情况

序号	日期	清洁酸性气流量/(Nm^3/h)	余热锅炉出口温度/℃
1	2017-3	5400	350
2	2017-4	6500	377
4	2017-9	6900	388

2.3 余热锅炉设计负荷偏小

余热锅炉设计负荷偏小，会导致制硫炉反应产生的热量无法被蒸汽带走，当装置负荷较低时，问题不突出，当装置负荷较高时，矛盾就比较突出，要重新核算换热面积，必要时进行更换。

3 余热锅炉出口超温问题的对策

3.1 降低硫负荷，减少进制硫炉酸性气量

此方法可作为应急措施，单套硫黄装置运行，需要降低上游来的酸性气量，比如酸性水

汽提通过储罐调节，暂时降低加工量，有条件可以降低原油硫含量。对于多套硫黄装置的，可以适当降低该套装置的负荷。

3.2 拆除余热锅炉出口管线保温

此方法经实践效果还是比较明显，可以作为临时措施使用。

3.3 降低余热锅炉产蒸汽的压力等级

将4.0MPa蒸汽改为1.0MPa蒸汽，此方案效果较好，但存在高品质蒸汽产量减少的问题，要考虑全厂蒸汽平衡的问题。另外考虑到发汽量增大，需要敷设一条分流蒸汽线，保证高负荷情况下管道流速正常，不存在憋压的情况。

3.4 临时停工，使用柔性钢刷清理炉管积灰积炭

对于多套硫黄装置且负荷允许的情况下，可以考虑进行停工处理。停工后使用柔性钢刷对炉管进行积灰积炭的处理。

4 建议

以上是独山子石化公司硫黄回收装置针对单套硫黄装置长周期运行所面临的突出问题的思考与实践。针对余热锅炉出口管线超温问题还有以下建议：

（1）余热锅炉出口管线超温主要问题是设备材质的超温问题，设备安全运行要求不能超温运行，因此在设计阶段提前考虑材质升级，如果材质不升级，在一级硫冷器入口管线和管箱等高温部位是否可以考虑使用高温衬里。

（2）针对余热锅炉运行中管线积灰积炭不可避免的问题，建议设计阶段余热锅炉的换热面积在条件允许的情况下尽可能做大。

（3）装置管理应重视控制上游溶剂再生装置富液带烃、酸性水带油问题，有条件应配备酸性水除油设施，减少带入制硫炉的烃和油。停工检修时要对余热锅炉的管束进行清理，比如使用柔性钢刷进行处理。应针对装置特点制定应急方案。

参 考 文 献

[1] 李菁菁，闫振乾．硫黄回收技术与工程[M]．北京：石油工业出版社，2010.

[2] 王文海，孟石，苏创．硫黄回收装置余热锅炉泄漏原因及应对措施[J]．兰州石化职业技术学院学报，2016(4)．16-19.

炼油厂酸性水汽提装置检修过程环保控制实践

谢　军　叶全旺　裴古堂　焦忠红　付　艺

（中国石油独山子石化公司炼油厂　新疆独山子　833699）

摘　要： 结合 GB 31570—2015《石油炼制工业污染物排放标准》检修环保管控要求，优化装置设备检修工艺处理方案，工艺处理过程废水、废气实现零排放，为绿色检修创造条件，环保效益显著，具有推广借鉴意义。

关键词： 炼油厂　酸性水汽提　检修　环境保护

1　前言

2017 年国家施行的 GB 31570—2015《石油炼制工业污染物排放标准》对石油化工行业炼油装置环保管控要求进行了严格规定，其中 5.4.2 条款要求"含硫含氨酸性水设备、管道检维修过程化学清洗废水应单独收集、储存并进行预处理"。条款 5.4.9 要求"用于输送、储存、处理含挥发性有机物、恶臭物质的生产设施，以及水、大气、固体废物污染控制设施在检维修时清扫气应接入有机废气回收或处理装置"。因此，炼油装置如何实现绿色检修是一个急需解决的课题。本文以酸性水汽提装置泄漏汽提塔在停工检修过程中的环保管控过程与方法进行研究。

2　汽提塔检修过程污染源及环保控制方案

独山子石化公司炼油厂第三联合车间 50×10^4t/a 酸性水汽提装置属于重点环保装置，承担加工炼油装置催化、硫黄、100×10^4t/a 蜡油加氢等装置的含硫污水。装置采用单塔加压侧线抽出工艺，通过蒸汽汽提将污水中的硫化物和氨分离出来。侧线抽出气经三级分凝以及氨精制后配制成氨水，塔顶酸性气送入硫黄回收装置进行处理。因装置酸性水汽提装置的原料酸性水中，含有硫化氢、氨氮、二氧化碳、酚、醚、醇类、石油类等有机、无机污染物，含有高浓度的硫化氢和氨，对设备管线等具有较强的腐蚀性[1]。随着炼油加工工艺的精细化，装置加工含硫污水富含氨氮和硫化物，其中氨氮平均达 18000mg/L，硫化物达 12000mg/L，2019 年 4 月装置运行汽提塔 T-102B 出现湿硫化氢腐蚀泄漏，装置切换至汽提塔 T-102 运行，需对汽提塔 T-102B 进行工艺处理交付检修。

2.1　汽提塔检修过程污染源

汽提塔 T-102B 全塔容积为 $30m^3$，与塔相连的有 6 根工艺管线，分别为冷进料、热进料线、蒸汽线、净化水线、侧线抽出线。其中冷进料线、热进料线、侧线抽出线含有含硫污水，酸性气线富含高浓度硫化氢。一旦排放将形成污染源，产生异味或造成人员中毒。

2.2 汽提塔检修过程环保控制方案

为了确保在工艺处理过程中满足环保异味管控和安全交付检修的要求，结合装置实际以及其他装置检修先进经验，制定实施汽提塔 T-102B 工艺处理环保控制方案。

2.2.1 汽提塔以及相关管线物料退入氨水罐

酸性水经汽提塔处理后，主要污染物氨氮、硫化物大部分被除去得到净化水，由汽提塔底排出，净化水与同等数量的酸性水外排相比，VOCs 废气排放量大幅减少。装置氨水罐作为接收物料的缓冲罐，顶部气相引入生物除臭设施进行处理，因此，将汽提塔以及相关管线物料退入氨水罐将有效减少 VOCs 废气排放量[1,2]。如图 1 所示，具体做法为氨水罐内注入 30~50cm 新水，利用金属软管安装临时线至氨水罐入口放空阀，对汽提塔 T-102B 进行氮气充压，将汽提塔以及冷进料线、热进料线、侧线抽出线废液全部压入氨水罐 V-309，经氨水泵将退入罐内物料转入酸性水罐处理。汽提塔顶酸性气线废气氮气置换至低压瓦斯管网处理。退料过程氨水罐产生废气经 2000m^3 隔油池后全部进入生物除臭设施处理。

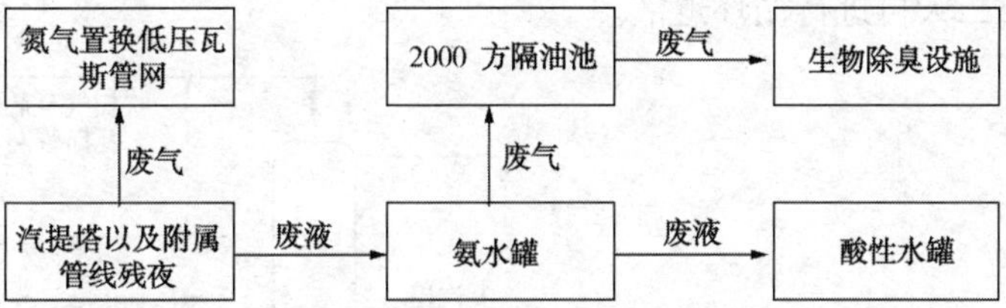

图 1 汽提塔以及附属管线残液处理流程

2.2.2 密闭吹扫至低压瓦斯管网

传统设备检修蒸汽吹扫产生凝液或废气直接外排至下水或地漏，产生 VOCs 气量很大，对周边环境造成污染。车间瓦斯回收装置设有 20000m^3 气柜，对各装置排入低压瓦斯管网轻烃进行回收处理。因汽提塔在泄漏后用氮气保压，氮气退料，始终处于无氧环境，吹扫用蒸汽量在 2~3t/h，因此汽提塔少量蒸汽密闭吹扫至低压瓦斯管网是可行的。具体控制方法为利用塔顶酸性气安全线泄放至低压瓦斯管网流程，由汽提塔底部给汽向低压瓦斯管网进行吹扫，吹扫过程控制汽提塔顶温不大于 120℃，同时对低压瓦斯管网气柜进口温度进行监控，控制温度不大于 50℃，高于 50℃时停止吹扫。因吹扫蒸汽量小，吹扫全程 10h 气柜进口温度最高上升至 45℃并保持平稳，安全受控。吹扫完毕后为降低蒸汽凝液环境下对瓦斯管线造成湿硫化氢腐蚀，进行切液。经过氮气退液以及蒸汽吹扫后，汽提塔内含硫污水以及油类得到有效处理。

2.2.3 合理选择化学清洗方法和优化废液去向

2.2.3.1 化学清洗方法选择

目前除臭技术主要有气相除臭和液相除臭技术。气相除臭技术方法为在预清洗装置停工退料后，将设备预热到 100~130℃后，将清洗专用溶剂与水按一定比例进行配制，以蒸汽为载体，将气相清洗剂带入待清洗装置，达到钝化、除臭目的。通过检测残余物浓度，判定清洗效果。气相除臭产生极少量的冷凝废液，吹扫、钝化、除臭一步完成，适用于用于含有硫化氢、苯类物质以及硫化亚铁含量较高的轻质油加工装置。液相除臭技术是装置停工退料，蒸汽吹扫后，以水作为清洗载体，首先加入除臭清洗剂在系统内大流量循环，退液后进行水洗，然后再加入钝化清洗剂建立循环，通过观察清洗液的颜色、pH 值及温度变化等指标来判定清洗效果。考虑到气相清洗蒸汽温度较高，蒸汽无法全部冷凝回收处理以及存在超温超压风险，本次汽提塔化学清洗采用液相除臭技术。

2.2.3.2 清洗过程异味管控

以往进行化学清洗除臭会一次性将配制好的除臭液转入预清洗设备，连续24h作业，施工人员工作强度大、安全风险高，但除臭效果不好。此次清洗采用阶段清洗方法，避免夜间作业。

根据图2清洗流程，首先依次向冷进料、热进料以及侧线抽出线倒淋向汽提塔注入除臭液原液，管线充满后进行浸泡，这样做可以快速将塔内硫化氢等恶臭物反应吸收；然后从酸性气线*DN*50接口注入配制好的除臭液，待汽提塔液位上升至50%左右时，打开塔底净化水倒淋阀建立一次循环，循环2h后将塔内除臭液全部退入酸性水罐。然后再注入除臭液建立二次循环，施工结束前将清洗槽内除臭液全部转入汽提塔内，第二天再循环3h后进行退液。退液完毕后再进行新水冲洗，待pH值上升至7左右时停止冲洗，向汽提塔内注入钝化剂并建立一次循环，第二天再进行循环退液。

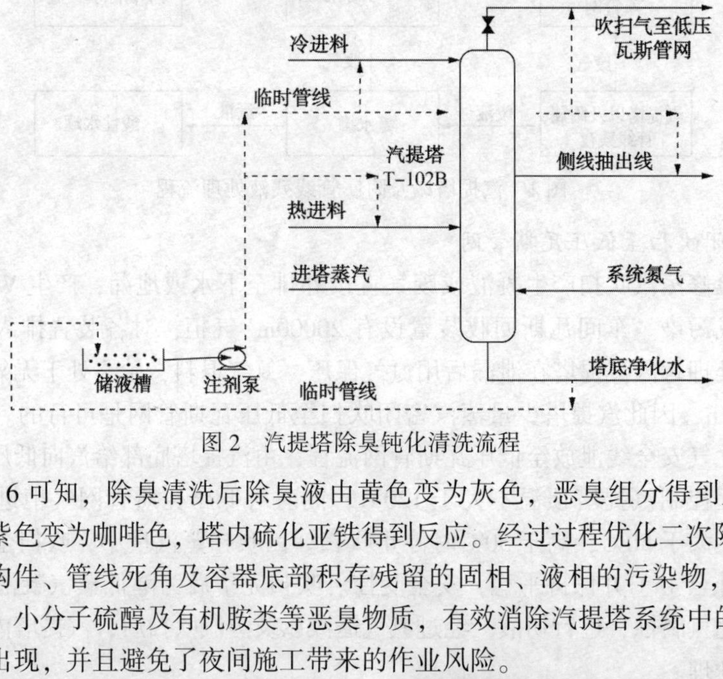

图2 汽提塔除臭钝化清洗流程

从图3~图6可知，除臭清洗后除臭液由黄色变为灰色，恶臭组分得到充分反应吸收；钝化后原液由紫色变为咖啡色，塔内硫化亚铁得到反应。经过过程优化二次除臭循环从根本上消除了塔内构件、管线死角及容器底部积存残留的固相、液相的污染物，有效去除硫化氢、碱性氨氮、小分子硫醇及有机胺类等恶臭物质，有效消除汽提塔系统中的硫化垢物以防止自燃现象的出现，并且避免了夜间施工带来的作业风险。

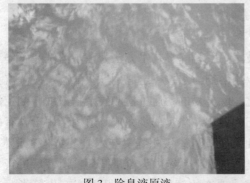

图3 除臭液原液

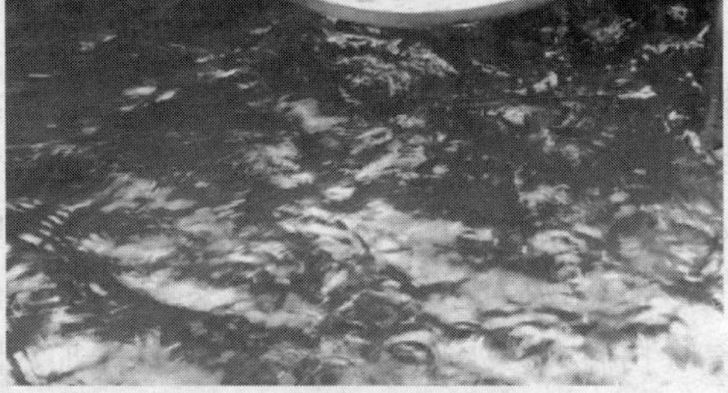

图4 除臭液废液

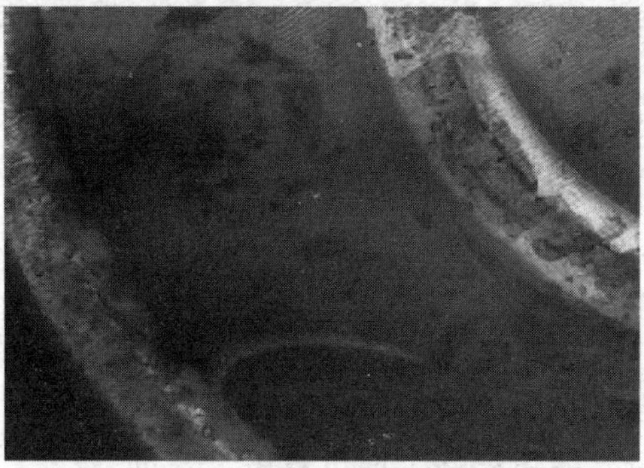

图 5　钝化液原液

图 6　钝化液废液

清洗结束打开汽提塔手孔和人孔监测：氨 0mg/m^3、硫化氢 0mg/m^3、可燃气 0%、CO 0mg/m^3、VOCs 0mg/m^3，塔内填料和构件清洁无油污，无异味(图 7、图 8)。

图 7　汽提塔填料格栅

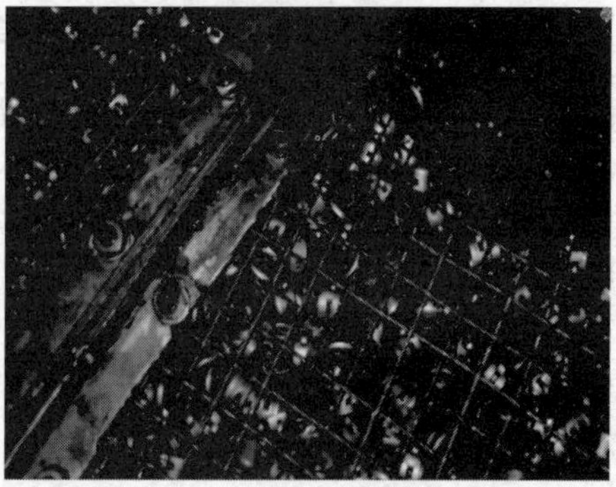

图 8　汽提塔填料

2.2.3.3　优化清洗废液去向

马恒亮等[3]提出，高浓度废水的处理原则为优先从含硫污水系统排入酸性水汽提装置，不能直接进入含硫污水系统的，通过轻污油系统送至轻污油罐区指定罐内，经沉降收油后，再送至酸性水汽提装置。以往装置检修除臭钝化废液全部退入装置污油罐区内储存，经沉降后再用泵转回酸性水罐进行处理。因污油罐区至酸性水罐区输送流程复杂，距离远，该方法不但增加了班组人员操作风险，退液至污油罐内产生 VOCs 废气，而且还增加了装置电耗。此次化学清洗优化退液流程，废液退入酸性水罐处理(图 9)，产生废气经废气收集设施进入

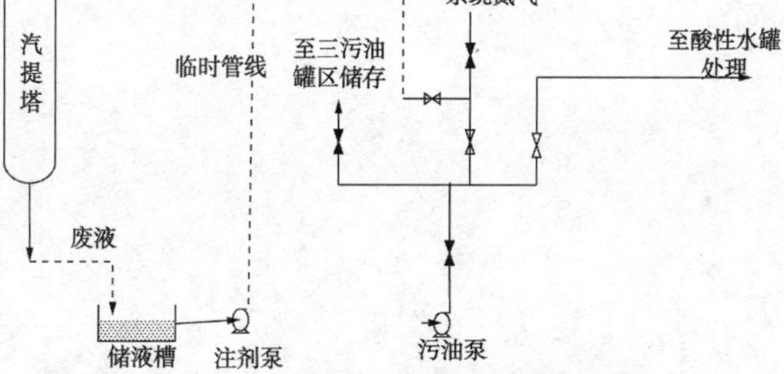

图 9　汽提塔除臭钝化废液退液流程

生物除臭设施进行处理，废水经蒸汽汽提处理后达标排放至污水水处理厂。本次清洗过程因采用阶段清洗，除臭废液间断排入酸性水罐，未对酸性水原料氨氮和硫化物浓度造成影响，实现了化学清洗期间装置平稳生产。

3 结语

此次工艺处理有效防止异味的产生和硫化亚铁自燃的情况出现，为汽提塔的安全检修打下坚实基础，切实做到了味不出装置的绿色停工检修要求。实现了保护设备及人身安全、净化空气、保护环境的目的，同时对提高检修质量，缩短检修工期也有极大帮助。结合 GB 31570—2015《石油炼制工业污染物排放标准》检修环保管控要求，优化装置设备检修工艺处理方案，工艺处理过程废水、废气实现零排放，环保效益显著，具有推广借鉴意义。

参 考 文 献

[1] 黄占修，李闯．酸性水汽提装置 VOC_ S 排放源与综合防治措施[J]．石油化工安全环保技术，2016，32(06)：46-49+77.

[2] 郭兵兵，刘忠生，王新，等．石化企业 VOCs 治理技术的发展及应用[J]．石油化工安全环保技术，2015，31(04)：1-7+9.

[3] 马恒亮，刘涛，张亚伟．炼油厂停工检修过程中的环保控制实践[J]．中外能源，2016，21(12)：93-97.

GLT 络合铁脱硫工艺在硫黄装置尾气治理中的应用

周天宇[1]　龙传光[2]　王宏旭[1]　刘勋[2]

(1. 中国石油吉林石化公司　吉林吉林　132022)

(2. 武汉国力通能源环保股份有限公司　湖北武汉　430074)

摘　要：克劳斯尾气经过焚烧后，难以达到 GB 31570—2015《石油炼制工业污染物排放标准》中硫黄装置烟气 SO_2 浓度排放限值为 100mg/Nm^3，一般地区(含吉林)为 400mg/Nm^3 的要求，直接排放会危害环境。采用 GLT 络合铁脱硫工艺，可将净化后的尾气中硫化氢浓度达到 5mg/Nm^3 以下，且经过焚烧后的 SO_2 浓度达到 100mg/Nm^3 以内，达到目前最严格的环保标准，无三废排放，具有较好的社会效益。

关键词：络合铁　硫化氢　二氧化硫　克劳斯尾气

1　前言

络合铁脱硫技术属于一种湿法氧化脱硫化氢技术，其特点为：催化剂无毒，一步将 H_2S 转化为单质硫，基本无副盐产生，H_2S 脱除率可达 99%以上，与传统湿法氧化脱硫技术如 PDS、ADA 等相比，络合铁脱硫技术无三废排放、硫容量高、环保无毒，具有经济节能运行稳定剂脱硫效率高等优点。在环保要求越来越严格的今天，硫黄装置作为石化企业环保达标排放的压力越来越大。与传统碱洗脱硫技术相比具有无三废排放的优点，根据 GB31570—2015 要求，由于中国石油吉林石化公司 20kt/a 硫黄装置运行不稳定时，尾气中 SO_2 浓度超出一般地区排放指标，因此，更高效、更经济、更环保的脱硫技术将成为吉林石化公司的迫切需求。

通过全面的考察和反复论证后确定，对加氢、急冷、吸收后的尾气采用 GLT 络合铁脱硫工艺进行升级改造(一期为处理胺吸后尾气)，考虑到未来环保要求，设计排放指标为尾气中的 SO_2 浓度不高于 100mg/Nm^3。

2　GLT 络合铁脱硫工艺原理

GLT 络合铁脱硫工艺利用碱性络合铁催化剂的氧化还原性质，吸收原料气中的 H_2S。H_2S 被络合铁催化剂直接氧化生成单质硫，络合铁转化为络合亚铁，然后在再生过程中鼓入空气，以空气氧化催化剂富液中的络合亚铁，使催化剂富液中的络合亚铁转化为络合铁，从而再生回用。产生的硫黄通过硫黄回收系统处理。

GLT 络合铁脱硫反应原理如下：

(1) 吸收反应

$$H_2S(g) + 2Fe^{3+}(l) \longrightarrow 2H^+(l) + S\downarrow + 2Fe^{2+}(l)$$

(2) 再生反应

$$1/2O_2(l) + H_2O(l) + 2Fe^{2+}(l) \longrightarrow 2OH^-(l) + 2Fe^{3+}(l)$$

(3) 脱硫总反应

$$H_2S + 1/2O_2 \longrightarrow H_2O + S\downarrow$$

在总反应中，络合铁离子的作用是将吸收反应中得到的电子在再生反应中转移给单质氧。由此，铁离子尽管参与反应，但在总反应中并不消耗，而是作为硫化氢和氧气反应的中间电子传递物，是催化剂体系的组成部分。

3 工艺流程

GLT 络合铁脱硫工艺流程的工艺流程见图 1。

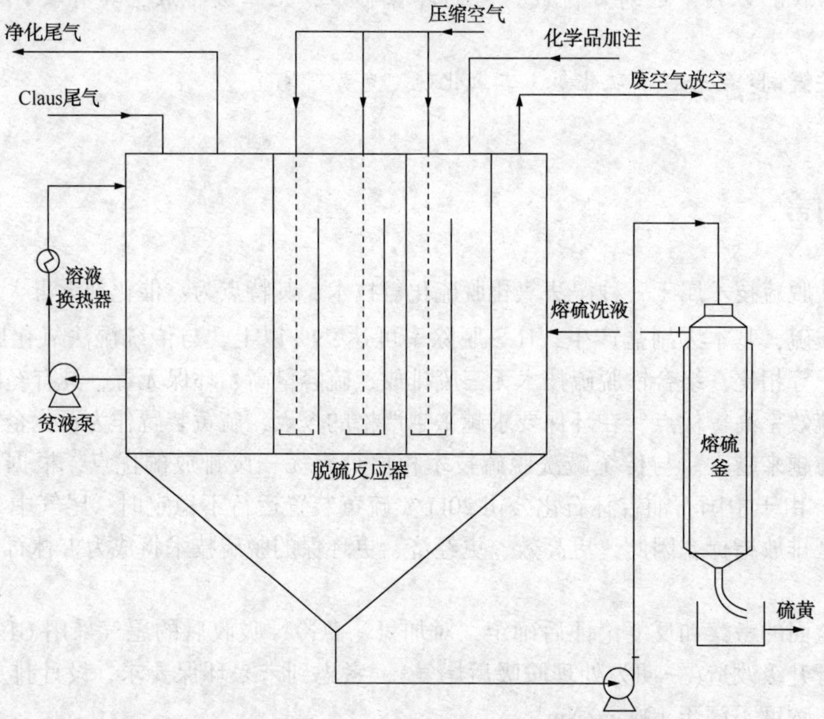

图 1 GLT 络合铁脱硫工艺流程

GLT 络合铁脱硫系统包括三个单元：吸收-再生单元、硫黄回收单元、药剂补充单元。

3.1 吸收-再生单元

来自上游克劳斯硫回收装置的克劳斯胺吸尾气进入到脱硫反应器中，与通过贫液泵加压，并经过换热器换热的络合铁脱硫催化剂充分接触反应将克劳斯尾气中的硫化氢脱除至 5 $\times10^{-6}$以内。同时气体中的 H_2S 被直接氧化成为单质硫，络合铁溶液中的三价铁被还原为二价铁；反应后的溶液、气体和硫黄单质三相直接进入脱硫反应器的气液固分离室内。

在气液固分离室内，气体与固液混合物分离，气体从隔室顶部送出界区外。

脱硫反应器气液固分离室内的固液混合物与通入的三路由压缩空气管网过来的压缩空气充分反应，将络合铁溶液中二价铁被氧化为三价铁，其中硫黄颗粒因重力沉降聚集在脱硫反应器锥体底部形成硫黄浆，经硫黄浆泵送至熔硫釜中；分离硫黄颗粒后的再生液回再生沉降槽的上部，回收络合铁溶液。

3.2 硫黄回收单元

硫黄浆泵将硫黄浆送至熔硫釜内，在熔硫釜夹套内通入低压饱和蒸汽，釜内的硫黄浆经加热升温后，硫黄在釜内沉降并形成熔融态的硫黄，当熔融态硫黄达到一定的量后，通过熔硫釜底部的排硫阀直接排放至接液盒内，得到成型的工业一等品硫黄。熔硫后的清液返回至系统中循环使用。

3.3 药剂补充单元

在脱硫过程中，络合铁吸收剂会发生消耗，需要及时补充新鲜络合铁催化剂使整个系统吸收剂量和浓度不发生大的波动。

药剂系统包含 6 种化学药剂的补充，分别是 GLT-301 硫黄改性剂、GLT-401 消泡剂、GLT-601 络合剂、GLT-701 络合铁补充剂和 45%(质)氢氧化钾溶液。化学药剂的补充量需要根据络合铁吸收剂溶液成分来确定，化学药剂通过对应计量泵连续或间断输送至脱硫反应器中。

4 GLT 络合铁脱硫系统的运行情况

4.1 生产情况简介

GLT 络合铁脱硫系统于 2018 年 12 月 30 日投产，经过脱硫后的克劳斯尾气硫化氢含量为 0，经过焚烧后 SO_2 的含量基本小于 90mg/Nm^3，完全满足设计指标，远优于国家及吉林省环保排放指标，且装置没有三废排放，未产生二次污染，开车一次获得成功。

目前装置运行稳定，操作平稳，无生产波动等运行问题出现。两路吸收药剂量控制在各 50t/h 左右，再生空气量在 100 m^3/h，药剂吸收与再生效率良好。

4.2 尾气达标排放

在运行期间原料气浓度为$(100\sim300)\times10^{-6}$，净化气中硫化氢含量为 0。经过焚烧后，$SO_2$ 的含量小于 100mg/Nm^3。选取 2019 年 3 月 1~31 日期间的几组络合铁脱硫的数据，如表 1 所示。

表 1 络合铁脱硫参数

项目时间		克劳斯尾气流量/(Nm^3/h)	运行温度/℃	运行压力/kPa	净化尾气中硫化氢含量/(mg/Nm^3)	焚烧后 SO_2 浓度/(mg/Nm^3)
2019-3-1	0：00	3056.56	50.21	12.803	0	89
	6：00	3055.31	50.05	12.789	0	92
	12：00	3021.25	50.25	13.108	0	85
	18：00	2998.25	50.18	12.891	0	78
	23：00	3008.65	49.98	13.082	0	89

续表

项目时间		克劳斯尾气流量/(Nm^3/h)	运行温度/℃	运行压力/kPa	净化尾气中硫化氢含量/(mg/Nm^3)	焚烧后 SO_2 浓度/(mg/Nm^3)
2019-3-12	0：00	3025.4	49.95	13.201	0	88
	6：00	2985.35	50.01	12.985	0	89
	12：00	3011.25	50.54	13.108	0	90
	18：00	3002.65	50.31	13.005	0	85
	23：00	3009.74	50.34	13.156	0	86
2019-3-20	0：00	3056.75	49.88	12.889	0	80
	6：00	2997.95	49.35	12.865	0	82
	12：00	3057.64	50.64	13.112	0	88
	18：00	3085.75	50.31	12.558	0	85
	23：00	3011.543	50.81	12.564	0	82

4.3 无三废排放

自 GLT 络合铁脱硫系统于 2018 年 12 月 30 日投产至 2019 年 5 月 5 日，除了净化后的尾气(原料气经过脱除硫化氢后的气体)送至界区外焚烧后排放外，装置不产生其他污染环境的气体，装置未产生废水及废渣，无废水和废渣排放。因此，GLT 络合铁脱硫系统置无三废排放。

5 GLT 络合铁脱硫系统问题分析及改进

5.1 GLT 络合铁脱硫系统存在的问题

(1) 再生废空气放空管管径小(*DN*100)，造成放空管放空时有少量络合铁容易带出，对四周环境造成影响。

(2)因加工负荷低，络合铁脱硫单元运行近五个月(2018 年 12 月 30 日试生产)，因硫黄浆中硫黄固含量 0.028%，尚未达到熔硫条件(熔硫条件为硫黄固含量为 1%)，目前尚未有硫黄产生。

5.2 改进措施

(1) 将再生废空气放空管管径扩大至 *DN*200，以降低气速，避免放空管放空时有少量络合铁带出。

(2) 需要等待硫黄浆中硫黄固含量达到熔硫条件后，开启熔硫釜，产出硫黄。

6 结语

(1) GLT 络合铁脱硫工艺脱硫过程在常温、常压下进行，系统操作简单。

(2) GLT 络合铁脱硫工艺可以确保硫黄装置尾气排放指标稳定达到国家要求的排放标准。

(3) GLT 络合铁脱硫工艺脱硫装置无三废排放。

胺液净化设施在溶剂再生装置的成功应用

刘 静 何志英

（中国石油庆阳石化公司运行三部 甘肃庆阳 745000）

摘 要：分析了溶剂再生装置胺液中产生热稳盐的机理及危害，介绍了胺液净化设施的技术原理、工艺特点以及应用情况，说明胺液净化设施的有效运行能够去除胺液中杂质和热稳定盐，提高溶剂脱硫效率、减缓系统腐蚀，为装置的长周期平稳运行提供了保障。

关键词：胺液净化设施 热稳定盐 腐蚀 MDEA

1 前言

庆阳石化公司溶剂再生装置是由山东三维石化工程股份有限公司设计，于 2010 年 10 月建成并投入运行，至今运行 9 年时间，设计富胺液处理能力为 40t/h，设计弹性范围 60%~120%。2012 年为适应上游装置扩能改造对溶剂再生系统进行了扩能，通过将溶剂再生塔的塔盘降液板高度提升 10mm、塔盘开孔率增大、泵叶轮流道放大等举措，将溶剂再生装置的处理能力由原来的 40t/h 提高为 50t/h。2018 年大检修期间，为消除溶剂再生装置运行瓶颈，对装置富液闪蒸罐、塔底重沸器、贫富液闪蒸前换热器、部分机泵等进行了改造。

2 溶剂再生工艺原理

溶剂再生装置采用技术成熟的热再生工艺，全厂胺液集中再生。其主要是采用浓度为 25%~35%的水溶性 *N*-甲基二乙醇胺（MDEA）水溶液，分别在联合脱硫装置、汽油加氢装置、硫黄回收装置和燃料气脱硫装置吸收干气、液化气、氢气、硫黄过程尾气、燃料气中的 H_2S 和 CO_2 等酸性气，脱硫后转化成富胺液，富液通过溶剂再生塔再生后，产生的酸性气进入硫黄回收装置制硫，再生后的贫胺液继续循环使用达到脱硫效果，同时也从酸性气中回收硫，达到清洁生产的目的。

3 胺液中热稳定盐产生机理和危害

胺液在长期循环吸收、再生过程中会产生一定的降解，其一般分为热降解、化学降解和氧化降解，在胺液浓度越低的情况下，抗氧性就越差，产生离子型铵盐，由于这些盐类在富液再生过程中仍与胺结合呈现“稳定”结构，如生成二甘氨酸、乙酸盐、甲酸盐、二乙醇胺（DEA）等，这些盐类统称为热稳定盐。在吸收循环过程中，因气相夹带杂质及烃类，管道腐蚀产生硫化亚铁等产物，胺液系统会逐渐“变脏”。胺液中杂质多会产生如下问题：①堵塞换热器、过滤器及管道；②使烃类的分离效果劣化；③引起胺液发泡导致胺耗高；④导致系统运行不稳定性。

热稳定胺盐由于“束缚”了胺分子，造成溶剂中的有效胺浓度下降，降低了吸收硫化氢或二氧化碳的能力；热稳定盐含量增加，将造成溶剂黏度增加，引起表面张力增加使溶剂易发泡，导致气体携带脱硫剂，甚至造成脱硫气体产品质量不合格。热稳定盐含量高还会造成胺液系统管道设备出现应力腐蚀裂纹，甚至装置停工。尤其是在 120℃ 时热稳定盐阴离子在 MDEA 溶液的腐蚀性大大强于 80℃ 时的腐蚀，形成杂质的热稳定盐物质大都在 10～50μm 之间，而贫、富液在线过滤器的过滤精度只有 25μm，因此部分的热稳定盐形成的不熔颗粒会加速设备表面的冲蚀作用，设备、管线腐蚀是脱硫装置运行中面临最为严峻的问题，同时也会导致装置运行不稳定，贫液质量不合格，影响硫黄回收装置尾气达标排放。胺液大量跑损导致胺液单耗上升，同时也会造成有效胺浓度下降。温度与腐蚀速率的变化见图 1。

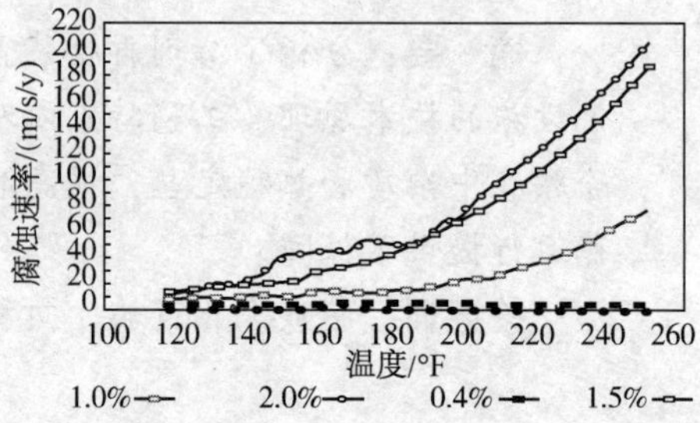

图 1　温度与腐蚀速率的变化

4　胺液净化设施的技术原理

为去除胺液中固体悬浮物杂质及热稳定盐，通常采用胺液净化技术。我公司选用了北京世博恒业引进的美国 MPR 公司的全自动胺液净化设施。包括固体悬浮物去除(SSX™)工艺，热稳定盐和贫胺酸气去除(HSSX ®)工艺。每个工艺都可以通过在线自动再生来恢复能力。SSX™的预过滤不仅有利于保持胺液的纯净，而且也有利于保护 HSSX ®树脂，延长其使用寿命。工艺流程示意见图 2。

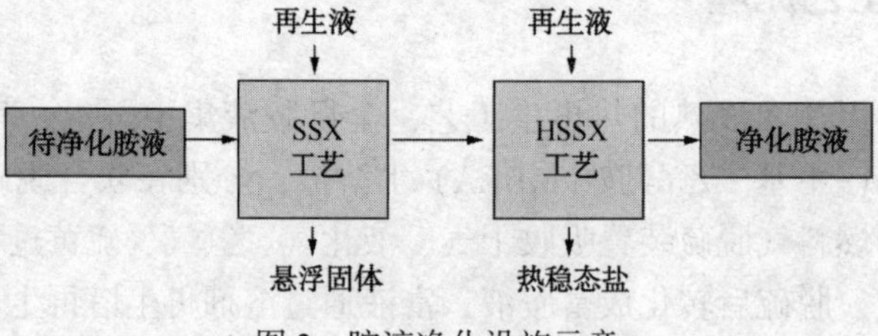

图 2　胺液净化设施示意

4.1　技术原理

SSX™工艺的工作原理十分独特，不是常规意义的过滤。它可以从胺液中去除各种尺寸甚至小于 1μm 的固体颗粒。HSSX ®工艺使用美国 MPR 公司的专利 Versalt 阴离子交换树脂，把烷醇胺中含热稳定盐的阴离子(如硫代硫酸根、硫酸根、硫氰根、甲酸根、草酸根、氯离子)的贫溶剂通过阴离子交换树脂床，以 OH^- 交换热稳盐阴离子，除去胺液中的热稳定盐阴离子，还原溶剂胺，当树脂完全被交换时，用强碱对树脂床进行再生，再生后的树脂床循环使用，达到胺液净化的目的。

4.2 净化设施的特点

(1) 系统自动化程度高，HSSX 和 SSX™是两个独立的工艺单元，可在线自动再生。根据胺液净化需求，可设置自动运行时间和运行周期，系统参数设置完成后实现一键启动，操作简单。

(2) SSX™工艺去除悬浮固体的能力超过相同体积的普通过滤器的 19 倍，并且可以通过在线再生来恢复过滤能力。SSX™工艺将大大节省运行成本，因为过滤介质使用时间长，不需经常更换，胺耗降低，从而使系统长期稳定运行。

(3) HSSX ®工艺中的 Versalt ®专利阴离子交换树脂非常独特，它与一般树脂的区别在于不易因胺液中的热稳定盐中毒而丧失交换能力。它可以通过再生而多次循环使用，使用寿命长达 18 个月以上。

4.3 胺液净化设施的工艺流程

胺液净化设施其在线自动化运行，主要工作步骤包括：冲水排气、固体悬浮物去除、排胺正洗、反冲洗、进胺交换、排胺正洗、再生及置换反冲洗、正洗。主要包括 SSX 固体悬浮物去除罐进行固体悬浮物的去除，固体悬浮物去除罐包含 MPR 过滤器，第二步选用 HSSX 工艺用阴离子交换树脂选择性地吸附胺液中的热稳定盐(一个树脂罐去除硫氰根、一个树脂罐去除氨基酸根)然后是排胺正洗利用 3.3%的稀释碱液对树脂进行再生。详细流程见图 3。

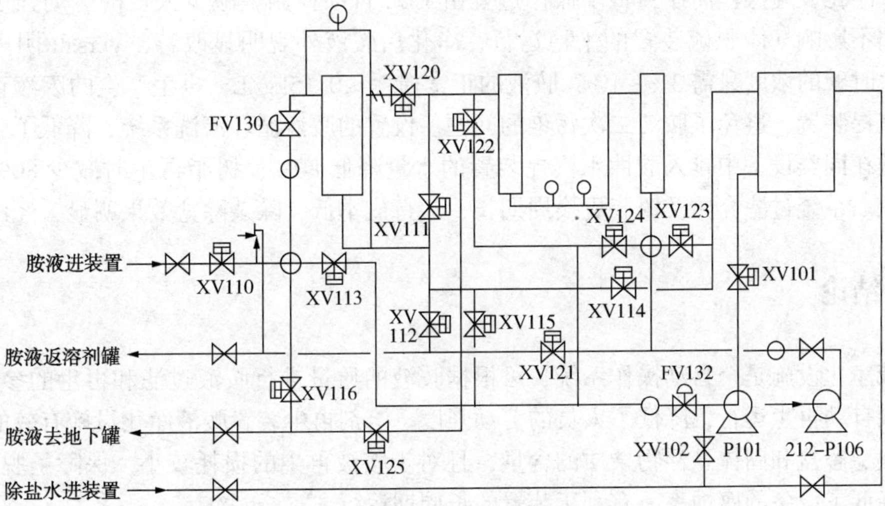

图 3　胺液净化设施流程

5 净化设施的运行效果

胺液净化设施 2010 年 10 月与溶剂再生装置同步开工运行。通过精心操作和维护，胺液净化设施保持了长期的正常运行。故障均能在短时间内解决，操作中积累了丰富的运行经验。

5.1 胺液脱硫效果稳定

2010 年溶剂再生装置开工之初贫液出现发泡现象，回流罐液位偶有出现波动大甚至满罐。胺液中杂质多，贫液样中可见明显杂质，颜色呈黑褐色，热稳定盐含量高于1.5%。胺液净化设施运行不稳定，系统压差高，频繁停车。通过更换过滤罐过滤介质，加强贫液、富液在线过滤器投用，减少系统杂质后胺液净化设施逐渐运行正常。贫胺液中的固体杂质和热稳定盐含量下降，贫胺液中杂质消除，胺液的外观由黑褐色转为黄色半透明液体，热稳定盐长期低于1%，胺液的性能得到很大改善。公司干气液化气系统脱后硫含量长期达标，硫黄回收尾气经胺液吸收脱硫后进焚烧炉焚烧排放，尾气长期达标排放。胺液净化设施的可靠运行保障了溶剂系统运行稳定，脱硫效果稳定。

5.2 设备的腐蚀率降低

在溶剂再生长周期的运行中由于胺液携带杂质并吸收酸性气过程中，金属表面被氧化形成硫化亚铁与热稳盐的反应加速了腐蚀的作用。按照炼油行业腐蚀指导意见，胺液中热稳定盐含量控制应低于1.5%，长期高于指标将加速胺液系统腐蚀，同行业发生多起因胺液中热稳定盐含量高导致装置腐蚀泄漏甚至停工事故。在胺液净化设施的长期正常运行下，我公司胺液中热稳定盐长期稳定在1.0%以下，对减缓系统腐蚀作用明显。溶剂再生装置未发生因腐蚀导致的泄漏事故事件，在历次大检修腐蚀检查中，对发现的减薄或者腐蚀裂纹及时处理，通过更换部分工艺管线的材质和对泄漏减薄部位更换，对存在腐蚀点坑进行补焊等措施，保证了系统的安全运行，溶剂再生装置设备未出现大的腐蚀穿孔现象。

5.3 胺液净化设施的经济价值

胺液净化设施操作简便，整个操作过程由PLC自动控制，减少人员的劳动强度，在线运行期间不影响气体脱硫装置的平稳运行，净化后胺液外观明显改善，Versalt阴离子交换树脂再生时碱的浓度只需3%~4%，胺液的正常损耗≤0.15kg/L，再生产生的废液直接排入酸性水汽提装置，避免了胺液二次污染的问题。设置的胺液循环清洗系统，降低了胺液的损耗，使得在同类设备中排入酸性水汽提装置的水量降低80%，树脂再生时减少80%以上的胺液损耗。系统过滤介质及树脂更换周期长，运行成本低，除杂除盐效果明显，经济实用。

6 结论

胺液净化设施是全自动操作系统，可根据胺液的质量进行胺液过滤和再生的参数设置，达到在线自动再生运行，降低了人员的劳动强度。溶剂再生装置胺液净化设施有效的降低胺液中的热稳态盐和固体悬浮物杂质的含量，且对于胺液再生的损耗较小，保障了脱硫效果，有效的降低了设备的腐蚀率，有利于装置的长周期运行。

参考文献

[1] 孙娇，孙兵. 天然气脱硫过程的胺液污染问题及胺液净化技术的研究进展[J]. 化工进展，2014，33(10)：2771-2777.

[2] 林霄红，袁樟永. 用AmiPur胺净化技术去除胺法脱硫装置胺液中的热稳定性盐[J]. 石油炼制与化工，2004，35(8)：21-25.

[3] 张芳民. 胺液在线净化技术在脱硫装置应用分析[J]. 化工工程与装备，2016(1)：13-16.

[4] 刘英. 胺液再生系统设备腐蚀原因分析及防护对策[J]. 石油化工腐蚀与防护，2006，23(3)：56-58.

Cansolv 溶剂脱硫工艺在硫黄回收装置的应用

张永林　罗　强　蒋德强　邢　刚　邢　宇

（中国石油克拉玛依石化有限责任公司　新疆克拉玛依　834000）

摘　要：某石化公司新建、投用一套硫黄装置，装置制硫部分采用常规 Claus 工艺，尾气处理部分采用 Cansolv 溶剂脱硫工艺，该装置是国内第一套应用此尾气处理工艺的硫黄装置。目前装置开工运行正常，烟气排放 SO_2 数值为 30mg/Nm^3 左右，达到超低排放。本文主要从工艺原理、流程、工艺技术特点方面介绍 Cansolv 溶剂脱硫工艺，为新建硫黄装置提供参考。

关键词：硫黄装置 尾气处理　Cansolv 溶剂脱硫　SO_2 排放

1　前言

随着公司加工规模的扩大、国家汽柴油质量升级标准的实施，4000t/a 硫黄回收装置已严重超负荷，无法满足生产要求，2015 年公司开始筹建 10kt/a 硫黄回收装置。根据最新《石油炼制工业污染物排放标准》(GB 31570—2015)颁布，要求酸性气处理装置中烟气二氧化硫浓度限值为 400mg/Nm^3，特别地区的排放限值为 100mg/Nm^3，石化公司所处区域按特别地区执行。考虑到硫黄装置尾气处理的主流工艺还原吸收工艺很难达到 100mg/Nm^3 的特别的排放限值[1]，经过论证评价 10kt/a 硫黄回收装置尾气处理部分最终采用 Cansolv 溶剂脱硫工艺。装置于 2017 年 6 月开工正常，目前装置运行良好，排放烟气 SO_2 数值为 30mg/Nm^3(干基，氧含量 3%)左右，达到超低排放。

2　工艺介绍

2.1　工艺原理

Cansolv 尾气处理包括预洗涤单元和吸收再生单元。

预洗涤单元采用急冷塔稀酸洗涤-过冷塔间接冷却-电除雾器除酸雾的工艺技术，通过预处理，降低烟气温度，除去粉尘、三氧化硫等杂质。急冷塔采用空塔洗涤，通过水绝热蒸发使高温烟气从 200℃急冷至 80℃左右。过冷塔采用填料塔洗涤，通过外加冷却器，将烟气进一步冷却至 38℃左右。静电除雾器利用高压电场作用去除硫酸酸雾，使其脱除至 10×10^{-6} 以下，避免过多硫酸酸雾进入 Cansolv 吸收剂，影响溶剂性能。

吸收再生单元基于 Cansolv 吸收剂对二氧化硫有极高的选择性，该吸收剂具有两个胺功能团，其中第一个功能团呈强碱性，在工艺条件下不能再生，所以一旦与 SO_2 或任何强酸反应生成热稳定[1]盐。第二个功能团(吸收氮)呈弱碱性，富含 SO_2 的吸收剂 pH 值为 4，含微

量 SO_2 的吸收剂 pH 值为 5.5，该缓冲范围很好平衡了吸收与再生，其反应如下：

$$R_1R_2\ NH^+—R_3-NR_4R_5 + SO_2 + H_2O \rightleftharpoons R_1R_2\ NH^+—R_3—NH^+R_4R_5 + HSO_3$$

该反应为可逆反应，在吸收塔内烟气中的 SO_2 经 Cansolv 吸收剂多级逆向接触被吸收，上述反应向正反应进行，正反应为放热反应，温度越低越有利于吸收反应的进行。在再生塔内吸收 SO_2 后的富溶剂通过再沸器产生的水蒸气汽提，解析出高纯度 SO_2，上述反应向逆反应进行，逆反应为吸热反应，温度越高越有利于解析反应的进行，再生后贫吸收剂冷却后循环利用[2]。

2.2 工艺流程

制硫尾气焚烧炉来的 200℃的烟气进入急冷塔、过冷塔经过两级冷却温度至 38℃左右，然后进入静电除雾器除去 SO_3 酸雾，预洗涤系统多余的酸性水排至中和储罐经酸碱中和后外排。经过预处理的烟气进入吸收塔与 Cansolv 吸收剂逆向接触，烟气中的 SO_2 被吸收剂吸收，脱硫后的烟气经换热升温后排放至烟囱。吸收 SO_2 的富吸收剂与高温贫吸收剂换热升温后进入再生塔，解析出的高纯度 SO_2 送至制硫部分参与反应，贫吸收剂经换热冷却后循环利用。Cansolv 尾气处理工艺流程图见图 1。

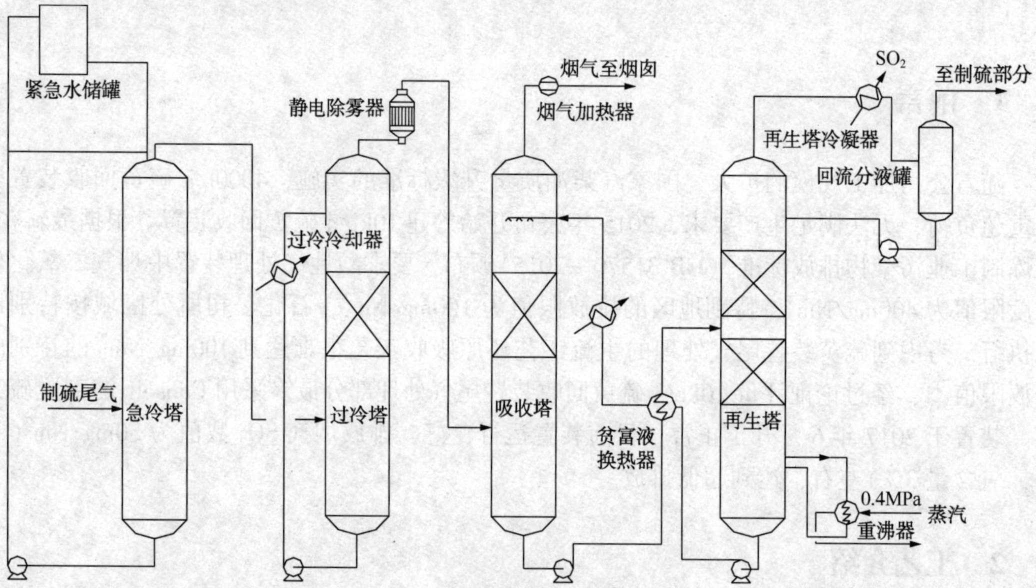

图 1　Cansolv 尾气处理工艺流程图

2.3 主要工艺操作条件

主要工艺操作条件见表 1。

表 1　主要工艺操作条件

序号	控制项目	控制指标	实际值
1	过冷塔入口温度/℃	≯85	76
2	吸收塔入口温度/℃	≯42	30
3	贫液流量/(t/h)	2~5	4
4	再生塔顶压力/kPa	60~90	75
5	再生塔顶温度/℃	108~120	117
6	再生塔底温度/℃	110~125	118.5

2.4 公用工程消耗

Cansolv 尾气处理部分消耗公用工程有除盐水、新水、电、净化空气、0.4MPa 低低压蒸汽、循环水。Cansolv 尾气处理部分公用工程消耗见表 2。

表 2 Cansolv 尾气处理部分公用工程消耗

项目	消耗指标	
	时耗	年耗
新鲜水(0.4MPa)/t	0.05	420
除盐水(1.5MPa)/t	0.1	840
电(380V)/(kW·h)	33.8	283920
蒸汽(0.4MPa)/t	1.4	11760
循环水(0.4MPa)/t	196	1646400

2.5 专有设备

2.5.1 设备采用特殊材质

预洗涤部分采用稀酸冷却工艺，工况较为苛刻，介质涉及高温含硫烟气和稀酸，烟气温度 240℃，硫酸浓度接近为 0.8%(质)，pH 值约为 1，所以常规的材料难以满足要求。预洗涤部分设备材质表见表 3。

表 3 预洗涤部分设备材质表

序号	设备	材质
1	急冷过冷塔塔	254SMo
2	冷却器	254SMo
3	循环泵	20#合金钢
4	气相管道	玻璃钢(FRP)
5	液相管道	刚衬塑(PTFE)

2.5.2 静电除雾器除酸雾

由于处理烟气中含有 SO_3 酸雾，SO_3 进入溶剂系统后会造成吸收剂热稳定盐富集，会影响吸收剂吸收效果。为脱除有害 SO_3 酸雾，Cansolv 尾气处理工艺设置湿式静电除雾器，通过高压电场原理除去 SO_3 酸雾，使吸收塔 SO_3 小于 10×10^{-6}，保证吸收剂质量。

3 装置运行中出现的问题及改进措施

3.1 中和水储罐搅拌器密封腐蚀泄漏

装置运行过程中产生的酸性水进入中和水储罐，通过中和水储罐内注碱，使废水 pH 值达到中性后送至工业水处理。为保证容器内酸碱反应稳定进行，罐顶部设置搅拌器。但由于中和水储罐气相为富含 SO_2 饱和烟气，长时间运行后，搅拌器轴密封处产生坑蚀，使密封失效，造成含 SO_2 泄漏。

为解决搅拌器轴密封泄漏问题，主要有两种方法：一种是改造搅拌器轴密封材质及形式，另一种为通过工艺流程替代搅拌器。经过综合考虑我们采用第二种方法，取消搅拌器。我们将中和水储罐注碱位置由罐顶改至稀酸进中和水罐前管道，通过注碱位置前移，预混合反应。此外，加大泵出口返罐量，形成搅动，使反应均匀稳定。通过以上工艺调整中和水储罐 pH 值控制稳定，同时取消搅拌器，减少电力消耗，起到节能降耗作用。

3.2 预洗涤硫黄粉尘堵塞

尾气焚烧炉目的是将制硫部分尾气中硫化氢等硫化物在高温下全部转化为二氧化硫。当上游酸性气大幅度波动或开工引酸性气时，制硫部分异常缺风情况下，大量硫化氢进入尾气焚烧炉，缺氧燃烧，会发生克劳斯反应生成硫黄。硫黄随烟气进入预洗涤部分，会堵塞循环泵叶轮或堵塞静电除雾器排液线，造成尾气处理部分波动。

在开工引酸性气或上游酸性气大幅度波动时，制硫部分配风量要大于理论配风量，防止进入尾气焚烧炉硫化氢浓度过高，同时提高尾气焚烧炉配风量，保证尾气焚烧炉过氧燃烧，避免产生硫黄，影响装置长周期平稳运行(见图 2 和图 3)。

图 2　异常情况下预洗涤循环水水样

图 3　异常情况下泵叶轮硫黄堵塞

4　技术特点

与传统还原吸收尾气处理工艺工艺(如 SCOT 工艺)相比 Cansolv 溶剂脱硫技术有如下特点。

(1) 流程简单。Cansolv 溶剂脱硫工艺与还原吸收工艺相比少了加氢过程，工艺控制难度相对减低，装置更容易实现平稳运行。除此之外，由于少了加氢过程，无反应器开工升温、硫化，停工钝化等过程，大大缩短了装置开停工时间。

(2) 脱硫效率较高。装置设计烟气流量 8000Nm^3/h，吸收塔入口烟气 SO_2 含量 1%，排放烟气 SO_2 达到 80mg/Nm^3，设计脱除率大于 99.5%，而实际运行过程中烟气流量 3500Nm^3/h，吸收塔入口烟气 SO_2 正常情况下 0.6%左右，排放烟气 SO_2 可达到 30mg/Nm^3 以下，脱硫效率达到 99.8%。

(3) 该工艺能耗低。Cansolv 溶剂对 SO_2 选择性较强，且对 SO_2 的选择性是对 CO_2 的 50000 倍，参与脱硫的有效吸收剂比例近似 100%，所以与传统还原吸收工艺相比吸收剂循环量大大降低，再生所需蒸汽量随之降低。本装置 Cansolv 溶剂脱硫工艺尾气处理部分烟气量 8000Nm^3/h，SO_2 浓度为 1%(体)，设计吸收剂循环量只有 4t/h(浓度 23%～27%)，比常规还原吸收工艺胺液循环量小很多，再生蒸汽单耗为300kg/m^{3}溶剂，蒸汽消耗大幅度减少。

(4) Cansolv 溶剂可再生，运行损耗小。相较于其他尾气处理工艺使用的一元醇胺液，Cansolv 吸收剂非常稳定，很难发生氧化而降解，装置运行过程吸收剂损耗较小，运行一年吸收剂补充量只有1t。

5 应用效果

10kt/a 硫黄回收装置自2017年6月开工后运行正常，在现有50%负荷时制硫部分尾气流量3500Nm^3，SO_2含量正常在0.6%左右，排放尾气SO_2含量在20~40mg/Nm^3，平均在30 mg/Nm^{3}左右，远低于国家特别排放限值。当制硫部分波动造成SO_2偏高，在小于2%情况下，经尾气处理都可实现达标排放。图4为9~11月烟气SO_2数值趋势和48h脱硫前后SO_2数值对比趋势。

图4 排放尾气SO_2浓度趋势

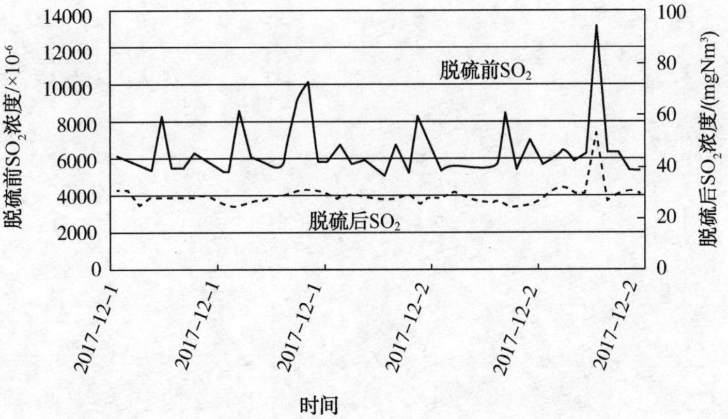

图5 脱硫前后尾气SO_2浓度趋势

6 结论

随着环保要求越来越严，对硫黄尾气SO_2排放提出更高的要求。Cansolv 溶剂脱硫工艺作为一种新型的、较为先进的脱硫工艺，首次在国内硫黄回收装置成功应用，排放烟气排放

烟气 SO_2 含量为 30mg/Nm^3 左右，在国内达到领先水平。因其工艺流程简单、脱硫效率高、能耗低等特点，相信会有更广泛的应用。

参 考 文 献

[1] 陈赓良. 硫黄回收尾气处理工艺的技术发展动向[J]. 油气加工，2016，34(3)：35-39.

50kt/a 硫黄回收装置余热锅炉蒸汽降压后的运行分析

李延强　刘文君　于　强　余　姣

（中国石油独山子石化公司炼油厂　新疆独山子　833699）

摘　要：本文介绍了独山子石化公司 50kt/a 硫黄回收装置在运行周期末出现的影响装置安全生产的问题以及采取的措施，同时对装置的整体运行情况进行分析总结，以期为同类装置的安全运行提供参考依据。

关键词：制硫炉余热锅炉　降压　能耗　腐蚀

1　前言

独山子石化公司炼油厂加工高硫原油逐渐呈现常态化，而炼油新区硫黄装置只有一套，在装置运行后期，个别工艺、设备操作参数已经超出设计运行工况，生产工艺及关键设备运行状况备受考验。车间梳理了制约装置安全运行的瓶颈问题，其中主要问题是制硫余热锅炉 10221-E-101 出口至一级硫冷器 E-102 管线因装置运行后期炉管内积灰、积炭，出现管线温度超过设计温度运行的情况。为了解决该问题，硫黄装置于 2018 年底执行了制硫炉余热锅炉汽包降压方案，将硫黄制硫炉汽包压力由 4.0MPa 降至 1.50MPa 左右。余热锅炉实施降压方案前，余热锅炉出口温度为 423℃；降压后，余热锅炉出口温度为 361℃，温度降低 62℃，效果显著。截至目前，余热锅炉出口温度再未出现显著上升情况，装置暂时消除了这一较大安全隐患。车间针对余热锅炉降压操作前后的运行情况进行对比分析，以便于发现问题从而指导生产，并为未来原油硫含量的进一步上升提供技术依据。

2　工艺原理介绍

独山子石化公司 50kt/a 硫黄回收装置于 2009 年开工运行，隶属于炼油厂第二联合车间。硫黄回收及尾气处理单元由制硫、尾气处理、液硫脱气、尾气焚烧、液硫成型及烟气碱洗设施六部分组成。硫黄回收装置原料气来自第二联合车间 300t/h 溶剂再生装置及两套酸性水汽提装置，分别为 95t/h 非加氢型酸性水汽提装置和 35t/h 加氢型酸性水汽提装置，酸性水汽提塔为全抽出设计，酸性气用管道输送至硫黄回收装置作为制硫原料，硫黄回收装置产品为定量包装成品的硫黄。

制硫部分采用克劳斯部分燃烧法。本装置采用工艺路线成熟的高温热反应和两级催化反应的 Claus 硫回收工艺，此法是将全部原料气引入制硫燃烧炉，在炉中按制硫所需的 O_2 量严格控制配风比，使 H_2S 燃烧后生成 SO_2 的量满足 H_2S/SO_2 接近于 2，H_2S 与 SO_2 在炉中发生高温反应生成气态硫黄。未完全反应的 H_2S 和 SO_2 再经过转化器，在催化剂的作用下，进一步完成制硫过程。对于含有少量烃类的原料气用部分燃烧法可将烃类完全燃烧为 CO_2 和 H_2O，使产品硫黄的质量得到保证。部分燃烧法工艺成熟可靠，操作控制简单，能耗低，是目前国内外广泛采用的制硫方法。制硫催化剂的选用是提高转化率的关键。目前国内外均使用人工合成制硫催化剂，其转化率可达 95%以上。

从硫黄回收部分排出的制硫尾气，仍含有少量的 H_2S、SO_2、COS、S_x 等有害物质，直接焚烧后排放达不到国家规定的环保要求，需将硫回收单元的制硫尾气进行处理，将硫回收尾气中的元素 S、SO_2、COS 和 CS_2 等，在很小的氢分压和极低的操作压力下(约 0.02～0.03MPa)，用特殊的尾气处理专用加氢催化剂，将其还原或水解为 H_2S，再用醇胺溶液吸收，吸收了 H_2S 的富液经再生处理，富含 H_2S 的气体返回上游硫回收部分，经吸收处理后的净化气中的总硫<300×10^{-6}，经过焚烧炉燃烧后进入烟气碱洗设施。烟气碱洗设施采用 SVDS 技术，利用 DSV 文丘里的抽吸作用对尾气进行抽吸、洗涤，在脱硫弯头处脱除固体颗粒和 SO_2，然后干净的尾气经过高效气液分离器分离水分后排放大气，烟气 SO_2 浓度≤100mg/Nm³。工艺原则流程简图见图 1。

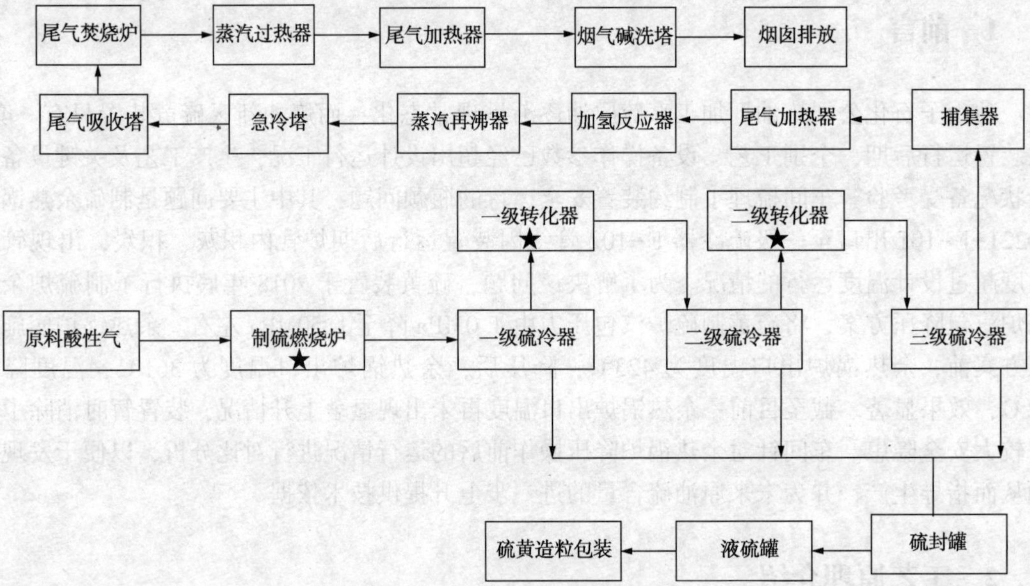

图 1　硫黄装置工艺原则流程简图

3　硫黄装置余热锅炉 E-101 实施降压操作后的效果评价

在实施降压操作后，车间及时对装置主要操作参数进行了设计对标(见表 1，数据截取 2018 年 11 月 23 日 16∶30 分 MES2.0 瞬时值)，表中加粗部分为目前装置超设计参数部分。

通过对标数据可以看出，硫黄装置清洁酸性气流量达到设计负荷的 107%，在设计操作弹性内(设计操作弹性 30%～110%)；废锅出口温度略高于设计值，但是相比设防值 425℃，还相差 67℃，说明降压操作后运行情况较好。

表 1　降压后关键操作参数对标

位置说明	参数	单位	原设计操作参数值	实际操作参数值	负荷率
F-101 入炉清洁酸性气	温度	℃	40	66	
	压力	MPa	0.06	0.055	
	流量	Nm^3/h	4414.6	4733	107%
F-101 入炉空气	温度	℃	60	94	
	压力	MPa	0.06	0.058	
	流量	Nm^3/h	13320	12607	
二级硫冷器 E-104 发汽	温度	℃	151	148	
	压力	MPa	0.4	0.38	
	流量	kg/h	1425	1220	
废锅 4.0MPa 蒸汽至蒸汽过热器 E-203	温度	℃	253	202	
	压力	MPa	4.2	1.54	
	流量	kg/h	15449	15380	
一/三级硫冷器 E-102/105 除氧水补水	温度	℃	104	104	
	压力	MPa	0.9	0.6	
	流量	kg/h	4170	3560	
余热锅炉 E-101 出口过程气	温度	℃	350	358	
	压力	MPa	0.048	0.044	

自 2018 年 12 月 11 日以来，硫黄装置清洁酸性气量由之前 4700 Nm^3/h 左右逐步下降至 4100~4450 Nm^3/h，基本维持在设计流量 4414.6 Nm^3/h 附近，截至目前，原油硫含量平均值为 0.82%(质)，最高 0.852%(质)，最低 0.685%(质)，未达到预警值 0.87%(质)。余热锅炉 E-101 出口温度变化范围在 335~360℃，温度随清洁酸性气负荷变化而上下浮动(酸性气负荷变化与 E-101 出口温度的变化趋势见图 2)。在目前硫负荷不高的情况下，硫黄装置生产运行处于较为平稳的状态。

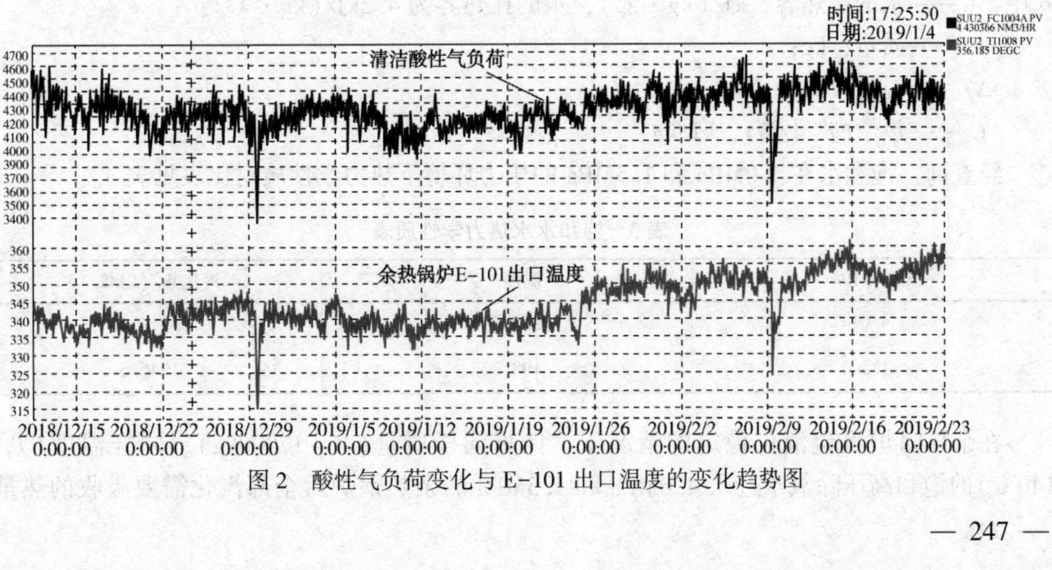

图 2　酸性气负荷变化与 E-101 出口温度的变化趋势图

4 硫黄装置余热锅炉 E-101 实施降压操作后出口管线温度降低的原因分析

制硫余热锅炉蒸汽降压方案实施后，车间统计了降压前后余热锅炉汽包相关运行参数变化情况，见表 2。

表 2 降压前后参数对比

位置说明	参数	单位	4.0MPa 蒸汽降压前	4.0MPa 蒸汽降压后
F-101 入炉清洁酸性汽	温度	℃	60	60
	压力	MPa	0.053	0.053
	流量	Nm^3/h	4602	4612
余热锅炉 E-101 出口过程汽	温度	℃	423	360
	压力	MPa	0.048	0.048
余热锅炉 E-101 自产蒸汽	温度	℃	253	203
	压力	MPa	4.05	1.54
	流量	kg/h	17050	15760
余热锅炉 E-101 除氧水补水	流量	kg/h	17130	17670

对比降压前后的锅炉补水量变化，略有上升；对比蒸汽流量变化，降压后比降压前蒸汽流量减少了 1.39t/h，实际上并未减少，因为余热锅炉 E-101 汽包顶部还有一条新增降压蒸汽线进行分流，同样并入 1.0MPa 蒸汽管网，此线无流量计，可以通过余热锅炉 E-101 补水量与原蒸汽线蒸汽流量之差来估算新增降压线流量约 2.0t/h 左右。本次降压操作实施后，总发汽流量与降压前相比，增加约 0.7t/h 左右，增加量不明显。

在实施降压操作后，余热锅炉蒸汽发汽量未有明显上升，但是余热锅炉过程汽出口温度却降低约 60℃左右，可以从热力学计算的角度进行验证分析：

水完全汽化需要吸收两部分热量：$Q=Q_1+Q_2$；$Q_1=CM\Delta T$，为温升热；$Q_2=\Delta Q^*=C\text{p}\times M$，为汽化比潜热，即 $Q=CM\Delta T+\Delta Q^*$。

式中 C——水的比热容，kJ/(kg·℃)，水的比热容为 4.2kJ/(kg·℃)；

M——质量，kg；

ΔT——温度改变量，℃；

C_p——热焓(汽化热)，kJ/kg。

经查询，饱和水在 4.0MPa 和 1.5MPa 的压力环境下热力学性质对比表见表 3。

表 3 饱和水水热力学性质表

压力/MPa	温度/℃	汽化热/(kJ/kg)
4.0	250.394	1713.4
1.5	198.327	1946.6

在余热锅炉汽包液位稳定的情况下，计算同样质量($M=17000$kg)、同样温度($T_1=140$℃)的饱和高压除氧水进入 4.0MPa 和 1.5MPa 的余热锅炉后全部汽化需要吸收的热量，

对比如下：

(1) 4.0MPa 环境下的计算过程

$$Q(4.0\text{MPa}) = Q_1 + Q_2 = CM\Delta T + C_p \times M$$

$= 4.2\text{kJ/(kg·℃)} \times 17000\text{kg} \times (250.394℃ - 140℃) + 1713.4\text{kJ/kg} \times 17000\text{kg}$

$= 7882131.6\text{kJ} + 29127800\text{kJ} = 37009931.6\text{kJ}$

(2) 1.5MPa 环境下的计算过程

$$Q(1.5\text{MPa}) = Q_1 + Q_2 = CM\Delta T + C_p \times M$$

$= 4.2\text{kJ/(kg·℃)} \times 17000\text{kg} \times (198.327℃ - 140℃) + 1946.6\text{kJ/kg} \times 17000\text{kg}$

$= 4164547.8\text{kJ} + 33092200\text{kJ} = 37256747.8\text{kJ}$

余热锅炉 E-101 汽包发 4.0MPa 与 1.5MPa 蒸汽的热量吸收差值为：

$Q = Q(1.5\text{MPa}) - Q(4.0\text{MPa}) = 246816.2\text{kJ} \approx 247\text{MJ}$

上述计算结果说明高压除氧水在汽包 4.0MPa 环境下发 4.0MPa 蒸汽所需要的热量要远小于在汽包 1.5MPa 环境下发 1.5MPa 蒸汽所需要的热量。这就解释了余热锅炉锅 E-101 实施降压操作后，在汽包发汽量变化不大的情况下，余热锅炉 E-101 过程汽出口温度出现了明显降低的情况。

5 硫黄装置余热锅炉 E-101 实施降压操作后发汽量变化不大的原因分析

5.1 尾气焚烧炉后蒸汽过热器 E-203 本体及安全附件安全运行温度的限制

制硫余热锅炉 E-101 降压蒸汽分两路并入装置内 1.0MPa 蒸汽管路(见图 3)，一路是经尾气焚烧炉后蒸汽过热器 E-203 与焚烧炉烟气进行换热后并入 1.0MP 蒸汽管网，需要克服的管路阻力较大；另一路是通过制硫余热锅炉 E-101 汽包顶部新增蒸汽降压线直接并入系统 1.0MPa 蒸汽官网，需要克服的管路阻力较小。

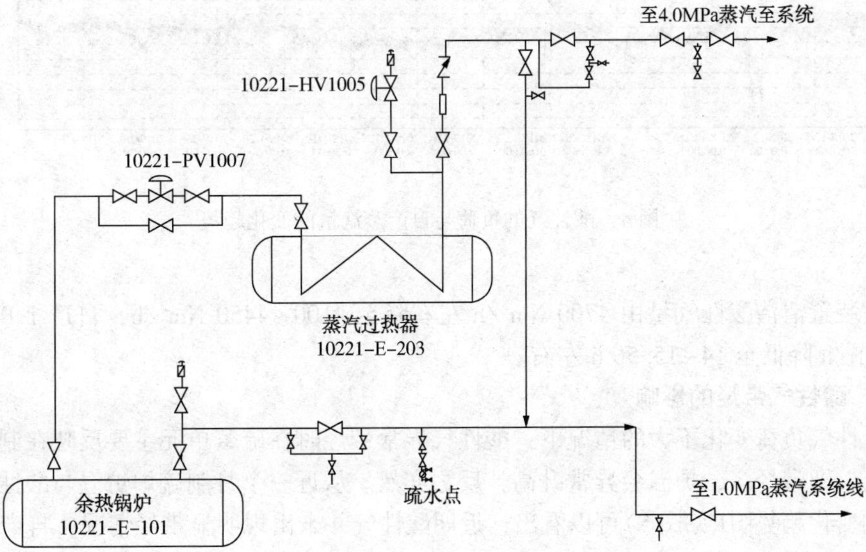

图 3 余热锅炉 E-101 蒸汽降压流程

从流程设置上来分析，如果为了多产汽，通过开大汽包顶部新增降压线阀门进行降压(压力不得低于系统1.0MPa蒸汽压力1.29MPa)，当汽包顶部压力控制过低时(压力控制高于系统1.0MPa蒸汽压力1.29MPa)会使E-101汽包自产蒸汽大量走短路，那么经原4.0MPa蒸汽管道输送的蒸汽量会大大减少，将会导致尾气焚烧炉后蒸汽过热器E-203换热冷源不足，造成蒸汽过热器E-203设备超温，还会影响E-203蒸汽线安全阀的安全运行(安全阀工作温度≯425℃)，所以余热锅炉汽包E-101压力不宜控制过低。

车间经过操作摸索，将汽包顶部压力控制在1.54MPa，虽然冷源吸收热量有限，不能过多增产蒸汽，但是既保证了至E-203蒸汽量满足安全运行要求，又使余热锅炉E-101出口管线温度大大降低，起到了降压操作的效果，同时两条降压线同时走量，可以降低原4.0MPa蒸汽线的蒸汽流速，减缓冲刷腐蚀。余热锅炉过程气热量吸收有限，但是余热依然可以通硫黄装置各级硫冷器进行回收，自产0.4MPa蒸汽，总之制硫炉热量利用率未降低。

5.2 硫黄装置制硫炉负荷的影响

在余热锅炉的换热面积未增大，汽包压力稳定的情况下，余热锅炉汽包的产汽量与硫黄装置制硫炉酸性气负荷的变化有直接对应关系，即负荷大，热量多，产汽量增大，见图4。

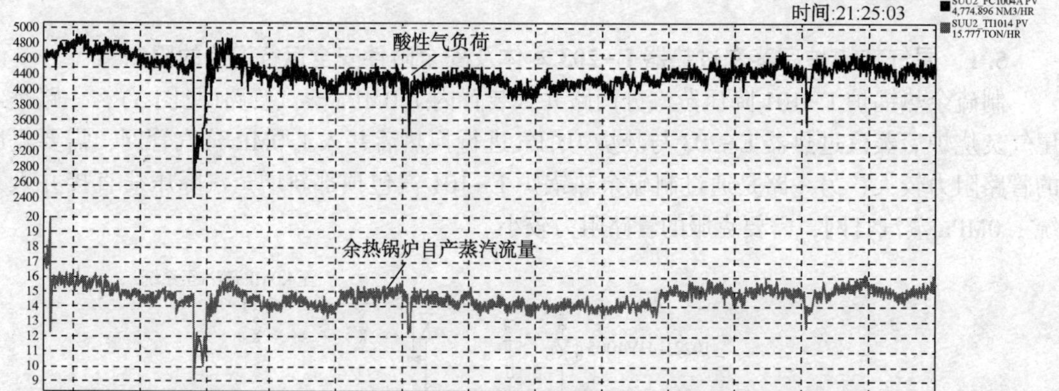

图4 酸性气的负荷与自产蒸汽量的变化趋势

硫黄装置清洁酸性气量由4700 Nm^3/h左右降至4100~4450 Nm^3/h，自产1.0MPa蒸汽量由17.1t/h降低至14~15.5t/h左右。

5.3 酸性气带烃的影响

在酸性气负荷变化不大的情况下，酸性气异常带烃时在硫黄单元主要反映在制硫炉炉温的变化上，即带烃多，炉温会异常升高，反之亦然。从近一个月制硫炉炉温与酸性气、自产蒸汽量的变化趋势图(见图5)可以看出，近期酸性气并未出现明显带烃情况，自产蒸汽变化趋势与酸性气负荷保持一致。

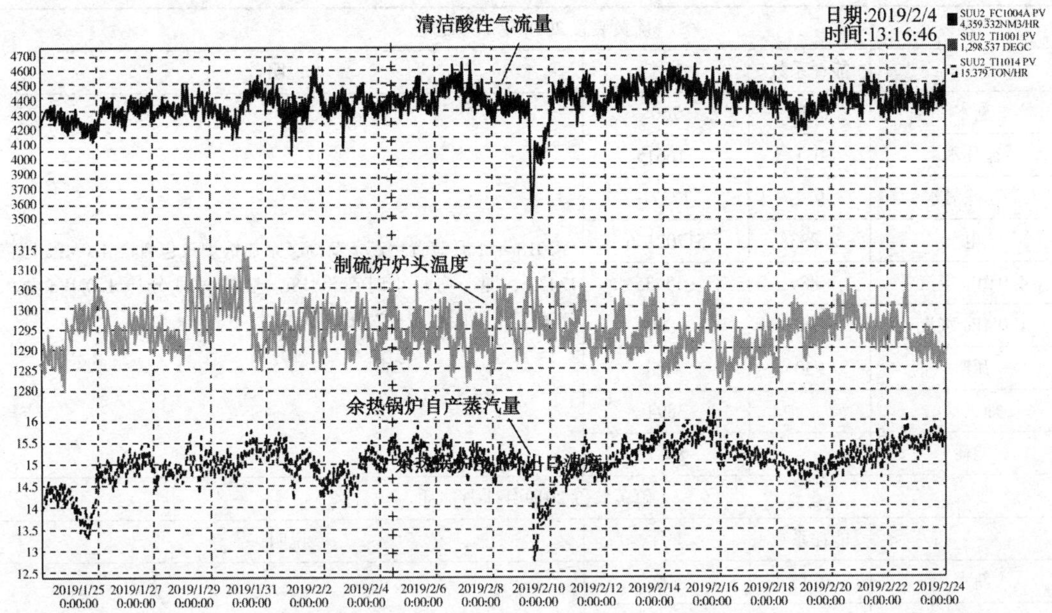

图 5　制硫炉炉温与酸性气的负荷及自产蒸汽量的变化趋势

6　硫黄装置余热锅炉 E-101 实施降压操作后对装置动力运行成本及能耗的影响

6.1　降压前后对装置动力运行成本的影响

装置动力成本核算时，自产蒸汽量不计入成本，只计算蒸汽消耗量，所以制硫余热锅炉汽包无论自产 4.0MPa 蒸汽还是自产 1.0MPa 蒸汽，对硫黄单元的动力成本无影响。

6.2　降压前后对装置能耗的影响

硫黄装置能耗的计算方式为：

$$能耗 = \frac{\sum(公用工程介质耗量 \times 能耗系数)}{装置加工量}$$

降压前，硫黄装置生产 4.0MPa 蒸汽外供系统，计量统计仪表为尾气单元蒸汽过热器 E-203 蒸汽流量计 10221FQ1022。降压后，硫黄装置生产 1.0MPa 蒸汽自用，考虑到对硫黄装置的当月累计能耗达标影响不大，计量统计仪表依旧为尾气焚烧炉蒸汽过热器 E-203 出口蒸汽流量计 10221FQ1022，能耗计算方式一致。2019 年硫黄单元能耗计量不同之处在于硫黄单元能耗计算不再计入 1.0MPa 蒸汽分摊量(每月 4500t)，则影响硫黄单元能耗的关键因素为：蒸汽能耗系数，由降压前产 4.0MPa 蒸汽的能耗系数 88 kg 标油变为产 1.0MPa 蒸汽的能耗系数 76kg 标油，两者相差 12 kg 标油，如果产同样数量的蒸汽，产 4.0MPa 蒸汽对于装置的能耗较为有利。对比 2018 年 1 月份与 2019 年 1 月份硫黄单元能耗情况见表 4。

表 4　同期装置能耗对比

硫黄装置 2018 年 1 月能耗			
	能耗系数	1 月	说明
新水	0.17	760	2018 年 1 月装置生产负荷高，余热锅炉汽包自产 4.0MPa 蒸汽 13435t，即平均每小时产汽 18t。装置每月分摊 1.0MPa 蒸汽 4500t，当月能耗为-87.50kg 标油/t。
循环水	0.1	316615	
高压除氧水	9.2	17571	
电	0.2338	517021.6	
4.0MPa 蒸汽	88	-13435	
1.0MPa 蒸汽	76	4500	
瓦斯	950	195	
加工量		3894	
能耗		-87.50	
硫黄装置 2019 年 1 月能耗			
	能耗系数	1 月	说明
新水	0.17	772	2019 年 1 月装置生产负荷相较 2018 年同期下降比较明显(硫黄产量相差 538t)，余热锅炉汽包自产 1.0MPa 蒸汽 11152t，即平均每小时产汽 15t。1 月能耗为-120.36kg 标油/t
循环水	0.1	198061	
高压除氧水	9.2	15331	
电	0.2338	527109	
4.0MPa 蒸汽	88	0	
1.0MPa 蒸汽	76	-11152	
瓦斯	950	167.8	
加工量		3356	
能耗		-120.36	

对比分析，如果按照自产同样数量的 4.0MPa 蒸汽来计算能耗，核算后 1 月份能耗为-160.23 kg 标油/t，与自产 1.0MPa 蒸汽的能耗相比相差 39.87kg 标油/t，能耗影响较大。因此，从装置能耗角度考虑，在 2019 年大修后，硫黄装置余热锅炉自产蒸汽改回产 4.0MPa 蒸汽的控制方案对于装置的能耗较为有利。

7　硫黄装置余热锅炉 E-101 实施降压操作后对原蒸汽管线的腐蚀影响

经查询，4.0MPa 和 1.5MPa 的饱和蒸汽密度对比情况见表 5。

表 5　饱和蒸汽密度表

项目	压力/MPa	密度/(kg/m^3)
4.0MPa 蒸汽	4.0	20.078
1.5MPa 蒸汽	1.5	7.864

从表 5 可以看出，4.0MPa 饱和蒸汽密度是 1.5MPa 饱和蒸汽密度的 2.55 倍，则在蒸汽管道管径不变的情况下走同样质量的饱和蒸汽，由于密度 $\rho=M$(质量)/V(体积)，V(体

积)= U(流速)×A(截面积)，即密度与流速成反比，则 1.5MPa 蒸汽的流速为 4.0MPa 蒸汽的流速的 2.55 倍，也就是说通过原来输送 4.0MPa 蒸汽的管道输送 1.5MPa 蒸汽后，流速大大增加，管线的冲刷腐蚀会加剧，设备专业需要定期对原 4.0MPa 蒸汽管线进行进行测厚监控，监控管线腐蚀情况。如果测厚数据发生较大变化，则在保证尾气焚烧炉蒸汽过热器 E-203 正常运行的前提下，适当提高新增降压线蒸汽流量，减少原蒸汽管线流量，从而降低原管道蒸汽流速，减缓腐蚀。

8 结论

通过对硫黄装置余热锅炉自产蒸汽实施降压操作后的生产情况进行梳理，可以得出如下结论：

(1) 余热锅炉自产 4.0MPa 蒸汽降压为 1.5MPa 蒸汽后，可以有效缓减余热锅炉出口管线超温问题。

(2) 从装置运行能耗角度分析，余热锅炉实施降压后，对于装置的能耗影响较为显著，硫黄装置余热锅炉自产蒸汽改回产 4.0MPa 蒸汽的控制方案对于降低装置的能耗较为有利。余热锅炉降压操作只是暂时缓减管线超温的一个应急措施。如何彻底消除该问题，需要从缓减余热锅炉管束积灰、积碳方面采取应对措施。

(3) 从腐蚀角度分析，余热锅炉实施降压后管线的冲刷腐蚀会加剧，需要定期对原 4.0MPa 蒸汽管线进行测厚监控，防止管线冲刷腐蚀泄漏。

参 考 文 献

[1] 陈赓良. 克劳斯法硫黄回收工艺技术[M]. 北京：石油工业出版社，2007.

[2] 李延强. 50kt/a 硫黄回收装置大负荷生产过程中出现的问题及处理措施[C]. 新疆石油学会 2018 年炼油化工技术研讨会-炼油技术，新疆，2018.

催化剂开发与应用

氧化铝基硫回收催化剂反应动力学研究

刘爱华　刘剑利　徐翠翠　刘增让　陶卫东

（中国石油化工股份有限公司齐鲁分公司研究院　山东淄博　255400）

摘　要：针对LS-02催化剂进行反应动力学研究，通过不同硫化物在催化剂上的升(降)温表面反应，改变硫化物浓度得到不同温度和反应物浓度下的反应结果，并建立相应的速率方程，由速率方程得出催化剂上的具体反应形式及过程。结果显示：回归值与实验值偏差很小，残差期望值接近于0，说明所建立的动力学模型是有效的。

关键词：硫黄回收　LS-02催化剂　研究　动力学模型　L-M回归分析

1　前言

含硫原油和天然气资源的大量开发，使得以克劳斯法从酸性气中回收硫的工艺已成为炼厂气(或天然气)加工的一个重要组成部分[1]。随着清洁生产、节能减排和环境保护要求的日益提高，我国对克劳斯硫黄回收装置的烟气SO_2排放要求日益严格[2]。2015年我国发布GB 31570—2015《石油炼制工业污染物排放标准》，其中规定硫黄回收装置排放烟气SO_2执行小于400mg/m^3，特别地区执行小于100mg/m^3[3]，这就要求硫黄回收装置有尽可能高的硫回收率。催化剂作为硫黄回收装置的核心，对装置硫回收率有着决定性作用，其运行好坏直接关系到装置烟气二氧化硫排放。因此，高性能催化剂的开发和应用，有利于提高装置总硫回收率，满足环保要求。

目前，我国在用的硫回收催化剂主要包括氧化铝基和钛基硫回收催化剂。氧化铝基催化剂具有初期活性好、压碎强度高、成本低、硫黄回收率高等优点，因此国内外硫黄装置广泛使用[4]，氧化铝基硫回收催化剂型号主要有DD-431、Maxcel727、LS-02催化剂，其中LS-02催化剂是中国石油化工股份有限公司齐鲁分公司研究院(以下简称齐鲁石化研究院)最新研发的氧化铝基硫黄回收催化剂。该催化剂比表面积大于350m^2/g，孔体积大于0.4mL/g，具有颗粒均匀、磨耗小、活性高和稳定性好等特点。

该研究主要针对LS-02催化剂进行反应动力学研究。通过不同硫化物在催化剂上的升(降)温表面反应，改变硫化物浓度得到不同温度和反应物浓度下的反应结果，根据这些反应结果建立相应的速率方程，由速率方程得出催化剂上的具体反应形式及过程，对氧化铝基硫回收催化剂及其配套工艺的开发和应用具有指导意义。

2　试验方法

克劳斯硫回收单元催化反应段，在氧化铝基硫回收催化剂的催化作用下主要发生克劳斯和水解两类反应，具体反应形式如下：

克劳斯反应： $SO_2+2H_2S \longrightarrow 2H_2O+3S$

水解反应： $COS+H_2O \longrightarrow H_2S+CO_2$

$CS_2+H_2O \longrightarrow 2H_2S+CO_2$

该研究主要针对上述反应进行氧化铝基硫回收催化剂的反应动力学研究。采用的原料气为H_2S、SO_2、COS、CS_2、H_2O和N_2(作为载气)，其中H_2O采用恒温水浴用N_2携带进入反应系统。气体的流量采用七星华创 CS200 系列质量流量计控制，并把所有的气体进料都进行了手动标定，以确保进料的准确性。原料气及尾气分析使用 Pfeiffer QMG200 四级质谱仪进行多通道在线分析，结合色谱分析进行标定和定量校准，以确保定量分析的准确性。

反应物浓度则根据实验时的大气压和动力学实验装置的内部压力换算成各种组分在体系中的分压，单位为 kPa，反应速率单位为 mmol/h。

动力学方程采用幂函数模型，如下：

$$r=k_0\exp\left(-\frac{E_a}{RT}\right)\times p_1^a\times p_2^b\times p_3^c\cdots$$

式中 r——反应速率，mmol/h；

k_0——速率常数；

E_a——反应活化能，J/mol；

T——反应温度，K；

a——反应物料 1 的反应级数；

b——反应物料 2 的反应级数；

c——反应物料 3 的反应级数；

p_i——组分 i 的分压，kPa。

数据处理采用 Polymath 6.0 的 L-M 非线性回归分析，通过非线性回归分析得到相应的动力学参数。

2.1 H_2S+SO_2 反应实验条件

在消除内、外扩散影响的条件下，该实验所采用的动力学实验条件如下：反应温度为210~300℃；反应压力为常压，由精密压力传感器测量；催化剂粒度为40~60目；催化剂装填量为0.015g；反应空速大于200000h^{-1}。

由于H_2S+SO_2反应的生成物硫对催化剂表面有极大的影响，实验采用从高温向低温多段等温进行。同时在等温反应时间内，因表面积硫会导致反应速度显著降低，为此，数据主要取每个等温段温度基本稳定后初始约 1min 左右的多个数据平均。

2.2 COS、CS_2 水解反应实验条件

在消除内、外扩散影响的条件下，该实验所采用的动力学实验条件如下：反应温度为160~370℃；反应压力为常压，由精密压力传感器测量；催化剂粒度为40~60目；催化剂装填量为0.024g；反应空速大于100000h^{-1}；进料COS/CS_2体积分数为0.2%~0.9%；蒸汽/硫化物摩尔比为14.7~75。

为了能够拟合出有机硫水解的反应动力学方程，需要实验原始数据进行一定的处理，其中H_2O、CO_2、H_2S、CS_2和COS的浓度根据实验时的大气压和动力学实验装置的内部压力换算成各种组分在体系中的分压，单位为kPa，反应速率单位为mmol/h。

3 H_2S+SO_2 反应的动力学分析

H_2S+SO_2 反应的动力学分析相关图表见表 1、表 2、图 1、图 2。

表 1 H_2S+SO_2 动力学分析数据

T/K	r_{H_2S}/(mmol/h)	p_{H_2S}/kPa	p_{SO_2}/kPa
488	2.754	1.487	1.053
499	3.090	1.161	0.874
510	3.229	1.025	0.797
521	3.285	0.971	0.758
531	2.369	1.860	1.093
532	3.316	0.942	0.746
542	2.379	1.850	1.089
543	3.317	0.940	0.749
553	2.381	1.849	1.089
554	3.323	0.934	0.755
575	2.407	1.824	1.056

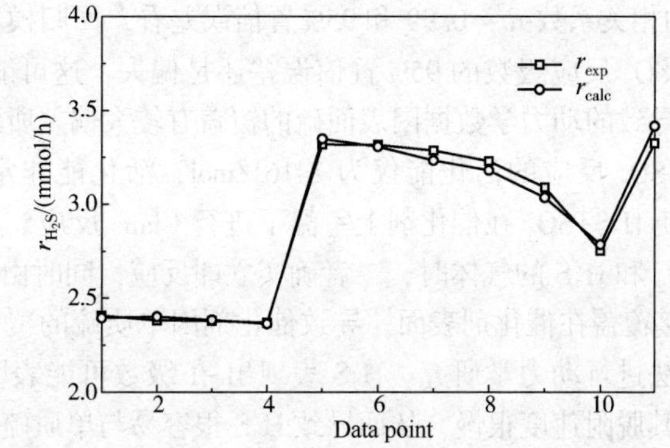

图 1 新鲜催化剂 H_2S+SO_2 反应的 L-M 非线性回归图

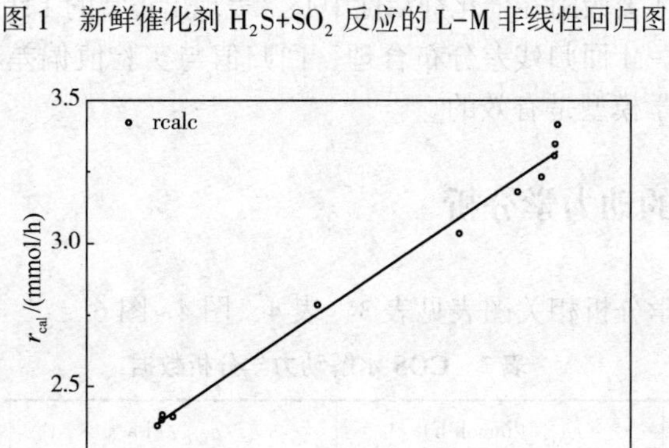

图 2 新鲜催化剂 H_2S+SO_2 反应的 L-M 非线性回归方程的预测值与实验值偏差

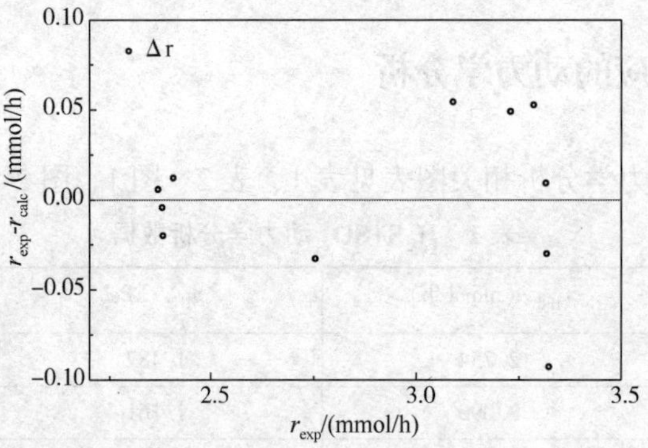

图 3　新鲜催化剂 H_2S+SO_2 反应的 L-M 非线性回归分析的残差分布

表 2　L-M 非线性回归分析得到的 COS 水解动力学参数

动力学回归参数	回归值	95%置信误差	动力学回归参数	回归值	95%置信误差
k_0	5.6	1.6	$a(H_2S)$	-1.02	0.271
Ea/(J/mol)	1416.5	965.5	$b(SO_2)$	0.94	0.474

回归相关系数：$R^2=0.99$。

回归动力学方程：

$$r_{H_2S}=5.6\times\exp\left(-\frac{1416.5}{RT}\right)\times p_{H_2S}^{-1.02}\times p_{SO_2}^{0.94}$$

从 L-M 回归分析的相关系数 $R^2=0.99$ 和 95%置信误差看，回归模型和实验数据具有较好的相关性。但活化能和 SO_2 反应级数的 95%置信误差还是偏大，这可能是 H_2S+SO_2 反应过程中表面大量吸附单质硫导致的动力学数据因表面硫的覆盖有较大偏差所致。从回归分析得到的动力学参数看，H_2S 与 SO_2 反应的活化能仅为 1416J/mol，活化能非常低，这意味着 H_2S 和 SO_2 的平动动能足以促使 H_2S+SO_2 在催化剂上室温下进行 Claus 反应。事实上，最初实验室曾在室温下同时通入含 SO_2 和 H_2S 的气体时，二者确实立即反应，同时由于二者剧烈反应生成的 S 几乎都以单质形式直接覆盖在催化剂表面，导致催化剂因单质硫的覆盖快速失活而失去研究动力学的意义，根本无法进行动力学研究。H_2S 表现出-1 级数可能表明表面因反应过程大量单质硫占据活性中心，其脱附速度很慢，从而导致 H_2S 很容易与单质硫作用而阻碍其与 SO_2 在活性中心的反应；SO_2 主要吸附在催化剂活性中心，表现出正常的 1 级反应速度。

H_2S+SO_2 反应的 L-M 回归残差分布合理，回归值与实验值偏差小，残差期望值接近于 0，说明所得到的动力学模型是有效的。

4　$COS+H_2O$ 的动力学分析

$COS+H_2O$ 的动力学分析相关图表见表 3、表 4、图 4~图 6。

表 3　COS 水解动力学分析数据

T/K	r_{COS}/(mmol/h)	p_{COS}/kPa	p_{H_2O}/kPa
458	1.010	0.301	12.300
463	1.030	0.294	12.300

续表

T/K	r_{COS}/(mmol/h)	p_{COS}/kPa	p_{H_2O}/kPa
468	1.040	0.288	12.300
473	1.060	0.282	12.300
478	1.070	0.277	12.300
483	1.080	0.273	12.300
488	1.090	0.269	12.300
493	1.100	0.265	12.300
498	1.110	0.262	12.300
503	1.120	0.258	12.200
508	1.130	0.255	12.200
513	1.130	0.253	12.200
518	1.140	0.250	12.200
523	1.150	0.247	12.200
528	1.150	0.245	12.200
533	1.160	0.242	12.200
538	1.170	0.240	12.200
543	1.170	0.237	12.200
503	0.845	0.195	12.500
508	0.851	0.192	12.500
513	0.858	0.190	12.500
518	0.863	0.188	12.500
523	0.869	0.185	12.500
528	0.874	0.183	12.500
533	0.880	0.181	12.500
538	0.885	0.179	12.500
543	0.890	0.177	12.500
548	0.895	0.175	12.500
553	0.900	0.173	12.500
558	0.905	0.171	12.500
563	0.911	0.169	12.400
568	0.916	0.167	12.400
573	0.922	0.164	12.400

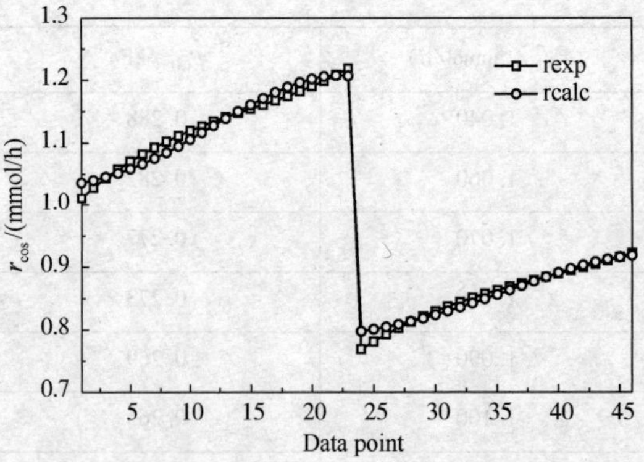

图 4　新鲜催化剂 COS 水解的 L-M 非线性回归图

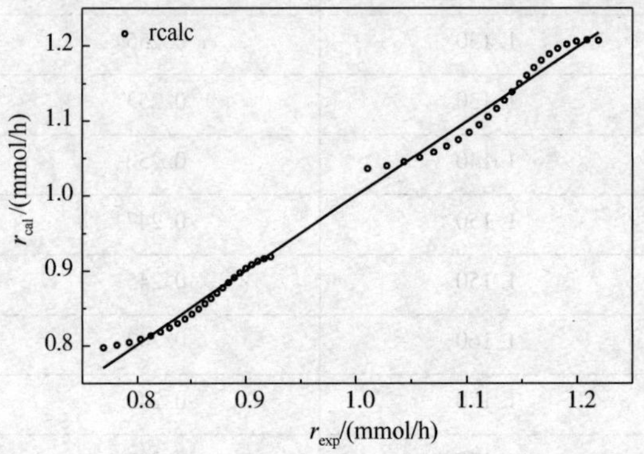

图 5　新鲜催化剂 COS 水解的 L-M 非线性回归方程的预测值与实验值的偏差

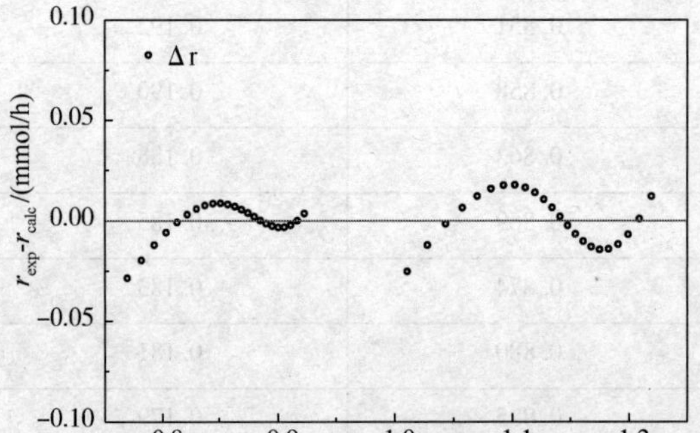

图 6　新鲜催化剂 COS 水解的 L-M 非线性回归分析的残差分布

表 4　L-M 非线性回归分析得到的 COS 水解动力学参数

动力学回归参数	回归值	95%置信误差
k_0	102.0	0.9
E_a/(J/mol)	8799.0	37.9
a(COS)	0.96	0.006
$b(H_2O)$	−0.45	0.004

回归相关系数：$R^2=0.99$。

回归动力学方程：

$$r_{COS}=102.0\times\exp\left(-\frac{8799.0}{RT}\right)\times p_{COS}^{0.96}\times p_{H_2O}^{-0.45}$$

从 L-M 回归分析的相关系数 $R^2=0.99$ 和 95%置信误差看，回归模型和实验数据具有很高的相关性和很小的误差。从回归分析得到的动力学参数看，COS 水解反应的活化能为 8799J/mol，活化能很低，仅相当于约 80℃的气体分子振动能量($E=3RT$)，根据 Maxwell 气体分子能量分布，这意味着在催化剂上室温下就会有较大当量的分子活化并发生水解反应。这证明催化剂确实具有很好的 COS 水解性能，室温下即可活化并水解 COS 分子。动力学方程中 COS 和 H_2O 的指数圆整后近似为 1 和-0.5，对 COS 为拟一级反应，说明催化剂上 COS 水解反应速率与 COS 分压成正比，与水蒸气分压成反比。这也显示出大量水蒸气存在对 COS 水解反应有明显的抑制作用，说明催化剂上 COS 的吸附是 COS 水解的关键。在接近实际运行条件下，水蒸气对催化剂上 COS 的水解有一定的抑制和阻碍作用，可能原因是水蒸气分压高时在催化剂表面的吸附量大，对弱吸附的 COS 在表面的吸附有显著的抑制作用，阻碍了 COS 在催化剂表面活性位的吸附，不利于 COS 的水解反应。间接说明 COS 水解反应很可能是一个 L-H 机理的反应过程。

COS 水解的 L-M 回归残差分布合理，回归值与实验值偏差很小，残差期望值接近于 0，说明所得到的 COS 水解动力学模型是有效的。

5 CS_2+H_2O 的动力学分析

CS_2+H_2O 的动力学分析相关图表见表 5、表 6、图 7~图 9。

表 5 CS_2 水解动力学分析数据

T/K	r_{CS_2}/(mmol/h)	p_{CS_2}/kPa	p_{H_2O}/kPa
468	0.469	0.332	12.628
473	0.470	0.331	12.627
478	0.472	0.331	12.625
483	0.474	0.330	12.624
488	0.476	0.329	12.622
493	0.479	0.328	12.620
548	0.524	0.311	12.586
553	0.529	0.309	12.581
558	0.536	0.306	12.577
563	0.542	0.304	12.572
568	0.549	0.301	12.567
573	0.556	0.299	12.561
578	0.563	0.296	12.556

续表

T/K	r_{CS_2}/(mmol/h)	p_{CS_2}/kPa	p_{H_2O}/kPa
583	0.571	0.293	12.550
513	0.662	0.415	12.088
518	0.665	0.414	12.086
523	0.668	0.413	12.084
528	0.671	0.411	12.081
533	0.675	0.410	12.079
538	0.679	0.409	12.076
543	0.683	0.407	12.073
548	0.688	0.405	12.069
553	0.692	0.404	12.066
558	0.698	0.402	12.062
563	0.703	0.400	12.058
568	0.708	0.398	12.054
573	0.714	0.395	12.050
578	0.720	0.393	12.045
583	0.727	0.391	12.040
588	0.734	0.388	12.035
593	0.740	0.386	12.030
598	0.748	0.383	12.025
603	0.755	0.380	12.020
608	0.762	0.378	12.014
613	0.770	0.375	12.008
618	0.778	0.372	12.002

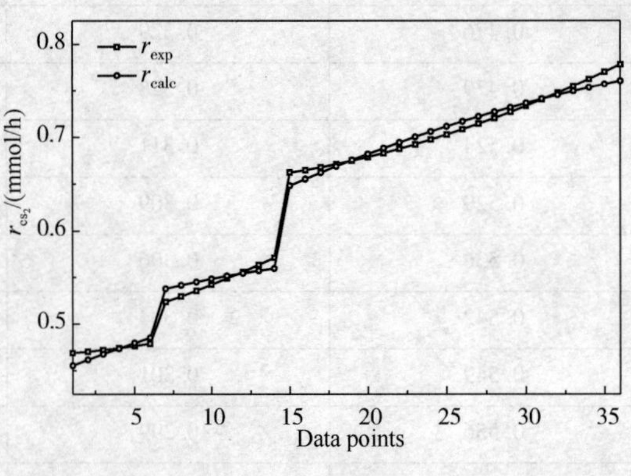

图7 新鲜催化剂 CS_2 水解的 L-M 非线性回归图

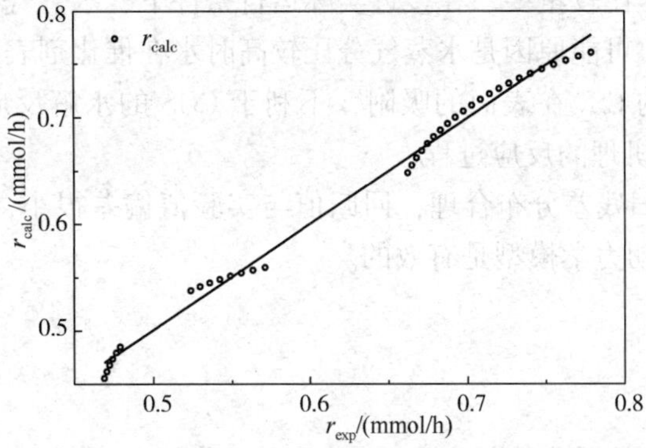

图 8 新鲜催化剂 CS_2 水解的 L-M 非线性回归分析预测值与实验值的偏差

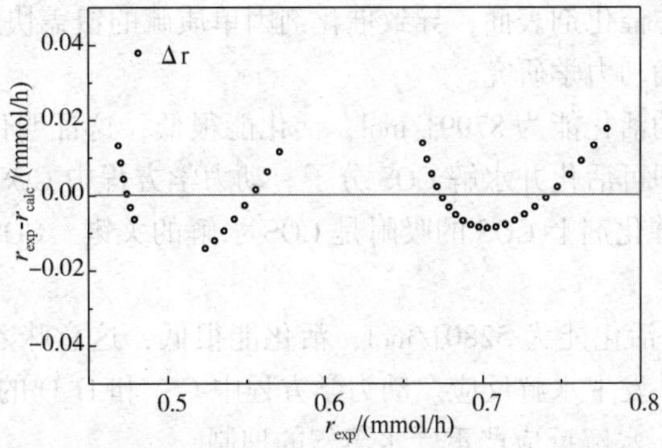

图 9 新鲜催化剂 CS_2 水解的 L-M 非线性回归分析的残差分布

表 6 L-M 非线性回归分析得到的 CS_2 水解动力学参数

动力学回归参数	回归值	95%置信误差
k_0	1011.0	12.6
E_a/(J/mol)	5279.5	57.0
$a(CS_2)$	0.61	0.012
$b(H_2O)$	−2.24	0.005

回归相关系数：$R^2=0.99$。

回归动力学方程：

$$r_{CS_2}=1011.0\times\exp\left(-\frac{5279.5}{RT}\right)\times p_{CS_2}^{0.61}\times p_{H_2O}^{-2.24}$$

从 L-M 回归分析的相关系数 $R^2=0.99$ 和 95%置信误差看，回归模型和实验数据具有很高的相关性和很小的误差。从回归分析得到的动力学参数看，CS_2 水解反应的活化能为 5280J/mol，活化能很低，仅相当于约−61℃的气体分子振动能量($E=3RT$)，根据 Maxwell 气体分子能量分布，这意味着在催化剂上室温下就会有大量 CS_2 分子活化并发生水解反应。催化剂确实具有很优良的 CS_2 水解反应性能，室温即可活化并水解 CS_2 分子。动力学方程中 CS_2 和 H_2O 的指数圆整后近似为 0.5 和−2，说明催化剂上 CS_2 水解反应严重受与水蒸气的抑制，这显示出大量水蒸气存在对 CS_2 水解反应有很强的抑制作用，说明削弱催化剂的水蒸气

吸附能力对 CS_2 水解分压比较重要。在接近实际运行条件下，水蒸气对催化剂上 CS_2 的水解有很强抑制和阻碍作用，可能原因是水蒸气分压较高时水在催化剂表面的吸附量大，严重抑制了高对称性、弱吸附的 CS_2 在表面的吸附，不利于 COS 的水解反应。间接说明 CS_2 水解反应很可能是一个 L-H 机理的反应过程。

CS_2 水解的 L-M 回归残差分布合理，回归值与实验值偏差很小，残差期望值接近于 0，说明所得到的 COS 水解动力学模型是有效的。

6 结论

(1) H_2S 与 SO_2 反应的活化能仅为 1416J/mol，活化能非常低，这意味着 H_2S 和 SO_2 的平动动能足以促使 H_2S+SO_2 在催化剂上室温下进行反应。由于二者剧烈反应生成的 S 几乎都以单质形式直接覆盖在催化剂表面，导致催化剂因单质硫的覆盖快速失活而失去研究动力学的意义，无法进行精确动力学研究。

(2) COS 水解反应的活化能为 8799J/mol，活化能很低，这证明催化剂确实具有很好的 COS 水解性能，室温下即可活化并水解 COS 分子。动力学方程中 COS 和 H_2O 的指数圆整后近似为 1 和-0.5，说明催化剂上 COS 的吸附是 COS 水解的关键，COS 水解反应在动力学上受吸附水的抑制。

(3) CS_2 水解反应的活化能为 5280J/mol，活化能很低，这意味着在催化剂上室温下就会有大量 CS_2 分子活化并发生水解反应。动力学方程中 CS_2 和 H_2O 的指数圆整后近似为 0.5 和-2，说明催化剂上 CS_2 水解反应严重受水蒸气的抑制。

参 考 文 献

[1] 殷树青，徐兴忠．硫黄回收及尾气加氢催化剂研究进展[J]．石油炼制与化工，2012，43(8)：98-104.

[2] 常宏岗，朱荣海，刘宗社，等．克劳斯尾气低温加氢水解催化剂研究与工业应用[J]．天然气工业，2010，35(4)：88-93.

[3] 吴惜伟．降低硫黄回收装置烟气二氧化硫排放技术的工业应用[J]．硫酸工业，2016(6)：35-38.

[4] 殷树青．硫黄回收催化剂及工艺技术综述[J]．硫酸工业，2016(3)：33-38.

免硫化型克劳斯尾气加氢催化剂工业生产及性能考察

刘爱华　刘剑利　刘增让　徐翠翠　许金山

（中国石化股份有限公司齐鲁分公司研究院　山东淄博　255400）

摘　要：介绍了中国石化股份有限公司齐鲁分公司研究院开发的免硫化型克劳斯尾气加氢催化剂的生产及性能评价情况。采用工业原料，进行了4t催化剂的工业生产，生产的催化剂具有较好的制备重复性，各项参数均达到小试技术指标。催化剂在不同反应条件下进行了催化活性评价，制备的免硫化型催化剂性能均达到LSH-02催化剂水平。

关键词：克劳斯尾气　免硫化型　加氢催化剂　生产　性能

1　前言

根据GB 31570—2015《石油炼制工业污染物排放标准》的要求，2017年7月1日起硫黄装置烟气SO_2排放执行$SO_2 \leqslant 400mg/m^3$限值，特别地区执行$SO_2 \leqslant 100mg/m^3$限值。这是目前国际上最严格的环保标准，部分地区在硫黄装置开停工期间也要实现达标排放

硫黄回收尾气加氢催化剂主要以Co、Mo、Ni等为活性金属组分，这些金属组分主要以氧化态形式存在于催化剂中，加氢活性低，需经器内预硫化处理，使氧化态转变成具有高加氢活性的硫化态，才能最大限度地发挥尾气加氢催化剂的作用[1]。但催化剂器内预硫化过程使得装置开工时间较长，开工时烟气中SO_2排放量较大，不能满足国家环保法规的要求。同时，硫化过程中装置操作经常出现催化剂床层超温、硫化态催化剂被氢气还原等一系列问题，导致催化剂加氢活性降低或失活[2,3]。器外预硫化制备的免硫化型催化剂可避免以上问题，催化剂在装填于加氢反应器前就是硫化态，具有初始活性高，床层温升快的特点，既减少了装置的开工时间，节约燃料气和电，又保证了开工期间的烟气SO_2的达标排放[4]。

2　免硫化型克劳斯尾气加氢催化剂的生产

氧化态克劳斯尾气加氢催化剂制备以氢氧化铝干胶、偏钛酸为载体，Co、Mo、Ni为活性组分，采用浸渍法制备而成，随后用硫化剂（二甲基二硫）对催化剂进行器外预硫化，硫后钝化，即制得免硫化型克劳斯尾气加氢催化剂，具体流程见图1。

器外预硫化具体步骤和条件有：加氢反应器床层升温干燥、催化剂硫化和催化剂钝化。

2.1　加氢反应器床层升温干燥

加氢系统冲入氮气，启动循环风机开始循环，按照20~30℃/h的升温速度控制加氢催化剂床层升至120℃，恒温干燥2h脱除吸附的游离水；然后继续按照20~30℃/h的升温速度将催化剂床层温度升至200℃，恒温干燥2h脱除化学结合水。

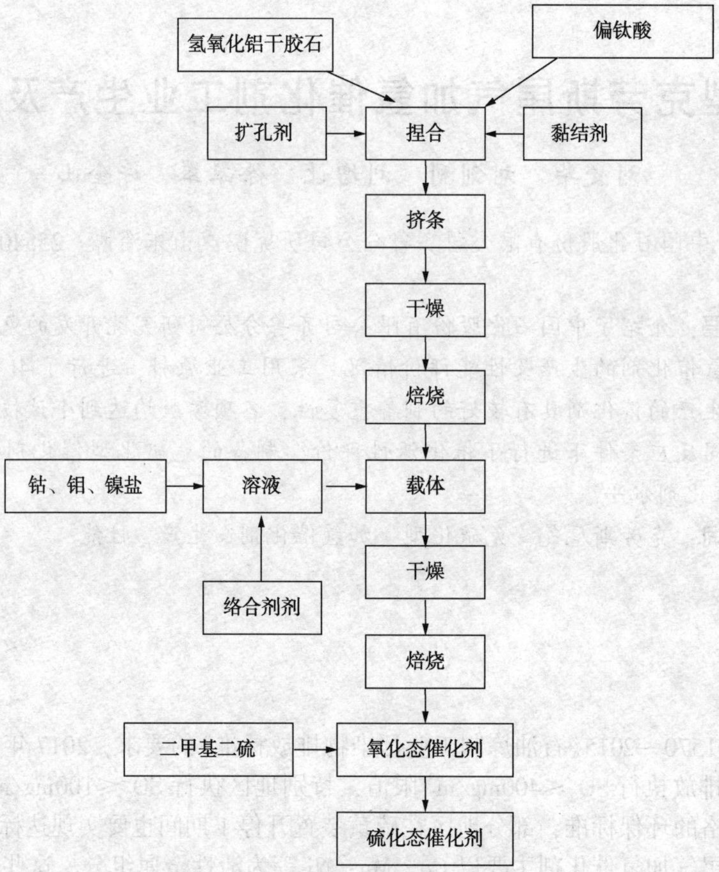

图 1　免硫化型催化剂制备工艺流程

2.2　催化剂硫化

1）催化剂干燥结束后风机全量循环，打开加氢反应器入口 H_2 管线控制反应器入口的 H_2 体积分数保持在 5%左右，硫化注硫泵具备注硫条件。

2）反应器入口温度恒温控制 200℃，启动注硫泵以 1L/min 速度注入二甲基二硫(DMDS)，同时计量 DMDS 罐液面。反应器内注入 DMDS 后，床层温度会上升，密切注视床层各点温度。如果 DMDS 注入 5min 未出现温升，则降低注入量，以 10~12℃提高反应器入口至 210℃，等待硫化氢穿透床层。

3）当反应器出口检测到硫化氢体积分数大于 0.5%后，注硫泵继续以 1L/min 速度注入 DMDS，反应器入口温度按 10~20℃/h 的速度继续升温至 230℃，恒温控制入口温度继续进行硫化。

4）当硫化温度波穿过下部床层(硫化是放热反应，上层催化剂硫化时，放热导致上层温度较高；上层硫化完毕，反应向下层转移，下层温度升高，上层温度回落，造成高温区从催化剂床层上部至下部，形成温度波)并且出口的 H_2S 体积分数大于 1%后，注硫泵继续以 1L/min 速度注入 DMDS，反应器入口按 10~20℃/h 的速度继续升温至 250℃，继续进行硫化；当反应器入口、出口的 H_2S 浓度平衡，才认为催化剂已硫化完毕。亦可参考床层温升变化情况，当床层温度不再上升或略有下降时，即据此判定催化剂硫化结束。

注意事项：催化剂硫化期间，每小时一次取样分析反应器出入口气体中的 H_2S、H_2 的含量，以便及时掌握硫化的情况。

2.3 催化剂钝化

钝化步骤：硫化结束后进入钝化步骤，整个钝化过程空速控制为 $1250h^{-1}$。以 30℃/h 降温至 200℃后切断硫化气，用氮气降温至 50℃，逐渐增大 O_2 含量，O_2 体积分数按 1%、3%、5%、10%、15%、21%递增，当 O_2 体积分数达到 21%后，钝化结束。

3 免硫化型克劳斯尾气加氢催化剂的物化性质分析

在工业装置上进行了 20t 免硫化型克劳斯尾气加氢催化剂的工业生产，共进行了 5 批次催化剂制备，每批催化剂制备量为 4t。表 1 是免硫化型克劳斯尾气加氢催化剂工业试生产样品的物化性质。

表 1 免硫化型克劳斯尾气加氢催化剂工业生产试样的物化性质

项 目	第一批	第二批	第三批	第四批	第五批	小试结果
外观	黑色，三叶草条					
侧压强度/(N/颗)	168	160	162	165	163	160
比表面积/(m^2/g)	190	196	195	191	195	194
孔容/(mL/g)	0.41	0.42	0.41	0.42	0.41	0.40

从表 1 结果可以看出，五批工业试生产的免硫化型克劳斯尾气加氢催化剂均具有较高的孔容、比表面积及较高的侧压强度，均达到小试催化剂水平，说明催化剂制备工艺可行，配方合理。

图 2 和图 3 列出了免硫化型克劳斯尾气加氢催化剂的 N_2 吸附脱附曲线和孔分布曲线。

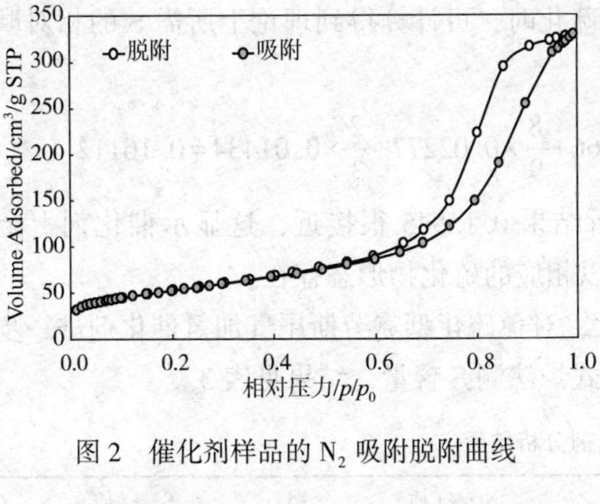

图 2 催化剂样品的 N_2 吸附脱附曲线

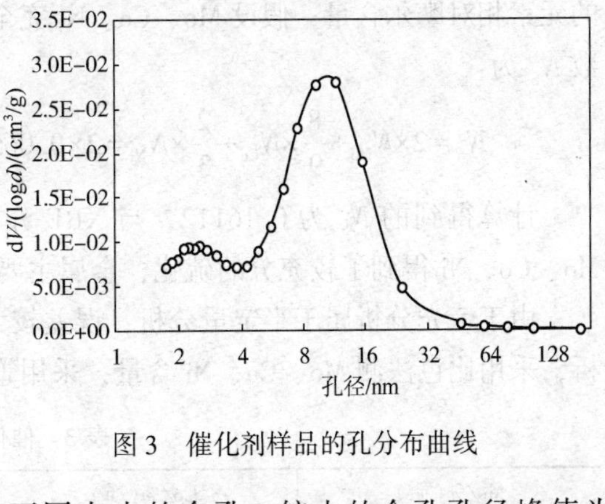

图 3 催化剂样品的孔分布曲线

从图 2 和图 3 可以看出，样品具有 2 种不同大小的介孔，较小的介孔孔径峰值为 2.7nm，较大的介孔孔径峰值约为 10.5nm。介孔孔径有利于分子扩散，减小了分子在孔道内的扩散阻力，能较好地发挥催化剂孔道表面的作用。从孔径分布、孔容和比表面积数据看，催化剂表面积主要是由 10nm 的介孔贡献的，这一尺度的孔道对于硫化物分子的扩散是很有利的。

免硫化型克劳斯尾气加氢催化剂的X射线荧光(XRF)分析结果见表2。

表2　催化剂的X射线荧光分析结果

元素	质量分数/%	元素相对含量(摩尔)	元素	质量分数/%	元素相对含量(摩尔)
Na	0.108		Ni	1.071	0.01434
Mg	0.450		Cu	0.008	
Al	53.638	0.52606	Zn	0.019	
Si	3.183	0.05298	Ga	0.005	
P	3.055	0.04304	Nb	0.034	
S	12.446	0.15545	Mo	9.452	0.06566
K	0.293		Ce	0.128	
Ca	0.036		W	0.014	
Ti	14.182	0.17757	Th	0.023	
Fe	0.025		Br	0.002	
Co	1.828	0.02277			

XRF结果按相应元素稳定氧化物进行折算，同时考虑到实验误差，XRF分析结果中质量分数小于1%的组分忽略不计。由此可知，催化剂主要成分为Al、Ti、S、Mo、Si、P、Co、Ni。其中Mo、Co、Ni是可以硫化的金属组分。

Mo、Co、Ni硫化后生成的典型金属硫化物如下：

$$MoO_3+2H_2S+H_2=MoS_2+3H_2O$$

$$CoO+8H_2S+H_2=Co9S_8+9H_2O$$

$$3NiO+2H_2S+H_2=Ni_3S_2+3H_2O$$

根据Mo、Co、Ni硫化主要生成MoS_2、Co_9S_8、Ni_3S_2金属硫化物，结合XRF分析得到的元素相对摩尔含量，假设Mo、Co、Ni完全硫化时，可计算得到理论上所需S的相对摩尔数N_S为：

$$N_S=2\times N_{Mo}+\frac{8}{9}\times N_{Co}+\frac{2}{3}\times N_{Ni}=2\times 0.06566+\frac{8}{9}\times 0.02277+\frac{2}{3}\times 0.01434=0.16112$$

计算得到的N_S为0.16112，与XRF分析结果0.15545很接近，这显示催化剂上金属Mo、Co、Ni得到了较充分的硫化，金属主要以相应的硫化物形态存在。

由于荧光分析属于半定量分析，误差较大，对免硫化型克劳斯尾气加氢催化剂进一步分析，采用比色法测Mo、Co、Ni含量，采用管式炉法测S含量，结果见表3。

表3　催化剂分析结果

Mo/%(质)	Co/%(质)	Ni/%(质)	S/%(质)
8.00	1.57	0.79	6.30

同样假设Mo、Co、Ni完全硫化时，可计算得到理论上所需S的相对质量m_S为：

$$m_S=\frac{m_{Mo}}{96}\times 2\times 32+\frac{m_{Co}}{96}\times 2\times 32+\frac{m_{Ni}}{96}\times 2\times 32=\frac{8}{96}\times 2\times 32+\frac{1.57}{96}\times 2\times 32+\frac{0.79}{96}\times 2\times 32=6.38\%$$

理论值为6.38%，实测为6.30%，说明催化剂上金属Mo、Co、Ni得到了较充分的硫化，金属主要以相应的硫化物形态存在。

图4是免硫化型尾气加氢催化剂SEM图。

图4 免硫化型尾气加氢催化剂SEM

从图4可以看出：硫化型催化剂表面不平整，颗粒之间不规则孔道多，提供的表面活性位多。

对制备的催化剂进行XRD分析，谱图见图5。

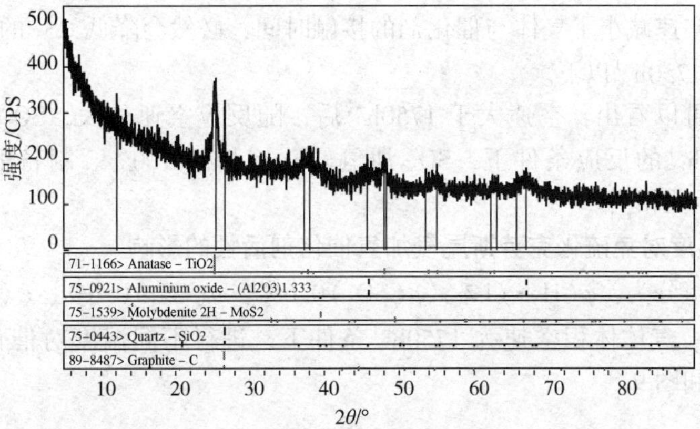

图5 催化剂XRD谱图

从图5可以看出：XRD衍射结果显示催化剂的衍射峰强度较弱、较宽、较弥散，说明催化剂中晶粒较小，具有较高表面能量，这是催化剂具有良好低温活性的重要原因之一。催化剂中主要有Gamma相的Al_2O_3和锐钛矿相的TiO_2，可能存在石墨相或石英相，没有观察到明显的金属硫化物衍射峰，这显示催化剂上活性组分金属硫化物是以非晶态为主，可能具有良好的分散性。采用劳埃宽化法计算得到的锐钛矿相TiO_2平均晶粒大小为11.3nm，Gamma相的Al_2O_3平均晶粒大小为5.2nm。

4 免硫化型克劳斯尾气加氢催化剂催化活性评价

对工业生产的免硫化型克劳斯尾气加氢催化剂进行活性评价，考察了不同反应温度、反应空速对免硫化克劳斯尾气加氢催化剂SO_2加氢和CS_2水解活性的影响，并与目前工业上应用最广的低温型尾气加氢催化剂LSH-02进行了性能对比。

4.1 反应空速对免硫化克劳斯尾气加氢催化剂活性的影响

在入口各气体组分为：$\varphi(H_2S)$1%、$\varphi(SO_2)$0.6%、$\varphi(CS_2)$0.5%、$\varphi(H_2)$8%、$\varphi(H_2O)$30%，其余为 N_2，反应温度为 250℃条件下，考察了不同反应空速对免硫化克劳斯尾气加氢催化剂活性的影响，结果见图 6 和图 7。

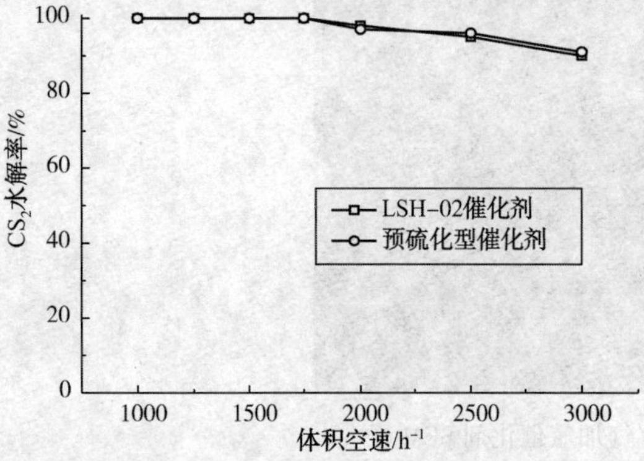

图 6 反应空速对催化剂 CS_2 水解活性的影响

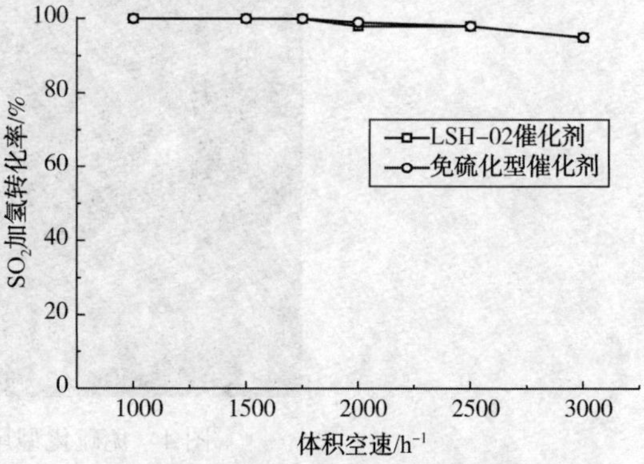

图 7 反应空速对催化剂 SO_2 加氢活性的影响

从图 6 结果可以看出：随反应空速的增大，CS_2 水解率降低，在空速小于 1750h^{-1}条件下，CS_2 水解率均达 100%。增大反应空速，可减小反应器体积和催化剂装量，降低生产成本，但增大反应空速减小了气体与催化剂的接触时间，必然会降低 CS_2 的水解率，因此，适宜的空速选择在 1750h^{-1}以下。

从图 7 结果可以看出：空速大于 1750h^{-1}后，随反应空速加大，SO_2 加氢转化率降低。在空速小于 1750h^{-1}的反应条件下，SO_2 加氢转化率均达 100%。制备的免硫化催化剂与 LSH-02 催化剂活性相当。

4.2 反应温度对免硫化克劳斯尾气加氢催化剂活性的影响

在入口气体组分为：$\varphi(H_2S)$1%、$\varphi(SO_2)$0.6%、$\varphi(CS_2)$0.5%、$\varphi(H_2)$8%、$\varphi(H_2O)$30%，其余为 N_2，气体体积空速为 1750h^{-1}条件下，进行不同温度对催化剂活性影响的考察，结果见图 8 和图 9。

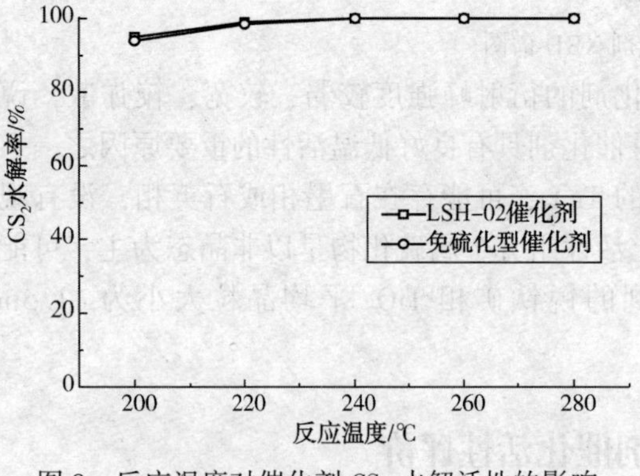

图 8 反应温度对催化剂 CS_2 水解活性的影响

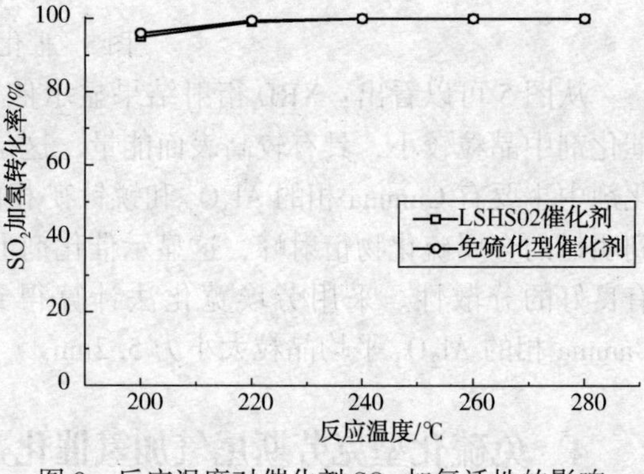

图 9 反应温度对催化剂 SO_2 加氢活性的影响

从图 8 和图 9 可以看出：随着反应温度的升高，CS_2 水解率和 SO_2 加氢转化率均有所提高，在温度大于 240℃时，CS_2 水解率和 SO_2 加氢转化率达 100%，制备的免硫化催化剂达到 LSH-02 催化剂器外硫化活性水平。

5 结论

1）采用工业原料，在工业生产装置上进行了 20t 免硫化型克劳斯尾气加氢催化剂的工业生产。对工业试生产的催化剂进行了物化性质分析及表征，结果表明催化剂具有较好的制备重复性，各项参数达到小试技术指标。

2）对工业试生产的免硫化型克劳斯尾气加氢催化剂在不同反应条件下进行了活性评价，制备的免硫化催化剂催化性能均达到 LSH-02 催化剂器外硫化水平。

参 考 文 献

[1] 徐翠翠，刘增让，刘爱华，等．预硫化型克劳斯尾气加氢催化剂开发[J]．硫酸工业，2018(11)：16-19.

[2] 殷树青，徐兴忠．硫黄回收及尾气加氢催化剂研究进展[J]．石油炼制与化工，2012(8)：98-104.

[3] 路蒙蒙，孙守华，宋寿康，等．Claus 尾气加氢催化剂活性衰减的原因分析及改进措施[J]．石油炼制与化工，2015(4)：62-66.

硫黄低温抗氧化尾气加氢催化剂脱附性能研究

刘爱华　刘增让　刘剑利　徐翠翠　陶卫东

（中国石油化工股份有限公司齐鲁分公司研究院　山东淄博　255400）

摘　要：实验室通过对低温抗氧化尾气加氢催化剂程序升温脱附研究，考察了H_2S、SO_2、COS等含硫化合物在催化剂上的脱附性能，对低温抗氧化尾气加氢催化剂及其配套工艺的开发和应用提供技术支持。

关键词：硫黄　低温　加氢催化剂　脱附

1　前言

中国石化齐鲁分公司研究院在克劳斯尾气加氢催化反应机理研究的基础上，通过新型复合载体开发、优化催化剂活性组分组合，开发清洁无污染的催化剂制备工艺，进行催化剂表征研究及性能评价、工业应用试验及综合性能评价，最终形成新型抗氧化低温尾气加氢催化剂研制技术，开发了硫黄低温抗氧化低温尾气加氢催化剂，该催化剂具有低温活性高、水解活性好、耐氧、抗积炭及适应高水蒸气含量的特点，150℃就能起活，使用该催化剂，能够满足《石油炼制工业污染物排放标准(GB 31570—2015)》的排放要求。

为了开展尾气加氢催化剂上反应物和产物分子的吸附脱附研究，了解和认识反应物分子和产物分子在催化剂表面的吸附与活化、脱附等相互作用，建立了基于四极质谱的吸附脱附实验装置，装置流程示意图如图1所示。

2　吸附脱附试验条件

吸附脱附实验采用的微型反应器为石英反应器，外径8mm，内径6mm，长度38cm。实验只改变脱附时升温速率，其他条件不变。催化剂破碎筛分为40～80目备用，装填量0.200g，装填高度约1.5cm。吸附实验条件：Ar流量33mL/min，H_2S流量2mL/min，吸附时间30min，吸附温度室温。脱附实验条件：Ar流量35mL/min，最高脱附温度400℃。

3　实验结果

3.1　硫化氢在催化剂上的程序升温脱附

H_2S是较弱的酸，其吸附主要通过分子中的S中心与表面作用，由于H_2S中的S是-2价，外层具有充满的价层电子结构，在氧化物催化剂上吸附较弱，但在零价金属或与单质硫

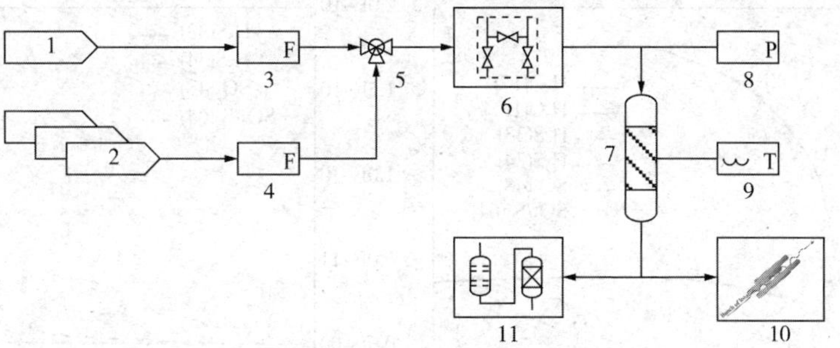

图1　吸附脱附实验装置流程示意图

1—载气；2—待吸附物；3和4—质量流量计；5—混合阀；6—阀箱系统；7—微型反应器；8—压力测量表；9—温度控制表；10—在线四极质谱；11—尾气净化系统

可以形成较强的吸附。预硫化催化剂暴露大气或氧化性气氛时，表面暴露的S和活性金属中心极易在常温下缓慢氧化，为此硫化氢在催化剂上的程序升温脱附(H_2S-TPD)实验采用两种方式进行对比研究：

(1) 新鲜催化剂直接室温吸附H_2S，然后程序升温脱附到400℃；

(2) 催化剂在250℃用H_2+H_2S预硫化，降至室温吸附H_2S，然后程序升温脱附到400℃。

两种方式的H_2S-TPD具体实施步骤为：

(1) 新鲜催化剂破碎成40~80目，准确称量0.200g装入ϕ8mm的石英反应管。在室温下通入2mL/min H_2S和33mL/min Ar，进行H_2S吸附，保持30min。然后待质谱检测到的气体基线平稳后，以30℃/min的升温速率升至400℃进行H_2S-TPD，标记为FC-H_2S-TPD；

(2) 经过一次H_2S-TPD实验的催化剂降温后，升温至250℃，通入2mL/min H_2S和33mL/min10%-H_2/Ar，保持30min，进行预硫化。然后降至室温，按(1)的步骤进行H_2S-TPD，标记为PS-H_2S-TPD。

3.1.1　FC-H_2S-TPD

新鲜催化剂上直接预吸附H_2S后，进行程序升温脱附时(见图2)，首先有很强的H_2O的脱附，在50℃开始就有大量水脱附出来，说明新鲜催化剂焙烧后降温过程或暴露大气放置过程中会逐渐吸附水，而且吸附水比H_2S与表面的作用强。200℃以上有明显的较大量的SO_2脱附出来，这一结果与XPS观察到催化剂表面金属硫化物上硫被氧化是相符的。由于氧化状态的硫直接与金属中心有较强的相互作用，因此从200℃一直到实验结束的400℃，SO_2的脱附响应信号几乎线性增加。这表明两点：①催化剂表面金属硫化物上的硫大量被氧化；②氧化态的硫会强吸附在催化剂表面，与金属中心作用，能以SO_2形式脱附出来。

新鲜催化剂上直接吸附H_2S有较弱的H_2S脱附出来，有两个较强的脱附峰和两个较弱的脱附峰，最强的时弱吸附的H_2S，峰值温度约60℃，约310℃的最强脱附峰为次强脱附峰。在约100℃和260℃还有两个较弱的肩峰。尽管有明显的H_2S吸附和脱附，但H_2S的吸附量是很少的，其响应信号强度比SO_2和H_2O低两个数量级。说明新鲜催化剂上H_2S的吸附量还是很低的。

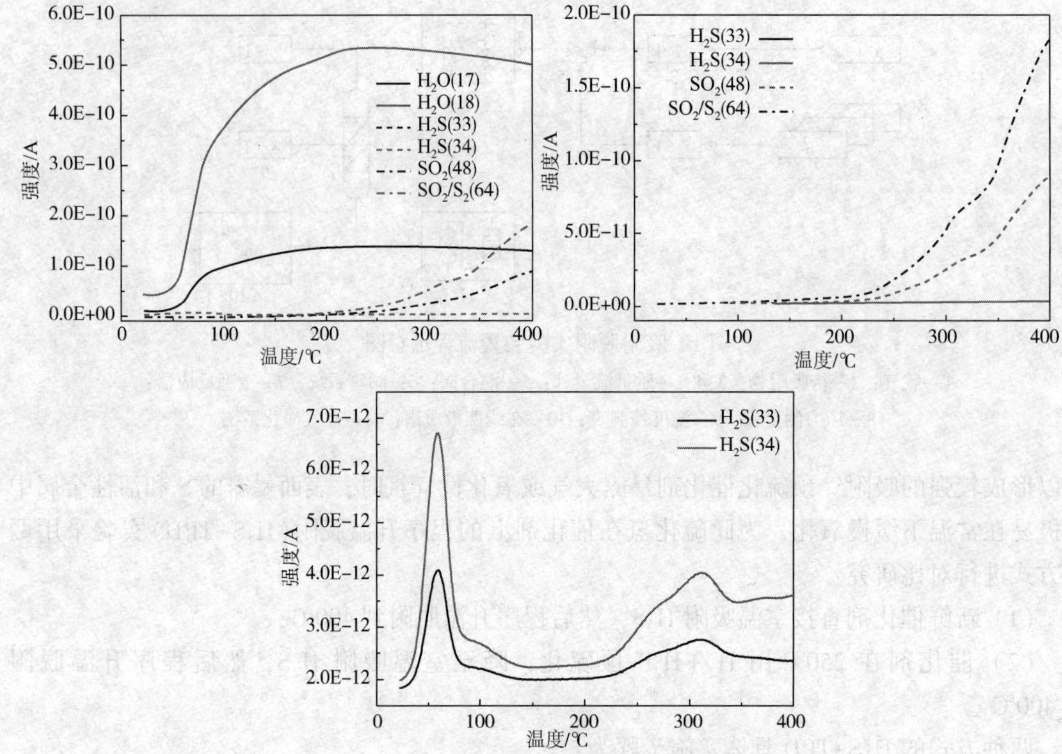

图 2　新鲜催化剂的硫化氢程序升温脱附

3.1.2　PS-H_2S-TPD

新鲜催化剂上预硫化可以起到表面硫化物和金属组分还原，脱附大部分吸附水等作用。PS-H_2S-TPD 的脱附 H_2O 最大强度仅为 FC-H_2S-TPD 的约 1/4，且起始脱附温度从 FC-H_2S-TPD 的约 50℃上升到了 PS-H_2S-TPD 的约 150℃。同时是在大量 H_2S 脱附后才出现显著的 H_2O 的脱附。这说明新鲜催化剂上吸附水占据了 H_2S 的吸附位，即 H_2O 和 H_2S 具有类似的中强和弱吸附位，会发生竞争吸附。一方面，PS-H_2S-TPD 上中强吸附位和弱吸附位的 H_2S 脱附峰最大强度是 FC-H_2S-TPD 的约 6 倍。同时在较高的约 200℃、260℃和 310℃都有明显的 H_2S 脱附峰。这说明 H_2S 在新鲜预硫化催化剂，或者被 H_2S 还原的表面有多种吸附位，H_2S 与新鲜预硫化表面的作用比较复杂。这可能来自多种金属硫化物的硫中心和金属中心对 H_2S 吸附能力的不同。

另一方面，预硫化后表面的 SO_2 脱附峰温从 FC-H_2S-TPD 的约 200℃上升到了 PS-H_2S-TPD 的约 370℃，且强度降低了 2 个数量级。这一结果显示大量表面氧化态硫可以被 H_2S 还原。

3.2　二氧化硫在催化剂上的程序升温脱附

SO_2 具有一定的酸性，不仅容易在碱性中心上吸附，而且由于 S 具有 6 个价层电子，SO_2 的 S 为+4 价，不是最高价态，配位不饱和，SO_2 比较容易通过其 S 和 O 直接与金属氧化物或金属氧化物上的 O、S 或金属中心作用，或者与表面羟基和吸附水等作用，形成多中心的强吸附的表面中间物。同样地，预硫化好的新鲜催化剂暴露大气或氧化性气氛下放置后表面易被部分氧化。为此采用类似 H_2S-TPD 的方法分别对暴露大气的新鲜剂和再次预硫化催化剂进行 SO_2 的吸附和程序升温脱附。

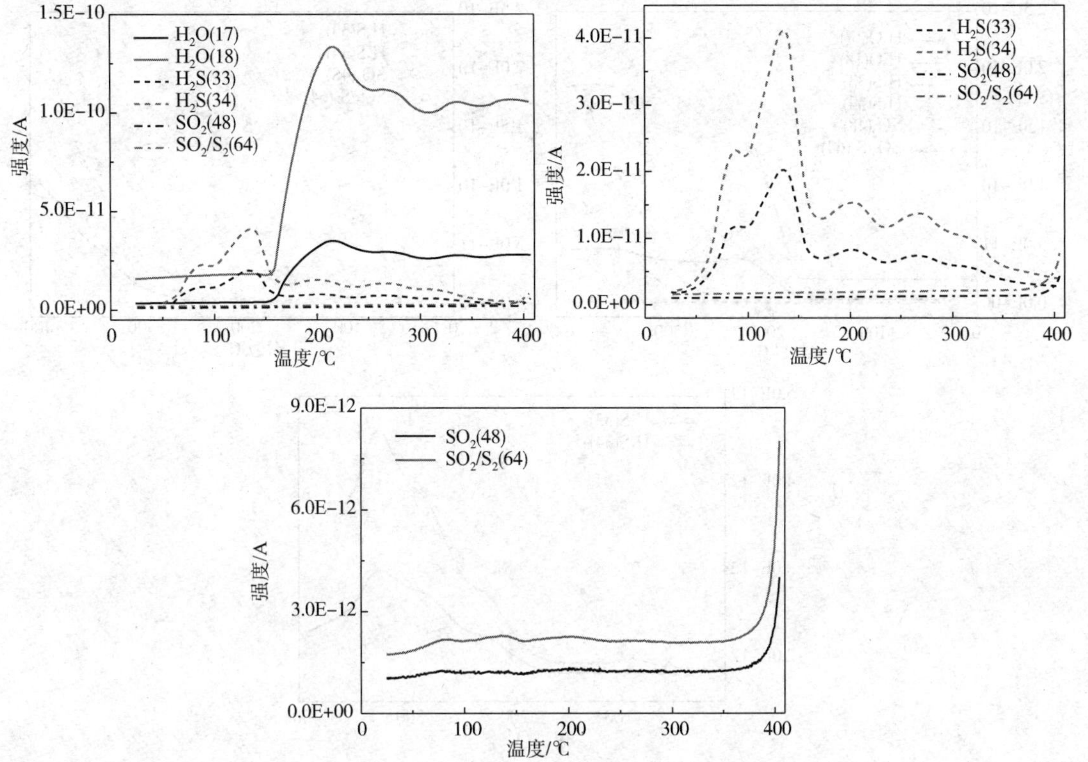

图 3　新鲜催化剂预硫化后的硫化氢程序升温脱附

3.2.1　FC-SO_2-TPD

新鲜催化剂上直接预吸附 SO_2 后，进行程序升温脱附时，也有很强的 H_2O 的脱附，与 FC-H_2S-TPD 可知有 2 点显著的不同：①H_2O 的初始脱附温度从约 50℃上升到约 165℃；②H_2O 的脱附峰最大强度约为 FC-H_2S-TPD 的 1/3 多一点。这些结果显示了，室温下 SO_2 吸附过程中置换出了大量弱吸附的 H_2O，即 SO_2 在新鲜催化剂表面有很强的吸附，而且与较弱的 H_2O 具有同样的吸附位。新鲜催化剂上 SO_2 在约 90℃和 140℃有两个相对较弱的脱附峰，在 250℃以上有很强的脱附，高温的 SO_2 响应信号强度略强于 FC-H_2S-TPD，说明新鲜催化剂表面因氧化作用，对 SO_2 的吸附量明显减弱。

3.2.2　PS-SO_2-TPD

PS-SO_2-TPD 的 SO_2 脱附与 FC-SO_2-TPD 相比，脱附峰温度基本相同，约 90℃和 140℃的 SO_2 脱附峰强度略有增加，高温脱附(以 400℃进行对比)的 SO_2 响应信号强度要弱得多，仅为 FC-SO_2-TPD 约 1/3，这表明 SO_2 在新鲜预硫化的催化剂上吸附量大大减少，说明 FC-SO_2-TPD 的 SO_2 脱附有大量来自催化剂放置过程中表面金属硫化物的缓慢氧化，并非 SO_2 的吸附。这显示 H_2S 预还原(预硫化)的表面可以轻微增强中强和弱吸附 SO_2，减少强吸附的 SO_2，这种 SO_2 加氢反应过程中是有利的，有利于减少了 SO_2 加氢反应过程中较强吸附的 SO_2 因吸附导致的自抑制作用。同时也表明表面 O 中心被 S 取代，可以削弱 SO_2 与表面的强相互作用，或者说 SO_2 与-2 价 S 的作用比与-2 价 O 的作用要弱得多。这在实践中是有利于减少在氧化物表面具有强吸附作用的 SO_2 对反应的不利影响。

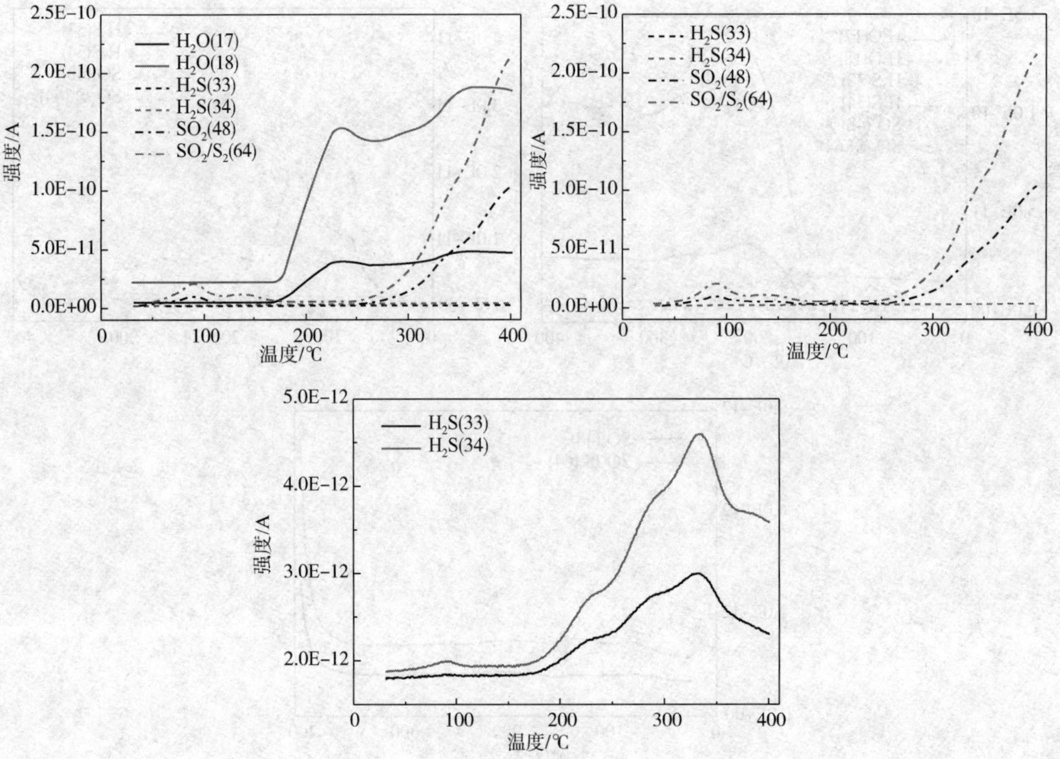

图 4　新鲜催化剂的二氧化硫程序升温脱附

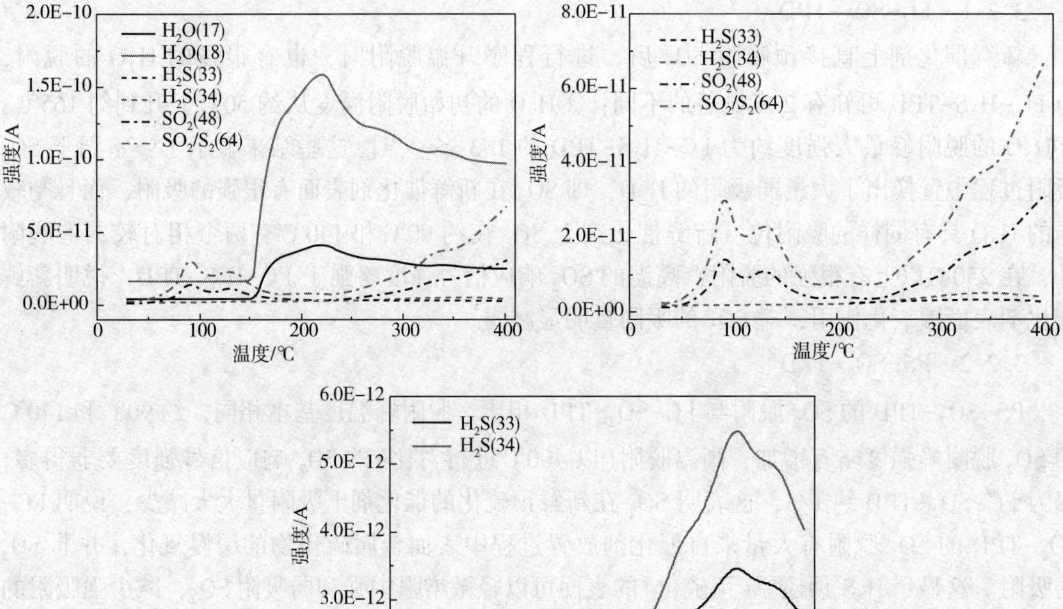

图 5　新鲜催化剂预硫化后的二氧化硫程序升温脱附

3.3 羰基硫在催化剂上的程序升温脱附

COS 可以看成是较为惰性的分子 CO_2 的一个氧被同一主族的 S 取代的化合物，分子中的 S 具有-2 价，与 H_2S 类似，酸性较弱，同时其中 S 的价层是充满电子的，通常在金属氧化物上吸附较弱。同样其中的-2 价 S 可以与单质硫作用，在金属硫化物上其吸附会有所不同。同样采用类似 H_2S-TPD 的方法分别对暴露大气的新鲜剂和再次预硫化催化剂进行 COS 的吸附和程序升温脱附。

3.3.1 FC-COS-TPD

FC-COS-TPD 上 H_2O 的脱附与 FC-H_2S-TPD 类似，H_2O 的脱附起始温度低，响应信号强度大。说明 COS 与 H_2S 有类似的吸附位，被 H_2O 占据，同时 COS 和 H_2S 在新鲜催化剂表面的吸附较弱。COS 只在 50℃以下和约 300 和 350℃有很弱的脱附峰，低于 50℃的脱附峰显示 COS 确实是很弱的吸附。高温 COS 脱附时伴随了显著的 CO_2 和 H_2S 增加，这说明催化剂表面可能存在部分 COS 强吸附中心，但是高温下 COS 可能发生水解反应，生产 CO_2 和 H_2S。同时在 200℃以上，SO_2 的脱附峰强度和趋势与 FC-H_2S-TPD 类似，说明 COS 在新鲜催化剂上吸附时并不影响原有的表面硫氧化物。

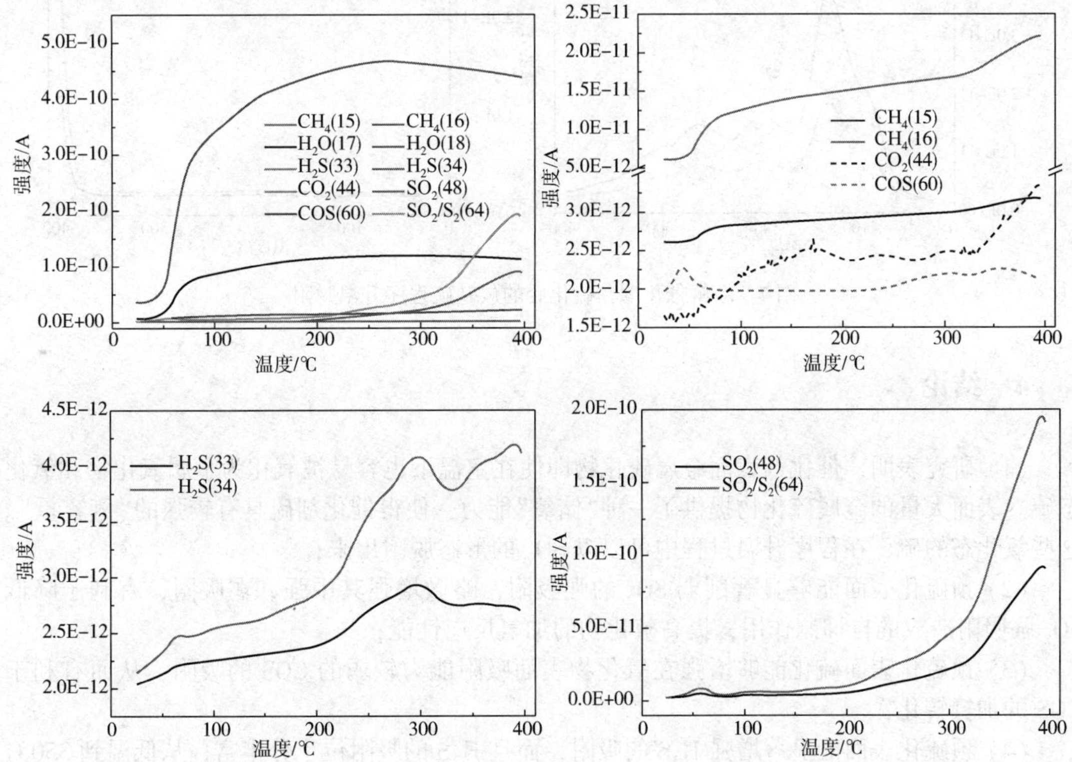

图 6　新鲜催化剂的羰基硫程序升温脱附

3.3.2 PS-COS-TPD

PS-COS-TPD 上 H_2O 的脱附与 FC-COS-TPD 存在较大的差别，在 50~100℃区间有明显的 COS 脱附峰，同时伴随有 CO_2 和 H_2S 脱附峰。说明表面预硫化后，增强了 COS 的吸附，即表面 S 中心更有利于 COS 的吸附。同时即使在 50~100℃的较低温度下，也存在较为显著的 COS 水解反应。在 50~100℃、100~150℃、~200℃、~260℃、350℃以上的温度区间或附件存在明显的多个 CO_2 峰，尽管较弱，但很明显。这显示 COS 吸附后在预硫化的表面很容易水解，比新鲜催化剂上更容易水解。说明表面硫化物比氧化物更能能增强 COS 吸附和活化。

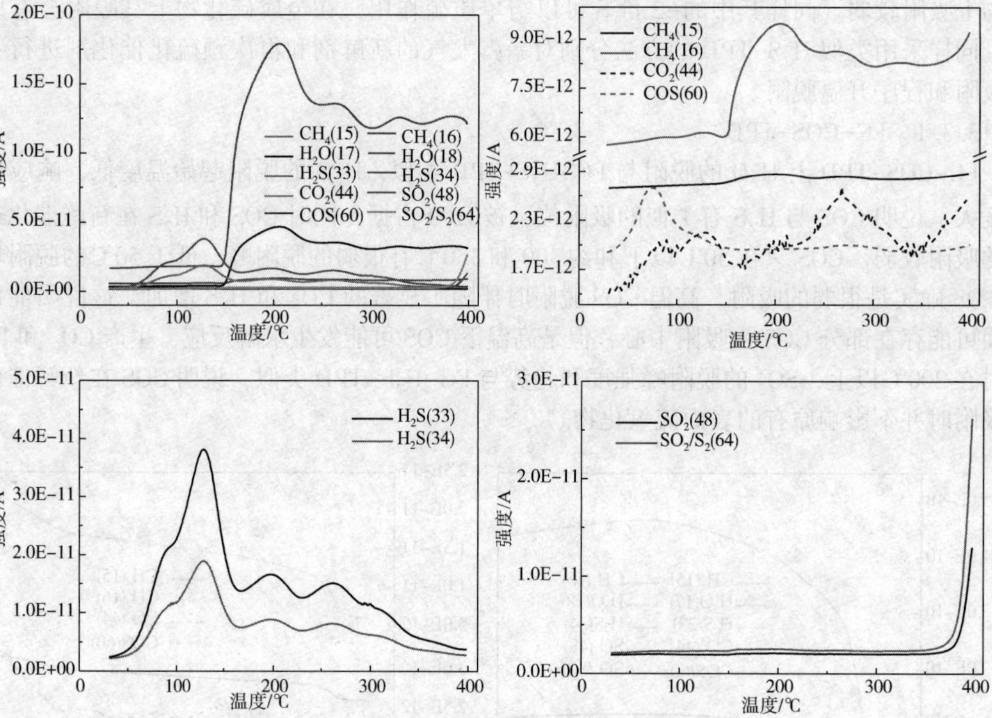

图 7　新鲜催化剂预硫化后的羰基硫程序升温脱附

4　结论

（1）研究表明，催化剂表面金属硫化物即使在室温下也容易被氧化为金属氧化物和氧化态硫。表面大量的金属硫化物提供了一种“储氧”能力，使得催化剂硫具有较强的“氧容量”。这些氧化态的硫，在程序升温过程中可以以 SO_2 的形态脱附出来；

（2）预硫化表面能够显著削弱 SO_2 的强吸附，略微增强其中强和弱吸附，有利于降低 SO_2 强吸附造成的自抑制作用，提高硫化物的加氢反应性能；

（3）预硫化表面硫化能够增强在氧化物表面吸附能力较弱的 COS 的吸附，从而有利于 COS 的加氢转化；

（4）预硫化表面能显著增强 H_2S 的吸附，而且 H_2S 的吸附位十分丰富，从低温到 350℃ 高温都有较强的 H_2S 吸附位。

参 考 文 献

[1] 徐翠翠，刘增让，刘爱华，等．预硫化型克劳斯尾气加氢催化剂开发[J]．硫酸工业，2018(11)：16-19.

[2] 刘爱华，刘剑利，徐翠翠，等．硫黄装置满足最新排放标准的成套技术开发及应用[J]．硫酸工业，2018(10)：22-26.

克劳斯尾气加氢催化剂反应动力学研究

徐翠翠　刘爱华　刘剑利　陶卫东　刘增让

（中国石油化工股份有限公司齐鲁分公司研究院　山东淄博　255400）

摘　要：介绍了针对LSH-03A催化剂进行的硫化物的加氢反应动力学研究。通过SO_2和COS在催化剂上进行加氢程序升温表面反应，改变硫化物浓度得到不同温度和反应物浓度下的反应结果，根据这些反应结果建立相应的速率方程。由速率方程得出克劳斯尾气加氢催化剂上的具体反应形式及过程，对克劳斯尾气加氢催化剂及其配套工艺的开发和应用具有指导意义。

关键词：硫黄回收　预硫化　尾气加氢　催化剂　SO_2　程序升温表面反应

1　前言

含硫原油和天然气资源的大量开发，使得以克劳斯法从酸性气中回收硫的工艺已成为炼厂气（或天然气）加工的一个重要组成部分[1]。随着清洁生产、节能减排和环境保护要求的日益提高，我国对克劳斯硫黄回收装置的烟气SO_2排放要求日益严格[2]。2015年，我国发布GB31570—2015《石油炼制工业污染物排放标准》，其中规定：硫黄回收装置排放烟气SO_2执行小于$400mg/m^3$，特别地区执行小于$100mg/m^3$[3]。催化剂作为硫黄回收装置的核心，对装置硫回收率有着决定性作用，其运行好坏直接关系到装置烟气二氧化硫排放。尾气加氢催化剂作为装置的末端催化剂，对排放烟气二氧化硫浓度的影响最为直接。因此，高性能的克劳斯尾气加氢催化剂开发和应用，有利于提高装置总硫回收率，满足环保要求。

目前，我国在用的尾气加氢催化剂大都为低温尾气加氢催化剂，催化剂型号主要有TG-107、C-234、LSH-02及LSH-03A催化剂[4]。其中，LSH-03A催化剂是齐鲁石化研究院最新研发的具有耐氧功能的S Zorb再生烟气处理专业加氢催化剂。该催化剂同时兼具低温、高活性和耐氧功能，在加氢反应器入口温度220℃的条件下，具有良好的加氢和水解活性，在不增设加热设施的情况下，即可实现S Zorb再生烟气引入尾气加氢单元处理[5]。

该研究主要针对LSH-03A催化剂进行硫化物的加氢反应动力学研究。通过不同硫化物在催化剂上的程序升温表面反应，改变硫化物浓度得到不同温度和反应物浓度下的反应结果，根据这些反应结果建立相应的速率方程。由速率方程得出克劳斯尾气加氢催化剂上的具体反应形式及过程，对克劳斯尾气加氢催化剂及其配套工艺的开发和应用具有指导意义。

2 试验部分

2.1 试验装置

该试验采用基于四极质谱的吸附脱附试验装置进行研究。吸附脱附试验装置工艺流程见图1。

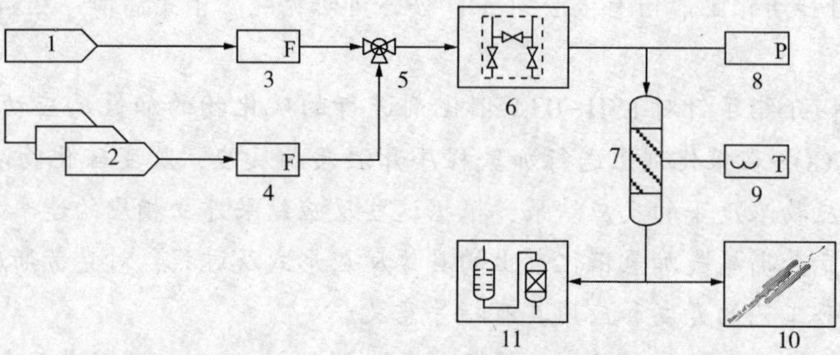

图1 吸附脱附试验装置工艺流程

1—载气；2—待吸附物；3，4—质量流量计；5—混合阀；6—阀箱系统；7—微型反应器；8—压力测量表；9—温度控制表；10—在线四极质谱；11—尾气净化系统

该试验采用的微型反应器为石英反应器，外径8mm，内径6mm，长度38cm。气体的检测以NIST Version2.2版质谱库数据为参考。

2.2 试验步骤

硫化物在催化剂上的加氢反应动力学主要通过在5000h^{-1}以上的气体空速条件下进行程序升温表面反应(TPSR)研究获得。通过程序升温表面反应，结合控制不同原料浓度得到不同温度和不同反应物浓度下的反应结果，根据这些反应结果建立相应的速率方程。具体步骤如下：

1）新鲜LSH-03A催化剂破碎筛分成40~80目，准确称量0.200g，装入ϕ8mm的石英反应管，在惰性载气中升温至250℃，通入2mL/min H_2S和33mL/min H_2/Ar气体[φ(H_2)10%，φ(Ar)90%，下同]，保持反应30min，完成LSH-03A新鲜催化剂的预硫化。

2）SO_2加氢反应。预硫化后的催化剂降温至90℃，通入2mL/min SO_2和不同流量的H_2/Ar气体，待系统稳定后，进行程序升温表面反应，升温到400℃为止。

3）COS加氢反应。预硫化后的催化剂降温至90℃，通入10mL/min COS/Ar气体[φ(COS)10%，φ(Ar)90%，下同]和不同流量的H_2/Ar气体，待系统稳定后，进行程序升温表面反应，升温到400℃为止。

3 试验结果

3.1 二氧化硫在催化剂上的加氢反应

SO_2是尾气加氢转化的典型硫化物之一，其在预硫化后催化剂上具有多种吸附位，且强吸附中心上的吸附量大。该试验采用新鲜催化剂，预硫化后降温至90℃以下，然后在不同

浓度的 SO_2 和 H_2 的气氛中进行程序升温表面反应。60mL/min H_2/Ar 气体与 2mL/min SO_2 在预硫化后催化剂上加氢 TPSR 结果见图 2a，46mL/min H_2/Ar 气体与 2mL/min SO_2 在预硫化后催化剂上加氢 TPSR 结果见图 2b，33mL/min H_2/Ar 气体与 2mL/min SO_2 在预硫化后催化剂上加氢 TPSR 结果见图 2c，19mL/min H_2/Ar 气体与 2mL/min SO_2 在预硫化后催化剂上加氢 TPSR 结果见图 2d。

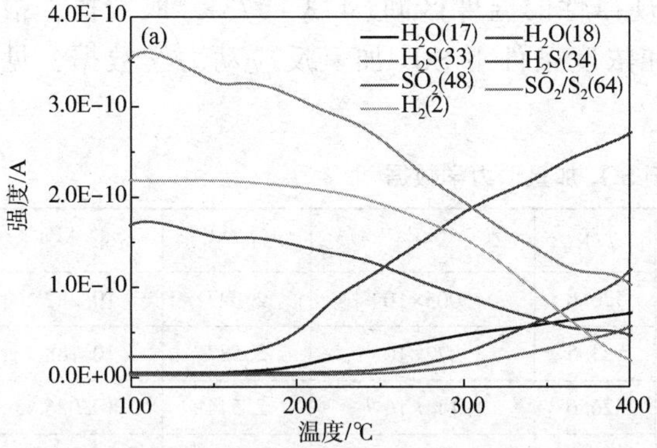

图 2a 60mL/min H_2/Ar 气体与 2mL/min SO_2 在预硫化后催化剂上加氢 TPSR

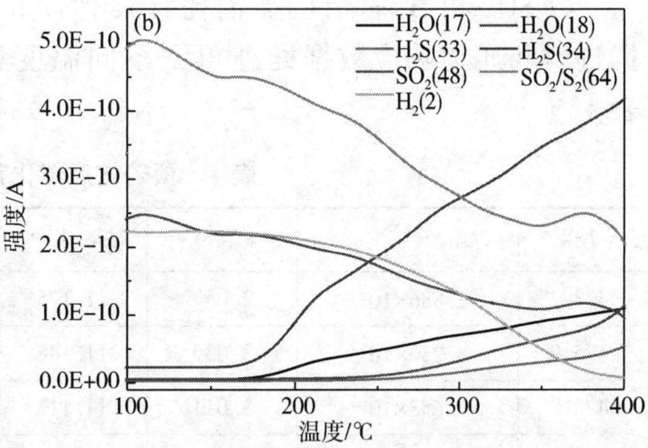

图 2b 46mL/min H_2/Ar 气体与 2mL/min SO_2 在预硫化后催化剂上加氢 TPSR

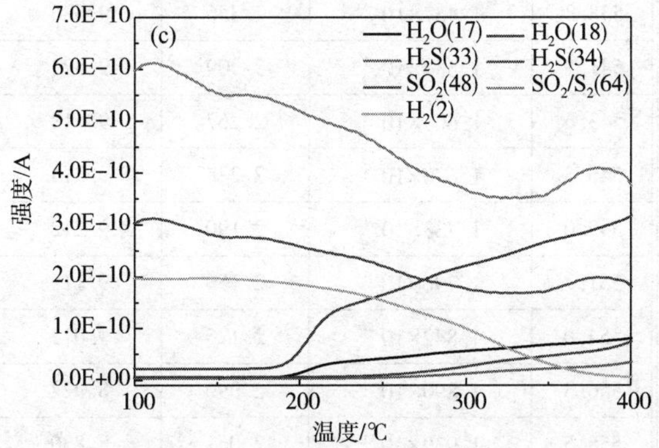

图 2c 33mL/min H_2/Ar 气体与 2mL/min SO_2 在预硫化后催化剂上加氢 TPSR

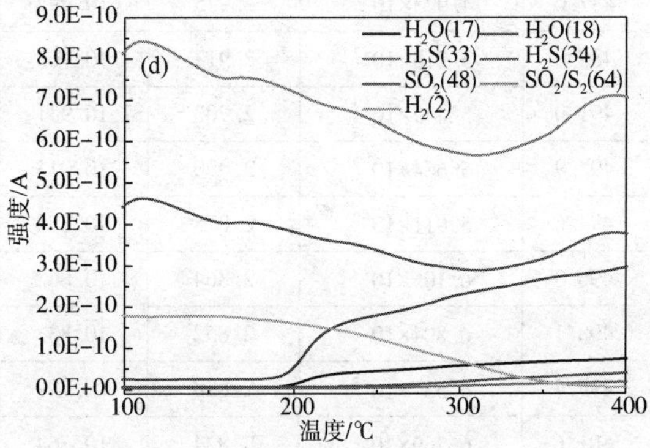

图 2d 19mL/min H_2/Ar 气体与 2mL/min SO_2 在预硫化后催化剂上加氢 TPSR

从图 2a~图 2d 新鲜催化剂预硫化后的二氧化硫加氢程序升温表面反应结果以及 SO_2 加氢转化反应本身可以发现，SO_2 加氢表面反应是一个相当复杂的过程。SO_2 和 H_2 表面反应示意见图 3。

SO_2 可持续加氢还原生成单质 S 和 H_2S，同时又可一步转化为 H_2S，产物 H_2S 既可能是一次产物，又可能是二次产物。所生成的 H_2S 又可以与 SO_2 反应生成单质 S，这使得 SO_2+H_2 这一反应过程十分复杂。同时由于单质 S 的形态十分多样化，导致这一过程更加复杂。

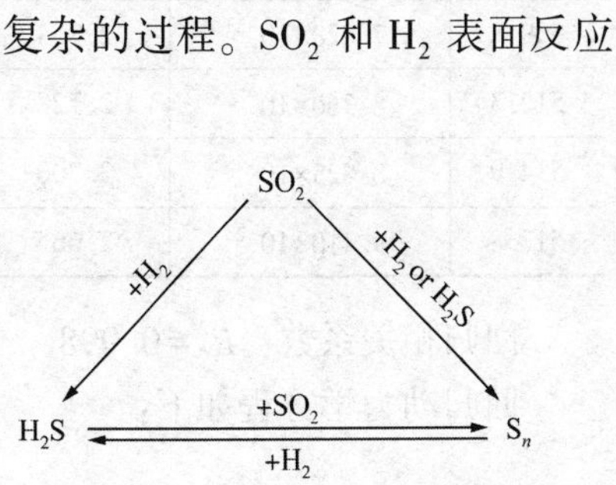

图 3 SO_2 和 H_2 表面反应示意

此外，PS-SO_2-TPD 表明 SO_2 在金属硫化物催化剂上的吸附种类较多，吸附力强，吸附容量较大，同样会导致 SO_2+H_2 反应变得复杂化。为简化计算，仅从原料消耗角度探讨 SO_2+H_2 反应动力学。采用如下动力学方程进行试验数据的非线性拟合：

$$r=-\frac{dp_{SO_2}}{dt}=Ae^{-\frac{E_a}{RT}}p_{SO_2}^{a}p_{H_2}^{b}$$

以 SO_2 和 H_2 都有明显消耗且具有较好规律性的温度区间(473~573K)取数据，根据进料和质谱响应数据处理得到不同温度和浓度条件下 SO_2 加氢反应动力学数据，见表 1。

表 1　预硫化后催化剂 SO_2 加氢动力学数据

T/K	r_{SO_2}/(kPa/s)	p_{SO_2}/kPa	p_{H_2}/kPa	T/K	r_{SO_2}/(kPa·s)	p_{SO_2}/kPa	p_{H_2}/kPa
473.2	2.886×10^{-2}	3.057	11.175	520.6	1.005×10^{-1}	2.627	10.282
475.9	3.250×10^{-2}	3.035	11.148	523.5	1.072×10^{-1}	2.587	10.188
478.2	3.658×10^{-2}	3.011	11.113	526.6	1.144×10^{-1}	2.544	10.086
480.6	3.989×10^{-2}	2.991	11.082	529.3	1.222×10^{-1}	2.497	9.979
482.9	4.331×10^{-2}	2.970	11.049	532.4	1.299×10^{-1}	2.451	9.866
485.1	4.635×10^{-2}	2.952	11.021	535.3	1.381×10^{-1}	2.401	9.751
487.0	4.923×10^{-2}	2.935	10.992	538.3	1.457×10^{-1}	2.356	9.636
489.0	5.216×10^{-2}	2.917	10.963	541.1	1.534×10^{-1}	2.309	9.523
491.0	5.449×10^{-2}	2.903	10.931	543.6	1.605×10^{-1}	2.267	9.418
492.9	5.664×10^{-2}	2.890	10.913	546.3	1.670×10^{-1}	2.228	9.315
494.6	5.911×10^{-2}	2.875	10.884	549.0	1.733×10^{-1}	2.190	9.212
496.3	6.105×10^{-2}	2.864	10.862	551.7	1.790×10^{-1}	2.156	9.111
498.1	6.304×10^{-2}	2.852	10.833	554.0	1.842×10^{-1}	2.125	9.012
499.7	6.537×10^{-2}	2.838	10.799	556.3	1.890×10^{-1}	2.096	8.922
501.6	6.769×10^{-2}	2.824	10.764	558.5	1.939×10^{-1}	2.067	8.830
503.3	7.011×10^{-2}	2.809	10.727	560.2	1.981×10^{-1}	2.042	8.744
505.3	7.266×10^{-2}	2.794	10.688	562.1	2.022×10^{-1}	2.017	8.656
507.2	7.576×10^{-2}	2.775	10.640	564.3	2.063×10^{-1}	1.992	8.568
509.8	7.928×10^{-2}	2.754	10.584	566.3	2.101×10^{-1}	1.970	8.476
512.3	8.360×10^{-2}	2.728	10.522	568.3	2.141×10^{-1}	1.945	8.384
514.9	8.825×10^{-2}	2.700	10.450	570.3	2.186×10^{-1}	1.918	8.286
517.8	9.410×10^{-2}	2.665	10.366	572.3	2.228×10^{-1}	1.893	8.179

回归相关系数：R^2=0.998

回归动力学方程如下：

$$r=-\frac{dp_{SO_2}}{dt}=7193e^{-\frac{65610}{RT}}p_{SO_2}^{0.92}p_{H_2}^{1.34}$$

L-M 非线性回归分析得到的 SO_2 加氢动力学参数见表 2。预硫化后催化剂 SO_2 加氢反应的试验值与计算值 L-M 非线性回归见图 4，预硫化后催化剂 SO_2 加氢反应的试验值与 L-M 拟合模型预测值的偏差见图 5，预硫化后催化剂 SO_2 加氢反应的 L-M 非线性回归分析残差分布见图 6。

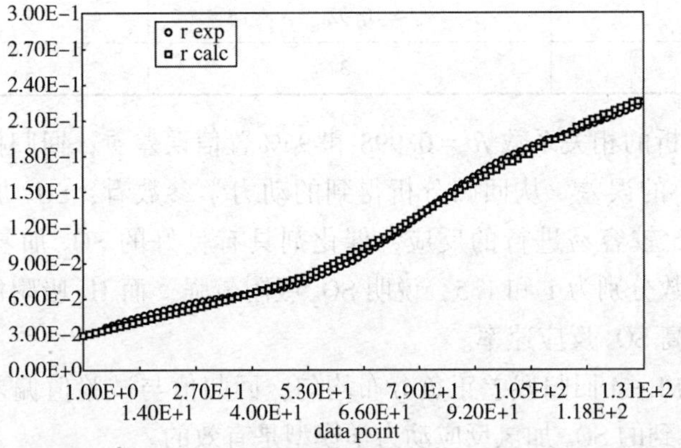

图 4 预硫化后催化剂 SO_2 加氢反应的试验值与计算值 L-M 非线性回归

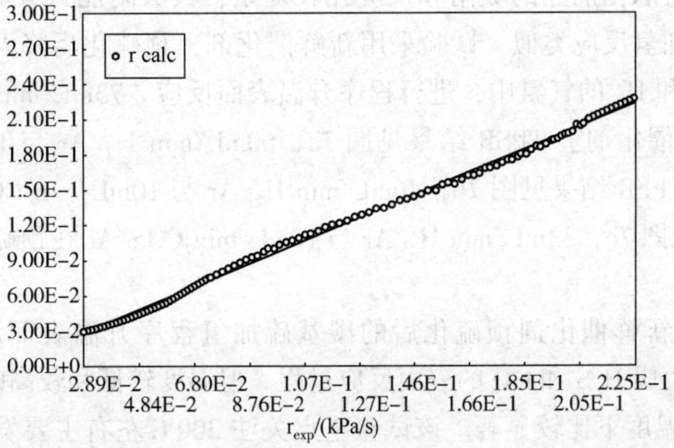

图 5 预硫化后催化剂 SO_2 加氢反应的试验值与 L-M 拟合模型预测值的偏差

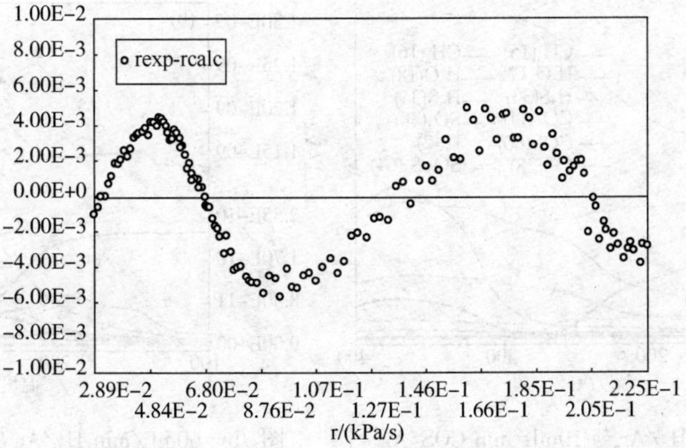

图 6 预硫化后催化剂 SO_2 加氢反应的 L-M 非线性回归分析残差分布

表2 L-M 非线性回归分析得到的 SO_2 加氢动力学参数

动力学回归参数	回归值	95%置信误差
A	7193	2042
E_a/(kJ/mol)	65.61	1.35
$a(SO_2)$	0.92	0.12
$b(H_2)$	1.34	0.15

从 L-M 回归分析的相关系数 $R^2=0.998$ 和 95%置信误差看，回归模型和试验数据具有较好的相关性和较小的误差。从回归分析得到的动力学参数看，SO_2 加氢反应的活化能为 65.61kJ/mol，属于比较容易进行的反应，催化剂具有良好的 SO_2 加氢反应活性。圆整后 SO_2 和 H_2 的反应级数分别为 1 和 1.5，说明 SO_2 吸附较强，而 H_2 吸附能力相对较弱，增加 H_2 的分压更利于提高 SO_2 反应速率。

SO_2 加氢反应的 L-M 回归残差正负分布均匀，回归值与试验值偏差很小，残差期望值接近于 0，说明所得到的 SO_2 加氢反应动力学模型是有效的。

3.2 COS 在催化剂上的加氢反应

COS 在预硫化后催化剂上的吸附和反应比较复杂，其吸附能力较弱，但在表面的反应比较复杂。与 SO_2 加氢反应类似，试验采用新鲜催化剂，预硫化后降温至 90℃以下，然后在不同浓度的 COS 和 H_2 的气氛中，进行程序升温表面反应。73mL/min H_2/Ar 与 10mL/min COS/Ar 在预硫化后催化剂上 TPSR 结果见图 7a，60mL/min H_2/Ar 与 10mL/min COS/Ar 在预硫化后催化剂上 TPSR 结果见图 7b，46mL/min H_2/Ar 与 10mL/min COS/Ar 在预硫化后催化剂上 TPSR 结果见图 7c，33mL/min H_2/Ar 与 10mL/min COS/Ar 在预硫化后催化剂上 TPSR 结果见图 7d。

从图 7a~图 7d 新鲜催化剂预硫化后的羰基硫加氢程序升温表面反应结果可以看出，COS 加氢主反应是生成 H_2S 和 CO 的表面反应过程。但温度较低和较高时都可能与催化剂中的 H_2O 反应，较高温度下比较显著。该试验重点关注 200℃左右主要发生的 COS 加氢主反应，但不可避免会存在 COS 的水解副反应。COS 和 H_2 表面反应示意见图 8。

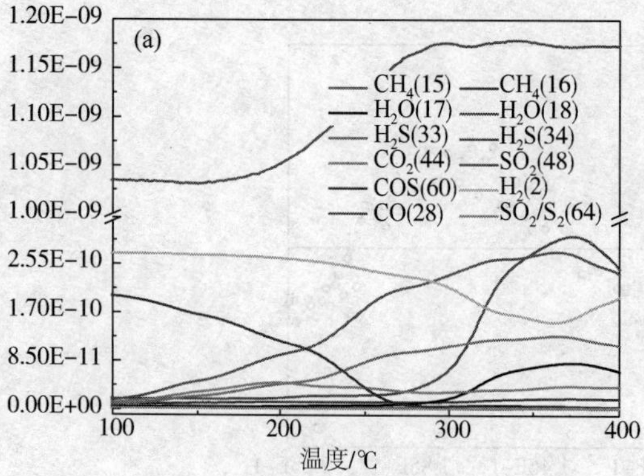

图 7a 73mL/min H_2/Ar 与 10mL/min COS/Ar 在预硫化后催化剂上 TPSR

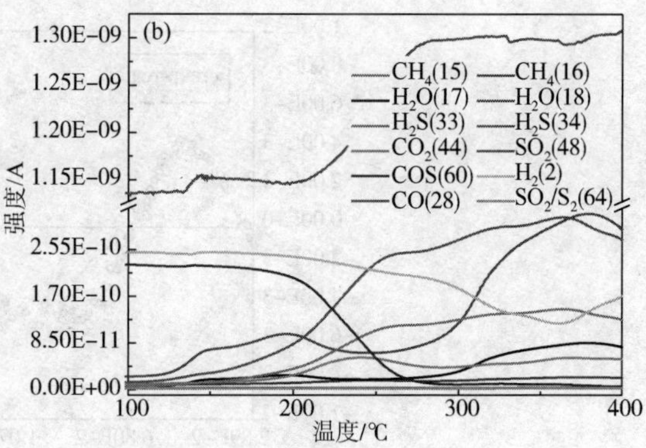

图 7b 60mL/min H_2/Ar 与 10mL/min COS/Ar 在预硫化后催化剂上 TPSR 结果

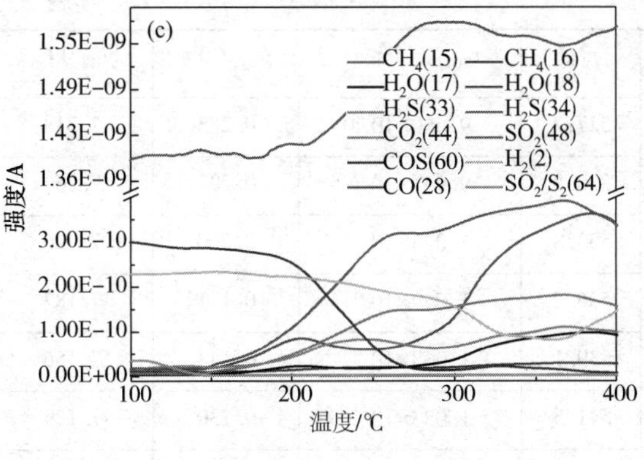

图 7c　46mL/min H_2/Ar 与 10mL/min COS/Ar 在预硫化后催化剂上 TPSR 结果

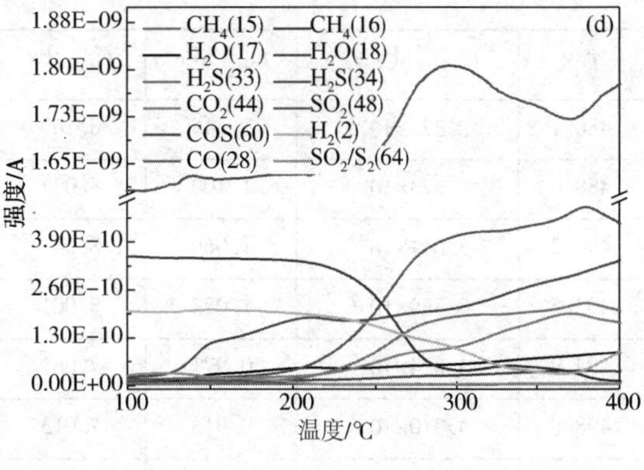

图 7d　33mL/min H_2/Ar 与 10mL/min COS/Ar 在预硫化后催化剂上 TPSR 结果

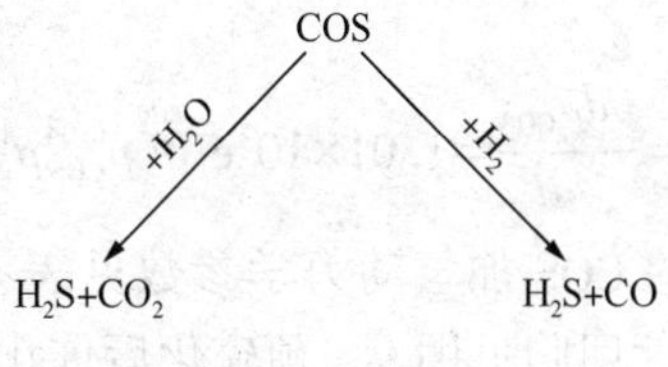

图 8　COS 和 H_2 表面反应示意

由于加氢主反应和水解副反应都能使 COS 转化为 H_2S，根据 COS+H_2 TPSR 试验显示，在 200~300℃时，COS 加氢转化反应为主要反应；从 CO_2 的响应来看，更低温度或更高温度有较为明显的水解反应发生。为此采用 COS 加氢反应为主的温度段进行动力学数据拟合，减少副反应对加氢反应的不利影响。为此，只从原料消耗角度探讨 COS+H_2 反应动力学，采用如下动力学方程进行试验数据的非线性拟合。

$$r=-\frac{\mathrm{d}p_{\mathrm{COS}}}{\mathrm{d}t}=Ae^{-\frac{E_a}{RT}}p_{\mathrm{COS}}^{a}p_{H_2}^{b}$$

以 COS 和 H_2 都有明显消耗且具有较好规律性的温度区间（200~270℃）取数据，根据进料和质谱响应数据处理得到不同温度和浓度条件的 COS 加氢反应动力学数据，见表 3。

表 3　预硫化后催化剂 COS 加氢动力学数据

T/K	r_{SO_2}/(kPa/s)	p_{SO_2}/kPa	p_{H_2}/kPa	T/K	r_{SO_2}/(kPa/s)	p_{SO_2}/kPa	p_{H_2}/kPa
473.0	1.111×10^{-2}	1.297	8.272	504.0	5.429×10^{-2}	0.779	7.794
473.8	1.162×10^{-2}	1.291	8.262	507.3	6.050×10^{-2}	0.704	7.729
475.3	1.273×10^{-2}	1.277	8.245	510.9	6.693×10^{-2}	0.627	7.657
477.8	1.457×10^{-2}	1.255	8.222	514.6	7.342×10^{-2}	0.549	7.582
479.9	1.654×10^{-2}	1.232	8.192	518.1	7.968×10^{-2}	0.474	7.512
481.9	1.872×10^{-2}	1.205	8.168	521.7	8.573×10^{-2}	0.401	7.439
484.0	2.108×10^{-2}	1.177	8.137	524.7	9.097×10^{-2}	0.338	7.377

续表

T/K	r_{SO_2}/(kPa/s)	p_{SO_2}/kPa	p_{H_2}/kPa	T/K	r_{SO_2}/(kPa/s)	p_{SO_2}/kPa	p_{H_2}/kPa
486.1	2.375×10^{-2}	1.145	8.107	527.7	9.560×10^{-2}	0.283	7.318
488.0	2.673×10^{-2}	1.109	8.077	530.8	9.941×10^{-2}	0.237	7.267
490.2	3.011×10^{-2}	1.069	8.041	533.8	1.025×10^{-1}	0.200	7.226
492.5	3.389×10^{-2}	1.023	8.001	536.2	1.049×10^{-1}	0.171	7.187
494.9	3.824×10^{-2}	0.971	7.961	539.1	1.068×10^{-1}	0.148	7.156
498.0	4.310×10^{-2}	0.913	7.913	541.5	1.083×10^{-1}	0.130	7.129
501.0	4.843×10^{-2}	0.849	7.859	543.9	1.095×10^{-1}	0.116	7.101

回归相关系数：$R^2=0.986$

回归动力学方程如下：

$$r=-\frac{dp_{COS}}{dt}=1.01\times10^{7}\,e^{-\frac{9030}{RT}}p_{COS}^{0.34}p_{H_2}^{1.25}$$

L-M 非线性回归分析得到的 COS 加氢动力学参数见表 4。预硫化后催化剂 COS 加氢反应的试验值与计算值 L-M 非线性回归见图 9，预硫化后催化剂 COS 加氢反应的试验值与 L-M 拟合模型预测值的偏差见图 10，预硫化后催化剂 COS 加氢反应的 L-M 非线性回归分析残差分布见图 11。

表 4　L-M 非线性回归分析得到的 COS 加氢动力学参数

动力学回归参数	回归值	95%置信误差
A	1.01×10^{7}	4.13×10^{4}
E_a/(kJ/mol)	9.03	0.017
a(COS)	0.34	0.003
b(H_2)	1.25	0.002

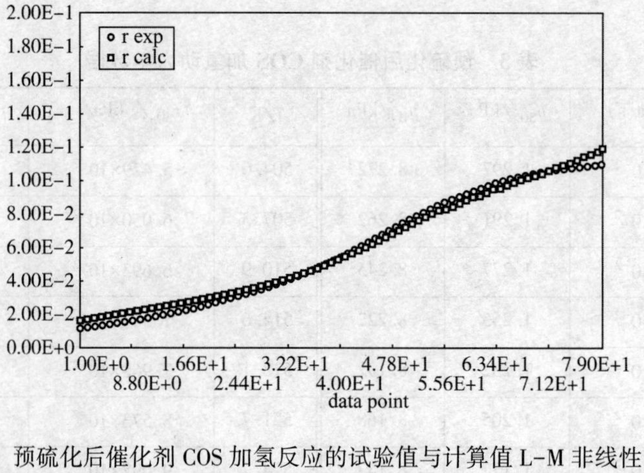

图 9　预硫化后催化剂 COS 加氢反应的试验值与计算值 L-M 非线性回归

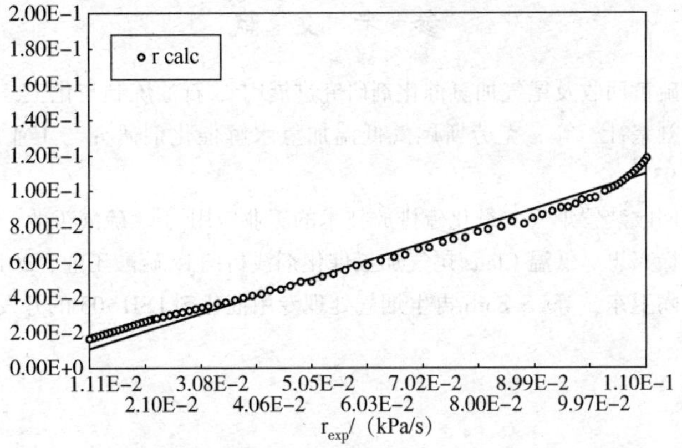

图 10　预硫化后催化剂 COS 加氢反应的试验值与 L−M 拟合模型预测值的偏差

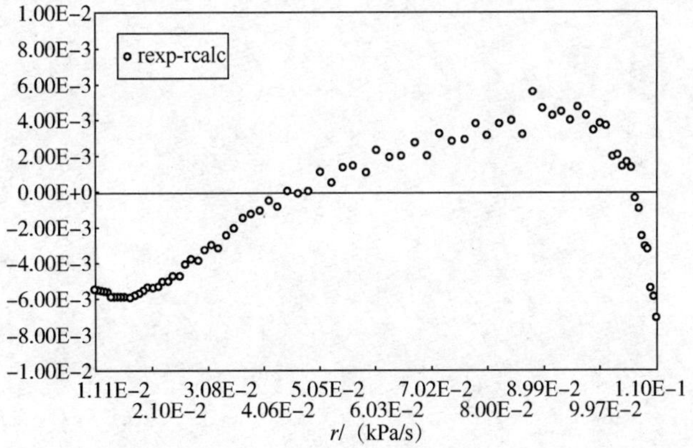

图 11　预硫化后催化剂 COS 加氢反应的 L−M 非线性回归分析残差分布

从 L−M 回归分析的相关系数 $R^2=0.986$ 和 95%置信误差看，回归模型和试验数据具有较好的相关性和较小的误差。L−M 回归动力学参数表明 COS 加氢反应的活化能为 9.03kJ/mol，属于很容易进行的反应；但指前因子很大，表明分子有效效应需要的碰撞次数较多，也可能 COS 加氢到 H_2S 和 CO 是比较显著的可逆反应。COS 和 H_2 的反应级数分别为 0.5 和 1.0，说明 H_2 的吸附相对较弱，增加 H_2 的分压更利于提高 COS 反应速率。

COS 加氢的 L−M 回归残差正负分布均匀，回归值与试验值偏差较小，残差期望值接近于 0，说明所得到的 COS 加氢反应动力学模型是有效的。

4　结论

1）预硫化的 LSH−03A 催化剂上 SO_2 加氢动力学显示 SO_2 的加氢转化的活化能为 65.61kJ/mol，对 SO_2 和 H_2 来讲，反应级数分别约为 1.0 和 1.5；

2）预硫化的 LSH−03A 催化剂上 COS 加氢动力学显示 COS 的加氢转化的活化能为 9.03kJ/mol，加氢转化途径主要是生成 CO 和 H_2S，对 COS 和 H_2 来讲，反应级数分别约为 0.5 和 1.0；

3）SO_2 和 COS 加氢动力学都表明增加 H_2 分压更有利于提高加氢反应速度。

参考文献

[1] 殷树青，徐兴忠．硫黄回收及尾气加氢催化剂研究进展[J]. 石油炼制与化工，2012，43(8)：98-104.

[2] 常宏岗，朱荣海，刘宗社，等．克劳斯尾气低温加氢水解催化剂研究与工业应用[J]. 天然气工业，2010，35(4)：88-93.

[3] 吴惜伟．降低硫黄回收装置烟气二氧化硫排放技术的工业应用[J]. 硫酸工业，2016(6)：35-38.

[4] 张义玲，赵双霞，徐兴忠．低温 Claus 尾气加氢催化剂浅析[J]. 硫酸工业，2010(3)：43-46.

[5] 刘爱华，徐翠翠，陶卫东，等．S Zorb 再生烟气处理专用催化剂 LSH-03 的开发及应用[J]. 硫酸工业，2014(2)：22-25.

国产系列制硫催化剂在普光净化厂的工业应用

刘剑利[1]　张立胜[2]　刘爱华[1]　裴爱霞[2]

（1. 中国石化齐鲁分公司研究院　山东淄博　255400）
（2. 中国石化中原油田普光分公司　四川达州　635300）

摘　要： 介绍了国产系列制硫催化剂在普光净化厂 200kt/a 硫黄回收装置上的工业应用试验。运行 1 年后装置标定结果表明：装置负荷在 80%、100%和 110%条件下，装置各项参数运行正常，单程硫回收率均在 97%以上，有机硫水解率均在 98%以上，总硫回收率均在 99.96%以上，催化剂国产化工业应用试验取得成功。

关键词： 国产　制硫　催化剂　工业应用

1　前言

近年来，随着我国高含硫大型天然气田的陆续开发，对天然气净化工艺提出了新要求。迄今为止，中石化中原油田普光分公司净化厂是我国最大的气体净化厂，该厂年处理混合天然气能力为 $120×10^8 m^3$，年产硫黄能力 $240×10^4 t$，拥有 12 套单套规模为 $20×10^4 t/a$ 的硫黄回收装置，装置采用美国 Black&Veatch 公司的工艺包，配套使用的催化剂均为进口，进口催化剂价格昂贵，更换一次催化剂花费巨大，作为高含硫天然气生产的关键环节如果不能开发拥有自主知识产权的催化剂，存在极大的公共安全隐患。

为实现高含硫大型天然气田净化厂催化剂国产化，中国石化齐鲁分公司研究院在原有的 LS-300 氧化铝基硫黄回收催化剂基础上进行技术创新，开发出 LS-02 新型氧化铝基制硫催化剂，综合性能达到同类进口催化剂水平。为提高装置的有机硫水解活性，在一级转化器配套使用水解活性更高的氧化钛基有机硫水解专用催化剂。2018 年 4 月，普光净化厂 122 系列硫黄回收装置制硫催化剂实施了国产催化剂的更换，装置稳定运行一年后，于 2019 年 5 月对装置运行情况进行系统标定，考察国产制硫催化剂在天然气净化厂大型硫回收装置上的工业应用效果，为催化剂全面国产化提供技术支持。

2　系列催化剂工业应用试验

2.1　装置流程简介

普光净化厂 122 系列设计规模为 200kt/a，操作弹性为 30%～130%，年操作时间为 8000h，硫回收率可到 99.8%以上，硫黄回收单元流程见图 1。

硫黄回收单元采用直流法（也称部分燃烧法）Claus 硫回收工艺，其流程设置为一段高温硫回收加两段低温催化硫回收，该部分硫回收率为 93%～97%，一级转化器和二级转化器入口过程气升温采用 3.5MPa 等级的饱和蒸汽加热。

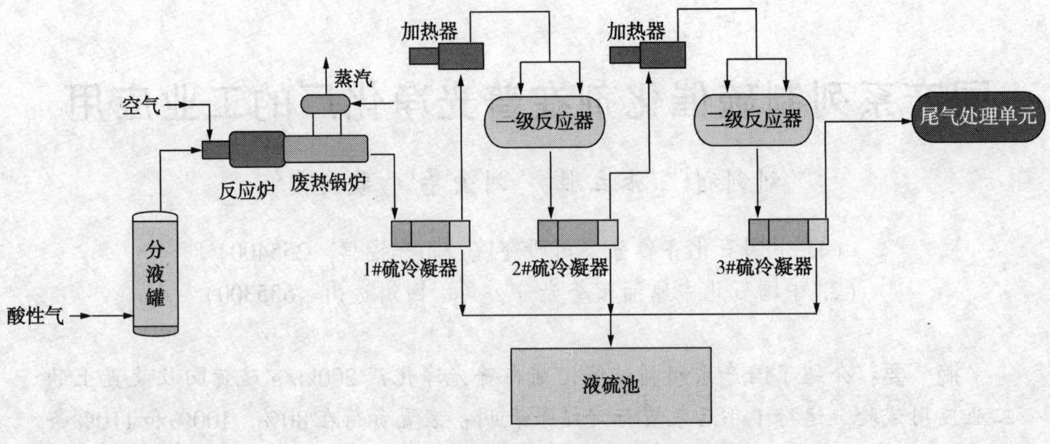

图 1 硫黄回收单元流程简图

2.2 催化剂的装填

普光净化厂硫黄装置反应炉温度较低，酸性气中 CO_2 含量较高，在反应炉中生成大量的有机硫化物。为了增加有机硫水解活性，对制硫单元的催化剂装填方案进行了合理级配。具体方案如下：硫黄回收单元两级克劳斯转化器使用的催化剂为中石化齐鲁分公司研究院开发的 LS-971 脱漏氧保护剂，LS-981G 有机硫水解催化剂以及 LS-02 新型氧化铝基硫回收催化剂，其中一级转化器上部装填二分之一体积的 LS-971 脱漏氧保护剂，下部装填二分之一的 LS-981G 有机硫水解催化剂；二级转化器全床层装填 LS-02 新型氧化铝基制硫催化剂。

一级转化器催化剂装填示意见图 2，转化器由底部至顶部依次装填 φ10mm 瓷球 150mm、LS-981G 有机硫水解催化剂 563mm、LS-971 脱漏氧保护剂 563mm、ϕ10mm 瓷球 75mm。

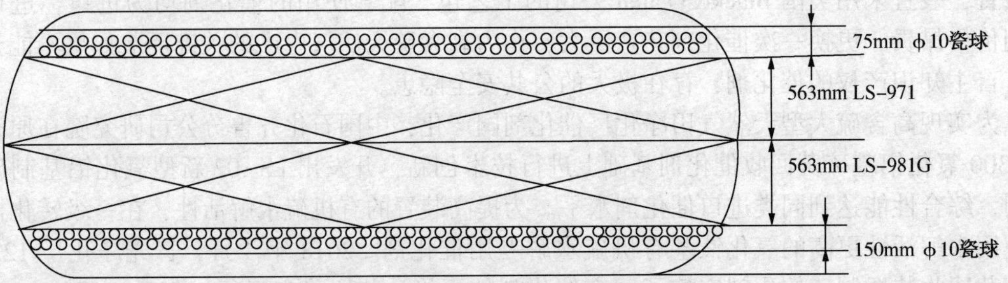

图 2 一级转化器催化剂装填示意

二级转化器催化剂装填示意见图 3，转化器底部装填 ϕ10mm 瓷球 150mm，顶部装填 ϕ10mm 瓷球 75mm，中间装填 LS-02 催化剂 1125mm。

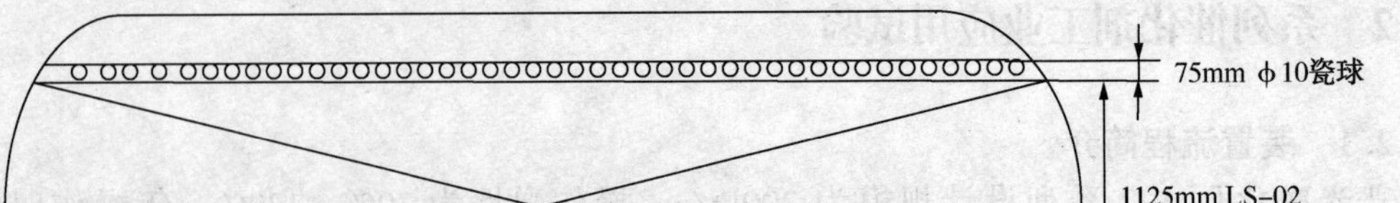

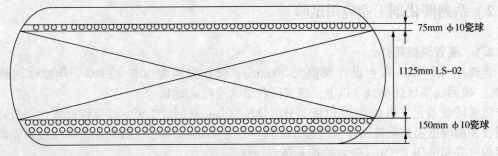

图 3 二级转化器催化剂装填示意

2.3 催化剂物化性质

系列制硫催化剂的物化性能见表1。

表1 系列制硫催化剂的物化性质

物化性质	LS-971	LS-981G	LS-02
外观	红褐色球形	白色条形	白色球形
规格/mm	φ4~6	φ4×(3~15)	φ3~5
强度/(N/cm)	≥130N/颗	≥120	≥120N/颗
磨耗/%(质)	≤0.5	≤0.5	≤0.5
堆密度/(g/mL)	0.72~0.82	0.95~1.05	0.60~0.75
比表面积/(m^2/g)	≥260	≥100	≥350
孔容/(mL/g)	≥0.30	≥0.20	≥0.40
主要成分	Al_2O_3、Fe_2O_3	TiO_2	Al_2O_3

3 装置工业标定

2019年5月，在122系列装置正常运行1年后，开展了装置性能标定试验。标定试验考察的硫黄回收装置负荷为80%、100%和110%，其中80%、100%负荷下标定时间为72h，110%负荷下标定时间为12h。每个负荷阶段标定前需进行工况调整，待装置运行稳定后方可进行数据录取和分析，每天在10：00、14：00分别采样并记录操作参数。

3.1 装置运行参数

一级转化器入口温度控制在213℃左右，二级转化器入口温度控制在212~214℃之间。硫黄回收主要操作参数见表2~表4。

表2 122系列80%负荷硫黄回收单元操作参数

项目	2019-5-27		2019-5-28		2019-5-29	
	10：00	14：00	10：00	10：00	14：00	10：00
酸性气流量/(m^3/h)	26080	26268	26122	26251	26345	26499
空气流量/(m^3/h)	37227	36479	36624	36659	36170	35901
反应炉炉膛温度/℃	998	997	992	989	986	981
反应炉炉前压力/kPa	40	40	39	40	40	39
一转入口温度/℃	213	213	213	213	213	213
一转床层温升/℃	89	89	89	88	88	88
二转入口温度/℃	213	213	213	213	212.7	212.2
二转床层温升/℃	14	14	14	14	13	14

表3 122系列100%负荷硫黄回收单元操作参数

项 目	2019-5-24		2019-5-25		2019-5-26	
	10：00	14：00	10：00	14：00	10：00	14：00
酸性气流量/(m^3/h)	32017	32350	32147	32189	32155	31962
空气流量/(m^3/h)	44023	42865	44085	44788	44336	43811
反应炉炉膛温度/℃	995	983	989	992	989	984
反应炉炉前压力/kPa	55	52	54	55	55	52
一转入口温度/℃	213	213	213	213	213	213
一转床层温升/℃	88	87	87	88	87	87
二转入口温度/℃	214	213	213	213	213	213
二转床层温升/℃	13	14	14	14	14	14

表4 122系列110%负荷硫黄回收单元操作参数

项 目	2019-5-30	
	10：00	14：00
酸性气流量/(m^3/h)	34769	34770
空气流量/(m^3/h)	47399	45596
反应炉炉膛温度/℃	982	982
反应炉炉前压力/kPa	61	61
一转入口温度/℃	213	213
一转床层温升/℃	86	87
二转入口温度/℃	213	213
二转床层温升/℃	14	13

从表2~表4可以看出：装置负荷在80%~110%的情况下，122系列硫黄回收单元运行正常，一级转化器温升86~89℃，二级转化器温升在13~14℃，表明绝大部分催化反应在一级转化器就已完成，只有少量反应在二级转化器进行。

122系列一级转化器床层温相比其他系列装置温升高10℃左右，这有利于促进有机硫水解反应的进行。这主要是由于122系列装置一级转化器采用了LS-971脱漏氧保护催化剂和LS-981G有机硫水解催化剂的级配，LS-971脱漏氧保护催化剂可将制硫炉残余的漏氧脱除避免后部催化剂发生硫酸盐化，LS-971催化剂脱氧反应产生的热量要高于克劳斯反应的放热，可促进一级转化器床层温度的提高。

3.2 酸性气组成分析

标定期间，对酸性气组成进行了分析，分析结果见表5~表7。从表中数据可以看出，酸性气组成相对稳定，变化不大，相比炼油厂酸性气浓度较低，CO_2浓度较高。

表 5　122 系列 80%负荷时酸性气分析数据

项　目	2019-5-27		2019-5-28		2019-5-29	
	10：00	14：00	10：00	10：00	14：00	10：00
H_2S 体积含量/%	62.72	62.85	57.45	60.68	58.7	60.51
CO_2 体积含量/%	29.91	31.77	29.69	31.39	30.4	30.81
烃体积含量/%	0.02	0.04	0.02	0.47	0.03	0.03

表 6　122 系列 100%负荷时酸性气分析数据

项　目	2019-5-27		2019-5-28		2019-5-29	
	10：00	14：00	10：00	10：00	14：00	10：00
H_2S 体积含量/%	58.90	60.10	56.81	56.11	61.73	61.78
CO_2 体积含量/%	33.12	33.11	31.35	30.85	32.14	32.19
烃体积含量/%	0.37	0.03	0.03	0.05	0.19	0.48

表 7　122 系列 110%负荷时酸性气分析数据

项　目	2019-5-30	
	10：00	14：00
H_2S 体积含量/%	60.42	62.84
CO_2 体积含量/%	32.32	33.15
烃体积含量/%	0.20	0.07

3.3　硫回收单元过程气组分数据

标定期间，122 系列硫回收单元过程气组分分析数据见表 8～表 10。从表中数据可以看出，一级转化器入口 H_2S 浓度为 8.7%～10.4%，SO_2 浓度为 4.4%～5.6%，COS 浓度为 0.48%～0.57%，CS_2 含量为 0～0.01%；二级转化器出口 H_2S 浓度为 2.0%～2.6%，SO_2 浓度为 0.3%～0.9%，COS 浓度为 0～0.01%，CS_2 未检测出。

表 8　80%负荷 Claus 转化器进出口过程气组分分析数据　　%(体)

取样位置	分析项目	2019-5-27		2019-5-28		2019-5-29	
		10：00	14：00	10：00	14：00	10：00	14：00
一级冷凝器入口	H_2S	9.04	10.40	9.37	10.18	10.39	8.99
	SO_2	5.45	5.59	5.34	5.22	5.04	5.14
	COS	0.56	0.57	0.52	0.52	0.51	0.49
	CS_2	0.0008	0.01	0.0001	0.00	0.00	0.00
	CO_2	17.53	18.80	17.82	19.12	19.09	19.49
	CO	1.36	1.32	1.48	1.36	1.50	1.30

续表

取样位置	分析项目	2019-5-27		2019-5-28		2019-5-29	
		10：00	14：00	10：00	14：00	10：00	14：00
二级冷凝器入口	H_2S	2.43	2.71	2.19	2.09	2.55	2.44
	SO_2	0.89	0.91	0.83	0.86	0.87	0.73
	COS	0.0007	0.0002	0.0002	0.00	0.00	0.00
	CS_2	0.00	0.00	0.00	0.001	0.003	0.00
三级冷凝器入口	H_2S	0.71	0.70	0.27	0.55	0.81	0.67
	SO_2	0.11	0.15	0.0011	0.10	0.11	0.07
	COS	0.0069	0.0079	0.00	0.01	0.0083	0.01
	CS_2	0.00	0.00	0.00	0.00	0.00	0.00

表 9　100%负荷 Claus 转化器进出口过程气组分分析数据　　%(体)

取样位置	分析项目	2019-5-24		2019-5-25		2019-5-26	
		10：00	14：00	10：00	14：00	10：00	14：00
一级冷凝器入口	H_2S	9.04	10.11	9.97	9.75	8.78	9.97
	SO_2	5.23	5.10	4.96	5.04	4.40	5.62
	COS	0.55	0.52	0.57	0.56	0.48	0.53
	CS_2	0.0006	0.0025	0.00	0.00	0.00	0.00
二级冷凝器入口	H_2S	2.39	2.03	2.42	2.30	2.22	2.29
	SO_2	0.85	0.67	0.97	0.95	0.86	0.78
	COS	0.0003	0.0059	0.00	0.02	0.0000	0.0000
	CS_2	0.00	0.00	0.00	0.00	0.00	0.00
三级冷凝器入口	H_2S	0.42	0.96	0.91	0.93	0.58	0.96
	SO_2	0.40	0.10	0.19	0.09	0.10	0.29
	COS	0.0083	0.0023	0.01	0.01	0.000	0.00
	CS_2	0.00	0.00	0.00	0.00	0.00	0.00

表 10　110%负荷 Claus 转化器进出口过程气组分分析数据　　%(体)

取样位置	分析项目	2019-5-30	
		10：00	14：00
一级冷凝器入口(SN-303)	H_2S	8.97	8.85
	SO_2	4.93	5.09
	COS	0.52	0.48
	CS_2	0.0011	0.0019
二级冷凝器入口(SN-305)	H_2S	2.06	2.29
	SO_2	1.13	0.74
	COS	0.00	0.00
	CS_2	0.00	0.00

续表

取样位置	分析项目	2019-5-30	
		10：00	14：00
三级冷凝器入口(SN-307)	H_2S	0.39	0.92
	SO_2	0.28	0.04
	COS	0.0067	0.0073
	CS_2	0.00	0.00

3.4 装置运行效果考察

3.4.1 单程总硫转化率及硫回收效率

硫黄回收装置单程总硫转化率 η 计算公式如下：

η=[1-第三冷凝器出口气体($H_2S+SO_2+COS+2CS_2$)摩尔总数/入反应炉($H_2S+SO_2+COS+2CS_2$)摩尔总数]×100%

其中： 入反应炉($H_2S+SO_2+COS+2CS_2$)摩尔总数=酸性气流量×酸性气中($H_2S+SO_2+COS+2CS_2$)体积浓度÷22.4

第三冷凝器出口气体中($H_2S+SO_2+COS+2CS_2$)摩尔总数=第三冷凝器出口过程气中($H_2S+SO_2+COS+2CS_2$)体积浓度×克劳斯尾气流量÷22.4

硫黄回收装置硫回收率的理论计算公式：

硫回收率=[1-烟气总硫/(原料潜硫量)]×100%

原料潜硫量=酸性气流量×酸性气中($H_2S+SO_2+COS+2CS_2$)%(体)

烟气总硫=烟气流量×烟气中 SO_2%(体)

COS 总水解率计算方法为：

COS 总水解率=(1-第三硫冷凝器出口 COS 摩尔总数/第一硫冷凝器入口 COS 摩尔总数)×100%

CS_2 总水解率计算方法为：

CS_2 总水解率=(1-第三硫冷凝器出口 CS_2 摩尔总数/第一硫冷凝器入口 CS_2 摩尔总数)×100%

标定期间，装置单程总硫转化率、硫回收率、COS 总水解率及 CS_2 总水解率结果见图 4。

从图 4 可以看出，装置标定期间，装置单程总硫转化率均高于 97%，硫回收效率均在 99.96%以上，COS 水解率均高于 98%，CS_2 水解率为 100%，均优于装置设计值。

3.4.2 一级转化器性能考察

一级转化器床层温度一般控制在 280~330℃。在转化器中，硫化氢和二氧化硫反应生成硫的反应是放热反应，因此较低的温度有利于反应的进行。有机硫的水解反应需在 300℃以上才能进行，温度高有利于反应的进行。一级转化器床层温度控制较高的目的，就是使过程气中的 COS、CS_2 尽量水解完全。标定期间一级转化器克劳斯转化率和有机硫水解率结果见图 5。

从图 5 可以看出，在不同反应负荷下，一级转化器克劳斯平均转化率均在 80%以上，随着装置负荷的提高，克劳斯转化率略有下降，有机硫平均水解率均在99%以上，这说明在一级转化器中水解反应进行得比较彻底，同时也进行了大部分克劳斯反应，表明LS-971脱漏氧保护剂与LS-981G有机硫水解催化剂组合使用，具有较高的克劳斯转化活性，以及较高的有机硫水解活性。

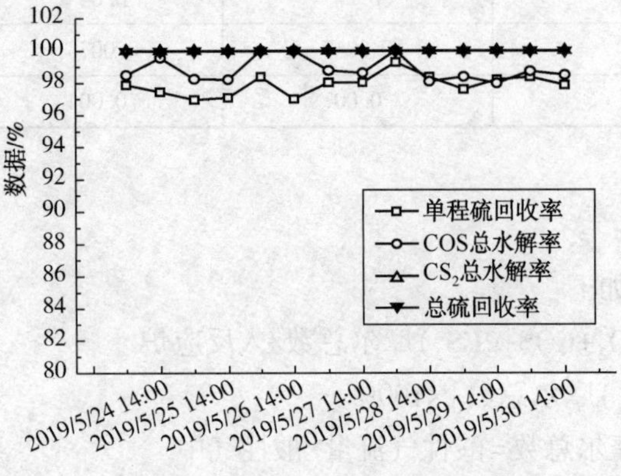

图4　122系列80%负荷标定期间数据

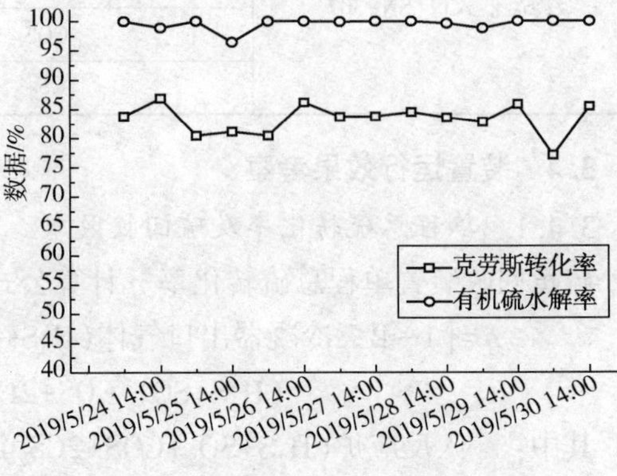

图5　一级转化器克劳斯转化率和有机硫水解率结果

3.4.3　二级转化器性能考察

二级转化器其床层温度一般控制在210~230℃，由于在第一转化器内有机硫的水解反应已经基本完成，为提高克劳斯转化率，二级转化器床层温度比一级转化器要低。标定期间二级转化器克劳斯转化率结果见图6。

从图6可以看出：不同负荷下二级转化器克劳斯平均转化率在68%以上，催化剂表现出较高的克劳斯活性。

3.5　尾气排放情况考察

采用现场在线分析仪监测烟气 SO_2 排放浓度，图7列出了标定期间122系列烟气 SO_2 排放数据。从图7中数据可以看出，标定期间烟气 SO_2 排放数据在250~400mg/Nm³，远低于国家环保法规规定的960mg/Nm³ 的排放标准。

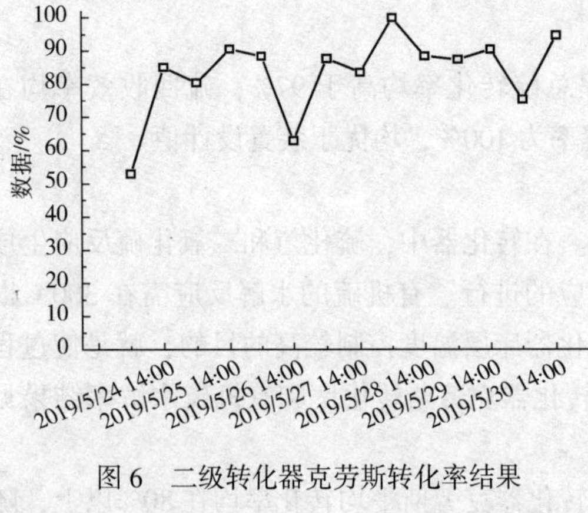

图6　二级转化器克劳斯转化率结果

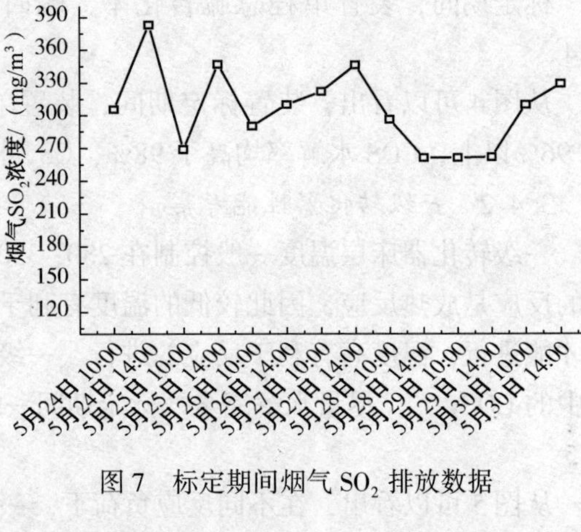

图7　标定期间烟气 SO_2 排放数据

4 结论

（1）122 系列硫回收装置在 80%、100%和 110%运行负荷下分别进行了标定，装置各项参数运行正常，单程硫回收率均在 97%以上，COS 总水解率均在 98%以上，转化器出口 CS_2 未检出，水解率为 100%。

（2）122 系列硫回收装置在 80%、100%和 110%三种负荷下，总硫回收率均在 99.96%以上。

（3）在液硫脱气废气引入焚烧炉的工况下，122 系列硫回收装置在不同负荷下烟气 SO_2 排放浓度均低于 400mg/Nm^3，远低于国家环保法规规定的 960mg/Nm^3 的排放标准。

（4）LS-971 脱漏氧保护剂与 LS-981G 有机硫水解催化剂组合使用，具有较高的克劳斯转化活性，以及较高的有机硫水解活性。

H_2S 在氧化铝基硫黄回收催化剂上吸附脱附性能研究

刘增让　刘爱华　刘剑利　徐翠翠　陶卫东

（中国石油化工股份有限公司齐鲁分公司　山东淄博　255400）

摘　要： 实验室通过对 H_2S 在新鲜催化剂干燥处理、新鲜催化剂蒸汽处理、新鲜催化剂原样和失活催化剂上进行程序升温试验，考察 H_2S 在氧化铝基硫黄回收催化剂上的吸附和脱附性能，为硫黄回收催化剂的开发和应用提供技术支撑。

关键词： 硫黄　氧化铝基催化剂　吸附　脱附

1　前言

中国石化齐鲁分公司研究院在 LS-300 氧化铝基硫黄回收催化剂的基础上，经过制备工艺的改进、原材料的优化、改性剂的加入，开发了 LS-02 新型氧化铝基硫黄回收催化剂，该催化剂具有大的比表面积和孔体积、更合理的孔结构、更高的克劳斯反应活性，同时兼备较好的有机硫水解活性，总硫回收率高[1]。将 LS-02 新型氧化铝基硫黄回收催化剂装填于反应器，分别对 H_2S 在新鲜催化剂干燥处理、新鲜催化剂蒸汽处理、新鲜催化剂原样和失活催化剂上进行程序升温试验，考察了 H_2S 在氧化铝基硫黄回收催化剂上吸附和脱附性能，对硫黄回收催化剂的开发和应用提供技术支撑。

2　空白实验

参比-温度空白试验的目的是为系统增加差热分析。空白实验是校准催化剂床层升温过程与参比温度的偏差，采用石英砂装填的反应器进行。用所记录的床层温度数据与参比温度数据进行拟合，得到一个 8 阶多项式，见图 1、图 2。

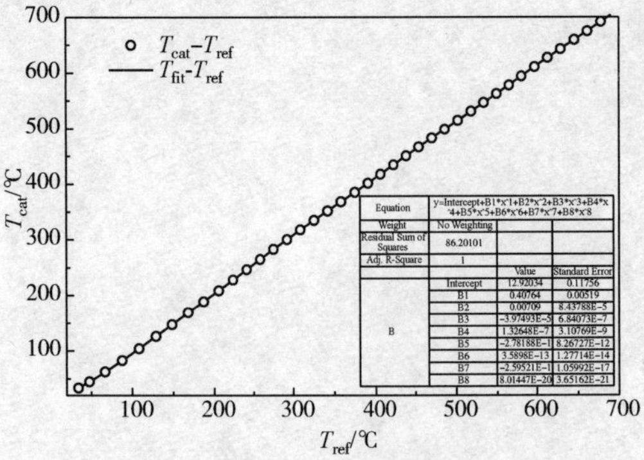

图 1　空白条件下催化剂床层温度随参比温度的 8 阶多项式拟合图

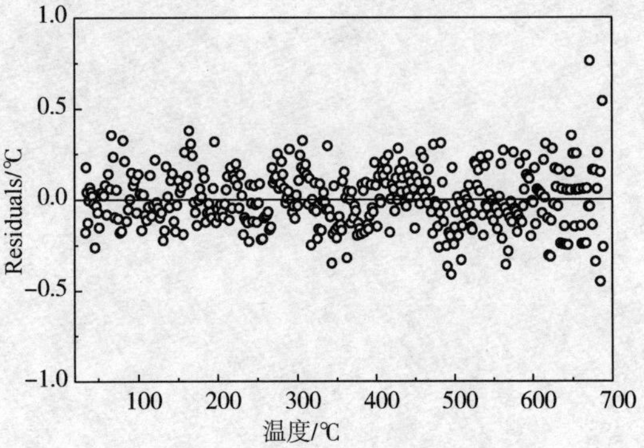

图 2　空白条件下催化剂床层温度随参比温度的拟合的残差分布图

采用 8 阶多项式拟合的催化剂床层和参比温度的误差范围 400℃以下的实验温度范围内在±0.4℃之间，按照误差值的 3 倍考虑，催化剂温度与拟合温度之差超过±1.2℃范围可以认为催化剂上有吸热或放热发生。

3　新鲜催化剂干燥处理后 H_2S 吸附-脱附研究

新鲜催化剂装填于反应器，在纯 N_2 气气氛中程序升温到 300℃以上保持 10min 后降至室温，干燥后不更换催化剂，连续进行了催化剂 H_2S 室温吸附和程序室温脱附研究（RTA：Room Temperature Adsorption，室温吸附；TPD：Temperature Programmed Desorption，程序升温脱附）。程序升温速率 10℃/min。

3.1　干燥催化剂上 H_2S-RTA

干燥催化剂在 N_2 气氛吹扫下通入 10.0%（体）的 H_2S 进行吸附时，催化剂立即有一个快速升温，升温幅度约 7℃；停止 H_2S 进料后，催化剂立即降温，降温幅度约 1.5℃；升温幅度显著大于降温幅度，说明 H_2S 在干燥催化剂上有较强的吸附。原因是 H_2S 分子中含有 H 原子，H 原子可以直接和表面氧作用形成强烈的化学吸附，放热导致较高的温升。停止 H_2S 进料后的降温幅度小证明 H_2S 在催化剂表面发生化学吸附为主，其中只有少量的 H_2S 是物理吸附，会受气相 H_2S 分压影响。这说明 H_2S 很容易在催化剂表面吸附和活化。H_2S-RTA 初始的 H_2S 响应变化比较大，这应当是开始进料的时候有较多 H_2S 在催化剂表面发生吸附所致，见图 3。

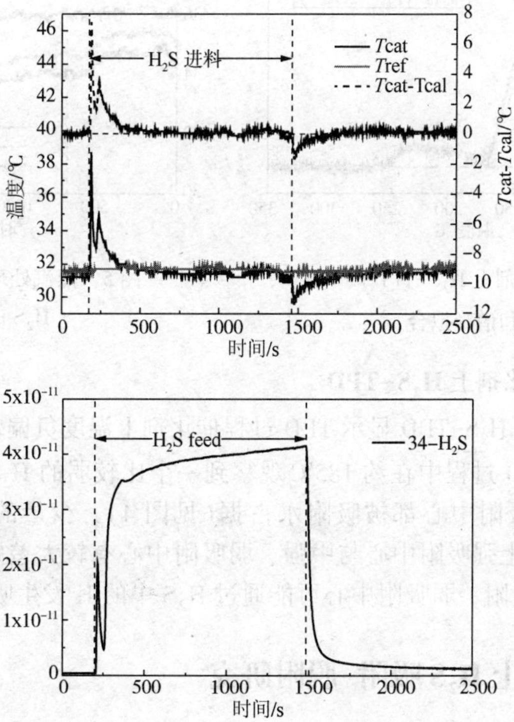

图 3　干燥催化剂上室温吸附 H_2S 的（上）温度变化和（下）质谱响应

3.2 干燥催化剂上 H_2S-TPD

干燥催化剂上 H_2S-TPD 时，H_2S 存在至少三种吸附中心，分别约为 97℃、141℃和 220℃三种由弱到强，积分峰面积由大到小。说明弱吸附 H_2S 最多，中强吸附的 H_2S 较少，强吸附的 H_2S 最少。

4 新鲜催化剂经蒸汽处理后 H_2S 吸附-脱附研究

新鲜催化剂装填于反应器，升温到 300℃后通入约 15%的水蒸气处理 10min 后，逐渐降温到接近 100℃时停止通入水蒸气。N_2 吹扫降至室温后吸附硫化物气体，停止吸附后 N_2 吹扫直至基线平稳，然后按 10℃/min 室温速率进行程序升温脱附，每次实验都更换新鲜催化剂。

4.1 蒸汽处理催化剂上 H_2S-RTA

蒸汽处理催化剂在 N_2 气氛吹扫下通入 10.0%(体)的 H_2S 进行吸附时，通入和停止 H_2S 时都没有观察到明显的热效应。说明室温下 H_2S 在蒸汽处理后的催化剂上吸附比较困难。H_2O 的吸附中心与 H_2S 是类似的。H_2S 进料时检测到 H_2O 的响应显著增强，说明气相 H_2S 存在时可以交换部分弱吸附水，如物理吸附水，这样并不造成明显的热效应。停止 H_2S 进料时，H_2O 的响应降低也说明了上述推测。

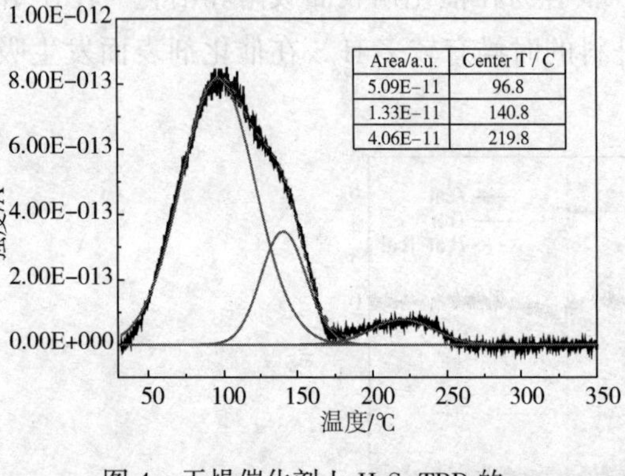

图 4 干燥催化剂上 H_2S-TPD 的 H_2S 响应和谱峰拟合

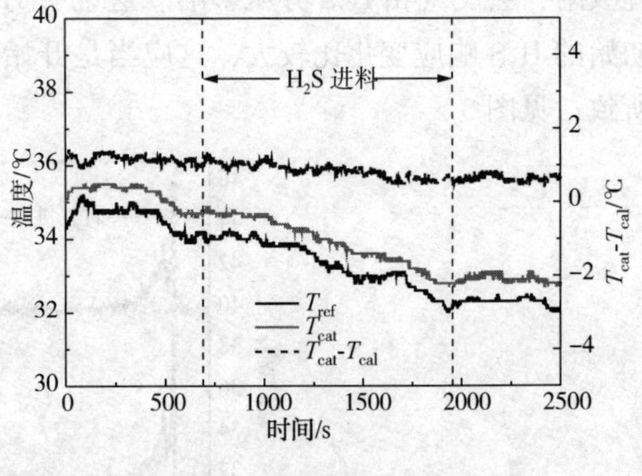

图 5 蒸汽处理催化剂上室温吸附 H_2S 的温度变化

4.2 蒸汽处理催化剂上 H_2S-TPD

蒸汽处理催化剂的 H_2S-TPD 显示 TPD 过程催化剂上温度负偏差归属为吸附水脱附造成的吸热。另外 H_2S-TPD 过程中在约 185℃观察到一个比较弱的 H_2S 脱附峰，这表明干燥催化剂上中强、弱 H_2S 吸附中心都被吸附水占据(见图 4)，少量的强吸附中心仍可以吸附 H_2S。这也说明催化剂上强吸附中心与中强、弱吸附中心有较大差别。推测强吸附中心可能通过 H_2S 中的 S 发生吸附，弱吸附中心可能通过 H_2S 中的 H 发生吸附。

5 新鲜催化剂上 H_2S 吸附-脱附研究

新鲜催化剂装填于反应器，直接在室温吸附硫化物气体后，N_2 气吹扫直至基线平稳，然后按 10℃/min 室温速率进行程序升温脱附，每次实验都更换新鲜催化剂。

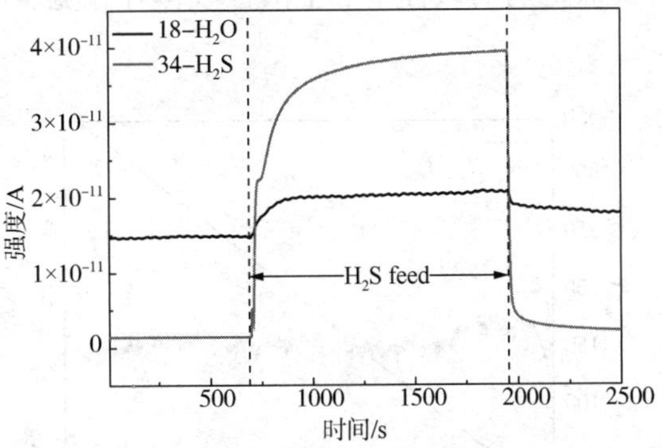

图 6　蒸汽处理催化剂上室温吸附 H_2S 的质谱响应

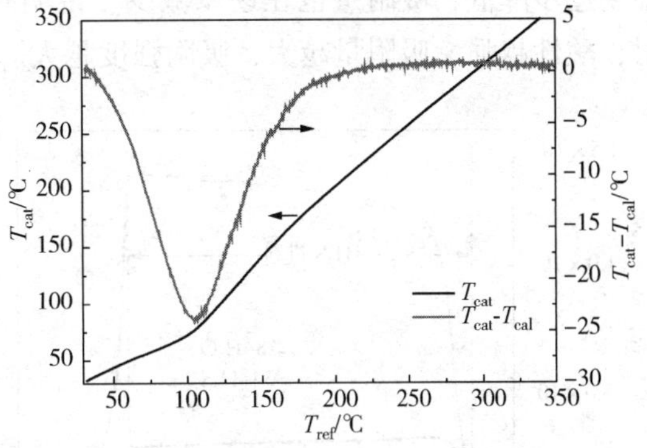

图 7　蒸汽处理催化剂上 H_2S-TPD 的温度变化

5.1　新鲜催化剂上 H_2S-RTA

新鲜催化剂上室温吸附 H_2S 时有约 5℃的温升，停止 H_2S 进料时降温约 1℃。这个热效应略小于干燥处理的催化剂但远大于蒸汽处理催化剂。吸附过程中 H_2S 响应缓慢而稳步上升，H_2O 的响应开始时迅速上升，而后缓慢稳步下降，停止 H_2S 后进一步下降。这些结果显示 H_2S 吸附会挤占部分吸附水的位置。说明 H_2S 和 H_2O 有相同的吸附中心。推测这部分吸附中心应该是通过 H_2S 分子中的 H 原子与表面发生吸附的。较强的吸附热效应说明新鲜催化剂上有较多的适合 H_2S 的化学吸附中心。

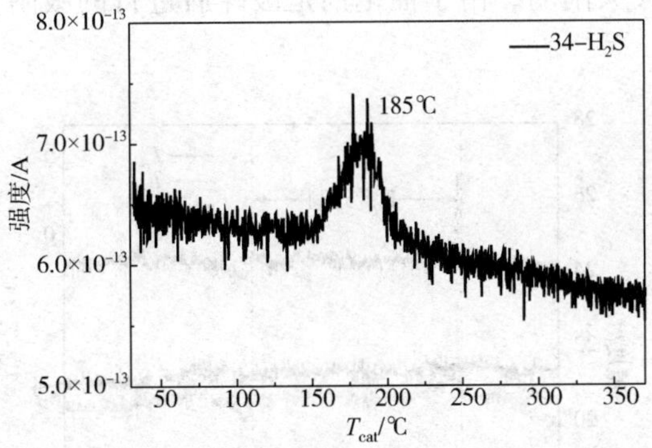

图 8　蒸汽处理催化剂上 H_2S-TPD 的质谱响应

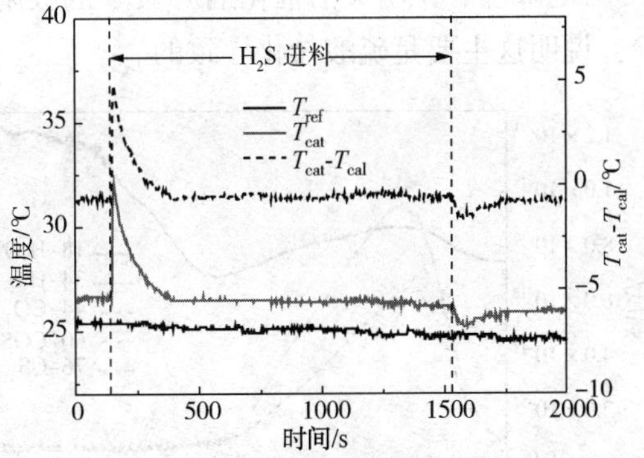

图 9　新鲜催化剂上室温吸附 H_2S 的温度变化

5.2　新鲜催化剂上 H_2S-TPD

H_2S-TPD 显示新鲜催化剂上有 CO_2 的脱附峰，且范围比较宽，峰值温度接近 100℃，信号强度较高。这说明新鲜催化剂上本身因制备工艺引入了含 CO_2 的化合物，如碳酸盐；或与大气接触时会吸附大气中 CO_2。催化剂表面具有碱性。有利于含硫酸性气体的吸附。另一方面，H_2S-TPD 过程中观察到了很强的 H_2S 脱附峰，其温度范围与 CO_2 一致，峰值温度略高于 CO_2，约为 100℃。与此同时，还观察到了较弱但很明显的 COS 和 CS_2 脱附峰，峰值温度分别约 80℃和 70℃。这一结果说明，催化剂表面固有的 CO_2 可以与 H_2S 发生反应，生成 COS 和 CS_2。同时由于分子结构及其酸性强度不同，H_2S、CO_2、COS 和 CS_2 脱附的峰值温度逐步降低，吸附量也在逐步减少。说明新鲜催化剂的碱性中心上酸性气体存在竞争吸附，酸性越强，吸附量越大，吸附强度越大。

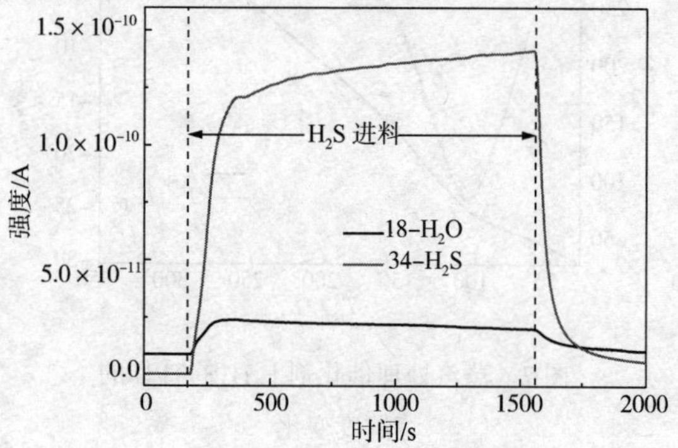

图 10 新鲜催化剂上室温吸附 H_2S 的质谱响应

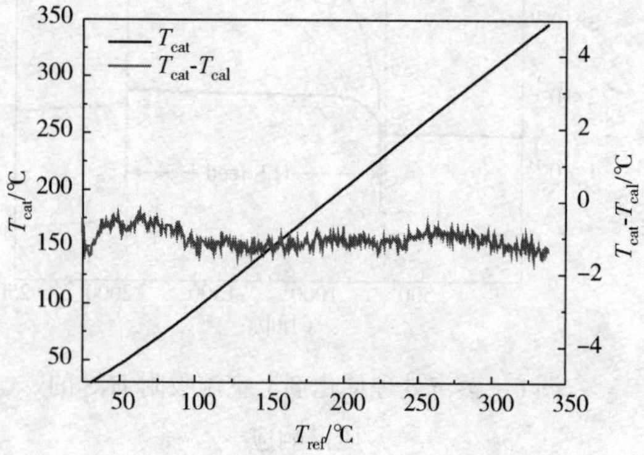

图 11 新鲜催化剂上 H_2S-TPD 的温度变化

6 失活催化剂 H_2S 吸附-脱附研究

6.1 失活催化剂上 H_2S-RTA

H_2S 在干燥处理后的失活催化剂上室温吸附时有约 2℃的温升，停止 H_2S 进料后有约 0.5℃的降温。说明失活催化剂对 H_2S 的吸附大大削弱。由于催化剂是破碎后进行的吸附实验，说明这主要是硫酸盐化导致的。

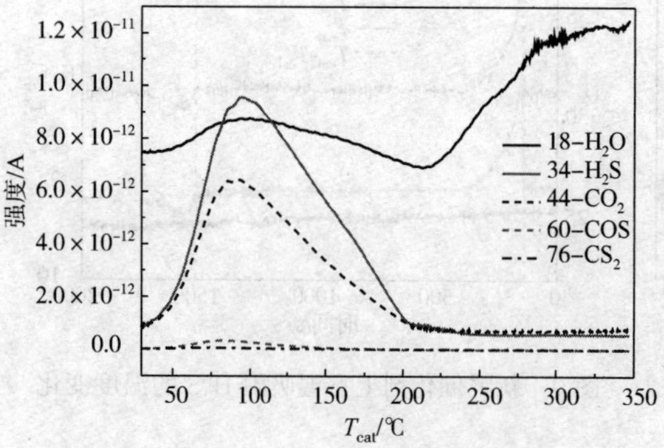

图 12 新鲜催化剂上 H_2S-TPD 的质谱响应

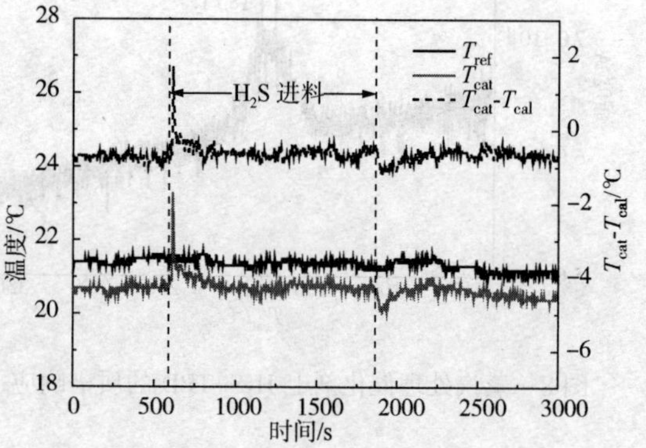

图 13 失活催化剂上室温吸附 H_2S 的温度变化

6.2 失活催化剂上 H_2S-TPD

H_2S 在干燥处理后 TPD 时只在约 100℃附件有一个强度约 5E-14A 的极弱的 H_2S 脱附峰，与新鲜催化剂相比，H_2S 脱附峰的信号强度和峰值温度都大幅度降低。这一结果是催化剂硫酸盐化抑制 H_2S 吸附的直接证据。同时也说明催化剂上的碱性中心是 H_2S 的主要吸附位，硫酸盐化直接破坏了催化剂的碱性中心，削弱了 H_2S 等弱酸性气体的吸附。

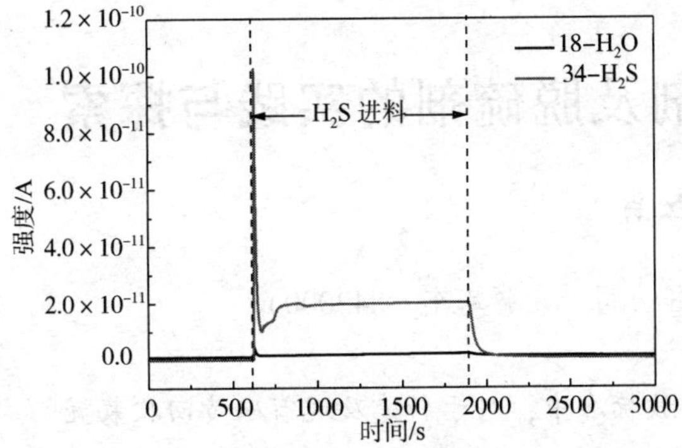

图 14 失活催化剂上室温吸附 H_2S 的质谱响应

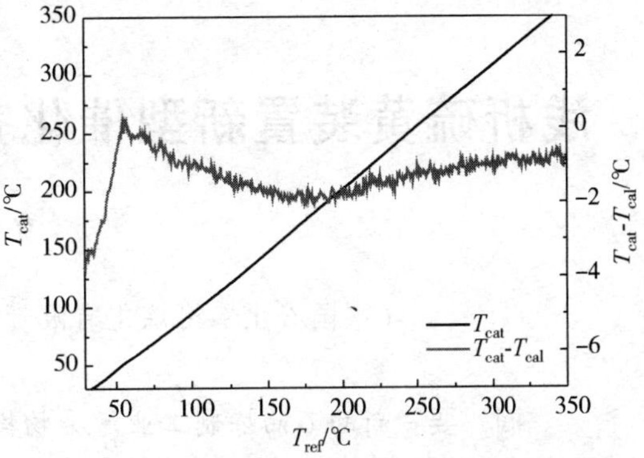

图 15 失活催化剂上 H_2S-TPD 的温度变化

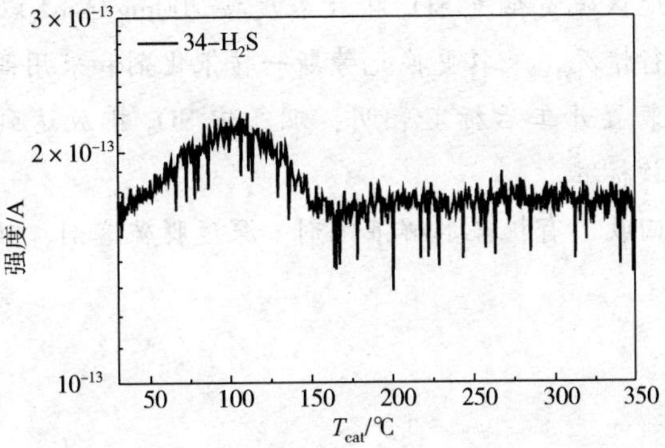

图 16 失活催化剂上 H_2S-TPD 的质谱响应

7 结论

(1) H_2S 在干燥催化剂表面主要发生化学吸附，少量的 H_2S 是物理吸附，至少存在 3 个吸附中心，H_2S 很容易在催化剂表面吸附和活化；

(2) 水蒸气处理会显著抑制到 H_2S 在催化剂表面的吸附；

(3) 新鲜催化剂上有较多的适合 H_2S 的化学吸附中心，催化剂的碱性中心上酸性气体存在竞争吸附，酸性越强，吸附量越大，吸附强度越大；

(4) 硫酸盐化直接破坏了催化剂的碱性中心，削弱了 H_2S 的吸附。

参 考 文 献

[1] 陶卫东，刘增让，刘剑利，等. LS 系列硫黄回收催化剂在普光净化厂的工业应用[J]. 齐鲁石化化工，2017，45(1)：1-5.

浅析硫黄装置新型催化剂及脱硫剂的实践与探索

贾红岩

（中国石化塔河炼化有限责任公司　新疆库车　842000）

摘　要：新的石油炼制工业污染物排放标准中，对于新建及现有硫黄回收装置大气污染排放中 SO_2 浓度做出了更加严格的要求：2017 年 7 月 1 日后，一般地区不大于 400mg/Nm³，特殊地区不大于 100mg/Nm³。2016 年根据集团公司能环部下发通知要求，一般地区硫黄烟气 SO_2 排放浓度按 200mg/Nm³ 以下控制，塔河炼化结合现硫黄装置运行情况，采取更换克劳斯一转催化剂和采用高效的加氢尾气深度脱硫溶剂等措施。装置开工后标定表明，烟气中 SO_2 排放达到 100mg/Nm³ 以下，达到了特殊地区排放标准。

关键词：硫黄回收　有机硫水解催化剂　深度脱硫溶剂　SO_2　烟气

1　前言

中国石化塔河炼化Ⅰ期硫黄回收装置是塔河劣质稠油改扩建工程与各生产装置配套的环保装置，由洛阳石化工程公司总承包，2004 年 9 月 30 日建成中交，同年 11 月 19 日一次开车成功。装置设计规模为 20kt/a，采用部分燃烧法+二级转化克劳斯制硫工艺，过程气采用来自酸性气燃烧炉的高温气进行掺合的加热方式，制硫反应器 R5501 和 R5502 装填催化剂为 CT6-4，尾气处理采用“SSR”还原-吸收工艺。2007 年 10 月对硫黄尾气吸收部分进行了改造，实现了 SO_2 达标排放，半贫液改送至干气脱硫塔进行二次吸收，降低了溶剂集中再生负荷及能耗。2012 年 6 月将加氢反应器 R5503 高温催化剂更换为低温催化剂 CT6-11，此种催化剂可将尾气中 S_X、SO_2、COS、CS_2 在有还原气 H_2 存在的前提下还原和水解为 H_2S，保证总硫回收率达到 99.8%以上，烟气中 SO_2 排放浓度降至 300mg/m³ 左右。2017 年 7 月 1 日执行新排放标准：硫黄回收装置烟气中的 SO_2 排放一般地区不大于 400mg/Nm³，特殊地区不大于 100mg/Nm³。2016 年集团公司能环部下发通知要求，中石化炼厂一般地区硫黄烟气 SO_2 排放浓度按 200mg/m³ 以下控制，因此，为满足烟气中 SO_2 的排放指标，在Ⅰ期硫黄装置第四周期大检修时对克劳斯一转催化剂和溶剂再生脱硫溶剂进行了更换，将一转的氧化铝基催化剂 CT6-4B 更换为 CT6-8 钛基有机硫水解催化剂，再生脱硫溶剂更换为成都能特科技发展公司的 CT8-26 加氢尾气深度脱硫溶剂，于 11 月 25 日引酸性气入炉开工。经过运行优化后，装置产品质量合格，烟气达标排放。12 月对该装置进行了标定，目前为止运行工况良好。

2 工艺流程简介

自溶剂再生部分来的酸性气经酸性气分液罐，分液后进酸性气预热器，用蒸汽预热至160℃后与自酸性水汽提部分来的酸性气混合，再与经空气预热器用蒸汽预热至160 °的鼓风机风，进入酸性气燃烧炉，燃烧后高温过程气进入管壳式废热锅炉冷却，再进入一级冷凝冷却器冷却，经除雾后，液硫从一级冷凝冷却器底部经硫封罐进入硫池。过程气经一级掺合阀用炉内高温气流掺合后，进入一级反应器，在钛基有机硫水解催化剂作用下，COS、CS_2 发生水解反应，生成 H_2S，同时伴有部分硫化氢与二氧化硫的转化反应，生成硫黄。反应过程气经二级冷凝冷却器冷却并经除雾后，液硫从二级冷凝冷却器底部经硫封罐进入硫池。过程气经二级掺合阀，用炉内高温气流掺合进入二级反应器，在氧化铝基催化剂作用下，硫化氢与二氧化硫继续发生反应，生成硫黄。反应过程气经三级冷凝冷却器冷却再经除雾后，液硫从三级冷凝冷却器底部经硫封罐进入硫池。尾气再经捕集器(V-5504)进一步捕集硫雾后，进入尾气处理系统，尾气经气-气换热器(E-5507)与加氢反应后尾气换热至180℃，再经电加热器(E-5508)加热至230℃后与外补氢气混合后进入加氢反应器(R-5503)。在CT6-11低温催化剂的作用下，SO_2、COS、CS_2 及液硫、气态硫等均被转化为 H_2S。反应后尾气在急冷塔(T-5501)用循环急冷水降温冷却至38℃，尾气离开急冷塔顶进入尾气吸收塔(T-5502)，用集中再生来的高效加氢尾气深度脱硫溶剂吸收尾气中的硫化氢，同时吸收少量二氧化碳。吸收塔底富液(半贫液)用富液泵(P-5502A/B)送至干气脱硫部分，作为半贫液进一步吸收干气中的 H_2S，以减少溶剂处理负荷。从塔顶出来的净化尾气进入尾气焚烧炉(F-5502)焚烧，由燃料气流量控制炉膛温度；用焚烧炉鼓风机(C-5502A/B)供给焚烧所需要的空气，尾气中残留的硫化氢及其它硫化物完全转化为二氧化硫。焚烧后的尾气经尾气炉余热锅炉(E-5506)冷却至200~300℃后进80m高烟囱(S-5501)排放至大气，尾气处理流程如图1所示。

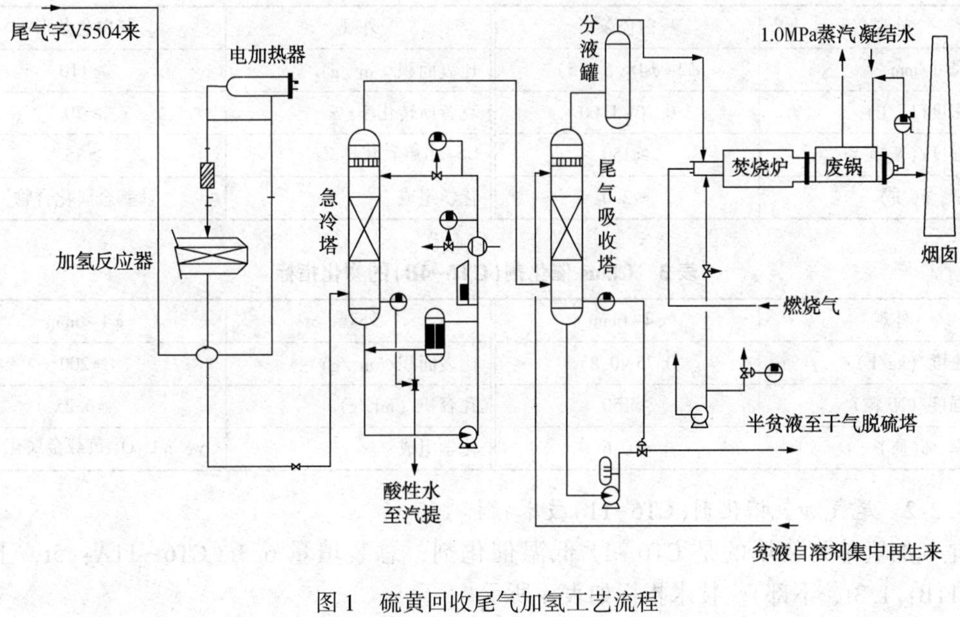

图1 硫黄回收尾气加氢工艺流程

3 装置标定情况

为了考察Ⅰ期20kt/a硫黄回收装置一级转化器更换有机硫水解催化剂和溶剂再生引用高效的加氢尾气深度脱硫溶剂后的运行情况，装置于2016年12月15日10：00开始进行标定。

3.1 原料情况

装置标定期间酸性气流量平均在1320m^3/h，酸性气中硫化氢平均浓度为94.73%(体)，CO_2和氨含量、烃含量等符合设计要求，具体原料数据见表1。

表1 混合酸性气质量情况 %(体)

项 目	设计值	2016-12-15	2016-12-16	2016-12-17	标定期间平均值
H_2S	≮85	95.22	93.55	95.44	94.73
CO_2		1.53	3.09	1.47	2.03
烃	≯3.0	0.10	0.22	0.02	0.12
NH_3		3.15	3.14	3.07	3.12

注：以上数据均为标定期间联系化验室按点采样分析数据，由于化验分析无法分析出原料气中的水含量，故分析数据中H_2S%存在一定误差。设计中混合酸性气水含量为8.50%。

3.2 催化剂技术指标

3.2.1 Claus制硫催化剂(CT6-8、CT6-4B)技术指标

1#硫黄装置Claus单元的制硫催化剂是由成都能特科技发展有限公司提供的负载活性化合物的CT6-4B催化剂和CT6-8钛基催化剂，一级克劳斯反应器装CT6-8钛基催化剂9.5t、二级克劳斯反应器装CT6-4B Al_2O_3基硫回收催化剂8t，技术指标如表2、表3所示。

表2 Claus催化剂(CT6-8)的物化指标

外观	灰白色条形	外观	灰白色条形
外形尺寸/mm	φ2~φ4×(5~15)	比表面积/(m^2/g)	≥110
堆积密度(kg/L)	0.70~1.00	克劳斯转化率/%	≥70
压碎强度/(N/粒)	≥150	CS_2水解转化率/%	≥85
磨耗率,%(质)	≤2.0	化学组成	钛基金属化合物

表3 Claus催化剂(CT6-4B)的物化指标

外观	φ4~6mm	外观	φ4~6mm
堆积密度/(kg/L)	0.75~0.85	比表面积/(m^2/g)	≥200
压碎强度/(N/粒)	≥150	孔容积/(mL/g)	≥0.25
磨耗率,%(质)	≤0.6	化学组成	γ、ηAl_2O_3负载金属化合物

3.2.2 尾气加氢催化剂(CT6-11)技术指标

尾气加氢单元装填的是CT6-11低温催化剂，总装填量6.3t(CT6-11A：5t，上部；CT6-11B：1.3t，下部)。技术指标如表4所示。

表4 加氢催化剂(CT6-11)的物化指标

项目	技术指标	
	CT6-11A	CT6-11B
外观	蓝色条形	白色球形
外形尺寸/mm	ϕ3×(5~10)	ϕ4~6
压碎强度	≥130N/cm	≥150N/颗
堆积密度/(kg/m^3)	0.65~0.75	0.60~0.70
比表面积/(m^2/g)	≥240	≥260
尾气加氢/水解后除 H_2S 外总硫含量/$\times10^{-6}$	≤200	≤200

3.2.3 加氢尾气深度脱硫溶剂(CT8-26)技术指标

此次Ⅰ期硫黄将溶剂再生脱硫剂(江苏创兴)全部更换为CT8-26加氢尾气深度脱硫溶剂，一次装填总量为65t。技术指标如表5所示。

表5 加氢尾气深度脱硫溶剂(CT8-26)的物化指标

项目	指标	项目	指标
总胺质量分数/%	≥92.00	凝点/℃	<-30
水质量分数/%	≤2.00	水溶性	与水互溶
运动黏度(20℃)/(mm^2/s)	≤200	脱硫性能(净化尾气中 H_2S 含量)/(mg/m^3)	≤50
密度(20℃)/(g/cm^3)	1.02~1.06	外观	淡黄色或黄色液体

3.3 主要运行数据

主要运行数据见表6和表7。

表6 燃烧炉及废锅等换热器的运行参数

项目	2016-12-15	2016-12-16	2016-12-17	平均值
入炉酸性气流量/(m^3/h)	1588	1474.9	1350.7	1471.2
入炉空气流量/(m^3/h)	3690	3480	3289	3486.3
炉膛前部温度/℃	1165.7	1143.3	1130.3	1146.4
炉膛后部温度/℃	993.8	968.9	955.5	972.7
炉膛压力/kPa	29.6	34.8	31.3	31.9
E5501出口温度/℃	285.7	281.7	279.6	282.3
E5501自产蒸汽流量/(t/h)	4.1	3.64	3.52	3.75
E5502AB自产蒸汽量/(t/h)	1.58	1.48	1.52	1.53
E5502C自产蒸汽量/(t/h)	1.0	0.9	0.88	0.93

注：以上数据均为标定期间当日的平均值。炉膛前后部热偶未完全伸入炉膛内，根据仪表现场人工检测，前部热偶测量温度较实际温度偏小约100℃，后部热偶测量温度较实际温度偏低约200℃左右。

表 7 反应器运行参数　℃

项　目	2016-12-15 9：00	2016-12-16 9：00	2016-12-17 9：00	2016-7-4 16：00
一转入口温度	229.3	273.2	259.7	212.7
一转床上温度	291.1	316.1	310	312.4
一转床层温度	292.9	317.6	312.5	322.9
一转床下温度	293.8	318.7	314.4	332.2
一转温升	64.5	45.5	54.7	83.5
二转入口温度	212	212.6	208.3	248.7
二转床上温度	214.7	234.9	229.1	230.1
二转床层温度	221.5	239.4	234.1	234.3
二转床下温度	223.2	239.9	234.9	236.7
二转温升	11.2	27.3	26.6	24.0

从表 7 中的温升情况可以看出，在标定过程中，一转床上中下温升较小，基本无反应放热量，一转更换钛基水解催化剂后反差大，车间为提高一转温度，将 F5501 炉膛压力提高，一转反应器的入口高温掺合阀已接近全开。12 月 16 日一转床层温度升至 312℃左右，一转温升只有 55℃，床上与床下温升只有约 2℃，而检修换剂前一转温升为 83.5℃，床上与床下温升为 19.8℃。二转因更换的是同一种催化剂 CT6-4B，且在初期，温升较换剂前稍高，运行正常。一转温升过低，说明反应器内基本未发生 H_2S 与 SO_2 的转化反应，但从化验分析数据看(见表 8)，过程气中无 CS_2 含量，COS 水解反应效果较好，水解率达到 98%以上。COS 和 CS_2 的形成主要和酸性气中的烃类、CO_2 含量有关，而硫黄酸性气中烃类、CO_2 含量很小，烃含量约在 0.11%左右，CO_2 含量在 1.5%左右，形成 COS 的量很少，一转入口过程气 COS 含量约在 0.06%~0.17%，因此，一转催化剂全部用来进行有机硫水解，反应量小，床层温度偏低，需要加大炉膛的高温掺合气量提升反应器入口温度，但由于掺合高温气中含有较多的硫元素，导致反应器中的平衡转化率下降，大量的 H_2S 和 SO_2 进入二转发生转化反应，导致反应不完全，较多的 H_2S 和 SO_2 进入尾气加氢反应器，使加氢反应器负荷增大，尾气加氢及吸收效果受影响(见图 2 和图 3)。

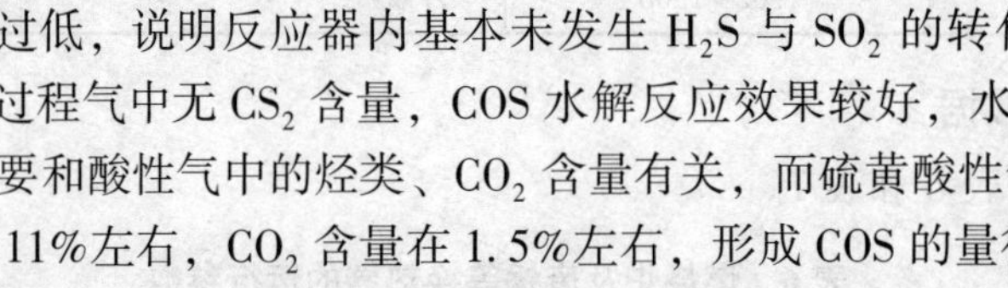

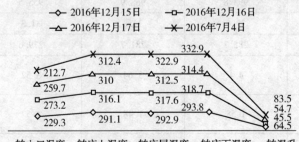

图 2　一转换催化剂前后温升变化图(℃)

图 3　二转换催化剂前后温升变化图(℃)

从 2016 年 8 月和 2016 年 12 月四川能特公司现场取样分析数据对比(表 8)，可看出两次分析数据中尾气加氢反应器出口 H_2S 基本相近(1.8%左右)，其中的 COS 含量较此次一转换剂后低，一转全部更换为钛基有机硫水解催化剂，效果不佳，床层提温较难，对开停工影响较大，反应器中的平衡转化率下降，催化剂成本高。

从表 8 换催化剂前后数据对比来看，一转换剂前，过程气中的 COS、CS_2 是在尾气加氢反应器内水解的，水解后 CS_2 无，COS 含量约在 0.00049%~0.0015%，而一转换剂后，过程气中的 COS、CS_2 在一转中水解，水解后无 CS_2 存在，COS 含量约在 0.0038%~0.0073%，加氢反应器出口尾气中 H_2S、CO_2 含量基本接近，最终降低烟气 SO_2 排放浓度是在尾气吸收塔吸收深度上。因此，为了提高反应器中的平衡转化率，应将一级反应器下部装少量的钛基有机硫水解催化剂，上部装硫回收催化剂 CT6-4B，以促进 COS 和 CS_2 的水解，同时提高反应器转化率。

表 8　硫黄催化剂更换前后数据对比表

时间	取样部位	CO_2,%	H_2S,%	COS,%	CS_2,%	SO_2,%
2016-8-5	一反入	0.92	6.9	0.12	/	4.99
	二反入	1.19	2.93	0.072	3.04	1.94
	加氢入	1.92	1.01	0.041	3.16	0.73
	加氢出	1.37	1.81	0.0005	/	2.63ppm
2016-8-6	一反入	0.91	6.95	0.112	/	4.71
	二反入	1.12	2.3	0.06	3.38	1.27
	加氢入	1.46	1.2	0.05	3.8	0.17
	加氢出	1.63	1.9	0.0015	/	/
2016-12-15	一反入	1.26	6.21	0.0895	/	3.07
	二反入	1.32	2.41	0.0017	/	1.2
	加氢入	1.44	1.05	/	/	0.27
	加氢出	1.57	1.99	/	/	/
2016-12-16	一反入	1.25	7.15	0.17	/	3.56
	二反入	1.50	2.71	0.0073	/	1.73
	加氢入	1.75	1.16	/	/	0.53
	加氢出	1.81	1.92	/	/	/

注：以上分析数据为四川能特公司化验分析组采样分析数据。

3.4 物料平衡

物料平衡及产品收率见表9。

表9 物料平衡及产品收率(仪表计量)

装置名称	类别	物料名称	设计加工量及收率		实际加工量及收率	
			加工量/(t/h)	收率,%	加工量/(t/h)	收率,%
气体脱硫	进料	干气	9.45	/	7.87	/
	出料	脱硫酸性气	1.49	15.77	1.05	13.35
		净化干气	7.81	82.65	6.75	85.75
		加工损失	0.15	1.59	0.07	0.90
		合计	9.45	100	7.87	100.00
液态烃脱硫	进料	焦化液态烃	5.4	/	3.79	/
	出料	脱硫酸性气	0.16	2.96	0.10	2.58
		净化液化气	5.16	95.56	3.66	96.52
		加工损失	0.08	1.48	0.03	0.90
		合　计	5.4	100	3.79	100.00
含硫污水汽提	进料	含硫污水	30	/	34.80	/
	出料	含氨酸性气	0.7	2.33	0.69	1.97
		净化水	29.3	97.67	34.11	98.03
		合计	30	100	34.80	100.00
硫黄回收	进料	混合酸性气	2.35	/	1.83	/
	出料	硫黄	2.03	86.29	1.58	86.13
		加工损失	0.32	13.71	0.25	13.87
		合计	2.35	100	1.83	100.00

注：根据上表计算出标定期间干气脱硫处理负荷83.28%，液化气脱硫及脱硫醇处理负荷70.18%，污水汽提处理负荷116%，硫黄回收处理负荷77.83%(以硫黄产量计算所得)。

3.5 装置能耗

装置标定能耗以三天的消耗量及加工量进行核算，消耗量分摊为三个单元，即气体脱硫(含再生)装置、硫黄回收装置和污水汽提装置。气体脱硫单元包括干气、液化气脱硫及溶剂再生。12月15~17日，针对硫黄单元催化剂及溶剂再生尾气深度脱硫溶剂效果进行标定。具体标定能耗数据对比见表10。

表10 装置能耗核算表

名称	加工量								
	839.57t			114t			2505.87t		
	气体脱硫(含再生)装置			硫黄回收装置			污水汽提装置		
	物料消耗/t	物料单耗/(t/t)	能量单耗/(kgEO/t)	物料消耗/t	物料单耗/(t/t)	能量单耗/(kgEO/t)	物料消耗	物料单耗/(t/t)	能量单耗/(kgEO/t)
电	11850.0(kW·h)/t	14.11	3.25	19750.00	173.25	39.85	7900.00	3.15	0.73

续表

名称	加工量								
	839.57t			114t			2505.87t		
	气体脱硫(含再生)装置			硫黄回收装置			污水汽提装置		
	物料消耗/t	物料单耗/(t/t)	能量单耗/(kgEO/t)	物料消耗/t	物料单耗/(t/t)	能量单耗/(kgEO/t)	物料消耗	物料单耗/(t/t)	能量单耗/(kgEO/t)
1.0MPa 蒸汽	445.68	0.53	40.34	-300.87	-2.64	-200.58	253.09	0.101	7.68
除盐水	0.00	0.00	0.00	1.68	0.01	0.03	0.00	0.00	0.00
新鲜水	30.50	0.04	0.01	6.10	0.05	0.01	24.40	0.01	0.00
循环水	3467.32	4.13	0.41	2311.55	20.28	2.03	5778.86	2.31	0.23
燃料气	0.00	0.00	0.00	2.646	0.023	22.05	0.00	0.00	0.00
除氧水	0.00	0.00	0.00	0.000	0.00	0.00	0.00	0.00	0.00
小计	44.01			-136.61			8.63		

注：气体脱硫单元因干气、液化气处理负荷低，且因硫黄标定烟气 SO_2 排放浓度及加氢尾气深度脱硫溶剂，提高了溶剂再生塔加热蒸汽量，由检修前的6t/h 提高到7.8~8t/h(减温减压后蒸汽流量计数据)，提高溶剂再生深度来增强对硫黄尾气中 H_2S 的吸收能力，促使硫黄烟气 SO_2 排放浓度达到 100mg/m^3 以下。经测定烟气 SO_2 排放浓度达到了 100mg/m^3 以下，但溶剂再生装置蒸汽耗量明显增加，装置能耗上升较多。硫黄单元通过和以前对比实收硫黄产量并未增加反而减少(因一转、二转温升较小，说明反应量少，转化效果下降)，尾气中大量 H_2S 被贫溶剂吸收至再生塔再生，酸性气返回硫黄形成循环，硫黄能耗降低。汽提单元能耗低主要是因为三级硫冷器改造为一二级同壳，三级单独分开后自产0.30MPa 夹套蒸汽富余量大，将富余夹套蒸汽用至汽提塔加热，降低了汽提能耗，且汽提处理量大，优化调整蒸汽量，有利于降低汽提装置能耗。

4. 运行情况分析

4.1 装置负荷情况

标定期间干气脱硫处理负荷 82.6%，液化气脱硫及脱硫醇处理负荷 86.8%，污水汽提处理负荷 96%，硫黄回收处理负荷 65.5%(以硫黄产量计算所得)。12 月 15~17 日之间硫黄回收处理负荷达到设计负荷的 72.4%(以硫黄产量计算所得)左右，干气脱硫处理负荷 83.2%，液化气脱硫及脱硫醇处理负荷 70.18%，在此期间除汽提单元外其他单元负荷都在 85%以下，运行负荷偏低。硫黄单元因酸性气处理负荷低，通过 1#、2#装置酸性气联通线改部分酸性气至 1#硫黄，酸性气量处理量维持在 1100~1350m^3/h。

此次开工后，因克劳斯一转催化剂全部更换为钛基有机硫水解催化剂后床层升温较难，掺一高掺阀已基本全开，床层温度在 290~302℃，且温升在 1~2℃，床层温升由换剂前的 15℃左右降至 2℃。为了维持克劳斯催化剂床层温度进行了优化调整操作，将酸性气炉炉膛操作压力提至 30kPa 左右，掺一高掺阀由全开降至 75%左右，使高温掺合气量增大维持床层温度，但较换剂前高掺阀开度增大 20%~30%，掺一高温参合后过程气温度提至 270℃左右，较换剂前提高了 30℃以上，高温参合气中硫蒸气等返混量增大，造成反应器转化率下降，对硫黄总转化率影响较大。

4.2 能耗分析

装置标定能耗以两天的消耗量及加工量进行核算，消耗量分摊至三个单元，即气体脱硫

(含再生)装置、硫黄回收装置和污水汽提装置。气体脱硫(含再生)装置包括干气、液化气脱硫、液化气脱硫醇及溶剂再生，各单元消耗量根据设计中各消耗量占总消耗比例进行实耗分摊。标定期间干气脱硫处理负荷82%~83%，液化气脱硫及脱硫醇处理负荷70.2%，污水汽提装置处理负荷96%，硫黄回收处理负荷65%~72%。经核算气体脱硫(含再生)能耗较高，硫黄、汽提能耗相对较低，主要原因分析如下：

(1) 气体脱硫(含再生)单元因干气、液化气加工负荷偏低，因干气、液化气处理负荷低，而溶剂再生又因硫黄标定烟气 SO_2 排放浓度及加氢尾气深度脱硫溶剂，提高了再生塔加热蒸汽，由检修前的5.8t/h提高到7.8t/h(减温减压后蒸汽流量计数据)，提高溶剂再生深度来增强对硫黄尾气中 H_2S 的吸收能力，促使硫黄烟气 SO_2 排放浓度达到 $100mg/m^3$ 以下。经测定烟气 SO_2 排放浓度是达到了 $100mg/m^3$ 以下，使溶剂再生塔重沸器1.0MPa蒸汽的消耗量增大，另一方面，由于克劳斯系统一转、二转温升较小，说明反应量少，尾气中大量 H_2S 被贫溶剂吸收至再生塔再生，形成循环，增加了装置能耗。因此，气体脱硫(含再生)装置能耗较前期上升约10kg标油/t。

(2) 硫黄回收装置在此次开工后，运行负荷较低，通过1#、2#装置酸性气联通线改部分酸性气至1#硫黄，酸性气量处理量维持在 $1100\sim1350m^3/h$。因克劳斯一转催化剂全部更换为钛基有机硫水解催化剂后床层升温较难，掺一高掺阀已基本全开，床层温度在290~302℃，且温升在1~2℃，床层温升由换剂前的15℃左右降至2℃。为了维持克劳斯催化剂床层温度，调整操作将酸性气炉炉膛操作压力提至30kPa左右，使高温掺合气量增大维持床层温度，高温参合气中硫蒸气量增大，对硫黄转化率影响较大。实收硫黄产量并未增加反而减少(因一转、二转温升较小，说明反应量少)，硫黄能耗稍有降低。因此，硫黄能耗较前期降低约2~5kg EO/t。

(3) 污水汽提单元能耗低主要是因为标定期间加工负荷高，另外根据三级硫冷器自产0.30MPa夹套蒸汽富余量，优化硫黄及汽提蒸汽用量平衡，将富余夹套蒸汽用至汽提塔加热，降低了汽提能耗，能耗降低，汽提能耗较前期降低约0.2kg EO/t。

4.3 产品质量分析

此次标定期间，装置运行负荷低，均能满足装置生产的需要。标定期间委托化验室对生产的硫黄进行了质量分析，从化验分析结果可以看出，液化气脱硫及硫黄装置在满负荷运行情况下，吸附后液化气总硫较低，硫黄产品的质量达到了GB 2449.1—2014标准所规定的优等品质量要求。

4.4 尾气烟囱 SO_2 排放分析

从标定期间进行化验现场烟气对比和烟气 SO_2 分析仪的数据可以看出，酸性气经过硫黄回收和尾气处理后，大部分的硫元素已经被转化成单质硫，只有微量的硫元素经过焚烧炉焚烧后以 SO_2 的形式排至大气。在12月15~17日标定期间，为了提高溶剂再生深度，增强对硫黄尾气中 H_2S 的吸收能力，提高再生塔加热蒸汽量，由6t/h提高到7.8~8t/h，使烟气 SO_2 排放浓度达到 $100mg/Nm^3$ 以下。但从硫黄运行来看，克劳斯系统一转、二转温升较小，说明转化反应量少，现场排硫检查，尾气进尾气处理系统夹带液硫量较多，实际硫黄收率并未增加。尾气加氢处理后大量 H_2S 被深度再生后的贫溶剂吸收返回至再生塔再生，形成循环，净化后尾气中 H_2S 含量降至 $10mg/Nm^3$ 左右，促使烟气 SO_2 排放浓度达到 $100mg/Nm^3$

以下要求。

表 11 不同再生蒸汽量下烟气中的 SO_2 含量数据

再生蒸汽用量/(t/h)	贫液 H_2S/(g/L)	净化尾气 H_2S/(mg/m³)	烟气 SO_2/(mg/Nm³)
6.5	0.86	154	255
7.0	0.51	97.8	149
7.5	0.32	50.9	94.4
7.85	0.15	9.2	37.2
8.05	0.1	6.8	34.3

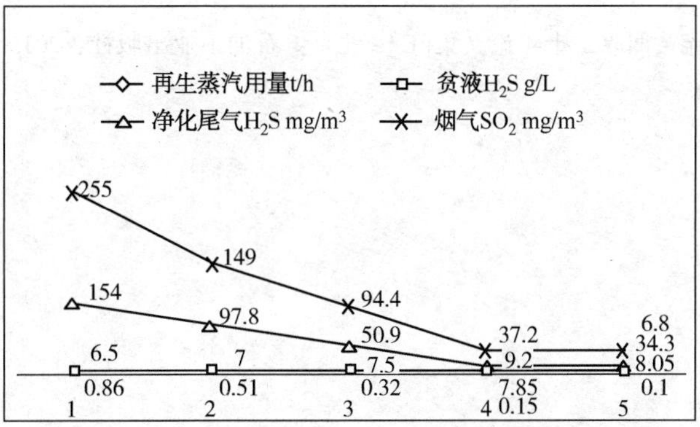

图 4 不同再生蒸汽量下烟气中的 SO_2 含量数据

5 存在问题

(1) 标定过程中，干气、液化气处理负荷为 80%，1#硫黄酸性气处理低负荷运行，处理负荷为 65%，酸性气燃烧炉温度偏低，增加了副反应生成的可能性。

(2) 1#硫黄开工后，酸性气燃烧炉前中后部热偶显示异常，前后部热偶由于插入的深度不够导致实际温度显示偏差较大，中部红外热偶显示偏差大，炉膛温度无法显示实际数据，低负荷生产时操作难度大，炉温偏低，氨不能完全分解。

(3) 标定及日常生产中化验分析显示 V5504 二氧化硫小于 0.02%，T5501、T5502 出口二氧化硫小于 0.02%，在不同工段样品分析结果相同，对生产操作没有指导意义。

(4) 硫黄烟气 SO_2 分析仪运行故障停用，无法准确判断尾气净化效果。

(5) 一转催化剂床层基本没有温升，高温掺合气量较大，直接影响反应器平衡转化率。

(6) 克劳斯尾气进尾气系统夹带液硫量较检修前有所增加。

6 结论

(1) 标定期间，装置运行负荷较低，主要考核了再生溶剂更换为加氢尾气深度脱硫溶剂和硫黄催化剂更换后的效果，达到了装置标定性能考核的要求。

(2) 本次再生溶剂更换为加氢尾气深度脱硫溶剂后，为满足硫黄烟气 SO_2 排放浓度达到

100mg/m^3 以下要求，溶剂再生蒸汽由 6.5t/h 提高至 7.8~8t/h，提高了溶剂再生深度，溶剂再生(双脱)能耗增加约 10kgEO/t，但硫黄烟气监测 SO_2 排放浓度平均在 58mg/m^3，在环保提标方面，适应新环保标准的要求，满足特殊区域烟气排放达标要求。

(3) 在标定过程中，硫黄一转全部更换为钛基有机硫水解催化剂，效果不佳，床层提温较难，对停开工影响大，反应器中的平衡转化率降低。考虑到反应效果和该催化剂成本高，建议将一级反应器下部装少量的钛基有机硫水解催化剂，上部装硫回收催化剂 CT6-4B，以促进 COS 和 CS_2 的水解，能够提高反应器转化率，降低开停工的影响。

(4) 产品质量控制较好，硫黄各项指标均在优等品指标以上。

参 考 文 献

[1] 赵日峰，达建文.硫黄回收二十年论文集[C].北京：石油工业出版社，2015.

设备仪表与防腐

硫黄回收装置管线设计及问题探讨

王凯强

（中国石化齐鲁分公司胜利炼油厂　山东淄博　255400）

摘　要：硫黄回收装置整体压降较低，压降的大小直接影响装置的处理能力，进而影响炼油厂原油加工量，因此监控系统压降，保证系统畅通至关重要。关于系统压降，这里暂不分析原料波动、操作不稳、催化剂床层堵塞等因素，而着重探讨管线袋形设计、过程气硫露点以及尾气线积液问题。

关键词：硫黄回收装置　系统压降　袋形设计　硫露点　积液

1　前言

随着原油中硫含量不断提高，加工深度不断深化，产品质量要求不断提高和环保要求日益严格，新建硫黄回收装置的套数和规模迅速上升，在役硫黄回收装置也在持续不断地进行技术改造。通过对硫黄技术不断地探索研究，同时借鉴国外先进技术经验，具有自身特色的国产大型化硫黄回收技术已付诸实践应用，如山东三维工程股份有限公司的SSR技术、镇海石化股份有限公司的ZHSR技术和中石化洛阳工程有限公司的LQSR技术等等。尤其是随着中国尾气排放要求的日益严格，使中国引进并开发了世界上各种先进的尾气处理技术，其中极具代表性的是中石化齐鲁分公司研究院自主开发的Le-DeGas技术。这些固有技术已经过实践证实，不需再去深入探究。反而我们关注的重心应该放在装置新建或技术改造中的设备布置和管线设计是否合理，这是稳定压降、保证系统畅通的关键，需要我们对其认真分析和探讨。

2　设备布置

硫黄回收装置平面布置除要遵守其他工艺装置通用的布置原则外，设备布置的最大特点是：设备的竖向布置按液硫途径，采用阶梯式布置，即硫池布置在地下，是全装置的最低点，酸性气燃烧炉、余热锅炉和硫冷凝器布置在地面上，产生的液硫可自流至硫池。反应器布置在框架上，反应器出口可直接至硫冷凝器，管道最短，装置布置紧凑，目前全国绝大多数硫黄回收装置的设备布置是这样的。也有设计年代较久的装置，反应器在地面而硫冷凝器在框架上，老一辈设计工程师们在进行此类装置设计时，应该在管线设计方面费了很大努力，考虑了诸多因素。

3 管线设计

硫黄回收装置的管道除蒸汽管道、空气管道、新鲜水、化学水管道等普通管道外，还包括酸性气管道、过程气管道、液硫管道、硫黄尾气管道等特殊管道，每种管道的设计都有自身的独特性。

4 酸性气管线设计

对于装置平面布置紧凑的联合装置(由硫黄回收装置和溶剂再生装置、酸性水汽提装置组成)，酸性气主管线设计一般具有一定的坡度，坡向酸性气分液罐一侧，防止积液积存于管线低点造成腐蚀。而当装置布置分散、酸性气管输较长时，优先考虑的不是坡度，反而是管线涨力如何消除或者是如何布置走向使全厂的管廊看起来更加合理。这时酸性气冷凝液腐蚀问题就变成了如何避免积液产生的问题，也就是需要通过管线伴热和保温，将酸性气温度提高酸气中水蒸气的露点温度以上。一般来讲，溶剂再生装置出装置温度控制在30~40℃，压力控制70~90kPa，查40℃水的饱和蒸汽压为7.38kPa，计算出装置压力为70kPa时，酸性气水含量为$H_2O(\%)=7.38/(70+100)\times100\%=4.34\%$。假定入硫黄回收装置的压力为30kPa，计算此时酸气中水的饱和蒸汽压为$(100+30)\times4.34\%=5.64kPa$。查酸气压力为30kPa，其中水的饱和蒸汽压为5.64kPa时，水蒸气的露点温度为35℃。综上，考虑当地最低气温下的管线热损失，采用伴热保温方式，只需将整条管线的酸性气温度提高至40℃以上即可。基于此原理，温暖地区酸性气管线一般采用单伴热，而寒冷地区酸性气管线一般采用双伴热。

对于酸性水汽提装置，采用双塔汽提和单塔加压侧线抽氨工艺的装置产生的酸性气含微量氨，一般在200×10^{-6}左右，同时水含量也很低，一般在1%~3%之间，因此酸性气管线温度设计的依据仍是按照水蒸气的露点温度进行设计。然而当采用单塔低压全抽出工艺时，硫化氢、氨和水的比例一般是30%：30%：40%，为防止铵盐结晶而堵塞管道，通常酸性气温度要控制在85℃以上，通常我们会采用多根1.0MPa蒸汽伴热，一般设置2根，管输较长或寒冷地区的装置需设置4根。

除了伴热问题，酸性气管线的袋形设计也得值得我们重点关注。某80kt/a硫黄回收装置再生酸气线设计时，在再生塔与再生塔顶空冷器之间存在袋形设计，停工自再生酸气线反向往再生塔注入钝化剂后，未发现该情况，导致热胺循环时，出现再生塔憋压，管线水击现象，情况十分严重。另一情况是当再生塔出现拦液现象后，胺液串入再生酸气线，形成液封，被迫于低点导淋阀接胶带排至地下回收罐，该操作同样也相当危险。

5 过程气管线设计

对于过程气管线的设计，最需要关注的就是硫蒸汽冷凝问题，这就需要我们对每个设备出口硫露点温度有个准确的认识。制硫单元中需要进行硫露点计算的主要设备是制硫余热锅炉、一级反应器和二级反应器，利用简化的平衡常数法(即忽略有机硫生产的副反应；把一般概念上的焓和反应热、燃烧焓等合并统一考虑；忽略 $S_1 \sim S_8$ 的多种形态，至选取重要的 S_2、S_6、S_8 等进行计算；忽略了再生酸气的迭代计算；部分常数采用归纳公式，不求完全准确)的计算过程如 5.1 和 5.2 所示。

5.1 制硫余热锅炉出口硫露点温度计算

已知酸气进料温度 43℃，进料压力 141kPa。风机出口空气温度 82℃，空气湿度 30%。外界气温按照 45℃计算。进料组成如表 1 所示。

表 1 某硫黄回收装置酸性气进料组成

组成	H_2S	CO_2	H_2O	CH_4	总计
流量/(kmol/h)	135.34	71.8	13.8	2.19	233.13

依据前后原子数平衡、反应前后能量平衡和烃类完全燃烧、硫化氢部分燃烧方程式，计算可得制硫炉出口温度为 1147℃，出口组成即余热锅炉入口的物料组成如表 2 所示。

表 2 余热锅炉入口物料组成

组成	H_2S	CO_2	H_2O	SO_2	S_2	N_2
流量/(kmol/h)	29.58	73.98	134.17	14.79	45.49	270.93

假定余热锅炉出口温度为 370℃(698℉)，余热锅炉出口压力(绝压)为 130kPa。余热锅炉出口物料组成计算如下：

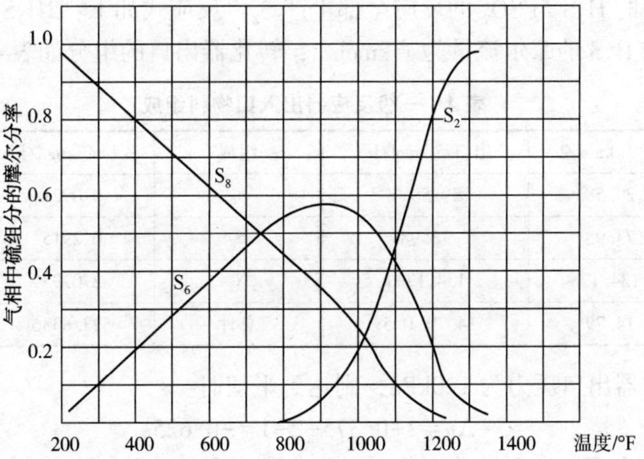

图 1 不同温度下气相中 S_2、S_6、S_8 占的摩尔分率

由图 1 中 S_2-S_6-S_8 气相中硫组分的摩尔分率曲线图得 $S_6 : S_8 = 0.45 : 0.55$。设 S_6 为 x kmol/h，由硫原子守恒定律可得：

$$2(S_2) = 6(S_6) + 8(S_8) \tag{1}$$

即 $45.49 \times 2 = 6x + 0.55 \times 8x / 0.45$，得到 $x = 5.77$，则 $S_8 = 7.05$

此时余热锅炉出口的组成为：

假定 S_6、S_8 全部为气相组分，计算出口过程气中的硫的蒸气压为：

$$P = \frac{(S_2) + (S_6) + (S_8)}{\sum n_i} \cdot \pi \tag{2}$$

即 $P=(0+5.77+7.05)\times130/536.27=3.11\text{kPa}$

液硫蒸气压拟合公式为:

$$\ln P=89.273-13463/T-8.9643\ln T \tag{3}$$

式中 P——蒸气压,Pa;

T——温度,K。

由式(3)可得,370℃时硫的饱和蒸气压 $P_s=32160\text{Pa}>3110\text{Pa}$,确认 S_6、S_8 全部为气相组分。

由式(3)计算该3110Pa压力下硫的露点温度为:

$$\ln 3110=89.273-13463/T-8.9643\ln T$$

求得 $T=543.1\text{K}$,即 543.1-273=270.1℃

综上,余热锅炉出口的硫的露点温度为270.1℃。

5.2 制硫反应器出口硫露点温度计算

过程气通过一级硫冷凝器及一级加热器计算(计算过程省略)后,一级反应器入口物料组成如表3所示。

表3 一级反应器入口物料组成

组　成	H_2S	CO_2	H_2O	SO_2	S_6	S_8	N_2	总计
流量/(kmol/h)	29.58	73.98	134.17	14.79	0.0921	0.2915	270.93	523.8336

假定反应器内的 H_2S 与 SO_2 的反应全部生产 S_8,反应式如下:$2H_2S+SO_2=2H_2O+3/8S_8$

设参与反应的 H_2S 的摩尔流量为 y kmol/h,转化器出口的组分如表4所示。

表4 一级反应器出入口物料组成

组成	入口/(kmol/h)	出口/(kmol/h)	组成	入口/(kmol/h)	出口/(kmol/h)
H_2S	29.58	$29.58-y$	S_6	0.0921	0
CO_2	73.98	73.98	S_8	0.2915	$0.36+(3/16)y$
H_2O	134.17	$134.17+y$	N_2	270.93	270.93
SO_2	14.79	$14.79-0.5y$	总计	523.8336	$523.81-0.3125y$

假定一级转化器出口压力为120kPa,则达到平衡时:

$$\Delta n=2+0.375-2-1=-0.625$$

根据平衡常数公式:

$$K_p=\frac{(H_2O)^2\ (S_8)^{0.375}}{(H_2S)^2(SO_2)}\cdot\left(\frac{\pi}{\sum n_i}\right)^{-0.625}$$

$$=\frac{(134.17+y)^2(0.36+3y/16)^{0.375}}{(29.58-y)^2\ (14.79-0.5y)^1}\times\left(\frac{120}{523.81-0.3125y}\right)^{-0.625} \tag{4}$$

当 $T<700\text{K}$ 时,由 H_2S 和 SO_2 全部生成 H_2O 和 S_8 的 K_p 值和 T 的关系式,如式(5)所示。

$$\ln K_p=14596.4/T+5.9181\ln T-5.1239\times10^{-3}T+0.7829\times10^{-6}T^2-54.7634 \tag{5}$$

通过迭代计算,求出参与反应的硫化氢为20.61kmol/h,反应器出入口热量平衡。此时反应器出口温度为572K,即299℃(570℉)。

但实际上反应器中不全部是S_8，还有部分S_6。

由图1得S_6：S_8=0.35：0.65。设S_6出口含量为z kmol/h，由硫原子平衡得：

$$4.2244\times8=6z+(0.65z/0.35)\times8$$

$$得\ z=S_6=1.6203\text{kmol/h}，则\ S_8=3.0092\text{kmol/h}$$

得一级反应器出口各组分如表5所示。

表5 一级反应器出口物料组成

组　成	H_2S	CO_2	H_2O	SO_2	S_6	S_8	N_2	总计
流量/(kmol/h)	8.97	73.98	154.78	4.485	1.6203	3.0092	270.93	517.3694

假定S_6、S_8全部为气相组分，根据式(2)计算出口过程气中的硫的蒸气压为：

$$P=(0+1.6203+3.0092)\times120/517.3694=1.074\text{kPa}$$

由式(3)可得，299℃时硫的饱和蒸气压P_s=6824.76Pa>1074Pa，确认S_6、S_8全部为气相组分。

当硫的饱和蒸气压为P=1074Pa，由式(3)求得：

T=509.5K，即一级反应器出口硫露点温度为236.5℃。

同理二级反应器出口硫露点温度为192℃。

通过计算明确，反应器的反应温度均在硫的露点温度30℃以上操作，即便反应器布置在底部，也不会有液硫产生。这在某企业1989年设计的40kt/a硫黄回收装置中已得到证实。

5.3　硫冷凝器出口硫露点温度

对于硫冷凝器出口过程气而言，其硫的露点温度就是硫冷凝器出口过程气的温度。这时过程气走向的布置就得引起我们的注意。我们可以坡向下游加热器，这样冷凝下来的液硫就可以流至下游加热设备，汽化为气态硫。同样管线可以坡向上游冷却器，这样冷凝下来的液硫可以反流至硫冷凝器。同样管线也可以设计为倒U字形，这样冷凝下来的液硫部分流向加热器，部分反流至硫冷凝器。

通过上述计算和分析可知，过程气线温度低于硫露点的管线为硫冷凝器和最后一级捕集器后部管线，该过程气线易发生硫冷凝形成液封堵塞管道，因此这些管线绝对不能存在袋形设计。若无法避免，应在管道最低点设置排硫点，并铺设液硫线回收至液硫池或新增硫回收罐进行回收，严禁直排地面造成环境污染。某企业20kt/a硫黄原设计制硫一二级反应器为高掺加热，硫冷凝器至反应器过程气线虽为袋形设计，但冷凝下来的液硫可以高温掺合阀升气孔流至制硫燃烧炉，因此运行25年并未出现积硫情况。为减少有机硫，满足尾气排放最新要求，特将高温掺合阀改为蒸汽加热器，但忽略了过程气冷凝硫黄的去向，导致硫黄于袋形底部积存，装置每周直排硫操作，增加了劳动强度，同时也增加了直排硫这一环保问题。

另外关于过程气线设计，管线坡度以及相关管线是否需要增加保温伴热也是我们需要关注的两个方面。

6　液硫管线设计

硫黄回收装置管线设计中，以液硫管道的设计最为复杂，其设计的关键是保持液硫良好的流动性能，达到130~170℃的温度要求，为满足这一要求，通常采用蒸汽盘管伴热、夹套管伴热和电伴热。这三种伴热方法中，装置内液硫管道以采用蒸汽夹套伴热为主。蒸汽由套管上部接入，凝结水由套管下部排出，即高点给汽，低点疏水。而当液硫需要长距离输送时，以采用蒸汽盘管伴热和电伴热为主。

这里我们重点谈一下液硫夹套管线。关于液硫管道设计规定，中国石化工程建设公司(SEI)编写过编号为SEPD 0506—2001的设计标准，该标准对硫黄回收装置中的液硫管道和液硫蒸汽夹套管道的设计，以及其供汽与排液管的设计，进行了规定。规定的内容中包括：①液硫蒸汽夹套管道应采用分段设计，每段管道长度不宜超过6m。管段间采用蒸汽夹套法兰连接以便于夹套管的检修拆卸。②液硫管道应尽可能短，减少拐弯，避免死角，且不得出现袋形管段。而装置很多工程师对这种规范不去认真学习研读，甚至根本不清楚规范的存在，导致各种情况的发生。如某40kt/a硫黄回收装置更换液硫管线时，为便于施工，近100m的液硫管线未采用分段设计，且拐弯处未采用三通或四通设计，当发生液硫夹套管泄漏时，无法确认泄漏部位，导致该管线全部更换。另某80kt/a硫黄回收装置硫冷凝器至硫封罐液硫线设计时，为避开其他管线阀门，采用袋形设计，检修开工时在该处产生气阻，导致液硫无法流入液硫池，系统憋压，联锁停车。这种情况，我们可以通过在硫封罐顶部增加排气阀将气阻排出，或在液硫线上增加流动视窗，提前发现问题及早处理，来避免联锁停车事故发生。另外液硫夹套伴热线疏水阀堵塞，造成液硫凝固堵塞管道的事情也时有发生，因此液硫管线按规范设计施工，并实行定期检查制度，对于硫黄回收装置的稳定运行是非常重要的。

7 硫黄尾气管线设计

关于硫黄回收装置尾气线的设计，看似简单，实则也有很多需要我们探讨的东西。如克劳斯跨线采用夹套保温，防止事故状态尾气直接放焚烧炉时，单质硫在尾气线中冷凝，堵塞管线或焚烧炉火嘴。

在硫黄尾气处理单元，受设备布置的影响，很多设备与两端管线构成袋形设计且处于袋形的低点位置，这些就需要格外引起我们的注意。如最后一级捕集器与加氢反应器之间的气气换热器，存在催化剂粉末或管线腐蚀产物、液硫脱气废气中所含的粉尘和液硫池墙壁粉末以及加氢催化剂闭路循环管线腐蚀产物进入其中，堵塞设备壳程的可能。且该设备壳程堵塞后，很难清理，一般会采取直接更换的方式。

加氢反应器与急冷塔之间的尾气冷却器也处于袋形的低点，存在急冷塔液位指示不准后，急冷水反串至尾气冷却器的情况。据了解，有很多家企业在开工时出现过该情况，且浸泡了加氢反应器内的催化剂，导致其金属流失、活性降低。

急冷塔和吸收塔之间的尾气分液罐同样处于袋形的低点，存在液位指示失灵、产生液封导致系统憋压的可能。这个位置的尾气分液罐是否取消还是有待商榷的。若取消，虽然规避了尾气分液罐液位指示偏高导致积液憋压的风险，但仍无法消除吸收塔液位指示偏高、胺液反串导致系统压力升高的风险，同时也减少了“尾气分液罐液位”这一消减因子，提高了该风险发生的可能性。

8 结论

硫黄回收装置压降很低，一般在20~50kPa，设备布置和管道设计具有独特性，需考虑坡度、伴热、硫露点、积液等问题，其设计效果直接影响装置安全、长周期运行，需设计院设计工程师和装置工艺工程师重点关注和审核。

参 考 文 献

[1] 李菁菁，闫振乾．硫黄回收技术与工程[M]．北京：石油工业出版社，2010：39.

[2] 杨庆丽．硫黄回收装置的平面布置及管道设计[J]．河南科技，2012.(05)：67-68.

硫黄装置主风机叶片断裂原因分析及预防措施

吴文星　周　昊

（中国石化金陵分公司　江苏南京　210046）

摘　要：分公司Ⅲ硫黄回收装置主燃烧空气风机联锁停机，检查发现为叶片断裂。从机组运行工况、振动情况、断裂叶片宏观形貌、化学成分、力学性能测试、金相显微组织检测、叶轮断口 SEM 微观形貌等方面进行分析，认为叶片是因冲刷腐蚀导致的低应力高周疲劳断裂，并提出防范措施。

关键词：风机　叶片断裂　冲刷腐蚀　振动　金相检测

1　前言

金陵分公司Ⅲ硫黄回收装置主空气风机属于装置关键设备，主要为反应炉燃烧反应提供充足的空气，主风机的运行状况直接影响到装置能否安、稳、长周期运行，主风机 C801A 采用的是 GM45L-29 高速离心式鼓风机，由沈阳鼓风机厂制造，该风机为单级悬臂、齿轮增速型风机，电动机转速为 2980r/min，经增速齿轮箱增速后可达到 13777r/min，风机主要部件包括入口导叶、高速转子、蜗壳组、轴承组、低速转子、齿轮箱及联轴器等，结构见图 1。

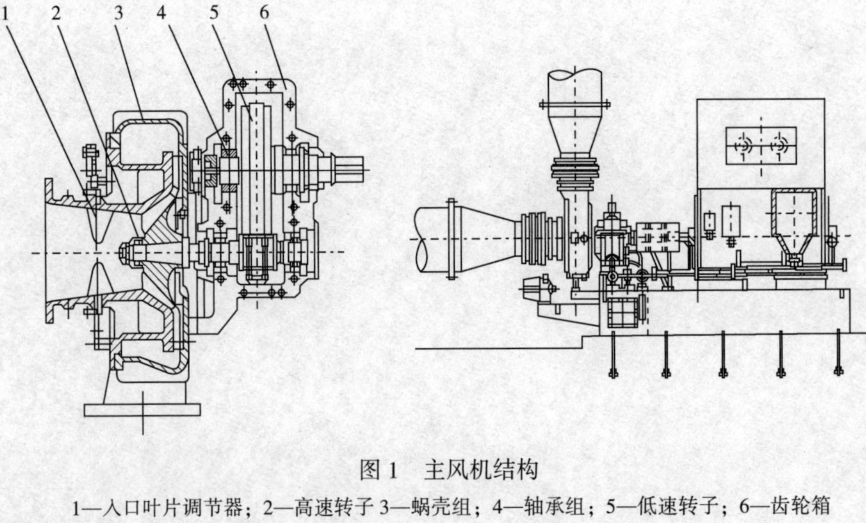

图 1　主风机结构

1—入口叶片调节器；2—高速转子 3—蜗壳组；4—轴承组；5—低速转子；6—齿轮箱

风机额定流量为 36000m^3/h（标准状态，下同），轴功率为 760kW，入口设计压力为 0.096MPa，出口设计压力为 0.17MPa。正常操作工况下高速轴振动不超过 35μm，轴瓦温度不超过 60℃，运行状况一直良好。

2 主风机 C801A 故障及处理措施

2.1 故障经过

2017 年 3 月 19 日 6：53 分工艺三班内操发现主风机振动 VI8101 和 VI8103 报警，现场检查发现机组声音异常，遂于 6：54 分打开机组放空阀 FIC8005A(分数次阀位由 16%调整至 37.2%)，机组振动现象仍未好转，且润滑油压力数次发生油压小降，辅助油泵启动，油压恢复小降值以上后辅助油泵自动停的现象(润滑油油压低触发辅助油泵启动联锁值为 70kPa)，至 6：55 分 35 秒机组因润滑油压力大降联锁停机。班组于 6：54 分 24 秒开始准备启动备用风机 C801B 保证生产。C801A 停机后准备启动辅助油泵建立润滑油循环，发现油路管线部分位置漏油，润滑油循环无法建立，故至 6：56 分左右 C801A 停机状态为入口导叶开度 5%，放空阀开度 100%，润滑油循环停止。

2.2 停机原因

通过查操作过程记录，C801A 最终停机原因为 6：55 分 35 秒润滑油油压过低触发联锁导致停机(润滑油油压低触发风机停机联锁值为 50kPa)，这一点与记录中多次启动、停运辅助油泵及后来至现场检查回油阀处并帽松动及油路部分位置漏油的现象一致。DCS 上记录最先出现的是 VI8101 和 VI8103 振动值报警，6：53 分 38 秒至 40 秒之间记录的 VI8101：91.9μm，VI8102：60.3μm，VI8103：94.3μm，VI8104：63.2μm；机组设置的振动联锁值为 91μm，其中 VI8101、VI8102 或 VI8103、VI8104 二取二联锁，所以此时振动联锁停机信号未触发。

查验风机振动大时工况，6：53 分 03 秒：入口流量 FIC8005A：18689m^3/h，出口压力 PIC8012A：52.1kPa，进系统流量 FI8006：11584m^3/h；6：54 分 03 秒：入口流量 FIC8005A：19042m^3/h，出口压力 PIC8012A：60.2kPa，进系统流量 FI8006：12215m^3/h；6：55 分 03 秒：入口流量 FIC8005A：21015m^3/h，出口压力 PIC8012A：56.4kPa，进系统流量 FI8006：11448m^3/h。查 3 月 19 日 6：50 分之前数天的操作机组运行工况，出口压力 PIC8012A 对应的入口导叶开度 37%，入口流量 FIC8005A 对应的放空阀开度 16%均未做调整，机组运行工况良好。对比防喘振曲线，见图 2，可以看出，虽然离喘振线较近，但总体应该是处于防喘振曲线之内，故风机振动大并非由于喘振引发。

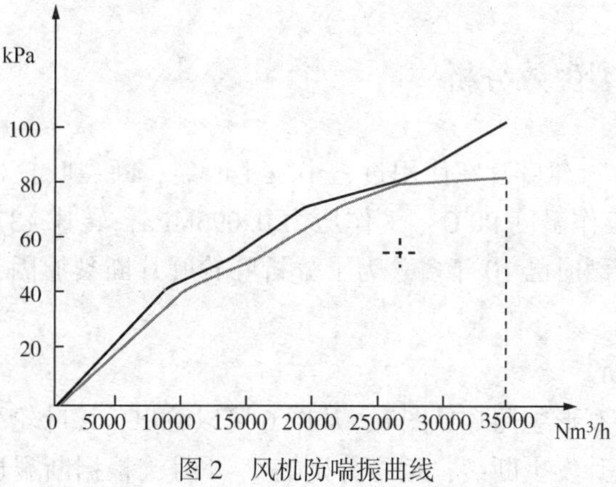

图 2 风机防喘振曲线

2.3 解体情况及措施

风机解体后发现，风机叶片断裂4片(根据断痕其中有一片是新断裂的)(图3)、扩压叶盘断裂(图4)、高速轴轴瓦磨损(图5)、气封磨损、导叶磨损、增速箱移位、增速箱地脚板开裂等。

图3 叶轮叶片断裂

图4 扩压叶盘断裂

图5 轴瓦磨损

根据解体情况制定以下处理措施：更换新高速轴转子、气封等组件，扩压叶盘临时修复利旧，机组重新对中调整，订购新扩压叶盘和增速箱体，待到货后更换，旧高速轴转子外送进行修复后备用。

3 叶轮叶片断裂失效分析

硫黄主风机 C801A 叶轮叶片在使用过程中发生断裂，断裂叶轮材料为马氏体沉淀硬化不锈钢 FV520B-Ⅱ，工作温度 90℃，工作压力 0.096MPa，转速 13777r/min，叶轮从 2006 年 6 月开始投用，到断裂时已 10 年多。为了分析叶轮叶片断裂原因，对上述断裂的叶轮叶片进行了相关检测。

3.1 宏观形貌分析

叶片断裂的叶轮宏观形貌照片见图 6，从图 6 可以看出，该叶轮为整体叶轮，一共有 16 个叶片，其中有 4 个叶片发生断裂，编号分别为 1~4 号，根据断裂形貌可以确定 1 号叶片为疲劳断口，其余3个叶片为冲击断口，可以确定1号叶片首先断裂，其余3个叶片在运转过程中因受到1号叶片断裂的碎片冲击而发生断裂。为了分析1号叶片的断裂原因，对1号叶片的断口进行了进一步观察。

1号断口宏观形貌照片见图7，从图7可以看出，1号断口整体比较平整，在叶片根部流体流入的方向有贝壳状花纹，向叶片对面扩展，说明断口为疲劳断口，根据断口形貌可以分为三个区域，疲劳源、扩展区和瞬断区，疲劳源有黑色点状物，扩展区整体比较平整，瞬断区由于疲劳扩展到最后应力状态发生变化，由平面应力状态扩展到平面应变状态，与断面约成45°角，疲劳源及扩展区约占叶片厚度的90%以上，说明叶轮断裂类型为低应力高周疲劳断裂[1]。

疲劳源附近的附着物及冲蚀痕迹宏观形貌照片见图8，从图8可看出，疲劳源附近叶轮表面有黑色的附着物，附着物区域有冲蚀形成的坑状剥落的白色痕迹；还可以看出，疲劳源区相邻的位置同样受到冲刷腐蚀的影响，有点状坑存在。由此可知，冲蚀形成的点状坑造成叶片表面缺陷，这些表面缺陷即为叶片断裂疲劳源的诱因。

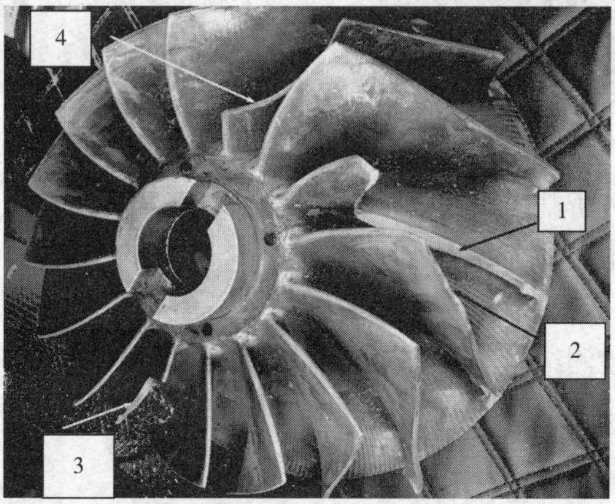

图6　叶片断裂的叶轮宏观照片

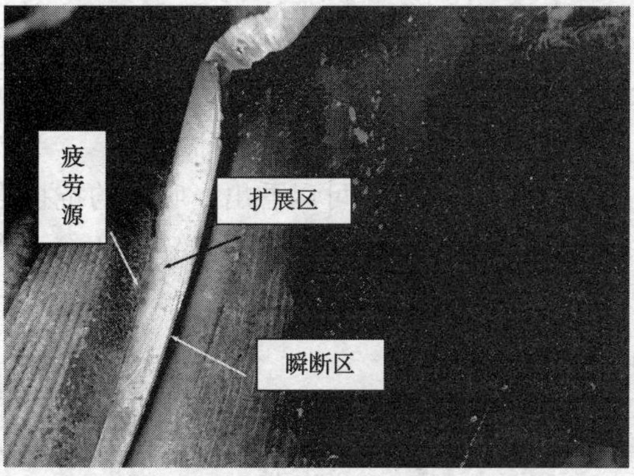

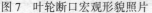

图7　叶轮断口宏观形貌照片

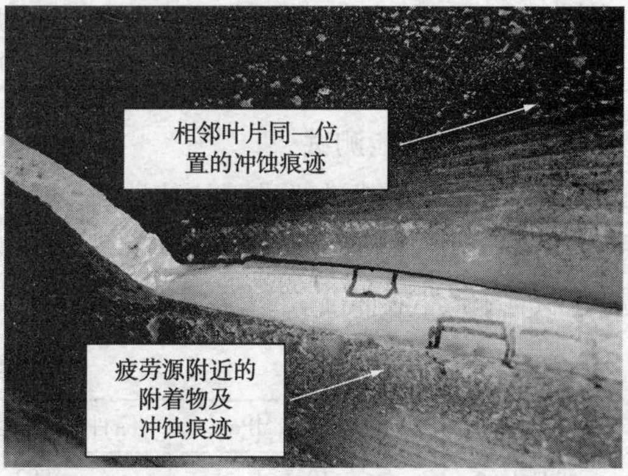

图8　疲劳源附近附着物及冲蚀痕迹宏观形貌照片

疲劳源附近线切割取样的宏观形貌照片见图9，从图9可看出，疲劳源附近为高低不平的冲蚀区。

对另外一个未断裂叶片(记为 2 号叶片)取样观察，由于受到冲刷的影响，叶轮正对流体冲刷的位置均有附着物和冲蚀坑。为了增强取样的对比性，从 2 号叶片未正对流体冲刷的位置取样，取样的宏观形貌照片见图 10，从图 10 可以看出，另外一个未断叶片表面也有许多黑色冲蚀坑，由于未正对高速流体冲刷，坑的直径要比正对冲刷区小。

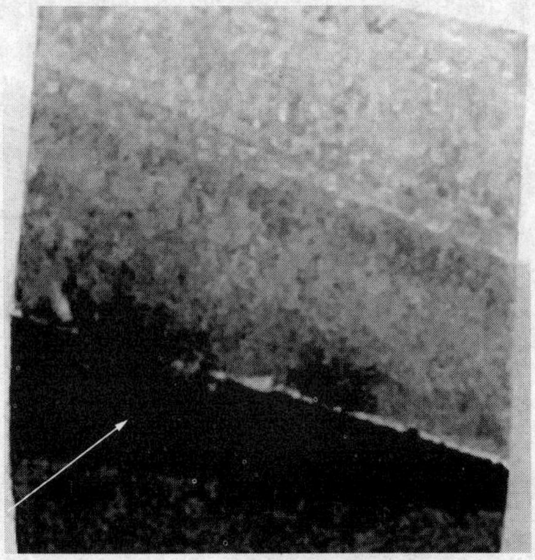

图 9　疲劳源附近冲蚀区宏观照片

图 10　2 号叶片表面的冲蚀孔宏观照片

根据上述宏观形貌分析结果可知，叶轮叶片的断裂类型为低应力高周疲劳断裂，在断裂源附近有冲蚀坑和黑色附着物存在。

3.2　化学成分分析

两个叶片化学成分检测结果及相关标准对 FV520B 材料化学成分要求见表 1，可以看出叶轮叶片的化学成分满足标准对 FV520B 化学成分要求。

表 1 化学成分检测结果　　%

项目	C	Si	Mn	S	P	Cr	Ni	Mo	Nb	Cu
1 号叶片	0.044	0.52	0.76	0.002	0.003	13.99	5.16	1.33	0.26	1.35
2 号叶片	0.045	0.52	0.76	0.009	0.004	13.98	5.18	1.32	0.26	1.34
标准	0.04~0.07	0.35~0.7	0.6~1.0	<0.03	<0.03	13~14.5	5~6	1.3~1.8	0.25~0.45	1.3~1.8

3.3　力学性能测试

取 3 个叶轮材料试样进行拉伸性能测试，结果见表 2。从表 2 可以看出，叶轮的抗拉强度平均值为 1024MPa，伸长率平均值为 17.5%，硬度平均值为 364HV，符合 FV520B 在工作温度下的力学性能标准。

表 2　叶轮力学性能检验结果

项目	抗拉强度/MPa	条件屈服强度/MPa	伸长率,%	硬度/HV
试样 1	1025	982	17.4	364
试样 2	1022	979	17.3	362
试样 3	1025	982	17.9	366
平均值	1 024	981	17.5	364

3.4 金相显微组织分析

为了分析叶片断裂的原因，从断裂源附近以及 2 号叶片各取 2 样共 4 处按 GB/T 13298—2015 要求进行金相显微组织分析，结果如下：

3.4.1 表面金相显微组织分析

断裂源附近表面金相检验照片见图 11，可以看出试样表面有冲刷腐蚀形成的孔洞，孔洞深度约 0.5mm。

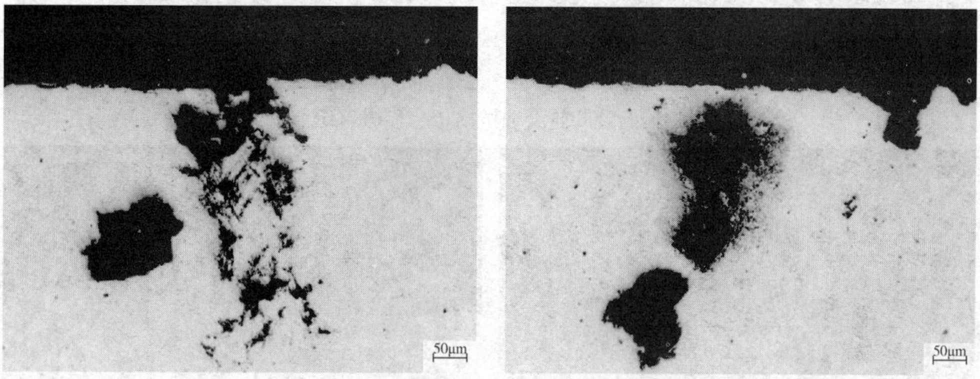

图 11 断裂源附近金相检验照片

2 号叶片表面金相检验照片见图 12，可以看出叶片表面冲刷腐蚀形成的孔洞比断裂叶片断裂源处的孔洞深度要浅，孔洞深度约 30μm。

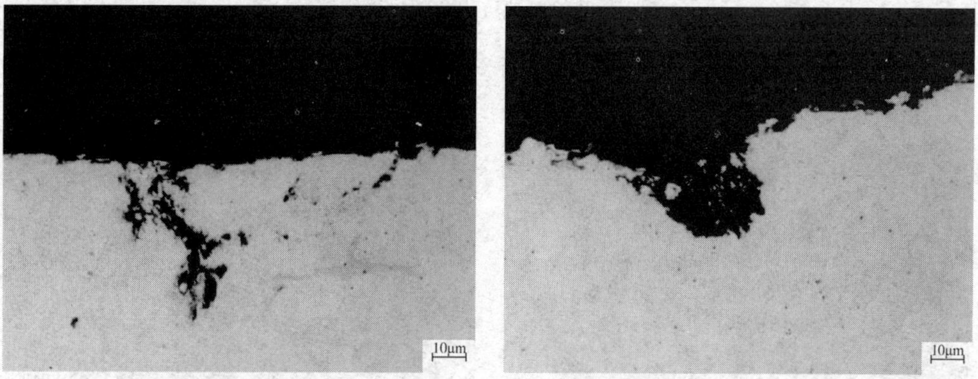

图 12 2 号叶片表面金相检验照片

3.4.2 腐蚀坑内金相显微组织分析

断裂源附近冲刷腐蚀坑内金相显微组织照片见图 13，可以看出腐蚀坑内表面有大量因形变产生的条纹状变形带，变形带形成的原因为内表面受到了流体中颗粒的冲击而产生。这也说明疲劳源处腐蚀孔洞的形成原因不是单纯由于受到腐蚀的作用，同时也受到颗粒冲击的影响，腐蚀类型为冲刷腐蚀[2]。

2 号叶片腐蚀坑内金相显微组织照片见图 14，可以看出 2 号叶片腐蚀坑内未发现变形的痕迹，原因为 2 号叶片检测面受到流体的冲击比 1 号叶片检测面受到流体的冲击小。

断裂源附近心部金相显微组织照片见图 15，可以看出断裂源心部金相显微组织为马氏体+第二相，未见组织异常。

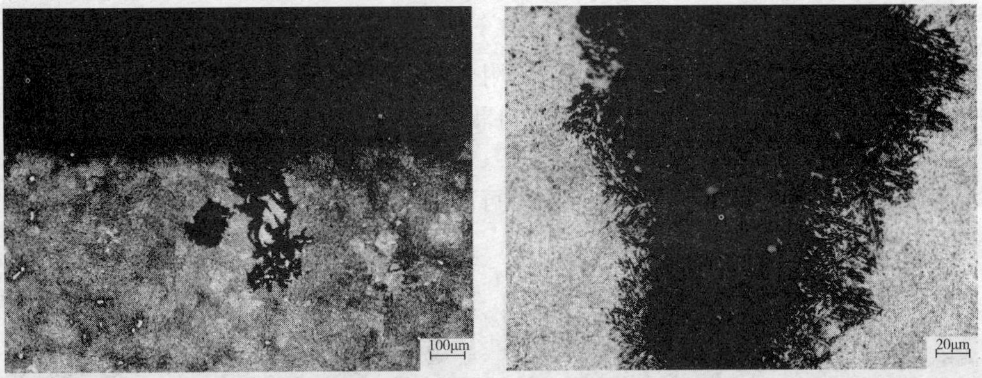

图 13　断裂叶轮腐蚀坑内金相显微组织照片

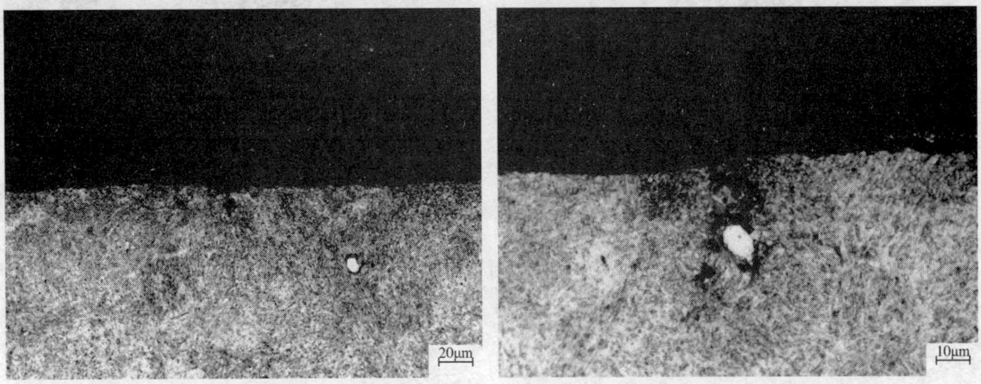

图 14　2 号叶轮腐蚀坑内金相显微组织照片

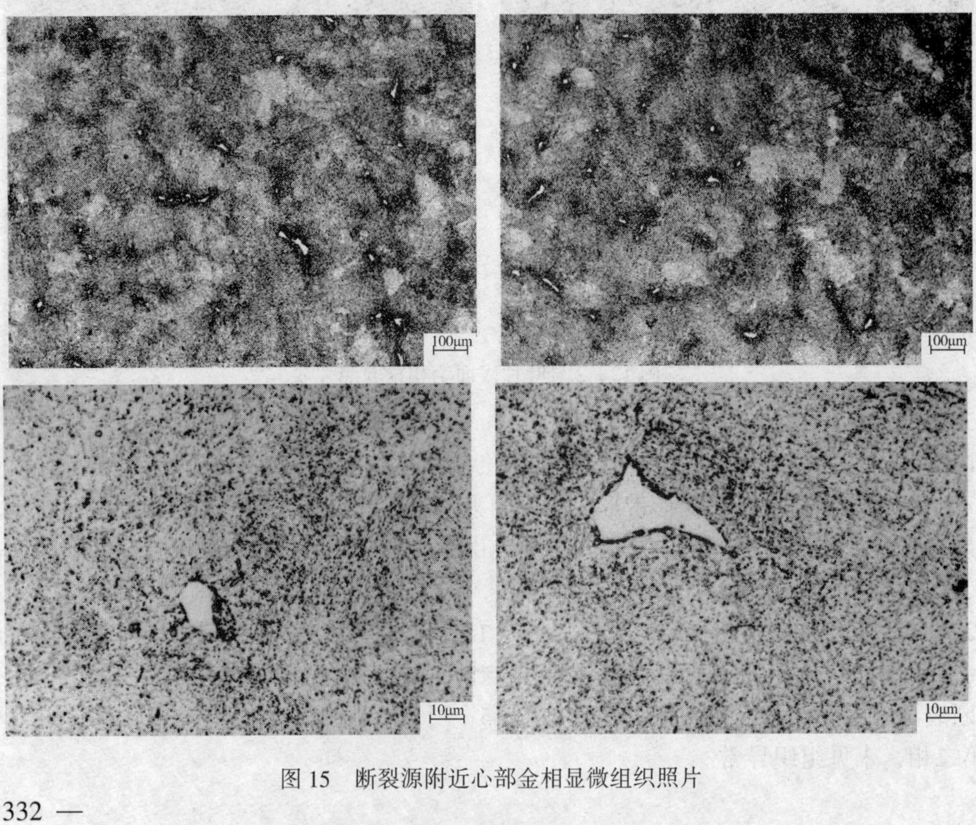

图 15　断裂源附近心部金相显微组织照片

2 号叶片心部金相显微组织照片见图 16，可以看出同断裂叶片一样，2 号叶片心部金相显微组织同样为马氏体+第二相，未见组织异常。

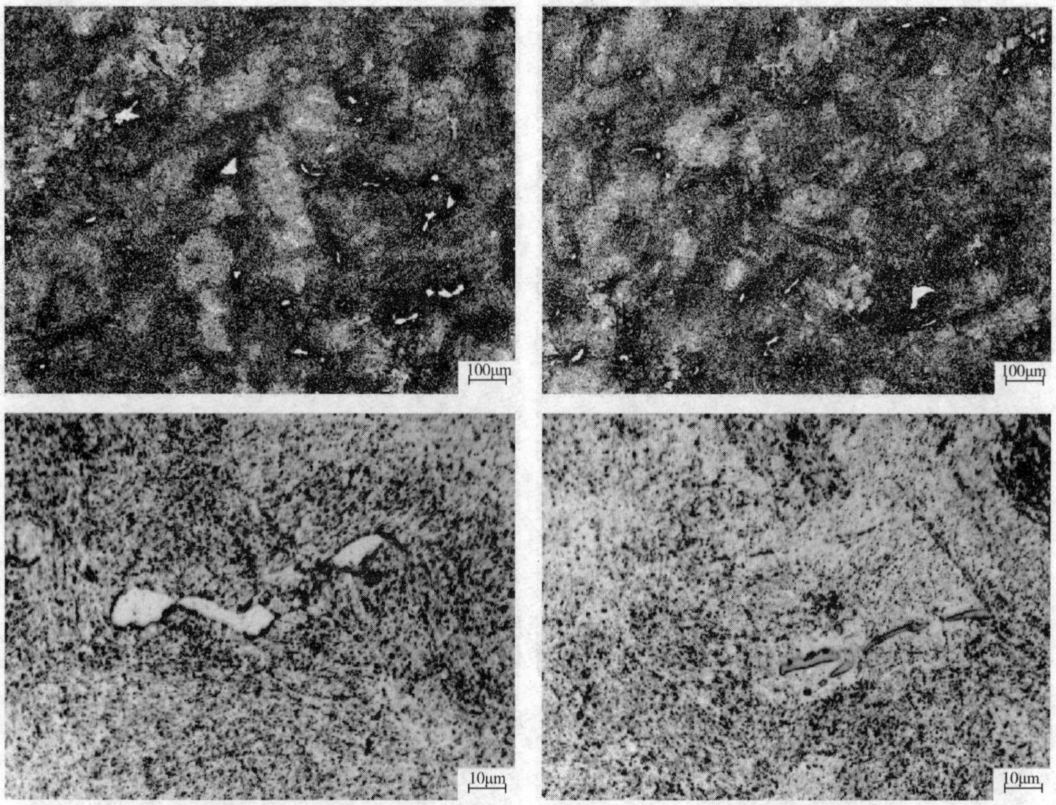

图 16　2 号叶片心部金相显微组织照片

3.5　叶轮断口 SEM 微观形貌分析

断裂源附近扫描电镜微观形貌照片见图 17，可以看出断裂源附近有两处冲刷腐蚀坑形成的孔洞，孔洞深度约 0.4～0.5mm，与金相检验结果相符。断口表面局部有疲劳辉纹，以及沉淀相脱落所形成的凹坑。

扩展区 SEM 微观形貌照片见图 18，可以看出扩展区表面主要为疲劳辉纹，同样有沉淀相脱落形成的凹坑。

3.6　叶轮断口 EDS 微区化学成分分析

疲劳源区冲刷腐蚀孔内黑色物质及疲劳源区外表面附着物 EDS 微区化学成分分析结果见表 3，EDS 分析结果表明孔内黑色物质主要化学元素为 O 元素、Ca 元素，疲劳源区外表面附着物 EDS 除硫元素含量与铁元素含量比孔内物质略高外，其余元素区别不大。

表 3　冲刷腐蚀孔内及外表面物质 EDS 微区化学成分检测结果　　%

样品	O	Na	S	K	Ca	Fe
孔内	66.37	3.90	0.91	1.3	19.36	8.16
外表面	47.44	–	6.69	1.8	20.82	33.25

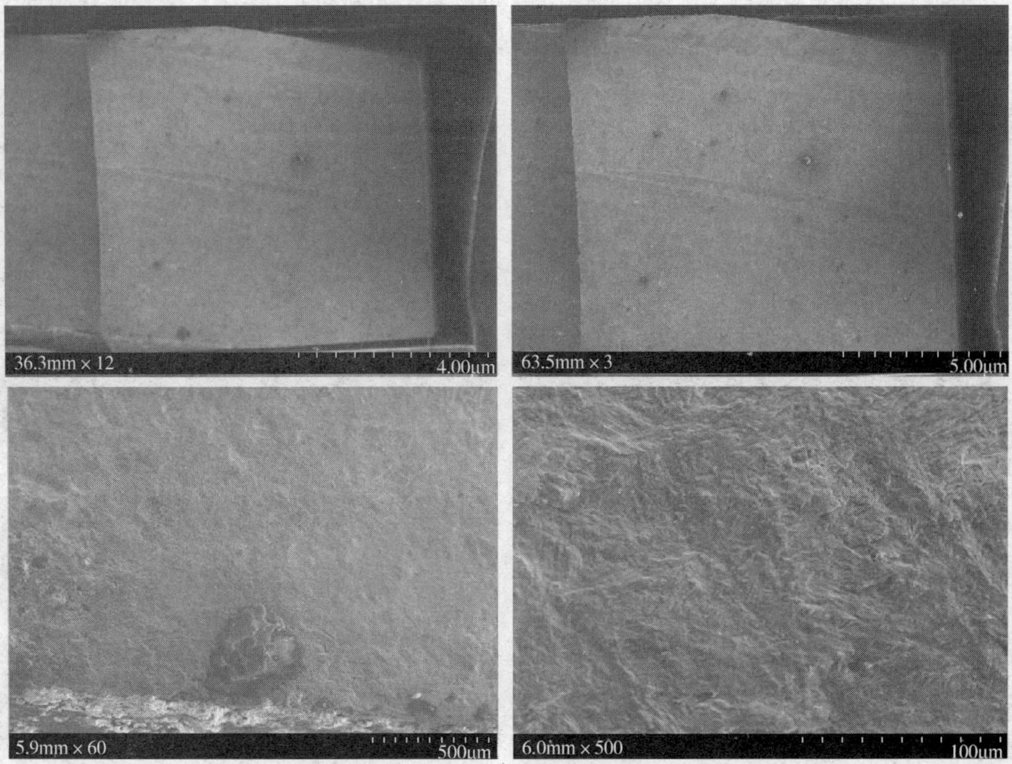

图 17　断裂源区 SEM 微观形貌照片

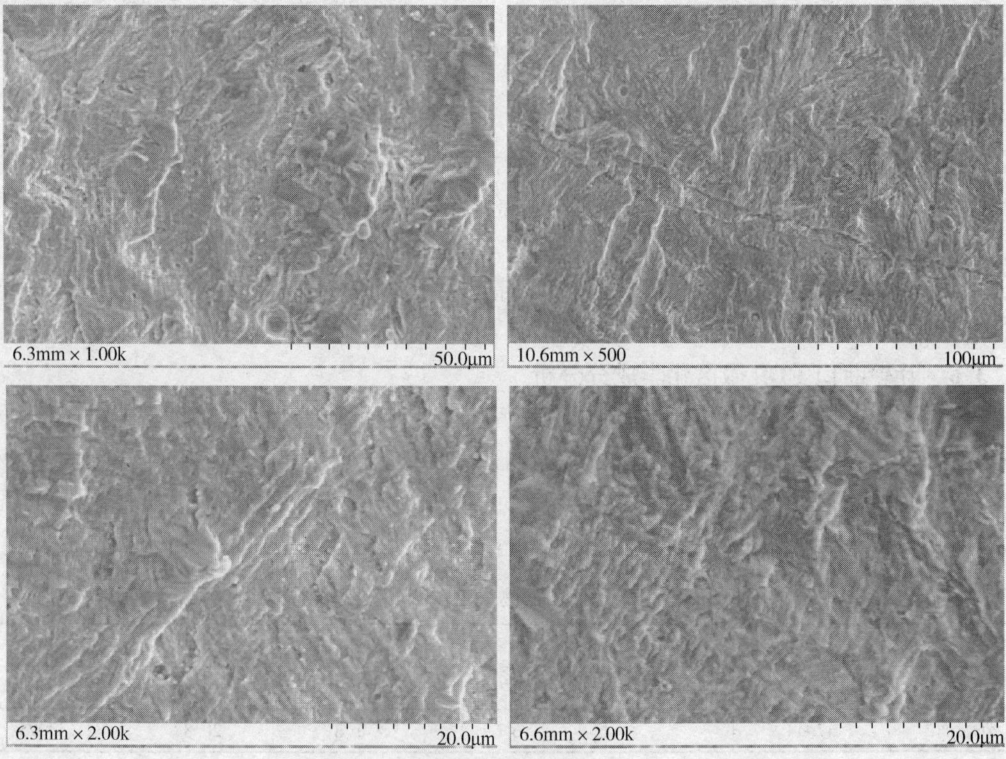

图 18　扩展区 SEM 微观形貌照片

3.7 分析结论

综合以上分析可知，叶轮的断裂类型为低应力高周疲劳断裂。因风机 C801A 位置在江边，空气中湿度较大，加上硫黄回收装置周边环境偏酸性，与沙粒、灰尘等固体颗粒物形成冲刷腐蚀环境。叶轮断裂位置为其直接受到介质冲刷处，容易发生冲刷腐蚀，在断裂源处金相及断口表面也发现约 0.5mm 的冲刷腐蚀坑，且该处位于叶轮的根部应力集中区，在冲刷腐蚀形成腐蚀坑处疲劳裂纹萌生、扩展，叠加残余应力，最终发生疲劳断裂。

叶片断裂导致风机转子不平衡，造成轴瓦磨损，高速轴振动值异常升高，润滑油管路部分密封点因振动大松动泄漏，进而导致润滑油压不断下降，在振动触发联锁前润滑油压先触发联锁停机。

4 防范措施

(1) 加强风机日常维护管理。加强风机入口滤芯检查，定期拆清、更换滤芯，将入口差压严格控制在合理范围内，防止因滤芯破损或“短路”导致灰尘、沙粒等固体颗粒物进入风机入口管线，对叶轮造成冲刷。

(2) 加强叶轮制造过程及热处理质量把控。根据分析可知，叶轮叶片由于冲刷腐蚀在根部形成疲劳源，最终导致叶片断裂，这就要求厂家在生产叶轮时需合理选材，优化工艺，严格按照相关标准做好制造过程及热处理工艺质量把控，保证叶轮叶片具有足够强度和耐腐蚀性。

(3) 加强现场检修质量管理。加强风机本体及相关附件检修质量控制，安装时调整好叶轮的动平衡，减小工作中由于振动造成的交变应力幅值。做好入口导叶及防喘振阀的调校，确保其动作的准确性和灵活性。

(4) 加强操作管理及运行监控。加强操作管理，要求班组操作人员严格按照工艺质量卡片平稳操作，避免大幅调整造成风量、风压波动大，坚决杜绝风机在喘振线附近运行。同时需密切关注风机运行状态，加强轴振动、轴位移、润滑油温度及压力等参数的监控，发现参数异常及时处理。

5 结结

离心风机叶片断裂不仅会对风机内构件造成冲击，导致转子不平衡，风机振动值升高，严重时将引发风机联锁停机，影响装置正常生产。因此，分析叶片断裂原因，并采取相应预防措施，加强风机日常运行管理监控，对于风机安全、平稳、长周期运行具有重要意义。

参 考 文 献

[1] 宋杰．离心引风机叶轮的磨损分析及处理措施[J]. 风机技术，2001(4)，50-52.
[2] 任怀亮．金相实验技术[M]. 北京：冶金工业出版社，1986.

单火嘴烧氨在硫回收装置的应用

何文建

（中国石化金陵分公司　江苏南京　210046）

摘　要：随着硫黄回收技术的不断发展，烧氨工艺技术在炼厂得到了普遍应用。本文通过分析烧氨的各种要素，发现影响烧氨的最关键因素是温度，并且通过小的改动解决了问题，发现单火嘴单区烧氨是可行的。

关键词：硫黄回收　烧氨　单火嘴

1　前言

近些年烧氨技术在炼油厂硫黄回收装置得到广泛应用。硫黄回收装置烧氨技术是在硫黄回收技术的基础上通过向酸性气中混入含氨气体，使氨在酸性气燃烧炉中发生分解反应，从而实现无害化处理的过程。烧氨技术的应用，既改善了现场的操作环境，又解决了污水汽提装置氨精制工序长期不稳定运行、设备易腐蚀泄漏和管线结晶堵塞等问题。烧氨技术大都采用分区烧氨，而单火嘴单区烧氨很少采用。本文通过工厂实例，说明在一定条件下可以实现单火嘴单区烧氨，供类似工厂借鉴。

2　生产现状

某工厂硫黄装置热反应炉 F-901 炉膛温度为 1170℃，达不到烧氨要求（通过文献知烧氨要求炉膛温度不低于 1250℃）[1]，因而装置污水汽提塔 C-703 塔顶所产含氨酸性气无法进入 F-901 进行处理，生产中是排至加热炉进行处理，具体流程图见图 1。

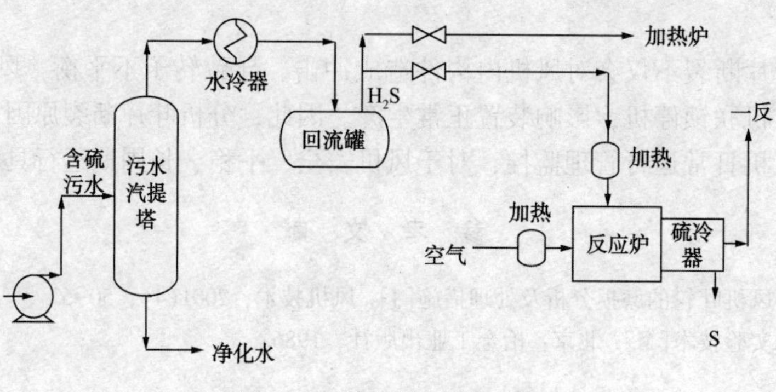

图 1　含硫污水处理流程图

加热炉处理含氨酸性气时，烟气 SO_2 维持在 100~200mg/Nm^3。新排放标准（GB 31571—

2015)要求加热炉排放烟气中二氧化硫含量低于 50mg/Nm³。含氨酸性气送至加热炉处理，已不能满足生产需求。并且烟气二氧化硫较高，造成烟气低温段腐蚀穿孔，产生安全环保风险加热炉处理含氨酸性气时烟气二氧化硫数据表见表 1。

表 1　加热炉处理含氨酸性气时烟气二氧化硫数据表

时间	二氧化硫				氮氧化物		
	实测浓度/（mg/Nm³）	折算浓度/（mg/Nm³）	标准/（mg/Nm³）	排放量/kg	实测浓度/（mg/Nm³）	折算浓度/（mg/Nm³）	标准/（mg/Nm³）
2016-3-1	167.47	135.51	50	344.76	184.52	149.39	200

为减少工厂的氨氮排放，降低环保压力，工厂商定对装置进行部分改造，拟满足 F-901 处理含氨酸性气要求，将此部分酸性气通过硫回收单元 F-901 进行处理。硫回收装置简易流程图见图 2。

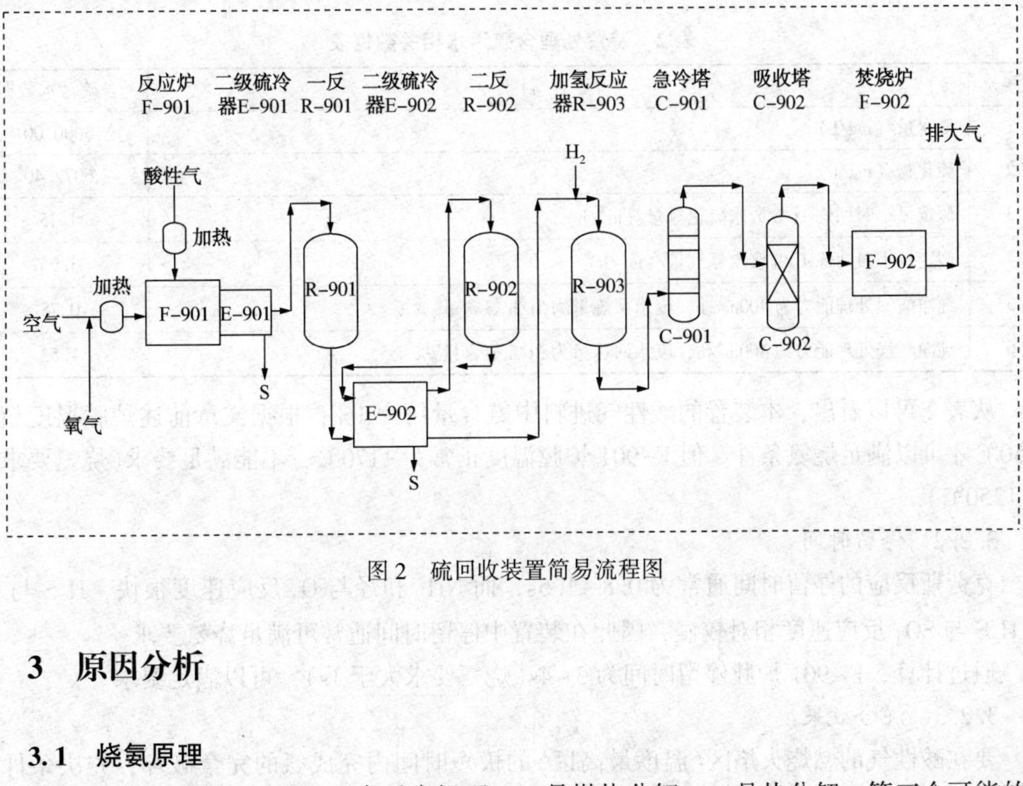

图 2　硫回收装置简易流程图

3　原因分析

3.1　烧氨原理

酸性气中氨处理主要基于三个反应机理：一是燃烧分解，二是热分解，第三个可能的反应机理是 SO_2 对 NH_3 的氧化作用。这三个反应机理都需要足够高的温度(不低于 1250℃)将 NH_3 彻底分解[2]。三个氨分解机理的主要反应如下：

$$2NH_3+1.5O_2 \longrightarrow N_2+3H_2O \quad (1)$$

$$2NH_3 \longrightarrow N_2+3H_2 \quad (2)$$

$$H_2S+1.5O_2 \longrightarrow SO_2+H_2O \quad (3)$$

$$2NH_3+SO_2 \longrightarrow N_2+2H_2O+H_2S \quad (4)$$

影响烧氨效果的因素有 3 个：反应温度，酸性气停留时间，火嘴内气相混合强度。三个因素相互关联，缺一不可，高的反应温度和火嘴气相混合程度可缩短酸性气的停留时间。温度是三个因素的基础，若温度达不到要求，再长的停留时间和再强的混合程度也达不到好的烧氨效果。

3.2 装置分析

3.2.1 燃烧温度

氨的自燃温度为651.11℃，在温度大于自燃点时发生如下反应，$4NH_3+3O_2 \longrightarrow 2N_2+6H_2O$，在温度1200℃以下氨的氧化不完全，温度越高上述反应越完全。对于氨浓度与燃烧温度的关系至今还难以确定，通常说法是：在酸性气中 NH_3 大于1%时，要求温度大于1250℃，酸性气中 NH_3 浓度为5%～25%时，需要的烧氨温度为1350～1650℃。燃烧温度升高时，NH_3 燃烧会生成NO，$4NH_3+5O_2 \longrightarrow 4NO+6H_2O$，温度越高，生成的NO也越多。本装置正常纯净酸性气处理量约为500m³/h，含硫污水处理量为1～2t/h，含硫污水主要来源于上游加氢装置切水，具体数据见表2。

表2 装置处理含硫污水相关数据表

序号	项　目	含硫污水数据
1	氨含量/(mg/L)	3000.00
2	硫化物/(mg/L)	6072.40
3	假定每小时回炼1t/h废水硫化氢量/(m³/h)	4.25
4	假定每小时回炼1t/h废水氨气量/(m³/h)	3.95
5	纯净酸气处理能力为400m³/h，废水回炼量为1t/h氨含量,%	0.78
6	纯净酸气处理能力为400m³/h，废水回炼量为2t/h氨含量,%	1.53

从表2可以看出，本装置的酸性气进料中氨含量约为1%，根据文章前述炉膛温度超过1250℃才可以满足烧氨条件。但F-901炉膛温度正常为1170℃，不能满足要求(烧氨要求大于1250℃)。

3.2.2 停留时间

克劳斯反应的停留时间通常为0.8～1.5s，而 NH_3 和烃与 O_2 反应速度很快，H_2S 与 O_2 和 H_2S 与 SO_2 反应速度相对较慢，因此在装置中停留时间通常可满足烧氨要求。

通过计算，F～901炉膛停留时间为3～4s(烧氨要求大于1s)，可以满足要求。

3.2.3 混合效果

要在酸性气的燃烧火焰区(温度最高区)的极短时间内完成氨的完全破坏，先决条件是酸性气与空气必须进行旋涡态充分混合。混合效果的好坏由燃烧器的结构和气量的大小决定。燃烧器结构特点是空气通过一个具有倾斜安装的叶片时，使空气产生迅速的螺旋运动，然后又在与燃烧室相连接的锥形出口的作用下，空气速度得以大大增加。酸性气从中心管流入锥形出口的中心区，喷嘴顶部锥形的折流挡板使排出的酸性气突然改变方向。经过上述充分混合的气体再到达火焰的前锋，使混合气体火焰的前锋达到高度湍流的条件。车间与火嘴厂家(国内某厂家)交流过，回复可满足烧氨要求。

3.2.4 分析结论

从上述得知，停留时间和混合效果已经满足烧氨要求，只有炉膛温度未能满足。所以目前装置 F-901 炉膛温度成为制约烧氨的瓶颈，车间下一步工作就是提高 F-901 炉膛温度，以满足烧氨要求。

4 采取对策

提高燃烧温度的方法主要有：提高酸性气和空气的预热温度、提高酸性气中硫化氢的浓度、燃烧炉补瓦斯气、采用富氧工艺。

为提高反应器 F-901 炉膛温度，车间采取提高酸性气和空气的预热温度结合富氧工艺的办法。措施实施后，F-901 炉膛温度最高升至 1220℃，但仍不能满足烧氨温度要求，具体数据见表 3。

表 3 富氧使用后相关数据表

项目	投用前	投用后	项目	投用前	投用后
进炉空气氧含量/%(体)	21	28	系统压力/kPa	52	50
硫化氢处理量/(m^3/h)	500	500	热反应炉温度/℃	1150	1220

后通过类似装置调研，发现通常硫黄烧氨技术是把全部含氨酸性气与部分清洁酸性气混合后进入烧氨燃烧器，使酸性气中 NH_3 全部氧化生成 N_2 和 H_2O，控制温度 1300℃以上，酸性气配风使反应气处于略微过风状态。再把其余清洁酸性气从反应室的后部引入，控制混合气体中 H_2S/SO_2 为 2。

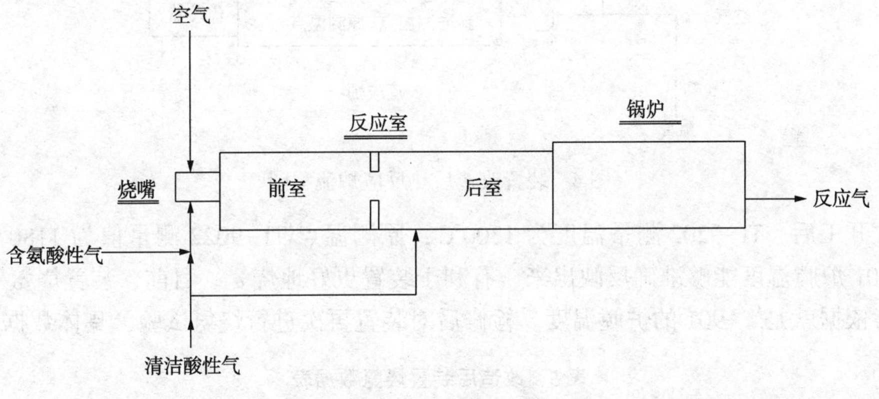

图 3 烧氨流程简图

通过调研也发现，F-901 高温计安装位置与同类装置安装位置存在差异，本装置只有一个高温计，温度测量准确性不足(测量点不一定是温度最高点)，高温计位置与同类装置二区位置相同，说明本装置高温计测量温度不是炉膛最高温度。调研装置第二区温度与第一区温度相差 80℃，据此推算本装置高温计显示在 1170℃以上便可完成烧氨。

2017 年初，车间在酸性气处理量较高的情况下，炉膛温度 1170℃以上时进行了烧氨试验，由于分析手段有限，本次烧氨实验效果依据急冷塔塔底酸性水氨氮含量进行判定(相关文献查询烧氨效果较好的急冷塔塔底水氨氮含量低于 350mg/L)[3]，具体数据见表 4。

表4　装置烧氨试验数据表

日期	F-901 酸性气流量 FI-9011/(m^3/h)	F-901 炉膛温度 TI-9022/℃	C-703 废水回炼量 FV-7102/(t/h)	C-703 顶酸性气流量 FIQ-7107/(m^3/h)	C-901 底水氨氮含量/(mg/L)
2017-4-6	490	1200	1.25	13	6.85
2017-4-10	470	1180	1.1	30	7.4
2017-4-11	520	1210	1.25	32	6.5
2017-4-13	500	1205	1.05	40	5

从表4可看出，在烧氨期间，C-901底水氨氮含量均低于350mg/L，并且未出现积聚，说明F-901炉膛温度TI-9022在1170℃以上时烧氨达到预期效果，F-901炉膛温度TI-9022在1170℃以上能够满足烧氨条件。

5　巩固措施

为提高F-901温度测量的准确性，2017年装置检修期间在F-901火焰温度高温区增设一只测温点TI-9202，同时在线使用富氧调节，炉膛温度可进一步提高，具体如图4所示：

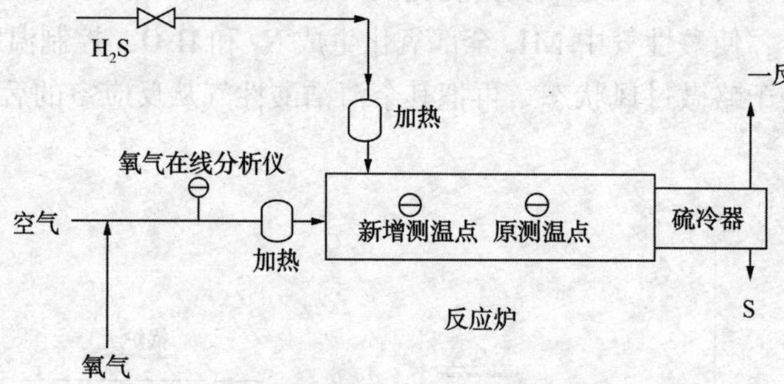

图4　装置改造后热反应炉流程图

再次开工后，TI-9202测量温度为1300℃，原测温点TI-9022测量值为1180℃。改造后，F-901炉膛温度能够准确反映出来，有利于装置更好地烧氨。目前，装置烧氨一个很重要的参考依据就是F-901的炉膛温度。检修后对装置再次进行烧氨试验，具体数据见表5。

表5　改造后装置烧氨数据表

日期	F-901 酸性气流量 FI-9011/(m^3/h)	F-901 炉膛温度 TI-9202/℃	进炉氧含量/%	C-703 废水回炼量 FV-7102/(t/h)	C-901 底水氨氮含量/(mg/L)
2017-5-22	540	1250	26	1.5	20.3
2017-5-26	538	1319	27	1.5	5.5
2017-6-5	560	1270	27	2	12.4

从表5可以看出，装置在烧氨期间，C-901底水氨氮含量均低于200mg/L，并且未出现积聚，说明F-901炉膛温度TI-9202温度在1250℃以上时烧氨达到了预期效果。

检修前F-901间断烧氨，检修后F-901连续烧氨，所以检修后C-901塔底氨氮含量较检修前略高。

后续烧氨期间，对急冷塔塔底急冷水进行跟踪分析，具体数据见表6。

表6　装置后续烧氨期间急冷塔塔底数据表

采样日期/时间	pH值	氨氮含量/(mg/L)
2017-9-6　9：00	6.97	7.3
2017-9-8　9：00	6.18	14.3
2017-9-11　19：00	7.1	9.6

后续烧氨期间，对装置产品质量进行跟踪，具体数据见表7。

表7　装置烧氨后工业硫黄产品质量表

采样日期	硫含量/%	水含量/%	灰分含量/%	酸度/%	有机物含量/%	砷含量/%	铁含量/%	硫化氢和多硫化氢(以 H_2S 计)	质量判定
2017-9-18	99.99	0.01	0.002	0.003	0.003	0.00002	0.00036	0.0014	优等品
2017-9-25	99.99	0.017	0.002	0.003	0.003	0.00002	0.00036		优等品

F-901处理含氨酸性气后，焚烧炉烟气二氧化硫以及氮氧化物均保持较好，具体数据见表8。

表8　F-901处理含氨酸性气时烟气排放数据表

时间	二氧化硫			氮氧化物		
	实测浓度/(mg/Nm^3)	折算浓度/(mg/Nm^3)	标准/(mg/Nm^3)	实测浓度/(mg/Nm^3)	折算浓度/(mg/Nm^3)	标准/(mg/Nm^3)
2017-12-01	57.73	58.39	100	5.44	5.69	100
2017-12-02	54.17	54.67	100	3.02	2.81	100
2017-12-03	57.98	55.09	100	3.11	2.93	100

从表8可以看出，F-901在处理含氨酸性气时，各项指标保持完好，预期效果达到。

同时含氨酸性气改至F-901后，加热炉避免了处理含氨酸性气，烟气二氧化硫大幅降低，满足国家新标准，环保问题得到解决，具体数据见表9。

表9　加热炉处理含氨酸性气前后烟气二氧化硫数据表

时间	二氧化硫			氮氧化物		
	实测浓度/(mg/Nm^3)	折算浓度/(mg/Nm^3)	标准/(mg/Nm^3)	实测浓度/(mg/Nm^3)	折算浓度/(mg/Nm^3)	标准/(mg/Nm^3)
2016-3-2	175.94	144.64	850	359.77	191.89	158.1
2016-3-3	150.65	118.79	850	306.84	185.99	146.91
2017-9-1	18.65	34.24	50	34.52	48.64	100
2017-9-2	18.34	22.9	50	31.68	39.59	100

注：2016年数据为加热炉处理含氨酸性气烟气排放数据，2017年为加热炉未处理含氨酸性气烟气排放数据。

通过表9可以看出，由于F-901改造后自身能够处理含氨酸性气，避免了由加热炉继续处理含氨酸性气，解决了加热炉处理含氨酸性气产生的环保问题。

6 结论

(1) 装置不进行大改动的情况下，找准热反应炉的测温位置，解决了工厂氨氮排放的问题，减轻了环保压力，可为同类装置提供经验借鉴。

(2) 在酸性气中氨气含量不高的情况下，使用单火嘴烧氨可以达到烧氨基本温度(1250℃以上)，单火嘴单区烧氨是可行的。

(3) 只要温度足够，使用国产火嘴烧氨能够满足烧氨要求。

参 考 文 献

[1] 马恒亮，康战胜，耿庆光. 硫黄回收装置烧氨过程分析及条件优化[J]. 石油炼制与化工，2012，43(5)：32-35.

[2] 郑伟达，金洲. 大型烧氨型硫黄汽提联合装置试车问题探讨[J]. 石油与天然气化工 2007，36(3)：218-221.

[3] 耿庆光，李步，黄占修. 40kt/a 硫回收联合装置烧氨实践[J]. 炼油技术与工程，2009，41(5)：1-4.

硫黄溶剂再生装置管线腐蚀分析

刘 巍

（中国石化塔河炼化有限责任公司　新疆库车　842000）

摘　要：溶剂再生装置作为炼化企业硫处理的关键装置，存在介质高含硫的状况，设备和管线腐蚀严重。在溶剂再生装置的工艺管线中，以再生塔顶酸性气管线和贫富液管线的腐蚀问题最突出。本文论述了中国石化塔河炼化有限责任公司溶剂再生装置管线的腐蚀问题，并对采取的措施和效果加以阐述，为其他同类装置的腐蚀防护提供借鉴。

关键词：酸性气　管线　腐蚀　防护

1　前言

中国石化塔河炼化有限责任公司共有三套硫黄回收装置，包括一套68.8t/h溶剂再生装置、一套150t/h溶剂再生装置和一套80t/h溶剂单独再生装置。1#、2#装置采取溶剂集中再生后，脱硫部分所用脱硫剂由溶剂再生装置提供，脱硫后产生的富溶剂送回溶剂再生装置处理。两套溶剂再生装置均采用常规蒸汽汽提再生工艺，通过再生塔，将富溶剂中的H_2S汽提出，经塔顶冷却器冷却，酸性气与酸性液经酸性气分液罐分离，酸性气送至硫黄回收部分，酸性液作为再生塔顶部回流。在装置运行过程中，再生塔顶酸性气冷却系统和贫富液管线经常出现腐蚀泄漏的状况，通过采取管线材质升级、贴焊等措施，有效地处理了腐蚀泄漏问题，为装置和环境的安全做好保障。

2　装置运行中的腐蚀问题

1#溶剂再生装置于2004年投产，运行至2019年，出现多次泄漏问题，泄漏点常见于塔顶酸性气冷却系统及贫富液管线。装置出现的问题有：

（1）酸性气空冷器出口法兰及弯头部位腐蚀减薄严重，部分弯头出现砂眼，导致酸性气及酸性水泄漏问题；

（2）酸性气冷却器出口进入酸性气分液罐前热偶焊缝腐蚀穿孔；

（3）贫富液管线焊缝处出现泄漏。

3　腐蚀机理

3.1　胺环境下腐蚀

胺环境下腐蚀主要包括胺腐蚀和胺应力腐蚀开裂。

胺腐蚀是指在胺处理中主要发生于碳钢材质上的全面腐蚀。腐蚀并非由胺本身引起，而由溶解的 CO_2、H_2S、胺降解产物、热稳态盐(HSAS)以及其他污染物引起。其中热稳态盐对腐蚀的影响极为明显，热稳态盐是胺液与原料中的酸性组分反应生成的盐，常见的有盐酸盐、硫酸盐和氰化物等，加热时基本不分解。热稳态盐的阴离子很容易取代硫化亚铁上的硫离子和铁离子结合，从而破坏致密的硫化亚铁保护层，造成设备和管线的腐蚀。另外，胺腐蚀速率随着温度升高而增大，尤其在富胺液环境中，当温度高于 104℃时，将造成严重腐蚀。

胺应力腐蚀开裂是指在拉应力和腐蚀的共同作用下产生的开裂现象，是一种碱性应力腐蚀开裂(ASCC)形式，常见于贫胺液环境中未经焊后热处理的碳钢管道和设备上。裂纹在管道和设备的内表面上萌生，主要发生在焊缝热影响区，沿着焊缝平行的方向扩展，并可能有平行裂纹。见图 1。

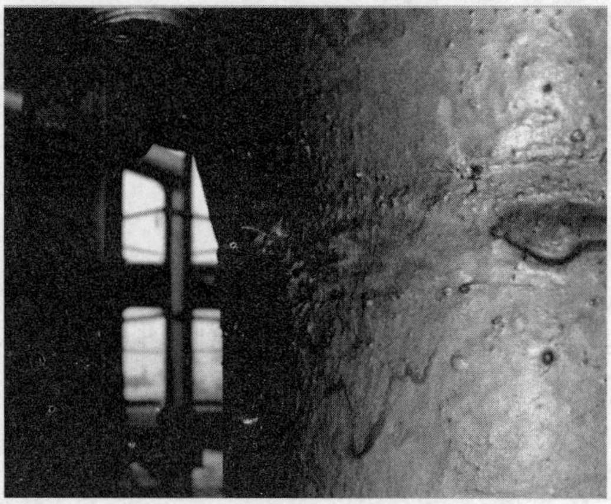

图 1　富液管线焊缝腐蚀泄漏

3.2　硫氢化铵腐蚀

在硫氢化铵(NH_4HS)的酸性水中发生的腐蚀，腐蚀机理如下：

$$NH_4HS+Fe+H_2O \longrightarrow FeS+NH_3 \cdot H_2O+H_2$$

腐蚀速率与 NH_4HS 浓度、流速、温度、介质情况等因素有关：

(1) 当 NH_4HS 质量分数大于 2%时，腐蚀速率随着 NH_4HS 浓度增大而增快；

(2) 流速影响：低速区易发生 NH_4HS 垢下腐蚀，高速区或紊流区易发生冲蚀；

(3) 当温度低于 66℃时，NH_4HS 会结晶析出，造成电化学垢下腐蚀；

(4) 当酸性水中含有氰化物时，将会加速腐蚀。

3.3　湿硫化氢腐蚀

溶剂再生塔采用常规汽提工艺，塔顶压力 0.06~0.11MPa，塔顶温度 95~115℃。酸性气自再生塔顶出来后，先经空冷器冷却至 65℃，然后经水冷器冷却至 40℃，进入酸性气分液罐。

溶剂再生装置塔顶酸性气冷却系统采用的材质为 20 号钢。正常运行状况下，管线中介质为水蒸气、H_2S、CO_2 和烃类物质的混合气体。由于大量水蒸气存在，经空冷器冷却后产生大量液态水，为该温度下饱和 H_2S 溶液，形成低温(不超过 120℃)的 H_2S-CO_2-H_2O 腐蚀体系。该腐蚀环境为酸性环境，低温下腐蚀速度快，碳钢在该环境下易发生析氢腐蚀，其反应如下：

$$Fe+2H^{+} \longrightarrow Fe^{2+}+H_2\uparrow$$

反应生成的硫化亚铁不稳定，易溶解于酸性溶液，在受到气液机械冲刷作用下，不能牢固黏附于表面，保持其初始的高速腐蚀，对管线产生了腐蚀加冲蚀的作用。同时氢气的产生导致氢原子渗入到碳钢内，引起碳钢表面氢鼓泡，加剧了弯头的腐蚀。在腐蚀加冲蚀的作用下，氢鼓泡很快腐蚀穿并更易被液相冲刷带走，加速了腐蚀。空冷器出口弯头外侧正对气液混合物流向，产生的部分酸性水在原有流速的基础上，又以自由落体的形式直接冲刷到弯头外侧表面，加剧了冲刷腐蚀速度。现场实际情况证明弯头外侧自由下落的酸性水的冲刷面腐蚀最严重，有明显的冲刷坑和沟槽，穿孔也发生在该部位，见图2。

图2　酸性气空冷器出口管线腐蚀

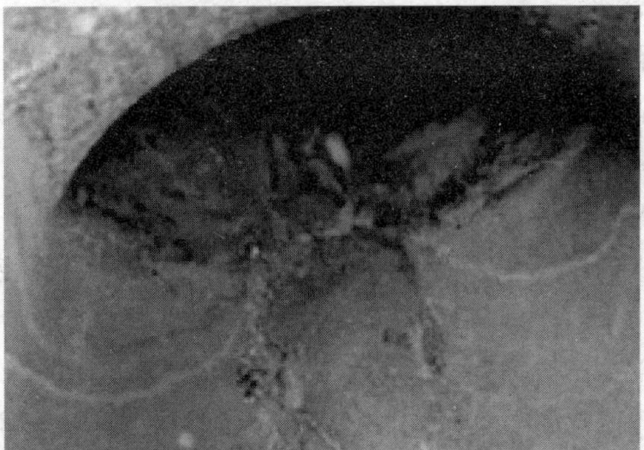

图3　酸性气水冷却器管线热偶焊缝腐蚀

酸性气空冷器冷却后的气液混合物在空冷器后总管汇集，管线内酸性水量增大，平稳运行状态下达2.5t/h，进入酸性气水冷器后，气液混合物被冷却至45℃以下(一般控制在35℃左右)。由于温度的降低，H_2S 在酸性水中的溶解度加大，酸性水中的 H_2S 含量升高，pH值降低，腐蚀性加强。水冷却器管线热偶处腐蚀见图3。

酸性气和酸性水的气液混合物出酸性气水冷器后，沿管内壁下侧流动，并沿该流道垂直进入酸性气分液罐。因此气液混合物进分液罐前法兰焊缝为水冷后管线内酸性水流速最大处，热电偶焊缝靠近罐前法兰，该侧焊缝冲刷腐蚀最严重。由于冲刷的作用，将焊缝内的焊渣、药皮等杂质裸露于湿 H_2S 腐蚀环境中，引起电化学腐蚀，加快了腐蚀速率。同时阴极反应生成的氢原子向钢中渗入并扩散，在金属缺陷如空隙、分层及晶格错位等处结合成氢分子产生巨大的内应力，使得强度较低的碳钢发生氢鼓泡。

根据以上分析，可以认定该系统腐蚀泄漏的主要原因为高浓度湿 H_2S 腐蚀体系对焊缝及焊缝热影响区域的应力腐蚀开裂，以及液体冲刷对流体变速区弯头、法兰的冲刷腐蚀。

4 措施

塔顶气相冷却系统腐蚀对策：酸性气空冷器出口和酸性气水冷器出口的腐蚀泄漏均是由低温(不超过120℃)的 $H_2S-CO_2-H_2O$ 腐蚀体系造成的，可以采取相同的对策。

为了保持装置的运行，采取了贴钢板补焊的方式堵住漏点。为了防止未出现泄漏穿孔的空冷器在运行中出现新的泄漏，组织相关专业人员对空冷器弯头出口进行测厚，厚度达到焊接作业要求的出口弯头处，采取贴补钢板加强弯头的厚度，增加了管线的腐蚀余量。水冷器出口也采用“包盒子”的方式对漏点进行暂时处理。但是由于湿硫化氢腐蚀的渗氢影响，贴焊后时间不久，焊缝处便开始出现新的泄漏。择机对装置进行停工处理，对酸性气空冷器和水冷器出口管线进行整体更换，以避免其他部位减薄造成的泄漏。在对管线进行更换后，通过热处理消除焊缝的残余焊接应力，避免应力腐蚀对设备的危害。装置新增胺液净化设施，降低胺液中热稳盐的含量。

4.1 设备防腐措施

(1) 富胺液管线温度超过80℃的，宜采用321或316L，低温部位可以使用抗硫钢；贫胺液管道可选碳钢，全部管道应进行焊后热处理，避免湿硫化氢腐蚀以及胺应力腐蚀开裂；塔顶酸性气管线应采用316L，有效避免低温湿硫化氢腐蚀。

(2) 再生塔应采用复合板 Q245R+321，内件使用321或316L。

(3) 贫/富胺液换热器壳程以碳钢为主，管程可使用碳钢；但应增大腐蚀裕量，宜采用321或316L。

(4) 塔底重沸器应选择带蒸发空间的釜式重沸器，管束宜选择321或316L，壳体可以使用碳钢或不锈钢复合板，如Q245R+316L。另外，重沸器回流至再生塔的管线宜使用321或316L，并增大管径降低管线流速。

4.2 工艺防腐蚀

(1) 合理控制系统处理量，避免超负荷导致设备腐蚀加剧。

(2) 控制重沸器蒸汽流量，保证再生塔底温度不超过135℃，避免胺液在高温下发生热降解产生腐蚀性产物。

(3) 定期监测胺液品质，确保胺液净化系统运行良好，过滤胺液中酸性降解物和热稳定盐；投用好富胺液机械过滤器，及时去除原料中的固体颗粒；贫胺液储罐应使用惰性气体保护，防止胺液因氧气窜入发生氧化降解形成耐热盐。

(4) 合理控制塔顶酸性气冷凝系统温度，避免因温度过低加剧湿硫化氢腐蚀。

5 典型腐蚀案例

（1）金陵公司硫黄车间再生塔内严重腐蚀，导致该塔的安全状况等级下降，装置被迫停工处理。

（2）玉门油田炼化总厂硫黄车间发生再生塔底重沸器管束腐蚀泄漏、贫胺液冷却器管板泄漏、富胺液管线和塔底贫胺液管线腐蚀严重等事件。

（3）中化泉州石化有限公司硫黄回收联合装置溶剂再生单元塔顶酸性气系统，多次发生设备和管线焊缝开裂和大面积腐蚀减薄，腐蚀原因为湿硫化氢环境下的冲刷腐蚀。

6 结语

溶剂再生装置由于所涉介质硫含量高的特点，其腐蚀成为影响装置安全平稳运行的重要因素。为了防止设备腐蚀泄漏造成对周围环境的污染，对设备腐蚀的机理进行了详细分析，并对腐蚀的预防和治理进行了探索和改进，有效地处理了设备的腐蚀泄漏问题。下一步将利用大检修的机会，对塔顶酸性气冷却系统进行材质升级，避免碳钢的材质缺陷，保证在下一个运行周期内不会出现泄漏状况。同时通过对管线走向和弯头的重新设计，减少弯头数量，降低冲刷和积液等加速腐蚀的问题，保证装置的平稳运行。

参 考 文 献

[1] 中国石油化工设备管理协会．石油化工装置设备腐蚀与防护手册[M]．北京：中国石化出版社，2001.

[2] 王巍．浅谈炼油厂硫黄回收装置酸性水罐的腐蚀与防护[J]．石油化工设备技术，2005，26(5)：59-61.

[3] 李宪华，邹广．胺液再生装置的腐蚀与防护[J]．河南化工，2011，28(8)：5-8.

污水汽提装置硫化物应力腐蚀开裂问题浅析

周　昊　吴文星　郭启宸

（中国石化金陵分公司　江苏南京　210000）

摘　要：硫化物应力腐蚀是炼厂常见的低温硫腐蚀类型，本文通过对金陵分公司Ⅱ污水汽提装置三级冷凝区2处典型的硫化物应力腐蚀开裂进行分析，探讨了硫化物应力腐蚀机理以及防护措施，以保证污水汽提装置安全平稳生产。

关键词：污水汽提　硫化物　应力腐蚀

1　装置概况

Ⅱ污水汽提装置于1990年12月建成投产，处理能力为35t/h，1991年3月投产，1997年改造为80t/h的处理能力，主要处理重油催化装置的含硫含氨高浓度氰化物污水，与其配套的氨精制装置是低温浓氨水循环洗涤结晶-吸附氨精制，采用氨水精馏制取液氨。采用单塔加压侧线抽出汽提工艺。

含硫污水是一种含有 H_2S、NH_3 和 CO_2 等挥发性弱电解质多元水溶液。它们在水中以 NH_4HS、$(NH_4)_2S$、$(NH_4)_2CO_3$、NH_4HCO_3 等铵盐形式存在。这些弱酸弱碱盐在水中电离的同时又水解产生游离态 H_2S、NH_3 和 CO_2 分子，它们又分别与其气相中的分子呈平衡，因而该体系是化学平衡、电离平衡和相平衡共存的复杂体系。

$$NH_3+H_2O \rightleftharpoons NH_4^{+}+OH^{-}$$

$$H_2S \rightleftharpoons H^{+}+HS^{-}$$

$$NH_4^{+}+HS^{-} \rightleftharpoons (NH_3+H_2S)(液) \rightleftharpoons (NH_3+H_2S)(气)$$

$$CO_2+H_2O \rightleftharpoons HCO_3^{-} \rightleftharpoons CO_3^{2-}+H^{+}$$

$$NH_4^{+}+HCO_3^{-} \rightleftharpoons (NH_3+CO_2)(液) \rightleftharpoons (NH_3+CO_2)(气)$$

由于电离和水解都是可逆过程，各种物质在液相中同时存在离子态和分子态两种形式。离子不能从液相进入气相，称为固定态；分子可从液相进入气相，称为游离态。

水解是吸热反应，因而加热可促进水解作用，使游离的 H_2S、NH_3 和 CO_2 分子增加。但这些游离分子都能从液相转入气相，这与它们在液相中的浓度、溶解度、挥发度大小以及与溶液中其他分子或离子能否发生反应有关。

在一定压力下，NH_4HS 从电离平衡为主转为水解平衡和气液平衡为主的“拐点”温度约为110~120℃；在约160℃时，NH_3-H_2S-H_2O 物系的电离度接近“零”。

2　典型案例介绍

污水汽提装置三级冷凝工艺基本出发点是“逐级降温降压，高温分水，低温固硫”。即要取得高纯度的氨气，又要尽量降低循环液的氨浓度，同时液相氨也有固硫的作用。

自汽提塔来的富氨气经一级冷凝后降至120℃、0.3MPa左右，富氨汽中氨浓度提浓到40%以上，使70%左右的水被冷凝，又可使一级冷凝液保持较低氨浓度，即高温分水。若将分一温度提高，虽然可以将分一凝液中氨浓度进一步降低，但分水率要下降，大量的水将移至后两级，使循环液中氨浓度增加，严重时使分凝器操作失常。若将分一温度降低，虽可提高分一分水率，但分一凝液中氨浓度就要增加，也会使循环液浓度增加。三级冷凝处于硫化氢应力腐蚀敏感区，2处典型案例均处于三级冷凝区域，分别为二级气氨冷凝器小浮头紧固螺栓，一级分液罐回流线。污水汽提装置三级冷凝流程图见图1。

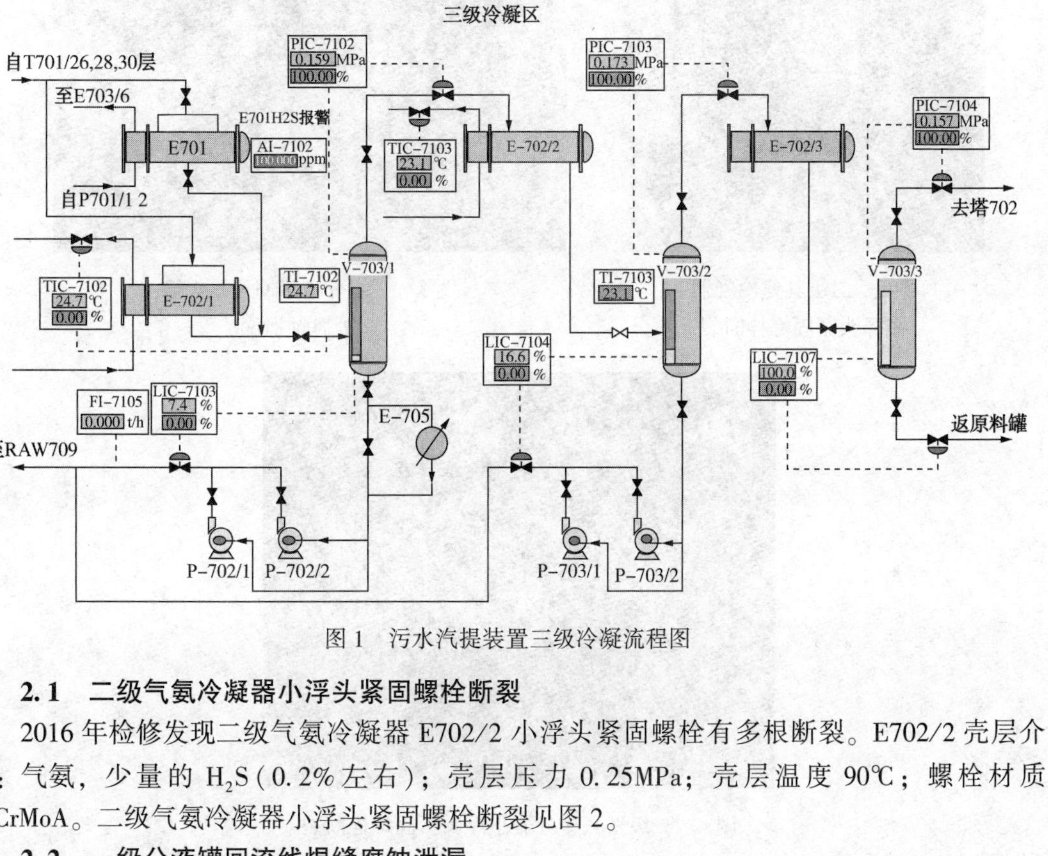

图1 污水汽提装置三级冷凝流程图

2.1 二级气氨冷凝器小浮头紧固螺栓断裂

2016年检修发现二级气氨冷凝器E702/2小浮头紧固螺栓有多根断裂。E702/2壳层介质：气氨，少量的H_2S(0.2%左右)；壳层压力0.25MPa；壳层温度90℃；螺栓材质35CrMoA。二级气氨冷凝器小浮头紧固螺栓断裂见图2。

2.2 一级分液罐回流线焊缝腐蚀泄漏

一级分液罐回流线焊缝多处腐蚀泄漏，检测中发现裂纹和圆形缺陷，漏点周围的壁厚无明显减薄。一级分液罐回流线介质以氨为主(5%左右)、少量的H_2S(0.5%左右)；压力0.3MPa；温度循环水水冷之前V703/1出口至入口E705之间120℃，循环水冷却之后E705出口至P702/1.2入口85℃。管线材质20#钢。一级分液罐回流线焊缝多处腐蚀泄漏见图3。

3 腐蚀分析

3.1 二级气氨冷凝器小浮头紧固螺栓断裂分析

3.1.1 宏观分析

从断裂的部分小浮头紧固螺栓的外观检查，螺栓表面无明显磨损，断裂截面有清晰可见的裂纹，呈脆性断裂。无塑性变形特征，对其断口进行处理后发现，裂纹有主干、少分支。以上特征均呈现出硫化物应力腐蚀裂纹形态。因此可以确定，小浮头法兰紧固螺栓断裂为硫化物应力腐蚀断裂。二级气氨冷凝器小浮头紧固螺栓断裂见图 4。

图 2　二级气氨冷凝器小浮头紧固螺栓断裂

图 3　一级分液罐回流线焊缝多处腐蚀泄漏

图 4　二级气氨冷凝器小浮头紧固螺栓断裂

3.1.2　碳当量分析

35CrMoA 化学成分见表 1。

表 1　35CrMoA 化学成分

元素	C	Si	Mn	S	P	Cr	Ni	Cu	Mo
含量/%	0.32~0.40	0.17~0.37	0.40~0.70	≤0.025	≤0.025	0.80~1.10	≤0.030	≤0.030	0.15~0.25

按照钢制化工容器材料选用规定 HG/T 20581—2011 中湿 H_2S 应力腐蚀环境选材要求，低合金钢碳当量 $CE \leqslant 0.45$。

低合金钢碳当量按以下公式核算：

$$CE = C + Mn/6 + (Cr + Mo + V)/5 + (Ni + Cu)/15$$

经核算 35CrMoA 碳当量 $CE = 0.79$

3.1.3 机械性能分析

35CrMoA 热处理标准及机械性能见表 2。

表 2 35CrMoA 热处理标准及机械性能

钢号	淬火温度/℃	淬火介质	回火温度/℃	冷却介质	σ_b/MPa	σ_s/MPa	δ_5/%	ψ/%	A/(kV/J)	HRC
35CrMoA	850	油冷	550	水、油	≥985	≥835	≥12	≥45	≥63	30~32.5

根据 NACE 标准 RP-04-72(美国工程师协会推荐准则)和 API 标准 RP-491(美国石油学会推荐准则)等标准规定，在硫化氢介质中承受载荷钢件的硬度必须小于 HRC22 才能有效地抵抗硫化氢应力腐蚀开裂。而 35CrMoA 螺栓硬度 HRC30~32.5。指标处于湿硫化氢应力腐蚀的敏感范围之内。

3.1.4 腐蚀机理

发生应力腐蚀开裂三个主要的因素：拉应力、腐蚀环境、敏感材料。

拉应力的来源：螺栓作为紧固件在装置的装配过程中要产生一定的预应力；装置开工后，还要有一定的热应力。腐蚀环境 H_2S+H_2O。敏感材料 35CrMoA 螺栓硬度 HRC30~32.5。处于湿硫化氢应力腐蚀的敏感范围之内。

当装置中的小浮头紧固螺栓直接接触到壳层的介质，处于含有湿硫化氢环境中时，由于螺栓承受一定的拉应力，螺栓本身的硬度又高。使得螺栓的湿硫化氢应力腐蚀敏感性也很大，腐蚀机理如下：

$$H_2S \rightleftharpoons H^+ + HS^-$$

$$HS^- \rightleftharpoons H^+ + S^{2-}$$

在 H_2S+H_2O 溶液中含有 H^-、HS^-、S^- 和 H_2S 分子，对金属腐蚀为氢去极化作用。其反应如下：

阳极反应：

$$Fe \longrightarrow Fe^{2+} + 2e$$

$$Fe^{2+} + S^{2-} \longrightarrow FeS \downarrow$$

阴极反应：$2H^+ + 2e \longrightarrow H_{ad} + H_{ad} \longrightarrow 2H \longrightarrow H_2 \uparrow$

$$\downarrow$$

$$[H] \longrightarrow \text{钢中扩散}$$

H_2S 在液相水中，由于电化学的作用，在阴极反应时生成原子态氢向钢的表面渗透，侵入钢的内部、溶解于晶格中，氢原子在亲和力作用下生成氢分子。使得强度或硬度较高的钢材晶格变形，材料韧性下降，在钢材内部引起微裂纹导致氢脆，在外加拉应力或残余应力作用下形成开裂。

3.2 一分回流线腐蚀分析

发生应力腐蚀开裂三个主要的因素：残余应力、腐蚀环境、敏感材料。残余应力的来源焊缝及其热影响区残余应力；腐蚀环境是 H_2S+H_2O；敏感材料为焊接过程中不可避免地残存有缺陷。

钢铁在 H_2S 水溶液中，不只是由于电化学反应生成 FeS 而引起的硫腐蚀，而且生成的氢原子还向钢中渗透并扩散。渗入钢中的氢原子一部分分散在金属晶格内，由于焊接过程中不可避免地残存有缺陷，对焊道附近产生破坏作用。当 pH 值大于 6 时，钢铁表面为 FeS 覆盖，有较好的保护性能。但由于存在 CN^-，溶解了 FeS 保护层[1]，加速了腐蚀反应的发生：

$$Fe+H_2S \longrightarrow FeS+2[H]\text{(渗透)}$$

$$FeS+6CN^- \longrightarrow [Fe(CN)_6]^{4-}+S^{2-}$$

$$[Fe(CN)_6]^{4-}+2Fe^{2+} \longrightarrow Fe_2[Fe(CN)_6]\downarrow$$

此外，由于污水中含有大量的 NH_3，它能与 H_2S 发生反应，致使 H_2S 在水中溶解度大大增加，亦即 HS^- 浓度增大。

$$H_2S+2NH_3 \longrightarrow (NH_4)_2S$$

NH_3 溶于水后，提高了水的 pH 值，从而为 FeS 与 CN^- 的反应提供了良好的条件。

4 硫化物应力腐蚀开裂机理

4.1 湿硫化氢环境的定义

国内最早关于湿硫化氢环境的规定是由中国石化总公司委托兰州石油机械研究所研究提出的。其定义是：在同时存在水和硫化氢的环境中，当硫化氢分压≥0.00035MPa 时，或在同时存在水和硫化氢的液化石油气中，当液相的硫化氢含量≥10mg/L 时，则称之为湿硫化氢环境。

化工部 HG/T20581—2011《钢制化工容器材料选用规定》中对湿硫化氢环境也基本沿用了上述规定，即同时满足以下条件者为湿硫化氢环境[2]：

(1) 温度小于或等于(60+2P)℃；P 为压力，MPa 表压。

(2) 硫化氢分压≥0.00035MPa，相当于常温时水中硫化氢溶解度≥7.7mg/L；

(3) 介质中含液相水或处于水的露点以下；

(4) pH<7 或氰化物存在。

《加工高硫原油重点装置主要管道设计选材导则》中的材料选用。当管道中介质含 H_2S 且符合下列条件之一时，则为湿 H_2S 应力腐蚀环境：

(1) H_2S 分压大于或等于 345Pa；

(2) 介质中含有液相水或操作温度处于露点之下；

(3) 介质 pH<6，但当介质中含有氰化物时 pH 可大于 7。

4.2 湿硫化氢环境中的开裂类型

湿硫化氢环境中的开裂有氢鼓包(HB)、氢致开裂(HIC)、硫化物应力腐蚀开裂(SSCC)、应力导向氢致开裂(SOHIC)四种形式，见图 5。

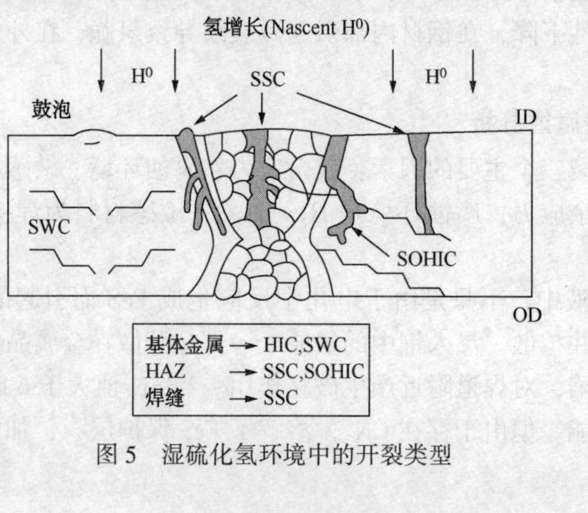

图 5 湿硫化氢环境中的开裂类型

4.3 硫化物应力腐蚀开裂的影响因素

4.3.1 材料因素

Mn类非金属夹杂物，钢中MnS夹杂物是引起H_2S-H_2O腐蚀的主要因素。由于MnS为黏性的化合物，在钢材压制过程中呈条状夹杂。条状MnS的尖端即为渗入钢中的氢所聚集之处，而成为鼓泡、裂纹及开裂的起点，条状MnS夹杂多，产生应力开裂的机会就多。

钢的化学成分对钢材抗硫化物应力开裂有影响的元素分有益元素和有害元素。有益元素有：Cr、Mo、V、Ti、Al、B；有害元素有：Ni、Mn、P、S。

金相组织比化学成分对抗硫化物应力开裂的影响更大。在低温转变时产生的网状未回火马氏体及贝茵体等组织容易引起氢诱发裂纹。其裂纹敏感性大。细的珠光体，均匀索氏体组织有良好的抗硫化物应力开裂的性能。从晶粒大小看，细小晶粒组织抗硫性能好，粗大晶粒则抗硫性能差。

强度和硬度钢材的抗拉强度和屈服极限越高(延伸率和收缩率越低)，则产生硫化物应力开裂的可能性越大。硬度是导致硫化物应力开裂的重要因素。在某一给定的条件下，当硬度低于某个数值时可减少或不发生开裂。多数情况，开裂焊缝处的宏观硬度是在布氏硬度HB235~262范围内和硬度更高。少数情况(包括特别苛刻的腐蚀环境)的开裂焊缝宏观硬度低到布氏硬度HB200。这些焊缝为高锰(超过1.6%)、高硅含量，且未经焊后热处理。为防止碳钢焊缝产生裂纹，其硬度应控制在HB200。

4.3.2 硫化氢浓度及pH值

硫化氢浓度对于同一硬度的钢材，硫化氢浓度越高，则越容易产生硫化物应力开裂。

pH值通常为4.2腐蚀最严重；pH值5~6时不易破裂；当pH值≥7时可完全不发生破裂。但含有氰化物时，当pH值≥7时也发生硫化物应力开裂。

5 结论

鉴于湿硫化氢环境下造成的材质硫化物应力腐蚀开裂(SSCC)、氢致开裂(HIC)和应力导向氢致开裂(SOHIC)等情况的存在，为防止小浮头螺栓因上述问题造成腐蚀开裂失效而引起换热器故障影响安全平稳生产，根据以上螺栓、螺母选用表及湿硫化氢环境下材质选用要求，推荐湿硫化氢环境下的换热器小浮头使用06Cr18Ni11Ti材质螺栓、螺母。

暴露在湿硫化氢环境中的设备和管线，设备制造完后，应进行整体消除应力热处理或管线焊缝的热处理，确保焊缝和热影响区的硬度HB≤200。

污水汽提装置受其他生产装置的制约，原料水中所来酸性水的腐蚀性介质含量波动较大，对设备的腐蚀影响也较大。腐蚀性介质包括H_2S、NH_3和CN^-，要特别注意CN^-对设备局部的破坏作用较强。在电解质条件下运行，一旦防腐涂层局部发生破坏，就会形成大阴极小阳极的腐蚀体系，加重设备破损部位的腐蚀，会导致设备的局部开裂。必须加强原料水水源监控，做到含硫污水分储分炼。

参 考 文 献

[1] 张仲明，李红奎，郑军．含硫污水汽提装置腐蚀分析[J]．腐蚀与防护，2004，25(11)：483-485.

溶剂再生系统腐蚀分析与处理

邓焊炜

（中国石化塔河炼化有限责任公司　新疆库车　842000）

摘　要： 针对塔河炼化有限责任公司硫黄装置1#溶剂再生系统，自建成运行至今出现的腐蚀问题，进行了腐蚀机理及原因分析，并采取相应的处理措施，以解决硫黄回收装置长周期安全平稳运行的瓶颈问题。

关键词： 溶剂再生　腐蚀　处理措施

1　前言

1#溶剂再生系统是塔河炼化有限责任公司硫黄回收装置使用的工艺过程之一，利用甲基二乙醇胺（MDEA）脱除 H_2S，依靠化学吸收，然后再通过汽提把含有 H_2S 的富溶液再生。

该方法中作为吸收剂的甲基二乙醇胺通过再生循环使用，胺液再生使用的热源为蒸汽。具体流程为：吸收了 H_2S 的富溶液从干气、液化石油气脱硫装置和加制氢装置来，与贫液换热后进入富液闪蒸罐，闪蒸大部分溶解烃后，再经贫富液换热后进入再生塔再生。塔底重沸器由蒸汽供热，塔顶气相产品酸性气去硫黄回收装置制硫，液相全部回流，塔底产品贫液出塔后经与富液换热回收热量、冷却后，去干气、液化石油气脱硫装置循环使用。1#溶剂再生工艺流程图见图1。

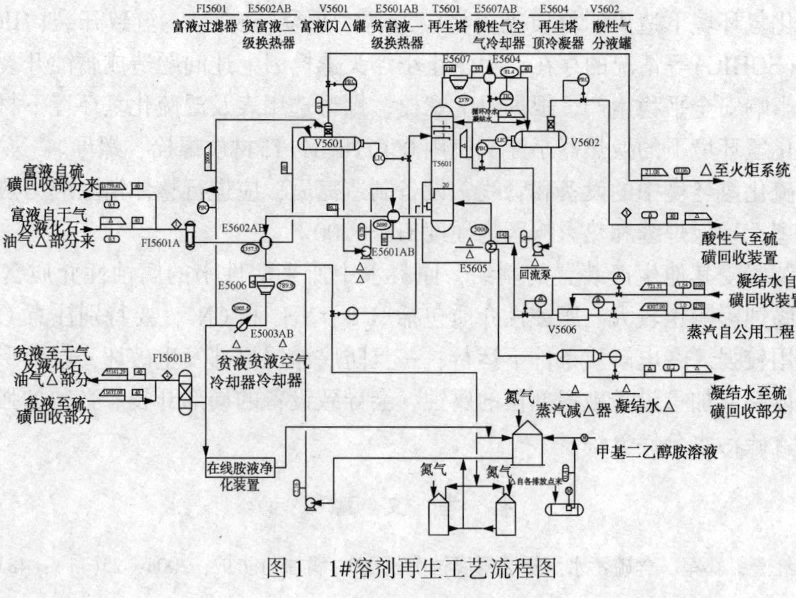

图1　1#溶剂再生工艺流程图

1#溶剂再生系统自建成至今，由于系统腐蚀的复杂性和设备管线选材问题，多次发生设备管线腐蚀泄漏问题，对装置的节能降耗、长周期安全运行带来了严峻的考验。

2 腐蚀问题介绍

(1)2006 年贫富液一级换热器 E5601A 管束腐蚀泄漏情况如图 2 所示，管板与换热管之间的焊道被严重腐蚀，焊道的焊肉已经没有了。2008 年管束材质由 08Cr2A1Mo 升级为 09Cr2A1Mo 后，还是发生泄漏，如图 3 所示。贫富液换热器 E5601A 管束几乎每半年泄漏一次，对硫黄回收装置的节能降耗、安全运行影响很大。

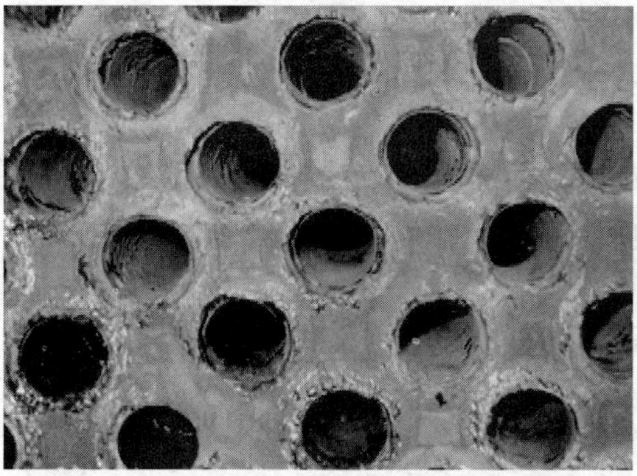

图 2　2006 年贫富液一级换热器 E5601A 管束腐蚀泄漏情况

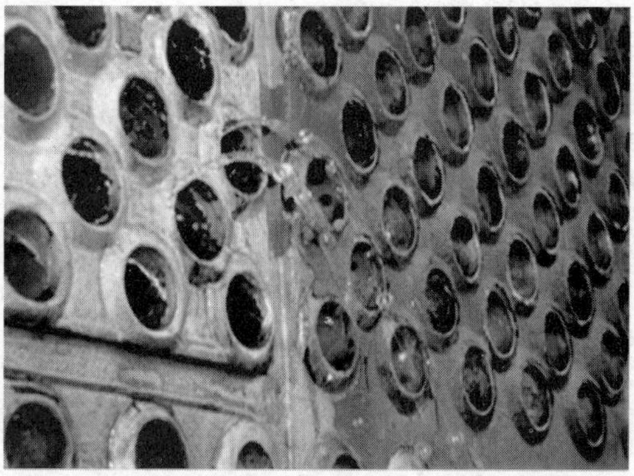

图 3　2008 年贫富液一级换热器 E5601A 管束腐蚀泄漏情况

(2)2015 年，1#溶剂再生系统再生塔 T5601 顶部酸性气系统出现腐蚀泄漏，酸性气空冷器 E5607 出口弯头腐蚀穿孔，如图 4 所示。2016 年大检修更换弯头后，通过腐蚀监测探头发现有腐蚀减薄的趋势，2018 年下半年弯头最薄处已减薄至 3mm 左右。

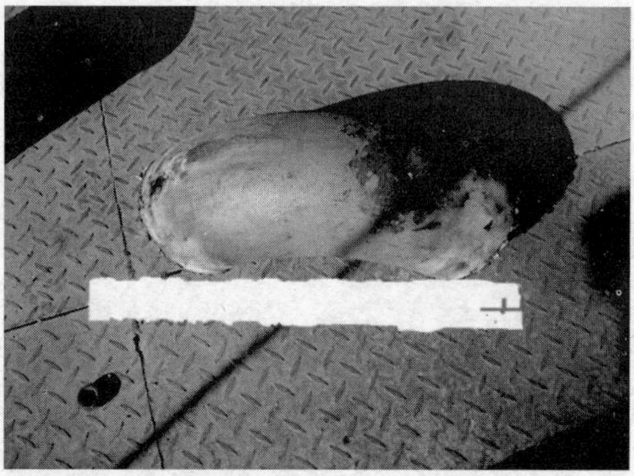

图 4　酸性气空冷器 E5607 弯头腐蚀

(3)1#溶剂再生系统再生塔底重沸器 E5605 胺液进出口管线共有焊道 31 道，在 2006~2008 年期间，有 8 处焊道发生泄漏，泄漏处均为环状裂纹。2009 年，在停工检修期间，对其他 23 道焊口进行 x 射线探伤，发现有 21 道焊口存在环状裂纹、气孔、未焊透、未熔合等缺陷。

(4)在2006~2009年期间，1#溶剂再生系统富液管线所有焊道，断断续续都出现了环状裂纹，发生泄漏。

3 腐蚀机理

由于1#溶剂再生系统原料中含有H_2S和CO_2，它们对设备会造成腐蚀。腐蚀形态有电化学腐蚀、化学腐蚀、应力腐蚀和氢鼓泡。其腐蚀介质和部位是：

(1)脱硫再生塔顶的$H_2S-CO_2-H_2O$型腐蚀；

(2)再生塔、富液管线，再生塔底重沸器等部位，温度90~120℃的$H_2S-CO_2-RNH_2-H_2O$型腐蚀；

(3)醇胺溶液中的污染物的腐蚀。

3.1 $H_2S-CO_2-H_2O$型

$H_2S-CO_2-H_2O$型腐蚀主要发生在脱硫装置的再生塔顶的冷凝冷却系统(管线、冷凝冷却器及回流罐)的含酸性气部位。塔顶酸性气组成为：H_2S 80%~90%，CO_2 10%~15%、烃3%及水分。温度40~60℃，压力为0.2MPa。在该环境下，碳钢材质发生的是氢鼓泡及焊缝腐蚀开裂；材质为Cr5Mo、1Cr13及低合金钢等使用不锈钢焊条焊接的管线发生的是焊缝处的硫化物应力腐蚀开裂，腐蚀机理为H_2S-H_2O型的腐蚀开裂。

3.2 $H_2S-CO_2-RNH_2-H_2O$型

$H_2S-CO_2-RNH_2-H_2O$型腐蚀环境发生在干气及液化石油气脱硫的再生塔系统及富液管线系统，温度高于90℃，压力约为0.2MPa。腐蚀形态为在碱性介质下(pH≥8.0)由CO_2及胺引起的应力腐蚀开裂和均匀减薄。均匀腐蚀主要由CO_2引起，应力腐蚀开裂由CO_2、胺、硫化氢以及设备所受应力引起。

3.3 醇胺溶液中污染物的腐蚀

此类腐蚀主要归因于CO_2的腐蚀，但是溶液中的污染物却对CO_2的腐蚀有显著的促进作用。在循环胺液中腐蚀性污染物有：

(1)胺降解产物：醇胺和CO_2由不可逆反应生成聚胺型物质，是促进腐蚀的最普通物质。

(2)热稳定性盐类：醇胺和原料气中某些强酸反应生成的热稳定性盐类，可以造成设备的腐蚀。

(3)烃类物质：胺液被原料气中的烃类污染，能引起换热面的积污，导致温度上升，加重设备腐蚀。

(4)氧：胺液中氧不仅增加胺的降解生成有机酸，同时大大加速CO_2的腐蚀。

(5)固体物质：胺液中固体物质能够增加磨损，破坏金属的保护膜，加重腐蚀。由于固体物质的沉淀，也可能导致电偶腐蚀。

4 腐蚀原因

(1)从腐蚀泄漏状况看，E5601A的泄漏点主要在换热器管束的管板处，该部位正好是富液换热至温度最高处，操作温度大于90℃，操作压力0.68MPa。在生产运行中存在气液相变化或流速变化较大的情况。这与 $H_2S-CO_2-RNH_2-H_2O$ 型腐蚀机理相符。

贫富液一级换热器 E5601A 管束材质开始为 08Cr2AIMo，在 2006 年发生腐蚀泄漏后，将管束材质升级为 09 Cr2AIMoRE，但是在 2008 年再次发生泄漏。经过查阅相关资料，发现是由于 09 Cr2AIMoRE 中 Cr 和 Mo 的含量较低，在材料表面所生成的钝化膜远没有高合金不锈钢的钝化膜牢固，特别是在气体脱硫系统用 MDEA 溶液作为脱硫剂的贫富液换热器上，此类材料的使用寿命甚至还不如碳钢。08Cr2AIMo 和 09 Cr2AIMoRE 同属于低合金铬钼钢，它的金相组织为铁素体+珠光体，它的性质就决定了材料本身便具有一定的脆硬倾向。因此，Cr、Mo 完全一致的 08Cr2AIMo 和 09 Cr2AIMoRE 钢换热管束在 MDEA 溶液、温度≥90℃脱硫系统的耐蚀性存在很大的局限性[1]。

(2)1#溶剂再生系统再生塔顶的介质为 H_2S、MDEA、NH_3、CO_2、H_2O 等，操作温度 80℃，经分析塔顶冷凝水中 S^{2-}、CO_3^{2-} 含量很高，构成了 $H_2S-CO_2-H_2O$ 腐蚀体系。通过富液取样分析，富液中 H_2S 含量 15000～26000mg/L。由于酸性气量较大，塔顶系统的介质流速较高，对管线弯头造成较重的冲刷腐蚀。酸性气空冷器 E5607 出口弯头，处于 $H_2S-CO_2-H_2O$ 型腐蚀环境中。弯头直径 *DN*250，原始壁厚 9.5mm，2015 年出现腐蚀穿孔，发生泄漏。2016 年大检修更换新弯头，经过安装在空冷器酸性气 E5607 出口弯头上的探针现场腐蚀监测，在 2018 年腐蚀监测壁厚最薄处只有 3mm 左右，腐蚀速率已达 3mm/a，说明 1#溶剂再生系统再生塔顶酸性气设备管线处于 $H_2S-CO_2-H_2O$ 型腐蚀环境中，腐蚀情况相当严重。

(3)从溶剂再生塔底出来的甲基二乙醇胺溶液(MDEA)中大部分硫化氢和二氧化碳经过重沸器 E5605 加热后被脱除，但贫胺液中仍含有少量未脱除的硫化氢和二氧化碳，在有水存在的条件下，胺液呈碱性，在 E5605 进出口管线会形成 $RNH_2-CO_2-H_2S-H_2O$ 介质腐蚀。腐蚀形态为在碱性介质下(pH 值为 8～10.5)由碳酸盐及胺引起的应力腐蚀开裂。

生产操作中温度和压力的波动将会引起管线内的胺液发生相变，胺液受热发生相变后，体积急剧膨胀，流速加快，气、液两相夹带对管线焊缝冲击作用加强，在管线焊缝区域产生剧烈冲刷。

2009 年大检修期间，从再生塔底重沸器 E5605 胺液进口管线内清理出大量黑色物质，这表明胺液中存在较多的污染物。胺液中的污染物对焊缝的腐蚀起显著的促进作用，污染物包括胺降解物、热不稳定盐类、烃类、有机酸、硫化铁、氧化铁等。在高温有水存在时腐蚀加剧。

1#溶剂再生系统富液线和重沸器 E5605 进出口管线焊道开裂，符合 $H_2S-CO_2-RNH_2-H_2O$ 型腐蚀机理，并且胺液中的污染物促进了焊道的开裂。

5　对策及处理

5.1　材质升级

E5601A 管束泄漏的主要原因是含有 CO_2 和 H_2S 的 MDEA 溶液在温度较高的环境下，主要发生硫化氢应力腐蚀和 CO_2 水介质引起的腐蚀，同时，Cr、Mo 完全一致的 08Cr2AIMo 和 09 Cr2AIMoRE 钢换热管束在 MDEA 溶液、温度≥90℃脱硫系统的耐蚀性存在很大的局限性。2009 年将管束材质由 09 Cr2AIMoRE 升级为 304。304 材质在 $RNH_2-H_2S-CO_2-H_2O$ 介质中具有良好的耐蚀性能。E5601A 从 2009 年运行至今未再发生泄漏，也有力地证明了这一点。

5.2　焊道再处理

1#溶剂再生系统富液线和再生塔底重沸器 E5605 进出口管线焊道从泄漏形态上看，都是环状裂纹，属于应力腐蚀开裂。$H_2S-CO_2-RNH_2-H_2O$ 型腐蚀防护措施为：对操作温度高于90℃的碳钢设备及管线，进行焊后消除应力热处理，防止碱性条件下由碳酸盐引起的应力腐蚀开裂。2009年大检修，对富液线和重沸器E5605进出口管线所有焊道全部割除，进行重新焊接，消除应力热处理，防止碱性条件下由碳酸盐引起的应力腐蚀开裂。重沸器E5605进出口管线和富液管线焊道未再发生泄漏。

5.3 保持溶液的清洁

保持溶液清洁的目的是防止杂质进入系统引起溶液的降解，以缓解溶剂降解物对设备的腐蚀。在2006年更新了贫液活性炭过滤器，活性炭过滤器具有良好的吸附性能，能去除烃类和溶剂降解产物。2010年新增加移动式HT-852A胺液净化设备，该设备包括去除悬浮物过滤单元和脱除热稳定性盐、降解产物的离子交换单元，热稳定性盐脱出能力为3~5kg/循环。投运后胺液中热稳定性盐的浓度由4%以上降到2%以下，该净化设备自使用以来，溶液的清洁度有了很大的提高，有效减少了设备的腐蚀。

5.4 优化操作，控制好操作参数

优化操作是减少腐蚀的有效手段，通过适当增加胺液的质量浓度减少胺液的循环量，达到降低胺液流速的目的，将大大降低设备和管线的腐蚀。

脱硫装置往往由于操作不正常、介质酸性气负荷大、溶剂循环量大，造成溶剂在管道内流速增大，将管内沉积和附着的腐蚀产物冲刷掉，加速设备腐蚀。因此，在实际生产中操作上尽量保持平稳，防止冲塔、温度控制过高造成的管束腐蚀。

由于温度是加速腐蚀的重要因素，实际生成操作中，在保证胺液再生质量的情况下，将富液进再生塔的温度控制在95~99℃，一般不超过100℃。避免富液换热温度过高，对贫富液换热器管束的腐蚀。

5.5 做好腐蚀监测

对于1#溶剂再生系统，可采取的腐蚀监测的方法有定点测厚、腐蚀探针、腐蚀介质分析、腐蚀产物分析等。2016年大检修期间，在1#溶剂再生系统易腐蚀部位共安装了5处腐蚀探针，通过腐蚀探针监测，及时发现了酸性气空冷器E5607出口弯头腐蚀减薄严重的问题，使我们能提前处置，防止泄漏的发生，同时为下次大检修提供数据支持。

6 结语

(1)通过1#溶剂再生系统设备管线腐蚀问题原因分析，我们了解了溶剂再生系统的腐蚀机理，针对腐蚀原因，采取了材质升级、焊道热处理、净化胺液、优化操作等相应处理措施。在2009年以后，1#溶剂再生系统的富液线、重沸器E5605进出口管线焊道和贫富液换热器E5601A管束已运行两个生产周期，没有发生过泄漏，解决了影响硫黄回收装置安全平稳运行的瓶颈问题。

(2)加强做好设备管线在线腐蚀监测和定点测厚工作，及时发现设备管线腐蚀问题。对于1#溶剂再生系统的塔顶酸性气管线的腐蚀问题，准备在2020年的大检修中，将碳钢管线进行材质升级处理，确保装置长周期安全平稳运行。

参 考 文 献

[1] 束润涛．09 Cr2AIMoRE换热管束在使用中应注意的问题[J]，石油化工腐蚀和防护，2002，19(2)：57.

夹套风机与蒸汽抽射器在液硫脱气领域的应用比较

廖建平

（长沙鼓风机厂有限责任公司　湖南长沙　410014）

摘　要：介绍了目前常用的液硫脱气工艺，在对夹套风机与蒸汽抽射器特性进行对比的同时，将液硫脱气废气不同去向下使用两个设备产生的不同影响进行深入比较，最终分析得出夹套风机在液硫脱气领域更具优势。

关键词：液硫脱气 夹套风机 蒸汽抽射器 克劳斯硫黄回收 性能对比

1　前言

2016年开始实施的GB/T2449.2—2015，要求工业液体硫黄中硫化氢含量小于15μg/g，这就对硫黄回收装置液硫脱气部分的正常投用和操作优化提出了更高要求。同时《石油炼制工业污染排放标准(GB31570—2015)》发布后，对硫黄回收装置尾气二氧化硫排放限值进一步收紧，其中一般地区要求达到400 mg/Nm^{3}以下，重点特殊地区要求达到100 mg/Nm^3，且硫黄尾气SO_2排放量也作为环保部污染物总量核查核算的重要指标之一。

在以上的大前提下，硫黄回收装置液硫脱气部分必须通过优化操作，降低液硫中硫化氢含量至指标范围内。同时硫黄回收装置操作者评定装置能力，选取合适的液硫脱气废气去向，使装置尾气二氧化硫排放平稳达标的相关工作变得刻不容缓。

2　液硫脱气简介

2.1　液硫脱气的目的

硫黄回收装置产生的液硫一般含有300~400μg/g的硫化氢，硫化氢在液硫中的溶解度与常规情况不一样，在较高的温度下反而溶解得多。这种现象是由于在克劳斯反应过程中生成了多硫化氢的缘故，多硫化氢是硫与硫化氢间平衡反应生成的聚合硫化物。

如果溶解于液硫中的H_2S和H_2S_x得不到脱除，一则会影响硫黄质量，二则在液硫冷凝为固体硫黄的过程中，释放出来的硫化氢气体将会对硫黄成型场所造成空气污染，因此脱除液硫中的硫化氢十分必要。液硫脱气的目的可以概括为以下几点：

1)确保液硫装卸、输送中的安全、减少硫化氢对操作人员的危害；

2)减少或消除硫化氢在空气中爆炸的可能性，空气中硫化氢的爆炸下限为4.3%；通过脱气，大幅降低硫化氢含量，确保安全；

3)减少环境污染，在成型或装卸过程中，硫化氢将随温度的降低而逸出，污染环境，未逸出的硫化氢残留在固体硫黄中，会引起二次污染，脱气后，污染大幅减少；

4)改善产品质量，脱气成型后的硫黄外形规整、粉末少，减少异味。

2.2 常见液硫脱气流程

常见的液硫脱气工艺是向液硫池中鼓入风或其他气体，利用鼓泡器产生的气流形成循环并不断搅动，然后通过硫池废气抽出设备将 H_2S 气体抽出，送入后续流程处理。此工艺原理简单，循环脱气时间长，使用也最为普遍，具体流程见图1。

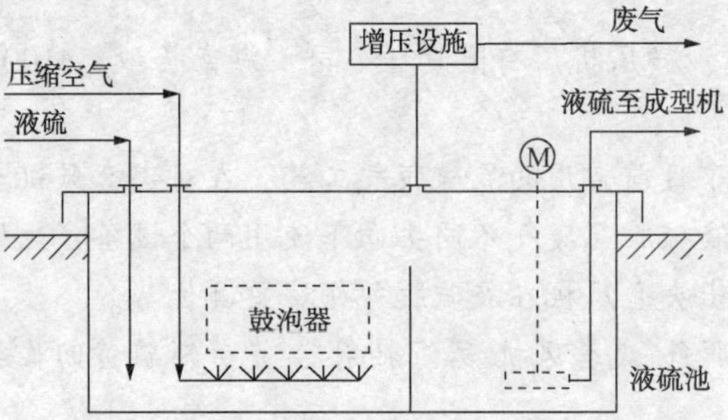

图1 典型液硫脱气流程

关于液硫鼓泡脱气的工艺流程多大同小异，原则就是利用鼓泡气体进入液硫池，在液硫池底设盘管，盘管上开孔，通过鼓泡搅动液硫池中的液硫达到脱除硫化氢的目的。

液硫脱气废气的及时抽出，在主要降低液硫池气相空间中 H_2S 的分压，使液硫池中的 H_2S 不断溢出的同时可以确保液硫池保持微负压，防止硫池脱气废气逃逸。关于硫池脱气废气的去向，目前却存在很多差异。采用不同设备对硫池脱气废气进行加压会对硫黄回收系统产生不同影响，下文会着重予以分析。

3 夹套风机和蒸汽抽射器应用对比

3.1 夹套风机和蒸汽抽射器特性对比

夹套风机将电能进行转换，为硫池脱气废气提供动力，不存在介质的混合和引入；蒸汽抽射器将不同压力的两股流体进行混合，来使低压流体获得较高的压力，增压过程中存在介质的混合和引入。具体夹套风机和蒸汽抽射器特性对比见表1。

表1 夹套风机和蒸汽抽射器特性对比

项　目	折算后能耗/kW	脱气废气增量/(Nm^3/h)	提供最高压头/kPa
夹套风机	50	0	70
蒸汽抽射器	700	900	50

注：表中统一条件为将 1000Nm^3/h 液硫脱气废气加压至 60kPa(表)，蒸汽抽射器采用 1.0MPa 蒸汽作为动力源。

从表1可以看出，夹套风机比蒸汽抽射器更加节能，对增压前后脱气废气量无影响，对后续流程干扰更小；同时能提供更高的压头，在液硫脱气废气后续管线较长，压降损失较大的情况下夹套风机更具优势。

3.2 液硫脱气废气加压后进入焚烧炉

焚烧炉炉膛压力一般小于 3kPa(表)，蒸汽抽射器和夹套风机提供的压头均能满足要求。之前，液硫脱气废气的处理多采用焚烧炉焚烧技术，废气含有 H_2S 和硫蒸气等含硫物质。直接引入焚烧炉处理，含硫物质燃烧转化为 SO_2，这样处理比较简单，但会使焚烧炉后烟气

SO_2浓度增加 100~200mg/Nm^3。

对于没有烟气后碱洗的硫黄回收装置，因为尾气焚烧炉是硫黄回收最末端设备，其重要作用是通过燃烧燃料气将炉膛温度提高至550℃以上，已达到将尾气中未转化含硫物质转化为SO_2的目的。因此用不同设备将硫池废气加压后进入尾气焚烧炉，对硫黄装置系统总硫收率和尾气排放的影响没有明显不同。除蒸汽抽射器本身消耗蒸汽造成能耗外，唯一的不同体现在使用蒸汽抽射器时，抽气蒸汽会伴随液硫脱气废气一并进入尾气焚烧炉，进而使尾气焚烧炉需要消耗更多的燃料气来维持焚烧炉温度在指标范围内。

对于有烟气后碱洗的硫黄回收装置，使用蒸汽抽射器将液硫脱气废气加压进尾气焚烧炉。蒸汽除了会增加焚烧炉瓦斯耗量外，还会在后碱洗塔中冷凝，使外排废水量增加，增加的外排废水量与蒸汽抽射器消耗蒸汽量守恒。

在新的环保法规 GB31570—2015 颁布后，各企业基本都将液硫脱气废气引入硫黄前部流程进行了回收处理。对于受种种因素限制，目前只能进尾气焚烧炉处理的装置，使用夹套风机对硫池脱气废气进行加压，仍然比使用蒸汽抽射器在降低装置能耗和减少外排废水量方面存在优势。

3.3　液硫脱气废气加压后进入加氢反应器

加氢反应器进口的压力一般在 8~20kPa(表)，蒸汽抽射器和夹套风机提供的压头均能满足要求。液硫脱气废气首先与克劳斯尾气混合进入加氢反应器预热设备，加热至要求的反应温度后进入加氢反应器，液硫脱气废气中的硫蒸汽和微量二氧化硫在加氢反应器中发生加氢反应，转化生成硫化氢。加氢反应器出口气体会进入后续急冷塔，被水洗并冷却至 45℃，便于后续尾气净化吸收单元予以吸收。具体流程见图 2。

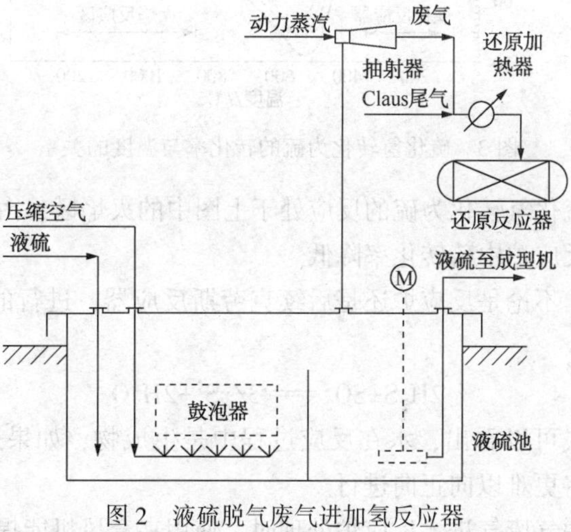

图 2　液硫脱气废气进加氢反应器

使用蒸汽抽射器将液硫脱气废气加压进加氢反应器，除设备单体能耗如前文分析较夹套风机高外，通过蒸汽抽射器进入过程气的蒸汽会在加氢反应器预热设备中被加热至反应温度，加热前后温差在 70~100℃，这样也会使装置能耗升高。

更重要的是加氢反应器中进行的主要是二氧化硫加氢还原反应，反应式如下：

$$SO_2+3H_2 \rightleftharpoons H_2S+2H_2O$$

由上述可逆反应式可以看出，水在反应过程中是生成物，如果过程气中水蒸气分压升高，那么上式的反应将更难以向正向进行。

比较下来，在硫脱气废气进入加氢反应器处理时，使用夹套风机进行增压输送比使用蒸汽抽射器在能耗方面更占优势的同时，更有利于加氢反应器中期望反应的进行，提高总硫收率。

更需要说明的是：加氢反应器出口气体会进入后续急冷塔，被水洗并冷却至45℃，这个过程中加氢尾气中的水蒸气都会随急冷水进入全厂酸性水系统。使用蒸汽抽射器而引入系统的蒸汽也会进入全厂酸性水系统，站在全厂角度来看，用夹套风机代替蒸汽抽射器，对降低硫黄装置酸性水产量、降低后续酸性水汽提装置能耗也有有利的影响。

3.4 液硫脱气废气加压后进入反应炉

反应炉进口压力一般在15~40kPa(表)，在硫池脱气废气管线压降高、硫黄回收反应炉背压较高的前提下，夹套风机因为能提供更高的压头，因此较蒸汽抽射器更为适合。

在使用蒸汽抽射器将液硫脱气废气加压进反应炉，除设备单体能耗如前文分析地较夹套风机高外，蒸汽进入反应炉会使反应炉温度降低30~40℃。理论研究表明，反应炉温度越高，反应炉中总硫收率越高，相关趋势见图3。

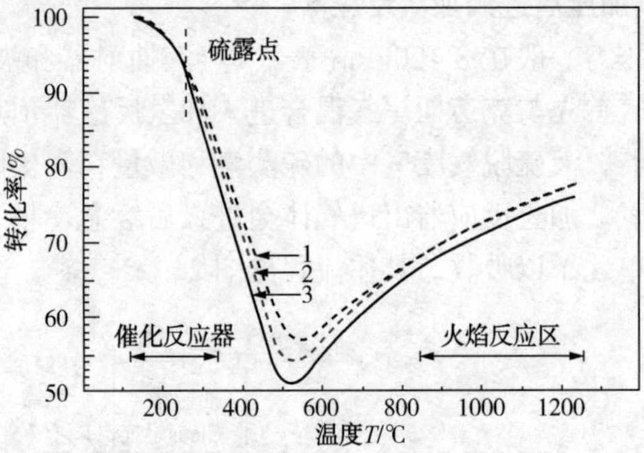

图3 硫化氢转化为硫的转化率与温度的关系

反应炉内进行的硫化氢转化为硫的反应处于上图中的火焰区，由图3趋势可以看出，反应炉温度的降低会使反应炉中硫转化率降低。

在克劳斯系统中，不论是反应炉还是后续克劳斯反应器，进行的主要是二克劳斯反应，反应式如下：

$$2H_2S+SO_2 \rightleftharpoons 3/xS_x+2H_2O$$

由上述可逆反应式可以看出，水在反应过程中是生成物，如果过程气中水蒸气分压升高，那么上式的反应将更难以向正向进行。

比较下来，在硫脱气废气进入反应炉处理时，使用夹套风机能提供更高的压头；在能耗方面更占优势的同时，更有利于克劳斯反应朝期望的反应方向进行，使克劳斯系统硫转化率更高。

需要说明的是，反应炉处于硫黄回收系统前端，过程气会逐次进入加氢系统、尾气净化系统和尾气焚烧系统，使用蒸汽抽射器造成的各反应再热设备能耗升高、酸性水产量增加等问题仍然存在。因此在硫池脱气废气进入反应炉时，更建议使用夹套风机进行加压。这样可以避免水蒸气由反应炉进入整个硫黄回收装置，进而逐级影响各单元能耗、转化率和污染物排放总量。

4 结语

液硫脱气废气因为其中含有硫化氢、硫蒸气和二氧化硫等有毒、有害物质，因此杜绝就地排放，进行充分回收利用。站在降低三废排放角度，更加建议液硫脱气废气进入反应炉和加氢反应器回收处理。而在评定硫池脱气废气加压输送设备时，经过充分分析对比，认为使用夹套风机对降低装置能耗、提高系统转化率、降低污染物排放量等方面更具优势。

参 考 文 献

[1] 李菁菁，闫振乾．硫黄回收技术与工程[M]．北京：石油工业出版社，2010.
[2] GB 31570-2015. 石油炼制污染物排放标准[S].

蒸汽凝结水管线的腐蚀分析与防护

徐　鹏

（中国石化塔河炼化有限责任公司　新疆库车　842000）

摘　要：介绍了中国石化塔河炼化有限责任公司炼油一部硫黄回收装置蒸汽凝结水管线的腐蚀泄漏问题，分析了腐蚀机理，针对所出现的问题，提出防治腐蚀的建议和措施。

关键词：蒸汽凝结水　腐蚀　分析　防治

1　前言

中国石化塔河炼化有限责任公司炼油一部硫黄回收单元有3套硫黄装置，其中2套公称规模20000t/a，1套公称规模40000t/a，3套硫黄装置都有各自对应的凝结水站系统，工艺流程原理基本相同，其主要工艺流程为凝结水闪蒸罐接收来自溶剂再生单元或污水汽提单元、低压、低低压蒸汽伴热来的回水，回水经冷却后外送出装置或自用。自开工建设以来，装置区蒸汽凝结水系统管线及管线弯头频繁发生泄漏，由于管线无法在线切除，只能通过包盒子或是贴板来消除漏点。硫黄装置现场管线泄漏情况见图1。

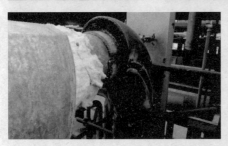

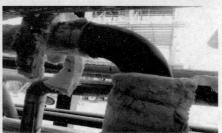

图1　硫黄装置现场管线泄漏情况

表1为2018年全年3套硫黄装置现场蒸汽凝结水管线的带压堵漏情况。

表1 硫黄装置蒸汽凝结水线带压堵漏情况

序号	装置	泄漏部位	介质	堵漏方式	泄漏时间
1	3#硫黄	中压蒸汽至E605流控阀阀后	中压蒸汽	打卡子	2018-06
2	3#硫黄	中压蒸汽凝结水至V625弯头	凝结水	包盒子	2018-08
3	3#硫黄	E605凝结水出口线三通处	凝结水	包盒子	2018-09
4	2#硫黄	汽提单元凝结水至V506A进口线弯头	凝结水	包盒子	2018-09
5	3#硫黄	E605凝结水出口线弯头	凝结水	包盒子	2018-10
6	1#硫黄	0.4MPa蒸汽至E5605蒸汽线弯头	蒸汽	包盒子	2108-12
7	1#硫黄	0.4MPa蒸汽至E5605流量计后部直管段	蒸汽	包盒子	2018-12
8	1#硫黄	构二区仪表伴热回水线	凝结水	贴板	2018-12
9	1#硫黄	构三仪表伴热总回水线三通处	凝结水	包盒子	2018-12

2 泄漏原因分析

2.1 CO_2引起的腐蚀

因硫黄装置凝结水系统的回水主要来自溶剂再生单元、污水汽提单元的重沸器，而重沸器的加热蒸汽是由动力锅炉提供，包括仪表的伴热回水也是来自锅炉提供的蒸汽冷凝形成，本装置锅炉自产蒸汽上水也由动力提供，所以蒸汽凝结水管线的腐蚀跟动力锅炉的蒸汽品质有着必然的关系，具体腐蚀机理如下：

凝结水中的CO_2主要来自锅炉给水中的碳酸盐碱度，锅炉补充的软化水中有不同数量的碳酸盐及酸式碳酸盐，遇高温后分解放出CO_2，当CO_2溶于冷凝水中时就形成碳酸，由于几乎不含盐类的水缓冲作用很小，使得凝结水显酸性，pH值降低，促进了金属铁的腐蚀，腐蚀反应可表示为：

$$Fe + 2CO_2 + 2H_2O \longrightarrow Fe(HCO_3)_2 + H_2$$

该反应在pH值低于5.5时进行得很快。当金属表面没有沉积物和水中缺乏溶解氧时，腐蚀是比较均匀的。当水中有溶解氧时，按上式生成的碳酸氢铁将被氧化，生成溶解度非常低的铁氧化物，此时就容易发生较严重的孔蚀：

$$2Fe(HCO_3)_2 + 1/2O_2 \longrightarrow Fe_2O_3 + 4CO_2 + 2H_2O$$

$$3Fe(HCO_3)_2 + 1/2O_2 \longrightarrow Fe_3O_4 + 6CO_2 + 3H_2O$$

溶解氧使原来消耗掉的CO_2全部释放出来，放出的CO_2会重新起腐蚀反应，直至氧消耗完为止。如果水中有氧的话，腐蚀反应就会反复进行，CO_2就好像氧和铁反应的催化剂，在腐蚀过程中不消耗，经实际分析测量凝结水系统进水和出水的CO_2含量，结果发现CO_2含量几乎没有变化。影响CO_2腐蚀的因素较多，包括温度、CO_2分压、流速及流型、pH值、腐蚀产物膜、Cl^{-1}、H_2S和O_2含量等，金属腐蚀速度取决于温度及酸的浓度，当pH<6.2时碳钢冷凝液中腐蚀速度与碳酸浓度成正比[1]。

2.2 氧引起的腐蚀

无论何种材质，只要凝结水中存在溶解氧，就会发生氧腐蚀。氧可以来自锅炉给水，当锅炉给水没经过除氧时，一部分氧将随蒸汽混入凝结水中，更多的氧来自回水系统连接不严密的地方，当管内压力小于外界大气压时，氧就会渗入。溶解氧与金属铁组成腐蚀电池，铁的电极电位，比氧的电极电位低，在铁氧腐蚀电池中，铁是阳极，失去电子成为亚铁离子，氧为阴极进行还原，溶解氧的这种阴极去极化的作用，造成对金属铁的腐蚀，此外氧还会把溶于水的氢氧化铁沉淀，使亚铁离子浓度降低，从而使腐蚀加剧，反应如下：

$$\text{阳极：} Fe \longrightarrow Fe^{2+} + 2e$$

$$\text{阴极：} 1/2O_2 + H_2O + 2e \longrightarrow 2OH^-$$

上述反应发生后，连续发生如下反应：

$$Fe^{2+} + 2H_2O \longrightarrow Fe(OH)_2 + 2H^+$$

$$4Fe(OH)_2 + O_2 + 2H_2O \longrightarrow 4Fe(OH)_3$$

$$2Fe(OH)_2 + 1/2O_2 \longrightarrow Fe_2O_3 \cdot 2H_2O$$

$$2Fe(OH)_3 + Fe(OH)_2 \longrightarrow Fe_3O_4 \cdot 4H_2O$$

只要碳钢表面接触含有溶解氧的凝结水，上述反应就会持续进行下去，腐蚀产物 $Fe(OH)_3$随着凝结水的温度、pH 值、溶解氧含量等条件不同而不同，溶解氧腐蚀的产物是铁的氧化物，这样会恶化凝结水及锅炉的水质，从而导致蒸汽品质的恶化，加速对管线的腐蚀[2]。

2.3 焊接应力加速腐蚀

我们都知道管线弯头、变径头、三通的加工工艺大多为热推成型，所以在几何形状变化较大的部位，必定存在较大的残余应力，而这种残余应力所产生的钢材表面微观缺陷，破坏了钢材表面的氧化膜，使得其更易受机械(如水的湍流及因压力、温度变化引起的空泡)作用而破坏，从而导致了该部位更容易被腐蚀。

对于普通碳钢用作蒸汽管线，在焊接施工时，焊接工艺并不强制要求作焊后消除热应力的热处理，因此较有可能存在焊后热应力。同时由于焊接次序的不合理、焊缝组对的偏差，管件在焊缝和热影响区会存在较大的残余应力，而管件的残余应力会加速管线突变部位的腐蚀，最终造成该部位的腐蚀泄漏。

2.4 气液相腐蚀

结合现场实际，可以发现管道腐蚀最严重的区域多见于弯头、变径头、三通等突变处，倘若在蒸汽的冷凝水管线中，存在着气液并存的两相流状态。两相流与单相流相比，更体现出其状态的不稳定性，最明显的特征是“水击”现象。由于是气、液两相混流，在管路中以较高流速的蒸汽与管路底部的冷凝水相遇会产生一个“水波”。蒸汽在推动“水波”行进的过程中遇到前方的冷凝水，“水波”越来越大，其产生的冲击力可以大到破坏任何改变流动方向的三通、弯头等管路附件。这对本来就存在残余应力的部位来说，受力工况显得更加恶劣。水、汽随着管内压力温度的波动而相互转化，对管道的冲刷也更加剧烈，尤其弯头外侧腐蚀尤为明显[3]。如图 2 所示。

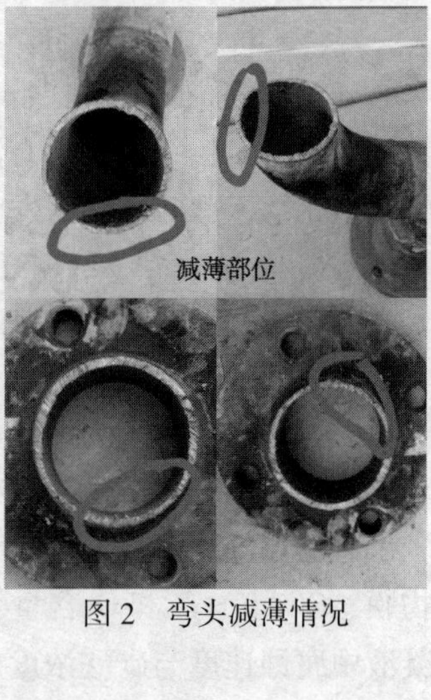

图 2　弯头减薄情况

2.5 管线流线布局的影响

从现场泄漏情况来看，首先同一管段处于不同高度的弯头相比而言，处于介质流向下部的弯头腐蚀减薄速率明显偏高，且位置靠近闪蒸罐。其次蒸汽凝结水管线如果弯头、变径、三通设置过多，压降过大，会很容易形成气液两相，加速管线腐蚀，尤其管线的后半段，所以管线的布局是否合理，也会对管线的腐蚀泄漏造成影响。

3 防腐措施和建议

3.1 加强锅炉管理

为减少蒸汽凝结水中氧对钢材的腐蚀，就要控制腐蚀源头，锅炉单元除加强对除氧设备的正常运行监控外，还需保证整个凝结水系统的密闭性，防止大气中O_2的侵入。

CO_2引起的腐蚀，可以通过在锅炉蒸汽中加碱性物质来消耗游离的CO_2，相关资料表明，冷凝水的pH值在11以上，才可以有效减缓腐蚀。控制pH值常用的药剂为氨水，当氨水注入蒸汽中时，会生成NH_3和水蒸气NH_3和CO_2，气体一起随蒸汽的凝结而溶入冷凝水中，于是在冷凝水中就分别产生NH_4OH和H_2CO_3，两者可以发生中和反应。当NH_4OH过量时，凝结水的pH值提高，便能有效防止冷凝水对管道的酸腐蚀。

控制了硫黄装置由动力锅炉提供的蒸汽源中O_2、CO_2的含量，就从源头上控制了腐蚀，从而防止蒸汽凝结水管线腐蚀的发生。

3.2 管道材质升级

目前现场蒸汽凝结水管线主要材质为20#钢，可以将弯头部分材质由碳钢替换为低合金钢或不锈钢。我们都知道，Cr、Mo元素的抗腐蚀性最好，其质量分数超过12%的钢材，如304和316L材质，在多数环境中耐蚀性优良，耐冲刷腐蚀性能优良。因此，在现场冷凝水系统中，对问题较为严重的弯头部分，采用含量大于12%的不锈钢，可以有效防止管线腐蚀，但要考虑蒸汽凝结水中Cl^{-1}对不锈钢的应力腐蚀影响，所以Cl^{-1}含量要控制在合理范围内。

3.3 采用三通替换弯头

3#硫黄装置1.0MPa蒸汽凝结水回水至V625处的弯头，频繁发生泄漏，2015年装置大检修期间，对该处弯头进行了改造，采用三通替换弯头，减缓凝结水对弯头的冲刷，减少涡流。从改造至今，该处弯头从未发生过泄漏。所以，今后大检修，将尝试对所有易发生泄漏部位的弯头进行改造升级。

3.4 改变管道结构

改变管道结构主要目的是避免运行中管道内出现湍流和涡流。在管道变径时，特殊的部位如变径、三通、弯头等会产生涡流，会加速腐蚀。管线的弯曲半径应尽可能大，尽量避免直角弯曲。通常管子的弯曲半径应为管径的3倍，而不同材料的数值也不相同，强度特别小或高强度钢取管径的5倍。此外，流速越高则弯曲半径也应越大。弯头、三通处增焊加强背板的方式也可以有效降低管道因冲蚀而产生的泄漏问题。

3.5 加强疏水器管理

引起管道气液两相腐蚀的一个重要因素就是疏水器的失效，导致凝结水系统存在气液两相的情况发生，从而诱发腐蚀。所以应当加强对疏水器的定期检查，建立健全疏水器温度测量台账。每月对疏水器出口温度进行定点测量，对比温度的变化情况，对故障疏水器及时进行维修或更换。采购性能更加可靠的疏水器，淘汰运行过程中故障率较高的疏水器，如自由浮球式，采用性能较好型式的疏水器，如杠杆浮球式、热静力型等。

3.6 在线腐蚀监测

对重点腐蚀部位，上线在线腐蚀监测系统，依靠科学手段，做好预防性维修。

4 结语

蒸汽凝结水管线的腐蚀问题，重点是加强管理，控制腐蚀源头，采用科学手段做到预防性维修，才能有效预防腐蚀泄漏的发生。

参考文献

[1] 张玲．工业蒸汽凝结水的腐蚀现状及防治措施[J]．硅谷，2011(16)：120

[2] 韩亚乔，张小莉，李庆．蒸汽凝结水腐蚀治理[J]．内江科技，2012(4)：130-131.

[3] 刁玉玮，王业．化工设备机械基础(三版)[M]．大连：大连理工大学出版社，2009.

硫黄酸性气燃烧炉热电偶故障原因浅析及应对措施

杨宝宝

（中国石化塔河炼化有限责任公司　新疆库车　842000）

摘　要：根据硫黄酸性气燃烧炉温度测量中存在的问题，从高温、热冲击性、高温硫腐蚀等方面探讨了热电偶失效的原因。提出了热电偶保护套管材质选择、热电偶结构设计以及非接触式红外测温仪在克劳斯制硫工艺中的作用。

关键词：酸性气燃烧炉　热电偶　红外测温仪　高温　热冲击　硫腐蚀

1　前言

硫含量是石油的一项重要指标，是被普遍关注的问题。由于硫含量的高低与油品的质量及炼油工艺密切相关，因此，降低硫污染是大势所趋。酸性含硫气体 H_2S 经克劳斯燃烧炉后与 SO_2 进行多级低温催化反应生成硫，进而回收得到硫黄。其工艺包括 1 个高温燃烧阶段和 2~3 个催化转化阶段，后经斯科特尾气处理系统，提高 S_x 的收率，降低 SO_2 对环境的破坏。克劳斯化学反应方程式如下：

$$H_2S+3/2O_2=SO_2+H_2O+519.2kJ/mol$$

$$2H_2S+SO_2=3/xS_x+H_2O+93\ kJ/mol$$

式中：$x=2，6，8$

中国石化塔河炼化有限责任公司 3#硫黄酸性气燃烧炉共设置了 2 支高温热电偶，分别安装在燃烧炉中部和尾部，其对侧炉壁安装红外线测温仪。热电偶初始设计参数：分度号为 IEC. B；插入深度为 600mm；保护套管材质为二硅化钼（$MoSi_2$）；操作温度为 1250℃，操作压力 0.035MPa。装置开工后不久，2 支热电偶先后被烧坏，红外测温仪作为正常生产的主要参考温度。2018 年 4 月大修后安装反吹风式热电偶，至今未发生损坏现象，但温度指示偏低。

2　热电偶损坏原因分析

2.1　高温硫腐蚀损坏热电偶

酸性气燃烧炉主体材质 Q245R，内部有隔热衬里，最高工作温度 1300℃，炉壁温度≤200℃，热电偶、红外测温仪检测温度 1250℃左右。克劳斯制硫炉内反应复杂，存在多种腐蚀介质，主要有 SO_2、SO_3、H_2S、H_2O 等组分。由于热电偶安装后保护套管与隔热衬里有间隙盲区，SO_2、SO_3、H_2S、H_2O 等腐蚀性物质与保护套管保护套管中 Fe_2O_3、P_2O_3、Cr_2O_3 等杂质成分在高温环境中与 SO_3、H_2S 等发生化学反应，最主要的是 Fe_2O_3 与 H_2S 的还原反应，加速了热电偶保护套管的开裂或脆断，其次，如果保护套管出现开裂或断裂的情况，SO_2、SO_3、H_2S、H_2O 等介质会迅速腐蚀贵金属热电偶丝，导致价格昂贵的贵金属热电偶快速失效，造成热电偶损坏。

2.2 隔热衬里施工不规范损坏热电偶

酸性气燃烧炉操作温度 1250℃左右，工艺介质与 Q245R 材质的壳体之间必须安装隔热衬里，控制壳体外部温度 180~200℃，以防止硫蒸气露点腐蚀。在隔热衬里施工过程中，热电偶处一般采用空心柱状型砖，内径 ϕ40mm，由于型砖制造质量不佳或拼接安装时不同心，燃烧炉升温时隔热衬里、热电偶保护套管均热胀贴合，会造成保护套管变形损坏，工艺介质与热偶丝接触，损坏热电偶。

2.3 生产调节不稳定或高温段更换热电偶时插入过快损坏热电偶

酸性气燃烧炉炉膛内部没有取热面，炉子燃烧器燃烧情况中任何大的波动对热电偶保护套管而言都意味着一次热冲击，尤其是开工阶段的快速升温或停工阶段的快速降温也会产生较大的热冲击，导致保护套管热应力不能及时消除而破损，造成热电偶损坏。

B 型热电偶在低温状态下使用效果不及 K 型热电偶，故在燃烧炉开车低温段使用 K 型热电偶，800℃时更换 B 型热电偶。在更换过程中插入速度过快，会造成保护套管表面由常温骤升，套管炸裂破损，电偶丝直接暴露在腐蚀性高温介质中，热电偶瞬间损坏。为保护热电偶，使保护陶瓷套管充分预热后完成更换，建议插入速度为每分钟插入 1cm 为宜。

3 改进措施

3.1 加强工艺调节，严格控制酸性气燃烧炉温度

酸性气燃烧炉是硫黄生产的重要设备，酸性气组成的变化是正常生产时影响炉子温度变化的主要原因，但变化一般不会超过 10%。异常工况是引起炉温突变的主要原因，特别是在系统联锁恢复时，温度变化有时会变化近 400℃，突变的温度对热电偶保护套管和衬里会造成严重的冲击，极易因膨胀率不同而引起热电偶损坏。因此在事故状态时，不宜快速恢复装置生产，应按照烘炉升温曲线要求，平稳生产。

3.2 改进热电偶保护套管材质，引入惰性气体保护电偶丝

热电偶保护套管是防止电偶丝损坏的屏障，常用的保护套管材料有金属、陶瓷、刚玉、新型材料等制成，主要性能见表 1。

表 1 不同材质保护套管适用的环境条件及介质

材质	最高使用温度/℃	适用场合
碳钢	450	无腐蚀性介质
不锈钢	800	一般腐蚀性介质及低温场合
15Cr 钢及 12CrMoV 不锈钢	800	高压，适用于高压蒸汽
Cr25Ti 不锈钢及 Cr25SI 不锈钢	1000	高温钢，适用于硝酸、磷酸等腐蚀性介质及磨损较强的场合
GH39 不锈钢	1200	耐高温
28Cr(高铬铸铁)	1100	耐腐蚀和耐机械磨损，用于硫铁矿焙烧炉
耐高温工业陶瓷及 Al_2O_3	1400~1800	耐高温，气密性查，不耐压

续表

材质	最高使用温度/℃	适用场合
莫来石刚玉及纯刚玉	1600	耐高温，气密性、耐温度聚变性好，并有一定防腐性
蒙乃尔合金	200	氢氟酸
Ni	200	浓碱（纯碱、烧碱）
Ti	150	湿氯气、浓硝酸
Zr、Nb、Ta	120	耐腐蚀性能超过 Ti 蒙乃尔、哈氏合金
Pb	常温	10%硝酸、80%硫酸、亚硫酸、磷酸
$MoSi_2$	1600	耐高温、抗腐蚀、气密性好、抗冲刷，但脆性大
SiC	1600	高温抗氧化、耐腐蚀、抗冲刷，但脆性大

根据酸性气燃烧炉操作工况选型，耐高温工业陶瓷及 Al_2O_3、莫来石刚玉及纯刚玉以前被广泛运用于克劳斯制硫炉，近年来随着新材料 $MoSi_2$、SiC 的普及，以 $MoSi_2$ 为保护套管的热电偶开始盛行，尤其是其较好的气密性及抗冲刷能力，可引入 N_2、仪表风等气体保护电偶丝，即便是套管有损伤，也能保护热电偶不损坏，如图 1 所示。

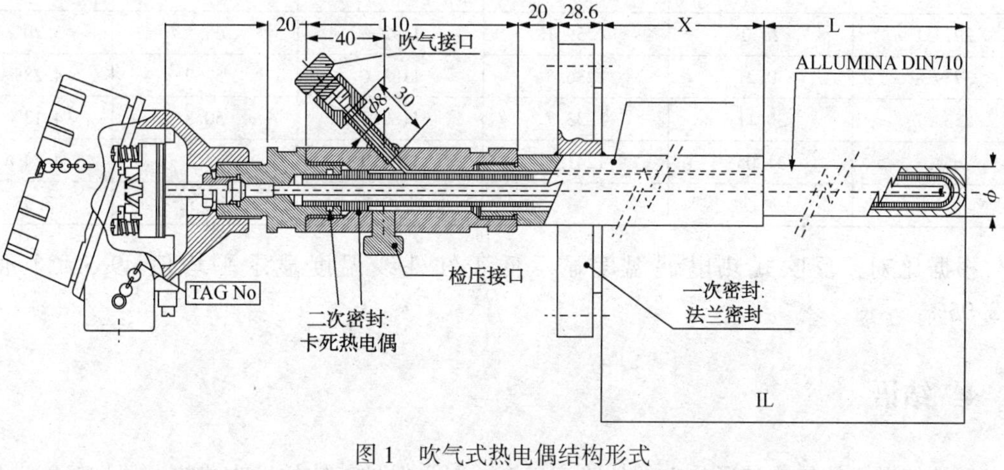

图 1　吹气式热电偶结构形式

吹气式热电偶的设计理念：引入 N_2 或干燥的仪表风，使热电偶保护套管中保持正压气体，正产工作时热电偶保护套管内压力大于炉膛压力，使有害气体不能渗透或反流到保护套管内，以保护热电偶丝，延长使用寿命，更能在热电偶损坏的情况下保证正常安全地运行。

3#硫黄酸性气燃烧炉 F601 原有热电偶于 2014 年 6 月开车后即损坏，2018 年 4 月停工更换为吹气式热电偶，至今仍有显示。但反吹气体的引入，导致热电偶温度指示偏低 50℃。

3.3　非接触式红外测温仪在硫黄装置中的运用

热电偶保护套管中引入 N_2 或干燥的仪表风，保护热电偶丝的技术运用，延长了热电偶在酸性气燃烧炉中的使用寿命。经查，2012 年 4 月硫黄车间 1#酸性气燃烧炉采用反吹式热电偶，2016 年 10 月大修时拆除检查，各组件状态良好，创造了热电偶在同类型设备中使用的记录，但引入的微量 N_2 或干燥的仪表风影响热电偶的检测精度，温度指示偏低，容易形成误区，影响配风操作。经过比较，非接触式红外测温仪温度显示稳定有效，是酸性气燃烧炉正常生产时重要的参考指标。红外测温仪的理论根据是普朗克黑体辐射定律，它定量地给出了不同温度的黑体在各个波长的电磁辐射能量的大小。黑体的表面温度一定，则它发射出的某一波长的电磁辐射的能量就一定，通过检测黑体发射出的电磁辐射能量的大小，就可以知道它的表面温度。由于黑体发射的电磁辐射的波长位于红外线范围，因此，可以利用红外线检测酸性气燃烧炉温度。

3#硫黄酸性气燃烧炉反吹式热电偶、红外测温仪各两台，分别对应水平安装，表2是不同负荷下检测的温度显示。

表2　3#硫黄不同负荷下温度显示

酸性气量/(Nm^3/h)	系统压力/kPa	红外测温仪温度/℃	热电偶检测温度/℃	差值/℃	与红外测温仪偏差率,%
3222. 7	31. 6	1265. 3	1214. 2	51. 1	4. 04%
3361. 2	32. 9	1253. 1	1211. 0	42. 1	3. 36%
2968. 2	29. 6	1261. 4	1211. 7	49. 7	3. 94%
3361. 2	32. 9	1248. 9	1211. 0	37. 9	3. 03%
3145. 6	30. 6	1268. 1	1215. 3	52. 8	4. 16%
3055. 5	30. 0	1255. 1	1215. 4	39. 7	3. 16%
2974. 1	28. 0	1259. 1	1193. 6	65. 5	5. 20%
3759. 8	30. 21	1236. 5	1183. 6	52. 9	4. 28%
3533. 7	30. 11	1233. 7	1182. 9	50. 8	4. 12%
3651. 3	31. 05	1241. 6	1188. 9	52. 7	4. 24%
			平均值	49. 52	3. 95

根据比对，反吹式热电偶温度显示低于红外线温度显示平均值49. 52℃，偏差率3. 95%。

4　结语

酸性气燃烧炉使用普通热电偶故障率极高，引入保护气体的反吹式热电偶虽然能满足单个检修期内不损坏，但受保护气体量的影响，温度指示偏低，易误判而影响H_2S收率，造成外排烟气SO_2超标排放。相比较，红外显示温度无其他介质干扰，能直观反映酸性气燃烧时的温度，应该作为重点参考系指导克劳斯制硫工艺生产运行。

参 考 文 献

[1] 陈赓良，肖学兰. 克劳斯法硫黄回收工艺技术[M]. 北京：石油工业出版社，2007.

硫黄回收装置腐蚀与防护

邓 矛

（中国石化洛阳（广州）工程有限公司　广东广州　510620）

摘　要：石油炼化企业中的硫黄回收装置通过回收废气与废水中的硫化物来制备硫黄。由于硫黄回收装置涉及多种腐蚀性较强的介质，因此做好设备的腐蚀防护是保证装置长周期安全运行的重要保障。本文总结了硫黄回收装置的腐蚀机理、重点腐蚀部位与腐蚀防护措施，对工程设计和装置运行有一定的参考和指导。

关键词：硫黄回收装置　腐蚀类型　腐蚀防护

1　前言

随着加工原油的劣势化，原油中的硫含量不断增加，给石油炼化企业带来了新的挑战。原油中的硫化物在加工过程中转化为 H_2S 等有毒含硫气体，对人体和环境有极大的毒害作用，必须进行无害化处理。石油炼化企业目前多采用硫黄回收工艺将含硫酸性气体制备成硫黄，既能实现清洁生产，降低有害物的排放和环境污染，又能回收硫黄，产生一定经济效益。由于硫黄回收装置中工艺介质组分比较复杂，且含有 H_2S、NH_3、CO_2 等多种具有较强腐蚀性的介质[1,2]，因此做好硫黄回收装置腐蚀防护是装置长周期安全运行的重要保障。

2　硫黄回收主要反应原理

硫黄回收工艺主要有克劳斯法硫黄回收工艺、Shell-Paques 生物脱硫工艺、煤制甲醇及合成氨酸性尾气处理技术。我国石油石化行业大部分采取克劳斯工艺处理含硫化氢气体来回收硫黄[3,4]。克劳斯工艺硫黄回收采用 Claus 硫回收+尾气处理工艺，原料为含有 H_2S 的酸性气体，主要反应原理如下：

$$2H_2S+O_2\rightarrow S_2+2H_2O$$

$$2H_2S+3O_2\rightarrow 2SO_2+2H_2O$$

$$2H_2S+SO_2\rightarrow 3/xS_x+2H_2O$$

$$CS_2+2H_2O\rightarrow CO_2+2H_2S$$

$$COS+H_2O\rightarrow CO_2+H_2S$$

3　硫黄回收装置主要腐蚀机理与类型

硫黄回收装置处理全厂含硫污水、溶剂再生及酸性水汽提产生的酸性气，通过高温

Claus 反应在催化剂作用下将 H_2S 转化为单质硫，根据工艺介质与温度的不同，主要会产生高温硫腐蚀、硫酸露点腐蚀、胺环境下腐蚀、湿硫化氢腐蚀等[1-8]。

(1)高温硫腐蚀是高温含硫过程气体在大于 310℃时，系统中干硫化氢直接与铁发生反应生成硫化亚铁，同时硫化氢也会发生分解生成活性硫与铁发生强烈反应，生成的硫化产物变脆易脱落，造成设备腐蚀减薄。腐蚀机理如下[1]：

$$H_2S+Fe \rightarrow FeS+H_2$$

$$S+Fe \rightarrow FeS$$

(2)硫酸露点腐蚀是在硫黄回收尾气过程气中，硫及硫化物燃烧大部分生成 SO_2，其中部分会在一定条件下继续与氧气反应生成 SO_3，与水蒸气形成的硫酸蒸气可提高烟气的露点，当设备温度低于露点温度时，形成腐蚀性极强的 H_2SO_4，造成设备的硫酸露点腐蚀。腐蚀机理如下[1]：

$$2SO_2+O_2 \rightarrow 2SO_3$$

$$SO_3+H_2O \rightarrow H_2SO_4$$

$$Fe+H_2SO_4 \rightarrow FeSO_4+H_2$$

(3)胺环境下腐蚀主要包括胺腐蚀和胺应力腐蚀开裂[1]。胺腐蚀是指在胺处理中主要发生于碳钢的全面腐蚀。溶解的 CO_2、H_2S、胺降解产物、热稳态盐破坏致密的硫化亚铁保护层，造成设备和管线的腐蚀。另外，胺腐蚀速率随着温度升高而增大，尤其在富胺液环境中，当温度高于 104℃时，将造成严重腐蚀。胺应力腐蚀开裂是碱性应力腐蚀开裂的一种，指在拉伸应力和胺腐蚀共同作用下钢的开裂，经常发生在无焊后热处理的碳钢焊件或者强冷加工的部件[4]。

(4)湿硫化氢环境腐蚀是指 H_2S-H_2O 型或 $H_2S-CO_2-H_2O$ 型，损伤类型包括氢鼓包(HB)、氢致开裂(HIC)、应力导向氢致开裂(SOHIC)和硫化物应力腐蚀开裂[1](SSCC)。氢鼓泡是氢原子扩散到钢内，在空隙、裂纹及夹杂等缺陷处聚集，形成氢鼓包。鼓包内部压力逐渐增大将发生氢致开裂。在拉应力存在下，母材在 H_2S 环境中高硬度处以裂纹方式出现脆性破坏。由于应力腐蚀属于一种低应力脆性破坏，断裂前很少出现宏观的塑性变形，这种毫无征兆的脆断给生产带来极大的安全隐患。

4 硫黄回收装置重点腐蚀部位

4.1 酸性水汽提单元

酸性水汽提单元在硫黄回收装置中主要处理来自常减压、催化、焦化、加氢等装置的含硫污水。汽提塔、重沸器及气相返塔线、酸性水罐、酸性气系统、塔顶回流系统等是重点易腐蚀部位[1]，由于该部位大多含有 H_2S、NH_3、CO_2 等多种具有较强腐蚀性的介质，腐蚀类型包含均匀腐蚀和湿硫化氢腐蚀。另外 H_2S、CO_2、NH_3 都溶于水，H_2S、CO_2 溶于水呈酸性，NH_3 溶于水显碱性，酸碱中和后形成 NH_4HS，该盐易覆盖在金属表面，易形成垢下腐蚀。另外，酸性气线有可能会伴有冲刷腐蚀[1,4,8,9]。

4.2 硫黄回收单元

硫黄回收单元主要腐蚀类型包括高温硫腐蚀(温度高于 310℃部位)、湿硫化氢腐蚀和硫酸露点腐蚀。高温硫腐蚀主要发生在制硫燃烧炉、余热锅炉管程、一/三级冷却器入口管箱及入口管线，其中制硫炉燃烧器、余热锅炉管束与管板、一级冷却器入口管线的腐蚀最为严重[1]。湿硫化氢腐蚀和硫酸露点腐蚀主要发生在酸性气分液罐、冷却器后部(管束出口、管板及管箱)及其后路管线、尾气捕集器。硫黄回收冷凝冷却器还可能出现疲劳腐蚀、缝隙腐蚀等[1,4-5,9-11]。

4.3 胺液再生单元

胺液再生单元是硫黄回收装置的辅助生产系统，脱硫装置主要采用甲基二乙醇胺(MDEA)作为脱硫溶剂。溶剂再生过程是将在常温下吸收了酸性气(H_2S/CO_2)等的富液，提高温度后再释放所吸收的气体，该反应是可逆反应。经过再生，贫溶剂循环使用，从塔顶排出的酸性气作为硫黄回收的原料。胺液再生单元在再生塔顶、酸性气系统和塔顶回流系统存在湿 H_2S 腐蚀(CO_2-H_2S-H_2O 腐蚀)风险，一级贫/富液换热器、二级贫/富液换热器及富液进塔管线存在胺腐蚀风险，再生塔塔釜、重沸器及壳程进出口管线、塔底贫液抽出线存在胺开裂腐蚀风险[1,3-7]。

4.4 尾气处理单元

尾气处理单元可能发生高温硫腐蚀、露点腐蚀、湿硫化氢腐蚀的风险，其中尾气焚烧炉、加氢反应器及出口管线、尾气进烟囱管线可能发生高温硫腐蚀，尾气进烟囱管线及相连通跨线、烟囱顶部可能发生露点腐蚀，急冷塔顶部及出口线、吸收塔及出口线可能发生湿硫化氢腐蚀[1,3-7,12]。

5 硫黄回收重点腐蚀部位腐蚀防护措施

5.1 酸性水汽提单元

酸性水汽提单元一般以普通碳钢为主体材料，但由于普通碳钢在酸性水环境中易腐蚀，根据操作温度可采用耐蚀合金钢复合板、防腐涂层的方法达到腐蚀防护的目的。耐蚀合金复合板具有较好的经济性，可在较高温度下使用；防腐涂层将腐蚀介质与基体进行物理阻隔，可取得较好防腐的效果，但受限于涂层使用温度。另外，也有尝试牺牲阳极方法进行设备腐蚀防护的建议[8]。工艺防腐方面，可采用缓蚀剂、控制管线流量减小冲刷腐蚀等工艺防腐措施[1,4,8,9]。

5.2 硫黄回收单元

根据不同的温度和腐蚀机理，在设备防腐方面，在高温部位采用衬里、不锈钢复合板，低温部位可根据情况及经济性，采用耐蚀合金、耐蚀合金复合板、普通碳钢加热处理等方案。硫黄回收冷凝冷却器管子和管板的连接宜采用强度胀加密封焊或强度焊加贴胀[1]，同时确保焊胀的质量。工艺防腐方面，尽量平稳操作温度以保护衬里；完善保温与伴热，以控制露点腐蚀和湿硫化氢腐蚀[1,4,5,9-11]。

5.3 胺液再生单元

针对胺液再生单元的特点和腐蚀类型，设备防腐方面可采用 SS316、SS316 不锈钢或不锈钢复合板，可选用碳钢的设备与管道应进行焊后热处理，避免湿硫化氢腐蚀以及胺应力腐蚀开裂。工艺防腐方面主要有控制操作温度与流量，避免胺液在高温下发生热降解产生腐蚀性产物。另外通过去除热稳定盐，净化胺液，使腐蚀介质的浓度降低，减缓电化学的腐蚀速度，提高金属的耐蚀性[1,3-7]。

5.4 尾气处理单元

设备防腐方面，可采用 SS321+Q245R 复合钢板，以防止硫酸、亚硫酸腐蚀，急冷水管线宜采用不锈钢材质。工艺防腐方面，控制温度，既避免烟气管线、烟囱顶部发生露点腐蚀，又保证不发生严重的高温硫腐蚀[1]。同时，做好管线保温与伴热，可防止发生低温湿硫化氢腐蚀。另外，操作好胺液吸收系统，除去胺液中的固体悬浮物、烃类或者降解物等，降低胺环境下腐蚀速率[1,3-7,12]。

6 总结

随着国内环保要求越来越严格，硫黄回收装置不仅能降低石油炼化企业对环境的污染，而且还能产生一定的经济效益，有着较好的发展前景。由于硫黄回收装置内介质组分比较复杂，含有多种具有较强腐蚀性的介质，导致硫黄回收装置设备腐蚀部位多，因此做好硫黄回收设备的腐蚀防护是保证装置长周期安全运行的重要保障。

目前硫黄回收装置常用的腐蚀防护措施主要有设备防腐和工艺防腐，设备防腐主要是合理选材，包括采用耐蚀合金复合板、防腐涂层等，另外存在应力腐蚀倾向时应采用强度等级较低的材料，降低焊缝与热影响区的碳当量和硬度，同时进行热处理消除残余应力，通过热处理释放焊接、冷加工等过程的残余应力。设备使用过程中要加强设备全服役周期管理并定期检测，对设备制造、设备运行过程严格监控，设备停工检修时加强检验。工艺防腐有注缓蚀剂、胺液净化工艺等，工艺应精心操作，尽可能保持装置的平稳运行。同时做好设备管道的保温，以预防露点腐蚀。

参 考 文 献

[1] 彭礼成．硫黄回收联合装置的腐蚀与防护[J]．石油化工腐蚀与防护，2019，36(1)：31-36.

[2] 赵志宽．硫黄回收装置腐蚀分析及防腐蚀措施[J]．化工设计通讯，2018，44(10)：113.

[3] 殷瑞哲．硫黄回收装置设备腐蚀原因及防腐措施[J]．硫酸工业，2015(5)：32-34.

[4] 尤克勤．浅析硫黄回收联合装置管道腐蚀和选材[J]．硫磷设计与粉体工程，2014(3)：12-16.

[5] 严伟丽，林宵红．硫黄回收装置反应炉燃烧器的腐蚀与防护[J]．石油化工腐蚀与防护，1998，15(2)：14-16.

[6] 周松顺．硫黄回收装置中硫的腐蚀特性和防腐[J]．石油和化工设备，2009，(7)：63-66.

[7] 霍俊儒．硫黄回收装置中硫的腐蚀特性和防腐研究[J]．石化技术，2015(10)：31.

[8] 陈轩，刘文彬，李俊林，等．硫黄回收装置循环水换热器的腐蚀原因分析[J]．腐蚀与防护，2017，38(10)：812-814.

[9] 王华雨．硫黄回收装置工艺设备腐蚀成因与防护措施[J]．化工管理，2019(2)：107.

[10] 李文戈，尹莉，金华峰．硫黄回收冷凝冷却器腐蚀原因分析及防腐对策[J]．石油大学学报(自然科学版)，2001，25(5)：69-72.

[11] 李文戈，金华峰．硫黄回收冷凝冷却器腐蚀原因分析及其防腐对策[J]．石油化工设备技术，2002，23(1)：49-52.

[12] 刘洋，高威，邱明涛．硫黄回收装置急冷塔衬 PU 防腐技术的应用[J]．炼油技术与工程，2017，47(5)：32-33.

硫黄装置文丘里湿法烟气脱硫设施结垢的原因分析及对策

吴建荣　于　强　王英魁　阿依达尔　焦忠红

（中国石油独山子石化公司炼油厂　新疆独山子　833699）

摘　要：为了满足 GB 31570—2015《石油炼制工业污染物排放标准》中关于硫黄回收装置排放烟气中 SO_2 的质量浓度不超过 100 mg/Nm^3（特别限制地区）的要求，独山子石化两套硫黄回收装置采用中国石油大连设计院引进的具有自主知识产权的文丘里钠碱湿法烟气脱硫技术（SVDS）进行了提标改造，改造后排放烟气中 SO_2 的质量浓度未超过 100 mg/Nm^3。但是其中 4000t/a 硫黄回收装置文丘里钠碱湿法烟气脱硫设施在运行过程出现结垢堵塞现象。本文针对 4000t/a 硫黄回收装置文丘里钠碱湿法烟气脱硫设施出现的结垢堵塞现象，从钙垢产生的机理和诱导因素入手，结合两套硫黄回收装置参数控制的不同点，分析了 4000t/a 硫黄回收装置文丘里钠碱湿法烟气脱硫设施出现结垢堵塞的原因，并提出了今后的操作控制措施。

关键词：硫黄回收　湿法脱硫　文丘里　结垢

1　前言

中国石油独山子石化公司（以下简称独山子石化）两套硫黄回收装置（4000t/a 硫黄回收装置和 5×10^{4}t/a 硫黄回收装置）均采用的是二级转化加尾气吸收还原工艺，是目前公认的最为彻底的硫回收工艺，对于硫的回收几近极限。由于独山子石化所在地区被确定为特别限制地区，为了满足 GB 31570—2015《石油炼制工业污染物排放标准》[1]中大气污染物特别地区排放限值（100 mg/Nm^3，折合氧气体积分数 3%），进一步降低 SO_2 排放指标，独山子石化对烟气碱洗 SWSR-2 工艺、络合铁液相氧化脱硫工艺、离子吸收液 Cansolv 工艺和钠碱湿法烟气脱硫技术 SVDS 进行比选，最终采用了中国石油大连设计院引进的具有自主知识产权的文丘里碱湿法烟气脱硫技术（SVDS）对装置进行了改造，于 2017 年 6 月竣工并投用，一次开工成功。改造后排放烟气中 SO_2 的质量浓度为 10～25 mg/Nm^3，实现超低排放，满足新环保政策和法规要求。

2　文丘里钠碱湿法烟气脱硫技术（SVDS）

2.1　工艺流程

文丘里钠碱湿法烟气脱硫技术（SVDS）是中国石油开发的应用于硫黄回收装置烟气超低排放处理的专有技术，以催化裂化烟气湿法脱硫 WGS 技术为基础，充分考虑硫黄回收装置烟气流量波动大、组成简单、颗粒物含量少和烟气压力低等的原料气特点而开发。该技术对湿法脱硫 WGS 技术有所改进和提高，采用高温未净化烟气/净化烟气换热器(以下简称气气换热器)，并应用高效除雾器以减少实现烟囱顶部白烟现象。

文丘里钠碱湿法烟气脱硫技术(SVDS)主要工艺流程见图 1。硫黄回收装置焚烧后 301℃的烟气自尾气加热器出口来，经过烟气/净化烟气换热器降温至 175℃，在文丘里管中通过与脱硫循环液充分接触完成脱除 SO_2的过程，然后气液混合物切向进入碱洗塔中分离，58℃的饱和净化烟气经碱洗塔出口至烟气/净化烟气换热器升温至 175℃，经引风机送至原烟囱直排大气，碱洗塔底部设置氧化段，底部通入适量非净化风，降低污水 COD 值以满足排放要求。氧化过程中采用两相喷射式喷嘴以利于形成微小气泡，同时高强度的污水循环可以保证污水中亚硫酸盐充分被氧化。碱洗塔底部出口绝大部分液体作为循环液经脱硫液循环泵送回文丘里管，一部分作为氧化循环液返回碱洗塔底部，一小部分污水外排出装置。

文丘里钠碱湿法烟气脱硫和气气换热工艺流程短，工艺设备少，系统压降小，操作简单，运行可靠，产生污水化学需氧量(COD)低。

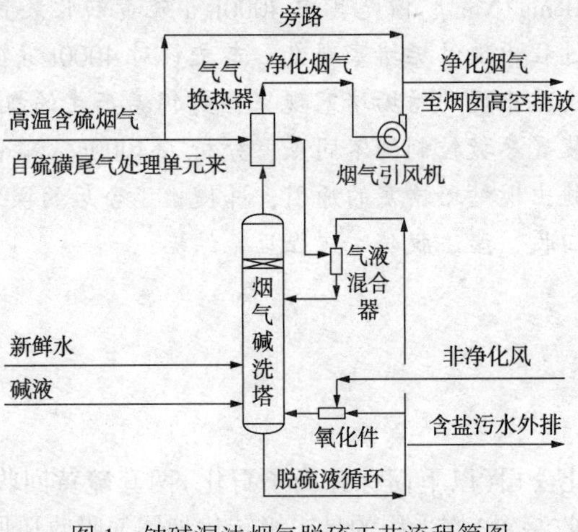

图 1　钠碱湿法烟气脱硫工艺流程简图

2.2　工艺原理

文丘里钠碱湿法烟气脱硫技术(SVDS)采用钠碱为主要吸收剂，利用文丘里的抽吸作用对尾气进行抽吸、洗涤，在脱硫弯头处脱除固体颗粒和 SO_2，然后干净的尾气经过高效气液分离器分离水分后排放大气。该系统体积小、压降低、耐受高浓度粉尘，并具有可灵活调整脱硫率和适应尾气量变化的特点，可有效去除亚微米级的尘埃和气溶胶成分，单独使用时脱硫率均可达 99%以上。脱硫机理是：碱性物质与 SO_2溶于水生成的亚硫酸溶液进行酸碱中和反应，并通过调节氢氧化钠溶液的加入量来调节循环液的 pH 值。吸收 SO_2所需的液气比依据尾气流量、SO_2浓度、排放的需求决定。

钠碱法使用 NaOH 溶液吸收尾气中的 SO_2，生成 HSO^{3-}、SO_3^{2-}与 SO_4^{2-}，反应方程式如下：

脱硫过程：

$$2NaOH+CO_2 \rightarrow Na_2CO_3+H_2O \qquad Na_2CO_3+SO_2 \rightarrow Na_2SO_3+CO_2\uparrow$$

$$2NaOH+SO_2 \rightarrow Na_2SO_3+H_2O \qquad Na_2SO_3+SO_2+H_2O \rightarrow 2NaHSO_3$$

$$2NaHSO_3+NaOH \rightarrow Na_2SO_3\downarrow +H_2O$$

氧化过程：

$$Na_2SO_3+1/2O_2 \rightarrow Na_2SO_4$$

其中通过控制循环碱液的 pH 值使系统能够最小量的吸收 SO_2，减少 NaOH 溶液的消耗。

3 运行过程中出现结垢的原因分析

2018 年 11 月 10 日，4000t/a 硫黄回收装置切换碱洗塔底浆液循环泵后，浆液循环量从 25t/h 下降到 8t/h，碱洗塔出口 SO_2 含量从 8mg/m^3 左右上升到 35 mg/m^3 左右，折算后达到 70 mg/Nm^3，接近环保排放指标 100 mg/Nm^3。文丘里管的压力由原来的 0.8~0.9MPa 上升 1.1~1.2MPa，初步判断管路堵塞。组织对泵进行切换拆检清理，发现泵体结垢，入口过滤网有类似盐类堵塞物，从外观看泵体壳体周围约有 3mm 左右的硬垢，判断为钙垢(见图 2)，同时根据管线压降判断在碱洗塔文丘里喷嘴、流量计处存在堵塞的可能。

图 2　4000t/a 硫黄回收装置碱液循环泵结垢情况

2018 年 11 月 15 日，通过采取将碱液通过新水喷淋吸收尾气中的二氧化硫，确保尾气合格排放合格的情况下，安排停工检修对碱液循环泵出口管线、文丘里喷嘴、流量计进行了彻底清理。碱液循环泵出口管线、流量计、文丘里管喷嘴均出现堵塞情况，取样经研究院分析发现垢样中大部分为钙垢(见表 1)。

表 1　结垢物组分分析

分析项目	结果	备注
灰色/%(质)	56.80	钙的严重含量超出标准曲线线性范围，数据可能严重失真，总体来看垢样是由钙组成
酸不容物/%(质)	<0.5%	
钠/(mg/kg)	1080	
镁/(mg/kg)	2260	
钾/(mg/kg)	222	
钙/%(质)	63.3	
铁/(mg/kg)	4680	
锌/(mg/kg)	1360	

而对 5×10^4t/a 硫黄回收装置碱液循环泵拆检时，未发现类似结垢情况，对照两套硫黄回收装置运行过程中参数的差异，进行如下原因分析。

3.1 钙离子的来源

独山子石化两套硫黄回收装置烟气碱洗塔使用的补充水都是的新水，通过对 2018 年 9 月至 2018 年 11 月新水钙离子化验分析数据提取，发现新水中的钙离子平均值在 93.5mg/L，含量较高。烟气碱洗塔使用的补充水中的钙离子浓度见图 3。

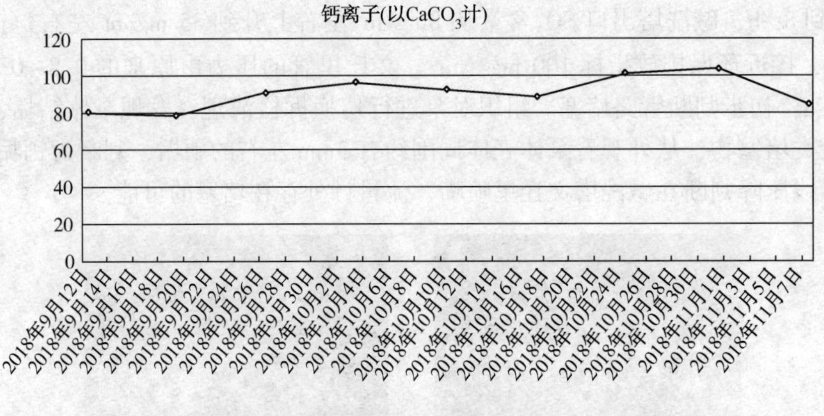

图 3 烟气碱洗塔使用的补充水中的钙离子浓度

3.2 钙垢阴离子的来源

3.2.1 来源于硫黄尾气中的二氧化硫

钠碱法脱硫使用 NaOH 溶液吸收尾气中的 SO_2，生成 HSO^{3-}、SO_3^{2-} 与 SO_4^{2-} 阴离子，反应方程式如下：

$$2NaOH+SO_2 \rightarrow Na_2SO_3+H_2O$$

$$Na_2SO_3+SO_2+H_2O \rightarrow 2NaHSO_3$$

$$Na_2SO_3+1/2O_2 \rightarrow Na_2SO_4$$

根据反应方程式可以看出其中产生钙垢的阴离子有 SO_3^{2-}、SO_4^{2-}。

3.2.2 来源于硫黄尾气中的二氧化碳

独山子石化两套硫黄回收装置烟气碱洗塔处理的是硫黄尾气，碳酸根主要来源于硫黄尾气中带来的二氧化碳。通过对两套硫黄尾气化验分析数据提取，发现 4000t/a 硫黄回收装置尾气中二氧化碳含量平均值在 93.5mg/L，占比达 14.34%，而 5×10^4t/a 硫黄回收装置尾气中二氧化碳而平均值在 3.5mg/L，占比 2.03%。4000t/a 硫黄回收装置其中 CO_2 含量明显高于5×10^4t/a硫黄回收装置。两套硫黄回收装置尾气中二氧化碳分布图(左：4000t/a 硫黄装置；右：5×10^4t/a 硫黄装置)见图 4。

根据图 4 可以看出，4000t/a 硫黄回收装置尾气中二氧化碳含量高主要原因是催化干气中二氧化碳含量高，经脱硫胺液的共吸作用，大量进入硫黄装置。二是 4000t/a 硫黄回收装置尾气焚烧炉出口烟气中氧含量高达 10%，而 5×10^4t/a 硫黄回收装置尾气焚烧炉出口烟气中氧含量只有 1.8%，由于4000t/a 硫黄回收装置尾气焚烧炉出口烟气中氧含量过剩，酸性气中所携带的烃类，经在尾气焚烧炉中经过氧燃烧，最终会产生大量二氧化碳。

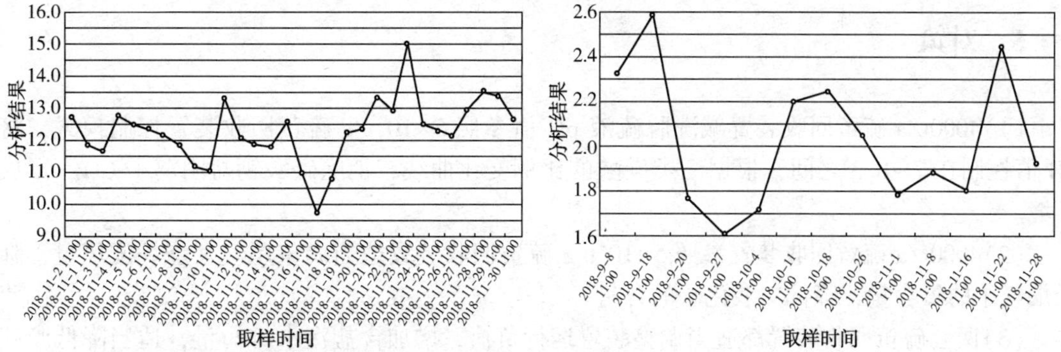

图 4　两套硫黄回收装置尾气中二氧化碳分布图(左：4000t/a 硫黄装置；右：5×104t/a 硫黄装置)

4　诱导钙垢形成的因素

4.1　系统盐含量的影响

2017 年 9 月至 2018 年 3 月，4000t/a 硫黄回收装置碱洗塔脱硫循环液电导率平均值在 8049μS/cm，运行半年多未发生结垢情况。2018 年 9 月后 4000t/a 硫黄回收装置电导率平均值在 14282μS/cm，出现碱洗塔和碱液循环泵结垢情况，说明脱硫循环液盐含量增加后加速了硫酸钙垢的形成。脱硫循环液含盐量的增加主要原因装置加工负荷增加所致，2017 年装置负荷平均在 67.6%，2018 年 10 月负荷平均在 95%。

4.2　pH 值的影响

根据三类碳酸的比例变化曲线(见图 5)，可以看出在 pH 值>8.3 时，溶液中的 $CO_2+H_2CO_3$ 下降为 0，而 HCO_3^- 离子也是随着 pH 值的增加而降低，CO_3^{2-} 随着 pH 值的增加而增加，加速形成碳酸钙垢。

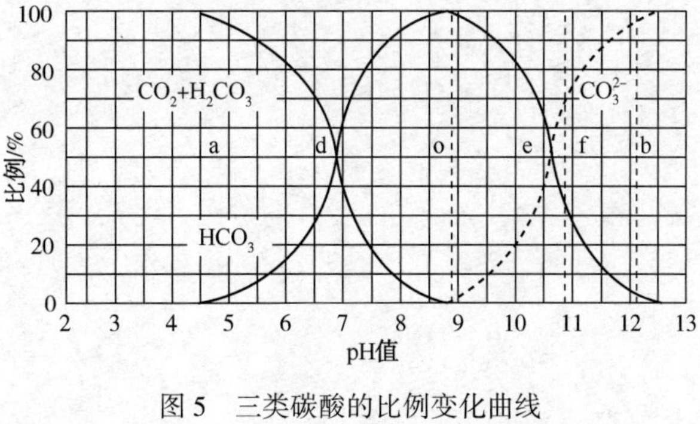

图 5　三类碳酸的比例变化曲线

2018 年 9~11 月 4000t/a 硫黄回收装置脱硫循环液 pH 值均值在 8.8，2017 年 1~12 月 pH 值均值在 7.7。而 5×10^4t/a 硫黄回收装置脱硫循环液 2018 年 1~11 月 pH 值均值在 7.4，4000t/a 硫黄回收装置 pH 值比 5×10^4t/a 硫黄回收装置 pH 值控制高，已经超过 8.3，在脱硫循环液中 CO_3^{2-} 开始显著增加，在 pH 值 8.8 的碱性环境中长期运行时形成碳酸钙盐，沉积在流量计及文丘里管喷嘴，是结垢的主要原因。

5 对策

(1)4000t/a 硫黄回收装置碱洗脱硫液 pH 值参照 5×10^4t/a 硫黄回收装置控制模式，将 pH 值控制在 7~8.3 之间，根据三类碳酸的比例变化曲线，消除碳酸钙盐阴离子 CO_3^{2-}形成环境。

(2)4000t/a 硫黄回收装置参照 5×10^4t/a 硫黄回收装置适当调整尾气焚烧炉配风量，降低烟气中的氧含量，降低二氧化碳的含量。

(3)两套硫黄回收装置都适当调整装置运行负荷，增加含盐污水排污量，适当降低脱硫循环液的盐含量。碱洗塔补充水建议由新水改为无盐水，降低溶液中钙离子浓度。

6 结语

文丘里钠碱湿法烟气脱硫技术(SVDS)在中国石油独山子石化公司两套硫黄回收装置(4000t/a 硫黄回收装置和 5×10^4t/a 硫黄回收装置)应用后，其中 4000t/a 硫黄回收装置文丘里钠碱湿法烟气脱硫设施出现的结垢堵塞现象，主要原因是操作过程中脱硫循环液 pH 值控制偏高，且尾气焚烧炉出口氧含量过高，为脱硫循环液中的钙离子结垢提供了充足的条件。

参 考 文 献

[1] 刘威，田晓良. WGS 湿法烟气脱硫技术在催化裂化装置上的应用[J]. 石油炼制与化工. 2015，46(5)：53-55.

[2] 程军委. 降低硫黄回收装置烟气中 SO_2浓度措施的探讨[J]. 石油化工设计，2014，31(2)：57-59.

[3] 邓骥，魏芳. 湿法烟气脱硫过程白烟成因及防治措施分析[J]. 石油与天然气化工，2017，46(2)：17-21.

其　　他

硫黄回收装置制硫炉反应平衡工艺计算

闫　虎

（中国石化塔河炼化有限责任公司　新疆库车　842000）

摘　要：对硫黄回收装置克劳斯系统进行了工艺计算的研究，通过对克劳斯系统热力学数据进行回归处理，以温度与焓值的关系进行拟合，得出相应的数学公式，在给定组成的情况下可方便准确的求出酸性气燃烧炉的反应平衡温度及克劳斯系统各组分的组成，从而计算出制硫炉 H_2S 转化率、余热锅炉热负荷以及余热锅炉出口露点温度，为装置的生产操作和扩能改造提供了数据支持。

关键词：硫黄回收装置　酸性气燃烧炉　反应平衡温度　热负荷　露点温度

1　前言

随着环保标准的日益严格，对硫黄装置外排尾气的硫含量要求越来越高。此外，随着石油产品进一步深度加工以及尾气深度脱硫处理，会产生更大量的含硫酸性气体，从而会加大现有硫黄装置的处理能力。硫黄回收装置酸性气燃烧炉也称制硫炉，是该装置最关键、最核心的设备。从工艺设计和计算角度看，只有完成了燃烧炉的热力学计算，才能进行炉子的设备设计及后续的工艺设计。本文用 EXCEL 工具进行数据回归再进行单变量求解计算，对相关热力学数据进行处理，对反应平衡温度及平衡常数 K_p 等进行迭代计算，实现计算过程的自动化，可适用于装置生产工况的指导计算，为硫黄回收装的技术人员提供简便但有精度的计算。本文以塔河炼化 3#硫黄回收装置为模型进行工艺计算。

2　工艺流程

塔河炼化 3#硫黄回收装置包括硫黄回收、尾气处理、溶剂再生和硫黄成型单元。硫黄回收装置设计规模为 40kt/a，操作弹性为 60%~137.5%，年开工时数 8400h。该装置烟囱依托 2#硫黄回收装置烟囱，成型包装和仓库结合 2#硫黄回收装置进行扩建。溶剂再生装置采用采用常规蒸汽汽提再生工艺对富液进行再生，主要处理硫黄回收尾气吸收的富液。硫黄回收采用部分燃烧、两级转化 Claus（克劳斯）制硫工艺，Claus 尾气处理采用斯科特硫黄回收尾气处理技术。

装置的工艺流程如图 1 和图 2 所示 。在该工艺中，全部原料气进入燃烧炉，要求严格控制配风量，以使酸性气中的全部烃类完全燃烧，而 H_2S 仅有 1/3 氧化生成 SO_2，使剩余的 2/3H_2S 与燃烧生成的 SO_2在理想配风比下进行转化，以获取更高的转化率，燃烧炉温度高达1100~1400℃，此时原料气中 H_2S 约有60%~70%转化为元素硫。含硫蒸气的高温气体经余热锅炉回收热量后进入一级冷凝器再次回收热量并分离出液硫，出一级冷凝器的过程气经中压蒸汽加热提温后进入一级转化器，在已活化的催化剂上反应，由于反应放热，出口气温度明显升高，经二级冷凝器回收热量并分理出液硫之后的过程气，经中压蒸汽加热至所需反应温度后进入二级转化器，催化转化后的过程气温度略有升高，经三级冷凝器回收热量并分离出液硫流入硫池，通过固硫成型或液硫直接出厂。

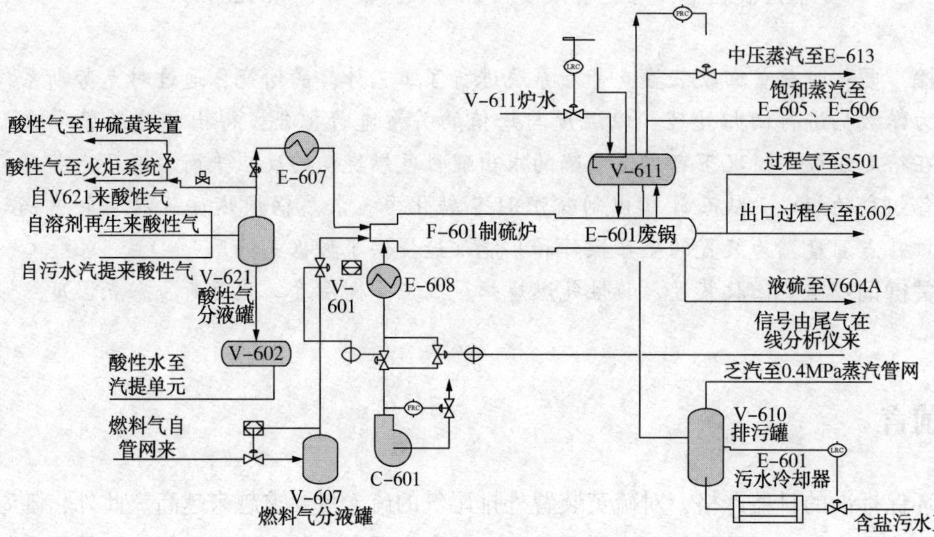

图1 3#硫黄回收装置制硫炉部分

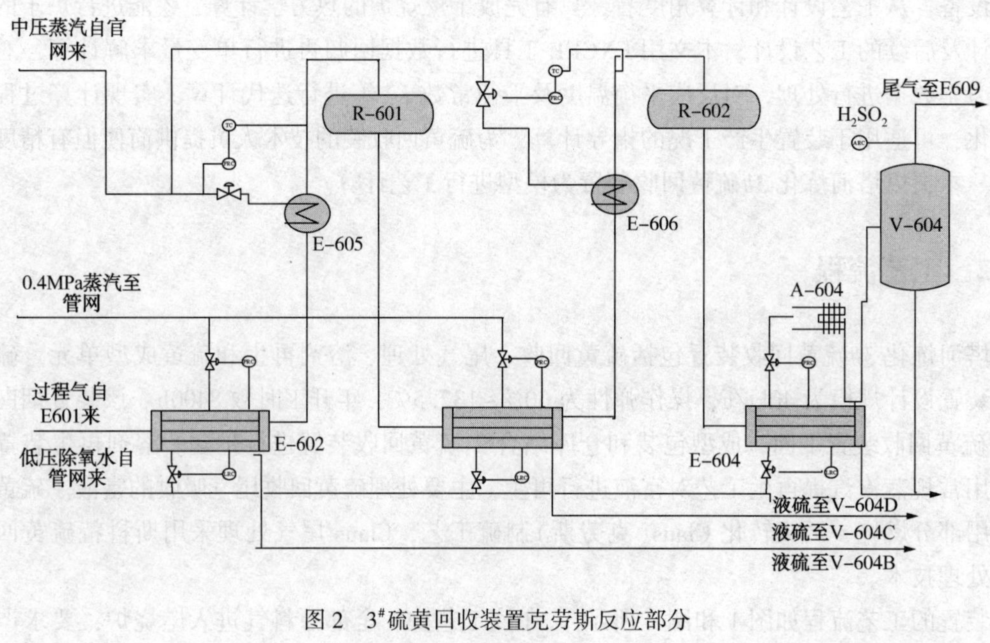

图2 3#硫黄回收装置克劳斯反应部分

3 酸性气燃烧炉平衡常数及反应温度计算

3.1 建立数学模型

采用过程物料平衡核算、热量平衡核算和动量平衡核算的方法，根据各组分不同温度下的焓值数据，将各组分的焓值与温度进行回归，形成焓值与温度的线性关系。单变量求解，是对某一问题按公式计算所得结果作出假设，推测公式中影响结果的一系变量可能发生的变化，也叫“试算法”[1]。

3.2 酸性气燃烧炉内化学反应的简化

酸性气燃烧炉内可能发生的反应有一百多个，通过合理的忽略其他副反应，简化为 3 个主要的反应过程：原料酸性气中 1/3 的 H_2S 完全燃烧生成二氧化硫；生成的二氧化硫与余下的硫化氢反应生成单质硫的化学平衡反应；烃类完全燃烧反应。

$$H_2S+3/2O_2=SO_2+H_2O+519.2\ \mathrm{kJ} \tag{1}$$

$$CH_4+2O_2=CO_2+2H_2O \tag{2}$$

$$2H_2S+SO_2=3/2S_2+2H_2O+96\ \mathrm{kJ} \tag{3}$$

3.3 平衡常数 K_p(摩尔)的定义

$$2H_2S+SO_2=3/xS_x+2H_2O \tag{4}$$

$$K_p=\frac{[H_2O]^2\ [Sx]^{\frac{3}{x}}}{[H_2S]^2\ [SO_2]}\cdot\left[\frac{\pi}{\sum n_i}\right]^{\frac{3}{x}-1}$$

式中 [ ]——物质的摩尔数；

$\sum n_i$——物质的总摩尔数；

$(3/x)-1$——反应前后的摩尔数增值；

π——系统的总压力。

因为硫黄回收装置酸性气燃烧炉处理含氨酸性气，为烧氨工艺，所以必须保证足够的烧氨温度，炉膛温度大于 700K，可根据 K_p 与温度的关联式：

$$\ln K_p=-4438/T+1.3260\ln T-1.58\times10^{-3}T+0.2611\times10^{-6}T^2-2.1235$$

3.4 热力学数据计算[1]

用线性回归方法，对酸性气燃烧炉内组份的热力学数据进行回归处理，形成计算公式，在后面的计算中引用，进行反复迭代计算。各组分原始焓值如表 1 所示。

表 1 气体的焓值与温度对照表 MJ/kmol

组 成	温度/℃					
	700	800	900	1000	1100	1200
H_2S	6.389	10.958	15.661	20.489	25.418	30.43
SO_2	-264.06	-258.64	-252.17	-247.65	-239.99	-236.47
COS	-107.22	-101.53	-95.78	-89.989	-84.144	-78.274
CS_2	154.1	160	165.94	171.9	177.89	183.89

续表

组 成	温度/℃					
	700	800	900	1000	1100	1200
S_2	148.87	152.6	156.4	160.03	163.75	167.5
S_6	177.94	187.66	197.54	205.3	217.74	228.07
S_8	193.73	206.41	219.3	232.39	245.68	259.17
CO_2	-361.55	-356.08	-350.51	-344.85	-339.11	-333.29
CO	-89.734	-86.4	-83.02	-79.584	-76.111	-72.613
H_2O	-216.83	-212.68	-208.42	-204.06	-199.6	-195.04
H_2	19.874	22.903	25.97	29.075	32.22	35.409
CH_4	-38.466	-31.179	-23.522	-15.539	-7.28	1.2
N_2	20.581	23.866	27.209	30.598	34.024	37.476
O_2	21.765	25.263	28.803	32.38	35.991	39.627

利用 EXCEL 表进行回归得出各组分焓值与温度的计算公式，如表 2 所示。

表 2 各组分焓值 *H* 与温度 *T* 之间的回归公式

组分	回归出的焓值与温度的公式
H_2S	$H=6E-06T^2+0.0375T-22.624$
SO_2	$H=-8E-06T^2+0.0728T-311.08$
S_2	$H=-4E-07T^2+0.038T+122..5$
S_6	$H=2E-05T^2+0.0545T+128.47$
S_8	$H=1E-05T^2+0.1117T+110.58$
CO	$H=2E-06T^2+0.0302T-111.93$
CO_2	$H=4E-06T^2+0.0483T-397.48$
CH_4	$H=1E-05T^2+0.051T-81.533$
H_2	$H=2E-06T^2+0.0273T-0.2033$
O_2	$H=2E-06T^2+0.0324T-1.7907$
H_2O	$H=5E-06T^2+0.0339T-243.07$
N_2	$H=2E-06T^2+0.0299T-1.3414$

4 酸性气燃烧炉反应平衡计算

4.1 计算酸性气燃烧炉温度

4.1.1 燃烧过程耗氧量的计算

计算数据取硫黄装置标定期间的平均数据，根据反应平衡关系，制硫炉内进出口各组分物料的摩尔流量如表 3 所示，假设参与反应的 H_2S 的量为 x。

表 3　酸性气反应炉的各物流组成　　kmol/h

组　成	酸性气	空气	入炉	制硫炉内	
	40℃	160℃	原料气	燃烧产物	反应产物
H_2S	112.72	0.00	112.72	75.15	$75.15-x$
CO_2	10.14	0.00	10.14	15.11	15.11
H_2O	13.00	9.72	22.72	70.91	$70.91+x$
SO_2	0.00	0.00	0.00	37.57	$37.57-1/2x$
N_2	0.00	250.68	250.68	250.91	250.91
O_2	0.00	66.64	66.64	0.00	0
S_2	0.00	0.00	0.00	0.00	$3/4x$
CH_4	4.97	0.00	4.97	0.00	0
NH_3	0.45	0.00	0.45	0.00	0
合计	141.28	327.04	468.32	449.65	$449.65+1/4x$

混合酸性气中有少量的含氨酸性气，采用烧氨工艺处理，需考虑氨的分解的 H_2S 燃烧生成 SO_2 和甲烷完全燃烧以及烧氨过程来计算需要的耗氧量：

$$2NH_3+1.5O_2=N_2+3H_2O \tag{5}$$

进料酸性气中有 $1/3H_2S$ 燃烧生成 SO_2：

耗氧量 $W(H_2S)=112.72\times(1/3)\times(3/2)=56.36$ kmol/h

CH_4燃烧耗氧量 $W(CH_4)=4.97\times2=9.94$ kmol/h

NH_3燃烧耗氧量 $W(NH_3)=0.45\times0.75=0.34$ kmol/h

总耗氧量 $W=W(H_2S)+W(CH_4)+W(NH_3)=66.64$ kmol/h

根据空气中的 N_2与 O_2的组成比例关系可知：

$V_{N_2}/V_{O_2}=79/21$

所以，N_2的量为：

$W\times(V_{N_2}/V_{O_2})=66.3\times(79/21)=250.68$ kmol/h

4.1.2　空气中水含量的计算

空气湿度为 30%，查绝对湿度与相对湿度对应表可知，常温 40℃ 的情况下，绝对湿度为 15.3g/m³，结合理想气体状态方程，空气中的水量为：

$15.3\times(250.68+66.64)\times22.4\times(40+273)/273))/(18\times1000)=9.72$ kmol/h

4.1.3　制硫炉温度的计算

设反应掉的 H_2S 为 X kmol/h

$2H_2S+SO_2=3/2S_2+2H_2O$

X　　$1/2X$　　$3/4X$　　X

根据平衡常数计算公式：

$$K_p=\frac{[H_2O]^2\,[S_2]^{\frac{3}{2}}}{[H_2S]^2\,[SO_2]}\cdot\left[\frac{\pi}{\sum n_i}\right]^{\frac{3}{2}-1}$$

根据 3#硫黄实际工况数据，制硫炉内压降为 11kPa，$\pi=129$kPa，

达到平衡时，$\Delta n=1/4$

$$K_p = \frac{[70.91 + x]\left[\frac{3}{4}x\right]^{\frac{3}{4}}}{[75.15 - x]\ [37.57 - 0.5x]^{\frac{1}{2}}} \bullet \left[\frac{33}{449.65 + \frac{1}{4}x}\right]^{\frac{1}{4}}$$

又由 K_p 与温度的关联式，≥700K

$$\ln K_p = -4438/T + 1.3260\ln T - 1.58 \times 10^{-3}T + 0.2611 \times 10^{-6}T^2 - 2.1235$$

当 X 值分别为 47、48、49、50 时，反应物料的不同组份所对应的热值，通过上述的回归函数进行计算(见表 4)。

表 4　试算各组分对应热值

项目	X/(kmol/h)			
	47	48	49	50
K_p	11.75	12.7	13.76	14.94
温度/℃	1067	1098	1131	1167
各组分热值				
H_2S	681.70	699.97	718.08	737.04
CO_2	−5158.40	−5131.72	−5103.19	−5071.92
H_2O	−23724.34	−23760.68	−23782.25	−23783.01
SO_2	−3412.93	−3268.33	−3124.22	−2980.10
N_2	8239.59	8505.84	8790.32	9101.92
S_2	5731.32	5894.70	6062.51	6236.30
总和	−17643.06	−17060.22	−16438.75	−15759.77
GJ/h	−17.64	−17.06	−16.44	−15.76

酸性气介质温度为 40℃，经预热器 E607 加热后温度为 165.9℃，计算进炉原料气焓值和热值见表 5。

表 5　入炉原料焓值和热值表

组分	流量/(kmol/h)	焓值/(kmol/kJ)	热值/(GJ/h)
H_2S	112.72	−16.4	−1848.92
CO_2	10.14	−389.47	−3949.2
H_2O	22.72	−237.31	−5392.17
SO_2	0	0	0
N_2	250.68	3.67	921.05
O_2	66.64	3.64	242.53
S_2	0	0	0
CH_4	4.97	−361.8	−361.8
NH_3	0.45	−8.78	−8.78
总和	468.32	−728.16	−10397.28
GJ/h			−10.4

通过对表 5 数据温度与热值数据进行回归，回归多项式函数图见图 3。

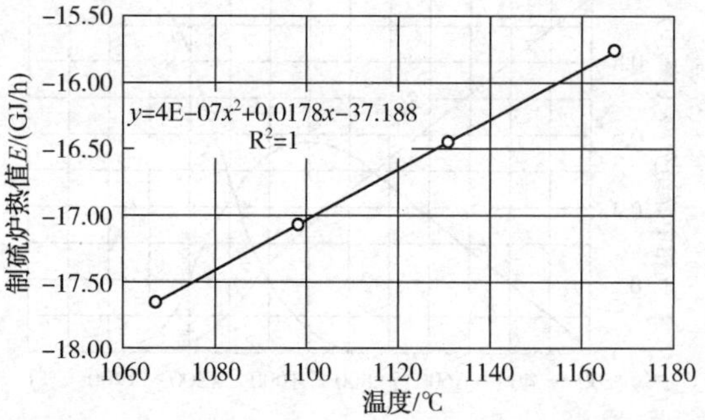

图 3　制硫炉温度与热值回归多项式函数图

根据热量守恒定律，结合回归后的多项式函数 $Y=4E-07X^2+0.0178X-37.188$，在 $Q=-10.4$GJ/h的情况下，计算出制硫炉的炉膛温度为：

$T=1347$℃

4.2　计算制硫炉转化率

制硫转化率即 H_2S 转化为 SO_2 和单质硫的能力，通过对制硫炉温度的计算已经可以知道参与反应的 H_2S 的摩尔流量，所以制硫炉进口组分与反应产物的组成如表 6 所示。

表 6　制硫炉进口组分与反应产物组成表　　kmol/h

组　分	入炉各组分的摩尔量	反应产物的摩尔量
H_2S	112.72	19.15
CO_2	10.14	15.11
H_2O	22.72	126.91
SO_2	0.00	9.57
N_2	250.68	250.91
O_2	66.64	0.00
S_2	0.00	42.00
CH_4	4.97	0.00
NH_3	0.45	0.00

制硫炉内的 H_2S 转化率为：

转化率=入炉原料硫化氢量-反应产物 SO^{2-} 反应产物 H_2S / 入炉原料硫化氢量=(112.72-19.15-9.57)/112.72×100%

=74.5%

在标定期间，制硫炉酸性气流量为 3165NM³/h，运行负荷为 76.44%，制硫炉前部温度为 1280℃，通过核算，制硫炉的温度为 1347℃。出现偏差的主要原因是：①液硫脱气采用蒸汽喷射器，每小时有 400kg 的蒸汽与硫池废气混合进入制硫炉，降低了炉膛的温度，计算过程未考虑；②制硫炉存在热损失，一部分热量通过炉壁进行扩散。

4.3　计算废热锅炉热负荷及出口组成

已知制硫炉炉膛温度 1280℃，余热锅炉出口温度 313.7℃，换算为华氏度为 596.66℉。

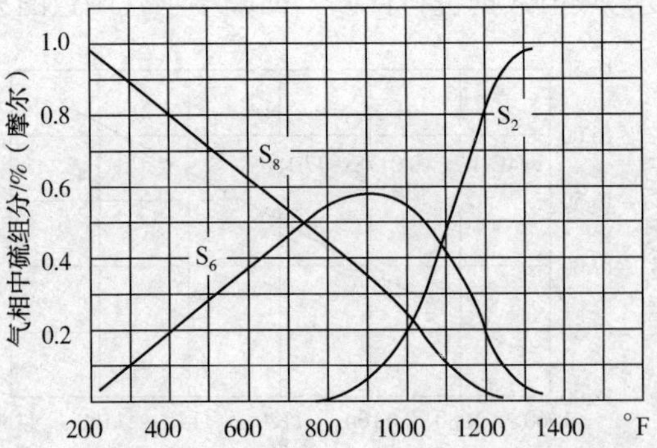

图4 不同温度下气相中 S_2、S_6、S_8 占的摩尔分率

查图4可知，在596.66℉温度下，对应的 S_2 全部转化为 S_6 和 S_8，摩尔分率 $S_6=0.37$，$S_8=0.63$，废热锅炉热量衡算同酸性气燃烧炉相同，需计入因温度降低引起的过程气中硫组分的变化。

在制硫炉出口进入废热锅炉后，温度开始下降，硫的形态由 S_2 转化为 S_6 和 S_8

由硫平衡 $2[S_2]=6[S_6]+8[S_8]$ 可知[3] (6)

假设 $S_6=X$，则 $S_8=X\times(0.63/0.37)$ (7)

$2\times42=6X+8\times(0.63/0.37)\times X$ (8)

由式(7)和式(8)计算可知：

$$S_6=4.28\ \text{kmol/h} \qquad S_8=7.29\ \text{kmol/h}$$

因余热锅炉出口只参与液硫的变化，其他组成不变，同时结合各组分回归函数，可得出余热锅炉出口组成及热值，见表7。

表7 余热锅炉出口组成及热值

物料	余热锅炉进口		余热锅炉出口	
	流量/(kmol/h)	热值/(MJ/h)	流量/(kmol/h)	热值/(MJ/h)
H_2S	19.15	856.82	19.15	-196.63
CO_2	15.11	-4814.28	15.11	-5771.03
H_2O	126.91	-23232.68	126.91	-29436.08
SO_2	9.57	-1800.05	9.57	-2766.98
N_2	250.91	11659.41	250.91	2066.27
O_2	0.00	0.00	0.00	0.00
S_2	42.00	7434.71	0.00	0.00
CH_4	0.00	0	0.00	0.00
NH_4	0.00	0	0.00	0.00
S_6	0.00	0	4.28	631.60
S_8	0.00	0	7.29	1068.64
总和	463.65	-9896.07	433.22	-34404.22
				-34.4

余热锅炉热负荷 $=Q_{余热锅炉出口}-Q_{余热锅炉进口}=-34.4-(-9.9)=-24.51$ GJ/h

4.4　余热锅炉出口露点温度计算

假定 S_6、S_8 全部为气相组分，余热锅炉出口压力实际为 129kPa，余热锅炉出口温度为 313.7℃，计算出口过程气中的硫的蒸气压为：

$$p=\frac{[S_2]+[S_6]+[S_8]}{\sum n_i}\cdot \pi$$

即 $P=(4.28+7.29)\times129\div433.22=3.45$kPa

根据图 5 液硫饱和蒸气压与温度的关系：

$\ln P=89.273-13463/T-8.9643\ln T$

式中　P——蒸气压，Pa；

　　　T——温度，K。

结合图 5 及通过以上公式进行计算可知 313.7℃(596.66K)时液硫的分压 $P_s=9.73$kPa，$P_s>P$，故没有液硫产生。

计算该压力下硫的露点温度，当硫的饱和蒸汽压为 $P=3.45$kPa 时：

由公式 $\ln P=89.273-13463/T-8.9643\ln T$

可求得 $T=525.02$K，即 $546.5-273=273.9$℃

综上可得余热锅炉出口的硫的露点温度为 273.9℃。

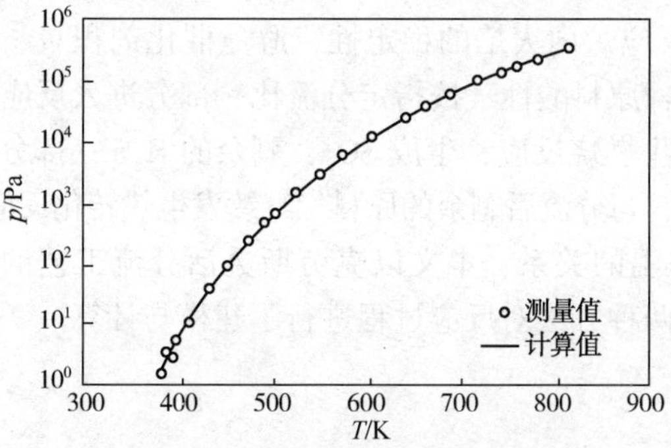

图 5　液硫温度与饱和蒸气压的关系

5　结语

(1)本文采用了回归函数的方法，进行热力学数据的处理，并使用单变量求解，通过给定一定范围的值进行试算，自动迭代得出计算结果，实现了硫黄回收装置酸性气燃烧炉的反应平衡温度、转化率、余热锅炉热负荷以及余热锅炉出口硫露点温度的自动计算，通过与实际工况进行对比，方法正确，结果准确。

(2)制硫炉反应平衡温度、负荷计算出来后，同时确定了反应后组分，根据硫的相变等，可进一步确定余热锅炉的热负荷、冷凝硫的量等，从而开始进行全装置、全流程的计算。

参　考　文　献

[1] 朱利凯．克劳斯法硫回收过程工艺参数的简化计算[J]．石油与天然气化工，1997，26(3)：163-169.

[2] 陈庚良．克劳斯法硫黄回收工艺技术进展[J]．石油炼制与化工，2007，38(9)：32-37.

某装置克劳斯灵活分流工艺反应炉的建模与计算

邱云霞　李　健

（中国石化工程建设有限公司　北京　100101）

摘　要：本文采用平衡常数法和流程模拟两种方法对克劳斯灵活分流工艺的反应炉进行了建模与计算，并对计算结果进行了对比和分析。更进一步地，利用模拟平台构建了燃烧反应、热转化反应的集成模型，探究了原料气中 H_2S 浓度、克劳斯反应炉分流比例与炉膛温度的关系。

关键词：硫黄回收　灵活分流　建模计算

1　前言

某硫黄回收装置原料酸性气中 H_2S 浓度低于 50%，极端工况下低至 38%，同时还含胺液、烃类、CO_2 等杂质，处理难度大。为保证反应炉内火焰的稳定性，避免催化剂积炭、失活等问题，该装置采用了克劳斯灵活分流工艺：原料酸性气按指定分流比一部分进入反应炉一区，在一区内，原料气中 H_2S 总量的 1/3 发生燃烧反应，生成 SO_2，剩余的 H_2S 一部分与 SO_2 发生热转化反应，反应后的过程气进入二区，与分流后剩余的原料气继续发生热转化反应。

为探究酸性气中 H_2S 浓度、分流比例与炉温的关系，本文以克劳斯灵活分流工艺的反应炉为研究对象，采用平衡常数法和流程模拟两种方法对反应过程进行了建模与计算。

2　建模与计算

2.1　计算基准

该套硫黄回收装置：设计规模 80kt/a，操作弹性为 50%～110%，与 SCOT 尾气工艺结合。根据标定报告整理，酸性气进料平均组成为：H_2S：321.04 kmol/h；CO_2：296.75 kmol/h；CH_4：2.14 kmol/h；H_2O：49.32 kmol/h。

根据现场操作条件，进入硫黄回收装置酸性气温度为 40℃，由饱和蒸汽压力对照表查得，该温度下水蒸气分压 P_{H_2O} = 7.38kPa，求出进料酸性气中饱和水含量为 4.21%。进一步地对进料酸性气进行校正，校正后酸性气组成为：H_2S：331.95 kmol/h；CO_2：306.85 kmol/h；CH_4：2.28 kmol/h；H_2O：28.18kmol/h。

本文所有计算均以此为基准。

2.2　平衡常数法

2.2.1　建模思路

平衡常数法建模基于美国气体处理和供应商协会（以下简称 GPSA，即 Gas Processors

Suppliers Association)的工程数据手册第 13 版，该方法属于简化的平衡常数法的一种。

本模型并非试图解决反应炉出口过程中所有产物的分布问题，而是着重解决反应炉的炉温及其相应的 H_2S 转化率的问题。建立模型的过程为：

1)不考虑在反应炉内生成少量 COS、CS_2、CO 和 H_2组分的有关副反应，仅考虑炉温及其相应的与 H_2S 转化成单质硫有关的两个反应(燃烧反应和热转化反应)；

2)根据原料酸性气的组成、流量、温度和压力计算进炉空气量；

3)由文献查得不同温度下各组分的焓值，计算进炉物流的总焓值；

4)设定一区、二区炉内参与转化反应的 H_2S 的量(x、y kmol/h)；

5)计算过程气组成(见表 1)；

6)根据不同的 x 与 y 值，通过反应平衡常数 K_P 与各物质的浓度的关系式得到 K_P 值，再根据 K_P 与温度的关系式，联立两式求出不同 x、y 值时的反应温度；

7)由 3)中所得焓值与温度的关系，得到不同 x、y 值时体系的总焓值，拟合出以 x、y 值为自变量，体系焓值为因变量的关系式；

8)根据热平衡和拟合的关系式，可求出最终的 x、y"值，并得到对应的反应温度。

2.2.2　计算过程

克劳斯灵活分流工艺，反应炉分为两区，计算按一区二区分别展开。一区二区的分流比为 60%、40%。

一区发生的反应有：酸性气中 H_2S 总量的 1/3 的燃烧反应；H_2S 与 SO_2 的热转化反应；甲烷的燃烧反应。

首先，根据 H_2S 和 CH_4 发生的燃烧反应计算需氧量：

$H_2S+1.5O_2 \longrightarrow H_2O+SO_2$　　$CH_4+2O_2 \longrightarrow 2H_2O+CO_2$

氧气的量=(1/3)×331.95×1.5+2.28×2=170.535kmol/h，由此得到空气中 N_2：641.54 kmol/h；H_2O：23.64 kmol/h。反应炉内各区域的组成如表 1 所示。

表 1　反应炉不同位置过程气组成　　kmol/h

组成	入炉原料	分流后	燃烧反应后	一区反应后	一二区混合	二区反应后
H_2S	331.95	199.17	88.52	88.52−x	155.42	155.42−y
CO_2	306.85	184.11	186.39	186.39	309.13	309.13
H_2O	51.82	40.548	155.758	155.758+x	232.91	232.91+y
SO_2	0	0	110.65	110.65−0.5x	77.71	77.71−0.5y
N_2	641.536	641.54	641.536	641.536	641.536	641.536
O_2	170.535	170.535	0	0	0	0
S_2	0	0	0	0.75x	49.41	49.41+0.75y

假设一区中与 SO_2 发生转化反应的 H_2S 为 x kmol/h，根据反应方程式：

$$2H_2S+SO_2 \longrightarrow 2H_2O+1.5S_2$$

$$x \quad 0.5x \quad x \quad 0.75x$$

反应后一区各物质组成见表 1，平衡常数与各物质浓度的关系为：

$$K_p = \frac{[H_2O]^2[S_2]^{\frac{3}{2}}}{[H_2S]^2[SO_2]}\left[\frac{\pi}{\Sigma n_i}\right]^{\frac{3}{2}-1} = \frac{[155.758+x]^2[0.75x]}{[88.52-x]^2[110.65-0.5x]}\left[\frac{1.45}{1182.854+0.25x}\right]^{\frac{1}{2}}$$

根据GPSA，该反应的平衡常数与温度的关系式为：

$$\ln K_p = -4438/T + 1.326\ln T - 1.58\times10^{-3}T + 0.2611\times10^{-6}T^2 - 2.1235$$

由以上两式，在指定了 x 值的情况下，能得到一区反应温度 T_1。本文指定 x 分别等于60、62、64、66kmol/L，得到 x 与温度的关系为：

项目	x/(kmol/h)			
	60	62	64	66
温度/K	1184.5	1256.5	1342	1445.5
温度/℃	911.5	983.5	1069	1172.5

根据GPSA，当体系温度>900℃时，各组分焓值与温度的关系为：

$$H_2S = -2871 + 40\times T + 0.00521\times T^2;\ CO_2 = -4241 + 50.3\times T + 0.00335\times T^2;$$

$$H_2O = 111 + 32.2\times T + 0.00621\times T^2;\ SO_2 = -2994 + 50.7\times T + 0.00324\times T^2;$$

$$N_2 = -922 + 30.4\times T + 0.00181\times T^2;\ S_2 = -493 + 35.1\times T + 0.00156\times T^2$$

可得到四个温度下，体系的总焓值(酸性气进料为总量的60%)与 x 的关系如下：

T/℃	911.5	983.5	1069	1172.5
ΣH/(GJ/h)	-108.55	-104.23	-96.68	-91.01
x/(kmol/h)	60	62	64	66

从而拟合出 x 与总焓值的关系：$\Sigma H = -0.0097x^2 - 1.6019x$

各物质的入口焓值按进料温度40℃，压力149kPa计算，将物料分流后，得到入口总焓值为-87.665GJ/h，根据体系的焓值守恒，将焓值带入拟合的公式中，求得 $x = 65.88$ kmol/h，$T_1 = 1166$℃。一区反应后，炉中各物质的组成如表2所示。

一区反应后剩余过程气进入二区，与分流后剩下的40%的原料气混合后继续反应，假设与 SO_2 发生转化反应的 H_2S 的量为 y kmol/h。

$$2H_2S + SO_2 \longrightarrow 2H_2O + 1.5S_2$$

$$y \quad 0.5y \quad y \quad 0.75y$$

根据与一区同样的计算方法，得到 $y = 70.71$kmol/h，$T_2 = 979$℃。此时，反应炉出口过程气的组成见表2。

表2　反应炉出口过程气组成　　kmol/h

H_2S	CO_2	H_2O	SO_2	N_2	O_2	S_2
85.82	309.13	302.51	42.91	641.536	0	101.61

一区反应温度1166℃，二区反应温度979℃，H_2S 在反应炉内的转化率为74.14%

2.3　模拟计算法

本文使用的软件为美国 Bryan Research and Engineering 公司开发的 ProMax 软件。该软件是天然气净化工艺的全流程模拟软件，包括醇胺法净化工艺、克劳斯法硫黄回收工艺、多种尾气处理工艺，以及它们之间不同结合的综合模拟计算。该软件的数据库较为完善，也曾用于多套装置计算，其热力学与动力学模型能比较准确地模拟反应过程。反应炉采用的模型如图1所示。

根据2.1的计算基准，在流程中输入数据，分流比设定为60%时，得到一区二区过程气的组成见表3。

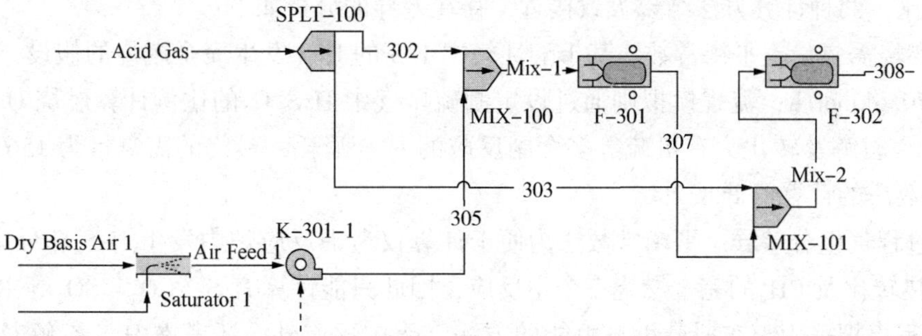

图 1　流程模拟图

表 3　流程模拟计算结果　kmol/h

	入炉原料	一区反应后	二区反应后
H_2S	331.95	14.64	73.81
CO_2	306.85	158.388	288.962
H_2O	39.34	203.134	291.732
SO_2	0	81.779	38.983
N_2	588.954	588.954	588.954
O_2	156.557	0	0
S_2	0	48.91	105.1
H_2	0	12.2	10.31

一区反应温度 1195℃，二区反应温度 946℃，H_2S 的单程转化率为 77.8%。

2.4　结果分析

由以上计算过程，得到采用两种方法所得计算结果对比见表 4。

表 4　计算结果对比　kmol/h

组成	入炉原料		一区反应后		二区反应后	
	平衡常数法	流程模拟	平衡常数法	流程模拟	平衡常数法	流程模拟
H_2S	331.95	331.95	22.64	14.64	85.82	73.81
CO_2	306.85	306.85	186.39	158.388	309.13	288.962
H_2O	51.82	39.34	221.638	203.134	302.51	291.732
SO_2	0	0	77.71	81.779	42.91	38.983
N_2	641.536	588.954	641.536	588.954	641.536	588.954
O_2	170.535	156.557	0	0	0	0
S_2	0	0	49.41	48.91	101.61	105.1
H_2	—	—	—	12.2	—	10.31
S_3-S_8	—	—	—	0.09	—	0.68
炉温			1166℃	1195℃	979℃	946℃
H_2S 转化率			88.6%	92.6%	74.1%	77.8%

经对比，两种计算方法结果大致接近，存在差异的分析如下：

(1)燃烧需氧量。平衡常数法基于酸性气中1/3的H_2S发生完全燃烧的假设，计算燃烧O_2量为170.5kmol/h；流程模拟则通过设定制硫尾气中H_2S/O_2的比例计算燃烧O_2量，且还考虑了H_2S裂解及转化为有机硫等多个副反应的H_2S消耗，最终的需氧量为156.6kmol/h，较平衡常数法的计算值低8.2%。

(2)过程气组分差异。平衡常数法为便于计算仅考虑反应炉中发生H_2S部分燃烧、H_2S与SO_2的热转化及CH_4的完全燃烧三个主反应，因此只能计算H_2S、CO_2、SO_2等主要组分的含量；流程模拟采用吉布斯最小自由能的方法，除主反应外，还考虑H_2S裂解及产生有机硫的反应：

H_2S裂解：$H_2S \longrightarrow H_2+S$

COS生成：$H_2S+CO_2 \longrightarrow H_2O+COS$

CS_2生成：$H_2S+0.5CO_2 \longrightarrow H_2O+0.5CS_2$

由于上述副反应的存在，造成H_2S及CO_2的损耗，流程模拟H_2S及CO_2浓度略低于平衡常数法，见表5。

表5　H_2S与CO_2浓度差异对比　　%

组成	一区反应后		二区反应后	
	平衡常数法	流程模拟	平衡常数法	流程模拟
H_2S	1.89	1.29	5.78	5.2
CO_2	15.54	13.95	20.84	20.37

流程模拟采用的Sulfer-SRK模型，能计算出反应炉中H_2及有机硫等组分含量，计算结果与实际生产情况更接近。

(3)反应温度。平衡常数法计算一区的反应温度为1166℃，二区为979℃；流程模拟计算一区温度为1195℃，二区946℃，两种方法相差分别为2.48%和3.37%，结果接近，误差在可接受范围之内。

2.5　扩展计算

由于该装置上游酸性气组成不稳定，H_2S浓度波动范围大，本文在克劳斯灵活分流模型建立的基础上构建了燃烧反应及热转化反应集成模型，探讨了不同H_2S浓度，不同分流比例对炉温的影响规律。

调整原料气中H_2S的浓度由15%波动到50%，分流比例(此处指分流到二区的比例)由0调整到60%，得到一区燃烧温度如图2所示。

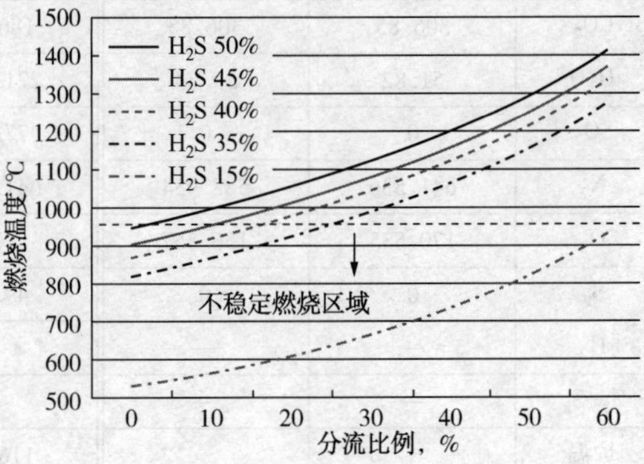

图2　酸性气中H_2S浓度、分流比例与一区炉温的关系图

克劳斯灵活分流工艺提高分流比(到二区的酸性气量)有助于提高反应炉一区燃烧温度，保证反应炉操作的稳定性；进料酸性气H_2S浓度越低，所需分流比例越高；当酸

性气浓度低于15%时，只通过提高分流比例的方法也无法维持稳定燃烧所需的最低温度，需考虑通入燃料气伴热或其他工艺方法(如直接氧化法等)。

3 总结

本文为探究克劳斯灵活分流法中反应炉的炉温与原料气中H_2S浓度、分流比例的关系，通过平衡常数法和流程模拟两种方法，以灵活分流法中的反应炉为研究对象，构建了炉内反应燃烧模型。计算结果表明：

(1)采用平衡常数法结合组分焓值理论，只考虑反应炉内的主反应，可对克劳斯灵活分流工艺反应炉燃烧部分过程气组成及燃烧温度进行初步的计算；采用流程模拟软件ProMax基于吉布斯最小自由能的理论可对克劳斯灵活分流工艺反应炉燃烧部分进行全组分的计算；

(2)当原料酸性气中H_2S的浓度较低时，通过灵活分流的方法，能够有效提高炉膛燃烧温度，保证稳定燃烧；

(3)由于H_2S的裂解及产生有机硫的副反应，采用流程模拟计算的过程气组成中H_2S与CO_2含量略低于平衡常数法，燃烧温度的误差为3%左右；

(4)对原料酸性气中H_2S浓度较低的情况，克劳斯灵活分流工艺可通过调节酸性气分流比例有效提高反应炉燃烧温度，维持装置稳定操作。

参 考 文 献

[1] 陈赓良，肖学兰．克劳斯法硫黄回收工艺技术[M]．北京：石油工业出版社，2007.
[2] 朱利凯，克劳斯法硫回收过程工艺参数的简化计算[J]，石油天然气化工，1997，26(3)：163-169.

基于 Aspen Hysys 的硫黄回收装置流程模拟与操作优化

苏广伟

（中国石化青岛炼油化工有限责任公司　山东青岛　266500）

摘　要：利用 Aspen Hysys 软件对某 22×10^4t/a 硫黄回收装置进行建模，并对模型进行验证。通过对部分关键操作参数的变化进行模拟，使装置操作达到优化的目的。通过调整一、二级克劳斯反应器入口温度，以调整 H_2S 和 SO_2 的反应转化率，从而达到提高装置硫黄回收率及减小二氧化硫排放的目的。此模型详细的建立了装置的流程，可为装置其他模拟提供基础。

关键词：流程模拟　优化　硫回收　SO_2减排

1　前言

1.1　装置简介

22×10^4t/a 硫黄回收装置是某炼油化工有限责任公司 1000×10^4t/a 炼油工程中的主要环保装置见图 1，本装置采用意大利 KTI 公司的技术，通过克劳斯与 RAR（还原、吸收、循环）工艺，回收酸性气中所含的硫，生产能力为 22×10^4t/a，其中硫回收单元由两列相同克劳斯（Claus）制硫组成，每列设计规模为 11×10^4t/a 硫黄，操作弹性为 30%～120%；RAR-尾气处理、RAR-溶剂再生、液硫脱气部分及尾气焚烧部分为单列设计，设计规模为 22×10^4/a 硫黄，操作弹性为 15%～120%。装置设计年运行时间 8400h。

整个装置设计硫回收能力 629t/d，硫回收率 99.9%，排放尾气 H_2S 含量不大于10μL/L，SO_2含量不大于 580 mg/Nm^3。

整套装置采用 DCS 集散控制，为了保证较高的硫回收率，采用硫化氢二氧化硫比值分析仪、氧含量分析仪、氢含量分析仪和 pH 值分析仪实现闭环控制。

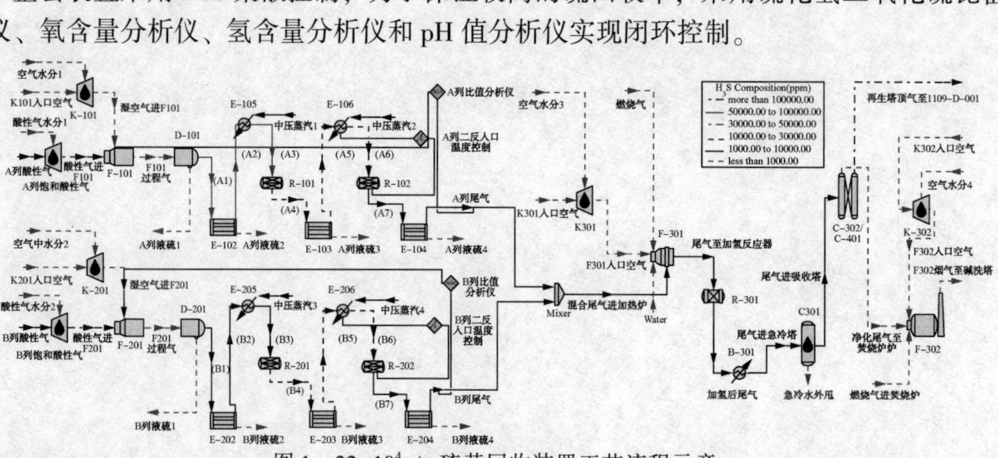

图 1　22×10^4t/a 硫黄回收装置工艺流程示意

1.2 建模数据

与流股相关的输入数据见表 1 及表 2。

表 1 装置物料数据

序号	物料名称	数据(设计值)/(kg/h)
	进料	120%工况
1	第一列溶剂酸性气	9420
2	第二列溶剂酸性气	23767
3	SWS 酸性气	3397
4	燃烧空气	108532
5	燃料气	1205
6	其他	4998
	总计	151319
	出料	
1	液硫	31542
2	酸性水	17895
3	烟道气	101882
	总计	151319

表 2 主要工艺控制指标

序号	参数名称	单位	控制指标
1	反应炉一区炉膛温度	℃	1150~1450
2	一级反应器入口温度	℃	210~240
3	二级反应器入口温度	℃	190~230
4	加氢反应器 R-301 入口温度	℃	280~330
5	铺集器出口温度	℃	130~150
6	吸收塔贫液温度	℃	35~45
7	再生塔气相返塔温度	℃	118~130
8	焚烧炉 F-302 炉膛温度	℃	550~730
9	B-101/201 出口过程气温度	℃	≯365
10	吸收塔顶净化尾气总硫	μL/L	≤300
11	烟气排放二氧化硫浓度	mg/Nm^3	≤580
12	烟气排放硫化氢浓度	μL/L	≤10
13	烟气氧含量	%(体)	1.8~5

依据上述对模型的设定及物性方法、物性数据的选取，输入装置实际运行数据，对装置进行模拟计算，并调整设备效率，以使模型计算值与实际控制值或分析值相符，进而对模型进行验证。

1.3 模型验证

模型验证即将实际操作值与模拟值对比，但是因为本装置近期未达到设计加工量，所以本次将装置设计值与模型计算值(120%工况下)，实际操作值与模型计算值(装置实际运行负荷60%工况下)分别作对比，查看误差是否在可允许范围之内。只有通过了模型验证的模型才能应用于装置下一步的优化分析。

另外，本模型不涉及液硫脱气系统，所以模拟值与设计值和实际值之间会存在一些误差。

1.3.1　物料平衡

将模型计算的液硫、酸性水、烟道气与实际值对比，来查看装置的物料平衡情况，对比情况见表3。

表3　装置物料平衡情况　　kg/h

	名称	设计值	模拟值	误差	实际值	模拟值	误差
		设计工况(120%)			实际工况(60%)		
输入	酸性气量	36584	36584	0	18300	18300	0
	燃烧空气	108532	103691	4841	64000	62671	1229
	燃料气	1205	1439	-234	740	890	-150
	其他	4998	12366	-7368	9960	11066	-1069
	合计	151319	154080	2761	93000	92927	83
输出	液硫	31542	31500	42	19000	18900	100
	酸性水	17895	14580	3315	9000	8787	231
	烟道气	101882	108000	-6118	65000	65240	-240
	合计	151319	154080	-2761	93000	92927	83

从表3中设计值与模型计算值(120%工况下)、实际操作值与模型计算值(装置实际运行负荷60%工况下)分别作对比得到的结果可以看出，在120%的工况下设计值与模型模拟值数据稍有出入，但总体能够符合装置模拟要求。在60%的实际工况下实际值与模型模拟值基本符合，模型完全可以作下一步的优化模拟使用。

1.3.2　硫黄装置达标参数对比

将模型计算的22×10⁴t/a硫黄回收A/B装置各阶段的硫黄回收率与设计值和实际值对比，同时将模型计算出的尾气排放指标与设计值和实际值对比，对比情况见表4。

表4　硫黄回收率数据对比

名称	单位	设计值	模拟值	实际值	模拟值
		设计工况(120%)		实际工况(60%)	
F101后硫回收率	%		67.78		67.78
R101后硫回收率	%		91.37		91.37
R102后硫回收率	%		97.14		97.14
F201后硫回收率	%		66.53		66.53
R201后硫回收率	%		91.16		91.16
R202后硫回收率	%		97.09		97.09

续表

名称	单位	设计值	模拟值	实际值	模拟值
		设计工况(120%)		实际工况(60%)	
尾气处理部分硫回收率	%		98.77		98.77
22×10^4t/a 硫黄总硫回收率	%	≥99.9	99.96	≥99.9	99.96
净化尾气总硫	μL/L	≤300	152.3	≤300	152.6
尾气排放 SO_2 含量	mg/Nm^3	≤580	428	≤580	428

由表 4 可知，将模型计算的 22×10^4t/a 硫黄回收 A/B 装置总硫黄回收率的设计值和实际值相比较，同时将模型计算出的尾气排放指标与设计值和实际值对比的结果完全符合设计要求，模型可以进行下一步流程模拟优化。图 2 为模型模拟数据截图。

Process Summary			
Object	Variable	Value	Units
1#硫黄	经A列制硫炉后硫黄转化率	67.78	%
1#硫黄	经A列一及反应器后硫黄转化率	91.37	%
1#硫黄	经A列二及反应器后后硫黄转化率	97.14	%
1#硫黄	经A列制硫炉后硫黄回收量	1.091e+004	kg/h
1#硫黄	经A列一级反应器后硫黄回收总量	1.480e+004	kg/h
1#硫黄	经A列二级反应器后硫黄回收总量	1.583e+004	kg/h
1#硫黄	经B列制硫炉后硫黄转化率	66.53	%
1#硫黄	经B列一及反应器后硫黄转化率	91.16	%
1#硫黄	经B列二及反应器后后硫黄转化率	97.09	%
1#硫黄	B列制硫炉后硫黄回收量	9932	kg/h
1#硫黄	经B列一级反应器后硫黄回收总量	1.365e+004	kg/h
1#硫黄	经B列二级反应器后硫黄回收总量	1.469e+004	kg/h
1#硫黄	A/B列硫黄回收总量	3.150e+004	kg/h

C-302/C-401		
尾气处理部分硫回收率	98.76	%
净化尾气总硫	152.6	$\times10^{-6}$

F-302		
烟气氧含量	0.0200	
烟气中$COS+CS_2+H_2S$含量	4.782	$\times10^{-6}$

图 2　模型截图

2　模型优化分析

2.1　温度对硫回收率的影响

过程气进一级反应器温度对硫回收率的影响:

模型通过控制过程气进一级反应器温度，加工量和其他操作不作改变，分析过程气进一级反应器温度对硫回收率、净化尾气总硫的影响，结果见表 5 和图 3~图 5。

表 5　过程气进一级反应器入口温度的影响分析

过程气进一级硫冷器温度/℃	加工量/(kg/h)	A 列硫回收率/%	B 列硫回收率/%	尾气处理硫回收率/%	净化尾气总硫(μL/L)
210	18300	97.01	97.00	98.80	152.71
215	18300	97.04	97.03	98.79	152.70
220	18300	97.08	97.05	98.78	152.69
225	18300	97.11	97.07	98.77	152.68
230	18300	97.14	97.09	98.76	152.65
235	18300	97.16	97.10	98.75	152.63
240	18300	97.18	97.11	98.74	152.62

续表

过程气进 一级硫冷器温度/℃	加工量/(kg/h)	A列 硫回收率/%	B列 硫回收率/%	尾气处理硫 回收率/%	净化尾气总硫(μL/L)
245	18300	97.20	97.12	98.74	152.60
250	18300	97.21	97.13	98.73	152.60

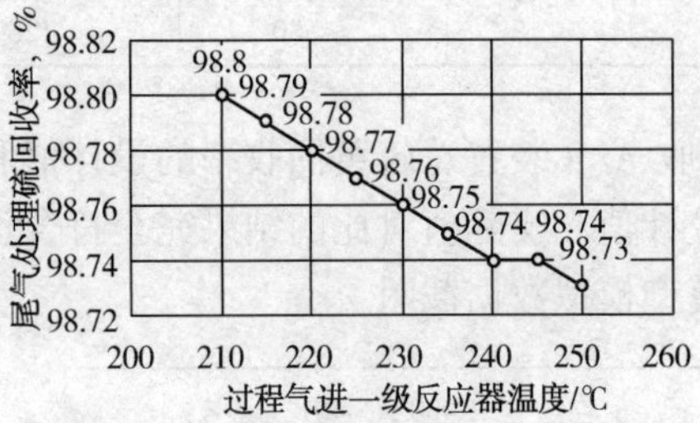

图3　一级反应器入口温度对硫回收率的影响分析

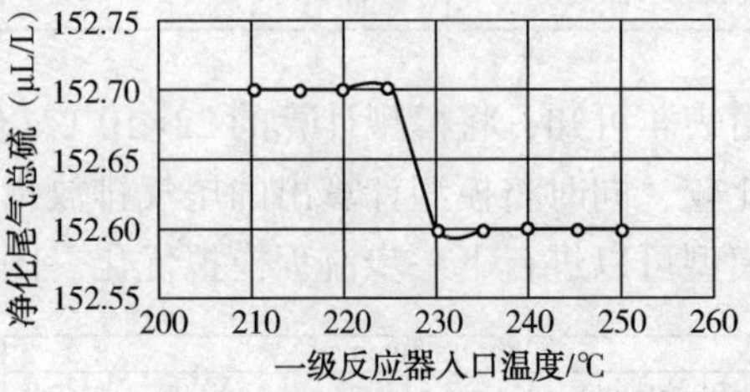

图4　一级反应器入口温度对净化尾气总硫的影响分析

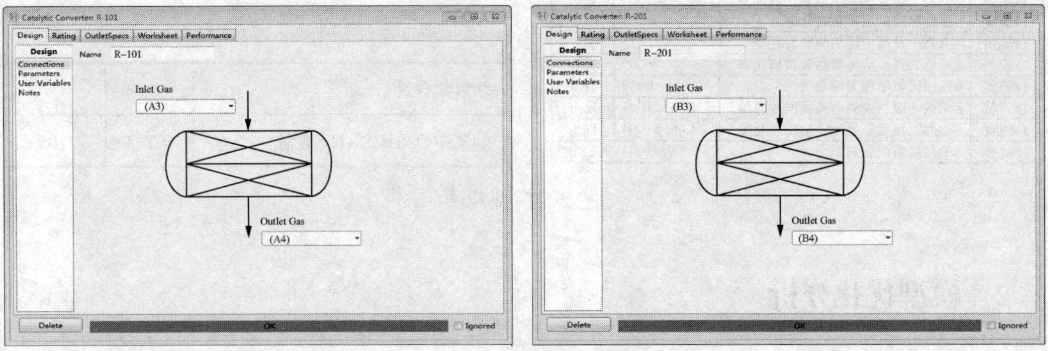

图5　一级反应器模拟截图

由表5和图3、图4可知，在装置加工量不变、装置其他操作不作调整的情况下，随着一级反应器入口温度升高，A/B列制硫部分硫回收率升高，但是温度高于245℃以后A/B列制硫回收率继续提高的数值不再明显。同时，尾气吸收部分硫回收率和净化尾气中总硫随着一级反应器入口温度升高而不断降低，但是，温度在高于245℃以后降低的数据不再明显。从以上分析可知，将一级反应器入口温度控制在245℃左右时装置硫回收率处于最佳。因此，可对A/B列制硫部分一级反应器入口温度进行卡边操作，以提高装置硫回收率。

另外，一级反应器入口温度控制在230~250℃合理范围后，尾气处理部分负荷可适当减轻，净化尾气总硫可降至最低。

因此，结合装置采用中压蒸汽为反应器加热热源的生产实际情况，为提高装置硫回收率，降低装置二氧化硫排放，同时降低装置能耗，延长催化剂使用时间，应该将一级反应器入口温度控制在235℃进行操作。

2.2　焚烧炉温度对烟气硫组分的影响

模型通过控制焚烧炉炉膛温度，保证加工量和其他操作不做改变的情况下，分析焚烧炉炉膛温度对烟气硫组分以及排放的影响，结果见表6、图6、图7。

表 6　焚烧炉炉膛温度的影响

焚烧炉炉膛温度/℃	加工量/(kg/h)	H_2S 剩余率/%	COS 剩余率/%	CS_2 剩余率/%	烟气中 $H_2S+COS+CS_2$ 含量(μL/L)
550	18300	8.54	50.27	58.59	9.565
580	18300	5.6	39.43	47.85	6.241
610	18300	3.79	31.55	39.75	4.207
640	18300	2.63	25.61	33.43	2.922
670	18300	1.87	21.09	28.45	2.084
700	18300	1.36	17.64	24.54	1.523
730	18300	1.01	14.97	21.43	1.138
760	18300	0.77	12.87	18.93	0.8674

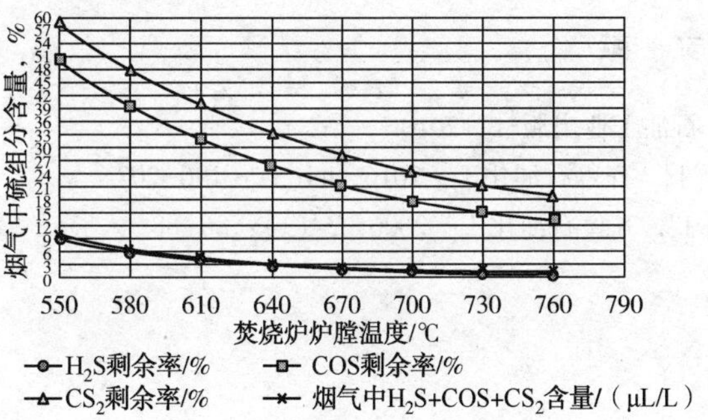

图 6　焚烧炉炉膛温度对烟气硫组分的影响

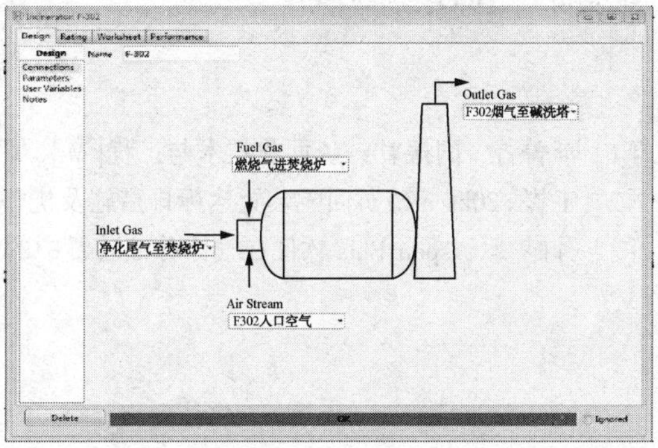

图 7　焚烧炉模拟截图

由表 5 和图 6 可知，在加工量不变、装置其他操作不调整的情况下，随着焚烧炉炉膛温度上升，烟气中 $H_2S+COS+CS_2$ 的转化率升高，烟气中 $H_2S+COS+CS_2$ 总含量降低(因目前情况下该模拟软件还不能对烟气中的氮氧化物含量进行数据验证，因此本次模拟不考虑氮氧化物的变化)。在不超过工艺卡片和降低装置能耗的前提下，可对焚烧炉炉膛温度实现优化，以选择最佳的的工艺运行方案。

2.3　其他优化分析

(1)化尾气中总硫含量化验分析数据与模型数据存在差异，主要是因为模型作为一个整体在模拟时，随着加工负荷的变化尾气处理部分负荷也相应变化。而一般情况下实际操作中尾气处理部分的溶剂再生装置处理量不做太大调整。所以在装置低负荷运行情况下，净化尾气中总硫含量低于设计值很多，同时低于模拟值很多。

因此，经过此次模拟可根据工艺环保要求对尾气处理部分进行调整，实现节能减排。在装置提加工负荷时要特别注意净化尾气总硫，防止超标。

(2)模型整体对比分析，在 A/B 列同时运行时，相应的参数相同时，发现 A/B 列硫黄硫回收率有所差异。这主要是因为模型本身对两头一尾硫黄装置系统上的分配差异所造成，有一定的随机性。另外，在实际运行中，A/B 两列的加工量也不可能完全一样，因此具体情况还要结合实际操作对装置进行调整，以提高总硫回收率。

3 结语

(1)利用 Aspen Hysys 流程模拟软件，可以准确模拟硫黄回收装置装置的生产工况，优化改造后的生产操作工艺条件在实际的操作中得到了验证。

(2)将 A/B 列硫黄一级反应器入口温度控制在 235℃时，有利于装置运行。

(3)装置在低负荷运行情况下，可将尾气处理系统负荷适当保持高处理量，可降低净化尾气中总硫含量。

(4)在保证不超工艺卡片的条件下，可根据调节焚烧炉炉膛温度来实现相应的烟气排放指标。

(5)本次模型对硫黄回收装置建模较全面，为生产工艺方案的制定提供了较好的指导，缩短了装置的调整时间。

参 考 文 献

[1] 李菁菁，闫振乾．硫回收技术与工程[M]．北京：石油工业出版社，2010.

[2] 王岑．20kt/a 硫黄回收装置达标排措施及优化运行[J]．齐鲁石油化工，2016，44(3)：196-202.

[3] 孙献菊．Aspen Plus 软件在气体分馏装置中的应用[J]．齐鲁石油化工，2006，34(1)：86-88.

酸性水汽提装置模拟分析与用能改进

游　敏

（中国石油化工股份有限公司荆门分公司　湖北荆门　448200）

摘　要：本文利用工艺流程模拟软件 Aspen Plus 对酸性水汽提装置建立稳态模型，通过模拟工艺过程，量化装置蒸汽消耗和塔底净化水质量的关系，进而指导装置操作和用能改进。模拟计算结果表明，在满足塔底净化水质量控制指标的情况下，通过调节入塔冷热进料比、侧线抽出量以及塔顶压力等操作条件降低蒸汽消耗，为优化装置运行提供依据。将研究成果应用于某企业酸性水汽提装置，结果表明通过调整操作参数，有利于降低装置蒸汽消耗，减少污染物排放，节约装置运行成本。

关键词：污水汽提　流程模拟　节能　保质降耗

1　前言

在炼油化工生产中，硫黄回收装置酸性水汽提单元是极其重要的环保装置，是全厂加工流程链中重要的一环，如出现异常会导致上游装置减产降量，对企业的经济效益和安全环保影响较大。含硫污水汽提塔是本装置主要的耗能设备，其塔底重沸器热源能耗占装置总能耗的90%左右。因此，提高污水汽提塔的效率以降低能耗、提高企业经济效益具有举足轻重的节能意义。

本文结合流程模拟软件，以某企业 140t/h 酸性水汽提装置为研究对象，通过对汽提塔运行工况进行模拟，分析和诊断生产装置的操作方案、工艺技术参数、装置潜力和瓶颈，在塔底净化水质量满足控制标准的情况下，量化装置操作条件与蒸汽消耗，进而指导装置操作和用能改进，可在装置节能降耗、挖潜增效、技术改造等方面提供参考，为下一步降低装置能耗，增加装置效益提供依据。

2　装置及流程简述

2.1　装置简介

某企业 140t/h 酸性水汽提装置于 2012 年 8 月竣工投产，设计处理能力为 140t/h，采用单塔加压汽提侧线抽氨工艺，主要产品为塔底净化水、侧线粗氨气、塔顶酸性气。装置设计操作弹性为 60%~110%，年生产时数 8400h。

140t/h 酸性水汽提装置主要包括原料水预处理、酸性水汽提和氨精制三个部分，负责处理上游催化、蒸馏、加氢和硫黄回收等装置产生的含硫含氨污水，设计处理的酸性水含氨量为 0.35%（质），含硫化氢量为 1.0%（质），经 1.0MPa 蒸汽间接提供热源汽提处理后的净化水设计质量指标为氨氮含量≤80mg/L、硫化物含量≤10 mg/L，合格后经净化水回用泵输送至上游装置回用或至污水处理场深度处理。汽提塔侧线抽出的粗氨气经精制后由氨压机压缩储存出厂，液氨设计质量指标为液氨≥98%(质)，汽提塔顶酸性气经脱液后输送至硫黄回收装置。

2.2 流程简述

上游装置来的含硫污水经污水罐区沉降、脱油等预处理后分为两股输出送至汽提塔：一股经冷进料冷却器冷却后进入汽提塔顶作吸收水，称为冷进料，用以调节塔顶温度；另一股与塔底抽出的净化水经换热到 150 ℃左右，进入污水汽提塔第一层塔盘作为热进料。汽提塔底用 0.8~1.0MPa 蒸汽或导热油作为热源并产生汽提作用。汽提塔顶酸性气经酸性气分液罐气液分离后直接送至硫黄回收装置或硫酸装置进行硫回收。

30%(质)NaOH 溶液自汽提塔中部注入，促进含硫污水中固定铵盐分解，侧线抽出的粗氨气经过三级冷却脱水后送入氨精制系统。

汽提塔底部抽出的净化水利用塔内压力(0.53 MPa)压出，经冷却后回用至上游装置，剩余部分进入污水处理场进行深度处理。

3 模型建立

3.1 模型与物性确定

应用 Aspen Plus 工艺流程模拟软件，建立模拟流程如图 1 所示。酸性水汽提装置的模拟选用专用于电解质系统的 ELECNRTL 物性方法，应用电解质向导自动生成电解质组分，选取数据库中的亨利常数表征 H_2S、NH_3在水中的溶解度，数据库中自带有 H_2S 和 NH_3在水中的电离平衡常数，结合输入的实际数据，可对含硫污水加压装置进行严格模拟计算。

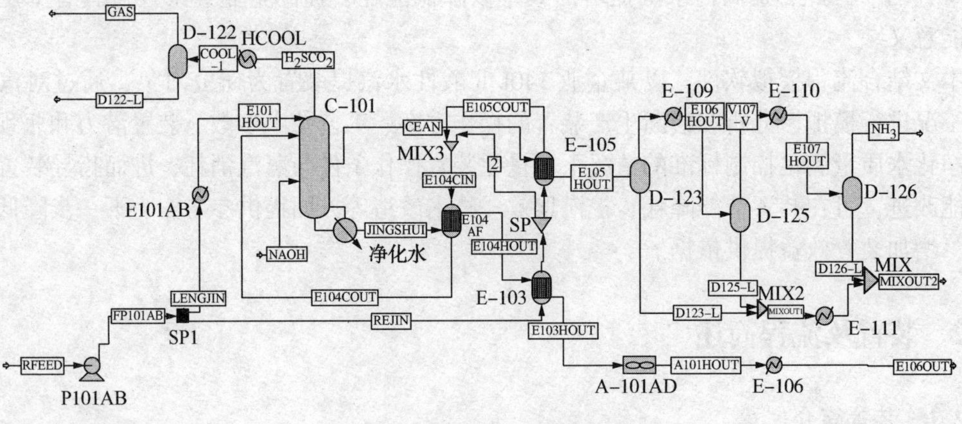

图 1　污水汽提装置模拟流程图

3.2 模型验证

3.2.1 物料平衡

将模型计算的入塔原料、净化水、酸性气、气氨流量与实际值对比，考察装置的物料平衡情况，如表 1 所示。

表1 装置物料平衡情况 t/h

	实际值	模拟值
输入		
原料水	115.05	115.05
合计	115.05	115.05
输出		
净化水	100.05	101.07
气氨	0.41	0.3
酸性气	0.45	0.45
分凝液	14.14	13.23
合计	115.05	115.05

3.2.2 汽提塔操作参数对比

将模型计算的汽提塔操作数据与实际值进行对比，考察模型与实际工况的符合程度，结果如表2所示。

表2 汽提塔数据对比

项目	模型值	实际值	误差/%
侧线抽出流量/(t/h)	14	15	-6.67
塔顶产出/(Nm^3/h)	0.45	0.43	4.65
塔底产出/(t/h)	100.07	100	0.07
塔顶温度/℃	38	35	8.5
塔顶压力/MPa(g)	0.48	0.48	0.00
塔底温度/℃	160.9	162	-0.68
塔底压力/MPa(g)	0.53	0.53	0.00
侧线抽出温度/℃	148	143	3.50
一级分凝器入口温度/℃	122.1	124.3	-1.77
三级分凝器出口温度/℃	39	37	5.4
一级分凝器压力/MPa(g)	0.3	0.3	0.00
二级分凝器压力/MPa(g)	0.25	0.25	0.00
二级分凝器压力/MPa(g)	0.23	0.23	0.00

由表2可知，模型计算的汽提塔温度、流量、压力等数值与实际值接近。

3.2.3 塔底净化水分析数据对比

将模型计算的塔底净化水硫含量、氨含量与实际分析值进行对比，结果如表3所示。

表3　净化水分析值对比

净化水	工艺指标	模型值	实际值
氨氮/(mg/L)	≯30	21	10~30
硫化物/(mg/L)	≯10	10	<10

由表3可知，模型计算的净化水氨含量与实际接近，硫含量高于实际值，说明实际装置净化水中的硫并不是以 H_2S 的形式存在，通过汽提作用无法除去。

3.2.4　模型验证结论

通过考察模型计算的物料平衡、操作参数及塔底净化水分析数据与设计工况的差异，当前建立的含硫污水汽提装置模型，模拟计算结果与实际操作数据吻合较好，能够满足设计指标，且模拟计算过程易于收敛，能够反应装置的实际运行情况，可以用来进行生产运行模拟，开展下一步的优化分析，指导生产。

4　分析与讨论

4.1　塔顶压力的影响

给定塔底净化水氨氮含量，通过冷热进料比控制酸性气 H_2S 含量不变(防止酸性气带水)，考察塔顶压力对汽提蒸汽量、汽提塔底温的影响。如图2所示，随着汽提塔压力升高，塔底的温度升高，净化水硫含量降低，但净化水温度与蒸汽换热温差减小，不利于再沸器的热传递，汽提蒸汽量就会增加。因此当前工况下，可降低塔顶压力，又可节省蒸汽。

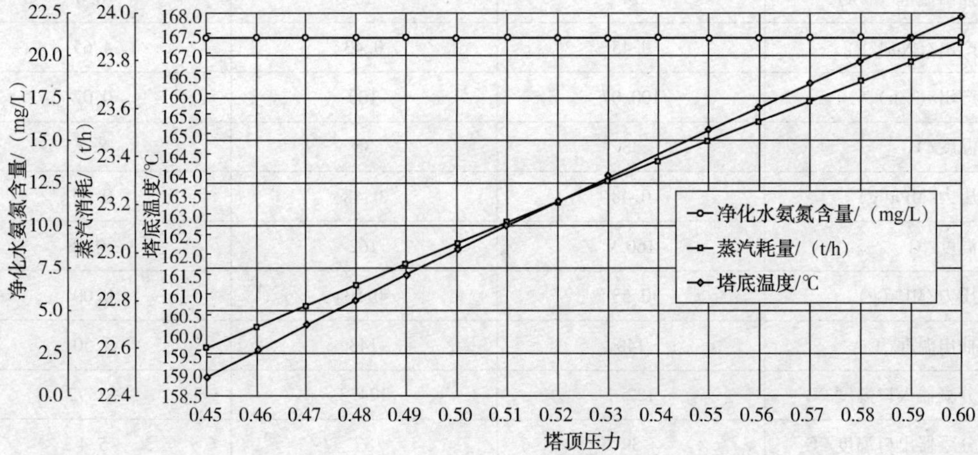

图2　顶压的影响分析

由图2可知，汽提塔塔顶压力过低时，为降低塔顶酸性气含水量，需加大冷进料比例，则汽提塔蒸汽消耗量上升，净化水硫含量也会有所增加；而汽提塔塔顶压力过高时，塔的温度升高，蒸汽消耗量增加，同时塔底温度升高，净化水与蒸汽换热温差减小，不利于再沸器的换热效率。模拟计算数据表明：①汽提塔塔顶压力每降低0.01MPa，将减少塔底蒸汽消耗0.01t/h；②塔顶压力过低会导致塔底温度过低，不利于汽提塔底部净化水质量；③根据模拟计算，污水汽提塔塔顶压力最佳控制范围为0.47~0.50MPa。

4.2 冷、热进料比的影响

模拟计算中控制汽提塔塔顶酸性气流量、侧线采出量不变，保持进料量、塔底净化水氨氮含量不变，分析冷、热进料比的变化对净化水氨氮、硫含量及汽提塔塔底重沸器蒸汽耗量的影响，结果如图3、图4所示。

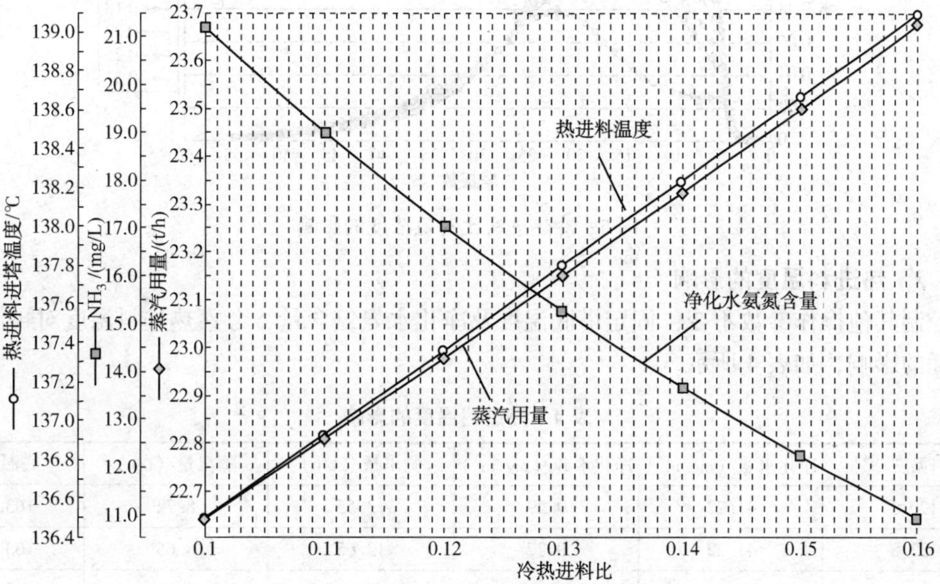

图3 冷热进料比的影响分析

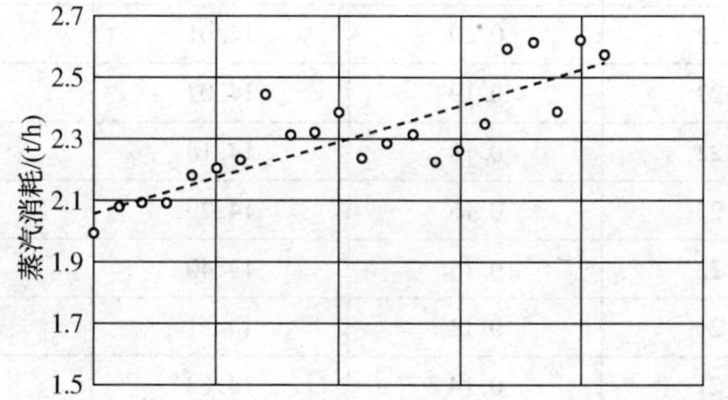

图4 冷热进料比与蒸汽消耗对照曲线

如图3、图4所示，将汽提塔冷/热进料比从0.31逐渐降低至0.10，再根据汽提塔塔底温度变化情况调整蒸汽供给量，蒸汽用量从2.57t/h降低至1.99t/h左右，可节约1.0MPa蒸汽用量0.58t/h。

如图5所示，冷、热进料比由0.31下降至0.07，氨富集区由第10层塔盘下降至第23层，有利于提高侧线抽出口处氨浓度。

计算结果表明：①调整冷热进料比可以降低蒸汽用量；②如果控制过低将会导致塔顶温度过高，塔顶酸性气含水量大幅上升；③如果控制过高，为保证塔底温度及塔底净化水质量，将增加蒸汽消耗。

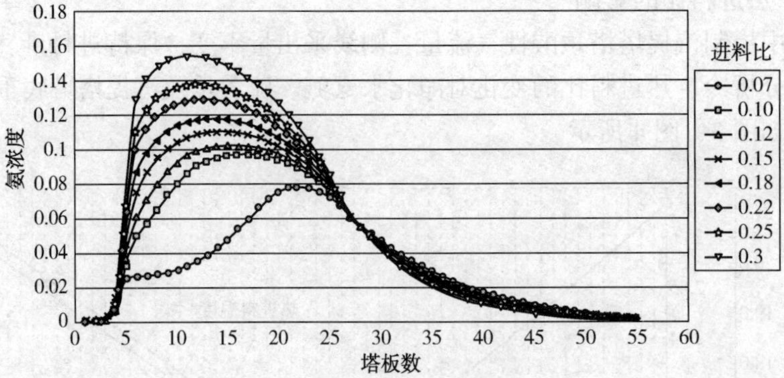

图 5　冷热进料比对氨浓度的影响

4.3　热进料温度的影响

控制其他操作参数不变，固定塔底温度及净化水氨氮含量，考察热进料温度对再沸器蒸汽消耗的影响，如表 4 所示。

表 4　热进料温度的影响

进料温度/℃	净化水氨/(mg/m³)	净化水硫/(mg/m³)	侧采量/(t/h)	蒸汽量/(t/h)	底温/℃
120.0	41.22	0.29	13.55	8.72	163.93
122.5	41.22	0.27	13.65	8.65	163.93
125.0	41.22	0.25	13.75	8.59	163.93
127.5	41.22	0.22	13.86	8.53	163.93
130.0	41.22	0.21	13.96	8.47	163.93
131.0	41.22	0.20	14.01	8.44	163.93
132.5	41.22	0.19	14.07	8.41	163.93
135.0	41.22	0.18	14.18	8.35	163.93
137.5	41.22	0.16	14.29	8.29	163.93
140.0	41.22	0.15	14.40	8.23	163.93
142.5	41.21	0.14	14.51	8.18	163.93
145.0	41.21	0.14	14.63	8.12	163.93
147.5	41.21	0.13	14.75	8.07	163.93
150.0	41.21	0.12	14.86	8.02	163.93

从表 4 可以看出，随着热进料温度提高，塔底再沸器蒸汽消耗逐渐减少，且需增加侧线抽出量，才能保证净化水质量。热进料温度由 120℃ 提高至 150℃ 时，塔底蒸汽消耗量由 8.72t/h 下降至 8.02t/h，侧线采出量由 13.55t/h 增加至 14.86t/h。

目前热进料温度为 131℃左右，设计值为 150℃，故可考虑通过清洗换热器，将热进料温度提高到 150℃左右，可节约蒸汽 0.45t/h，且由于换热器换热效率的提高，合格净化水进入后续换热的冷负荷也相应降低，可以降低循环水量。

4.4　侧线采出量的影响

模型中通过控制进汽提塔的冷、热进料比不变，塔顶气相温度控制不大于 50℃，模拟侧线采出量变化对蒸汽耗量和净化水氨氮含量以及侧线采出温度的影响，结果见图6。

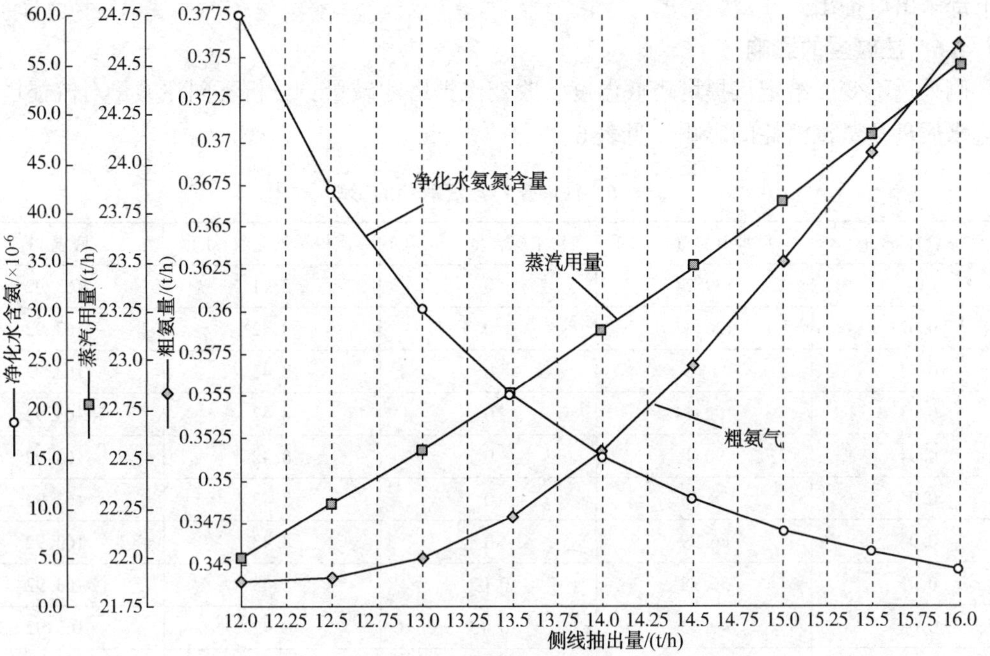

图6 侧线采出量的影响分析

由图6可知，给定进料量不变，在保证净化水和酸性气质量的情况下，侧线采出量由12t/h提升至16t/h，净化水氨氮含量由60mg/L下降至5mg/L，三级分凝器出口流量、蒸汽用量分别由0.3t/h、22t/h上升至0.37t/h、24.25t/h。

对净化水氨氮含量进行卡边控制，适当降低侧线抽出量，可降低再沸器蒸汽流量，可达到降低蒸汽消耗的目的。

4.5 侧线采出口的影响

汽提塔设计有3个侧线采出位置，分别位于第17、19、21层塔盘，模型中对应第23、25、27层塔盘。通过给定汽提塔塔顶酸性气量控制塔底净化水质量不变，通过给定冷、热进料比控制塔顶酸性气H_2S含量不变，防止酸性气带水，分析侧线采出位置对汽提蒸汽消耗量的影响，结果如表5所示。

表5 侧采位置的影响分析

模型侧采位置/板	实际侧采位置	净化水氨含量/(mg/m³)	侧线含水,%	汽提蒸汽量/(t/h)
23	17(上)	21	78.0	22.71
25	19(中)	21	80.1	22.85
27	21(下)	21	79.2	23.14

由表5可知，调整侧线采出口位置，对蒸汽消耗有影响。根据计算，将侧线采出口调整由下调整至上部，可以降低蒸汽耗量0.43t/h，且减少侧线带液现象。

侧线抽出口由上部向下移动，蒸汽消耗量由22.71t/h上升至23.14t/h。当原料氨氮含量高时可考虑从上部采出口抽出，保证塔底净化水的质量；当原料氨氮含量较低时可以考虑从下部采出口抽出。

4.6 注碱量的影响

侧采量不变，给定汽提塔塔底温度，改变汽提塔注碱量，分析不同注碱量对汽提塔塔底净化水质量及蒸汽消耗的影响，见表6。

表6 注碱量对蒸汽消耗的影响

注碱量/(kg/h)	净化水氨氮/(mg/L)	净化水硫含量/(mg/L)	汽提蒸汽量/(t/h)	底温/℃
0	139.24	0	8.41	163.92
0.01	126.87	0	8.42	163.92
0.02	114.6	0	8.42	163.92
0.03	102.44	0	8.42	163.92
0.04	90.4	0	8.42	163.92
0.05	78.53	0	8.43	163.92
0.06	66.99	0	8.43	163.92
0.07	56.78	0.02	8.43	163.92
0.08	49.73	0.13	8.43	163.92
0.09	48.88	0.19	8.44	163.93
0.10	47.53	0.21	8.44	163.93
0.11	46.33	0.22	8.44	163.93
0.12	45.2	0.23	8.44	163.93
0.13	45.09	0.23	8.44	163.93
0.14	45.00	0.24	8.45	163.93
0.15	44.92	0.24	8.45	163.93

如表6所示，随着注碱量的增加，塔底净化水的氨氮含量逐渐减少，硫化物含量逐渐增加，蒸汽消耗增加。但当注碱量达到0.07t/h时，随着注碱量的增加，净化水中氨氮含量变化趋缓，原因是碱液与污水中的固定铵盐发生反应，降低了净化水中氨氮含量，但对净化水中的游离氨作用不大。注碱量过大对塔底净化水氨氮含量无明显影响，同时将更多的硫化物带到净化水中。

5 用能改进与经济效益

5.1 模拟计算成果应用

通过流程模拟计算，把模拟计算成果应用到某企业140t/h酸性水汽提装置生产实践。①控制汽提塔顶压力为0.48~0.50MPa；②优化汽提塔注碱量控制在0.07~0.10kg/h；③汽提塔进料温度控制在147~150℃；④优化汽提塔冷热进料配比为0.10~0.12；⑤侧采量控制在12~14t/h；⑥侧采位置由下部采出口调整至中部抽出口。调整前后蒸汽消耗如表7所示。

表 7　改进前后污水汽提能耗变化情况

项目	改进前	改进后
蒸汽消耗/t	2103	1683
蒸汽单耗/(t 标油/t 污水)	0.029	0.023

如表 7 所示，经过对 140t/h 酸性水汽提装置现场调整及操作优化，该月蒸汽消耗与上年同期相比降低 420t，下降 24.96%，含硫污水蒸汽量单耗下降 5.8kg/t 污水，蒸汽单耗下降了 20%。

5.2　经济效益

5.2.1　环保经济效益

入塔处理量为 100t/h，塔底净化水由 60mg/L 下降至 40mg/L，减少氨氮排放 20mg/L，即每小时减少氨氮排放量为：

$$Q_1 = 100\times10^3\times20\times10^{-6}\times7200 = 1.44\text{t}$$

节省环保排污税：$W_1 =$ 2.8 元×1440kg/0.8kg = 5040 元

5.2.2　能源经济效益

入塔处理量为 100t/h，10 月 1～31 日期间共节省蒸汽 420t，蒸汽单价按 162 元/t 计算，共节约费用为：

W_2 = 420t×162 元/t = 68040 元

综上所述，在 10 月 1～31 日期间实施用能改进后，节省环保税费 5040 元，降低蒸汽消耗费用 68040 元，共计节省费用 73080 元。利用该成果进行操作条件优化，在试验工况下，减少了蒸汽消耗，同时降低了净化水氨氮排放，有利于环境保护。

6　结论

(1)运用 Aspen Plus 软件建立了某污水汽提装置流程数学模型，模拟结果与实际工况相比较，各项技术指标与实际相符，该模型可以用来指导生产，并以基准模型为基础，对该装置数学模型进行了优化分析。考察分析了各工艺条件对系统的影响，为装置优化生产操作条件、节能降耗、环保排放提供了依据。

(2)在保证净化水质量和塔顶温度合适的情况下，适当降低冷热进料比，汽提塔塔顶压力、侧线抽出量，提高热进料入塔温度等措施均有利于改进塔底蒸汽消耗量。

(3)侧线采出位置为中部，在满足净化水质量的情况下可考虑调节至上部以降低蒸汽耗量，且减少侧线带液现象。

(4)通过模拟计算并结合现场操作条件进行优化，与上年同期相比，蒸汽消耗量降低了 24.96%，装置运行单耗下降 20%，净化水质量得到改善，有效降低了装置运行成本。

参　考　文　献

[1] 魏志强，吴升元．污水汽提双塔工艺流程模拟分析与用能改进[J]．石油炼制与化工，2012(4)：80-86.

[2] 王良均，吴孟周．石油化工废水处理设计手册[M]．北京：中国石化出版社，1996.

[3] 张太龙，游敏．优化汽提工艺对外排污水氨氮减排的研究[C].//第二届中国石油石化健康、安全与环保(HSE)技术交流大会论文集．中国石油化工股份有限公司，2015：27-33.
[4] 游敏．浅析含硫污水汽提技术对氨氮的减排作用[C].//第二届中国石油石化节能减排技术交流大会论文集．中国石油化工股份有限公司，2015：779-782.

Aspen Hysys 软件在硫黄回收装置的应用

胡文昊

（中国石化扬子石化有限公司芳烃厂　江苏南京 210048）

摘　要：应用软件对某石化 14kt/a 硫黄回收装置进行流程模拟，得到了与装置实际运行情况接近的理想模型。通过模型分析与装置实际运行情况相比较，找出优化的方式，达到指导装置生产，实现优化操作、节能降耗的目的。

关键词：硫黄回收 流程模拟 Aspen Hysys 模型应用

1　前言

硫黄回收装置作为重要的环保装置，主要负责处理上游装置的酸性气和酸性水以及富溶剂汽提出的酸性气。近年来，硫黄回收装置由粗放型向精细化管理转变，利用软件对装置流程模拟，旨在优化生产装置工艺操作，在满足尾气排放质量指标的情况下，降低装置能耗。用 Aspen Hysys 软件建立稳态模型，利用严格的机理模型，更好地模拟工艺过程，量化装置操作条件与装置能耗的关系，进而指导装置操作优化和改造优化，使焚烧炉出口烟气 SO_2 排放指标合格，增加装置效益。某石化硫黄回收装置的 Aspen Hysys 工艺模型，模拟范围包括以下几个部分：克劳斯热转化、克劳斯催化转化、尾气加氢还原、胺溶液中的 H_2S 吸收与再生、尾气焚烧。

2　工艺流程模型的建立

2.1　模型建立方法

硫黄回收装置反应部分的模拟选用专用于硫黄回收系统的 Sulsim 物性方法，而吸收再生部分选用专用于酸性气吸收系统的 Acid Gas - Chemical Solvents 物性方法，再结合输入的实际数据，可对硫黄回收装置全流程进行严格模拟计算。装置反应部分选用系统内置的经验模型或方程对各类反应（燃烧反应、克劳斯反应、加氢反应、焚烧反应）进行预测；装置吸收、再生部分依据组分在溶剂中溶解度的不同及发生的一系列平衡/动力学反应，对吸收再生情况进行计算。

2.2　模型简介

应用 Aspen Hysys 软件建立出硫黄装置流程。燃烧炉采用 Single Chamber Reaction Furnace 模块；余热锅炉采用 Single pass Waste Heat Exchanger 模块；克劳斯反应器采用 catalytic Converter 模块；加氢反应器采用 Hydrogenation Bed 模块；焚烧炉采用 Incinerator 模块；加热器采用 Heater 模块；冷凝器采用 Condenser 模块；冷凝冷却器采用 Sulfur Condenser 模

块；换热器采用 Heat Exchanger 模块；混合器采用 Mixer 模块；物流分流器采用 Tee 模块，急冷塔采用 Quench Tower 模块；吸收塔采用 Absorber 模块；再生塔采用 Reboiled Absorber 模块；泵采用 Pump 模块；闪蒸罐或回流罐采用 Separator 模块。

2.3 模型流程图

具体模拟流程见图 1、图 2。

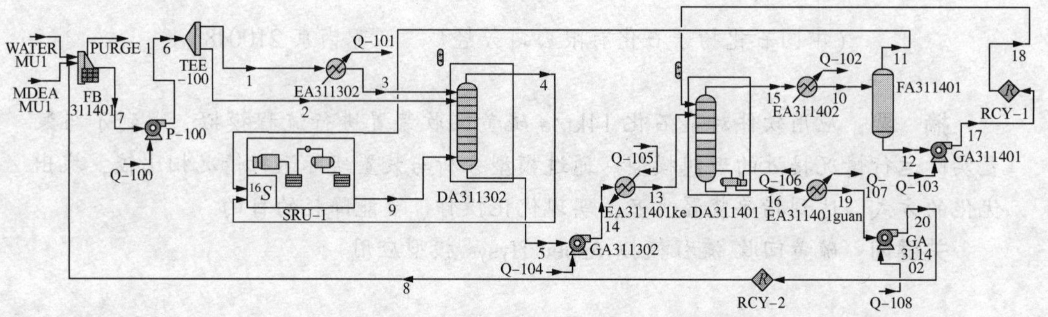

图 1　某石化硫黄装置全流程模拟流程

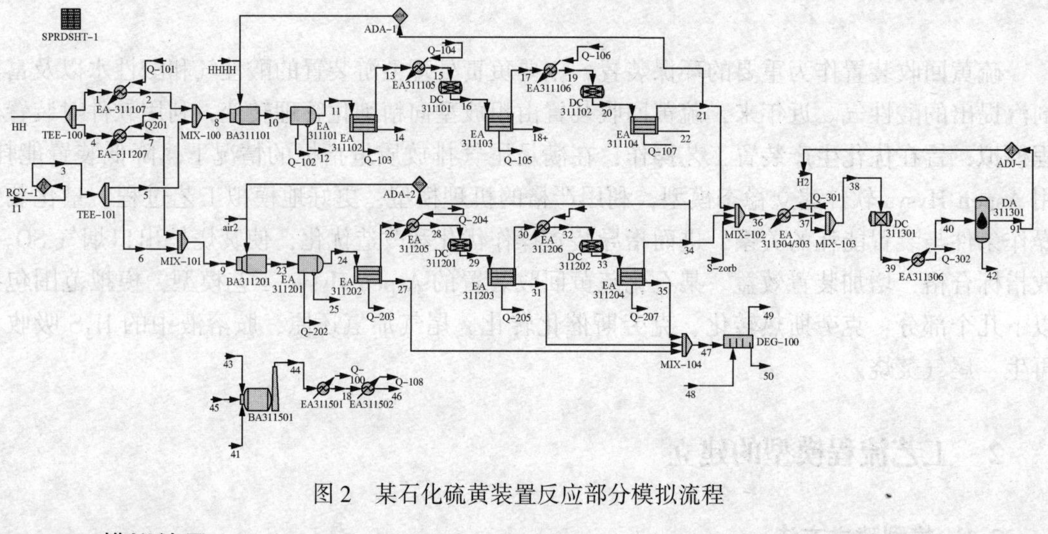

图 2　某石化硫黄装置反应部分模拟流程

2.4 模拟结果

模型能很快收敛到最终的结果，没有出现不收敛的情况。利用所建立的模型可以对硫黄回收装置整个过程的物料平衡、能量平衡、相平衡进行模拟，模拟所得各部温度，产品质量及各物流组成与实际基本相符。

3 模型应用对装置操作的分析

3.1 预热器出口温度对燃烧炉转化率的影响

工业实践证明，制硫炉平稳运行的最低操作温度不应低于 930℃，否则火焰不能稳定，且因炉内反应速率过低而导致余热锅炉出口气流中经常出现大量游离氧。同时制硫炉温度也不能过高，需考虑制硫炉耐火材料的要求(一般要求不大于 1550℃)及火嘴的适应性和余热锅炉的负荷。

装置实际情况可通过如下三种方法更改反应温度：一是设置进料预热器，提高酸性气和空气温度；二是增加空气进料量(如进料组成不合适，可能无法保证过程气 H_2S 和 SO_2 比例为 2：1)；三是对于带有旁路的流程，可通过调整旁路流量改变第一炉膛反应温度，模型中通过控制空气流量来保证出口过程气 H_2S 和 SO_2 的摩尔比为 2：1。模型中通过分析预热器出口酸性气温度改变制硫炉出口温度、制硫炉总转化率的影响，可给实际制硫炉温度控制以指导，此方法的优点是不影响过程气的组成，不增加工艺空气的用量，并且对装置的处理量影响极小，仅仅因通过换热器而导致压力降低略有增加。具体模拟结果见图 3 和图 4。

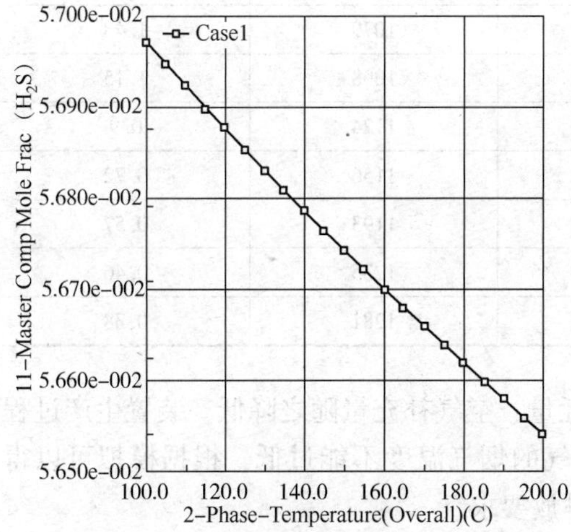

图 3　预热器出口温度对燃烧炉出口 H_2S 含量的影响

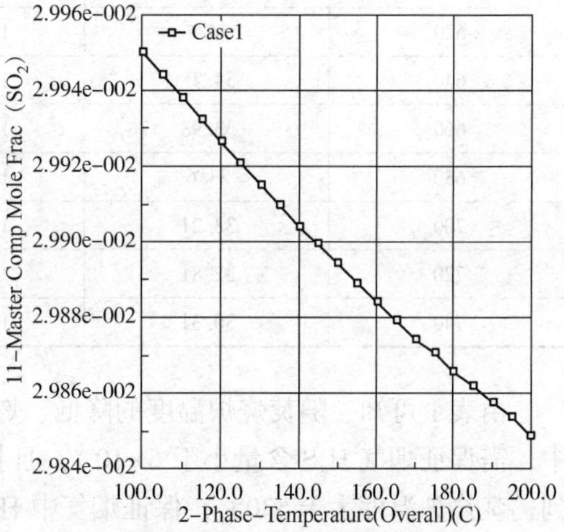

图 4　预热器出口温度对燃烧炉出口 SO_2 含量的影响

由图 3 和图 4 可知，提高预热器出口酸性气进燃烧炉温度，在空气配风相同的情况下，燃烧炉反应温度升高，在燃烧炉内的高温有利于克劳斯反应向正向进行，提高燃烧炉中 H_2S 与 SO_2 反应深度，降低燃烧炉出口过程气中 H_2S 与 SO_2 的含量，进而提高了燃烧炉的转化率。

但是，此方法存在以下两方面的限制：

(1)碳钢制作的管线限制了预热温度不宜超过 300℃。

(2)经常作为热源的蒸汽压力限制了预热温度，例如 0.7MPa 的蒸汽，其预热温度只能达到约 150℃，即使用 4.1MPa 的蒸汽，其预热温度也仅约 240℃[1]。

装置设计使用 1.4MPa 蒸汽对酸性气进行预热，空气没有预热器。优化的方向可以在日常工作中关注酸性气预热器的换热效果，增加空气预热器，提高燃烧炉的转化率。

3.2　尾气焚烧炉单元优化

胺液吸收再生单元来的净化尾气需经焚烧炉焚烧，将其中所有的含硫物质转化为 SO_2，反应温度过低或出口氧含量过低，将无法保证含硫化合物的完全氧化，烟气 H_2S 含量超标；反应温度过高、烟气氧含量过高，则会增加燃料消耗。模型中分析了焚烧炉温度对燃料消耗、空气补充量、烟气 CO 含量及排至大气的烟气流量的影响。焚烧炉温度的影响分析见表 1。

表 1　焚烧炉温度的影响分析

焚烧炉温度/℃	烟气中 CO 含量/×10⁻⁶	焚烧炉空气量/(Nm^3/h)	焚烧炉天然气量/(Nm^3/h)	烟气中 H_2S 含量/$\times10^{-6}$
500	37.26	8808	789.5	8.99
520	36.84	9165	834.8	6.39
540	36.41	9533	881.5	4.63
560	35.99	9912	929.6	3.41
580	35.56	1.03E+04	979.2	2.54
600	35.13	1.07E+04	1030	1.93
620	34.7	1.11E+04	1079	1.48
640	34.35	1.15E+04	1098	1.15
660	33.98	1.18E+04	1124	0.9
680	33.6	1.22E+04	1156	0.72
700	33.21	1.27E+04	1193	0.57
720	32.81	1.31E+04	1235	0.46
740	30.31	1.35E+04	1281	0.38

由表 1 可知，随焚烧炉温度的降低，燃料消耗量、空气补充量随之降低。装置生产过程中，需保证烟气 H_2S 含量小于 6×10^{-6}，且排至大气的烟气温度不能过低，根据模拟可以得到，焚烧炉温度大于 530℃，保证烟气中 H_2S 的排放要求。

从表 1 可知，随焚烧炉温度增加，烟气中 CO 含量下降，当焚烧炉温度达到 700℃以上时，烟气中 CO 含量降低明显。提高焚烧炉温度是降低烟气中 CO 含量最有效的办法。目前生产中焚烧炉温度控制 620℃左右，可适当提高焚烧炉温度值 650~680℃，可有效地降低烟气中 H_2S、CO 含量。

3.3　吸收再生单元优化

再生塔解析出来返回克劳斯反应炉，CO_2作为惰性气体在系统中循环，既增加了装置能耗，同时又降低硫黄回收装置的处理能力。但是 CO_2作为酸性气体与 MDEA 的反应是客观存在的，通过模型建立与优化，通过调节吸收塔操作，降低 CO_2的共吸。保持进入吸收塔贫液总量不变，改变上部与中部贫液进料比例，分析再生塔顶酸性气组成，进而找出最优的操作方案。溶剂优化方案数据见表 2。

表 2　溶剂优化方案数据

方案	贫液总量/(t/h)	比例(上/中)	上进料/(t/h)	中进料/(t/h)	再生 H_2S/(kmol/h)	再生 CO_2/(kmol/h)
1	230	1：1	115	115	16.3	28.7
2	230	1：2	76.7	153.3	16	26.9
3	230	1：3	57.5	172.5	16	26.1
4	230	1：4	46	184	16	25.2
5	230	1：5	38.3	191.7	16	24.5
6	230	1：99	2.3	227.7	16.3	17.6

由表 2 可以看出，随着比例的降低，再生酸性中 CO_2含量不断减少，而 H_2S 的含量基本保持不变。其原因是 H_2S 吸收受气膜控制为瞬间反应，而 CO_2吸收受液膜控制，接触时间增加会增加 CO_2的吸收[2]。本装置吸收塔理论塔板数为 50 块左右，上部贫液量增加有利于 CO_2的吸收。在实际生产中，应控制好上部贫液进料量，有效降低 CO_2的共吸率。优化后，从再生塔顶解析出的再生酸性气浓度由 36.2%提高至 48.1%。由于酸性气浓度提高，使燃烧炉炉膛温度升高近 20℃，多产 4.0MPa 高压蒸汽 40kg/h。

4 结论

利用流程模拟软件建立装置准确的模型可以有效地促进生产优化工作的开展，从以往定性解决生产问题的方式转变为定量方式进行精益操作。

(1)以实际运行数据搭建的基准模型与实际装置基本吻合，误差均在可允许范围之内。

(2)对制硫炉反应温度进行分析，模型未考虑热损失情况，模型计算值为炉内燃烧最高温度，现场指示值为测量点温度，所以存在一定误差。

(3)对酸性气预热器出口温度对燃烧炉炉温以及燃烧炉转化率进行分析，在目前生产工况下，利用中压蒸汽预热器对酸性气进行升温，最大程度提高燃烧炉的转化率。

(4)对胺液吸收再生单元进行分析，提出降低胺液温度、改变贫液进吸收塔比例以及贫液中 H_2S 含量等方案，指导日常工作生产。

参 考 文 献

[1] 陈赓良．克劳斯法硫黄回收工艺技术[M]．北京：石油工业出版社，2007.

[2] 李菁菁．硫黄回收技术与工程[M]，北京：石油工业出版社，2010.